VIBRATION PROBLEMS
IN
ENGINEERING
（原著第五版）

铁摩辛柯

工程振动学

[美] 威廉·韦弗（William Weaver, Jr.）

[美] 斯蒂芬·普罗科菲耶维奇·铁摩辛柯（Stephen P. Timoshenko）

[美] 多诺万·哈罗德·杨（Donovan H. Young）

著

熊炘·译

上海科学技术出版社

图书在版编目（CIP）数据

铁摩辛柯工程振动学 ／（美）威廉·韦弗
（W. Weaver, Jr.），（美）斯蒂芬·普罗科菲耶维奇·铁
摩辛柯（S. P. Timoshenko），（美）多诺万·哈罗德·
杨（D. H. Young）著；熊炘译. -- 上海 : 上海科学技
术出版社，2021.1（2024.1重印）
 ISBN 978-7-5478-5054-1

 Ⅰ．①铁… Ⅱ．①威… ②斯… ③多… ④熊… Ⅲ.
①工程振动学 Ⅳ．①TB123

 中国版本图书馆CIP数据核字(2020)第194972号

Original title：Vibration Problems in Engineering，5th Edition by W. Weaver，S. P. Timoshenko
and D. H. Young，ISBN：9780471632283 / 0471632287
Copyright © 1990 by John Wiley & Sons，Inc.
All Rights Reserved. This translation published under license with the original publisher John Wiley
& Sons，Inc. Responsibility for the accuracy of the translation rests solely with Shanghai Scientific &
Technical Publishers and is not the responsibility of John Wiley & Sons，Inc. No part of this book
may be reproduced in any form without the written permission of the original copyright holder，
John Wiley & Sons，Inc.
本书简体中文字版专有翻译出版权由 John Wiley & Sons，Inc.授予上海科学技术出版社有限公司。
未经许可,不得以任何手段和形式复制或抄袭本书内容。

上海市版权局著作权合同登记号　图字：09 - 2020 - 082 号

铁摩辛柯工程振动学

[美] 威廉·韦弗

[美] 斯蒂芬·普罗科菲耶维奇·铁摩辛柯　著

[美] 多诺万·哈罗德·杨

熊　炘　译

上海世纪出版（集团）有限公司　出版、发行
上　海　科　学　技　术　出　版　社
（上海市闵行区号景路 159 弄 A 座 9F-10F）
邮政编码 201101　www.sstp.cn
上海雅昌艺术印刷有限公司印刷
开本 787×1092　1/16　印张 26
字数 650 千字
2021 年 1 月第 1 版　2024 年 1 月第 2 次印刷
ISBN 978 - 7 - 5478 - 5054 - 1/TH·89
定价：120.00 元

谨将此书献给
杰出的工程力学专家
斯蒂芬·普罗科菲耶维奇·铁摩辛柯
多诺万·哈罗德·杨

内 容 提 要

　　本书为"现代工程力学之父"斯蒂芬·普罗科菲耶维奇·铁摩辛柯撰写的经典教材 *Vibration Problems in Engineering*（第五版）的中译本。全书系统介绍了振动理论及其在工程中的应用，对具有单自由度、两自由度乃至多自由度系统的振动理论分别进行了详细阐述。同时，对具有非线性特征振动系统的特性进行了分析，介绍了与弹性体相关的振动理论与工程应用。

　　本书读者对象为具备微积分、线性代数基本知识且有一定工程力学基础的高等院校本科生或研究生，以及科研机构工作者与工程技术人员。

序

振动是一种普遍存在的自然现象,也是人类活动中一个不可回避的问题。春秋时期的《竹书纪年》中就记载了 3 800 多年前的地震现象。振动既会造成地震等自然灾害,危及人民生命财产安全,也会被利用于人类改变世界的各项活动。振动既会降低加工精度、缩短机械与结构的使用寿命、造成工程装备的疲劳破坏等问题,也可应用于超声加工、振动时效、振动筛分、振动输送等工程领域。研究振动的基础理论和工程应用,分析工程装备系统的振动特性,对于减振降噪、提升工程装备质量、提高装备可靠性,具有重要的理论意义和应用价值。

铁摩辛柯(S. P. Timoshenko)是乌克兰裔美籍力学和工程结构专家,是近代力学的代表人物之一,其终生致力于发展工程技术事业和工程教育事业。铁摩辛柯主讲过很多重要的力学课程,培养了许多研究生。他一生编写了《工程中的振动问题》[①]、《弹性力学》和《板壳理论》等 20 多种力学著作与教材,这些图书被翻译成多国文字在世界各地出版,其中大部分有中文译本,有些教材至今仍被高校教学采用,具有广泛的影响。

Vibration Problems in Engineering 是铁摩辛柯于 1928 年出版的英文教材。由于振动领域研究和应用的发展以及教学的需要,铁摩辛柯于 1937 年(第二版)、1955 年(第三版)和 1974 年(第四版)对原教材先后进行了修订。在我国,1958 年机械工业出版社出版了该教材第三版中文译本《机械振动学》,1978 年人民铁道出版社出版了胡人礼翻译的该教材第四版中文译本《工程中的振动问题》。这两个中文译本的出版,对我国振动工程的发展起到了很大的促进作用。1990 年,W. Weaver, Jr. 主笔修订了第五版,由 John Wiley & Sons 公司出版。第五版在保留该教材原有体系结构的基础上,对先前版本的内容进行了删减优化,增设了非线性系统振动和离散化连续体振动的有限单元法的相关章节,还专门编写了利用矩阵理论和数值方法求解振动问题的计算机程序。

译者熊炘博士长期从事振动研究与教学工作,在上海市高峰高原学科建设项目给予的经费支持下,认真翻译了第五版 *Vibration Problems in Engineering*。译者在翻译过程中,反复斟酌,力求做到规范、准确、流畅。相信该教材的出版对于我国工程振动领域的研究与教学,会起到很好的推动作用。

杨世锡

浙江大学机械工程学院教授

中国振动工程学会动态测试专业委员会主任委员

---

① 中文译本名,下同。——编者注

译 者 序

　　振动是自然界普遍存在的现象之一。大至宇宙,小至粒子,无不在发生振动。一方面,如在机械工业领域,很多振动现象被认为是消极因素,会对机械设备产生不利影响。例如,振动会降低加工精度和表面粗糙度,加剧构件的疲劳和磨损,缩短机器和结构的使用寿命。另一方面,振动现象也可为人所用。例如,利用振动能量可进行物料的破碎、筛分和输送。为了深入认识和掌握振动的特性与规律,研发出更具优异振动特性的产品以满足工程领域日新月异的多元化需求,广大科研人员和工程师越来越迫切地感到需要掌握更全面的、与工程实际联系更紧密的振动理论和技术知识。在该背景下,出版 *Vibration Problems in Engineering* 的中文译本就变成很有意义的一件事情。

　　长久以来,铁摩辛柯(S. P. Timoshenko)的 *Vibration Problems in Engineering* 已被公认为是振动工程领域的经典著作之一,在欧美地区均得到广泛认可。原著第五版于 1990 年由 John Wiley & Sons 公司出版,出版时前序版本的作者铁摩辛柯和 D. H. Young 已经去世,第五版由 W. Weaver, Jr. 主笔。作者对前序版本中的内容进行了删减优化,增设了非线性系统振动和离散化连续体振动的有限单元法的相关章节。此外,作者还对许多在工程实际中被证明有效的数值计算方法和计算机求解程序进行了介绍。可以说原著第五版的章节安排,既有理论深度,又有应用技术的广度。需要提及的是,在 20 世纪 90 年代,上海工业大学(上海大学 1994 年组建时原组成院校之一)曾对 *Vibration Problems in Engineering* 第四版的核心内容进行了简要翻译,并将其编写成内部讲义,用于相关专业的教学与工程师培训,取得了良好的效果。

　　本书为原著第五版的中译本。为了纪念铁摩辛柯在振动工程领域的卓越贡献,并体现原著在该专业领域的经典性和划时代意义,故将译著定名为《铁摩辛柯工程振动学》。在翻译过程中,译者力图忠实于原著,在能清楚说明相关内容的情况下,尽可能减少翻译文采对原文内容的影响,更多地传达作者原意。内容方面,该书可作为高等院校工科类(机械、土木等)专业本科生或研究生的专业课教材使用,也可作为专业资料供工程技术人员查阅。同时,建议读者应具有包括微分方程在内的微积分的相关基础知识,并已完成线性代数、工程力学、计算机程序设计等先修课程。

　　值此译著完成之际,译者要感谢上海市高峰高原学科建设项目给予的经费支持,还要感谢上海大学机电工程与自动化学院、上海市智能制造及机器人重点实验室、上海大学轴承研究所的各位领导与同仁对翻译工作的支持! 同时,译者要感谢上海科学技术出版社积极的工作态度和极高的工作效率,没有他们的辛勤付出,本译著的翻译工作不可能开展得如此顺利! 最后,译者要感谢研究生徐港辉、周燕飞等,他们协助进行了本书文字、图表及公式的录入与校对工作。由于译者水平有限,译文中的错误和不当之处在所难免,恳请广大读者批评指正,以便在今后进行改进。

本书的翻译工作始于 2020 年 3 月,时值新冠疫情肆虐神州大地,多少同胞在这场灾难中失去了生命,多少家庭失去了幸福。但在灾难面前,各行各业中仍有无数勇敢者逆势而上,挽救生命于危难。译者谨以此书表达对这些逆行者们最诚挚的感谢!

熊 炘

2020 年 6 月 30 日于上海大学

前　言

本书是原著的第五版,它不仅保留了铁摩辛柯经典著作中的实用内容,还引入了便于计算机求解的与现代振动技术相关的内容。以此为基础,像早期版本一样,第五版按照单自由度、两自由度、多自由度和无穷多自由度系统的顺序,对相关振动问题展开讨论,并且增加了非线性系统的相关章节,将更多在工程实际中被证明有效的数值计算方法囊括其中。此外,本书还在末尾用一章的篇幅介绍了离散化连续体的有限单元法。在上述理论方法的讨论过程中,凡是涉及可用矩阵和数值方法求解的问题,我们均强调使用相应的计算机程序求解,这些程序采用 FORTRAN 语言编写,程序及程序流程图可参见附录 B 和附录 C。

本书专门为工程专业本科四年级或研究生一年级学生编写。因此,学生应对包括微分方程在内的微积分的相关内容较为熟悉,并已完成静力学、基本动力学和材料力学这些先修课程。与此同时,他们如能掌握一些结构分析和弹性理论的相关知识,将会对本书的学习有所帮助,当然这些知识并非学习振动理论所必需。另外,我们还假设学生掌握了一些矩阵代数和计算机程序设计的知识,或已经准备好在本书学习过程中兼顾这些知识的学习。有了上述基础知识的储备,无论读者是学生还是工程师,都能较容易地理解书中的内容。本书按照由简到繁的顺序,引导读者学习相关内容。

在第 1 章分析单自由度线性系统振动问题时,章内各节分别讨论了无阻尼和有阻尼解析模型的自由和受迫振动。而系统对初始条件、任意扰动函数及支承运动的响应计算结果将在后续章节的多自由度系统分析中得到运用。该章最后一节"响应的逐步计算法"在较早版本基础上重新改写了内容,只保留了求解分段线性扰动函数问题的最优步骤。

在第 2 章非线性系统的讨论中,本书删减了第四版中一些关于近似计算方法的陈旧内容,对数值求解方法的相关内容进行了修订和扩展,以纳入更多最新的研究成果。

第 3 章介绍了矩阵形式的载荷运动方程(包括刚度系数)和位移运动方程(包括柔度系数),为下一章多自由度系统理论方法的推导奠定了基础。此外,还全面讨论了惯性耦合与重力耦合,以及弹性耦合与黏性阻尼影响的相关问题。

第 4 章将矩阵运动方程从两自由度系统推广至含 n 个自由度的系统,提出了动力学分析的正则模态法,并将其用于各类振动问题的分析。所分析的问题包括系统对初始条件、作用载荷及支承运动正则模态响应的求解,而求解所得的正则模态包含刚体模态和振动模态。紧接着,本书详细介绍了系统固有频率和振型的迭代求解法,其中重点讨论了模态截断问题,还分析了有阻尼条件下多自由度系统的若干问题。从中我们发现,将阻尼表示成模态阻尼的形式,处理起来最为简单。本章最后一节利用逐步计算法,求解多自由度有阻尼系统在分段线性扰动函数作用下的瞬态响应。

第 5 章介绍了含无穷多自由度连续体的振动问题。由于连续体自身所具有的经典特性，使得这一部分的修订比例在全书中最小。

第 6 章为本书新增内容，介绍离散化连续体的有限单元法。该方法对求解具有任意形状和边界条件的固体及结构的振动问题尤为适用。

书的最后给出了附录、参考书目和习题答案①。其中，附录 A 介绍了两种常用的单位制（国际单位和美制单位），并列出了振动分析时所需的材料特性参数；附录 B 介绍了利用矩阵理论和数值方法求解振动问题的计算机程序；附录 C 中，面向 FORTRAN 语言程序流程图清晰而完整地展示了这些程序的逻辑步骤。

我要感谢 Paul R. Johnston 为本书编写了计算机程序。同样，我还要感谢 Abdul R. Touqan 编写并提供了习题和答案。Patrick A. Krokel 在本书部分修订内容的输入工作中做出了重要贡献。最后，我要表达对 Concetta 的爱与感激，是她的理解与支持支撑着我充满热情地完成了本书的撰写工作。

W. Weaver, Jr.

斯坦福，加利福尼亚

1989 年 11 月

---

① 习题答案在上海科学技术出版社网站（www.sstp.cn）"课件/配套资源"栏目给出，欢迎读者浏览、下载。——编者注

目　录

第1章
单自由度系统的振动问题

1.1 单自由度系统示例

在对许多结构和机器进行振动分析时,通常将其理想化为只包含一个自由位移坐标或只有单个自由度的系统。图 1.1 中的例子即为这类理想系统的分析模型。其中,图 1.1a 中的质量 m 既可以是固定于杆上的集中质量,也可以是杆的部分分布质量。而沿 x 方向的平移运动规律 $u(t)$ 是描述质量 m 在 t 时刻运动所需的唯一位移坐标。同理,位于图 1.1b 中张紧丝中点位置的质量 m 可被认为只包含一个自由度。如图 1.1c 所示的单自由度系统中,$v(t)$ 表示梁上质量 m 在 y 方向上的平动规律。

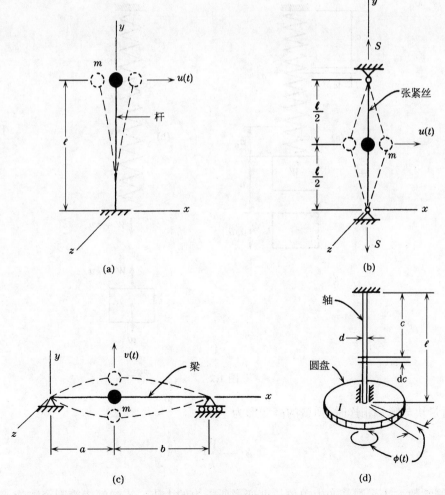

(a)

(b)

(c)

(d)

图 1.1

除了以上三个例子中的平动位移坐标,位移坐标的类型还可定义为转动坐标。例如,图1.1d中微幅转动 $\phi(t)$ 的角位移可用曲线箭头符号表示(如图所示)。在这种情况下,圆盘关于轴所在轴线的质量惯性矩 I 将是作用在系统转动自由度 $\phi(t)$ 上的唯一载荷。

在本章中,我们感兴趣的线弹性单自由度系统的相关问题包括:无阻尼和有阻尼条件下系统的自由和简谐受迫运动,任意时变载荷或支承运动引起的系统响应,动载荷作用下系统的响应谱,以及系统响应的逐步计算法。具有非线性分析模型和多个自由度系统的振动问题将在后续章节中进行讨论。

1.2   无阻尼平移自由振动

图1.2a中质量 m 的重力 $W=mg$,将其用线性弹簧悬置于地球重力场中。这里符号 g 表示重力场中某一位置处的重力常数(重力引起的质量加速度)。若只允许质量块在垂直方向发生运动(忽略弹簧质量),则可认为系统只包含一个自由度,且系统特性完全取决于质量块从静平衡位置算起的垂向平动位移 u 。

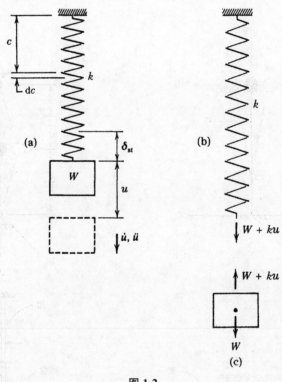

图 1.2

当质量块与弹簧相连时,弹簧的静变形为

$$\delta_{st} = \frac{W}{k} \tag{a}$$

式中,弹簧常数 k 表示弹簧产生单位长度变形所需力的大小。当弹簧为簧圈个数为 n 、簧圈直

径为 D、簧丝直径为 d 的螺旋形密绕弹簧时,其弹簧常数可表示为[1]①

$$k = \frac{Gd^4}{8nD^3} \tag{b}$$

式中,G 为簧丝的弹性剪切模量。

迫使系统中的质量块偏离平衡位置并将其释放,将会引起该质量块的振动。该振动仅取决于弹簧中的弹性恢复力,因此称之为自由振动或固有振动。若令垂直向下的方向为位移 u 的正方向,则质量块在任一位置处的弹簧力为如图 1.2b 所示的 $W+ku$。在已知质量等于 W/g 的情况下,将其加速度 $\mathrm{d}^2u/\mathrm{d}t^2$ 表示为 $\ddot{u}$,应用牛顿第二运动定律可得

$$\frac{W}{g}\ddot{u} = W - (W+ku) \tag{c}$$

作用在质量块上的不平衡力如图 1.2c 所示。方程(c)等号右边的重量 W 相互抵消,表明系统自由振动的运动微分方程与重力场无关。在接下来的分析中要记住:位移 u 从静平衡位置开始度量,且以垂直向下方向为正方向。

引入符号

$$\omega^2 = \frac{k}{m} = \frac{kg}{W} = \frac{g}{\delta_{\mathrm{st}}} \tag{d}$$

可将方程(c)表示成如下形式:

$$\ddot{u} + \omega^2 u = 0 \tag{1.1}$$

如果这时取 $u = C_1\cos\omega t$ 或 $u = C_2\sin\omega t$,其中 C_1 和 C_2 为任意常数,ω 表示角频率(单位为 rad/s),则上述方程得以满足。将两种形式的解相加,可得方程(1.1)的通解

$$u = C_1\cos\omega t + C_2\sin\omega t \tag{1.2}$$

从中看到,质量块在垂直方向上的运动具有振动特性。这是因为 $\cos\omega t$ 和 $\sin\omega t$ 都是在时间间隔 τ 内重复出现的周期函数。这里 τ 的取值满足

$$\omega(\tau + 1) - \omega t = 2\pi \tag{e}$$

上式表示的时间间隔被定义为振动的周期。根据式(e),周期的取值为

$$\tau = \frac{2\pi}{\omega} \tag{f}$$

或利用符号(d)表示为

$$\tau = 2\pi\sqrt{\frac{m}{k}} = 2\pi\sqrt{\frac{W}{kg}} = 2\pi\sqrt{\frac{\delta_{\mathrm{st}}}{g}} \tag{1.3}$$

从式(1.3)可以发现,振动周期仅取决于重量 W 和弹簧常数 k,与位移大小无关。如果弹簧的静变形量 δ_{st} 可通过理论或试验方法得到,便可根据式(1.3)计算得到周期 τ。

---

① 方括号中引用的文献,指所在章节末尾列出的参考文献。

这里将单位时间内弹簧的往复运动次数(每秒的周期数)称为振动频率。若用 f 表示振动频率,则可得

$$f = \frac{1}{\tau} = \frac{\omega}{2\pi} = \frac{1}{2\pi}\sqrt{\frac{k}{m}} = \frac{1}{2\pi}\sqrt{\frac{kg}{W}} = \frac{1}{2\pi}\sqrt{\frac{g}{\delta_{st}}} \qquad (1.4)$$

为了确定式(1.2)中的积分常数 C_1 和 C_2,须考虑系统的初始条件。假设质量在初始时刻 ($t=0$) 偏离平衡位置的位移为 u_0,初始速度为 $\dot{u}_0$。将 $t=0$ 代入式(1.2),可得

$$C_1 = u_0 \qquad (g)$$

将式(1.2)对时间求导,并将 $t=0$ 代入求导表达式,可得

$$C_2 = \frac{\dot{u}_0}{\omega} \qquad (h)$$

将式(g)和式(h)中的积分常数值代入式(1.2),即可得到该质量的振动表达式

$$u = u_0\cos\omega t + \frac{\dot{u}_0}{\omega}\sin\omega t \qquad (1.5)$$

式(1.5)表明,振动位移由两部分组成:一部分正比于 $\cos\omega t$ 且由初始位移 u_0 决定,另一部分正比于 $\sin\omega t$ 且由初始速度 $\dot{u}_0$ 决定。振动位移的两个组成部分均可用图形表示,结果见图 1.3a 和图 1.3b 中的位移时间曲线。质量的总振动位移 u 可通过将两图中相同横坐标位置处的曲线取值相加得到,其曲线见图 1.3c。

振动的另一种表示方法是旋转向量表示法。设模为 x_0 的向量 $\overrightarrow{OP}$ 绕固定点 O 以匀角速度 ω 旋转。如果在 $t=0$ 的初始时刻,向量 $\overrightarrow{OP}$ 与 u 轴重合,则该向量经过任意时间 t 后形成的与 u 轴的夹角为 ωt。此时,向量在 u 轴上的投影等于 $u_0\cos\omega t$,代表式(1.5)中的第一项。取另一个模等于 $\dot{u}_0/\omega$ 的向量 $\overrightarrow{OQ}$,该向量垂直于向量 $\overrightarrow{OP}$,且在 u 轴上的投影等于式(1.5)中的第二项。将两个角速度为 ω 且互相垂直的向量 $\overrightarrow{OP}$ 和 $\overrightarrow{OQ}$ 投影在 u 轴上并相加,可得质量的总振动位移 u。

如果不单独分析向量 $\overrightarrow{OP}$ 和 $\overrightarrow{OQ}$,而是考虑两向量之和 $\overrightarrow{OR}$ 在 u 轴上的投影,依旧能得到相同的结果。根据图 1.4,向量 $\overrightarrow{OR}$ 在 u 轴上的投影长度

$$A = \sqrt{u_0^2 + \left(\frac{\dot{u}_0}{\omega}\right)^2} \qquad (i)$$

向量 $\overrightarrow{OR}$ 与 u 轴的夹角为 $\omega t - \alpha$,其中

$$\alpha = \arctan\frac{\dot{u}_0}{\omega u_0} \qquad (j)$$

上述讨论中的式(1.5)可方便地转换为其等效形式

$$u = A\cos(\omega t - \alpha) \qquad (1.6)$$

式中,用式(i)和(j)分别表示的新常数 A 和 α 由初始条件确定。再一次发现,一个正比于 $\cos\omega t$ 且另一个正比于 $\sin\omega t$ 的两个简谐运动,可叠加为如图 1.3c 所示的正比于 $\cos(\omega t - \alpha)$ 的

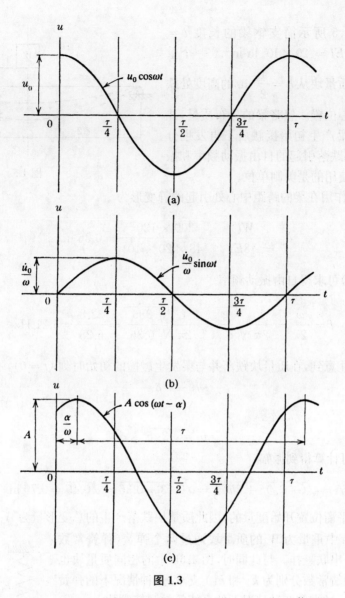

图 1.3

单个简谐运动。图中曲线的最大纵坐标 A 等于图 1.4 中向量 $\overrightarrow{OR}$ 的模。它表示物体振动时偏离平衡位置的最大位移,称为振动幅值。

因为转动向量 $\overrightarrow{OP}$ 和 $\overrightarrow{OR}$ 间存在夹角 α,所以图 1.3c 中曲线最大纵坐标对应的横坐标位置与图 1.3a 中曲线最大纵坐标对应的横坐标位置间存在偏移量 α/ω。 在这种情况下,用图 1.3c 中曲线表示的总振动位移滞后于图 1.3a 中曲线表示的振动位移,而滞后的角度 α 称为两个振动的相位差或相位角。另外,在图 1.4 中,由坐标 u 和 $\dot{u}/\omega$ 定义的相平面内,振动过程用旋转向量表示。

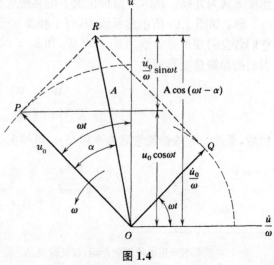

图 1.4

例 1. 如图 1.5 所示简支钢梁的长度 $l=$ 120 in.，弯曲刚度 $EI=20\times10^6$ lb-in.^{2}。一个重量 $W=200$ lb 的质量块从 $h=\dfrac{1}{2}$ in. 的高度处跌落至梁的跨距中心位置。忽略梁的分布质量，并假设质量块在与梁产生初始接触后不再发生分离，试计算质量块跌落引起的自由振动频率和振幅。注意本例中使用的是美制单位。①

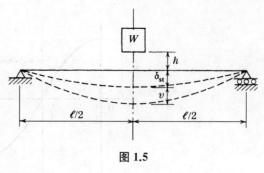

图 1.5

解： 载荷 W 作用在梁的跨距中心处引起的静变形为

$$\delta_{st}=\frac{Wl^3}{48EI}=\frac{200\times120^3}{48\times20\times10^6}=0.36 \text{ in.}$$

因此，根据式（1.4）可求得自由振动频率

$$f=\frac{\omega}{2\pi}=\frac{1}{2\pi}\sqrt{\frac{g}{\delta_{st}}}=\frac{1}{2\pi}\sqrt{\frac{386}{0.36}}=\frac{32.8}{6.28}=5.21 \text{ Hz}$$

计算振幅时注意到，在质量块跌落并与梁发生碰撞的初始时刻（$t=0$），初始位移为

$$v_0=-\delta_{st}$$

且初始速度为

$$\dot{v}_0=\sqrt{2gh}$$

因此，根据式（i）可计算得到振幅

$$A=\sqrt{(-\delta_{st})^2+2h\delta_{st}}=\sqrt{0.13+0.36}=\sqrt{0.49}=0.70 \text{ in.}$$

由于振幅是从静平衡位置开始度量的，因此质量块跌落产生的总变形量为 $A+\delta_{st}=1.06$ in.。

例 2. 图 1.6a 中重量为 W 的质量块通过两个弹簧（弹簧常数分别为 k_1 和 k_2）串联悬挂。与此同时，图 1.6b 中的相同质量块也通过两个弹簧（弹簧常数分别为 k_1 和 k_2）支承，这种情况下的弹簧连接方式为并联。试求解两种情况下的系统等效弹簧常数 k。

解： 如图 1.6a 所示的系统中，每个弹簧承受的张力 W 相同，且它们各自的变形量分别为 $\delta_1=W/k_1$ 和 $\delta_2=W/k_2$。因此，质量块引起的弹簧总变形量为

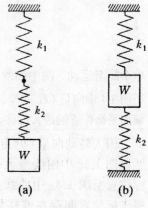

$$\delta_{st}=\delta_1+\delta_2=\frac{W}{k_1}+\frac{W}{k_2}$$

然后，系统的等效弹簧常数 $k=W/\delta_{st}$，可根据式（a）计算得到：

$$k=\frac{k_1k_2}{k_1+k_2}\qquad\qquad\text{（k）}$$

(a) 　　　　**(b)**

图 1.6

---

① 关于本书所用单位制的介绍，参见附录 A。

进一步,若将上式计算得到的 k 值代入式(1.3),可计算出自由振动周期。

如图 1.6b 所示的系统中,静载荷 W 在质量块上方弹簧中引起的拉力用 S_1 表示,下方弹簧中的压力用 S_2 表示。由于每个弹簧的长度变化量相等,因此有

$$\delta_{st} = \frac{S_1}{k_1} = \frac{S_2}{k_2} = \frac{W}{k} \tag{l}$$

此外,质量块产生单位位移时所需的恢复力为

$$k = k_1 + k_2 \tag{m}$$

上式即为系统的等效弹簧常数。亦即计算并联弹簧的等效弹簧常数,只须将每个弹簧的弹簧常数相加即可。若要计算每个弹簧中的力,可联立式(l)、(m),表示为

$$S_1 = \frac{k_1}{k_1 + k_2}W \quad 和 \quad S_2 = \frac{k_2}{k_1 + k_2}W \tag{n}$$

例 3. 如图 1.7a 所示的框架结构中,质量 $m = 20\,\text{t}$ 的重型刚性平台由四根竖直安装的刚性柱支承,且刚性柱通过所在平面内的钢丝进行交叉加固。刚性柱(高度 $h = 3\,\text{m}$)两端铰接。每根加固钢丝的横截面积 $A = 5 \times 10^4\,\text{m}^2$,并保持较大应力的张紧状态。忽略除刚性平台外的所有构件质量,试求解国际单位制[①]下结构的横向自由振动周期 τ。

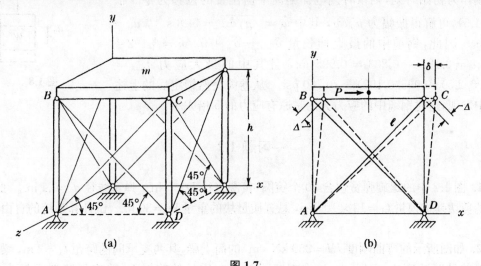

图 1.7

解:如图 1.7b 所示,在平台的质心处沿 x 方向作用有外力 P。该载荷引起的对角线 AC 中的张力变化量为 $S = \sqrt{2}P/4$,与拉力变化量相对应的伸长量为

$$\Delta = \frac{Sl}{AE} = \frac{\sqrt{2}P\sqrt{2}h}{4AE} = \frac{Ph}{2AE}$$

与此同时,对角线 BD 缩短了相同的长度。根据上述对角线的长度变化,发现平台产生的横向位移 $\delta = \sqrt{2}\Delta$。因此,结构的弹簧常数变为

---

① 参见附录 A。

$$k = \frac{P}{\delta} = \frac{\sqrt{2}AE}{h} = \frac{\sqrt{2} \times 5 \times 10^{-4} \times 207}{3} = 48.8 \text{ MN/m}$$

其中,对于钢丝有 $E = 207 \text{ GN/m}^2$。将计算所得的 k 代入式(1.3),可确定

$$\tau = 2\pi \sqrt{\frac{20}{48.8 \times 10^3}} = 0.127 \text{ s}$$

我们将留给读者证明:如果要产生与本例相同的计算结果,水平外力 P 不一定必须沿 x 轴方向作用,还可作用在包含 z 轴的水平面内的任意方向上。

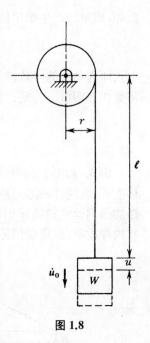

图 1.8

例 4. 假设用图 1.8 中重量为 W 的质量块表示以匀速度 $\dot{u}_0$ 下降的电梯,并将悬挂电梯的钢缆假设为弹簧。系统中的已知参数取值包括:重量 $W = 10\,000 \text{ lb}$, $l = 60 \text{ ft}$, 钢缆横截面积 $A = 2.5 \text{ in.}^2$, 弹性模量 $E = 15 \times 10^6 \text{ psi}$, 且 $\dot{u}_0 = 3 \text{ ft/s}$。试在忽略钢缆重量的条件下,求解上端卷筒突然锁定后钢缆中的最大张力。

解: 电梯在匀速运动过程中,钢缆内的拉力 $W = 10\,000 \text{ lb}$。当卷筒突然锁定时,钢缆伸长量 $\delta_{st} = Wl/AE = 0.192 \text{ in.}$。由于存在初速度 $\dot{u}_0$,电梯不会立刻停止运动,而会引起钢缆的振动。若以卷筒锁定时刻作为初始时刻,则该时刻电梯偏离平衡位置的位移为零。根据式(1.5),可解得振幅为 $\dot{u}_0/\omega$,其中 $\omega = \sqrt{g/\delta_{st}} = 44.8 \text{ s}^{-1}$, $\dot{u}_0 = 36 \text{in./s}$。因此,钢缆中的最大伸长量 $\delta_{max} = \delta_{st} + \dot{u}_0/\omega = 0.192 + 36/44.8 = 0.192 + 0.803 = 0.995 \text{ in.}$, 且其中的最大应力 $\sigma_{max} = (10\,000/2.5)(0.995/0.192) = 20\,750 \text{ psi}$。从卷筒突然锁定后的上述现象中发现,这时钢缆中的应力大约是原有应力的 5 倍大小。

习题 1.2

1.2-1. 图 1.2 中的螺旋弹簧包含 20 个簧圈,簧圈直径 $D = 1 \text{ in.}$, 弹簧线径 $d = 0.1 \text{ in.}$。此外,簧丝的剪切弹性模量 $G = 12 \times 10^6 \text{ psi}$, 悬置质量块的重量 $W = 30 \text{ lb}$。试计算系统的自由振动周期。

1.2-2. 如图所示的弯曲刚度 $EI = 350 \text{ kN} \cdot \text{m}^2$ 的简支梁,其两支承间的跨距 $l_1 = 2 \text{ m}$, 梁伸出支承点的悬臂长度 $l_2 = 1 \text{ m}$。试在忽略梁的分布质量的前提下,确定悬臂端重量为 $W = 2\,700 \text{ kN}$ 质量块的自由振动频率。

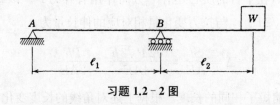

习题 1.2-2 图

1.2-3. 如图所示为 A、B 两点用弹簧支承的一根弯曲刚度 $EI = 30 \times 10^6 \text{ lb-in.}^2$ 的梁 AB, 其中支承弹簧的弹簧系数 $k = 300 \text{ lb/in.}$。若 $a = 7 \text{ ft}$, $b = 3 \text{ ft}$, 且忽略梁的分布质量,试计算 C 点处重量 $W = 1\,000 \text{ lb}$ 质量块的自由振动周期。

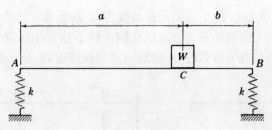

习题 1.2-3 图

1.2-4. 如图所示,一个重量 $W = 670$ kN 的水箱,由四根端点固定的竖直管柱支承,每根管柱的弯曲刚度 $EI = 6$ Mn·m²。试在忽略各管柱分布质量的前提下,计算水箱在水平方向上的自由振动周期。

1.2-5. 为了减小 1.2 节例 4 中系统的最大动应力,假设将一个弹簧常数 $k = 2\,000$ lb/in. 的短弹簧插入缆绳下端点与电梯之间。若本习题的已知条件取与例 4 相同的数值,试计算因缆绳上端突然锁定而引起的弹簧最大应力。

1.2-6. 如图所示的龙门架由一根 20 ft 长的 24 in. 工字钢梁与两根柔性较强的管柱,通过大刚性焊接工艺连接起来。每根管柱为横截面积 $A = 4.02$ in.² 的槽钢,其最小回转半径 $r = 0.62$ in.,且 $E = 30 \times 10^6$ psi。试在不考虑工字梁弯曲和管柱质量的前提下,由以下两假设条件,计算框架在其所在平面内横向振动的固有周期:

(1) 假设 A 和 B 两点完全固定;

(2) 假设 A 和 B 两点铰接。

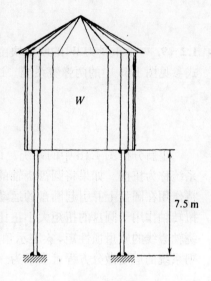

习题 1.2-4 图

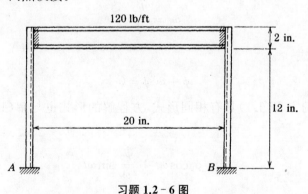

习题 1.2-6 图

1.2-7. 一根如图所示的两跨连续钢梁,在其 BC 跨的中点处支承了重量 $W = 55$ kN 的电机。试在忽略梁分布质量的前提下,计算电机在垂直方向自由振动的固有频率 f。

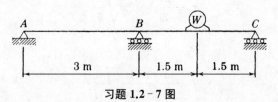

习题 1.2-7 图

1.2-8. 如图所示,一质量为 m 的小球固定在长度为 $2l$ 的张紧钢丝的中点处。因钢丝无法抵抗弯曲载荷,它将承受巨大的初始张力 S。试在该条件下建立小球发生微幅横向振动的运动微分方程;证明钢丝中的张力为常数时,小球的运动为简谐运动,并求解简谐振动的周期。

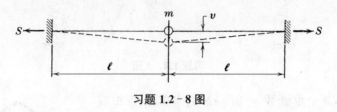

习题 1.2-8 图

1.2-9. 一个重量为 W 的质量块由三个弹簧常数分别为 k_1、k_2 和 k_3 的弹簧串联悬挂,悬挂方式参见图 1.6a 中的两弹簧系统。试推导本习题系统的等效弹簧常数。

1.3 旋 转 振 动

重新分析图 1.1d 中的系统。该系统中的弹性轴上端固定,下端与实心圆盘相连,将这类系统称为扭摆。如果将圆盘绕轴的中心线旋转一个小角度 ϕ,然后释放,则轴扭转产生的扭矩将作用在圆盘上并引起圆盘的运动。这时的圆盘运动形式即为扭转自由振动。振动过程中,扭转轴作用于圆盘的扭矩大小正比于转角 ϕ,方向与扭转方向相反。因此,如果用 I 表示圆盘绕轴心线的质量惯性矩,$\ddot{\phi}$ 表示角加速度,k_r 表示产生单位转角所需的扭矩(扭转弹簧常数),则系统的运动微分方程可表示为

$$I\ddot{\phi} = -k_r\phi \tag{a}$$

引入符号

$$\omega^2 = \frac{k_r}{I} \tag{b}$$

则可将方程(a)改写成

$$\ddot{\phi} + \omega^2\phi = 0 \tag{1.7}$$

该方程与上一节中的方程(1.1)具有相同形式,方程解的形式也与解(1.5)的形式相同。因此有

$$\phi = \phi_0\cos\omega t + \frac{\dot{\phi}_0}{\omega}\sin\omega t \tag{1.8}$$

式中,ϕ_0 和 $\dot{\phi}_0$ 分别为圆盘在 $t=0$ 时刻的角位移和角速度。与上一节中的推导过程相同,可根据式(1.8)解得旋转振动的周期

$$\tau = \frac{2\pi}{\omega} = 2\pi\sqrt{\frac{I}{k_r}} \tag{1.9}$$

且振动频率为

$$f = \frac{1}{\tau} = \frac{1}{2\pi}\sqrt{\frac{k_r}{I}} \tag{1.10}$$

对于横截面为圆形的轴,若其长度为 l、直径为 d,则轴的扭转弹簧常数计算公式为[2]

$$k_r = \frac{GJ}{l} = \frac{\pi d^4 G}{32l} \tag{c}$$

式中,G 为材料的剪切弹性模量。J 为轴横截面对应的扭转常数;当横截面为圆时,扭转常数等于极惯性矩。

此外,若圆盘是直径为 D、重量为 W 的匀质圆盘,则其质量惯性矩为

$$I = \frac{WD^2}{8g} \tag{d}$$

在确定了 k_r 和 I 的取值后,圆盘的扭振周期和频率便可分别根据式(1.9)和式(1.10)计算得到。

对于更具一般性的非圆截面轴或其他不规则外形的物体,k_r 和 I 的计算变得十分困难。但在没有明确计算公式的前提下,k_r 和 I 的取值仍可通过试验获得。此外,为使物体仅发生纯旋转振动,转轴还要求与通过物体质心的主轴线重合。否则,系统须引入额外约束(轴承形式的约束),以防止物体发生其他形式的运动。还应注意到,旋转振动可能发生在未出现扭转变形的系统中(见本节末尾的例 2)。

在以上讨论中,假设图 1.1d 中的轴是直径为 d 的匀质光轴。若此时将轴分为两段,其中一段的长度和直径分别为 l_1 和 d_1,另一段的长度和直径分别为 l_2 和 d_2,则可根据式(c)计算得到两个单独的弹簧常数 k_{r1} 和 k_{r2}。由于这两个连续轴段可用两个串联的扭转弹簧等效表示,因此仍可根据上一节中的式(k)计算系统的等效弹簧常数。

当求解的是阶梯轴的振动问题时,则可用另一种方法分析处理。如果由两个轴段组成的轴受到扭矩 M 作用,则轴产生的总扭转角度为

$$\phi = \frac{M}{k_{r1}} + \frac{M}{k_{r2}} = \frac{32Ml_1}{\pi d_1^4 G} + \frac{32Ml_2}{\pi d_2^4 G} = \frac{32M}{\pi d_1^4 G}\left(l_1 + l_2\,\frac{d_1^4}{d_2^4}\right)$$

从式中看到,含两个直径 d_1 和 d_2 的轴的扭转角度,与直径 d_1 不变且长度变为 L_1 的轴的扭转角度相同。变化后的长度 L_1 为

$$L_1 = l_1 + l_2\,\frac{d_1^4}{d_2^4} \tag{e}$$

长度为 L_1、直径为 d_1 的轴与具有两个不同直径的轴有相同的弹簧常数,因此该轴也是本问题中阶梯轴的等效轴。

现在考虑无摩擦轴承支承下轴的旋转振动问题。如图 1.9 所示,轴的两端各固定一个旋转体。对这一抽象系统的分析具有重要的工程应用价值,因为该系统可用来表示一端为螺旋桨、另一端为透平转子的螺旋桨轴。① 如果将系统中的两个圆盘向相反方向扭转,然后突然释放,系统将发生扭转振

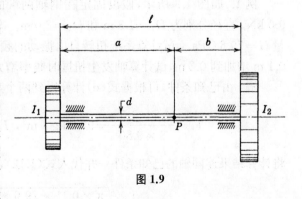

图 1.9

---

① 该问题是工程师们早期发现的几个有必要对扭转振动开展研究的问题之一。此处对问题的分析忽略了整个系统的刚体转动。

动。根据角动量守恒定律,两个圆盘在振动过程中的方向始终相反。因此,轴上总会存在某一个位于 P 点的中间截面(见图 1.9)。在该截面处,轴保持静止。将该截面称为节点截面。P 点位置可通过两旋转体振动周期相等的条件来确定。这是因为若该条件得不到满足,则两旋转体旋转方向相反的已知条件也无法满足。

根据式(1.9),节点截面两侧的子系统满足关系式

$$\sqrt{\frac{I_1}{k_{r1}}} = \sqrt{\frac{I_2}{k_{r2}}} \quad \text{或} \quad \frac{k_{r1}}{k_{r2}} = \frac{I_1}{I_2} \tag{f}$$

式中,k_{r1} 和 k_{r2} 分别为节点截面左右两侧轴段的弹簧常数。根据式(c),两个弹簧常数与各自轴段的长度成反比。因此,由式(f)可得

$$\frac{a}{b} = \frac{I_2}{I_1}$$

另外,由于 $a+b=l$,则有

$$a = \frac{lI_2}{I_1 + I_2}, \; b = \frac{lI_1}{I_1 + I_2} \tag{g}$$

对于左侧轴段,可根据式(1.9)和式(1.10)得到

$$\tau = 2\pi\sqrt{\frac{I_1}{k_{r1}}} = 2\pi\sqrt{\frac{32lI_1I_2}{\pi d^4 G(I_1 + I_2)}} \tag{1.11}$$

$$f = \frac{1}{2\pi}\sqrt{\frac{\pi d^4 G(I_1 + I_2)}{32lI_1I_2}} \tag{1.12}$$

在已知轴的几何尺寸、弹性模量 G 及端部旋转体质量惯性矩的条件下,可通过上述计算公式求解扭振周期和频率。另外须注意,我们在讨论时忽略了轴的质量,而轴的质量对振动周期的影响将在 1.5 节中进行讨论。

根据式(g)可以发现,如果系统中一个旋转体的质量惯性矩相比另一个大很多,则节点所在截面可取作大惯性旋转体所在位置。这时,双旋转体系统(图 1.9)也将简化为单旋转体系统。

例 1. 如图 1.9 所示,假设固定在钢轴两端的匀质盘重量分别为 $W_1 = 4.5$ kN 和 $W_2 = 9.0$ kN,直径分别为 $D_1 = 1.3$ m 和 $D_2 = 2.0$ m。轴的长度 $l = 3.0$ m,直径 $d_1 = 0.1$ m,剪切模量 $G = 79.6$ GPa。试计算系统扭转自由振动的频率。如果沿 1.6 m 的长度方向将轴的直径从 0.1 m 增加到 0.2 m,试计算轴发生扭振时频率增大的比例。

解:由已知条件,可根据式(d)计算得到两个盘的质量惯性矩

$$I_1 = \frac{4.5 \times 1.3^2}{8 \times 9.80} = 97.0 \text{ kg} \cdot \text{m}^2, \; I_2 = \frac{9.0 \times 2.0^2}{8 \times 9.80} = 459 \text{ kg} \cdot \text{m}^2$$

将计算结果连同轴的已知条件一并代入式(1.12),可得

$$f = \frac{1}{2\pi}\sqrt{\frac{\pi \times 0.1^4 \times 79.6 \times (97 + 459)}{32 \times 3 \times 97 \times 459}} = 9.08 \text{ Hz}$$

当轴的直径沿 1.6 m 的长度方向从 0.1 m 增加到 0.2 m 时,0.1 m 直径的等效轴段长度可

根据式(e)计算:

$$L_1 = 1.4 + 1.6 \times \frac{0.1^4}{0.2^4} = 1.5 \text{ m}$$

由于计算所得的长度是轴原始长度 3.0 m 的一半,且有振动频率与长度的平方根成反比这一条件[见式(1.12)],因此频率增大的比例为 $\sqrt{2:1}$。

例 2. 如图 1.10a 所示,飞轮由一重量为 W、平均半径为 R 的重型轮缘,通过四根等截面柔性轮辐安装在轮毂上。忽略轮辐质量,并假设每根轮辐长度为 R,弯曲刚度为 B。若轮毂固定不动,试求轮缘绕过 O 点中心线的旋转自由振动周期。

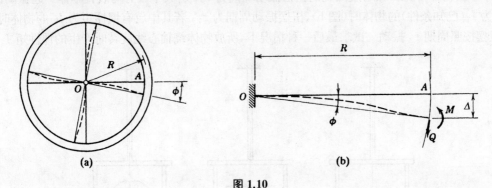

图 1.10

解: 如图所示,轮缘绕其平衡位置发生小角度旋转。每根轮辐可看作一端固支于轮毂,另一端被轮缘约束且随其运动的梁。由图 1.10b 可知,轮辐外缘受剪力 Q 和弯矩 M 作用。根据梁的刚度计算公式,有

$$Q = \frac{12B\Delta}{R^3} - \frac{6B\phi}{R^2} \tag{h}$$

$$M = \frac{6B\Delta}{R^2} - \frac{4B\phi}{R} \tag{i}$$

假设轮缘是刚性的,则每根轮辐弹性线外缘处的切线方向为半径方向。因此,剪力 Q 和弯矩 M 可由几何条件 $\Delta \approx R\phi$ 与转角 ϕ 发生关联。将该几何条件代入式(h)和式(i),可得

$$Q = \frac{6B\phi}{R^2} \quad \text{和} \quad M = \frac{2B\phi}{R} \tag{j}$$

进而可得作用于轮缘的总弯矩为

$$M_t = 4QR - 4M = \frac{16B\phi}{R} \tag{k}$$

这时的扭转弹簧常数为

$$k_r = \frac{M_t}{\phi} = \frac{16B}{R} \tag{l}$$

将上式计算得到的 k_r 值代入式(1.9),并根据飞轮轮缘的质量惯性矩 $I \approx WR^2/g$,可计算得到

$$\tau = 2\pi \sqrt{\frac{WR^3}{16gB}} \tag{m}$$

习题 1.3

1.3‑1. 一根重量 $W = 18\,\mathrm{N}$、长度 $a = 0.5\,\mathrm{m}$ 的水平杆 AB 剪切模量 $G = 83\,\mathrm{GPa}$。其在中点处被长度 $l = 0.5\,\mathrm{m}$、直径 $d = 3\,\mathrm{mm}$ 的钢丝竖直悬挂起来。试在假设该杆为细长刚性杆，且忽略钢丝质量的前提下，求解杆的扭转振动频率。

1.3‑2. 如图所示的扭摆适用于测定不规则形状物体的质量惯性矩。该装置将两块平行板连接成一个可视为刚体的整体，且该刚体与垂直轴相连，两平行板间可放置任何有限尺寸的物体。当装置中不放物体时（图 a），可观测到的扭摆振动周期为 τ_0；若其中放有与装置本体一起振动的惯性矩为 I_1（已知条件）的物体时（图 b），扭摆振动周期为 τ_1；若其中放有惯性矩为 I_2 的物体时（图 c），扭摆按照周期 τ_2 振动。试求最后一种情况下，所放物体绕轴心线旋转时产生的惯性矩 I_2。

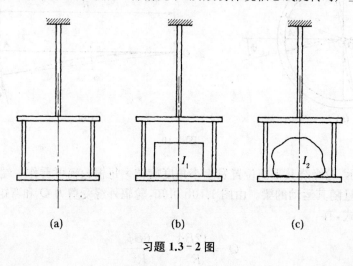

(a)   (b)   (c)

习题 1.3‑2 图

1.3‑3. 一根重为 W、长度为 l 的等截面细长杆 AB，A 端铰接，B 处通过一根刚度为 k 的弹簧支撑以保持水平。假设杆在竖直平面内产生的角位移 ϕ 很小，试在忽略弹簧质量，且假设杆为刚性杆的前提下，计算旋转振动的周期。

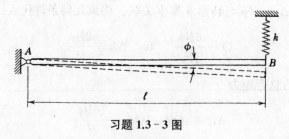

习题 1.3‑3 图

1.3‑4. 如图所示，一根重为 W、长度为 l 的等截面细长刚性杆 AB，A 端铰接，C 处通过一根竖直方向的弹簧支撑以保持水平。假设弹簧常数为 k，并忽略其质量，试计算该杆在竖直平面内小幅旋转振动时的周期 τ。

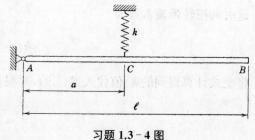

习题 1.3‑4 图

1.3‑5. 如图所示，直径为 d 的等截面轴的两端固

支在 A、B 两点处,且轴上圆盘距离这两点的距离分别为 l_1 和 l_2。假设盘的惯性矩为 I,试计算其扭转振动频率。

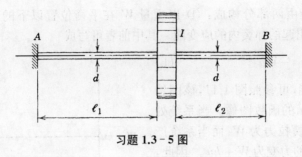

习题 1.3 – 5 图

1.3 – 6. 如图所示的曲轴轴颈扭转刚度为 C_1,曲柄臂 CE 和 DF 的弯曲刚度为 B。曲柄销 EF 的扭转刚度为 C_2,回转半径为 r。假设 A、B 两点处的轴承有足够大的间隙,以保证曲轴在 C、D 两点可因曲轴扭转而产生横向振动位移。试确定与图中曲轴轴颈扭转刚度相等的光轴的等效长度 L_1。

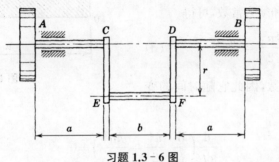

习题 1.3 – 6 图

1.3 – 7. 如图所示,重量为 W、平均半径为 r 的钢制轮缘与半径为 r_0 的固定轮毂通过 n 根径向轮辐相连。轮辐的初始张力取较大值 S_0,且假设其在发生微幅振动时张力保持不变。假设轮辐两端通过销钉固定并无法承受弯曲载荷,试计算轮缘旋转振动的周期。

1.3 – 8. 假设 1.2 节例 3 中被刚性柱支承的平台,重量均匀分布,且总重量 $m = 20\,\text{t}$。试计算该平台绕通过其质心的垂直轴旋转振动时的周期。

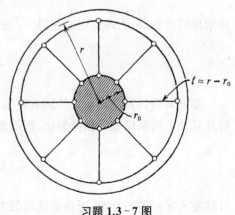

习题 1.3 – 7 图

1.4 能量法

对无能量损失的振动系统而言,有时利用能量守恒定律进行分析更为便利。利用该定律可推导得到动能和势能最大值的表达式,并以此为基础建立单自由度系统的自由振动方程。

借助能量法重新分析图 1.2a 中的质量弹簧系统。如果与前文一样忽略弹簧质量,则振动系统的动能可表示为

$$KE = \frac{W}{g} \frac{\dot{u}^2}{2} \qquad\qquad (a)$$

本示例中的系统势能由两部分构成：① 以重量 W 在平衡位置以下的位置为基准的势能；② 质量块的位移 u 引起的弹簧内的应变能。其中前者可写成

$$PE = -Wu \qquad\qquad (b)$$

为了计算第二个势能，可参照图 1.11，该图给出弹簧力 S 与位移 u 的函数图像。当系统处于静平衡位置时，弹簧拉力为 W；而当系统产生位移 u 后，弹簧中的力变为 $W+ku$。因此，位移 u 引起的储存在弹簧内的应变能为

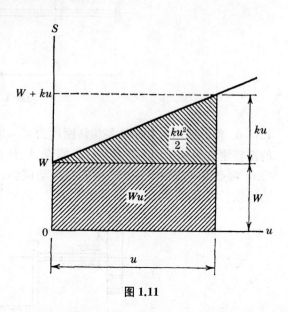

图 1.11

$$SE = Wu + \frac{ku^2}{2} \qquad\qquad (c)$$

将能量表达式（a）、（b）和（c）相加。根据能量守恒定律，三者之和须为常数，可得

$$\frac{W}{g} \frac{\dot{u}^2}{2} + \frac{ku^2}{2} = 常数 \qquad\qquad (d)$$

由于表达式（d）等于常数，因此它随时间的变化率等于零，有

$$\frac{\mathrm{d}}{\mathrm{d}t}\left(\frac{W}{g}\frac{\dot{u}^2}{2} + \frac{ku^2}{2}\right) = 0 \qquad\qquad (e)$$

将求导后方程（e）的两边同时除以 $\dot{u}$，可得与 1.2 节方程（c）相同的运动方程

$$\frac{W}{g}\ddot{u} + ku = 0 \qquad\qquad (f)$$

如果只须计算振动系统的固有频率，则完全不用求解系统的运动方程。由于质量块振动时在其某个极端位置处保持静止，因而此时的净势能

$$(PE)_{max} = \frac{ku_{max}^2}{2} \qquad\qquad (g)$$

且动能为零。另一方面，当质量块以最大速度通过其静平衡位置（位移 $u=0$ 处）时，其动能

$$(KE)_{max} = \frac{W}{g} \frac{\dot{u}_{max}^2}{2} \qquad\qquad (h)$$

且势能为零。由于总能量保持不变，因此最大动能与最大势能相等，即

$$(KE)_{max} = (PE)_{max} \qquad\qquad (1.13)$$

关系式（1.13）在计算振动系统的固有频率或周期时十分有效。对于图 1.2a 中的系统，令式（g）和式（h）相等可得

$$\frac{W}{g}\frac{\dot{u}_{\max}^2}{2}=\frac{ku_{\max}^2}{2} \tag{i}$$

假设质量块的运动规律为式(1.6)定义的简谐运动,则

$$u=A\cos(\omega t-\alpha),\quad \dot{u}=-A\omega\sin(\omega t-\alpha)$$

可发现

$$\dot{u}_{\max}=\omega u_{\max} \tag{1.14}$$

将 $\dot{u}_{\max}$ 的表达式代入式(i)中,可得

$$\omega=\sqrt{\frac{k}{m}}=\sqrt{\frac{kg}{W}}$$

而振动周期

$$\tau=2\pi\sqrt{\frac{m}{k}}=2\pi\sqrt{\frac{W}{kg}}$$

该结果与 1.2 节中的推导结果式(1.3)相同。利用方程(1.13)计算涉及多个运动部件的复杂系统振动周期或频率,要比计算图 1.2a 中的简单系统更加方便。

例 1. 如图 1.12 所示的位移表壳体中封装有重量为 W 的质量块,该质量块通过刚度为 k_1 的弹簧支承。质量块相对于壳体的运动将触发指针 BOA 的运动。指针支点为 O,指针运动受到弹簧 k_2 的约束。忽略两个弹簧的质量,并假设系统发生简谐运动。试计算系统的自由振动周期。

解:令 $\dot{u}_{\mathrm{m}}$ 表示质量块振动过程中的最大速度,则指针 BOA 的对应角速度为 $\dot{u}_{\mathrm{m}}/b$。另外,若指针绕 O 点的质量惯性矩为 I,则系统在平衡位置处的总动能为

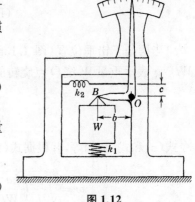

图 1.12

$$(\mathrm{KE})_{\max}=\frac{W}{g}\frac{\dot{u}_{\mathrm{m}}^2}{2}+\frac{I}{b^2}\frac{\dot{u}_{\mathrm{m}}^2}{2} \tag{j}$$

当系统中的质量块有垂向极限位移 u_{m} 时,弹簧 k_2 的伸长量为 cu_{m}/b,系统的总势能可表示为

$$(\mathrm{PE})_{\max}=\frac{1}{2}k_1 u_{\mathrm{m}}^2+\frac{1}{2}k_2\left(\frac{c}{b}\right)^2 u_{\mathrm{m}}^2 \tag{k}$$

根据方程(1.13),令式(j)和式(k)相等,并利用式(1.14)表示的简谐运动关系 $\dot{u}_{\mathrm{m}}=\omega u_{\mathrm{m}}$,得振动角频率

$$\omega=\sqrt{\frac{k_1+(c/b)^2 k_2}{(W/g)+(I/b^2)}} \tag{l}$$

对应的振动周期为 2π 除以表达式(l)。

例 2. 如图 1.13a 所示,倒置单摆中重量为 W 的小球固定在长度为 l 的刚性摆杆 OA 的端点处。摆杆在 O 点铰接,并通过柔性弹簧支承于铅垂位置。忽略弹簧与摆杆 OA 的质量,试确定倒置单摆在纸平面内发生小角度摆动时的稳定性条件,并计算摆动角频率 ω。

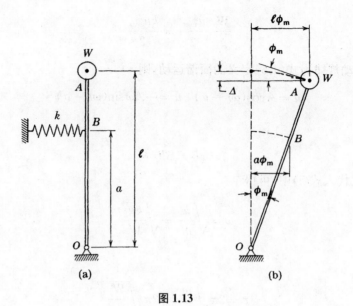

图 1.13

解：令 ϕ_m（见图 1.13b）表示简谐运动的振幅。对于如图所示的极限位置，弹簧的伸长量可近似表示为 $a\phi_m$，小球相较于其平衡位置的高度下降量约为

$$\Delta = l(1-\cos\phi_m) \approx \frac{1}{2}l\phi_m^2 \tag{m}$$

因此，系统在极限位置处的势能可近似表示为

$$(PE)_{max} = \frac{1}{2}ka^2\phi_m^2 + \frac{1}{2}Wl\phi_m^2 \tag{n}$$

当摆处于铅垂位置（图 1.13a）时，其角速度为 $\dot{\phi}_m$，动能可表示为 $I\dot{\phi}_m^2/2$。这里的 $I = Wl^2/g$ 表示重量 W 绕 O 点旋转的惯性矩。因此有

$$(KE)_{max} = \frac{Wl^2}{2g}\dot{\phi}_m^2 \tag{o}$$

令式（n）和式（o）相等，并根据式（1.14）中的关系式 $\dot{\phi}_m = \omega\phi_m$，可解得角频率

$$\omega = \sqrt{\frac{g}{l}\left(\frac{ka^2}{Wl}-1\right)} \tag{p}$$

根据式（p），当且仅当满足下式条件时，角频率 ω 取实数值：

$$ka^2 > Wl \tag{q}$$

如果该条件得不到满足，则摆在其铅垂平衡位置处是不稳定的。

例 3. 如图 1.14 所示，重量为 W、半径为 r 的实心圆柱体在曲率半径为 a 的圆弧面上无摩擦滚动。假设圆柱体的滚动为简谐运动，试求解其围绕平衡位置发生小幅振荡时的振动角频率 ω。

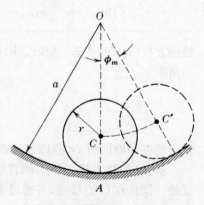

图 1.14

解：考虑图 1.14 中圆柱体处于极限位置处的情况。这时的极限摆角为 ϕ_m，且在该位置处，圆柱体的重心相比平衡位置提高了

$$(a-r)(1-\cos\phi_m) \approx (a-r)\frac{\phi_m^2}{2} \tag{r}$$

因此，势能可表示为

$$(\mathrm{PE})_{\max} = \frac{1}{2}W(a-r)\phi_m^2 \tag{s}$$

中间位置处的接触点 A 是圆柱体旋转时的瞬心。对于无相对滑动的假设条件，可将绕瞬心的瞬时角速度表示为

$$\dot{\theta}_m = \frac{a-r}{r}\dot{\phi}_m \tag{t}$$

因此，动能表达式 $I_A\dot{\theta}_m^2/2$ 变为

$$(\mathrm{KE})_{\max} = \frac{1}{2}\frac{W}{g}\frac{3r^2}{2}\frac{(a-r)^2}{r^2}\dot{\phi}_m^2 \tag{u}$$

令式（s）和式（u）相等，并根据式（1.14），可解得角频率

$$\omega = \sqrt{\frac{2g}{3(a-r)}} \tag{v}$$

习题 1.4

1.4‐1. 如图所示，重摆转轴与垂直方向的夹角为 β。假设摆球重量 W 集中在质心 C 处，并忽略系统中的其他质量和支承轴承的摩擦，试求小角度旋转振动频率。

1.4‐2. 图 1.12 所示系统有以下已知条件：$W=5\ \mathrm{lb}$，$k_1=2\ \mathrm{lb/in.}$，$k_2=10\ \mathrm{lb/in.}$，$b=4\ \mathrm{in.}$ 和 $c=2\ \mathrm{in.}$。如果将图中的指针 BOA 视作重量 $W'=0.4\ \mathrm{lb}$ 的细长匀质杆，并假设 OA 的长度为 12 in.，试求系统在自由振动时的固有频率。

1.4‐3. 如图 1.13a 所示系统中，铅垂杆顶端支承有重量 $W_1=9\ \mathrm{N}$ 的小球。观察到小球振动频率为 90 cpm[①]。若将小球重量变为 $W_2=18\ \mathrm{N}$，则振动频率变为 45 cpm。若忽略杆的质量，试问杆顶端小球的重量 W_3 为多少时，系统有不稳定平衡条件？

1.4‐4. 若图 1.13a 中铅垂杆的总重量为 wl，且沿其长度方向均匀分布，试求系统振动的角频率 ω。

习题 1.4‐1 图

---

① cpm 为每分钟振动次数。

1.4‑5. 将如图所示的仪器用于垂直方向振动的测量。仪器中支承重量 W 的刚性支架 AOB 可绕垂直于纸平面的过 O 点轴线旋转。试在忽略支架质量和弹簧质量的前提下,计算物块在垂直方向小幅振动的角频率。

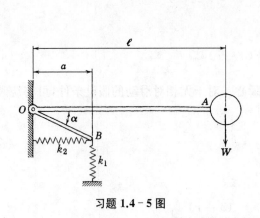

习题 1.4‑5 图

习题 1.4‑6 图

1.4‑6. 如图所示,重量为 W 的等截面杆 AB 被两根相同的钢丝悬挂起来。该杆可在水平面内绕中心轴做小幅旋转振动。试求振动的角频率。

1.4‑7. 如图所示的半圆柱体在水平面内往复振动,其间半圆柱体不与地面发生相对滑动,只发生纯滚动。若圆柱体半径用 r 表示,圆心到半圆柱重心 C 的距离用 c 表示,且 $i^2 = Ig/W$ 表示绕形心轴旋转半径的平方。试求半圆柱体的小幅振动频率。

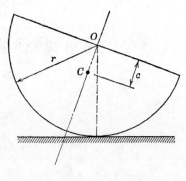

习题 1.4‑7 图

1.5 Rayleigh 法

在前面讨论的所有振动问题中,对象均被简化为单自由度系统进行分析。例如对于图 1.2 中的系统而言,弹簧质量与物块质量相比可被忽略;图 1.5 所示系统中梁的质量也忽略不计。另外,图 1.9 中轴的质量惯性矩相较于盘的惯性矩很小,因此也被忽略。虽然在许多工程实例中,上述简化能够满足所需的分析精度,但针对这些近似计算准确性的讨论中仍有一些技术细节亟待分析。在这其中,为了分析模型简化对振动频率计算的影响,将介绍一种由 Rayleigh(瑞利)提出的近似计算方法[3]——Rayleigh 法。应用该方法进行计算时,须对系统的振动特性做一定假设,然后才能根据系统满足的能量守恒定律计算振动频率。

仍以图 1.2 中的系统为例,利用 Rayleigh 法重新分析该系统的振动问题。如果系统中的弹簧质量与物块质量相比很小,则系统的振动模态受弹簧质量的影响不明显。在保证较高分析精度的条件下,可假设与固定端距离为 c 的弹簧上任意一点的位移 u_c,与不考虑弹簧质量时的位移相等,即

$$u_c = \frac{cu}{l} \tag{a}$$

式中，l 为弹簧平衡状态下的长度。

如果弹簧上任意一点的位移如上式般线性变化，则系统势能将与不考虑弹簧质量时的情况相同。这时，只须重新考虑系统动能该如何表示。令 w 为弹簧单位长度的重量，则弹簧上长度为 dc 的无穷小单元质量为 wdc/g，而该单元的最大动能可写成

$$\frac{wdc}{2g}\left(\frac{c\dot{u}_{m}}{l}\right)^{2}$$

进而可将弹簧的总动能写成

$$\frac{w}{2g}\int_{0}^{l}\left(\frac{c\dot{u}_{m}}{l}\right)^{2}dc=\frac{\dot{u}_{m}^{2}}{2g}\left(\frac{wl}{3}\right)\tag{b}$$

将上式计算所得的动能与物块动能相加，便可根据能量方程(1.13)得到

$$\frac{\dot{u}_{m}^{2}}{2g}\left(W+\frac{wl}{3}\right)=\frac{ku_{m}^{2}}{2}\tag{c}$$

将这一表达式与上一节即 1.4 节的式(i)进行对比后得出结论：要想分析弹簧质量对固有振动周期的影响，必须在物块重量之上增加 1/3 的弹簧重量。

这一建立在弹簧位移线性变化假设基础上的结论，甚至适用于弹簧重量与物块重量 W 属于同一量级的情况。例如，当 $wl=0.5W$ 时，近似解的误差大约为 0.5%[1]；当 $wl=W$ 时，误差约为 0.8%；而当 $wl=2W$ 时，误差约为 3%。

第二个例子，考虑跨距中点放置物块的等截面梁的振动问题，物块重量为 W（见图 1.15）。如果梁的重量 wl 远小于物块载荷 W，则可在保证计算精度的前提下，假设梁振动时的振型曲线与梁受跨距中点集中载荷作用的静态挠曲线相同。这时，令梁在跨距中点处的最大振动位移为 v_{m}，可将与支承点距离为 x 的梁上任意单元的位移表示成

$$v=v_{m}\left(\frac{3xl^{2}-4x^{3}}{l^{3}}\right)\tag{d}$$

进而可将梁的最大动能表示为

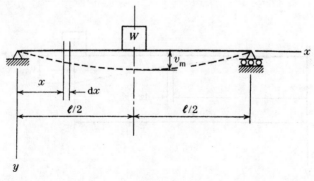

图 1.15

---

① 关于本问题更详细的讨论，参见 5.5 节。

$$2\int_0^{l/2} \frac{w}{2g}\left(\dot{v}_\mathrm{m}\frac{3xl^2-4x^3}{l^3}\right)^2 \mathrm{d}x = \frac{17}{35}wl\frac{\dot{v}_\mathrm{m}^2}{2g} \tag{e}$$

将上式表示的梁振动时的最大动能与中点处集中载荷作用下的能量 $W\dot{v}_\mathrm{m}/(2g)$ 相加,便可估计梁的重量对振动周期的影响。本问题中的振动周期,与不考虑梁质量情况下,跨距中点受以下载荷作用时的振动周期相同:

$$W' = W + \frac{17}{35}wl$$

甚至在 $W=0$,并且等效重量 $\dfrac{17}{35}wl$ 作用在梁跨距中点的极限情况下,本近似方法的计算精度仍满足实际需求。其中,梁因跨距中点受等效集中载荷作用而产生的静变形为

$$\delta_\mathrm{st} = \frac{17}{35}wl\left(\frac{l^3}{48EI}\right)$$

将这一变形量代入式(1.3),可计算得到固有振动的周期

$$\tau = 2\pi\sqrt{\frac{\delta_\mathrm{st}}{g}} = 0.632\sqrt{\frac{wl^4}{EIg}} \tag{f}$$

而振动周期的精确解为[①]

$$\tau = \frac{2}{\pi}\sqrt{\frac{wl^4}{EIg}} = 0.637\sqrt{\frac{wl^4}{EIg}} \tag{g}$$

可以看到,在本问题的约束条件下,近似解的误差小于 1%。

第三个例子,考虑如图 1.16 所示的自由端放有重物 W 的等截面悬臂梁。假设该梁在振动过程中的振型曲线与自由端受静载荷作用时的挠曲线相同,并令载荷 W 所在位置的最大位移为 v_m,则可将具有分布质量的梁的动能表示为

$$\int_0^l \frac{w}{2g}\left(\dot{v}_\mathrm{m}\frac{3x^2l-x^3}{2l^3}\right)^2 \mathrm{d}x = \frac{33}{140}wl\frac{\dot{v}_\mathrm{m}^2}{2g} \tag{h}$$

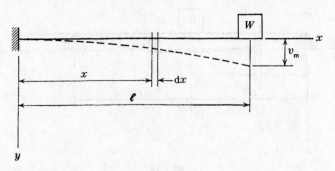

图 1.16

---

① 参见 5.10 节。

振动周期与端部受以下载荷作用的无质量悬臂梁的振动周期一致：

$$W' = W + \frac{33}{140}wl$$

等效重量 $\frac{33}{140}wl$ 即使在 wl 取值不小的情况下也可使用。将上述结果应用于 $W=0$ 的情况，得到

$$\delta_{st} = \frac{33}{140}wl\left(\frac{l^3}{3EI}\right)$$

而振动周期

$$\tau = 2\pi\sqrt{\frac{\delta_{st}}{g}} = \frac{2\pi}{3.567}\sqrt{\frac{wl^4}{EIg}} \tag{i}$$

与此同时，振动周期的准确解为[①]

$$\tau = \frac{2\pi}{3.515}\sqrt{\frac{wl^4}{EIg}} \tag{j}$$

对比后发现，近似解的误差约为 1.5%。

　　在前面两个受集中载荷作用梁的横向振动示例中，假设梁的振型与其受静载时的挠曲线相同。这一假设在不考虑梁质量的情况下成立。但当梁有分布质量时，该假设只是对原系统的一种近似。一般来说，如果能对梁振动时的弹性挠曲线做出合理假设，那么将有望得到与真实振动周期更为接近的近似解。为了证明这一点，再次考虑图 1.15 中的简支梁，并忽略物块重量 W 对振动的影响。根据这一条件，已知梁振动时相对其平衡位置的弹性挠曲线[见 5.10 节式(5.104)]为

$$\upsilon = \upsilon_m \sin\frac{\pi x}{l} \tag{k}$$

如前所述，令式(k)中的符号 υ_m 表示梁中点位置的最大变形量，符号 υ 表示梁上与支承点距离为 x 的任意一点的位移。

　　整根梁处于平衡位置时的动能为

$$(KE)_{max} = \int_0^l \frac{w}{2g}\left(\dot{\upsilon}_m\sin\frac{\pi x}{l}\right)^2 dx = \frac{wl}{2}\frac{\dot{\upsilon}_m^2}{2g} \tag{l}$$

为了计算梁相对其平衡位置的最大势能，使用以下方程[2]表示弯曲应变能：

$$(PE)_{max} = \frac{1}{2}\int_0^l EI\left(\frac{\partial^2 \upsilon}{\partial x^2}\right)^2 dx \tag{m}$$

将式(k)对 x 的二阶导数代入式(m)进行积分运算，可得

$$(PE)_{max} = \frac{EI\pi^4}{4l^3}\upsilon_m^2 \tag{n}$$

根据式(1.13)，可令式(l)和式(n)相等，结合关系式 $\dot{\upsilon}_m = \omega\upsilon_m$，最终可得

---

① 参见 5.11 节。

$$\omega = \pi^2 \sqrt{\frac{EIg}{wl^4}} \tag{1.15}$$

角频率对应的周期 $\tau = 2\pi/\omega$，所得结果即为与式(g)相同的准确周期计算式。

如上所述，对有别于真实振型的任意挠曲线函数的假设，将引起真实振动频率或周期的估计误差。对于梁振动时的振型曲线，一个较好的选择是假设其形状与受静载作用下的挠曲线相同。为了举例证明该结论，再次考虑未受载荷作用的简支梁，并假设其均布重量 w 产生以下挠曲线：

$$\upsilon = \upsilon_m \frac{16}{5l^4}(x^4 - 2lx^3 + l^3 x) \tag{o}$$

其中 $\upsilon_m = 5wl^4/(384EI)$ 是中点处的变形量。

梁在平衡位置处的动能为

$$(KE)_{max} = \int_0^l \frac{w}{2g}\dot{\upsilon}^2 dx = \frac{\omega^2}{2g}\int_0^l w\upsilon^2 dx \tag{1.16}$$

将式(o)对 x 求导后代入式(1.16)并积分，可得

$$(KE)_{max} = 0.252 \frac{wl}{g}\omega^2 \upsilon_m^2 \tag{p}$$

注意到，均布静载荷作为外力所做的功等于梁的弯曲应变能。因此，梁相对于其平衡位置的最大势能可通过考虑这一情况获得。[①] 相应的势能表达式为

$$(PE)_{max} = \int_0^l \frac{1}{2}w\upsilon dx \tag{1.17}$$

将式(o)代入式(1.17)并积分，可得

$$(PE)_{max} = 0.320 wl\upsilon_m = 24.6 \frac{EI}{l^3}\upsilon_m^2 \tag{q}$$

令式(p)和式(q)相等，可得

$$\omega = 9.87 \sqrt{\frac{EIg}{wl^4}} \tag{r}$$

将上式与式(1.15)定义的准确表达式进行比较后发现，所得结果在三位有效数字内是非常精确的。

将式(1.16)和式(1.17)一起代入能量方程(1.13)，可得以上所有该类型问题中 ω^2 的一般表达式

$$\omega^2 = \frac{g\int_0^l w\upsilon dx}{\int_0^l w\upsilon^2 dx} \tag{1.18}$$

如果 w 沿梁的长度方向变化，则 w 应保留在式(1.18)的被积函数当中。但如果梁是等截面

①　式(1.17)与式(m)等效。

的,则上式中的 w 可从积分中提取出来,进而从分子分母中消去。

需要注意的是,弹性梁系统具有无限多个自由度,可像弦一样产生多种振动模式。但当利用 Rayleigh 法求解弹性梁问题时,须假设其具有某种特定形式的挠曲线。因此假设的引入实际上等效于在弹性梁系统中引入了额外约束,进而将原系统简化为单自由度系统。额外引入的约束会增大系统刚度,从而提高固有振动频率。所以,在前面所有的示例中,利用 Rayleigh 法计算得到的频率近似值均高于真实频率值。

当分析如图 1.1d 所示系统的扭振问题时,仍可用相同的假设方法计算轴的惯性对整个系统振动频率的影响。用 i 表示轴在单位长度上的质量惯性矩,并假设轴的振动模态与不考虑轴质量时的情况相同。这时,与轴固定端距离为 c 的横截面的转角为 $c\phi/l$,且轴上无穷小单元的最大动能为

$$\frac{i\,\mathrm{d}c}{2}\left(\frac{c\dot{\phi}_{\mathrm{m}}}{l}\right)^2$$

整根轴的动能因此可表示为

$$\frac{i}{2}\int_0^l\left(\frac{c\dot{\phi}_{\mathrm{m}}}{l}\right)^2\mathrm{d}c=\frac{\dot{\phi}_{\mathrm{m}}^2}{2}\left(\frac{il}{3}\right) \tag{s}$$

将该动能与盘的动能相加,可用来估计轴质量对系统振动频率的影响。因此,本问题给定假设下的振动周期与端部含固定盘的无质量轴的振动周期相同,而总质量惯性矩为

$$I'=I+\frac{il}{3}$$

没有其他物体固定其上的光轴的扭转振动,可用类似于梁横向振动的分析方法求解。根据分析梁问题时式(1.18)的推导步骤,可建立一个相似的表达式

$$\omega^2=\frac{\alpha\displaystyle\int_0^l i\phi\,\mathrm{d}x}{\displaystyle\int_0^l i\phi^2\,\mathrm{d}x} \tag{1.19}$$

式中,ϕ 为分布扭矩作用引起的轴上任意一点的扭转角度。该分布扭矩表示轴在单位长度上承受的扭矩,取值为 αi。式(1.19)中的符号 α 表示角加速度,为计算方便,可取其值为 1 rad/ s^2。

例 1. 试求两种条件下等截面梁 AB 支承的质量块 W(见图 1.17)的固有振动频率: ① 假设梁的重量忽略不计;② 考虑梁的重量并使用 Rayleigh 法求解。

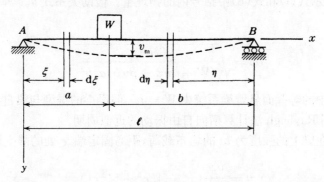

图 1.17

解：假设质量块距离梁两端支点的距离分别为 a 和 b，载荷引起的静变形为 $\delta_{st} = Wa^2b^2/(3lEI)$。将弹簧常数定义为 $k = 3lEI/(a^2b^2)$ 并忽略梁的质量，可根据以下方程计算得到振动角频率：

$$\omega = \sqrt{\frac{g}{\delta_{st}}} = \sqrt{\frac{kg}{W}} = \sqrt{\frac{3lEIg}{Wa^2b^2}}$$

若将梁的质量考虑在内，则对梁在静载荷 W 作用下发生的挠曲变形进行分析。质量块左侧与支点 A 距离为 ξ 的梁上任意一点处的变形为

$$\upsilon_1 = \frac{Wb\xi}{6lEI}\left[a(l+b) - \xi^2\right]$$

质量块右侧与支点 B 距离为 η 的梁上任意一点处的变形为

$$\upsilon_2 = \frac{Wa\eta}{6lEI}\left[b(l+a) - \eta^2\right]$$

利用 Rayleigh 法，将振动质量块左侧任意一点处的最大速度用以下方程表示：

$$\dot{\upsilon}_1 = \dot{\upsilon}_m \frac{\upsilon_1}{\delta_{st}} = \dot{\upsilon}_m \frac{\xi}{2a^2b}\left[a(l+b) - \xi^2\right]$$

式中，$\dot{\upsilon}_m$ 为质量块 W 的最大速度。由此可得质量块左侧的最大动能

$$\frac{w\dot{\upsilon}_m^2}{2g}\int_0^a \left(\frac{\upsilon_1}{\delta_{st}}\right)^2 d\xi = \frac{w\dot{\upsilon}_m^2}{2g}\int_0^a \frac{\xi^2}{4a^4b^2}\left[a(l+b) - \xi^2\right]^2 d\xi$$

$$= \dot{\upsilon}_m^2 \frac{wa}{2g}\left(\frac{l^2}{3b^2} + \frac{23a^2}{105b^2} - \frac{8al}{15b^2}\right) \tag{t}$$

同理，可求得质量块右侧的最大动能为

$$\dot{\upsilon}_m^2 \frac{wb}{2g}\left[\frac{(l+a)^2}{12a^2} + \frac{b^2}{28a^2} - \frac{b(l+a)}{10a^2}\right] \tag{u}$$

因此，本例题中的能量方程(1.13)变为

$$\frac{(W + \alpha wa + \beta wb)}{2g}\dot{\upsilon}_m^2 = \frac{k\upsilon_m^2}{2}$$

式中，α 和 β 分别表示式(t)和式(u)中括号内的物理量。借助关系式 $\dot{\upsilon}_m = \omega\upsilon_m$，可解得振动角频率

$$\omega = \sqrt{\frac{3lEIg}{(W + \alpha wa + \beta wb)a^2b^2}} \tag{v}$$

例 2. 图 1.16 中的等截面悬臂梁系统中 $W = 0$。假设梁的振型与梁自身重量引起的静态挠曲线相同，试利用 Rayleigh 法计算横向自由振动的近似周期。

解：对于作用在梁上的强度为 w 的均布载荷，距离固定端 x 处的静变形为

$$\upsilon = \frac{\upsilon_m}{3l^4}(x^4 - 4lx^3 + 6l^2x^2) \tag{w}$$

式中，$\upsilon_{\mathrm{m}} = wl^4/(8EI)$ 为自由端变形量。将式（w）分别代入方程（1.16）和方程（1.17）并积分，可得

$$(\mathrm{KE})_{\max} = \frac{52wl}{405g}\omega^2 \upsilon_{\mathrm{m}}^2 \qquad\qquad (\mathrm{x})$$

和

$$(\mathrm{PE})_{\max} = \frac{wl}{5}\upsilon_{\mathrm{m}} = \frac{8EI}{5l^3}\upsilon_{\mathrm{m}}^2 \qquad\qquad (\mathrm{y})$$

然后，令式（x）和式（y）相等，可得

$$\omega = 3.530\sqrt{\frac{EIg}{wl^4}}$$

则与角频率对应的振动周期

$$\tau = \frac{2\pi}{3.530}\sqrt{\frac{wl^4}{EIg}} \qquad\qquad (\mathrm{z})$$

本例题中振动系统的基本周期真实值由本节式（j）给定。对比后发现，利用 Rayleigh 法计算得到的近似周期误差大约为 0.5%。

作为 Rayleigh 法的应用拓展，下面考虑如图 1.18 所示含多个质量的轻质梁的振动问题。这种类型的分析模型将梁的分布质量"集中"到一连串沿长度方向的节点上，以此实现对梁动力学特性的近似计算。当然，这一连串集中质量也可用来表示结构实际承受的一系列载荷。

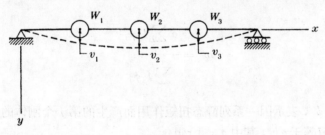

图 1.18

无论是上述哪种情况，我们均可用 W_1、W_2 和 W_3 表示梁上各质点的重量，同时用 υ_1、υ_2 和 υ_3 表示对应质点在 y 方向上的静位移，进而可得因弯曲变形而产生的储存在梁当中的势能

$$(\mathrm{PE})_{\max} = \frac{1}{2}W_1\upsilon_1 + \frac{1}{2}W_2\upsilon_2 + \frac{1}{2}W_3\upsilon_3 \qquad\qquad (\mathrm{a}')$$

为了计算主振动模态的角频率[①]，可将系统在平衡位置的动能写成

$$(\mathrm{KE})_{\max} = \frac{1}{2g}W_1\upsilon_1^2 + \frac{1}{2g}W_2\upsilon_2^2 + \frac{1}{2g}W_3\upsilon_3^2 \qquad\qquad (\mathrm{b}')$$

根据式（1.14），有

---

① 主模态的振动频率最低。

$$\dot{v}_1 = \omega v_1, \quad \dot{v}_2 = \omega v_2, \quad \dot{v}_3 = \omega v_3 \tag{c'}$$

因此,可将式(b')改写为

$$(KE)_{max} = \frac{\omega^2}{2g}(W_1 v_1^2 + W_2 v_2^2 + W_3 v_3^2) \tag{d'}$$

令式(a')与式(d')相等,可得求解 ω^2 的表达式

$$\omega^2 = \frac{g(W_1 v_1 + W_2 v_2 + W_3 v_3)}{W_1 v_1^2 + W_2 v_2^2 + W_3 v_3^2} \tag{e'}$$

通常情况下,对于含 n 个质量的梁来说,式(e')可写成更加一般化的形式:

$$\omega^2 = \frac{g \sum_{j=1}^{n} W_j v_j}{\sum_{j=1}^{n} W_j v_j^2} \tag{1.20}$$

式(1.20)可看作式(1.18)的离散化版本。

式(1.20)的形式表明,估算含多个质量梁的振动频率或周期,只须将重量 W_1, W_2, $\cdots$, W_n 和静变形 v_1, v_2, $\cdots$, v_n 作为已知条件提供即可。这其中,静变形可通过梁的弯曲理论简单确定。另外,如果遇到变截面梁或需要考虑梁的自重,则须将梁分割为若干段,并将每段的重量视为集中载荷进行处理。

含多个固定刚体的轴的旋转振动,可按照类似于梁的分析方法进行处理。为此,考虑式(1.19)的离散化版本

$$\omega^2 = \frac{\alpha \sum_{j=1}^{n} I_j \phi_j}{\sum_{j=1}^{n} I_j \phi_j^2} \tag{1.21}$$

该表达式中的符号 ϕ_j,表示因一系列静态扭矩作用而产生的第 j 个刚体的角位移。作用在第 j 个刚体上的扭矩值等于 αI_j,其中 $\alpha = 1 \text{ rad/s}^2$。

式(1.18)~式(1.21)中隐含的性质是:推导这些表达式所需的势能函数和动能函数,均以静平衡位置作为参考位置得到。系统在静载荷作用下无法自平衡,因此须引入合适的附加约束使其平衡。另外,无约束系统也可通过在已知或估算的零位移点引入虚拟约束,来实现基于 Rayleigh 法的分析计算。还须注意到的是,当所施加载荷与对应位移方向相同时,式(1.18)~式(1.21)中的分子均取正数。所以,为了保证计算得到的频率是真实频率的上限,应该满足载荷与位移方向相同的条件。

例 3. 如图 1.19 所示的梁弯曲刚度为 EI,忽略其分布质量。为了分析方便,假设 $W_1 = W_2 = W$。试用 Rayleigh 法计算包含两个集中质量的梁的主模态角频率。

解:如图 1.19 所示,假设梁的振型曲线与梁受相反方向外力 W_1 和 W_2 作用时的静态挠曲线相似。两个外力作用点的静变形量分别为

$$v_1 = \frac{W_1 l^3}{48EI} + \frac{W_2 l^3}{32EI} = \frac{5Wl^3}{96EI}, \quad v_2 = \frac{W_1 l^3}{32EI} + \frac{W_2 l^3}{8EI} = \frac{5Wl^3}{32EI}$$

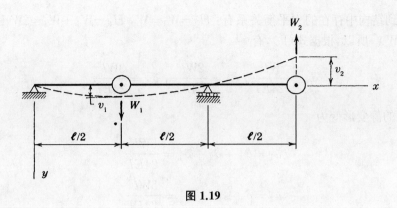

图 1.19

将以上两式代入式(1.20),可得

$$\omega = \sqrt{\frac{192EIg}{25Wl^3}}$$

例 4. 图 1.20a 所示为一栋三层建筑结构的简化模型。其中每一层的楼面均假设是刚性的。与此同时,还假设结构中的支柱无质量。此外,为了分析方便,令 $W_1 = W_2 = W_3 = W$、$l_1 = l_2 = l_3 = l$,且每根支柱的弯曲刚度均为 EI。试通过 Rayleigh 法计算建筑发生横向自由振动时主振动周期的近似解。

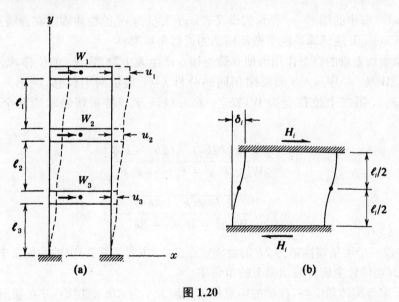

图 1.20

解:假设建筑横向振动过程中的振型曲线,与各层楼面重量 W_1、W_2 和 W_3 变换到水平方向作用时的结构变形挠曲线相似。根据图 1.20b,要想计算各层楼面的横向变形,首先需要分析第 i 层楼面上产生的因各层剪力 H_i 作用引起的相对位移 δ_i。由于每根支柱中的剪力大小为 $H_i/2$,且剪力的方向拐点位于相邻两层高度差的中间位置,因此可有

$$\delta_i = 2\frac{(H_i/2)(l/2)^3}{3EI} = \frac{H_i l^3}{24EI} \tag{f'}$$

另外，还注意到结构中存在的力平衡关系有：$H_1 = W_1 = W$，$H_2 = W_1 + W_2 = 2W$ 和 $H_3 = W_1 + W_2 + W_3 = 3W$。所以，根据式(f′)，有

$$\delta_1 = \frac{Wl^3}{24EI}，\quad \delta_2 = \frac{2Wl^3}{24EI}，\quad \delta_3 = \frac{3Wl^3}{24EI}$$

而图 1.20a 中的静变形变为

$$u_1 = \delta_3 + \delta_2 + \delta_1 = \frac{6Wl^3}{24EI}$$

$$u_2 = \delta_3 + \delta_2 = \frac{5Wl^3}{24EI}$$

$$u_3 = \delta_3 = \frac{3Wl^3}{24EI}$$

将上述变形值代入式(1.20)，并结合等式 $W_1 = W_2 = W_3 = W$，得到

$$\omega^2 = \frac{24EIg}{5Wl^3}$$

和

$$\tau = \frac{2\pi}{\omega} = 2\pi\sqrt{\frac{5Wl^3}{24EIg}}$$

例 5. 如 1.2 节中的图 1.6a 所示，假设又有一个重量为 W 的物块固定在弹簧 k_1 和 k_2 的连接处。试用 Rayleigh 法计算系统主振动模态的近似角频率。

解：两个物块重量的静态作用可使弹簧连接点产生大小为 $2W/k_1$ 的位移，而弹簧 k_2 下端的位移量为 $2W/k_1 + W/k_2$。如果用相同的分母 $k_1 k_2$ 表示两个位移，则第一个位移变为 $W(2k_2)/(k_1 k_2)$，第二个位移变为 $W(2k_2 + k_1)/(k_1 k_2)$。将重新表示的两个位移代入式(1.20)，可得

$$\omega^2 = \frac{k_1 k_2 g[(2k_2) + (2k_2 + k_1)]}{W[(2k_2)^2 + (2k_2 + k_1)^2]}$$

因此

$$\omega = \sqrt{\frac{k_1 k_2 g(k_1 + 4k_2)}{W(k_1^2 + 4k_1 k_2 + 8k_2^2)}}$$

例 6. 假设一个质量惯性矩为 $2I$ 的盘固定在图 1.1d(见 1.1 节)中轴的长度中心位置。试通过 Rayleigh 法估计主旋转振动模态的角频率。

解：为了求解旋转角位移，在轴的中点位置施加大小为 $2I\alpha$ 的扭矩，并在端点处施加大小为 $I\alpha$ 的扭矩。这种扭矩加载方式将在中点位置处产生旋转角位移 $3I\alpha/(2k_r)$，并在端点位置处产生旋转角位移 $3I\alpha/(2k_r) + I\alpha/(2k_r) = 2I\alpha/k_r$（其中 k_r 表示整根轴的扭转刚度）。将上述角位移的推导结果代入式(1.21)，可得

$$\omega^2 = \frac{\alpha\{2I[3I\alpha/(2k_r)] + I(2I\alpha/k_r)\}}{2I[3I\alpha/(2k_r)]^2 + I(2I\alpha/k_r)^2}$$

因此

$$\omega = \sqrt{\frac{10k_r}{17I}} = 0.767\sqrt{\frac{k_r}{I}}$$

习题 1.5

1.5 - 1. 参照图 1.16 中的悬臂梁，假设该梁的振型用 $\upsilon = \upsilon_{\mathrm{m}} \left[1 - \cos \dfrac{\pi x}{2l} \right]$ 表示，其中 υ_{m} 为自由端的位移。试用 Rayleigh 法求解端部不受载荷作用（$W=0$）的匀质梁发生横向振动时的振动周期。（注意：振型假设将引起约 4% 的周期估计误差）

1.5 - 2. 图 1.15 中的梁由两端简支变为两端固支。假设梁的振型与静载 W 作用时的挠曲线相同，试问在计算梁横向振动的固有周期时，应增加到跨距中点载荷 W 上的重量占到系统总重量的比例是多少？

1.5 - 3. 重新分析习题 1.5 - 2 中的两端固支梁。该匀质梁总重量为 wl，弯曲刚度为 EI。假设梁的振型与一个完整周期的余弦函数相同，即如果将梁的左端点看作坐标原点，则其动态挠曲线可用方程 $\upsilon = \dfrac{\upsilon_{\mathrm{m}}}{2} \left(1 - \cos \dfrac{2\pi x}{l} \right)$ 表示，其中 υ_{m} 是梁中点处的位移。试用 Rayleigh 法求解梁横向振动时的周期。

1.5 - 4. 对于习题 1.2 - 6 中给出的龙门架，假设竖直管柱的质量密度为 20 lb/ft，且管柱下端与地面用销钉连接，试在所有已知数据及振型函数与习题 1.2 - 6(2) 相同的条件下，计算管柱质量变动后龙门架横向振动的固有周期。

1.5 - 5. 假设如图所示的匀质梁 ABC 在受到位于 C 点处的载荷作用后产生静态挠曲线。试确定在计算梁横向振动的固有频率时，需要在 C 点处的载荷 W 上增加的重量占到梁重量的百分比。

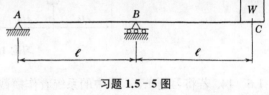

习题 1.5 - 5 图

1.5 - 6. 假设 1.2 节图 1.2a 中的弹簧，受其自重作用产生形变。若令弹簧单位长度的重量为 w 并移除载荷 W，试用 Rayleigh 法估计弹簧主模态的角频率。这时假设弹簧振型与其自身重量引起的静态加载变形相同。

1.5 - 7. 考虑 1.2 节中的图 1.6a。图中的重物 W 用两弹簧串联悬挂。若用符号 l_1 和 w_1 分别表示刚度为 k_1 的弹簧的长度和单位长度重量，用 l_2 和 w_2 分别表示刚度为 k_2 的弹簧的对应项。试在假设系统振型为载荷 W 静态加载形成的挠曲线的条件下，计算弹簧质量的变化量。

1.5 - 8. 在如图所示的阶梯轴中，用符号 i_1 和 i_2 分别表示第 1 段轴和第 2 段轴单位长度的质量惯性矩，用 $k_{\mathrm{r}1}$ 和 $k_{\mathrm{r}2}$ 分别表示相应轴段的扭转刚度。阶梯轴的左端固定圆盘，并假设轴的扭转变形与作用于盘上的静力矩引起的变形相同。若要校正阶梯轴质量惯性矩，试推导须在盘的惯性矩 I 上增加的那部分惯性矩的表达式。

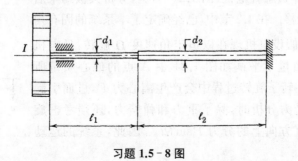

习题 1.5 - 8 图

1.5‒9. 重新分析 1.3 节的习题 1.3‒7,这时将 n 根径向轮辐中每根轮辐的重量均改为 W_s。试计算这种情况下轮缘旋转振动频率。

1.5‒10. 重新分析 1.3 节例 2 中的图 1.10a,假设系统中每根轮辐的质量 wR/g 沿其长度均匀分布,试计算轮辐质量改变后飞轮的旋转振动频率。

1.5‒11. 假设将图 1.18 中等截面梁的均布质量集中到梁上的三个四分之一节点处,集中质量的重量 W_1、W_2 和 W_3 均等于 $wl/4$,试用 Rayleigh 法计算主模态周期的近似值。

1.5‒12. 如图所示为等截面悬臂梁的集中质量分析模型。试用 Rayleigh 法估计主模态周期。

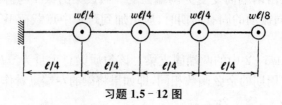

习题 1.5‒12 图

1.5‒13. 如图所示为两端固支光轴的集中惯性分析模型。试估计旋转振动主模态的角频率。

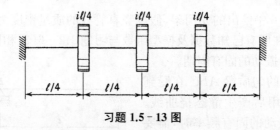

习题 1.5‒13 图

1.5‒14. 若将习题 1.5‒12 中的系统看作横截面积为 A 的等截面杆发生轴向振动时的集中质量分析模型,试用 Rayleigh 法估计轴向振动一阶模态的角频率。

1.6　受迫振动的稳态响应

　　1.2 节研究了质量弹簧系统的自由振动问题。从中发现,质量块的运动仅取决于系统的初始条件及物理特性 k 与 $m=W/g$。这两个物理特性还共同决定了振动的固有频率。如果系统受到诸如时变力或特定支承运动等其他扰动因素的作用,则其动力学特性更为复杂。在工程实际中,经常会遇到系统受周期扰动函数作用的情况,这时系统对该扰动载荷的响应称为受迫振动。

　　以重量为 W 的弹簧悬置电机(图 1.21)为例,分析其被约束后在垂直方向的振动位移。在 1.2 节中,已经确定了本系统的固有角频率 $\omega=\sqrt{kg/W}$。假设电机现在以恒定角速度 Ω 旋转,且电机转子中存在的轻微质量不平衡如图 1.21 中 A 点的偏心质量所示。该不平衡质量在转子旋转过程中会产生离心力 P,进而引起系统的受迫振动。受力分析时,除了重力和弹簧力,还须考虑旋转离心力向量在垂直方向上的分力 $P\sin\Omega t$。因此,系统的运动方程可写成

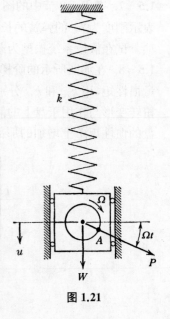

图 1.21

$$\frac{W}{g}\ddot{u} = W - (W + ku) + P\sin\Omega t \tag{a}$$

式中，$P\sin\Omega t$ 称为简谐扰动函数。在方程(a)中引入符号

$$\omega^2 = \frac{k}{m} = \frac{kg}{W} \quad 和 \quad q = \frac{P}{m} = \frac{Pg}{W} \tag{b}$$

可得

$$\ddot{u} + \omega^2 u = q\sin\Omega t \tag{1.22}$$

该方程的一个特解可通过假设 u 正比于 $\sin\Omega t$ 得到。这种情况下的特解表示为

$$u = C_3 \sin\Omega t \tag{c}$$

式中，C_3 为常数。由于该常数的取值满足方程(1.22)，因此将式(c)代入方程(1.22)后可得

$$C_3 = \frac{q}{\omega^2 - \Omega^2}$$

方程的特解

$$u = \frac{q\sin\Omega t}{\omega^2 - \Omega^2} \tag{d}$$

将特解表达式(d)与齐次方程(1.1)的通解(1.2)相加，可得

$$u = C_1\cos\omega t + C_2\sin\omega t + \frac{q\sin\Omega t}{\omega^2 - \Omega^2} \tag{1.23}$$

式(1.23)即为方程(1.22)的完备解，其中包含两个积分常数。

　　式(1.23)中的前两项表示已经求解得到的自由振动，而受制于扰动外力的第三项表示系统的受迫振动。受迫振动的周期与旋转离心力的周期 $T = 2\pi/\Omega$ 相同。用式(b)中的符号改写式(d)，并略去自由振动成分[①]，可得受迫振动稳态响应的计算公式

$$u = \left(\frac{P}{k}\sin\Omega t\right)\left(\frac{1}{1 - \Omega^2/\omega^2}\right) \tag{1.24}$$

式(1.24)中的系数 $\dfrac{P}{k}\sin\Omega t$ 可看作扰动力 $P\sin\Omega t$ 以静载形式作用在电机上产生的变形；第二项 $1/(1 - \Omega^2/\omega^2)$ 表示扰动力产生的动态效应。通常把后者的绝对值称为放大系数，即

$$\beta = \left|\frac{1}{1 - \Omega^2/\omega^2}\right| \tag{e}$$

式(e)中的 β 仅取决于频率比 Ω/ω，而其取值为扰动力作用频率与系统自由振动频率相除的结果。图 1.22 为放大系数 β 随频率比的变化曲线。从图中看到，当扰动力频率与自由振动频率相比较小时，频率比 Ω/ω 较小，放大系数的值近似为 1。这种情况下的变形量基本与 $P\sin\Omega t$ 静态作用在电机上引起的变形量相等。

---

① 自由振动与受迫振动的联合作用效应将在下一节进行讨论。

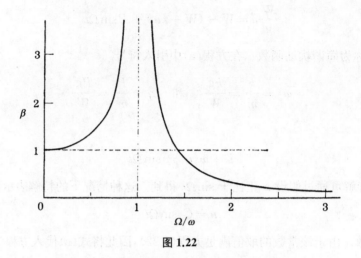

图 1.22

当频率比 Ω/ω 近似为 1 时,放大系数与受迫振动幅值迅速增加。当扰动力频率与系统自由振动频率相等时(即 $\Omega=\omega$),放大系数与受迫振动幅值趋于无穷。该条件即为系统的共振条件。受迫振动的幅值趋于无穷,表明作用在振动系统上的周期力如果时机和方向均恰好合适,则在无能量损耗的条件下,系统振动幅值会迅速增至无穷大。但由于工程实际中存在阻尼,能量损耗现象总是存在。对于有阻尼条件下的受迫振动幅值,将会在后续内容(见 1.9 节)中进行讨论。

若扰动力频率继续增加,则当其超过自由振动频率时,放大系数再次减小为有限值。这之后,放大系数的绝对值随频率比 Ω/ω 的增大逐渐减小。当频率比增至较大取值时,放大系数趋于零。因此,当作用在物体上的周期力频率较高时,物体的振动幅值较小,在有些情况下甚至可认为其保持静止。

分析表达式 $\dfrac{1}{1-\Omega^2/\omega^2}$ 的符号变化:一方面,所有满足 $\Omega<\omega$ 的条件下,表达式取值为正,质量块的振动位移与扰动力方向相同;另一方面,若 $\Omega>\omega$,则表达式取值为负,质量块位移与扰动力方向相反。称第一种情况的振动响应与激励同步,第二种情况的振动响应与激励反相位。

以上分析中,扰动力正比于 $\sin\Omega t$。但如果令扰动力正比于 $\cos\Omega t$,依然可以得到相同结论。除此之外,当支承发生运动(地面运动)时,系统也可产生受迫振动。例如,考虑图 1.23 中的弹簧悬置质量。假设弹簧上端发生垂直方向的简谐运动

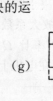

$$u_{\mathrm{g}}=d\sin\Omega t \tag{f}$$

并假设从悬置质量的平衡位置($u_{\mathrm{g}}=0$)算起度量位移 u,则任意时刻 t 弹簧伸长量为 $u-u_{\mathrm{g}}+\delta_{\mathrm{st}}$,弹簧力为 $k(u-u_{\mathrm{g}})+W$。因此,质量块的运动方程可写成

$$\frac{W}{g}\ddot{u}=W-\left[W+k(u-u_{\mathrm{g}})\right] \tag{g}$$

图 1.23

将 u_{g} 的表达式(f)代入该方程,并定义符号

$$\omega^2 = \frac{k}{m} = \frac{kg}{W} \quad 和 \quad q_g = \frac{kd}{m} = \frac{kgd}{W} \tag{h}$$

可得

$$\ddot{u} + \omega^2 u = q_g \sin\Omega t \tag{1.25}$$

式(1.25)的数学形式与方程(1.22)相同。由此得出结论,弹簧上端发生指定简谐运动 $d\sin\Omega t$ 时的作用效果等价于扰动力 $(kd)\sin\Omega t$ 直接作用在质量块上,且前述所有关于方程(1.22)解的结论在本问题中依旧成立。因此,本问题中的稳态受迫振动仍由以下方程定义:

$$u = (d\sin\Omega t)\frac{1}{1 - \Omega^2/\omega^2} \tag{1.26}$$

式(1.26)中的 $d\sin\Omega t$ 可看作支承位移变化较慢(或保持静止)时的质量块运动位移,而另一项 $1/(1 - \Omega^2/\omega^2)$ 引入了支承运动频率非零的特征。因此,为了求解系统的稳态响应,在分析任何此类问题时只须考虑支承发生静态位移时引起的质量块位移。

在某些情况下,分析地面加速度比分析地面位移更加方便。原因是我们通常利用加速度计测量地面运动的特征信息。例如,地震时的地面运动通常采用三个相互正交(南—北向、东—西向、铅垂方向)的地面加速度进行度量和报告。因此,暂不考虑地面发生周期位移的分析方法,换而采用周期加速度法分析地面运动引起的系统振动。

现在假设图 1.23 中弹簧上端的运动有以下简谐加速度规律:

$$\ddot{u}_g = a\sin\Omega t \tag{i}$$

将方程(g)整理为

$$\frac{W}{g}\ddot{u} + k(u - u_g) = 0 \tag{j}$$

为了在方程(j)中利用式(i),进行下列坐标变换:

$$u^* = u - u_g, \ \ddot{u}^* = \ddot{u} - \ddot{u}_g \tag{k}$$

式(k)中,符号 u^* 为质量与地面的相对位移。将式(k)中的 $u - u_g$ 和 $\ddot{u}$ 代入方程(j),整理后得到

$$\frac{W}{g}\ddot{u}^* + ku^* = -m\ddot{u}_g = -\frac{W}{g}\ddot{u}_g \tag{l}$$

定义符号

$$\omega^2 = \frac{k}{m} = \frac{kg}{W} \quad 和 \quad q_g^* = -a \tag{m}$$

并将式(i)代入方程(l),可得

$$\ddot{u}^* + \omega^2 u^* = q_g^* \sin\Omega t \tag{1.27}$$

该方程的数学形式与方程(1.22)和方程(1.25)相同。

方程(1.27)解的变化规律与前文示例中解的变化规律相似。因此可得出结论,用相对坐标[坐标定义式(k)]表示的系统振动响应与周期力 $-ma\sin\Omega t = -(W/g)a\sin\Omega t$ 作用引起的

振动响应相同。在这种情况下,系统相对运动支承的受迫振动稳态响应为

$$u^* = \left(-\frac{Wa}{kg}\sin\Omega t \right) \frac{1}{1-\Omega^2/\omega^2} \tag{1.28}$$

以此为基础,在已知地面初始位移和速度的条件下,可计算质量块的绝对运动。另外也注意到,初始条件是否已知并不是问题分析的关键,因为相对运动已经决定了结构中力的大小(本问题中的力由弹簧运动确定)。

例 1. 图 1.1d 中的轴受到周期扭矩 $d\sin\Omega t$ 的作用发生扭转振动。若扭振自由振动频率为 $f=10$ cps,扭矩作用频率 $\Omega=10\pi$ rad/s,扭矩 M 产生的扭转角(静态加载)为 0.01 rad,试求扭转受迫振动振幅。

解:本例的运动方程为(见 1.3 节)

$$\ddot{\phi} + \omega^2\phi = \frac{M}{I}\sin\Omega t \tag{n}$$

式中,ϕ 为扭转角;$\omega^2 = k_r/I$。受迫振动为

$$\phi = \frac{M}{I(\omega^2-\Omega^2)}\sin\Omega t = \frac{M}{k_r(1-\Omega^2/\omega^2)}\sin\Omega t \tag{o}$$

注意到有 $M/k_r = 0.01$ 和 $\omega = 2\pi f = 20\pi$,因此可解得振幅

$$\phi_m = \frac{0.01}{1-1/4} = 0.0133\text{ rad}$$

例 2. 如图 1.24 所示的车轮以恒定速度 v 沿水平方向滚过波浪形路面。假设弹簧在载荷 W 的作用下产生静变形 $\delta_{st}=3.86$ in.;不计质量车轮的移动速度 $v=60$ ft/s;地面波用方程 $y=d\sin\pi x/l$ 表示,其中 $d=1$ in.、$l=36$ in.。试确定与轮轴相连的载荷 W 在垂直方向的受迫振动幅值。

解:分析弹簧支承载荷 W 在垂直方向的振动,可解得振动角频率的平方即 $\omega^2 = g/\delta_{st} = 100$ s^{-2}。因波浪形地面作用,滚轮中心 O 沿垂直方向振动。假设初始时刻 $(t=0)$ 车轮与地面的接触点位于 $x=0$ 处,并令 $x=vt$,则可用方程 $y=d\sin\pi vt/l$ 定义垂直振动。将 $d=1$ in.、$\Omega=\pi v/l=20\pi$ s^{-1} 和 $\omega^2=100$ s^{-2} 代入式(1.26),便可确定载荷 W 的受迫振动。相应的受迫振动幅值为 $1/(4\pi^2-1)=$

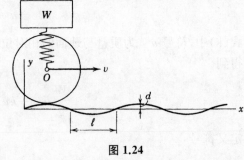

图 1.24

0.026 in.。当车轮移动速度 $v=60$ ft/s 时,车轮在垂直方向的振荡只有一小部分传递给载荷 W。如果取移动速度 v 为上一种情况的 $1/4$,则可解得 $\Omega=5\pi$,相应的受迫振动幅值变为 $1/(\pi^2/4-1)=0.68$ in.。继续减小车轮移动速度 v,可得系统共振条件 $(\pi v/l=\omega)$,这时载荷 W 将产生剧烈振动。

例 3. 重新分析 1.2 节例 3 中刚性柱支承平台的振动。假设地面在 x 方向有简谐加速度[由式(i)定义]。如果 $a=5$ m/s^2 且 $\Omega=40$ rad/s,试确定平台受迫振动的稳态响应振幅。

解:式(1.28)为系统相对地面的稳态响应表达式,其中响应幅值为

$$u_{\mathrm{m}}^{*} = \frac{ma}{k} \frac{1}{1 - \Omega^2/\omega^2} \tag{p}$$

根据 1.2 节中的例 3,有 $m = 20\,\mathrm{t}$ 和 $k = 48.8\,\mathrm{MN/m}$。因此

$$\omega^2 = \frac{k}{m} = \frac{48.8}{20} = 2\,440\,\mathrm{s}^{-2}$$

等效静力的幅值 $\qquad\qquad ma = 20 \times 5 = 100\,\mathrm{kN}$

这时的放大系数 $\qquad \beta = \frac{1}{1 - \Omega^2/\omega^2} = \frac{1}{1 - (1\,600/2\,440)} = 2.90$

最后,相对坐标表示的受迫振动幅值可根据式(p)计算:

$$u_{\mathrm{m}}^{*} = \frac{100 \times 2.90}{48.8} = 5.94\,\mathrm{mm}$$

斜拉支承钢丝在振幅影响下的应力变化量

$$\frac{\sqrt{2}\,k u_{\mathrm{m}}^{2}}{4A} = \frac{\sqrt{2} \times 48.8 \times 5.94 \times 10^{-3}}{4 \times 5 \times 10^{-4}} = 205\,\mathrm{MPa}$$

例 4. 如图 1.2a 所示,假设垂向周期力 $P\sin\Omega t$ 直接作用在与支承点距离为 c 的弹簧上。试求解载荷 W 的稳态响应。

解:考虑将弹簧分为如图 1.6a 所示的两部分。令长度为 c 的一段弹簧常数为 k_1,另一段弹簧常数为 k_2。根据 1.2 节中的例 2,可得如下关系式:

$$k = \frac{k_1 k_2}{k_1 + k_2} \tag{q}$$

任意时刻,轻质弹簧传递给质量块的力为

$$F(t) = \frac{k_2}{k_1 + k_2} P\sin\Omega t = \frac{k_1 k_2}{k_1 + k_2} \frac{P\sin\Omega t}{k_1} \tag{r}$$

式(r)中的第二项表示扰动函数静态加载引起的质量块位移。若引入符号

$$\Delta_{\mathrm{st}} = \frac{P}{k_1} \tag{s}$$

则可将式(r)改写为

$$F(t) = k\Delta_{\mathrm{st}}\sin\Omega t \tag{t}$$

因此,式(t)表示的等效扰动函数 $F(t)$ 可用于替换式(1.24)中的 $P\sin\Omega t$,并由此得到稳态响应

$$x = (\Delta_{\mathrm{st}}\sin\Omega t)\frac{1}{1 - \Omega^2/\omega^2} \tag{u}$$

由推导过程可知,求解本例时只须考虑质量块的静位移,不用确定扰动函数的作用点。

习题 1.6

1.6 - 1. 如果图 1.23 中的弹簧上端按幅值 $d=1$ in.、角频率 $\Omega=180 \text{ s}^{-1}$ 的简谐规律沿竖直方向运动,试在假设重物静变形量 $\delta_{\text{st}}=3$ in. 的情况下,求解悬置载荷 W 的受迫振动幅值。

1.6 - 2. 在图 1.21 中,一个重量 $W=45$ N 的悬置质量块引起的静变形 $\delta_{\text{st}}=2.5$ cm。 试计算质量块在 $P=9$ N、$\Omega=10\pi \text{ s}^{-1}$ 的周期力 $P\cos\Omega t$ 作用下的受迫振动幅值。

1.6 - 3. 如图所示的 8 in.工字钢梁两端简支,净跨距 $l=12$ ft, $I=57.6$ in.[4]。 在梁的中点位置支承有重量 $W=1\,000$ lb 的电机,电机转速为 $1\,800$ rpm。 由于电机存在不平衡质量,其在运转过程中将产生离心力 $P=500$ lb。 试在忽略梁质量的情况下,计算受迫振动的稳态响应幅值。

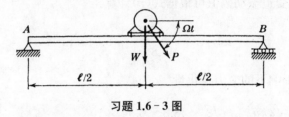

习题 1.6 - 3 图

1.6 - 4. 横截面惯性矩 $I=1.7\times10^{-6}$ m[4] 钢梁的支承方式如图所示。在其自由端支承了重量 $W=2.7$ kN 的质量块。支点 A 在垂直方向按照表达式 $v_A=d\sin\Omega t$ 运动,其中 $d=3$ mm、$\Omega=30 \text{ s}^{-1}$,B 点保持不动。试在忽略梁质量的情况下,计算质量块 W 发生受迫振动的稳态响应幅值。

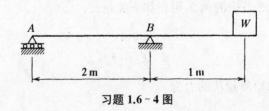

习题 1.6 - 4 图

1.6 - 5. 如图所示,重量 $W=12\times1\,000$ lb 的质量块被支承于简支梁的中点位置。简支梁由两根 6 in.槽钢 ($I=2\times17.4=34.8$ in[4]) 背靠背焊接而成。若梁的一端受到周期力矩 $M=M_1\cos\Omega t$ 作用,且 $\Omega=0.90\omega$、$M_1=10\,000$ lb-in.,试在忽略梁质量的情况下,计算 W 发生受迫振动时的稳态响应幅值。

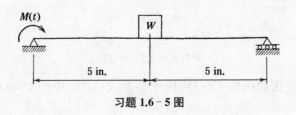

习题 1.6 - 5 图

1.6 - 6. 假设习题 1.6 - 3 中的电机停止运转,但梁的两个支点 A 和 B 以 1.6 节中式(i)的加速度变化规律沿垂直方向运动。若式(i)中 $a=40$ in./s[2]、$\Omega=60$ rad/s,试求解电机受迫振动的稳态响应振幅。

1.7 受迫振动的瞬态响应

上一节的内容只分析了式(1.23)表示的受迫振动的最后一项。一般情况下,扰动力的作用还能够引起系统的自由振动,且自由振动由式(1.23)的前两项表示。因此,扰动力作用下的系统运动是两个振幅和周期均不相同的简谐运动的叠加,且叠加后的运动更复杂。在推导式(1.23)的过程中,未考虑阻尼对振动的影响。如果将阻尼效应考虑在内,则自由振动将在短时间内消失,剩余的只有稳态受迫振动,且受迫振动将因扰动力的持续作用一直得以维持。含阻尼情况下系统振动的一个实例可用图 1.25 中的位移曲线表示。图中虚线表示角频率为 Ω 的受迫振动。虚线上叠加了更高频率 ω 的自由振动,其幅值因阻尼而逐渐衰减。因此,表示完整运动位移的实线将会逐渐趋于虚线表示的稳定状态。从图中可以看出,在运动开始阶段的几个周期内,自由振动依然存在。这段时间内系统的响应状态称为瞬态。工程实际中,有时我们也会对这类运动状态感兴趣。

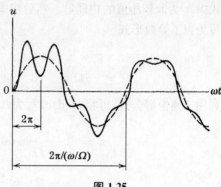

图 1.25

自由振动的幅值可通过引入初始条件,进而根据式(1.23)计算。仿照 1.2 节的做法,令 $t=0$ 时刻 $u=u_0$、$\dot{u}=\dot{u}_0$。将两个初始条件代入式(1.23),并求时间的一阶导数,可得

$$C_1 = u_0 \quad \text{和} \quad C_2 = \frac{\dot{u}_0}{\omega} - \frac{q\Omega/\omega}{\omega^2 - \Omega^2} \tag{a}$$

将以上两个常数值代入式(1.23),可得

$$u = u_0 \cos\omega t + \frac{\dot{u}_0}{\omega}\sin\omega t + \frac{q}{\omega^2 - \Omega^2}\left(\sin\Omega t - \frac{\Omega}{\omega}\sin\omega t\right) \tag{1.29a}$$

若初始条件取 $u_0 = \dot{u}_0 = 0$,上式可简化为

$$u = \frac{q}{\omega^2 - \Omega^2}\left(\sin\Omega t - \frac{\Omega}{\omega}\sin\omega t\right) \tag{1.29b}$$

式(1.29b)表示系统对扰动函数 $P\sin\Omega t$ 的响应。其由两部分组成:第一部分为正比于 $\sin\Omega t$ 的稳态响应(上一节论述的内容),第二部分为正比于 $\sin\omega t$ 的自由振动。两部分振动虽然均为简谐函数,但因频率不同,求和后的总响应位移将不按简谐规律变化。

如果扰动函数不再是 $P\sin\Omega t$,而是取 $P\cos\Omega t$,则式(1.23)中的 $\sin\Omega t$ 被替换为 $\cos\Omega t$。这种情况下,由初始条件确定的积分常数为

$$C_1 = u_0 - \frac{q}{\omega^2 - \Omega^2} \quad \text{和} \quad C_2 = \frac{\dot{u}_0}{\omega} \tag{b}$$

将以上两个常数值代入解的表达式,可得

$$u = u_0 \cos\omega t + \frac{\dot{u}_0}{\omega}\sin\omega t + \frac{q}{\omega^2 - \Omega^2}(\cos\Omega t - \cos\omega t) \tag{1.30a}$$

若初始条件取 $u_0 = \dot{u}_0 = 0$,则上式变为

$$u = \frac{q}{\omega^2 - \Omega^2}(\cos\Omega t - \cos\omega t) \tag{1.30b}$$

这时,响应中的自由振动在不考虑频率比 Ω/ω 的前提下,与稳态振动幅值相等。

在上述讨论中,我们特别感兴趣的问题是扰动函数频率与系统自由振动频率相等或接近时的系统振动状态,即 Ω 与 ω 接近的情况下系统如何振动。为了研究这一问题,引入符号

$$\omega - \Omega = 2\varepsilon \tag{c}$$

式中,ε 为取较小值的物理量。然后将式(1.29b)(该式表示扰动函数 $P\sin\Omega t$ 引起的系统响应)改写为以下等效形式[1]:

$$u = \frac{q/\omega}{\omega^2 - \Omega^2}\left[\frac{\omega+\Omega}{2}(\sin\Omega t - \sin\omega t) + \frac{\omega-\Omega}{2}(\sin\Omega t + \sin\omega t)\right] \tag{d}$$

利用三角恒等公式,可将式(d)改写为

$$u = \frac{q/\omega}{\omega^2 - \Omega^2}\Big[(\omega+\Omega)\cos\frac{(\Omega+\omega)t}{2}\sin\frac{(\Omega-\omega)t}{2} +$$
$$(\omega-\Omega)\sin\frac{(\Omega+\omega)t}{2}\cos\frac{(\Omega-\omega)t}{2}\Big] \tag{e}$$

将符号(c)代入式(e)并做简化后可得

$$u = -\frac{q}{2\omega}\left[\frac{\sin\varepsilon t}{\varepsilon}\cos(\omega-\varepsilon)t - \frac{\cos\varepsilon t}{\omega-\varepsilon}\sin(\omega-\varepsilon)t\right] \tag{f}$$

式(f)取极限后为[2]

$$\lim_{\varepsilon\to 0} u = -\frac{q}{2\omega^2}(\omega t\cos\omega t - \sin\omega t) \tag{1.31a}$$

将式(1.31a)写成含相位角的形式

$$u = -\frac{q}{\omega^2}A\cos(\omega t - \alpha) \tag{g}$$

其中

$$A = \frac{1}{2}\sqrt{(\omega t)^2 + 1} \quad 和 \quad \alpha = \arctan\frac{-1}{\omega t} \tag{h}$$

因此,在图1.26所示的 $\Omega = \omega$ 的特定情况下,振幅将随时间的推移趋于无穷大。图中实线代表式(1.31a)的位移无量纲化后的函数曲线,虚线同样表示位移无量纲化后式中的第一项。从图中看到,式(1.31a)中的第一项经过一段时间后,能够较好地近似系统总响应,即

$$\lim_{\varepsilon\to 0} u = -\frac{qt}{2\omega}\cos\omega t \tag{1.31b}$$

---

① 这一解的等效形式由 Interactive Technology 股份有限公司机械工程部的 C. C. Wang 在1970年通过私人信件形式提供。

② 利用 L'Hospital(洛必达)法则,也可由式(1.29b)得到式(1.31a)所示结果。

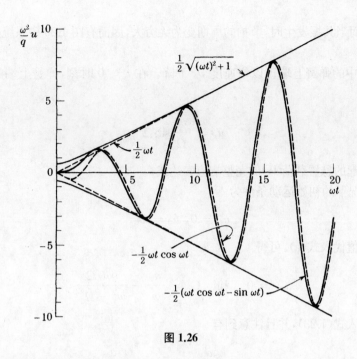

图 1.26

图 1.26 中的曲线表明,无阻尼系统共振时的受迫振动幅值理论上趋于无穷,但无穷振幅也需要无限长时间来累积。因此,如果能保证工作在共振频率之上的机器快速通过共振区,则能保证机器安全越过共振状态。然而在试验中发现,如果某个振动系统在共振频率之下达到稳定状态,则其仅通过机器运行速度来加速通过共振区将变得十分困难。若一味地为机器通过共振区提供额外能量,将加剧系统振动。

当扰动函数频率与振动系统的固有频率接近(不完全相等)时,可观察到特殊的拍振现象。式(f)表示的就是这一特殊情况发生时的振动响应。将该式第一项进行简化,可得到这种情况下的较好近似:

$$u \approx -\frac{q\sin\varepsilon t}{2\omega\varepsilon}\cos\omega t \tag{1.32}$$

由于式(1.32)中的 ε 表示取较小值的物理量,因此函数 $\sin\varepsilon t$ 的变化速度将十分缓慢,而它的周期 $2\pi/\varepsilon$ 将会较长。所以,式(1.32)可用来表示周期为 $2\pi/\omega$、幅值变化规律为 $\frac{q\sin\varepsilon t}{2\omega\varepsilon}$ 的振动。如图 1.27 所示,这类振动的幅值会按照一定节拍增长和衰减。当 Ω 趋于 ω(或 $\varepsilon \to 0$)时,节拍的周期

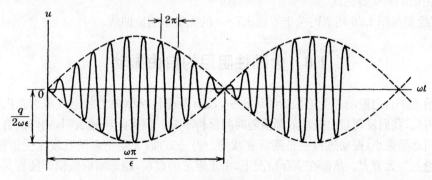

图 1.27

π/ε 逐渐增大。而当共振发生时,节拍的周期变为无穷大,因而有图 1.26 中系统振幅持续增大的现象。

例. 图 1.23 中的弹簧上端正以匀速度 v_0 下降。在 $t=0$ 时刻,弹簧上端的运动规律突然变为

$$u_g = \frac{v_0}{\Omega}\sin\Omega t \tag{i}$$

试求这一变化引起的悬置载荷 W 的完整响应表达式。

解:这种情况下的初始运动条件为

$$u_0 = 0, \quad \dot{u}_0 = v_0 \tag{j}$$

将初始条件的取值代入式(a),可得

$$C_1 = 0 \quad \text{和} \quad C_2 = \frac{v_0}{\omega} - \frac{q\omega/\Omega}{\omega^2 - \Omega^2} \tag{k}$$

将两个常数值代入式(1.23),并且注意到有

$$q_g = \frac{kgd}{W} = \omega^2 d = \frac{\omega^2 v_0}{\Omega}$$

可解得响应为

$$u = \frac{v_0/\Omega}{1 - \Omega^2/\omega^2}\left(\sin\Omega t - \frac{\Omega^3}{\omega^3}\sin\omega t\right) \tag{l}$$

习题 1.7

1.7-1. 在图 1.21 所示的系统中,电机重量 $W=10$ lb,弹簧常数 $k=10$ lb/in.。假设作用力为 $P\sin\Omega t$,其中 $P=2$ lb,$\Omega = 10\pi\,\mathrm{s}^{-1}$,$t=0$ 时刻的初始条件 $u_0 = \dot{u}_0 = 0$。试确定 W 在 $t=1\,\mathrm{s}$ 时刻的位移和速度。

1.7-2. 若将习题 1.7-1 中的力由 $P\sin\Omega t$ 变为 $P\cos\Omega t$,且其他已知条件保持不变,试确定 W 在 $t=1\,\mathrm{s}$ 时刻的位移和速度。

1.7-3. 若将图 1.21 中作用在电机 W 上的载荷由 $P\sin\Omega t$ 变为 $P\cos\Omega t$,试推导该载荷条件下与式(1.31a)类似的响应表达式。

1.7-4. 试绘制与图 1.26 相似的关于习题 1.7-3 的无量纲响应曲线。

1.8 含黏性阻尼的自由振动

在之前关于自由振动和受迫振动的讨论中,没有考虑包括摩擦力或空气阻力在内的耗散力的影响。因此,我们发现自由振动的幅值随时间保持不变。但实际经验表明,物体的自由振动幅值会随时间逐渐变小,振动过程也是逐渐衰减的。另一方面,无阻尼系统在发生受迫振动时,共振幅值理论上为无穷大。然而在实际情况下,由于阻尼的存在,稳态响应振幅即便在共振发生时也总是取有限值。

根据上述分析,为了使振动过程的推导更符合工程实际,必须考虑阻尼力的影响。阻尼力的来源可能各有不同。例如,干燥表面的滑动摩擦、润滑表面的摩擦、空气或液体阻力、电气阻尼、材料弹性缺陷引起的内摩擦等因素,均可产生阻尼力。在上述所有能量损耗因素中,将阻尼力与速度成正比的阻尼类型称为黏性阻尼,且该类型阻尼的数学形式最为简单。因此,为了便于分析,通常用等效黏性阻尼来代替特性复杂的阻尼。等效阻尼定义为使系统在每个周期内损耗的能量与实际阻力损耗的能量相等。比如摩擦阻尼就可采用这种方法转换为等效黏性阻尼。

现在,来考虑含黏性阻尼的质量弹簧系统,其中系统阻尼由图 1.28 中的阻尼器提供。假设阻尼器中的黏性液体与速度成比例地抵抗质量块运动。在这种情况下,系统的运动微分方程为

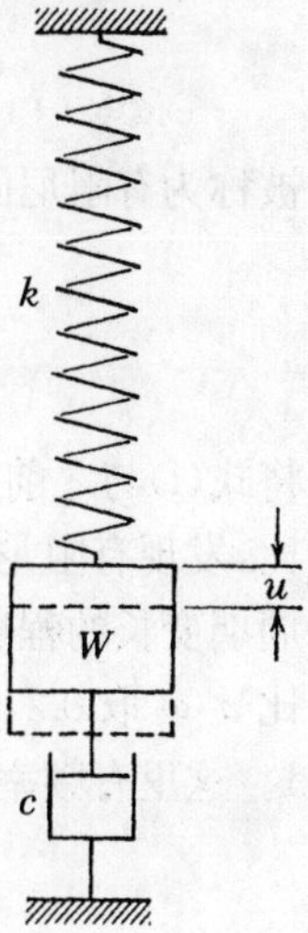

$$\frac{W}{g}\ddot{u} = W - (W + ku) - c\dot{u} \tag{a}$$

方程(a)中的系数 c 表示黏性阻尼系数或阻尼常数,量纲为单位速度的力。阻尼力前的负号,表示力的作用方向总是与速度方向相反。将方程(a)除以 $m = W/g$,并引入符号

$$\omega^2 = \frac{k}{m} = \frac{kg}{W} \quad \text{和} \quad 2n = \frac{c}{m} = \frac{cg}{W} \tag{b}$$

可得以下含黏性阻尼的自由振动方程:

$$\ddot{u} + 2n\dot{u} + \omega^2 u = 0 \tag{1.33}$$

利用常系数线性微分方程的求解方法,可假设微分方程有以下解的形式:

$$u = Ce^{rt} \tag{c}$$

式中,e 表示自然对数的底数;t 为时间;r 为使式(c)满足方程(1.33)的常数。将式(c)代入方程(1.33),可得

$$r^2 + 2nr + \omega^2 = 0$$

其中

$$r = -n \pm \sqrt{n^2 - \omega^2} \tag{d}$$

首先考虑物理量 $n^2 < \omega^2$ 的情况,这里 n^2 的取值取决于阻尼大小。在这种情况下,物理量

$$\omega_d^2 = \omega^2 - n^2$$

为正数,可得两个复数形式的根:

$$r_1 = -n + i\omega_d \quad \text{和} \quad r_2 = -n - i\omega_d$$

将这两个根代入表达式(c),可得方程(1.33)的两个解。这两个解的和或差乘以任意常数后仍为方程的解。依照这一结论,得到的两个解分别为

$$u_1 = \frac{C_1}{2}(e^{r_1 t} + e^{r_2 t}) = C_1 e^{-nt} \cos\omega_d t$$

$$u_2 = \frac{C_2}{2i}(e^{r_1 t} - e^{r_2 t}) = C_2 e^{-nt} \sin\omega_d t$$

图 1.28

将两个解相加,可得方程(1.33)具有以下形式的通解:

$$u = e^{-nt}(C_1 \cos \omega_d t + C_2 \sin \omega_d t) \tag{1.34}$$

式中,常数 C_1 和 C_2 由初始条件决定。通解(1.34)中的系数 e^{-nt} 随时间减小,因此也使初始时刻开始的振动随时间推移逐渐衰减。

式(1.34)括号中的表达式与之前得到的无阻尼振动形式[见式(1.2)]相同,表示角频率为 ω_d 的周期函数,其中

$$\omega_d = \sqrt{\omega^2 - n^2} \tag{e}$$

被称为有阻尼固有角频率,相对应的周期

$$\tau_d = \frac{2\pi}{\omega_d} = \frac{2\pi}{\omega} \frac{1}{\sqrt{1 - (n^2/\omega^2)}} \tag{f}$$

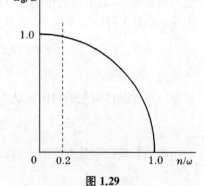

图 1.29

将式(f)与之前得到的无阻尼固有振动周期 $\tau = 2\pi/\omega$ 进行对比,发现有阻尼振动的周期更长。但如果 n 比 ω 小得多,则周期变长的程度非常有限,以至于可被忽略。此外,即使阻尼比 n/ω 取 0.2,频率比 ω_d/ω 也会像图 1.29 一样取值接近于 1。这里有频率比表达式

$$\frac{\omega_d}{\omega} = \sqrt{1 - \frac{n^2}{\omega^2}}$$

该函数式为圆的方程,其函数曲线位于直角坐标系的第一象限。

为了确定式(1.34)中的常数 C_1 和 C_2,假设初始时刻 $(t=0)$ 振动体偏离平衡位置 u_0,初始速度为 $\dot{u}_0$。将两个初始条件分别代入式(1.34)及其对时间的一阶导数表达式中,可得

$$C_1 = u_0 \quad \text{和} \quad C_2 = \frac{\dot{u}_0 + n u_0}{\omega_d} \tag{g}$$

将式(g)代入式(1.34)可得

$$u = e^{-nt}\left(u_0 \cos \omega_d t + \frac{\dot{u}_0 + n u_0}{\omega_d} \sin \omega_d t\right) \tag{1.35}$$

式中,与 $\cos \omega_d t$ 成正比的第一项由初始位移 u_0 决定,与 $\sin \omega_d t$ 成正比的第二项由初始位移 u_0 和初始速度 $\dot{u}_0$ 决定。

式(1.35)可写成以下等效形式:

$$u = A e^{-nt} \cos(\omega_d t - \alpha_d) \tag{1.36}$$

其中位移最大值

$$A = \sqrt{C_1^2 + C_2^2} = \sqrt{u_0^2 + \frac{(\dot{u}_0 + n u_0)^2}{\omega_d^2}} \tag{h}$$

且有
$$\alpha_{\mathrm{d}} = \arctan \frac{C_2}{C_1} = \arctan\left(\frac{\dot{u}_0 + nu_0}{\omega_{\mathrm{d}} u_0}\right) \tag{i}$$

具有式(1.36)形式响应位移的系统称为欠阻尼系统。而式(1.36)可看作一个幅值呈指数规律 Ae^{-nt} 增长、相位角为 α_{d}、周期为 $\tau_{\mathrm{d}} = 2\pi/\omega_{\mathrm{d}}$ 的伪简谐运动，其运动位移曲线如图 1.30 所示。图中的位移-时间曲线与其包络线 $\pm Ae^{-nt}$ 在点 m_1、m_1'、m_2 和 m_2' 处相切，相邻切点的时间间隔为 $\tau_{\mathrm{d}}/2$。由于切点位置处的切线不水平，所以切点坐标与相对平衡位置的极限位移坐标不重合。若阻尼比很小，坐标间的差异可被忽略。但无论是哪种情况，两个连续极限位移的时间间隔却是恒定的，等于半周期 $\tau_{\mathrm{d}}/2$。为了证明这一结论，将式(1.36)对时间求一次微分，得到振动体的速度

$$\dot{u} = -Ae^{-nt}\omega_{\mathrm{d}}\sin(\omega_{\mathrm{d}}t - \alpha_{\mathrm{d}}) - Ane^{-nt}\cos(\omega_{\mathrm{d}}t - \alpha_{\mathrm{d}})$$

令速度表达式为零，发现有

$$\tan(\omega_{\mathrm{d}}t - \alpha_{\mathrm{d}}) = -\frac{n}{\omega_{\mathrm{d}}}$$

因此，极限位移点(速度为零)间的时间间隔相等，为 $t = \pi/\omega_{\mathrm{d}} = \tau_{\mathrm{d}}/2$。

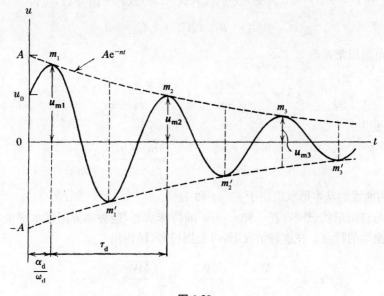

图 1.30

另一方面，振幅衰减率取决于阻尼比 n/ω。从图 1.30 可以看出，两个连续幅值 $u_{\mathrm{m}i}$ 和 $u_{\mathrm{m}(i+1)}$ 的比值为

$$\frac{u_{\mathrm{m}i}}{u_{\mathrm{m}(i+1)}} = \frac{Ae^{-nt_i}}{Ae^{-n(t_i+\tau_{\mathrm{d}})}} = e^{n\tau_{\mathrm{d}}} = e^{\delta} \tag{j}$$

式中，$\delta = n\tau_{\mathrm{d}}$ 称为对数衰减率，其定义由以下表达式给出：

$$\delta = \ln \frac{u_{\mathrm{m}i}}{u_{\mathrm{m}(i+1)}} = n\tau_{\mathrm{d}} = \frac{2\pi n}{\omega_{\mathrm{d}}} \approx \frac{2\pi n}{\omega} \tag{1.37}$$

在测定阻尼系数 n 的实验中通常会使用到式(1.37)。而实验只须确定连续两个振幅的比值即可。但如果能利用相距 j 个周期的两个振幅间的比值,则将得到更为准确的衰减率计算结果。在这种情况下,式(j)变为

$$\frac{u_{mi}}{u_{m(i+j)}} = e^{jn\tau_d} \tag{k}$$

相应地,对数衰减率变为

$$\delta = \frac{1}{j} \ln \frac{u_{mi}}{u_{m(i+j)}} \tag{l}$$

在之前关于方程(1.33)的讨论中,假设 $n < \omega$。若 $n > \omega$,式(d)中的两个根将变为负实根。将它们代入表达式(c)中,可得方程(1.33)的两个解,而通解变为

$$u = C_1 e^{r_1 t} + C_2 e^{r_2 t} \tag{1.38}$$

在这种情况下,解不再是周期函数,更不是振动这种运动形式。由于黏性阻力太大,物体在远离其平衡位置时,不再产生振动,而是按照一个方向缓慢地回到平衡位置。将与这种情况相对应的系统称为过阻尼系统,其运动是非周期的。

将 $u = u_0$ 和 $\dot{u} = \dot{u}_0 (t = 0$ 时刻) 分别代入式(1.38)及其一阶导数,可得

$$C_1 + C_2 = u_0, \ r_1 C_1 + r_2 C_2 = \dot{u}_0$$

根据以上两式可解得常系数

$$C_1 = \frac{\dot{u}_0 - r_2 u_0}{r_1 - r_2}, \ C_2 = \frac{r_1 u_0 - \dot{u}_0}{r_1 - r_2} \tag{m}$$

因此,式(1.38)变为

$$u = \frac{\dot{u}_0 - r_2 u_0}{r_1 - r_2} e^{r_1 t} + \frac{r_1 u_0 - \dot{u}_0}{r_1 - r_2} e^{r_2 t} \tag{1.39}$$

式(1.39)表示的曲线的基本形状取决于 n、u_0 和 $\dot{u}_0$。

在欠阻尼与过阻尼状态间存在一种 $n = \omega$ 的特殊状态,这种临界阻尼水平使系统从一开始运动便失去了振动的特点。在这种情况下,可根据符号(b)得出

$$c_{cr} = 2n \frac{W}{g} = 2\omega \frac{W}{g} = 2\sqrt{\frac{kW}{g}} = 2\sqrt{km} \tag{n}$$

式中,符号 c_{cr} 代表临界阻尼。对于 $n = \omega$ 的这种临界阻尼状态,可由式(d)得出 $r_1 = r_2 = -\omega$ 和 $\omega_d = 0$。式(1.35)和式(1.39)均不是本状态下解的形式。这时的系统特征方程有重根,而解的形式为

$$u = C_1 e^{-\omega t} + C_2 t e^{-\omega t} \tag{1.40}$$

将初始条件代入式(1.40)及其一阶导数,可得

$$C_1 = u_0, \ C_2 = \dot{u}_0 + n u_0 \tag{o}$$

而通解变为

$$u = e^{-\omega t} [u_0 + (\dot{u}_0 + n u_0) t] \tag{1.41}$$

图 1.31 为一簇由式 (1.41) 表示的位移-时间曲线,其中每条曲线在 $t=0$ 时刻的位移均为固定值 u_0,但速度值 $\dot{u}_0$ 各不相同。曲线 1 和 2 的初始速度 $\dot{u}_0$ 大于零,曲线 3 的初始速度为零,曲线 4 和 5 的初始速度小于零。

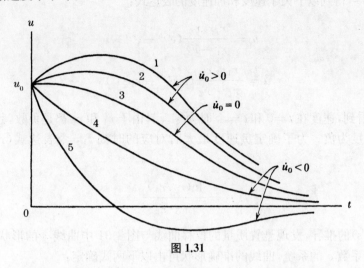

图 1.31

在之前的讨论中,我们总取 n 为正数,即阻尼效应表现为系统受到的阻力。这种情况下的阻尼将引起能量损耗,并使运动最终停止。然而,现实情况中也存在运动过程中有能量输入系统的情况,其结果将是振幅随时间逐渐增大。这时,可使用负阻尼的概念。从解 (1.34) 可以看出,若 n 为负数,系数 e^{-nt} 将随时间增大,进而使振幅逐渐增大。因此,n 取正数(振动逐渐衰减)表示系统运动稳定,而 n 取负数表示系统运动不稳定。

例 1. 一个含黏性阻尼的振动体每秒发生 10 次完整振动,且 100 个周期后振幅衰减 10%。试计算对数衰减率,并确定阻尼常数 n 和阻尼比 n/ω 的大小。另外,若阻尼消失,试确定振动周期缩短的比例。

解:由式 (l) 可得对数衰减率

$$\delta = n\tau_d = \frac{1}{100}\ln\frac{1.0}{0.9} = 0.001\,054$$

振动周期 $\tau_d = 0.1\,\text{s}$,且 $\omega_d = 2\pi/\tau_d = 62.83\,\text{s}^{-1}$。因此,$n = 0.010\,54\,\text{s}^{-1}$,阻尼比

$$\frac{n}{\omega} \approx \frac{n}{\omega_d} = \frac{0.010\,54}{62.83} = 0.000\,168$$

根据式 (f) 可解得无阻尼振动周期与有阻尼振动周期之比

$$\frac{\tau}{\tau_d} = \sqrt{1 - \frac{n^2}{\omega_d^2}} = \sqrt{1 - 2.82 \times 10^{-8}}$$

该比例与 1 十分接近。

例 2. 如果阻尼大于临界值,即 $n > \omega$,试确定初始位移为 u_0、初始速度为零条件下弹簧悬置质量的位移-时间曲线性质。

解:将初始条件 $u = u_0$ 和 $\dot{u}_0 = 0$ 代入式 (1.39),可得到

$$u = \frac{u_0}{r_1 - r_2}(r_1 e^{r_2 t} - r_2 e^{r_1 t}) \tag{p}$$

将该式对时间求导,得到以下关于速度和加速度的表达式:

$$\dot{u} = \frac{r_1 r_2 x_0}{r_1 - r_2}(e^{r_2 t} - e^{r_1 t}) \tag{q}$$

$$\ddot{u} = \frac{r_1 r_2 x_0}{r_1 - r_2}(r_2 e^{r_2 t} - r_1 e^{r_1 t}) \tag{r}$$

从表达式(q)中看到,速度在 $t=0$ 和 $t=\infty$ 时为零。且由于 r_1 和 r_2 都是负数,其他所有 t 的中间取值都将使速度为负。为了确定负速度最大时对应的时刻 t_1,令表达式(r)等于零,进而得到

$$t_1 = \frac{\ln(r_2/r_1)}{r_1 - r_2} \tag{s}$$

根据式(p)到式(s)的推导,发现悬置质量的位移曲线与图 1.31 中曲线 3 的形状大致相似。对于任何指定阻尼系数 c 的系统,曲线的准确形状可由以下两式确定:

$$r_1 = -n + \sqrt{n^2 - \omega^2}, \; r_2 = -n - \sqrt{n^2 - \omega^2}$$

式中,n 和 ω 由式(b)确定。

习题 1.8

1.8-1. 如图 1.28 所示,重量 $W=10$ lb 的物体由弹簧常数 $k=10$ lb/in. 的弹簧悬挂,并与一减振阻尼器相连。通过调节阻尼器,可在每 1 in./s 速度下产生 0.01 lb 的阻力。试问在 10 个周期后振幅减小的比例是多少?

1.8-2. 一个 $W=9$ N 的质量块,悬置在 $k=175$ N/m 的弹簧上,并受到 $n=\sqrt{5}\omega/2$ 的阻尼作用。如果从初始位移 $u_0=5$ cm 的静止位置释放该质量块,试确定该质量块回到平衡位置时达到的最大负速度。

1.8-3. 一个具有临界阻尼的悬置质量块重量 $W=3.86$ lb,弹簧常数 $k=1$ lb/in.。如果质量块的初始位移 $u_0=1$ in.,初始速度 $\dot{u}=-12$ in./s,试问释放质量块后,其到达平衡位置 $u=0$ 处所用的时间,并计算质量块偏离平衡位置的最大位移,亦即确定物块所能达到的最大负位移。

1.8-4. 重量 $W=2$ lb 的悬置质量块以周期 $\pi_d = \frac{1}{2}$ s 振动。系统中存在的阻尼使质量块振幅在 10 个周期内从 $u_1=2$ in. 减小到 $u_{11}=1$ in.。试计算黏性阻尼系数 c。

1.8-5. 质量弹簧系统的无阻尼固有频率为 f。试计算黏性阻尼系数 $c=c_{cr}/2$ 时的有阻尼固有频率 f_d。

1.9 含黏性阻尼的受迫振动

上一节讨论了质量弹簧系统在黏性阻尼作用下的自由振动问题。接下来,将考虑除弹簧

力 $-ku$ 和阻尼力 $-c\dot{u}$ 外,还有简谐外力作用在质量块上的情况。正如 1.6 节中所看到的,简谐扰动力可能源于以匀角速度 Ω 旋转的不平衡电机。因此,图 1.32 中作用于系统上的旋转离心力 Q 的垂直分量为 $Q\cos\Omega t$。因此,在该垂直载荷作用下,弹簧悬置质量 m 的运动方程为

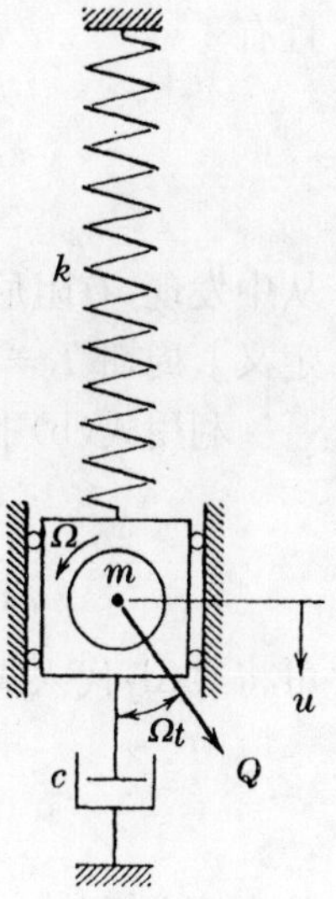

$$m\ddot{u} = -ku - c\dot{u} + Q\cos\Omega t \tag{a}$$

方程等号两边同除以 m,并引入下列符号

$$\omega^2 = \frac{k}{m}, \ 2n = \frac{c}{m}, \ q = \frac{Q}{m} \tag{b}$$

可得

$$\ddot{u} + 2n\dot{u} + \omega^2 u = q\cos\Omega t \tag{1.42}$$

该方程即为含黏性阻尼系统受迫振动的运动微分方程。方程(1.42)的一个特解可取为

$$u = M\cos\Omega t + N\sin\Omega t \tag{1.43}$$

式中,M 和 N 为常数。为了确定这两个常数,将假设的特解形式(1.43)代入方程(1.42),得到

$$(-\Omega^2 M + 2n\Omega N + \omega^2 M - q)\cos\Omega t + (-\Omega^2 N - 2n\Omega M + \omega^2 N)\sin\Omega t = 0$$

方程要对所有 t 成立,必须满足两括号内的表达式等于零。因此,求解以上方程转变为求解关于 M 和 N 的两个线性代数方程:

$$-\Omega^2 M + 2n\Omega N + \omega^2 M = q$$
$$-\Omega^2 N - 2n\Omega M + \omega^2 N = 0$$

解得

$$M = \frac{q(\omega^2 - \Omega^2)}{(\omega^2 - \Omega^2)^2 + 4n^2\Omega^2}, \ N = \frac{q(2n\Omega)}{(\omega^2 - \Omega^2)^2 + 4n^2\Omega^2} \tag{c}$$

将两个常数 M,N 代入式(1.43),可得方程(1.42)的特解。

将特解(1.43)与 1.8 节中的通解(1.34)相加,可得方程(1.42)的完备解。因此,欠阻尼条件下的系统响应为

$$u = e^{-nt}(C_1\cos\omega_d t + C_2\sin\omega_d t) + M\cos\Omega t + N\sin\Omega t \tag{1.44}$$

式(1.44)中的前两项表示有阻尼自由振动,后两项表示有阻尼受迫振动。自由振动的周期为上一节分析得到的 $\tau_d = 2\pi/\omega_d$,受迫振动的周期与引起振动的扰动力周期相同,为 $T = 2\pi/\Omega$。从式中发现,由于系数 e^{-nt} 的存在,自由振动逐渐衰减,最后只保留了由式(1.44)的后两项所表示的稳态受迫振动。该受迫振动依赖于扰动力而得以维持,因此是工程中研究的重点。1.6 节中已经讨论过无阻尼条件下的受迫振动问题,接下来将探讨阻尼对受迫振动的影响。

将稳态响应表达式(1.43)写成含相位角的等效形式

$$u = A\cos(\Omega t - \theta) \tag{1.45}$$

其中

$$A = \sqrt{M^2 + N^2} = \frac{q}{\sqrt{(\omega^2 - \Omega^2) + 4n^2\Omega^2}} = \frac{q/\omega^2}{\sqrt{(1 - \Omega^2/\omega^2)^2 + 4n^2\Omega^2/\omega^4}} \tag{d}$$

图 1.32

且有

$$\theta = \arctan\left(\frac{N}{M}\right) = \arctan\left(\frac{2\Omega n}{\omega^2 - \Omega^2}\right) = \arctan\left(\frac{2n\Omega/\omega^2}{1 - \Omega^2/\omega^2}\right) \tag{e}$$

从中发现,有阻尼受迫振动的稳态响应是幅值为常数 A[由式(d)定义]、相位角为 θ[由式(e)定义]、周期 $T = 2\pi/\Omega$ 的简谐运动。

利用式(b)中 ω^2 和 q 的定义,并引入表示阻尼比的符号

$$\gamma = \frac{n}{\omega} = \frac{c}{c_{\mathrm{cr}}} \tag{f}$$

可将式(d)代入式(1.45)后得到

$$u = \frac{Q}{k}\beta\cos(\Omega t - \theta) \tag{1.46}$$

其中放大系数

$$\beta = \frac{1}{\sqrt{(1 - \Omega^2/\omega^2)^2 + (2\gamma\Omega/\omega)^2}} \tag{1.47}$$

而相位角表达式(e)变为

$$\theta = \arctan\left(\frac{2\gamma\Omega/\omega}{1 - \Omega^2/\omega^2}\right) \tag{1.48}$$

根据式(1.46),受迫振动的稳态响应幅值等于静载荷产生的变形

$$u_{\mathrm{st}} = \frac{Q}{k} \tag{g}$$

与放大系数 β 的乘积。而放大系数的取值同时取决于频率比 Ω/ω 和阻尼比 γ。

图 1.33 为阻尼比取不同值时,放大系数随频率比的变化曲线。从曲线中看到,当外载荷作用频率 Ω 相比固有角频率 ω 较小时,放大系数 β 的取值不会远离 1。因此,振动过程中悬置质量的位移 u 近似等于扰动力 $Q\cos\Omega t$ 静态加载产生的变形量。

当 Ω 相比 ω 较大时(即外载荷作用频率远大于固有频率时),无论阻尼大小如何,放大系数的取值均趋于零。这一现象表明,高频扰动力在实际情况下不会引起低固有频率系统的受迫振动。还可发现,阻尼对放大系数 β 的影响在两种极端情况下($\Omega \ll \omega$ 和 $\Omega \gg \omega$)很小。因此,在出现这两种受迫振动情况时,完全可以忽略阻尼的影响,从而使用 1.6 节中的无阻尼方程来求解相应问题。

当 Ω 的取值趋近于 ω 时(即 Ω/ω 趋于 1 时),放大系数迅速增大。当近似或恰好满足共振条件时,放大系数对阻尼的变化将变得非常敏感。我们注意到,β 的最大值出现在 Ω/ω 的取值略微小于 1 的位置。令 β 对 Ω/ω 的导数为零,可计算 β 取最大值时的频率比

$$\frac{\Omega}{\omega} = \sqrt{1 - 2\gamma^2} \tag{h}$$

从式(h)可以看出,小阻尼比条件下,β 取最大值的条件近似为共振条件。这时,允许将共振时的 β 值看作 β 的最大值。进而可根据式(1.46),以及符号(b)与符号(f),将最大幅值 A_{m} 近似

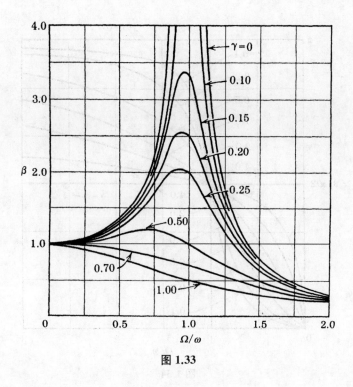

图 1.33

表示为

$$A_{\mathrm{m}} = \frac{Q}{k}\beta_{\mathrm{res}} = \frac{Q}{k}\frac{1}{2\gamma} = \frac{Q}{\omega^2 m}\frac{1}{2n/\omega} = \frac{Q}{c\Omega} \tag{i}$$

根据以上分析内容,阻尼对共振频率之下或之上的系统响应影响较小,但对共振频率附近的系统响应影响较大。所以为了得到满足实际工程需求的计算结果,往往不能忽略阻尼带来的影响。

现在考虑稳态振动与扰动力的相位关系。该关系用式(1.46)中的相位角 θ 表示,其取值则可根据表达式(1.48)计算。由于扰动力变化规律为 $\cos\Omega t$、受迫振动变化规律为 $\cos(\Omega t - \theta)$,因此称响应落后扰动函数的角度为 θ。即当图 1.32 中的力 Q 方向朝下时,受其作用的悬置质量还未到达最低极限位置,须等待 θ/Ω s 后该质量才能到达该位置。而在这时,力 Q 已经旋转到与垂直方向成 θ 角的位置。式(1.48)的形式表明,θ 的取值与 β 一样,同时取决于阻尼比和频率比。图 1.34 为相位角 θ 在不同阻尼条件下随频率比 Ω/ω 的变化曲线。当阻尼为零时,只要 $\Omega/\omega < 1$ 的条件成立,受迫振动就与扰动力同步($\theta = 0$);若 $\Omega/\omega > 1$,受迫振动将落后扰动力半个周期($\theta = \pi$)。同样是在阻尼为零时,共振($\Omega = \omega$)条件下的相位角被认为是不确定的。

若阻尼不为零,相位角 θ 将随频率比 Ω/ω 的增加连续变化。同时,无论阻尼大小如何,共振时的相位角 $\theta = \pi/2$,即共振时的受迫振动落后扰动力四分之一个周期。以图 1.32 为例,当质量块在振动过程中通过其中间位置时,力 Q 方向向下。而当质量块运动到其最低位置时,力 Q 已经转过 $\pi/2$ 角度,指向水平向右方向。

我们注意到,无论 Ω/ω 的值在共振点之下还是之上,小阻尼比对相位角的影响都非常小。当 Ω/ω 的值在共振点之下时,角度 θ 趋于零;而当 Ω/ω 的值在共振点之上时,角度 θ 趋于 π。因此,阻尼对相位角的影响仅在共振或快要共振时需要考虑,其他情况下可被忽略。

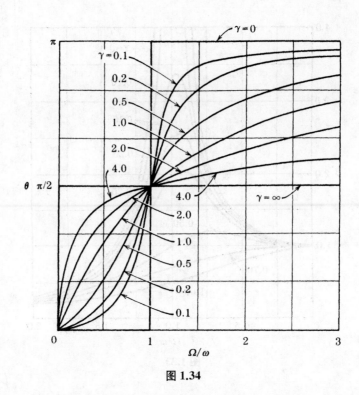

图 1.34

例 1. 图 1.32 中的不平衡电机总重量 $W = 1\,000$ lb，偏心质量 $m_1 = 1$ lb-s^2/in.，偏心半径 $r_1 = 1$ in.。 电机转速为 600 rpm，弹簧静变形量 $\delta_{st} = 0.01$ in.，阻尼系数 $c = 100$ lb-s/in.。 试求电机在该转速下和共振（$\Omega = \omega$）时的受迫振动稳态响应幅值。

解：由已知条件可得

$$\Omega = 2\pi\left(\frac{600}{60}\right) = 20\pi,\ \Omega^2 = 400\pi^2,\ \omega^2 = \frac{g}{\delta_{st}} = 38\,600$$

$$n = \frac{cg}{2W} = \frac{100 \times 386}{2 \times 100} = 19.3,\ q = \frac{gm_1r_1}{W}\Omega^2 = 0.386 \times 400\pi^2$$

根据式（d），可得

$$A = \frac{q}{\sqrt{(\omega^2 - \Omega^2) + 4n^2\Omega^2}} = \frac{0.386 \times 400\pi^2}{\sqrt{(38\,600 - 400\pi^2)^2 + 4 \times 19.3^2 \times 400\pi^2}} = 0.044\ \text{in.}$$

共振时 $\Omega = \omega = \sqrt{38\,600}$。 然后由式（i）可得

$$A_{max} = \frac{Q}{c\Omega} = \frac{m_1r_1\Omega}{c} = \frac{\sqrt{38\,600}}{100} = 1.96\ \text{in.}$$

例 2. 某个有阻尼系统中，地面产生的简谐运动位移（见图 1.35）由下式给出：

$$u_g = d\cos\Omega t \tag{j}$$

试推导系统在这一扰动函数作用下的稳态响应。

解：本例中系统的运动方程为

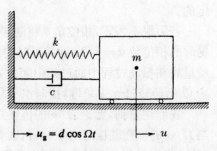

图 1.35

$$m\ddot{u} = -c(\dot{u} - \dot{u}_g) - k(u - u_g) \tag{k}$$

其中

$$\dot{u}_g = -d\Omega\sin\Omega t \tag{l}$$

将式(j)和式(l)代入方程(k)，整理后可得

$$m\ddot{u} + c\dot{u} + ku = d(k\cos\Omega t - c\Omega\sin\Omega t) \tag{m}$$

将方程等号右边的表达式改写成含相位角的形式：

$$m\ddot{u} + c\dot{u} + ku = Bd\cos(\Omega t - \phi) \tag{n}$$

其中

$$B = \sqrt{k^2 + c^2\Omega^2} \tag{o}$$

且有

$$\phi = \arctan\left(\frac{-c\Omega}{k}\right) \tag{p}$$

由推导过程可知，方程中的扰动函数 $Q\cos\Omega t$ 变成了 $Bd\cos(\Omega t - \phi)$。因此，将式(1.46)中的 Q 替换为 Bd，并计入式(p)表示的相位角 ϕ，便可得到方程(n)的解。所得解的表达式为

$$u = \frac{Bd}{k}\beta\cos(\Omega t - \phi - \theta) \tag{q}$$

例 3. 欠阻尼系统的瞬态响应通过将初始条件代入式(1.44)确定。试求解欠阻尼系统在扰动函数 $Q\cos\Omega t$ 作用下产生的自由振动响应。

解： 将 $u = u_0$ 和 $\dot{u} = \dot{u}_0$（$t = 0$ 时刻）分别代入式(1.44)及其一阶导数表达式，可计算得到以下积分常数：

$$C_1 = u_0 - M \quad 和 \quad C_2 = \frac{\dot{u}_0 + n(u_0 - M) - N\Omega}{\omega_d} \tag{r}$$

将这两个表达式代入式(1.44)，可得

$$u = e^{-nt}\left(u_0\cos\omega_d t + \frac{\dot{u}_0 + nu_0}{\omega_d}\sin\omega_d t\right) + M\left[\cos\Omega t - e^{-nt}\left(\cos\omega_d t + \frac{n}{\omega_d}\sin\omega_d t\right)\right] +$$
$$N\left(\sin\Omega t - e^{-nt}\frac{\Omega}{\omega_d}\sin\omega_d t\right) \tag{s}$$

若取初始条件 $u_0 = \dot{u}_0 = 0$，响应可被简化。简化后的瞬态部分 u_{tr} 为

$$u_{tr} = -e^{-nt}\left(M\cos\omega_d t + \frac{Mn + N\Omega}{\omega_d}\sin\omega_d t\right) \tag{t}$$

将瞬态响应表示成含相位角的形式为

$$u_{tr} = -e^{-nt}\frac{C}{\omega_d}\cos(\omega_d t - \psi) \tag{u}$$

其中

$$C = \sqrt{(M\omega_d)^2 + (Mn + N\Omega)^2} \tag{v}$$

且有

$$\psi = \arctan\left(\frac{Mn + N\Omega}{M\omega_d}\right) \tag{w}$$

习题 1.9

1.9 - 1. 如习题 1.6 - 3 所述,简支梁的跨距中点位置放有重 $W = 2\,000$ lb 的电机。梁的弯曲刚度使得其中点位置在受载荷作用后产生静变形 $\delta_{st} = 0.10$ in.;梁的阻尼使电机在 10 个振动周期内幅值降为原始幅值的一半。若电机以 600 rpm 的速度运行,则不平衡质量引起的离心力 $Q = 500$ lb。 试在忽略梁分布质量的条件下,计算电机受迫振动的稳态响应幅值。

1.9 - 2. 在两根平行简支钢梁中间支承有一台重量 $W = 72$ kN 的旋转机械,每根钢梁的净跨距 $l = 4$ m,横截面惯性矩 $I = 25 \times 10 - 6$ m^4。 若该机器转速为 300 rpm,且转子在 25 cm 半径处的不平衡力达到 180 N,试求旋转机械在系统等效黏性阻尼为临界阻尼 10%时的稳态受迫振动响应幅值。

1.9 - 3. 试根据图 1.33,写出所有阻尼比条件下曲线峰值的轨迹方程。

1.9 - 4. 某个有阻尼系统受到扰动函数 $Q\sin\Omega t$ 的作用。试将系统的稳态响应表达式写成含相位角的形式。

1.9 - 5. 某个有阻尼系统受到支承运动位移 $u_g = d\sin\Omega t$ 的作用。试将系统的稳态响应表达式写成含相位角的形式。

1.9 - 6. 假设地面的简谐运动加速度为 $\ddot{u}_g = a\cos\Omega t$,试将系统在有阻尼条件下的稳态响应表达式写成含相位角的形式。

1.9 - 7. 假设地面的简谐运动加速度为 $\ddot{u}_g = a\sin\Omega t$,试将系统在有阻尼条件下的稳态响应表达式写成含相位角的形式。

1.9 - 8. 试确定欠阻尼系统对扰动函数 $Q\sin\Omega t$ 的瞬态响应,并将响应表达式写成与 1.9 节例 3 中式(t)相似的形式。

1.10 等效黏性阻尼

如 1.8 节所述,等效黏性阻尼可用来代替其他各种不同类型的阻尼,从而得到简谐运动的线性微分方程。在受迫振动中,阻尼对系统最显著的影响发生在共振或近共振处。因此,以上一节中讨论的扰动力引起的稳态响应在每个周期内所做的功的问题作为第一个例子。这时的力 $Q\cos\omega t$ 在一个周期内所做的功为

$$U_Q = \int_0^T Q(\cos\Omega t)\dot{u}\,dt \tag{a}$$

将表达式(1.45)对时间求微分可得速度

$$\dot{u} = -A\Omega\sin(\Omega t - \theta) \tag{b}$$

将速度表达式(b)代入式(a),并使用三角恒等式,可得

$$U_Q = -QA\Omega \int_0^T \cos\Omega t(\sin\Omega t\cos\theta - \cos\Omega t\sin\theta)\,dt$$

积分运算后可得

$$U_Q = \pi Q A \sin\theta \tag{c}$$

同理,阻尼力 $c\dot{u}$ 在每个周期内损耗的能量为

$$U_c = \int_0^T c\dot{u}\dot{u}\,\mathrm{d}t \tag{d}$$

将式(b)代入式(d),可得

$$U_c = cA^2\Omega^2 \int_0^T \sin^2(\Omega t - \theta)\,\mathrm{d}t$$

对上式积分后可得

$$U_c = \pi cA^2\Omega \tag{e}$$

因此,系统输入能量 U_Q 随振幅 A 的增大线性
增大,损耗能量 U_c 随振幅平方的增大而增大。
当两个能量函数的曲线相交时(见图 1.36),输
入能量和损耗能量相等。通过令能量函数
(c)、(e)相等,可得稳态响应振幅

$$A = \frac{Q\sin\theta}{c\Omega} \tag{f}$$

由于共振($\Omega = \omega$)时的相位角 $\theta = \pi/2$,所以 A 的最大值(对于 $c \ll c_{\mathrm{cr}}$)

$$A_{\mathrm{m}} = \frac{Q}{c\Omega} \tag{g}$$

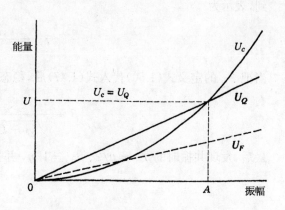

图 1.36

式(g)与 1.9 节中通过另一方法推导得到的式(i)相同。

　　能量函数(e)定义了受迫振动中黏性阻尼在每个周期内损耗的能量。等效黏性阻尼常数
c_{eq} 可通过令该能量表达式与其他阻尼的能量损耗相等得到。例如,考虑结构材料(如钢铝合
金)弹性缺陷导致的内摩擦引起的结构阻尼。材料单位体
积的能量损耗可用如图 1.37 所示的滞后环阴影区域表示。
该环形回路由应力-应变曲线构成,用于表示应力和应变水
平的提高(因"加载"引起)和降低(因"卸载"引起)。图 1.37
可看作单个振动周期内的可逆应力-应变关系。这种阻尼
机制损耗的能量大致与应变幅值的平方成正比[5],且滞后
环的形状不受振幅和应变率的影响。

　　由于振幅与应变幅值成正比,结构阻尼在每个周期内
损耗的能量 U_s 可写成

$$U_s = sA^2 \tag{h}$$

式中,s 为比例系数。令表达式(e)、(h)相等可得等效黏性
阻尼系数

$$c_{\mathrm{eq}} = \frac{s}{\pi\Omega} = \frac{\eta k}{\Omega} \tag{1.49}$$

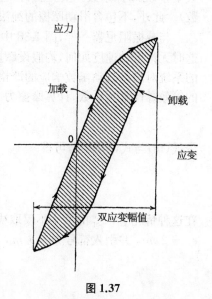

图 1.37

系数 s/π 的单位与 k 相同。实际应用时,该系数通常被 ηk 取代[见式(1.49)],其中无量纲物理量

$$\eta = \frac{s}{\pi k} \tag{i}$$

被称为结构阻尼系数。该物理量可与等效黏性阻尼比 γ_{eq} 建立联系,相应的关系式可通过将式(1.49)除以定义式 $c_{cr} = 2\omega m$ [见 1.8 节式(n)],并引入符号 $k = \omega^2 m$ [见 1.9 节方程(b)]得到,表示为

$$\gamma_{eq} = \frac{c_{eq}}{c_{cr}} = \frac{\omega}{2\Omega}\eta \tag{1.50}$$

当把 γ_{eq} 的定义式(1.50)代入式(1.47)后,稳态响应的放大系数变为

$$\beta_s = \frac{1}{\sqrt{(1 - \Omega^2/\omega^2)^2 + \eta^2}} \tag{j}$$

最后,发现共振时的 $\gamma_{eq} = \eta/2$、$\beta_{res} = 1/\eta$,并且由式(1.49)和式(g)可得

$$A_m = \frac{Q}{k\eta} \tag{k}$$

确定等效黏性阻尼的第二个例子,我们考虑图 1.38 中的系统。如图所示,有摩擦阻力的地面上有一个与弹簧相连的滑块在运动。在干摩擦条件下,通常采用库仑定律求解摩擦阻力。库仑定律假设摩擦力 F 与作用在地面上的法向力 N 成正比,所以有

$$F = \mu N \tag{l}$$

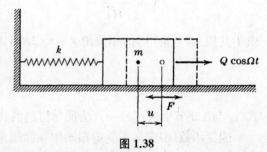

图 1.38

式中,μ 为摩擦系数。实验表明,运动过程中的摩擦系数在低速时相对稳定(且小于静摩擦系数)。此外,不包含滑动摩擦的纯滚动摩擦也可利用方程(l)进行分析。

与减振阻尼器一样,图 1.38 中的摩擦力 F 总是作用在与物体运动速度相反的方向上。但这时无论运动速度如何,均假设摩擦阻力为常数。这类阻尼机制称为库仑阻尼,且含库仑阻尼的系统对简谐扰动函数响应的严格解[7]比黏性阻尼的情况更加复杂。为了求解代替摩擦阻力的等效黏性阻尼系数,计算摩擦力 F 在每个周期内损耗的能量 U_F,将其表示为

$$U_F = 4AF \tag{m}$$

令式(m)与式(e)相等,可得

$$c_{eq} = \frac{4F}{\pi A\Omega} \tag{1.51}$$

在这种情况下,c_{eq} 的大小不仅取决于 F 和 Ω,还取决于振幅 A。通过将式(1.51)除以定义式 $c_{cr} = 2\omega m$,并引入符号 $k = \omega^2 m$,可将等效黏性阻尼比写成

$$\gamma_{eq} = \frac{c_{eq}}{c_{cr}} = \frac{2F\omega}{\pi Ak\Omega} \tag{1.52}$$

利用 γ_{eq} 的定义式,等效黏性阻尼条件下的稳态受迫振动幅值变为

$$A = \frac{Q/k}{\sqrt{(1-\Omega^2/\omega^2)^2 + [4F/(\pi A k)]^2}} \qquad (\text{n})$$

解得振幅

$$A = \pm\frac{Q}{k}\frac{\sqrt{1-\left(\dfrac{4F}{\pi Q}\right)^2}}{1-\Omega^2/\omega^2} \qquad (1.53)$$

式(1.53)等号右边的第一项表示静载变形量,第二项表示放大系数。从中看到,只有满足

$$\frac{F}{Q} < \frac{\pi}{4} \qquad (\text{o})$$

式(1.53)才有实数值。工程实际中经常遇到的小摩擦力情况便满足这一条件。然而,据观察发现,在所有满足条件(o)的情况中,共振时 $(\Omega=\omega)$ 的放大系数均会趋于无穷大。这一结论可通过将力函数在共振时做的功 U_Q 与损耗能量 U_F 做比较得到验证。将不等式(o)整理成关于 F 的不等式形式,并将其代入式(m),可得

$$U_F < \pi Q A \qquad (\text{p})$$

根据式(c),还发现共振时的 U_Q 等于 $\pi Q A$。因此,可得结论

$$U_F < U_Q \qquad (\text{q})$$

即系统在每个周期之内损耗的能量小于输入的能量。图 1.36 证明了这一与实际情况相吻合的结论。即在满足条件(o)的情况下,代表式(m)的虚线的斜率比代表式(c)的实线的斜率要小。

描述等效黏性阻尼性质的第三个例子,我们转而考虑浸入低黏度流体(如空气)中的振动物体。若该物体质量小、体积大,则流体阻尼效应表现出的阻力十分显著。如图 1.39 所示,对于一个在空气中发生受迫振动的轻质空心球,其受到的流体阻力可近似表示为[8]①

$$P = \frac{1}{2}\rho\dot{u}^2 C_D A_P \qquad (\text{r})$$

式中,ρ 为流体的质量密度;C_D 为阻力系数;A_P 为投影在垂直于运动方向平面上的物体面积(见图 1.39)。在这种情况下,阻力大小与速度的平方成正比,且其方向总是与速度方向相反。阻力 P 在每个周期内损耗的能量 U_P 为

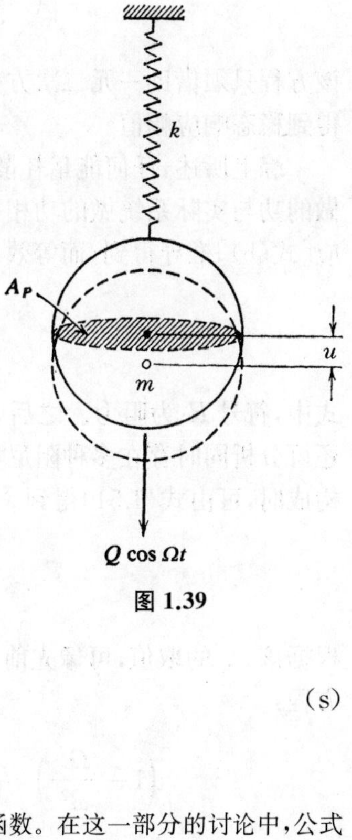

$$U_P = 4\int_0^{T/4} P\dot{u}\,\mathrm{d}t \qquad (\text{s})$$

图 1.39

① 阻力系数 C_D 不是常数,它随雷诺数发生变化。雷诺数是速度的函数。在这一部分的讨论中,公式中使用的是 C_D 的平均值。

将式(r)、(b)代入式(s),并令 $C_P = \rho C_D A_P / 2$, 可得

$$U_P = 4C_P A^3 \Omega^3 \int_0^{T/4} \sin^3(\Omega t - \theta) \mathrm{d}t$$

积分运算后得到

$$U_P = \frac{8}{3} C_P A^3 \Omega^3 \tag{t}$$

令式(t)等于式(e),可得

$$c_{\mathrm{eq}} = \frac{8C_P A\Omega}{3\pi} \tag{1.54}$$

因此,这种情况下的等效黏性阻尼与 C_P、A 和 Ω 均成正比。像之前一样,将式(1.54)除以 $c_{\mathrm{cr}} = 2\omega m$,并利用 $k = \omega^2 m$ 的关系,可得等效黏性阻尼比

$$\gamma_{\mathrm{eq}} = \frac{c_{\mathrm{eq}}}{c_{\mathrm{cr}}} = \frac{4C_P A\Omega\omega}{3\pi k} \tag{1.55}$$

以及受迫振动的稳态响应幅值

$$A = \frac{Q/k}{\sqrt{(1 - \Omega^2/\omega^2)^2 + [8C_P A\Omega^2/(3\pi k)]^2}} \tag{u}$$

将式(u)平方后,整理得到以下四次多项式:

$$\left(\frac{8C_P \Omega}{3\pi}\right)^2 A^4 + k^2\left(1 - \frac{\Omega^2}{\omega^2}\right)^2 A^2 - Q^2 = 0 \tag{1.56}$$

该方程只须借助一元二次方程的求根公式便可计算得到 A^2 的值,进而通过 $A = \sqrt{A^2}$ 的运算得到稳态响应幅值。

综上所述,任何能量耗散机制的等效黏性阻尼系数,均可通过令假设存在的黏性阻尼器所做的功与实际系统做的功相等来确定。做功的表达式根据系统对简谐扰动函数的稳态速度响应[式(b)]推导得到,而等效黏性阻尼系数则表示为

$$c_{\mathrm{eq}} = \frac{1}{\pi A^2 \Omega} \int_0^T R\dot{u}\,\mathrm{d}t = \frac{U_R}{\pi A^2 \Omega} \tag{1.57}$$

式中,符号 R 为阻力。之后,便可利用计算得到的 c_{eq} 对系统进行简单的动力学分析。此外,还可分析同时存在多种阻尼类型的系统。例如,当系统阻尼效应由库仑阻尼和黏性阻尼共同构成时,可由式(1.51)得到

$$c_{\mathrm{eq}} = \frac{4F}{\pi A\Omega} + c \tag{v}$$

根据该 c_{eq} 的取值,可像先前流程一样进行后续推导,得到以下用于确定受迫振动幅值 A 的方程:

$$\left[\left(1 - \frac{\Omega^2}{\omega^2}\right)^2 + \left(2\gamma\frac{\Omega}{\omega}\right)^2\right] A^2 + \frac{16F\gamma\Omega}{\pi k\omega} A + \left(\frac{4F}{\pi k}\right)^2 - \frac{Q^2}{k^2} = 0 \tag{w}$$

该方程可通过一元二次方程的求根公式求解。

1.11 一般周期扰动函数

在前面关于受迫振动的讨论当中,假设简谐扰动函数正比于 $\sin\Omega t$ 或 $\cos\Omega t$。但在一般工程实际中,系统可能受到更为复杂的周期扰动函数作用。本节就讨论单自由度系统在受到这类扰动函数作用后产生的响应。

例如,考虑图 1.40 所示的单缸引擎模型。当引擎中出现质量不平衡的周期运动部件时,该部件将会对引擎产生周期作用力,进而引起整个系统的振动。为了研究这类受迫振动,我们须准确掌握扰动力的特性,其中扰动力周期与系统固有振动周期间的关系尤为重要。

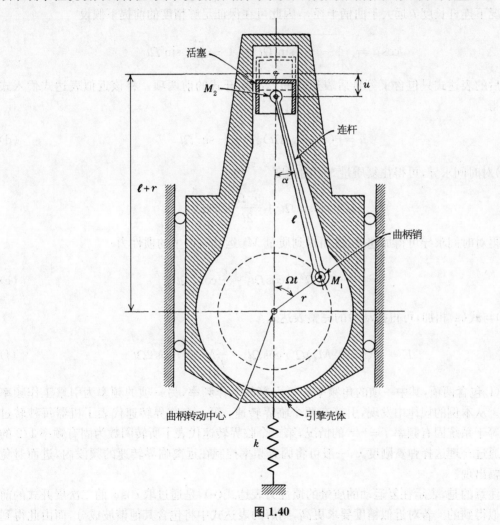

图 1.40

分析扰动力时,可在保证足够精度的前提下,将连杆质量等效为两个集中质量,其中一个代表曲柄销质量、另一个代表活塞质量。运动过程中产生的其他不平衡质量也可方便地等效到这两个集中质量所在的位置。因此,在分析本问题时只须考虑 M_1 和 M_2 两个质量(见图 1.40)。如果取力的向下方向为正,则质量 M_1 运动时产生的惯性力的垂直分量为

$$F_1 = -M_1\Omega^2 r\cos\Omega t \tag{a}$$

式中,Ω 为曲轴角速度;r 为曲轴半径;Ωt 为曲轴与垂直方向的夹角。

往复质量 M_2 的运动更为复杂。令 u 表示 M_2 与行程顶端位置的距离,α 表示连杆与垂直方向的夹角。根据如图所示的几何关系,可得

$$u = l(1 - \cos\alpha) + r(1 - \cos\Omega t) \qquad (b)$$

且
$$r\sin\Omega t = l\sin\alpha \qquad (c)$$

将式(c)改写为

$$\sin\alpha = \frac{r}{l}\sin\Omega t$$

通常情况下连杆长度 l 远大于曲柄半径 r,因此可在保证足够精度的前提下假设

$$\cos\alpha = \sqrt{1 - \frac{r^2}{l^2}\sin^2\Omega t} \approx 1 - \frac{r^2}{2l^2}\sin^2\Omega t$$

"$\approx$"之后的表达式只包含了等号后表达式的二次展开式的前两项。将该近似表达式代入式(b),可得

$$u = r(1 - \cos\Omega t) + \frac{r^2}{2l^2}\sin^2\Omega t \qquad (d)$$

将式(d)对时间求导,可得往复质量 M_2 的速度

$$\dot{u} = r\Omega\sin\Omega t + \frac{r^2\Omega}{2l}\sin 2\Omega t$$

将上式再对时间求导可得加速度,进而得到质量 M_2 运动时产生的惯性力

$$F_2 = -M_2\Omega^2 r\left(\cos\Omega t + \frac{r}{l}\cos 2\Omega t\right) \qquad (e)$$

将式(e)与式(a)相加,可得扰动力的完整表达式

$$F = -(M_1 + M_2)\Omega^2 r\cos\Omega t - \frac{r}{l}M_2\Omega^2 r\cos 2\Omega t \qquad (f)$$

表达式(f)包含两项,其中一项的角频率等于引擎的工作频率,另一项的频率为引擎工作频率的 2 倍。从本例的规律中发现,引擎有两个临界转速:第一个临界转速代表了机器每秒转过的圈数等于系统固有频率 $f = 1/\tau$ 的情况,第二个临界转速代表了所转圈数为固有频率 $1/2$ 的情况。通过合理选择弹簧刚度 k,一般可将固有频率控制在远离临界转速的频段内,进而避免过大振幅出现。

须注意的是,表示往复运动的质量的惯性力表达式(e),是通过取 $\cos\alpha$ 的二次展开式的前两项近似得到的。若对近似精度要求更高,则解的表达式中将包含其他谐波成分,而由此得到的临界转速将低于以上得到的临界转速。然而,这种计算精确解的做法通常没有实际意义,因为比上述近似计算多出的那部分谐波力太小,以至于其对系统振动的影响非常有限。

一般来说,任何类型的周期扰动函数都可表示成三角(或傅里叶)级数的形式:

$$F(t) = a_0 + a_1\cos\Omega t + a_2\cos 2\Omega t + \cdots + b_1\sin\Omega t + b_2\sin 2\Omega t + \cdots$$

$$= a_0 + \sum_{i=1}^{\infty}(a_i\cos i\Omega t + b_i\sin i\Omega t) \qquad (1.58)$$

扰动力周期 $T = 2\pi/\Omega$；a_0，a_i 和 b_i 为待定系数。

在已知 $F(t)$ 的条件下，将采用以下步骤求解式(1.58)中的任意一个系数。假设要计算系数 a_i，这时将式(1.58)的两边同时乘以 $\cos i\Omega t\,\mathrm{d}t$，并从 $t=0$ 积分到 $t=T$。从中发现：

$$\int_0^T a_0 \cos i\Omega t\,\mathrm{d}t = 0 \qquad \int_0^T a_j \cos j\Omega t \cos i\Omega t\,\mathrm{d}t = 0$$

$$\int_0^T b_j \sin j\Omega t \cos i\Omega t\,\mathrm{d}t = 0 \qquad \int_0^T a_i \cos^2 i\Omega t\,\mathrm{d}t = \frac{a_i}{2}T = a_i\frac{\pi}{\Omega}$$

式中，i 和 j 表示整数 1，2，3，…。利用上述公式，可由式(1.58)得到

$$a_i = \frac{2}{T}\int_0^T F(t)\cos i\Omega t\,\mathrm{d}t \tag{1.59a}$$

同理，将式(1.58)乘以 $\sin i\Omega t\,\mathrm{d}t$ 并积分，可得

$$b_i = \frac{2}{T}\int_0^T F(t)\sin i\Omega t\,\mathrm{d}t \tag{1.59b}$$

最后，将式(1.58)乘以 $\mathrm{d}t$，并从 $t=0$ 积分到 $t=T$，可得

$$a_0 = \frac{2}{T}\int_0^T F(t)\,\mathrm{d}t \tag{1.59c}$$

可以看到，式(1.58)中的系数可在已知 $F(t)$ 解析式的条件下，利用式(1.59)进行计算。若已知条件为 $F(t)$ 的函数曲线，而其解析式未知，则须采用数值方法对积分式(1.59)进行近似求解。

假设扰动函数用三角级数的形式表示，则可将有阻尼受迫振动的运动方程写成

$$m\ddot{u} + c\dot{u} + ku = a_0 + a_1\cos\Omega t + a_2\cos 2\Omega t + \cdots + b_1\sin\Omega t + b_2\sin 2\Omega t + \cdots \tag{1.60}$$

该方程的通解由两部分组成，一部分为自由振动，另一部分为受迫振动。自由振动因阻尼而逐渐衰减。受迫振动可在系统方程为线性方程的条件下，通过叠加级数(1.58)中每一项单独引起稳态受迫振动得到。其中，级数中的每一项产生的稳态受迫振动可通过 1.9 节给出的方法求解。从上述分析中不难发现，剧烈的受迫振动可能归因于级数(1.58)中某一项的周期与系统固有振动周期吻合，即扰动力周期 T 与固有周期 τ_d 相等或接近。

例 1. 对于如图 1.40 所示的系统，给定以下物理量的取值：

活塞重量 $W_p = 6.00$ lb；连杆重量 $W_c = 3.00$ lb；$M_1 g = \dfrac{2}{3}W_c = 2.00$ lb；$M_2 g = W_p +$

$\dfrac{1}{3}W_c = 7.00$ lb；引擎总重量 $W = 500$ lb；引擎转速 $= 600$ rpm；曲柄半径 $r = 8$ in.；连杆长度 $l = 24$ in.；弹簧刚度 $k = 11\,500$ lb/in.。

若忽略阻尼的影响，并假设曲轴质量平衡，试确定系统稳态受迫振动过程中，引擎偏离其平衡位置的最大位移。

解：首先计算得到系统振动的固有角频率

$$\omega = \sqrt{\frac{kg}{W}} = \sqrt{\frac{11\,500 \times 386}{500}} = \sqrt{8\,878} = 94.3 \text{ s}^{-1}$$

同时,扰动载荷的作用频率

$$\Omega = \frac{600 \times 2\pi}{60} = 20\pi = 62.83 \text{ s}^{-1}$$

由此可得

$$\frac{\Omega}{\omega} = \frac{62.83}{94.3} = \frac{2}{3}, \quad \frac{2\Omega}{\omega} = \frac{4}{3}$$

通过这两个比值发现,正比于 $\cos \Omega t$ 的扰动力将工作在共振频率之下,而正比于 $\cos 2\Omega t$ 的扰动力将工作在共振频率之上。忽略扰动力的高频成分,只须将式(a)、(e)分别表示的惯性力通过式(f)叠加在一起。将以上各项表示成以下形式:

$$\left.\begin{array}{l} P_1 \cos \Omega t = -(M_1 + M_2)\Omega^2 r \cos \Omega t \\[2mm] P_2 \cos 2\Omega t = -\dfrac{r}{l} M_2 \Omega^2 r \cos 2\Omega t \end{array}\right\} \qquad (g)$$

则可得到

$$P_1 = -(M_1 + M_2)\Omega^2 r = -\frac{2+7}{386} \times 400\pi^2 \times 8 = -736 \text{ lb}$$

$$P_2 = -\frac{r}{l} M_2 \Omega^2 r = -\frac{8}{24} \times \frac{7}{386} \times 400\pi^2 \times 8 = -191 \text{ lb}$$

根据 1.6 节中的式(1.24),可解得式(g)中的两个扰动力单独作用在系统上引起的无阻尼受迫振动:

$$u_1 = \frac{P_1}{k} \frac{1}{1 - \Omega^2/\omega^2} \cos \Omega t = \frac{-736}{11\,500} \frac{1}{1 - 4/9} \cos \Omega t = -0.115 \cos \Omega t$$

$$u_2 = \frac{P_2}{k} \frac{1}{1 - 4\Omega^2/\omega^2} \cos 2\Omega t = \frac{-191}{11\,500} \frac{1}{1 - 16/9} \cos 2\Omega t = 0.021\,4 \cos 2\Omega t$$

为了确定引擎偏离平衡位置的最大位移,只须取 $\Omega t = \pi$,便可得到

$$(u_1 + u_2)_m = 0.115 + 0.021\,4 = 0.136 \text{ in.}$$

例 2. 某个单自由度系统受到扰动力 $F(t)$ 作用。该扰动力随时间的变化曲线如图 1.41 所示。若系统中质量 m 和刚度 k 的取值满足条件 $\Omega/\omega = 0.9$,试在忽略阻尼的条件下,确定扰动力引起的稳态受迫振动。

解:首先对给定的力进行谐波分析。假设扰动力函数可表示成三角级数即式(1.58)的形式,则可利用式(1.59)确定级数中的系数 a_0、a_i 和 b_i。

首先分析式(1.59c)。发现积分 $\int_0^{2\pi/\Omega} F(t)\mathrm{d}t$ 就是图 1.41 中锯齿形曲线在坐标 $t = 0$ 和 $t = T = 2\pi/\Omega$ 之间的面积。由图可知,该区间内的面积为零,因此 $a_0 = 0$。

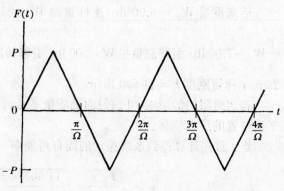

图 1.41

转而分析式(1.59a)。发现图 1.41 中曲线的每个坐标均须乘以 $\cos i\Omega t$,并从 $t=0$ 积分到 $t=2\pi/\Omega$。根据 $F(t)$ 关于 $t=\pi/\Omega$ 的反对称性,以及 $\cos i\Omega t$ 关于相同时间点的对称性,可得知式(1.59a)中的积分也为零,因此 $a_i=0$。

最后分析式(1.59b)。发现图 1.41 中 $F(t)$ 的每个坐标均须乘以 $\sin i\Omega t$,并从 $t=0$ 积分到 $t=2\pi/\Omega$。在这种情况下,$F(t)$ 在 $t=0$ 到 $t=\pi/\Omega$ 的区间内关于 $t=\pi/(2\Omega)$ 对称,而在 $t=\pi/\Omega$ 到 $t=2\pi/\Omega$ 的区间内关于 $t=3\pi/(2\Omega)$ 对称。但当 i 为偶数时,对应的 $\sin i\Omega t$ 分别关于 $t=\pi/(2\Omega)$ 和 $t=3\pi/(2\Omega)$ 两点反对称。因此,$i=2,4,6,\cdots$ 时的 $b_i=0$。

当 i 为奇数时,$F(t)$ 和 $\sin i\Omega t$ 均关于坐标 $t=\pi/\Omega$ 反对称,进而可由式(1.59b)得到

$$b_i=\frac{\Omega}{\pi}\int_0^{2\pi/\Omega}F(t)\sin i\Omega t\,\mathrm{d}t=\frac{4\Omega}{\pi}\int_0^{\pi/(2\Omega)}F(t)\sin i\Omega t\,\mathrm{d}t \tag{h}$$

观察图 1.41 后发现,在 $t=0$ 到 $t=\pi/(2\Omega)$ 的区间内

$$F(t)=\frac{2P\Omega t}{\pi}$$

将该式代入式(h),可得

$$b_i=\frac{8P\Omega^2}{\pi^2}\int_0^{\pi/(2\Omega)}t\sin i\Omega t\,\mathrm{d}t=\frac{8P}{i^2\pi^2}\int_0^{i\pi/2}u\sin u\,\mathrm{d}u$$

上式进行定积分运算后可得

$$b_i=\frac{8P}{i^2\pi^2}\sin\frac{i\pi}{2}=\frac{8P}{i^2\pi^2}(-1)^{(i-1)/2} \tag{i}$$

式中,$i=1,3,5,7,\cdots$。

利用 $a_0=0$,$a_i=0$ 和 b_i 的表达式(i),可将三角级数(1.58)重新表示为

$$F(t)=\frac{8P}{\pi^2}\left(\sin\Omega t-\frac{1}{3^2}\sin 3\Omega t+\frac{1}{5^2}\sin 5\Omega t-\cdots\right) \tag{j}$$

因此,为了将图 1.41 中的锯齿形曲线表示成三角级数的形式,只须将所有处于 $t=0$ 到 $t=2\pi/\Omega$ 区间内的奇数阶正弦曲线叠加起来。此外,还发现级数(j)的收敛速度较快,这表明级数中的第一项更具实际意义。因此,锯齿形扰动力引起的系统响应与幅值略小的正弦扰动力引起的系统响应相似。而该正弦扰动力可表示为

$$F(t)=\frac{8P}{\pi^2}\sin\Omega t \tag{k}$$

为了判断级数中第二项的显著性,可考察 $\Omega/\omega=0.9$ 时的放大系数,其取值为

$$\beta_3=\frac{1}{1-(3\Omega/\omega)^2}=-0.159$$

第二项引起的受迫振动幅值仅有静力 $8P/\pi^2$ 的 $0.159/3^2=0.0177$ 倍。而与此同时,级数第一

项对应的放大系数为

$$\beta_1 = \frac{1}{1-\Omega^2/\omega^2} = 5.26$$

因此,若用式(k)计算受迫振动响应,所得近似解的误差将小于 0.4%,而该近似解为

$$u = \frac{8P\beta_1}{\pi^2 k}\sin\Omega t$$

习题 1.11

1.11 - 1. 试用 1.11 节中例 1 的数据,绘制图 1.40 中受迫振动系统的位移-时间曲线 $u = f(t)$。

1.11 - 2. 试将图中曲线表示的扰动力 $F(t)$ 展开成三角级数形式。

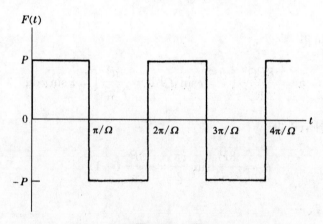

习题 1.11 - 2 图

1.11 - 3. 试将图中曲线表示的扰动力 $F(t)$ 展开成三角级数形式。

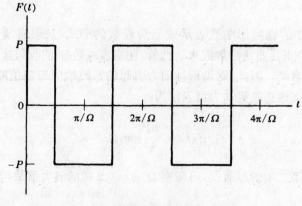

习题 1.11 - 3 图

1.11 - 4. 试将图中曲线表示的扰动力 $F(t)$ 展开成三角级数形式。

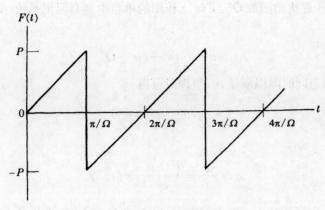

习题 1.11 - 4 图

1.11 - 5. 试将图中曲线表示的扰动力 $F(t)$ 展开成三角级数形式。

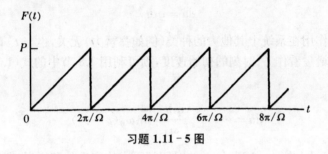

习题 1.11 - 5 图

1.11 - 6. 试推导单自由度系统在受到式(1.58)表示的扰动函数作用时，所产生的有阻尼稳态受迫振动的一般表达式。

1.12　任意扰动函数

在上一节中分析了一般周期扰动函数引起的受迫振动问题。该扰动函数可用傅里叶级数的形式表示。然而，对于没有周期性的任意干扰力而言，需要采用不同方法求解受迫振动问题。

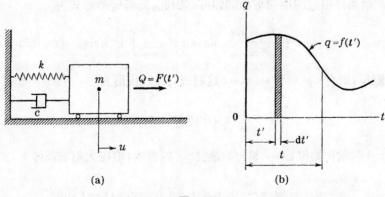

图 1.42

考虑一个受到任意扰动函数 $Q=F(t')$ 作用的单自由度有阻尼系统(见图 1.42a),其运动微分方程可写成

$$m\ddot{u} = -c\dot{u} - ku + Q \tag{a}$$

将方程(a)的等号两边同时除以质量 m,整理后可得

$$\ddot{u} + 2n\dot{u} + \omega^2 u = q \tag{1.61}$$

其中

$$q = \frac{Q}{m} = \frac{F(t')}{m} = f(t') \tag{b}$$

式(b)为单位质量受到的扰动力。在求解方程(1.61)的过程中,假设扰动力 q 是图 1.42b 所示虚拟时间变量 t' 的函数,可计算用图中阴影部分面积表示的任意时刻 t' 的增量脉冲 $q\,dt'$。该脉冲引起的单位质量的瞬时速度增量(或称增量速度)

$$d\dot{u} = q\,dt' \tag{c}$$

速度增量的大小与作用在系统上其他力的种类(例如弹簧力)无关,也与 t' 时刻的位移和速度无关。如果把速度增量看作 t' 时刻的初始速度,则可利用 1.8 节中的式(1.35),得到后续时刻 t 的位移增量

$$du = e^{-n(t-t')} \frac{q\,dt'}{\omega_d} \sin\omega_d(t-t') \tag{d}$$

由于每个增量脉冲 $q\,dt'$ 在 $t'=0$ 到 $t'=t$ 的时间间隔内均产生位移增量,所以可以计算得到扰动力 q 连续作用引起的总位移

$$u = \frac{e^{-nt}}{\omega_d} \int_0^t e^{nt'} q \sin\omega_d(t-t')\,dt' \tag{1.62}$$

式(1.62)具有的数学形式称为 Duhamel(杜哈梅)积分。

式(1.62)表示扰动力 q 在 0 到 t 时间间隔内作用引起的总位移,其中包含稳态位移和瞬态位移两个成分。式(1.62)对求解任意形式扰动力引起的振动系统响应十分有效。如果函数 $q=f(t')$ 的解析式未知,则可采用恰当的数值积分方法近似计算式(1.62)中的积分。如须考虑 $t=0$ 时刻初始位移 u_0 和初始速度 $\dot{u}_0$ 的影响,只须将式(1.62)的积分运算结果与 1.8 节中式(1.35)给出的初始条件引起的响应解相加即可。因此,完备解的形式为

$$u = e^{-nt}\left[u_0\cos\omega_d t + \frac{\dot{u}_0 + nu_0}{\omega_d}\sin\omega_d t + \frac{1}{\omega_d}\int_0^t e^{nt'} q \sin\omega_d(t-t')\,dt'\right] \tag{1.63}$$

如果忽略阻尼,则有 $n=0$ 和 $\omega_d=\omega$,这时式(1.62)化简为

$$u = \frac{1}{\omega}\int_0^t q\sin\omega(t-t')\,dt' \tag{1.64}$$

如果也考虑 $t=0$ 时刻初始位移 u_0 和初始速度 $\dot{u}_0$ 的影响,则在无阻尼条件下,式(1.63)变为

$$u = u_0\cos\omega t + \frac{\dot{u}_0}{\omega}\sin\omega t + \frac{1}{\omega}\int_0^t q\sin\omega(t-t')\,dt' \tag{1.65}$$

作为式(1.64)应用的一个实例,假设某个恒力 Q_1(见图 1.43a)突然作用在图 1.42a 所示物体上的情况。该实例中的动态加载方式称为阶跃函数加载。在这种情况下,有 $q_1 = Q_1/m =$ 常数,式(1.64)变为

$$u = \frac{q_1}{\omega} \int_0^t \sin \omega (t - t') \mathrm{d}t' \tag{e}$$

该积分式的计算较为简单,积分后的结果为

$$u = \frac{q_1}{\omega^2}(1 - \cos \omega t) = \frac{Q_1}{k}(1 - \cos \omega t) \tag{1.66}$$

从所得结果发现,某个突然作用在系统上的恒力,会引起叠加在相同幅值静态位移之上的振幅为 Q_1/k 的自由振动(见图 1.43b)。因此,突然作用在系统上的力所引起的最大挠曲变形量是同样大小静力产生的变形量的 2 倍。

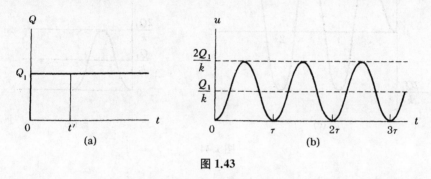

图 1.43

在以上讨论的所有情况中,恒力 Q_1 的作用时间是无限的。若恒力的作用时间为有限时长 t_1,可得到如图 1.44a 所示的矩形脉冲力。在力取非零值的时间间隔内,系统响应与式(1.66)所定义的响应相同。时间 t_1 之后的响应可通过计算 0 到 t_1 和 t_1 到 t 两个区间内的 Duhamel 积分得到。由于第二个区间内的力函数为 0,因此只有第一个时间区间内的积分会产生非零结果。这种情况下的解可归纳为

$$u = \frac{Q_1}{k}(1 - \cos \omega t) \quad (0 \leqslant t \leqslant t_1) \qquad [\text{同式}(1.66)]$$

$$u = \frac{Q_1}{k}\left[\cos \omega (t - t_1) - \cos \omega t\right] \quad (t_1 \leqslant t) \tag{1.67}$$

若将图 1.44a 中的矩形脉冲看作图 1.44b 中两个阶跃函数的和,则可得到相同的计算结果。第一个阶跃函数(大小为 Q_1)从 $t=0$ 时刻开始作用,而第二个阶跃函数(大小为 $-Q_1$)从 $t=t_1$ 时刻开始作用。

另一种得到式(1.67)中结果的方法是通过式(1.66)估算系统在 t_1 时刻的位移和速度。因此有

$$u_{t_1} = \frac{Q_1}{k}(1 - \cos \omega t_1) \tag{f}$$

$$\dot{u}_{t_1} = \frac{Q_1 \omega}{k} \sin \omega t_1 \tag{g}$$

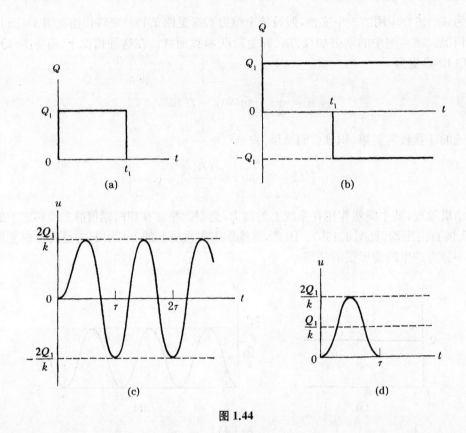

图 1.44

如果将这两个量看作 t_1 时刻的初始位移和初始速度,则接下来的自由振动响应可用以下表达式计算:

$$u = u_{t_1} \cos \omega(t - t_1) + \frac{\dot{u}_{t_1}}{\omega} \sin \omega(t - t_1) \tag{h}$$

将式(f)、(g)代入式(h),然后进行简单的三角函数运算,便可得到与式(1.67)相同的结果。

矩形脉冲作用后的自由振动响应幅值可通过下式计算:

$$A = \sqrt{u_{t_1}^2 + \left[\frac{\dot{u}_{t_1}}{\omega} \right]^2} \tag{i}$$

利用表达式(f)、(g)计算式(i),化简后可得

$$A = \frac{Q_1}{k} \sqrt{2(1 - \cos \omega t_1)} = \frac{2Q_1}{k} \sin \frac{\omega t_1}{2} = \frac{2Q_1}{k} \sin \frac{\pi t_1}{\tau} \tag{j}$$

由式(j)中第三个等号后的数学形式可以看出,自由振动的幅值取决于比例 t_1/τ,其中 τ 是系统固有振动的周期。若将矩形脉冲的持续时间取为 $t_1 = \tau/2$,则可得到幅值 $A = 2Q_1/k$,相应的响应曲线如图 1.44c 所示。在这种情况下,力 Q_1 在位移从零到 A 的变化过程中一直作用在系统上,且对系统做正功。系统到达极限位置后,若将力 Q_1 撤掉,则无阻尼系统将保持能量守恒,且其中的自由振动由 t_1 时刻的初始位移 $2Q_1/k$ 引起。

考虑上述问题中的一种特殊情况。指定脉冲持续时间 $t_1 = \tau$。根据式(j)可得幅值

$A = 0$，且响应曲线如图 1.44d 所示。在这种情况下，恒力 Q_1 在位移从零到 A 的变化过程中做正功，且正功的大小与位移从 A 变回零时所做负功的大小相等。因此，恒力 Q_1 做的净功为零，且当该力被移除时，系统保持静止。

如图 1.45a 所示，现假设有一个正负值交替出现的阶跃函数序列。该函数序列会产生如图 1.45b 所示的矩形脉冲序列。相邻两个阶跃函数间的时间差定为 $\tau/2$。因此脉冲总是与速度同步，且在每个振动周期内做正功。根据叠加原理，n 个矩形脉冲引起的自由振动幅值

$$A_n = \frac{2nQ_1}{k} \tag{k}$$

即在每个振动周期内，幅值都增加 $2Q_1/k$，也使得响应幅值随时间无限增大。图 1.45c 给出了前几个振动周期内幅值的增长规律。从图 1.45a 中的例子中总结可知，任何引起系统共振的周期扰动函数在满足每个周期内做的净功为正的前提下，均会产生较大的受迫振动。此外，利用 Duhamel 积分计算一般周期扰动函数作用下的系统响应的方法，可用于代替 1.11 节中把动载荷分解成傅里叶级数进行分析的方法。

例 1. 线性递增力函数可称作斜坡力函数。如图 1.46a 所示，若斜坡力 Q 在单位时间内的增长率为 δQ，试确定单自由度无阻尼系统对该力的响应。

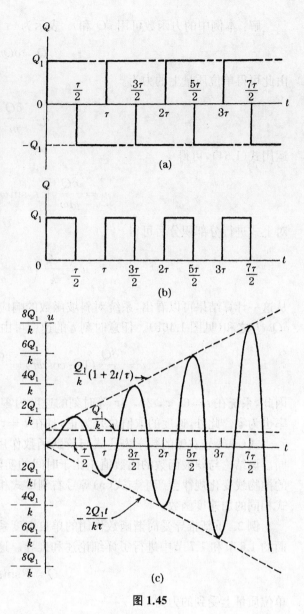

图 1.45

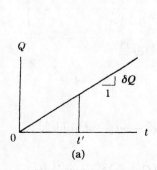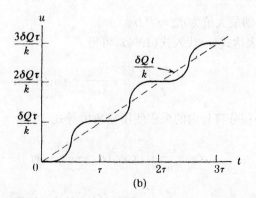

图 1.46

解：本例中的力函数可用 δQ 和 t' 表示为

$$Q = \delta Q t' \tag{l}$$

由此可得单位质量上的力为

$$q = \frac{\delta Q}{m} t' \tag{m}$$

运用式(1.64)，可得

$$u = \frac{\delta Q}{m\omega} \int_0^t t' \sin\omega(t - t') \mathrm{d}t'$$

对上式进行分部积分后可得

$$u = \frac{\delta Q}{k} \left(t - \frac{1}{\omega} \sin\omega t \right) \tag{n}$$

从这一计算结果可以看出，系统对斜坡函数的响应是线性递增静位移 $\delta Q t / k$ 与自由振动幅值 $\delta Q t / k$ 之和（见图 1.46b）。任意时刻 t 的速度可由式(n)对时间的一阶导数表达式得到，即

$$\dot{u} = \frac{\delta Q}{k} (1 - \cos\omega t) = \frac{\delta Q}{k} \left(1 - \cos\frac{2\pi t}{\tau} \right) \tag{o}$$

因此，系统在 $t = 0$，τ，2τ，3τ 等时刻的速度为零。而在这些时刻，图 1.46b 中位移曲线的斜率也为零。此外，速度的取值总是为正，且在 $t = \tau/2$、$3\tau/2$、$5\tau/2$ 等时刻取最大值 $2\delta Q/k$。

式(o)等号右侧的数学表达式与阶跃函数作用引起的式(1.66)右侧的数学表达式形式相同。该结论与斜坡函数的函数值正比于时间的实际情况相符。还可得出的结论是，扰动函数的抛物线变化规律会产生与式(n)等号右侧形式相同的速度函数，以及与方程(o)等号右侧形式相同的加速度函数。

例 2. 重新推导受简谐函数作用的单自由度系统的无阻尼受迫振动。该类问题已经在前面的 1.6 节和 1.7 节中进行了详细论述和推导。这里假设扰动函数

$$Q = P\sin\Omega t' \tag{p}$$

单位质量上受到的力为

$$q = q_m \sin\Omega t' \tag{q}$$

式中，q 的最大值为 $q_m = P/m$。

将表达式(q)代入式(1.64)，可得

$$u = \frac{q_m}{\omega} \int_0^t \sin\Omega t' \sin\omega(t - t') \mathrm{d}t' \tag{r}$$

对式(r)积分符号内的乘积使用三角恒等式，可得

$$u = \frac{q_m}{2\omega} \int_0^t \left[\cos(\Omega t' - \omega t + \omega t') - \cos(\Omega t' + \omega t - \omega t') \right] \mathrm{d}t'$$

$$= \frac{q_m}{2\omega} \int_0^t \left\{ \cos\left[(\Omega + \omega)t' - \omega t \right] - \cos\left[(\Omega + \omega)t' + \omega t \right] \right\} \mathrm{d}t'$$

对上式直接进行积分。积分运算后可化简为

$$u = \frac{P}{k}\left(\sin\Omega t - \frac{\Omega}{\omega}\sin\omega t\right)\frac{1}{1-\Omega^2/\omega^2} \tag{s}$$

将式(s)与 1.7 节中的式(1.29b)进行比较,发现所得结果相同。式(s)中的第一个系数是恒载 P 引起的系统静态位移,第二项表示系统的静态和瞬态响应;第三项为 1.6 节中式(e)表示的无阻尼条件下的放大系数 β。注意到响应中的瞬态部分已经包含在 Duhamel 积分的计算结果之中,因此无须特意参照初始条件进行求解。

例 3. 针对图 1.42a 中的系统,求解该系统对图 1.43a 所示阶跃函数的有阻尼响应。

解: 将单位质量上的力 $q_1 = Q_1/m$ 代入式(1.62),可计算得到有阻尼响应

$$u = \frac{q_1 e^{-nt}}{\omega_d}\int_0^t e^{-nt'}\sin\omega_d(t-t')\,dt' \tag{t}$$

式(t)可在分部积分后用以下形式表示:

$$u = \frac{Q_1}{k}\left[1 - e^{-nt}\left(\cos\omega_d t + \frac{n}{\omega_d}\sin\omega_d t\right)\right] \tag{u}$$

该结果具有静态位移 Q_1/k 与有阻尼自由振动求和的形式,其中自由振动的幅值

$$Ae^{-nt} = \frac{Q_1}{k}e^{-nt}\sqrt{1 + \left(\frac{n}{\omega_d}\right)^2} \tag{v}$$

相位角

$$\alpha_d = \arctan\frac{n}{\omega_d} \tag{w}$$

阻尼为零时,式(u)与式(1.66)相等,幅值 A 与 Q_1/k 相等,相位角 α_d 变为 0。

习题 1.12

1.12‒1. 试确定单自由度系统在如图所示扰动函数作用下的无阻尼响应。

1.12‒2. 试确定单自由度系统在如图所示的扰动函数作用下的无阻尼响应。

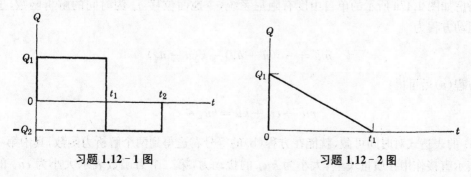

习题 1.12‒1 图　　　　　　习题 1.12‒2 图

1.12‒3. 试确定单自由度系统在如图所示的扰动函数作用下的无阻尼响应。

1.12‒4. 试确定单自由度系统在如图所示的扰动函数作用下的无阻尼响应。

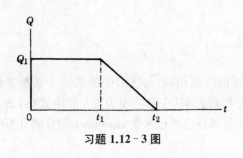

习题 1.12 - 3 图

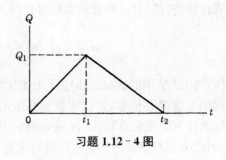

习题 1.12 - 4 图

1.12 - 5. 试确定单自由度系统在如图所示的抛物线扰动函数 $Q = Q_1(1 - t^2/t_1^2)$ 作用下的无阻尼响应。

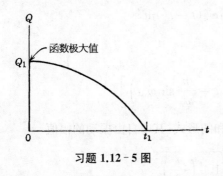

习题 1.12 - 5 图

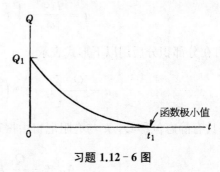

习题 1.12 - 6 图

1.12 - 6. 试确定单自由度系统在如图所示的抛物线扰动函数 $Q = Q_1(t - t_1)^2/t_1^2$ 作用下的无阻尼响应。

1.12 - 7. 试确定图 1.42a 中的单自由度系统在如图 1.46a 所示的三角扰动函数作用下的无阻尼响应。

1.13 任意支承运动

某些实际问题中的系统振动响应不是扰动力作用的结果,而是支承运动产生的结果。在 1.6 节和 1.9 节中,讨论了无阻尼系统与含黏性阻尼系统在支承产生简谐运动位移和加速度时发生的受迫振动。在本节中,将讨论支承运动为时间任意函数时的系统受迫振动。

考虑如图 1.47a 所示的单自由度有阻尼系统,令地面位移 u_g 为时间的解析函数,这时的系统运动方程为

$$m\ddot{u} = -c(\dot{u} - \dot{u}_g) - k(u - u_g) \tag{a}$$

整理方程(a)后可得

$$m\ddot{u} + c\dot{u} + ku = ku_g + c\dot{u}_g \tag{b}$$

如果 u_g 的表达式对时间可微,就能在方程(b)的等号右边得到两个解析力函数,其中第一个力函数表示直接作用在质量块上、大小为 ku_g 的扰动力,第二个力函数表示大小为 $c\dot{u}_g$ 的扰动力。将方程(b)除以质量 m,可得

$$\ddot{u} + 2n\dot{u} + \omega^2 u = q_g = q_{g1} + q_{g2} \tag{1.68}$$

其中

$$q_{g1} = \omega^2 u_g = \omega^2 F(t') = f(t') \tag{c}$$

式(c)表示支承位移 u_g 引起的单位质量上的等效力，q_{g2} 定义为

$$q_{g2} = 2n\dot{u}_g = \frac{2n}{\omega^2}\dot{q}_{g1} \tag{d}$$

对于施加的扰动函数，假设位移 u_g 与对应的力 q_{g1} 可表示为虚拟时间变量 t' 的函数（见图 1.47b）。

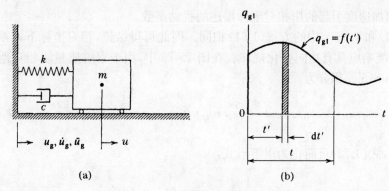

图 1.47

根据这一假设，接下来的分析流程应该与施加扰动函数时的分析流程相似。但是，当前问题中的增量脉冲由两部分构成，因此 t' 时刻的速度增量表达式变为

$$d\dot{u} = (q_{g1} + q_{g2})dt' \tag{e}$$

其中第一项可用图 1.47b 中的阴影区域表示。在后续时刻 t，位移增量为

$$du = e^{-n(t-t')}\frac{1}{\omega_d}(q_{g1} + q_{g2})\sin\omega_d(t-t')dt' \tag{f}$$

持续性的支承运动引起的质量块总位移变为

$$u = u_1 + u_2 = \frac{e^{-nt}}{\omega_d}\int_0^t e^{nt'}(q_{g1} + q_{g2})\sin\omega_d(t-t')dt' \tag{1.69}$$

该式与 1.12 节中给出的 Duhamel 积分式(1.62)相比更加复杂。

如果忽略阻尼的影响，则有 $n=0$ 和 $\omega_d = \omega$，从而可将式(1.69)化简为

$$u = \frac{1}{\omega}\int_0^t q_{g1}\sin\omega(t-t')dt' = \omega\int_0^t u_g\sin\omega(t-t')dt' \tag{1.70}$$

式(1.70)中，第一个等号后的表达式与 1.12 节中的式(1.64)相同。

接下来考虑给定地面加速度 $\ddot{u}_g$ 的情况。仿照 1.6 节中受迫振动的分析方法，引入下列坐标变换：

$$u^* = u - u_g,\quad \dot{u}^* = \dot{u} - \dot{u}_g,\quad \ddot{u}^* = \ddot{u} - \ddot{u}_g \tag{g}$$

式中，符号 u^* 为质量块与地面的相对位移。将式(g)中的 $u - u_g$、$\dot{u} - \dot{u}_g$ 和 $\ddot{u}$ 代入方程(a)，整

理后可得

$$m\ddot{u}^{*} + c\dot{u}^{*} + ku^{*} = -m\ddot{u}_{g} \tag{h}$$

方程(h)等号右边的表达式表示直接作用于质量块的大小为 $-m\ddot{u}_{g}$ 的扰动力。将方程(h)除以 m,可将其改写成

$$\ddot{u}^{*} + 2n\dot{u}^{*} + \omega^{2}u^{*} = q_{g}^{*} \tag{1.71}$$

其中

$$q_{g}^{*} = -\ddot{u}_{g} = -f(t') \tag{i}$$

式(i)表示地面加速度引起的用相对坐标描述的扰动函数。

方程(1.71)和1.12节中的方程(1.61)相同。因此可得结论,相对坐标下的系统响应与绝对坐标下的系统响应具有相同变化规律。在图1.47a中,用于求解质量块相对地面的有阻尼振动响应的 Duhamel 积分为

$$u^{*} = \frac{\mathrm{e}^{-nt}}{\omega_{d}} \int_{0}^{t} \mathrm{e}^{-nt'} q_{g}^{*} \sin\omega_{d}(t-t')\mathrm{d}t' \tag{1.72}$$

若不考虑阻尼,式(1.72)可简化为以下形式:

$$u^{*} = \frac{1}{\omega} \int_{0}^{t} q_{g}^{*} \sin\omega(t-t')\mathrm{d}t' \tag{1.73}$$

在求得相对响应位移的前提下,如果已知地面的初始位移和初始速度,则可计算系统的绝对响应位移。

例1. 假设图1.47a中的支承按照图1.48中的阶跃位移函数突然向右移动。试确定系统在该瞬时支承位移作用下的无阻尼响应。

解: 由式(c)可得 $q_{g1} = \omega^{2}d$,而式(1.70)则给出了无阻尼响应

$$u = \omega d \int_{0}^{t} \sin\omega(t-t')\mathrm{d}t' = d(1-\cos\omega t) \tag{j}$$

将式(j)与式(1.66)进行比较,只是式(1.66)中的 Q_{1}/k 替换为式(j)中的 d。因此可以看到,无阻尼响应是振幅为 d 的自由振动与幅度相同的静位移叠加而成的。

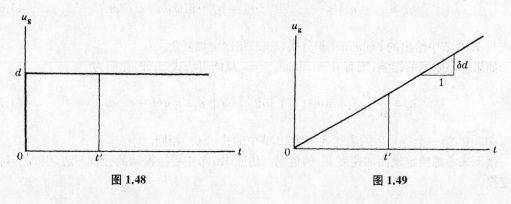

图 1.48　　　　　　　　图 1.49

例2. 为了举例说明式(1.69)如何应用,考虑支承位移为图1.49中斜坡函数的情况。图中直线的斜率是单位时间的位移 δd。试推导图1.47a中的系统在该支承运动位移作用下产生的

有阻尼振动响应表达式。

解：由 t' 和 δd 表示的支承位移为

$$u_g = t'\delta d \tag{k}$$

式(c)中的扰动函数 q_{g1} 在本例中变为

$$q_{g1} = \omega^2 t'\delta d \tag{l}$$

由式(d)定义的单位质量等效力，其表达式的第二部分在本例中变为

$$q_{g2} = 2n\delta d \tag{m}$$

将式(l)、(m)这两个 q_{g1} 和 q_{g2} 的表达式代入式(1.69)，可得

$$u = u_1 + u_2 = \frac{\delta d\, e^{-nt}}{\omega_d} \int_0^t e^{-nt'}(\omega^2 t' + 2n)\sin\omega_d(t - t')dt' \tag{n}$$

式(n)进行积分运算后得到的第一部分响应为

$$u_1 = \frac{\delta d}{\omega^2}\left\{\omega^2 t - 2n + e^{-nt}\left[2n\cos\omega_d t + \frac{1}{\omega_d}(n^2 - \omega_d^2)\sin\omega_d t\right]\right\} \tag{o}$$

第二部分响应为

$$u_2 = 2n\delta d\left[1 - e^{-nt}\left(\cos\omega_d t + \frac{n}{\omega_d}\sin\omega_d t\right)\right] \tag{p}$$

第一部分响应的推导结果与图 1.46b 所示的响应类型一致，但振荡幅度逐渐衰减。当阻尼为零时，式(o)与 1.12 节中的式(n)形式相同，只是用 δd 代替了 $\delta Q/k$。另外，式(p)表示的第二部分响应与 1.12 节中的式(u)形式相同，只是用 $2n\delta d$ 代替了 Q_1/k。

例 3. 假设图 1.49 中的斜坡函数描述的不是地面位移函数，而是地面加速度 $\ddot{u}_g$。如果假设斜坡函数的斜率是单位时间位移 δa，且 $t = 0$ 时刻地面初始位移为 u_{g0}、初始速度为 $\dot{u}_{g0}$，试确定单自由度系统因地面运动而产生的无阻尼绝对响应。

解：由式(i)给出的扰动函数在本例中变为

$$q_g^* = -t'\delta a \tag{q}$$

将式(q)代入式(1.73)，可得

$$u^* = -\frac{\delta a}{\omega}\int_0^t t'\sin\omega(t - t')dt' \tag{r}$$

对式(r)积分后，相对坐标下的无阻尼响应位移

$$u^* = -\frac{\delta a}{\omega^2}\left(t - \frac{1}{\omega}\sin\omega t\right) \tag{s}$$

相对响应速度

$$\dot{u}^* = -\frac{\delta a}{\omega^2}(1 - \cos\omega t) \tag{t}$$

总响应解是支承运动与相对运动的和。因此，可由式(g)和初始条件求得绝对速度

$$\dot u=\dot u_{\mathrm g}+\dot u^{*}=\dot u_{\mathrm{g0}}+\int_{0}^{t}\ddot u_{\mathrm g}\mathrm dt'+\dot u^{*}=\dot u_{\mathrm{g0}}+\delta a\left[\frac{t^{2}}{2}-\frac{1}{\omega^{2}}(1-\cos\omega t)\right] \tag{u}$$

且绝对位移

$$u=u_{\mathrm g}+u^{*}=u_{\mathrm{g0}}+\dot u_{\mathrm{g0}}t+\int_{0}^{t}\dot u_{\mathrm g}\mathrm dt'+u^{*}$$

$$=u_{\mathrm{g0}}+\dot u_{\mathrm{g0}}t+\delta a\left[\frac{t^{3}}{6}-\frac{1}{\omega^{2}}\left(t-\frac{1}{\omega}\sin\omega t\right)\right] \tag{v}$$

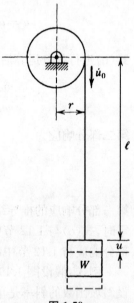

例 4. 重量为 W 的电梯由截面积为 A、弹性模量为 E 的柔性缆绳悬吊,构成图 1.50 中的系统。当电梯以匀速度 $\dot u_0$ 向下运动时,制动器突然作用在升降机上,产生大小为 a/r 的负角加速度,其中 r 为升降机卷筒的半径。在这种条件下,缆绳将在 $\dot u_0/a$ 时刻停止放绳(从 $t=0$ 的制动器制动时刻开始计算时间)。假设缆绳在 $t=0$ 时刻的自由长度为 l,试在忽略阻尼效应及制动时间内缆绳长度变化的两个前提下,确定电梯在时间间隔 $0\leqslant t\leqslant\dot u_0/a$ 内产生的位移 u。

解:本例代表了支承加速度为定值的一类振动问题,且这时的加速度为 $-a$。根据式(1.73)可得无阻尼条件下的相对响应位移

$$u^{*}=\frac{a}{\omega}\int_{0}^{t}\sin\omega(t-t')\mathrm dt'=\frac{a}{\omega^{2}}(1-\cos\omega t) \tag{w}$$

仿照前面例题的做法,可将相对响应位移与缆绳顶部的绝对运动位移进行叠加,从而得到总响应位移

$$u=u_{\mathrm g}+u^{*}=\dot u_0 t-\left[\frac{t^{2}}{2}-\frac{1}{\omega^{2}}(1-\cos\omega t)\right] \tag{x}$$

当然,在实际设计电梯时,制动器的刹车效果应该更为平顺,任何发生振荡的趋势都将被预先设计的阻尼器抑制住。

图 1.50

习题 1.13

1.13 - 1. 试确定单自由度系统在如图所示支承位移作用下产生的无阻尼响应。

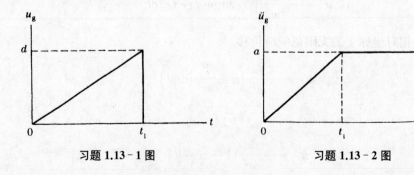

习题 1.13 - 1 图　　　　习题 1.13 - 2 图

1.13 - 2. 试确定单自由度系统在如图所示的支承位移作用下产生的无阻尼响应。

1.13 - 3. 试确定单自由度系统在如图所示的支承位移作用下产生的无阻尼响应。

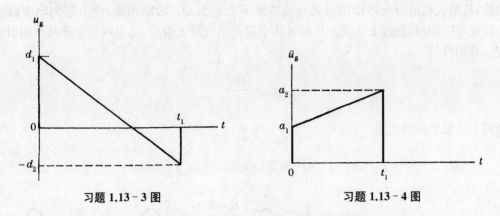

习题 1.13 - 3 图　　　　　　　　　习题 1.13 - 4 图

1.13 - 4. 试确定单自由度系统在如图所示的支承位移作用下产生的无阻尼响应。

1.13 - 5. 试确定单自由度系统在如图所示的抛物线支承位移 $u_g = d[1 - (t - t_1)^2 / t_1^2]$ 作用下产生的无阻尼响应。

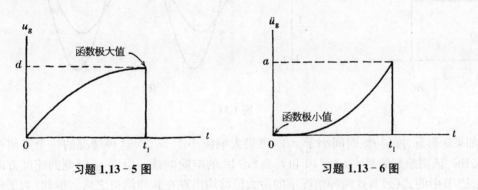

习题 1.13 - 5 图　　　　　　　　　习题 1.13 - 6 图

1.13 - 6. 试确定单自由度系统在如图所示的抛物线支承位移 $\ddot{u}_g = at^2 / t_1^2$ 作用下产生的无阻尼响应。

1.13 - 7. 对于图 1.50 中的无阻尼系统,试利用 1.13 节中例 4 的计算结果确定升降机停止后电机产生的自由振动幅值。

1.14　响　应　谱

在 1.12 节和 1.13 节中分析的扰动函数能够使弹性系统产生振动响应,且响应最大值可小于、等于或大于相应的静力响应。一般来说,响应最大值取决于系统与载荷特性。例如对单自由度系统而言,固有周期(或频率)决定了系统在指定扰动函数作用下的响应。此外,扰动函数曲线的形状与持续时间对响应特性也有着重要影响。因此,将响应最大值随系统或随扰动函数参数变化的曲线称为响应谱。在进行机械设计时,工程技术人员通常非常关注这类曲线,因为人们可通过曲线预测结构中最大动应力与相应静应力的比值。与此同时,系统出现最大响应的时间点也是被关注的重点对象。在本节接下来的内容中将对最大响应时间和响应谱展开讨论。

将分析对象转向图 1.51a 中的矩形脉冲,该脉冲引起的振动在 1.12 节中已经进行了详细讨论。从分析中得知，持续时间为 $t_1 = \tau/2$ 的矩形脉冲刚好可引起最大幅值 $u_m = 2Q_1/k$ 的振动响应，且最大幅值与突然作用且无止境持续下去的力 Q_1（阶跃函数）所引起的响应幅值相等。因此，持续时间超过 $\tau/2$ 的矩形脉冲所引起的系统最大响应，总是两倍于静载作用引起的响应。利用符号

$$u_{st} = \frac{Q_1}{k} \tag{a}$$

可将以上结论表示为

$$\frac{u_m}{u_{st}} = 2 \quad (t_1 \geqslant \tau/2) \tag{b}$$

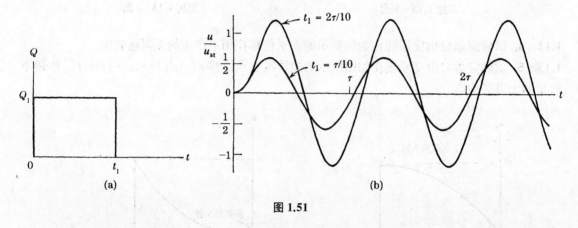

图 1.51

如果矩形脉冲的持续时间小于 $\tau/2$，则最大响应小于 $2u_{st}$。这种情况的一个实例可参见图 1.51b。该图绘制的是 $t_1 = \tau/10$ 和 $t_1 = 2\tau/10$ 的响应曲线。由于 t_1 时刻的速度方向为正 [见 1.12 节中的式(g)]，这两种情况下的最大位移均出现在脉冲结束之后。因此，为了求解响应的最大值并确定其出现的时间，须对 $t_1 \leqslant t$ 时的响应表达式(1.67)进行研究。该式可写成无量纲形式

$$\frac{u}{u_{st}} = \cos\omega(t - t_1) - \cos\omega t \tag{c}$$

将式(c)对时间微分，可得

$$\frac{\dot{u}}{u_{st}} = \omega[\sin\omega t - \sin\omega(t - t_1)] \tag{d}$$

令式(d)括号内的取值等于零，可解得最大位移出现的时间 t_m：

$$\sin\omega t_m = \sin\omega(t_m - t_1) \tag{e}$$

因此

$$\omega t_m = \frac{\pi}{2} + \frac{\omega t_1}{2} \tag{f}$$

式(f)表明 t_m 与 t_1 呈线性关系。此外，因为角度 ωt_1 的取值范围为 $[0, \pi]$，所以 ωt_m 的取值范围为 $[\pi/2, \pi]$。用 ωt_m 的表达式(f)替换式(c)中的 ωt，可得

$$\frac{u_{\mathrm{m}}}{u_{\mathrm{st}}} = 2\sin\frac{\omega t_1}{2} = \sqrt{2(1-\cos\omega t_1)} \tag{g}$$

式 (g) 与 1.12 节中利用其他方法得到的式 (j) 相同。至此,矩形脉冲的响应谱可归纳如下:

$$0 \leqslant \frac{t_1}{\tau} \leqslant \frac{1}{2} \text{ 时} \quad \frac{u_{\mathrm{m}}}{u_{\mathrm{st}}} = 2\sin\frac{\pi t_1}{\tau} \tag{1.74a}$$

$$\frac{t_{\mathrm{m}}}{\tau} = \frac{1}{4}\left(1+\frac{2t_1}{\tau}\right) \tag{1.74b}$$

$$\frac{1}{2} \leqslant \frac{t_1}{\tau} \text{ 时} \quad \frac{u_{\mathrm{m}}}{u_{\mathrm{st}}} = 2 \tag{1.74c}$$

$$\frac{t_{\mathrm{m}}}{\tau} = \frac{1}{2} \tag{1.74d}$$

以上两类无量纲表达式的曲线分别如图 1.52a 所示。其中,图 1.52a 为 $u_{\mathrm{m}}/u_{\mathrm{st}}$ 随 t_1/τ 的变化规律,图 1.52b 为 t_{m}/τ 随 t_1/τ 的变化规律。由式 (1.74a) 可看出,若脉冲的持续时间小于 $\tau/6$,则动态响应小于静载荷引起的响应。若脉冲持续时间介于 $\tau/6$ 和 $\tau/2$ 之间,则 $u_{\mathrm{m}}/u_{\mathrm{st}}$ 的取值在 1 和 2 之间。最后,若 $t_1 \geqslant \tau/2$,则 $u_{\mathrm{m}}/u_{\mathrm{st}}$ 的取值恒等于 2。

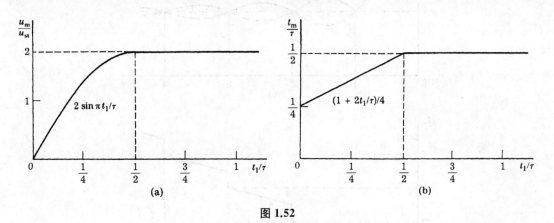

图 1.52

在上述分析过程中,发现一个有意思的现象,即本节讨论的响应谱就是受迫振动的放大系数曲线。1.9 节中的图 1.33 是 $\beta = u_{\mathrm{m}}/u_{\mathrm{st}}$ 随频率比 Ω/ω 变化的一簇曲线。从中注意到,这一簇曲线只表示稳态响应,且不同阻尼水平对应不同放大系数曲线。若计入受迫振动中的瞬态响应部分,则图 1.33 中的响应谱幅值更高,尽管幅值提高的幅度十分有限。此外,虽然阻尼在受迫振动的分析中非常重要,但在分析脉冲函数引起的响应谱时通常可被忽略。尤其对小阻尼系统而言,较小的阻尼水平对系统响应最大值(响应谱)的影响非常微弱,原因是响应最大值通常出现在大部分能量被损耗之前。然而严格来说,任意扰动函数的作用结果仍可绘制成一簇有阻尼响应谱,其中每条响应曲线对应不同阻尼水平。响应谱在某些简单情况下可根据其解析式绘制,但在更复杂的情况下,须采用数值方法才能画出响应谱。

例 1. 图 1.53a 中扰动函数的幅值从零线性增大到 t_1 时刻的 Q_1,而后保持不变。无阻尼条件下单自由度系统对该激励的响应为(见习题 1.13−2)

$$u = \frac{Q_1}{k}\left(\frac{t}{t_1} - \frac{\sin \omega t}{\omega t_1}\right) \quad (0 \leqslant t \leqslant t_1) \tag{h}$$

$$u = \frac{Q_1}{k}\left[1 + \frac{\sin \omega(t - t_1) - \sin \omega t}{\omega t_1}\right] \quad (t_1 \leqslant t) \tag{i}$$

试确定该条件下的响应谱以及相应的时间函数。

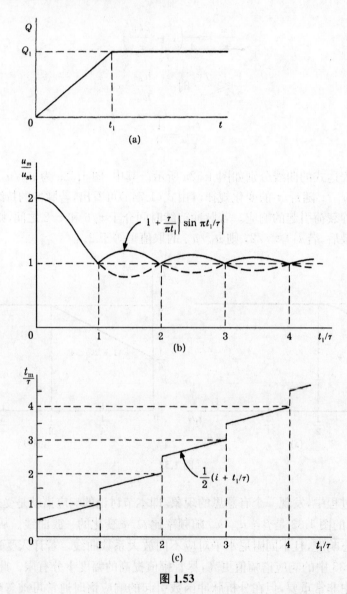

图 1.53

解：观察式(h)和(i)后发现，最大响应发生在 t_1 时刻之后。因此，只利用式(i)进行分析，并将它表示成无量纲形式：

$$\frac{u}{u_{\rm st}} = \frac{1}{\omega t_1}\left[\omega t_1 + \sin \omega(t - t_1) - \sin \omega t\right] \tag{j}$$

将式(j)对时间微分,可得

$$\frac{\dot{u}}{u_{\mathrm{st}}} = \frac{1}{t_1}\big[\cos\omega(t-t_1) - \cos\omega t\big] \tag{k}$$

令括号内等于零,得到时间 t_{m} 的表达式

$$\cos\omega t_{\mathrm{m}} = \cos\omega(t_{\mathrm{m}} - t_1) \tag{l}$$

因此

$$\omega t_{\mathrm{m}} = \pi + \frac{\omega t_1}{2} \tag{m}$$

与此前情况相同,t_{m} 与 t_1 成正比。此外,可根据式(m)得到 ωt_{m} 的取值范围为 $\pi \leqslant \omega t_{\mathrm{m}}$。将式(m)代入式(j)后,可得

$$\frac{u_{\mathrm{m}}}{u_{\mathrm{st}}} = 1 + \frac{2}{\omega t_1}\sin\frac{\omega t_1}{2} = 1 \pm \frac{1}{\omega t_1}\sqrt{2(1-\cos\omega t_1)} \tag{n}$$

式(n)既确定了无量纲响应的最大值,也确定了其最小值,且它们均取决于 ωt_1 的值。将 $t_1 \leqslant t$ 范围内的最大值相加,可得

$$\frac{u_{\mathrm{m}}}{u_{\mathrm{st}}} = 1 + \frac{\pi}{\omega t_1}|\sin\pi t_1/\tau| \tag{o}$$

由于式(o)中的表达式 $|\sin\pi t_1/\tau|$ 存在半周期不连续性,因此须把时间表达式(m)改写成

$$\frac{t_{\mathrm{m}}}{\tau} = \frac{i + t_1/\tau}{2} \tag{p}$$

式中,$i = 1, 2, 3, \cdots$ 表示半周期的序号。

图 1.53b、c 分别为式(o)、(p)的函数曲线。从中发现,响应谱(图 1.53b)的最大值 $u_{\mathrm{m}}/u_{\mathrm{st}} = 2$ 出现在 $t_1 = 0$ 时刻,这一现象为阶梯函数的响应特征。当 $t_1 \leqslant \tau/4$ 时,$u_{\mathrm{m}}/u_{\mathrm{st}}$ 的值仍近似为 2,这时的响应特征与阶梯函数相比并无太大区别。由于实际物理系统的触发时间不可能为零,因此须认识到,响应的触发是在很短的有限时间内完成的。当 $t_1 \geqslant \tau$ 时,u_{m} 的值不会比 u_{st} 大太多,且如果响应触发时间很长,则加载过程基本上是静态的。

例 2. 考虑矩形脉冲(图 1.51a)作用于单自由度有阻尼系统(图 1.42a)的情况。可将矩形脉冲扰动函数看作 $t = 0$ 时刻开始的阶跃函数(幅值为 Q_1)与另一个开始于 $t = t_1$ 时刻的阶跃函数(幅值为 $-Q_1$)的和。因此,该阻尼系统的无量纲响应($t_1 \leqslant t$)变为(见 1.12 节例 3)

$$\frac{u}{u_{\mathrm{st}}} = \mathrm{e}^{-n(t-t_1)}\left[\cos\omega_{\mathrm{d}}(t-t_1) + \frac{n}{\omega_{\mathrm{d}}}\sin\omega_{\mathrm{d}}(t-t_1)\right] - \mathrm{e}^{-nt}\left(\cos\omega_{\mathrm{d}}t + \frac{n}{\omega_{\mathrm{d}}}\sin\omega_{\mathrm{d}}t\right) \tag{q}$$

试推导响应谱表达式,并确定最大响应出现的时间。

解:利用三角恒等式化简式(q),整理后可得

$$\frac{u}{u_{\mathrm{st}}} = \mathrm{e}^{-nt}(A\cos\omega_{\mathrm{d}}t + B\sin\omega_{\mathrm{d}}t) \tag{r}$$

其中

$$A = \mathrm{e}^{nt_1}\left(\cos\omega_{\mathrm{d}}t_1 - \frac{n}{\omega_{\mathrm{d}}}\sin\omega_{\mathrm{d}}t_1\right) - 1 \tag{s}$$

且

$$B = \mathrm{e}^{nt_1}\left(\sin\omega_\mathrm{d}t_1 + \frac{n}{\omega_\mathrm{d}}\cos\omega_\mathrm{d}t_1\right) - \frac{n}{\omega_\mathrm{d}} \tag{t}$$

将式(r)对时间求导,并令结果等于零,可得

$$t_\mathrm{m} = \frac{1}{\omega_\mathrm{d}}\arctan\left(\frac{\omega_\mathrm{d}B - nA}{\omega_\mathrm{d}A + nB}\right) \tag{u}$$

另外

$$\sin\omega_\mathrm{d}t_\mathrm{m} = \frac{\omega_\mathrm{d}B - nA}{C}, \quad \cos\omega_\mathrm{d}t_\mathrm{m} = \frac{\omega_\mathrm{d}A + nB}{C} \tag{v}$$

其中

$$C = \sqrt{(\omega_\mathrm{d}^2 + n^2)(A^2 + B^2)}$$

将式(v)代入式(r)后,合并同类项,可得

$$\frac{u_\mathrm{m}}{u_\mathrm{st}} = \mathrm{e}^{-nt_\mathrm{m}}\sqrt{1 + \mathrm{e}^{2nt_1} - 2\mathrm{e}^{2nt_1}\cos\omega_\mathrm{d}t_1} \tag{w}$$

若阻尼系数为零,式(w)可进一步简化为无阻尼情况下的式(g)。

　　本节中的例题均可得到 t_m/τ 和 $u_\mathrm{m}/u_\mathrm{st}$ 的显式表达式。但须记住,以上例题均为特例。在更一般的情况下,很难确定最大响应出现的时间。此外,求解 t_m/τ 的方程也可能是超越方程,进而导致显式求解困难较大。在这种情况下,$u_\mathrm{m}/u_\mathrm{st}$ 和 t_m/τ 的值必须根据一连串时间比例 t_1/τ 的值,通过大量计算得到。而用 t/τ 表示的 u/u_st 的表达式在每个 t_1/τ 处的取值可通过计算机求解得到。最后,再通过计算机的运算结果得到 $u_\mathrm{m}/u_\mathrm{st}$ 和 t_m/τ 的值。

习题 1.14

1.14-1. 扰动函数如图所示。试绘制在该扰动函数作用下,响应谱 $u_\mathrm{m}/u_\mathrm{st}$ 和最大响应时间 t_m/τ 随 t_1/τ 的变化曲线。(响应计算公式见习题 1.13-1)

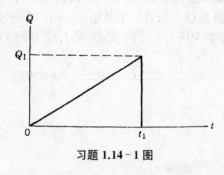
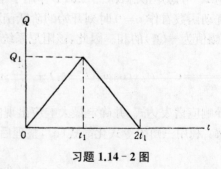

习题 1.14-1 图　　　　　　　　习题 1.14-2 图

1.14-2. 扰动函数如图所示。试绘制在该扰动函数作用下,响应谱 $u_\mathrm{m}/u_\mathrm{st}$ 和最大响应时间 t_m/τ 随 t_1/τ 的变化曲线。(响应计算公式见习题 1.12-4)

1.14-3. 扰动函数如图所示。试绘制在该扰动函数作用下,响应谱 $u_\mathrm{m}/u_\mathrm{st}$ 和最大响应时间 t_m/τ 随 t_1/τ 的变化曲线。(响应计算公式见习题 1.13-4)

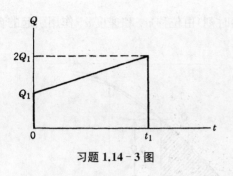

习题 1.14 - 3 图

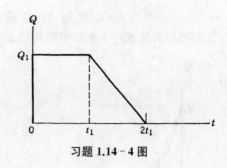

习题 1.14 - 4 图

1.14 - 4. 扰动函数如图所示。试绘制在该扰动函数作用下,响应谱 $u_{\mathrm{m}}/u_{\mathrm{st}}$ 和最大响应时间 t_{m}/τ 随 t_1/τ 的变化曲线。(响应计算公式见习题 1.12 - 3)

1.14 - 5. 扰动函数为如图所示的抛物线函数 $Q = Q_1 t^2/t_1^2$。试绘制在该扰动函数作用下,响应谱 $u_{\mathrm{m}}/u_{\mathrm{st}}$ 和最大响应时间 t_{m}/τ 随 t_1/τ 的变化曲线。(响应计算公式见习题 1.13 - 6)

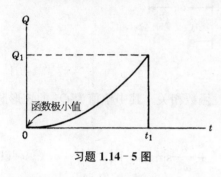

习题 1.14 - 5 图

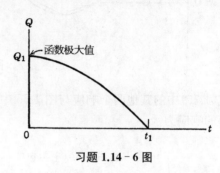

习题 1.14 - 6 图

1.14 - 6. 扰动函数为如图所示的抛物线函数 $Q = Q_1(1 - t^2/t_1^2)$。试绘制在该扰动函数作用下,响应谱 $u_{\mathrm{m}}/u_{\mathrm{st}}$ 和最大响应时间 t_{m}/τ 随 t_1/τ 的变化曲线。(响应计算公式见习题 1.12 - 5)

1.15　响应的逐步计算法

　　许多实际问题中的扰动函数无法用解析式表达,而可以用图上的一系列点或表中的一串数字表示。在这种情况下,可通过曲线拟合的方式将这些离散的数据点拟合成函数表达式,进而利用该函数计算 Duhamel 积分。除了上述方法,更具一般性的方法是在一系列重复计算中使用简单插值函数求解响应。本节将以分段线性插值函数为例,介绍该方法的详细步骤。

　　假设图 1.54 中的单自由度有阻尼系统受到时变力 $Q(t)$ 的作用。该力由如图 1.55 所示的多根直线首尾相连逼近得到。对某个特定时间间隔 $t_j \leqslant t \leqslant t_{j+1}$ 内的插值线段而言,系统响应可写成三个响应之和的形式:

图 1.54

$$u = u_1 + u_2 + u_3 \tag{1.75}$$

定义 $t' = t - t_j$,将第一个响应确定为

$$u_1 = \mathrm{e}^{-nt'}\left(u_j \cos\omega_{\mathrm{d}} t' + \frac{\dot{u}_j + nu_j}{\omega_{\mathrm{d}}}\sin\omega_{\mathrm{d}} t'\right) \tag{1.76a}$$

式(1.76a)表示系统在 $t = t_j$ 时刻(时间间隔的开始时刻)由位移 u_j 和速度 $\dot{u}_j$ 作用引起的自由振动,且该响应表达式由 1.8 节中的式(1.35)给定。

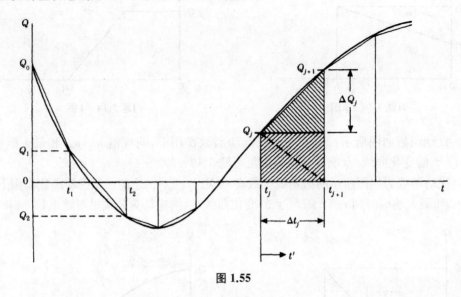

图 1.55

式(1.75)中的其他两个响应与图 1.55 中的线性函数相关。其中幅值为 Q_j 的矩形脉冲函数引起的响应为

$$u_2 = \frac{Q_j}{k}\left[1 - \mathrm{e}^{-nt'}\left(\cos\omega_\mathrm{d}t' + \frac{n}{\omega_\mathrm{d}}\sin\omega_\mathrm{d}t'\right)\right] \tag{1.76b}$$

该式由 1.12 节例 3 中的式(u)给定。此外,增幅为 $\Delta Q_j = Q_{j+1} - Q_j$ 的三角脉冲函数引起的响应为

$$u_3 = \frac{\Delta Q_j}{\Delta t_j k\omega^2}\left[\omega^2 t' - 2n + \mathrm{e}^{-nt'}\left(2n\cos\omega_\mathrm{d}t' - \frac{\omega_\mathrm{d}^2 - n^2}{\omega_\mathrm{d}}\sin\omega_\mathrm{d}t'\right)\right] \tag{1.76c}$$

式(1.76c)由习题 1.12 - 4 的解给定。

将式(1.75)和式(1.76)对时间求导,得到由三个分速度之和构成的速度表达式

$$\dot{u} = \dot{u}_1 + \dot{u}_2 + \dot{u}_3 \tag{1.77}$$

其中

$$\dot{u}_1 = \mathrm{e}^{-nt'}\left[-\left(u_j\omega_\mathrm{d} + n\frac{\dot{u}_j + nu_j}{\omega_\mathrm{d}}\right)\sin\omega_\mathrm{d}t' + \dot{u}_j\cos\omega_\mathrm{d}t'\right] \tag{1.78a}$$

$$\dot{u}_2 = \frac{Q_j\omega^2}{k\omega_\mathrm{d}}\mathrm{e}^{-nt'}\sin\omega_\mathrm{d}t' \tag{1.78b}$$

$$\dot{u}_3 = \frac{\Delta Q_j}{\Delta t_j k}\left[1 - \mathrm{e}^{-nt'}\left(\cos\omega_\mathrm{d}t' + \frac{n}{\omega_\mathrm{d}}\sin\omega_\mathrm{d}t'\right)\right] \tag{1.78c}$$

在时间间隔 Δt_j 的终止时刻,位移表达式(1.76)变为

$$(u_1)_{j+1} = \mathrm{e}^{-n\Delta t_j}\left(u_j\cos\omega_\mathrm{d}\Delta t_j + \frac{\dot{u}_j + nu_j}{\omega_\mathrm{d}}\sin\omega_\mathrm{d}\Delta t_j\right) \tag{1.79a}$$

$$(u_2)_{j+1} = \frac{Q_j}{k} \left[1 - \mathrm{e}^{-n\Delta t_j} \left(\cos \omega_{\mathrm{d}} \Delta t_j + \frac{n}{\omega_{\mathrm{d}}} \sin \omega_{\mathrm{d}} \Delta t_j \right) \right] \tag{1.79b}$$

$$(u_3)_{j+1} = \frac{\Delta Q_j}{\Delta t_j k \omega^2} \left[\omega^2 \Delta t_j - 2n + \mathrm{e}^{-n\Delta t_j} \left(2n \cos \omega_{\mathrm{d}} \Delta t_j - \frac{\omega_{\mathrm{d}}^2 - n^2}{\omega_{\mathrm{d}}} \sin \omega_{\mathrm{d}} \Delta t_j \right) \right] \tag{1.79c}$$

速度表达式(1.78)则变为

$$(\dot{u}_1)_{j+1} = \mathrm{e}^{-n\Delta t_j} \left[-\left(u_j \omega_{\mathrm{d}} + n \frac{\dot{u}_j + n u_j}{\omega_{\mathrm{d}}} \right) \sin \omega_{\mathrm{d}} \Delta t_j + \dot{u}_j \cos \omega_{\mathrm{d}} \Delta t_j \right] \tag{1.80a}$$

$$(\dot{u}_2)_{j+1} = \frac{Q_j \omega^2}{k \omega_{\mathrm{d}}} \mathrm{e}^{-n\Delta t_j} \sin \omega_{\mathrm{d}} \Delta t_j \tag{1.80b}$$

$$(\dot{u}_3)_{j+1} = \frac{\Delta Q_j}{\Delta t_j k} \left[1 - \mathrm{e}^{-n\Delta t_j} \left(\cos \omega_{\mathrm{d}} \Delta t_j + \frac{n}{\omega_{\mathrm{d}}} \sin \omega_{\mathrm{d}} \Delta t_j \right) \right] \tag{1.80c}$$

式(1.79)与式(1.80)共同组成响应求解的递归公式,用于计算第 j 个步长终止时刻的有阻尼响应,并且可作为初始条件供第 $j+1$ 个步长计算使用。

若不计阻尼效应,位移表达式(1.79)化简为

$$(u_1)_{j+1} = u_j \cos \omega \Delta t_j + \frac{\dot{u}_j}{\omega} \sin \omega \Delta t_j \tag{1.81a}$$

$$(u_2)_{j+1} = \frac{Q_j}{k} (1 - \cos \omega \Delta t_j) \tag{1.81b}$$

$$(u_3)_{j+1} = \frac{\Delta Q_j}{\Delta t_j k \omega} (\omega \Delta t_j - \sin \omega \Delta t_j) \tag{1.81c}$$

速度表达式(1.80)化简为

$$(\dot{u}_1)_{j+1} = -u_j \omega \mathrm{e}^{-n\Delta t_j} \sin \omega \Delta t_j + \dot{u}_j \cos \omega \Delta t_j \tag{1.82a}$$

$$(\dot{u}_2)_{j+1} = \frac{Q_j}{k} \omega \sin \omega \Delta t_j \tag{1.82b}$$

$$(\dot{u}_3)_{j+1} = \frac{\Delta Q_j}{\Delta t_j k} (1 - \cos \omega \Delta t_j) \tag{1.82c}$$

式(1.81)和式(1.82)通过手工计算便可得到响应解,且所得的近似结果足够精确。

当然,也可不按照图 1.55 的分割方法,将阴影部分面积拆分为一个矩形和一个三角形。换而将阴影部分面积用如图所示的虚线分割为两个三角形。且在这种分割方法中,第二个和第三个响应分别用 Q_j 和 Q_{j+1} 表示。此外,如果时间步长 Δt_j 是常数,则位移和速度表达式中 u_j、$\dot{u}_j$、Q_j 和 ΔQ_j (或 Q_{j+1})的所有系数均变为常数。因此,这些系数在数值迭代的过程中只须计算一次[9]。

由于响应的逐步计算法求解过程繁复,我们将在附录 B 中用计算机程序的流程图来展示算法的数值求解过程。程序 LINFORCE 的功能是利用式(1.79)和式(1.80)计算分段线性扰动函数作用下的单自由度系统有阻尼响应。

例 1. 将如图 1.56a 所示的扰动函数 $Q = Q\sin\Omega t$ 作用在单自由度无阻尼系统之上。利用线性插值法将该函数离散为 20 个具有相等时间步长 $\Delta t = T/20$ 的分段线性函数。若初始条件 $u_0 = \dot{u}_0 = 0$，Q_1 和 k 的值均取 1，频率比 $\Omega/\omega = 0.9$，试用本节方法计算系统响应的近似解。

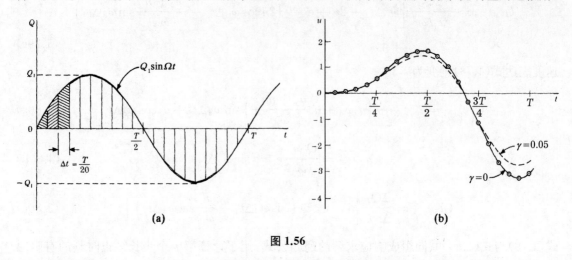

图 1.56

解：根据 1.7 节中的式(1.29b)，本例的精确解(无阻尼解)应为

$$u = \frac{Q_1}{k}\left(\sin\Omega t - \frac{\Omega}{\omega}\sin\omega t\right)\beta \tag{a}$$

其中放大系数 β 的值为

$$\beta = \left|\frac{1}{1-(\Omega/\omega)^2}\right| = \frac{1}{1-(0.9)^2} = 5.263 \tag{b}$$

在指定的 20 个时间步长内重复运用式(1.81)和式(1.82)进行递归计算，可得本问题的一个近似解。将运用上述方法(可通过手工或计算机计算)得到的近似结果列于表 1.1 中。同时，表中还给出了根据式(a)计算得到的精确响应值。与所预料结果一样，由于正弦曲线的线性插值方法不够精确，所得位移的近似解要略小于对应的精确解。当然，缩短时间步长可得到更接近精确解的近似解(除舍入误差外)。

表 1.1　例 1 的响应解

j	Q_j	u_j	精确解	j	Q_j	u_j	精确解
1	0.309	0.006	0.006	11	−0.309	1.407	1.418
2	0.588	0.048	0.049	12	−0.588	1.000	1.001
3	0.809	0.154	0.156	13	−0.809	0.404	0.407
4	0.951	0.338	0.341	14	−0.951	−0.338	−0.341
5	1.000	0.593	0.598	15	−1.000	−1.151	−1.161
6	0.951	0.896	0.903	16	−0.951	−1.945	−1.961
7	0.809	1.203	1.213	17	−0.809	−2.616	−2.634
8	0.588	1.461	1.473	18	−0.588	−3.068	−3.094
9	0.309	1.613	1.626	19	−0.309	−3.220	−3.246
10	0	1.607	1.620	20	0	−3.020	−3.045

表1.1 中列出的无阻尼响应的近似值用图 1.56b 中的实线表示,而阻尼比 $\gamma = n/\omega = 0.05$ 条件下的有阻尼响应可通过式(1.79)和式(1.80)的递归计算获得,结果用图 1.56b 中的虚线表示。

例 2. 图 1.57a 给出了一系列用于模拟冲击载荷作用于单自由度无阻尼结构的离散点,且本例中的单自由度结构可被视为图 1.20 中建筑物的框架。从图中看到,冲击载荷在很短时间内即达到最大值 Q_1,而后缓慢减小(甚至在某些时间间隔内变为负值)。这种情况下将整个载荷历程分为 16 个等时间步长,每个步长的时间间隔 $\Delta t = \tau/30$。若令 Q_1 和 k 取值为 1,并假设初始条件 $u_0 = \dot{u}_0 = 0$,试用本节方法计算结构响应的近似解。

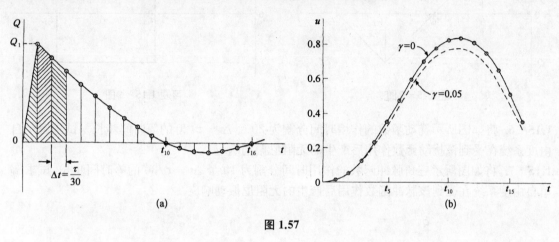

图 1.57

解:重复式(1.81)和式(1.82)的递归计算,可得到响应的时间历程。然后将响应位移的计算结果列于表 1.2 中。本例无可供比较的精确解,但结果的有效性仍能得到保证。从图 1.57b 所示的无阻尼响应时间历程(图中实线)看,近似计算结果与实际情况相符。图中同时还用虚线表示了 $\gamma = 0.05$ 时,运用式(1.79)和式(1.80)递归计算得到的近似响应。

表 1.2 例 2 的响应解

j	Q_j	u_j	j	Q_j	u_j
1	1.000	0.007	9	0.070	0.780
2	0.850	0.050	10	0	0.830
3	0.720	0.127	11	−0.050	0.844
4	0.590	0.230	12	−0.080	0.819
5	0.475	0.350	13	−0.100	0.755
6	0.360	0.474	14	−0.080	0.654
7	0.250	0.594	15	−0.050	0.521
8	0.155	0.699	16	0	0.363

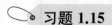 **习题 1.15**

1.15 - 1. 试利用 1.15 节中介绍的递归计算流程,求解幅值 $Q = Q_1$ 的阶梯函数作用在单自由度系统上引起的无阻尼响应。取 10 个 $\Delta t = \tau/10$ 的等时间步长进行计算。

1.15 - 2. 假设斜坡函数 $Q = Q_1 t/t_1$ 作用在一个单自由度无阻尼系统上。试用递归计算流程求解系统响应。取 10 个 $\Delta t = \tau/10 = t_1$ 的等时间步长进行计算。

1.15 - 3. 请读者自行验证 1.15 节表 1.1 中例 1 的响应近似计算结果。

1.15‑4. 请读者自行验证 1.15 节表 1.2 中例 2 的响应近似计算结果。

1.15‑5. 将如图所示扰动函数的作用时间分割为 20 个 $\Delta t = \tau/20$ 的等时间步长。试求解单自由度系统在受到该扰动函数作用后发生的无阻尼振动响应。

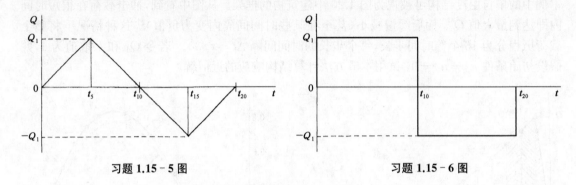

习题 1.15‑5 图　　　　　　　习题 1.15‑6 图

1.15‑6. 将如图所示扰动函数的作用时间分割为 20 个 $\Delta t = \tau/20$ 的等时间步长。试求解单自由度系统在受到该扰动函数作用后产生的无阻尼振动响应。

1.15‑7. 将如图所示三角脉冲函数的作用时间分割为 10 个 $\Delta t = \tau/30$ 的等时间步长,试求解单自由度系统在受到该脉冲函数作用后产生的无阻尼振动响应。

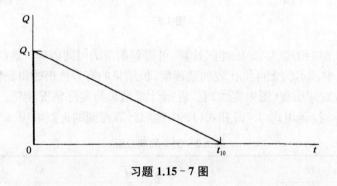

习题 1.15‑7 图

1.15‑8. 将如图所示抛物线扰动函数 $Q = Q_1 t^2 / t_{10}^2$ 的作用时间分割为 10 个 $\Delta t = \tau/30$ 的等时间步长,试求解单自由度系统在受到该扰动函数作用后产生的无阻尼振动响应。

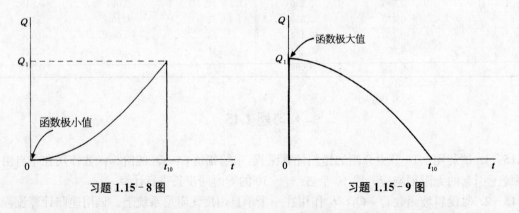

习题 1.15‑8 图　　　　　　　习题 1.15‑9 图

1.15‑9. 将如图所示抛物线扰动函数 $Q = Q_1(1 - t^2/t_{10}^2)$ 的作用时间分割为 10 个 $\Delta t = \tau/25$ 的等时间步长,试求解单自由度系统在受到该扰动函数作用后产生的无阻尼振动响应。

1.15 - 10. 将如图所示抛物线扰动函数 $Q = Q_1 \left[1 - (t - t_{10})^2 / t_{10}^2 \right]$ 的作用时间分割为 10 个 $\Delta t = \tau / 25$ 的等时间步长, 试求解单自由度系统在受到该扰动函数作用后产生的无阻尼振动响应。

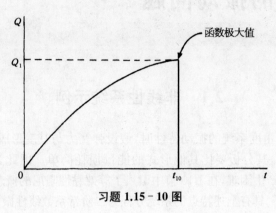

习题 **1.15 - 10** 图

参考文献

[1] BOWES W H, RUSSELL L T, SUTER G T. Mechanics of engineering materials[M]. New York: Wiley, 1984.

[2] GERE J M, TIMOSHENKO S P. Mechanics of materials[M]. 3rd ed. Boston. MA: PWS-Kent, 1990.

[3] RAYLEIGH J W S. Theory of sound: Sec. 88, Vol. 1[M]. 2nd ed. London: Macmillan, 1894. (reprinted by New York: Dover, 1945.)

[4] JACOBSEN L S. Steady forced vibrations as influenced by damping[J]. Trans. ASME, 1930(52): 169 - 181.

[5] KIMBALL A L. Vibration damping, including the case of solid damping[J]. Trans. ASME, 1929(51): 227 - 236.

[6] COULOMB C A. Théorie des machines simples[M]. Paris: [s.n.], 1821.

[7] DEN HARTOG J P. Forced vibrations with combined coulomb and viscous damping[J]. Trans. ASME, 1931(53): 107 - 115.

[8] VENNARD J K, STREET R L. Elementary fluid mechanics[M]. 5th ed. New York: Wiley, 1975.

[9] CRAIG R R. Structural dynamics[M]. New York: Wiley, 1981.

第 2 章
非线性系统的振动问题

2.1　非线性系统示例

第 1 章在讨论单自由度系统的振动特性时,假设弹簧力与其变形成正比。另外注意到,黏性阻尼也与速度成正比,其分析要比其他形式的能量损耗简单。因此为了避免对其他形式能量损耗进行数学分析时产生困难,在 1.10 节中引入了等效黏性阻尼的概念。另外,假设系统中的质量不随时间发生变化。具有上述特点的系统方程为二阶常系数线性微分方程,可表示为

$$m\ddot{u} + c\dot{u} + ku = F(t) \tag{2.1}$$

该方程的形式能够准确地描述许多实际问题,并在线性振动分析中扮演重要角色。然而对许多实际物理系统而言,用常系数线性微分方程描述其运动不够准确。这时若要准确分析系统运动,须引入非线性微分方程的相关理论方法。

当不考虑质量变化时,一般形式的单自由度系统运动方程为

$$m\ddot{u} + F(u,\ \dot{u},\ t) = 0 \tag{2.2}$$

将以上具有非线性特性的系统称为非线性系统,并将其运动称为非线性振动或非线性响应。在开始讨论之前,首先注意到第 1 章中反复使用的线性叠加原理并不适用于现在讨论的非线性系统。例如,扰动函数幅值翻倍后不一定会引起非线性系统响应的同倍数增大。而且在一般情况下,非线性振动也不具有简谐变化规律,且振动的频率会随振幅发生变化。

例如,自然界中一种常见的非线性现象发生在恢复力不与变形成正比的弹簧中。图 2.1a 为一根弹性具有非线性的"硬化弹簧"的静载荷-位移曲线,其中曲线的斜率随载荷的增加逐渐变大。图中与曲线在坐标原点相切的虚线斜率为 k,表示弹簧的初始刚度。同理,图 2.1b 为一根弹性具有非线性的"软化弹簧"的静载荷-位移曲线,其中曲线的斜率随载荷的增加逐渐变

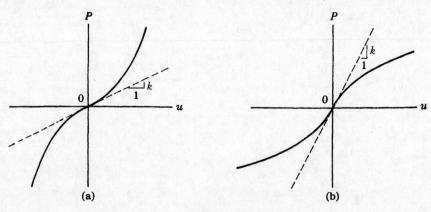

图 2.1

小。可以看到,两图中的曲线均关于坐标原点对称,因此称这类弹簧具有对称恢复力。相反,若载荷-位移曲线不关于原点对称,则弹簧具有非对称恢复力。

图 2.2a 中的系统具有硬化弹簧特性,其恢复力关于坐标原点对称。轻质小球 m 固定在长为 $2l$ 的张紧丝 AB 的中点处,且受到初始张力 S 的作用。当小球从平衡位置横向移动距离 x 后,丝将产生如图 2.2b 所示的恢复力,进而使系统发生自由振动。自由振动的运动方程为

$$m\ddot{u} + 2\left(S + \frac{AE\Delta}{l}\right)\sin\theta = 0 \tag{a}$$

式中,A、E 和 Δ 分别为丝的横截面积、弹性模量,以及位移 u 引起的长度 l 的变化。用角度 θ 表示丝偏离垂直方向的倾角。此外,由图 2.2a 确定的几何关系包括

$$\Delta = \sqrt{l^2 + u^2} - l, \ \sin\theta = \frac{u}{\sqrt{l^2 + u^2}} \tag{b}$$

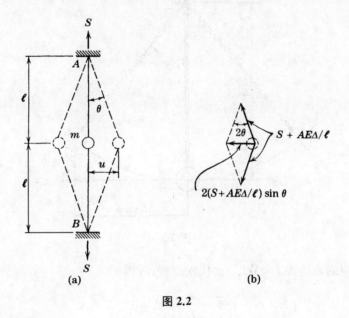

图 2.2

将式(b)代入方程(a),可得

$$m\ddot{u} + 2\left[S + \frac{AE(\sqrt{l^2+u^2}-l)}{l}\right]\frac{u}{\sqrt{l^2+u^2}} = 0 \tag{2.3a}$$

上述非线性运动方程严格成立,但也可根据以下近似关系,用简化方程(准确性下降)代替:

$$\Delta \approx \frac{u^2}{2l}, \ \sin\theta \approx \frac{u}{l} \tag{c}$$

将以上两式代入方程(a),可得

$$m\ddot{u} + \frac{2S}{l}u + \frac{AE}{l^3}u^3 = 0 \tag{2.3b}$$

式(2.3b)即为系统的近似运动微分方程。由于其中包含 u 的三次方项,因此该方程仍保留了

系统的非线性特征。这时,如果系统中的初始张力 S 很大,且位移 u 很小,则方程(2.3b)中的立方项可忽略不计。而用方程(2.3b)中其余各项描述的小球运动可近似为简谐运动。相反,若考虑立方项的影响,则弹簧中的恢复力具有如图 2.1a 所示的变化规律。从图中可以看出,载荷-位移曲线的斜率随位移的增大而增大,因此自由振动的频率也将随振幅的增大而提高。

需要注意的是,本例中系统的非线性来源于对图 2.2a 中大位移几何关系的考虑,与丝材料的非线性无关。现在,考虑另一个含几何非线性的例子。如图 2.3 所示的重量为 W、长度为 L 的单摆,当其偏离垂直方向的角度为 ϕ 时,绕支点 C 的恢复力矩为 $WL\sin\phi$。因此,可将单摆绕支点旋转的运动方程表示为

$$I\ddot{\phi} + WL\sin\phi = 0 \tag{d}$$

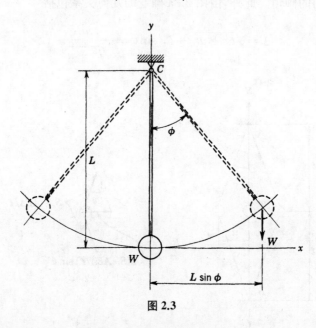

图 2.3

将质量惯性矩的表达式 $I = WL^2/g$ 代入方程,可得

$$\ddot{\phi} + \frac{g}{L}\sin\phi = 0 \tag{2.4a}$$

若单摆摆幅较小,$\sin\phi$ 可近似为 ϕ,进而可将运动视为简谐运动。若摆幅相对较大,则恢复力矩正比于 $\sin\phi$。将 $\sin\phi$ 展开成幂级数形式,取其中的前两项近似 $\sin\phi$,并将它们代入方程(2.4a),可得

$$\ddot{\phi} + \frac{g}{L}\left(\phi - \frac{\phi^3}{6}\right) = 0 \tag{2.4b}$$

在这种情况下,发现恢复力矩随 ϕ 变化曲线的斜率随摆角的增大而减小,振动频率也随振幅的增大而降低。

比较方程(2.3b)、(2.4b)后发现,两个方程中的非线性项具有互补性质,将其组合后可得如图 2.4 所示的系统。该系统中的水平张紧丝 AB(所在平面与摆动平面垂直)与单摆在摆杆上的 D 点处相连,从而实现了单摆水平方向运动的约束。该组合系统是对等时振动系统的一个准确近似。

图 2.5b 和图 2.6b 为分段线性恢复力随位移变化的曲线。两条曲线可被看作对图 2.1a、b

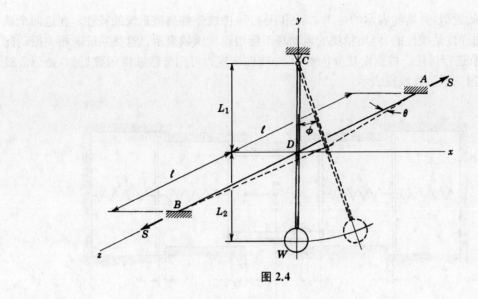

图 2.4

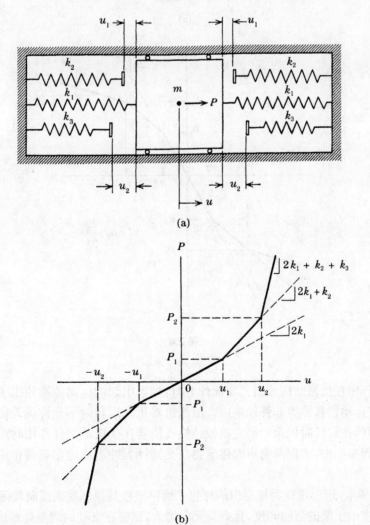

(a)

(b)

图 2.5

中连续曲线的近似,且实际表示的是图 2.5a 和图 2.6a 中线弹性离散系统的特性。在这两个系统中,弹簧的弹性是线性的,但质量块的运动却不能用连续函数表示。这类系统的相关振动问题将在 2.5 节进行讨论。根据上述分析可知,非线性恢复力可用分段线性函数近似,而分段线性函数可通过一系列直线段表示。

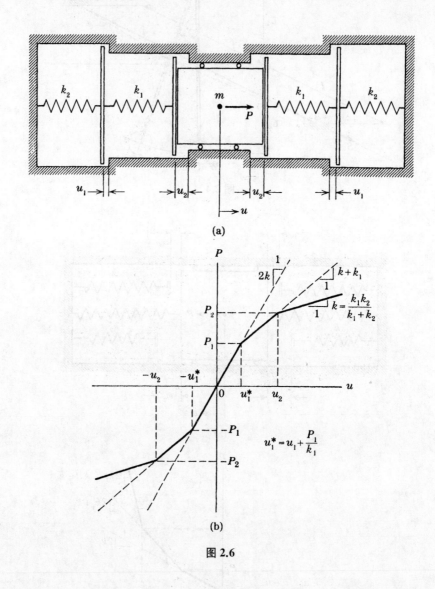

图 2.6

当动载荷作用在机械结构或机器零部件上时,如果引起的运动位移超出了材料的弹性变形范围,则将该运动位移称为非弹性响应。虽然机器正常运转时不允许运动位移超出弹性变形范围,但工程师在设计时仍希望研究机械结构或机器在受极端条件作用时产生的永久性损坏。例如在工程实际中,工程师会研究建筑物在受到巨大冲击或地震载荷作用时产生的非弹性变形。

如图 2.7a 所示,矩形建筑物模型中的理想二维钢架在其顶部受到横向载荷 P 的作用。若支柱的弯曲刚度小于梁的弯曲刚度,且载荷无限增大,则将在支柱的端点处形成塑性铰链。载荷 P 随位移 u 的变化曲线在载荷值达到 P_{y1} 之前一直与位移呈线性关系(见图 2.7b 中的直线

①)。若载荷继续增大,材料开始屈服,这时的曲线形状(图中的曲线②)与图 2.1b 中的软化弹簧相似。在这之后,若开始卸载,材料将按照图 2.7b 中的直线③回弹,且该直线与弹性加载曲线(直线①)平行。若在这时又在系统上施加一个反向载荷,则会产生图 2.7b 中的曲线④和⑤。而再次卸载又将产生曲线⑥。实验结果表明,若最大正向力 P_{m1} 和最大反向力 $-P_{m2}$(分别对应图中 B 点和 E 点的纵坐标)的大小相等,循环加载形成的滞后环将关于坐标原点对称[1-3]。

图 2.7b 中由多条曲线段围成的区域为真实的载荷-变形关系,它可用图 2.7c 中的多条载荷-位移直线近似表示。将具有上述载荷-位移曲线的弹簧恢复力称为双线性非弹性恢复力,其关系曲线由两条表示材料非弹性行为的平行直线(图中的直线②和④)和两条表示弹性行为的平行直线(图中的直线①和③)共同组成。若直线②和④有如图 2.7d 所示的零斜率,则与该关系曲线对应的弹簧恢复力为弹塑性恢复力。这时,P 随 u 的变化曲线完全由直线段组成,材料行为则被假定为完全弹性或完全塑性。再次以图 2.7a 中的建筑物钢架为例,假设载荷 P 由零逐渐增大至 P_m(图 2.7d 中的 A 点)。若这时图 2.7a 中的塑性铰链瞬间形成,则载荷的增大不会引起对应位移的增加,这一过程由图 2.7d 中 A 点与 B 点间的线段表示。接下来,若对系统进行卸载,则将引起变形位移的减小,由图 2.7d 中的直线③表示。

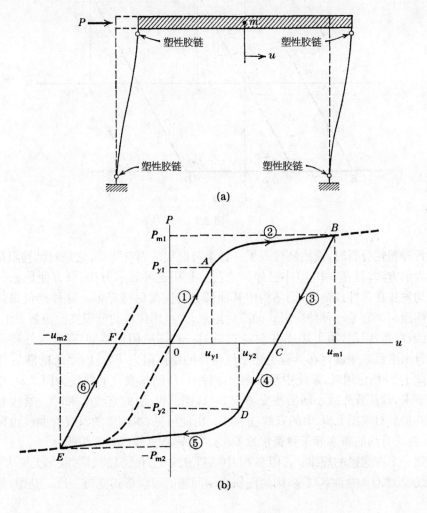

(a)

(b)

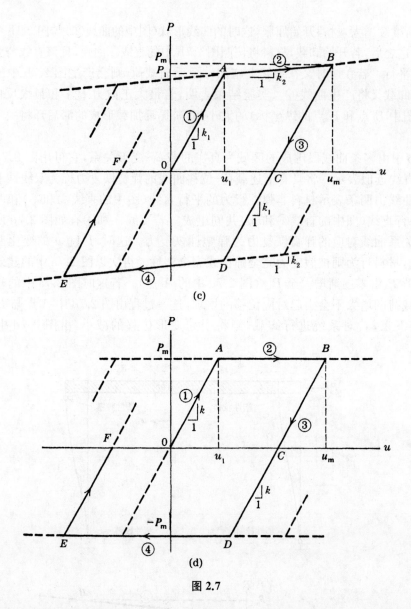

图 2.7

在进行弹塑性分析时,滞后环代表了一种梁与框架的固有特性,它是对结构阻尼的一种宏观离散化表示方法,且在 1.10 节中已经讨论过。利用这种表示方法,可方便地假设结构中的能量损耗均发生在弹性铰链处,而结构中其他部分的能量保持守恒。这种能量损耗机制也被称为弹塑性阻尼。它是一种特殊形式的滞后阻尼,并可用位移的分段线性函数表示。另外,它还与库仑(或摩擦)阻尼(第 1.10 节中讨论过的另一种滞后阻尼类型)存在共性特征。图 2.8a 所示的单自由度系统中就存在具有上述阻尼特性的摩擦阻力 F,这时系统的滞后环如图 2.8b 所示。载荷 P 开始作用时,系统中没有多余摩擦力,P 随 u 变化的曲线为图 2.8b 中的直线①和②。接下来,载荷首先减小而后改变方向,对应图 2.8b 中的直线③和④。紧接着的反向卸载以及重新加载对应图 2.8b 中的直线⑤和⑥。由此可见,本例中的双线性曲线由两条倾斜直线②和④(两条直线的斜率等于弹簧常数 k)与两条垂直直线③和⑤组成。

注意到一个有意思的规律:若图 2.7d 中倾斜直线(①和③)的斜率取作无穷大,而图 2.8b 中倾斜直线(②和④)的斜率取零,则两图所表示问题的数学形式变得一致。其中,第一个问题

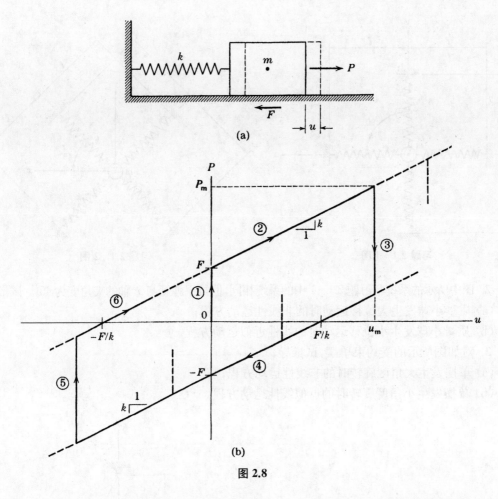

图 2.8

对应具有刚塑性恢复力的情况,其假定了弹簧在弹性区的变形量比在塑性区的变形量小得多;第二个问题对应系统中只含质量、不含弹簧的情况,这时的质量块运动只受到摩擦阻力的作用。

如 1.10 节所述,除黏滞阻尼外,所有已知的能量耗散机制均会引起非线性振动。比如对浸没于流体中的快速移动物体而言,流体阻尼(或称为"速度平方"阻尼)将在运动方程中产生正比于 $\dot{u}|\dot{u}|$ 的一项。包括这种非线性在内的多种非线性振动问题均可采用本章所述方法进行分析。但在本章介绍的非线性振动系统中,一般假设质量、阻尼和刚度不随时间变化,且扰动函数与位移、速度和加速度不相关。至于质量、阻尼和刚度随时间变化的系统,以及扰动函数与位移、速度和加速度相关的情况,因其相关内容涉及振动稳定性、黏弹性以及"自激"振动的专业知识[4-5],所以不在本书的讨论范围内。

习题 2.1

2.1 - 1. 如图所示,一个质量小球 m 用四根线性弹簧约束,每根弹簧的刚度为 k,自然长度为 l。试推导:

(a) 质量小球在 x 方向发生大位移运动时的非线性运动方程;

(b) 质量小球在 x 方向发生大位移运动时的非线性近似运动方程;

(c) 质量小球在 x 方向发生小位移运动时的线性近似运动方程。

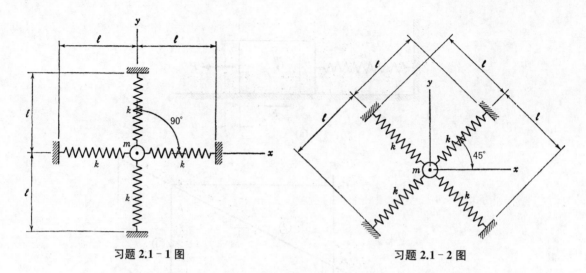

习题 2.1 - 1 图　　　　　　　　习题 2.1 - 2 图

2.1 - 2. 图中所示的系统与习题 2.1 - 1 中的系统相同,但每根弹簧与 x 轴的夹角变为 $45°$。试推导:

　　(a) 质量小球发生大位移运动时的非线性运动方程;

　　(b) 质量小球发生小位移运动时的线性近似运动方程。

2.1 - 3. 对如图所示的受约束单摆,试推导:

　　(a) 单摆发生大角度旋转时的非线性运动方程;

　　(b) 单摆发生小角度旋转时的近似线性运动方程。

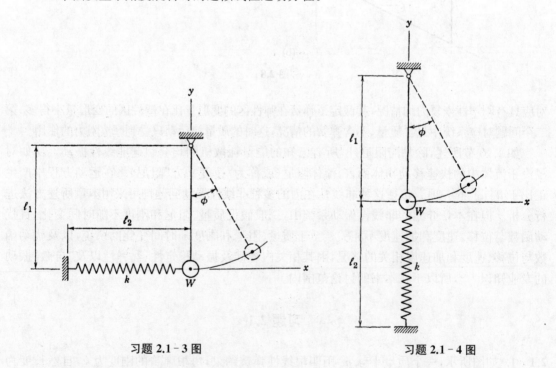

习题 2.1 - 3 图　　　　　　　　习题 2.1 - 4 图

2.1 - 4. 对如图所示的受约束单摆,试推导:

　　(a) 单摆发生大角度旋转时的非线性运动方程;

　　(b) 单摆发生大角度旋转时的非线性近似运动方程;

　　(c) 单摆发生小角度旋转时的线性近似运动方程。

2.1‑5. 如图所示的质量块受到倾斜弹簧约束,该弹簧自然长度为 l。当质量块处在某个平衡位置时,弹簧与水平方向的倾角为 θ。试写出 x 方向发生大位移运动时的系统非线性运动方程。

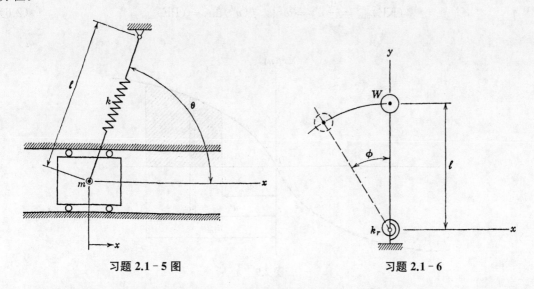

习题 2.1‑5 图   习题 2.1‑6

2.1‑6. 如图所示,一个倒置摆的支点位置安装有扭转弹簧。试推导该系统发生大角度旋转时的非线性运动方程。

2.2 求解速度和周期的直接积分法

首先分析具有非线性对称弹性恢复力的无阻尼系统的自由振动问题。这种情况下的运动方程可表示为

$$m\ddot{u} + F(u) = 0 \tag{a}$$

或写成

$$\ddot{u} + \omega^2 f(u) = 0 \tag{2.5}$$

式中,$\omega^2 f(u) = F(u)/m$,其含义为作用在单位质量上的恢复力是位移 u 的函数。将方程 (2.5) 中的加速度写成速度导数的形式:

$$\ddot{u} = \frac{\mathrm{d}\dot{u}}{\mathrm{d}t} = \frac{\mathrm{d}\dot{u}}{\mathrm{d}u}\frac{\mathrm{d}u}{\mathrm{d}t} = \frac{\mathrm{d}\dot{u}}{\mathrm{d}u}\dot{u} = \frac{1}{2}\frac{\mathrm{d}(\dot{u})^2}{\mathrm{d}u} \tag{b}$$

将上述连等式的最后一种表达形式代入方程 (2.5) 中,可得

$$\frac{1}{2}\frac{\mathrm{d}(\dot{u})^2}{\mathrm{d}u} + \omega^2 f(u) = 0 \tag{c}$$

假设单位质量上的恢复力 $\omega^2 f(u)$ 由图 2.9 中的曲线确定,且极限位置 u_m 处的速度为零,则可对式 (c) 积分,由此得到

$$\frac{1}{2}\dot{u}^2 = -\omega^2 \int_{u_\mathrm{m}}^{u} f(u')\mathrm{d}u' = \omega^2 \int_{u}^{u_\mathrm{m}} f(u')\mathrm{d}u' \tag{d}$$

所以,振动系统在任意位置处的单位质量动能,等于用图 2.9 中曲线以下阴影部分面积表示的势能。当然,系统在其平衡位置具有最大动能。因此,根据 1.4 节中的式(1.13),有

$$(KE)_{max} = \frac{1}{2}\dot{u}_m^2 = \omega^2 \int_u^{u_m} f(u')\,\mathrm{d}u' = (PE)_{max} \tag{2.6}$$

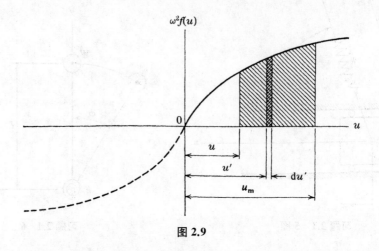

图 2.9

根据式(d),还可得到振动质量在任意位置处速度 $\dot{u}$ 的表达式

$$\dot{u} = \frac{\mathrm{d}u}{\mathrm{d}t} = \pm\omega\sqrt{2\int_u^{u_m} f(u')\,\mathrm{d}u'} \tag{e}$$

对式(e)进行二次积分,可解得单个振动周期内的任意时间长度,而整个周期的时长变为

$$\tau = \frac{4}{\omega}\int_0^{u_m} \frac{\mathrm{d}u}{\sqrt{2\int_u^{u_m} f(u')\,\mathrm{d}u'}} \tag{2.7}$$

因此,若已知恢复力的解析表达式,则可通过式(2.7)中的积分运算确定系统的固有振动周期。此外,由式(2.6)还可得到平衡位置速度 $\dot{u}_m$ 与极限位置位移 u_m 间的关系式。对于非线性自由振动系统,可根据该关系式确定初始状态偏离平衡位置时产生的最大速度。反之,还可利用该关系式计算初始速度产生的最大位移。这其中提到的使质量产生初始速度的脉冲载荷,其持续时间要比系统振动周期短得多。

现在考虑一些特殊问题。首先分析恢复力正比于位移 u 的奇数次幂的情况,表示为

$$f(u) = u^{2n-1} \tag{f}$$

式中,n 为正整数,且载荷-位移曲线关于坐标原点对称。将式(f)代入式(2.6)并积分,可得

$$\dot{u}_m = \pm\frac{\omega u_m^n}{\sqrt{n}} \tag{g}$$

$n=1$ 时,$\dot{u}_m = \pm\omega u_m$;$n=2$ 时,$\dot{u}_m = \pm 0.707\omega u_m^2$,以此类推。接下来,将式(f)代入式(2.7)并积分,可得

$$\tau = \frac{4\sqrt{n}}{\omega}\int_0^{u_m} \frac{\mathrm{d}u}{\sqrt{u_m^{2n} - u^{2n}}} \tag{2.8a}$$

当有线性恢复力（$n=1$）时，二次积分的结果为

$$\tau = \frac{4}{\omega}\int_0^{u_m}\frac{\mathrm{d}u}{\sqrt{u_m^2-u^2}} = \frac{4}{\omega}\int_0^1\frac{\mathrm{d}\xi}{\sqrt{1-\xi^2}} = \frac{4}{\omega}\arccos\xi\Big|_1^0 = \frac{2\pi}{\omega} \tag{h}$$

式中，$\xi = u/u_m$。当 $n=2$ 时，恢复力正比于 u^3，可由式(2.8a)得到

$$\tau = \frac{4\sqrt{2}}{\omega}\int_0^{u_m}\frac{\mathrm{d}u}{\sqrt{u_m^4-u^4}} = \frac{4\sqrt{2}}{\omega u_m}\int_0^1\frac{\mathrm{d}\xi}{\sqrt{1-\xi^4}} \tag{i}$$

式(i)中最后一个积分的计算结果为 $1.854\,1/\sqrt{2}$。[①] 因此，固有周期的表达式变为

$$\tau = \frac{7.416\,4}{\omega u_m} \tag{2.8b}$$

由式(2.8b)可知，固有周期与振幅成反比。式(2.8b)的曲线如图 2.10 所示，它表示图 2.2a 中张紧丝初始张力 S 为零的情况。

若图 2.2a 中张紧丝的初始张力不为零，则振动方程将更具一般性，可将单位质量受到的恢复力表示成如下形式：

$$\omega^2 f(u) = \omega^2(u + \alpha u^3) \tag{j}$$

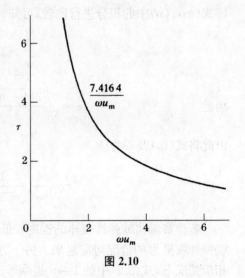

图 2.10

式中，$\omega^2 = 2S/(ml)$，$\alpha = AE/(2Sl^2)$。在这种情况下，可由式(2.6)得到

$$\dot{u}_m = \pm\omega u_m\sqrt{1+\alpha u_m^2/2} \tag{k}$$

当 $\alpha=0$ 时，式(k)可化简为 $\dot{u}_m = \pm\omega u_m$。为了计算自由振动周期，将式(j)代入式(2.7)，从而得到

$$\tau = \frac{4}{\omega}\int_0^{u_m}\frac{\mathrm{d}u}{\sqrt{(u_m^2-u^2)+\alpha(u_m^4-u^4)/2}}$$

或写成

$$\tau = \frac{4}{\omega}\int_0^{u_m}\frac{\mathrm{d}u}{\sqrt{(u_m^2-u^2)[1+\alpha(u_m^2+u^2)/2]}}$$

为将上式等号右边的椭圆积分化为标准形式，引入符号

$$\xi = \frac{u}{u_m} \quad \text{和} \quad \upsilon = \alpha u_m^2 \tag{l}$$

进而使周期表达式变为

$$\tau = \frac{4}{\omega}\int_0^1\frac{\mathrm{d}\xi}{\sqrt{(1-\xi^2)[1+\upsilon(1+\xi^2)/2]}}$$

① 数值计算结果参见标准函数表。

或写成

$$\tau = \frac{4}{\omega} \sqrt{\frac{2}{\upsilon}} \int_0^1 \frac{d\xi}{\sqrt{(1-\xi^2)[(2+\upsilon)/\upsilon+\xi^2]}} \tag{m}$$

通过查阅椭圆积分表,发现如下形式的定积分计算结果:

$$\int_0^1 \frac{d\xi}{\sqrt{(a^2-\xi^2)(b^2+\xi^2)}} = \frac{1}{c} F(a/c, \ \phi) \tag{n}$$

式中,$F(a/c, \ \phi)$ 表示第一类椭圆积分。式(n)中符号 c 和 ϕ 的含义分别为

$$c = a^2 + b^2 \quad \text{和} \quad \sin^2\phi = \frac{c^2}{a^2(b^2+1)}$$

将式(m)、(n)中的积分进行比较,可知

$$a^2 = 1 \quad \text{和} \quad b^2 = \frac{2+\upsilon}{\upsilon}$$

因此

$$c = \sqrt{\frac{2(1+\upsilon)}{\upsilon}} \quad \text{和} \quad \phi = \arcsin 1 = \frac{\pi}{2}$$

由此将式(m)改写为

$$\tau = \frac{4}{\omega} \frac{1}{\sqrt{1+\upsilon}} F\left(\sqrt{\frac{\upsilon}{2(1+\upsilon)}}, \ \frac{\pi}{2}\right) \tag{2.9}$$

若弹簧偏离线弹性规律的程度较低,可令 α(和 υ)等于零,进而将式(2.9)变为式(h),并与线弹性恢复力的情况对应起来。另一方面,若 α(和 υ)很大,则式(j)中的第一项可忽略不计。相应情况下,式(2.9)中的 $1+\upsilon$ 近似等于 υ,从而可得 τ 的表达式

$$\tau = \frac{7.416\,4}{\omega u_{\mathrm{m}} \sqrt{\alpha}} \tag{o}$$

式(o)除了分母中出现了 $\sqrt{\alpha}$ 外,其他部分均与式(2.8b)相同[原因是,由式(j)表示的弹性恢复力中出现了立方项 $\omega^2 \alpha u^3$,这与张紧丝初始张力为零时的弹性恢复力 $\omega^2 u^3$ 不同]。对于任何介于两种极端条件之间的情况,须计算 $\sqrt{\upsilon/2(1+\upsilon)}$ 的数值,同时还须借助椭圆积分表计算椭圆积分结果。

在上述推导过程中,遇到的是"硬化弹簧"的情况[见式(j)],其中弹簧恢复力随位移的增大而增大。现在考虑"软化弹簧"的情况,并将恢复力表达式写成

$$\omega^2 f(u) = \omega^2 (u - \alpha u^3) \tag{p}$$

依据前述推导过程,可得与式(k)、(m)相对应的表达式

$$\dot{u}_{\mathrm{m}} = \pm \omega u_{\mathrm{m}} \sqrt{1 - \alpha u_{\mathrm{m}}^2/2} \tag{q}$$

和

$$\tau = \frac{4}{\omega} \sqrt{\frac{2}{\upsilon}} \int_0^1 \frac{\mathrm{d}\xi}{\sqrt{(1-\xi^2)\left[(2-\upsilon)/\upsilon - \xi^2\right]}} \tag{r}$$

通过查阅积分表,可找到如下形式的积分计算结果:

$$\int_0^1 \frac{\mathrm{d}\xi}{\sqrt{(a^3-\xi^2)(b^2+\xi^2)}} = \frac{1}{b} F\left(\frac{a}{b}, \phi\right) \tag{s}$$

式中,$\sin\phi = 1/a$。 比较式(r)、(s)后,可得

$$a^2 = 1,\ b^2 = \frac{2-\upsilon}{\upsilon},\ \phi = \frac{\pi}{2}$$

因此,式(r)改写为

$$\tau = \frac{4}{\omega} \sqrt{\frac{2}{2-\upsilon}} F\left(\sqrt{\frac{\upsilon}{2-\upsilon}}, \frac{\pi}{2}\right) \tag{2.10}$$

由式(2.10)和椭圆积分表,可计算 α(和 υ)取任意值时的周期 τ。

　　另一个可获得严格解的具有对称恢复力的例子是图 2.3 中的单摆。该系统的运动方程 [见 2.1 节的方程(2.4a)]为

$$\ddot{\phi} + \omega^2 \sin\phi = 0$$

式中,$\omega^2 = g/L$。 与式(2.6)、(2.7)相对应的旋转振动情况下的表达式为

$$(\mathrm{KE})_{\max} = \frac{1}{2}\dot{\phi}_{\mathrm{m}}^2 = \omega^2 \int_0^{\phi_{\mathrm{m}}} f(\psi)\mathrm{d}\psi = (\mathrm{PE})_{\max} \tag{2.11a}$$

和

$$\tau = \frac{4}{\omega} \int_0^{\phi_{\mathrm{m}}} \frac{\mathrm{d}\phi}{\sqrt{2\int_\phi^{\phi_{\mathrm{m}}} f(\psi)\mathrm{d}\psi}} \tag{2.11b}$$

对单摆系统而言,式(2.11a)、(2.11b)分别变为

$$\dot{\phi}_{\mathrm{m}} = \pm\omega\sqrt{2(1-\cos\phi_{\mathrm{m}})} \tag{t}$$

和

$$\tau = \frac{4}{\omega} \int_0^{\phi_{\mathrm{m}}} \frac{\mathrm{d}\phi}{\sqrt{2(\cos\phi - \cos\phi_{\mathrm{m}})}} = \frac{2}{\omega} \int_0^{\phi_{\mathrm{m}}} \frac{\mathrm{d}\phi}{\sqrt{\sin^2(\phi_{\mathrm{m}}/2) - \sin^2(\phi/2)}} \tag{u}$$

引入具有如下关系的符号 $s = \sin(\phi_{\mathrm{m}}/2)$ 和新变量 θ:

$$\sin(\phi/2) = s\sin\theta = \sin(\phi_{\mathrm{m}}/2)\sin\theta \tag{v}$$

可得

$$\mathrm{d}\phi = \frac{2s\cos\theta\,\mathrm{d}\theta}{\sqrt{1-s^2\sin^2\theta}} \tag{w}$$

根据式(v),θ 的变化范围为 $0\sim\pi/2$,ϕ 的变化范围为 $0\sim\phi_\mathrm{m}$,将表达式(v)、(w)代入式(u),可得

$$\tau=\frac{4}{\omega}\int_0^{\pi/2}\frac{\mathrm{d}\theta}{\sqrt{1-s^2\sin^2\theta}}=\frac{4}{\omega}F\left(s,\frac{\pi}{2}\right) \tag{2.12}$$

式(2.12)具有第一类椭圆积分的标准形式。所以可通过查表求得 s 取任意值情况下积分式(2.12)的数值。

当摆角 ϕ_m 较小时,s 的值也很小,因此可忽略式(2.12)中的 $s^2\sin^2\theta$。这时积分结果等于 $\pi/2$,从而解得单摆发生小幅摆动时的固有周期 $\tau=2\pi/\omega$。

例 1. 假设包裹中质量 m 的运动被弹簧约束。当该包裹从高度 h 处跌落至混凝土地面时,弹簧作用在质量上的恢复力经实验测得近似为

$$F(u)=\alpha u^5 \tag{x}$$

式中,u 为质量相对包裹的位移。若假设包裹与地面发生非弹性碰撞,试确定质量相对包裹的最大位移。

解:包裹与地面发生碰撞的瞬间,包裹中单位质量的动能为 gh。将式(x)除以 m,可得 $\omega^2 f(u)=\alpha u^5/m$,从而可根据式(2.6)得到

$$(\mathrm{KE})_\mathrm{max}=gh=\alpha u_\mathrm{m}^6/(6m)=(\mathrm{PE})_\mathrm{max}$$

因此

$$u_\mathrm{m}=\left(\frac{6mgh}{\alpha}\right)^{1/6} \tag{y}$$

例 2. 试推导习题 2.1-5 中的质量(见 2.1 节)从角位置 $\theta<\pi/2$ 跳变至 $\theta>\pi/2$ 时所需的初始速度表达式。

解:从能量的角度考虑,发现初始速度的最小取值须满足条件:弹簧在垂直位置($\theta=\pi/2$)处的初始动能等于弹簧的弹性势能。弹簧在垂直位置处的伸长量为

$$\Delta=l(1-\sin\theta)$$

这时,储存在弹簧中的弹性势能为

$$(\mathrm{PE})_\mathrm{vert}=k\Delta^2/2=kl^2(1-\sin\theta)^2/2$$

令上式等于质量的初始动能,可得

$$\dot{u}_0\geqslant l(1-\sin\theta)\sqrt{k/m} \tag{z}$$

式(z)即为质量实现角位置跳变的条件。

习题 2.2

2.2-1. 如图所示的缓冲器安装于卡车装卸码头。缓冲器中含有硬化弹簧,可提供恢复力 $F(u)=k(u+\alpha u^3)$,其中 $k=400\,\mathrm{lb/in.}$,$\alpha=2\,\mathrm{in.}^{-2}$。若卡车重量 $W=38\,600\,\mathrm{lb}$,缓冲器质量

相对卡车质量较小；车与缓冲器碰撞后，相互间不脱离，试确定卡车车速为 10 in./s 时的缓冲器最大位移、最大恢复力和最大恢复力出现的时间（令冲击发生时的 $t=0$）。

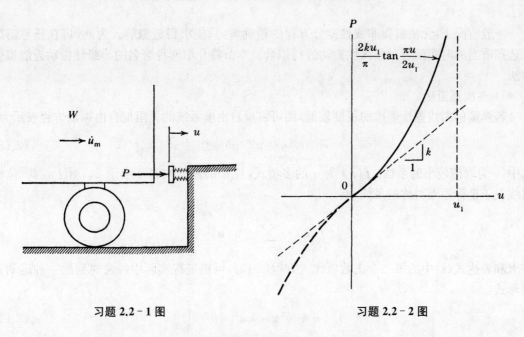

习题 2.2-1 图　　　　　　　　习题 2.2-2 图

2.2-2. 假设将习题 2.2-1 中的缓冲器弹簧替换为具有如图所示正切恢复力函数的弹簧。如果还是令 $k = 400$ lb/in.，且阻力无穷大时的极限位移 $u_1 = 10$ in.，试计算卡车的最大位移 u_m 和受到的最大恢复力 P_m。

2.2-3. 将习题 2.2-1 中的硬化弹簧更换为软化弹簧。软化弹簧可提供的恢复力函数为如图所示的双曲正切函数。在这种情况下，假设曲线在坐标原点处的斜率 $k = 1\,000$ lb/in.，缓冲器可提供的最大阻力 $P_1 = 100\,000$ lb。 试计算卡车与缓冲器相撞后产生的 u_m 和 P_m。

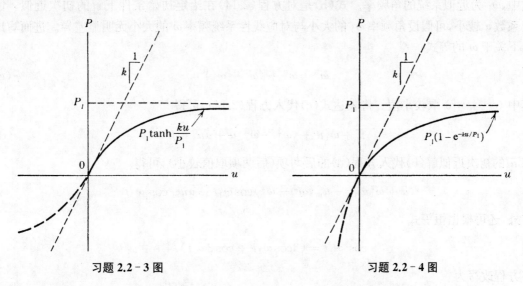

习题 2.2-3 图　　　　　　　　习题 2.2-4 图

2.2-4. 习题 2.2-3 中的弹簧恢复力函数变为如图所示的指数函数，其他已知条件不变，试计算卡车与缓冲器相撞后产生的 u_m 和 P_m。

2.3　自由振动的近似求解方法

　　一般情况下，无法解得非线性微分方程的精确解，只能求得近似解。为此，可在任意情况下选择适当的时间函数对非线性振动进行拟合。本节将介绍两种著名的非线性振动近似拟合方法。

　　1) 逐次逼近法

　　若弹簧偏离线弹性规律的程度较低，则可将单自由度系统的无阻尼自由振动方程表示为

$$\ddot{u} + \omega^2 u + \alpha f(u) = 0 \tag{2.13}$$

式中，α 为取值较小的系数；$f(u)$ 为 u 的多项式，且 u 的最低次幂不小于 2。对于载荷-位移曲线关于坐标原点对称的系统，有

$$f(u) = \sum_{i=1}^{n} \pm u \mid u^i \mid \tag{a}$$

将求和表达式(a)中的第二个正数项代入方程(2.13)，可得工程实际中经常遇到的一种运动方程形式：

$$\ddot{u} + \omega^2 u + \alpha u^3 = 0 \tag{2.14}$$

而求解这类准线性系统运动方程的一种方法是利用逐次逼近的策略获得运动的近似周期解[6]。

　　假设 $t=0$ 时刻的系统初始条件为 $u_0 = u_{\mathrm{m}}$ 和 $\dot{u}_0 = 0$。用于近似实际系统的线性系统在该初始条件作用下将产生简谐运动

$$u = u_{\mathrm{m}} \cos \omega_1 t \tag{b}$$

式中，ω_1 为近似系统的角频率。式(b)是对方程(2.14)在给定初始条件下解的初次近似。由于系数 α 较小，可假设角频率 ω_1 的大小与对应线性系统频率 ω 的大小无明显差异。进而写出以下关于 ω 的等式：

$$\omega^2 = \omega_1^2 + (\omega^2 - \omega_1^2) \tag{c}$$

其中 $(\omega^2 - \omega_1^2)$ 取较小值。将表达式(c)代入方程(2.14)，可得

$$\ddot{u} + \omega_1^2 u + (\omega^2 - \omega_1^2) u + \alpha u^3 = 0 \tag{d}$$

将 u 的初次近似解(b)代入方程(d)的后两项(后两项取值较小)，可得

$$\ddot{u} + \omega_1^2 u = -u_{\mathrm{m}}(\omega^2 - \omega_1^2) \cos \omega_1 t - \alpha u_{\mathrm{m}}^3 \cos^3 \omega_1 t$$

另外，还可根据恒等式

$$\cos^3 \omega_1 t = (3\cos \omega_1 t + \cos 3\omega_1 t)/4$$

将方程改写为

$$\ddot{u} + \omega_1^2 u = -\left(\omega^2 - \omega_1^2 + \frac{3\alpha u_{\mathrm{m}}^2}{4} \right) u_{\mathrm{m}} \cos \omega_1 t - \frac{\alpha u_{\mathrm{m}}^3}{4} \cos 3\omega_1 t \tag{e}$$

方程(e)的数学形式与单自由度系统受简谐扰动函数作用时发生的无阻尼振动方程的数学形式相同。方程(e)等号右边的第一项表示作用频率与近似线性系统频率 ω_1 相同的扰动函数。该扰动函数引起的振动幅值随时间无限增大，因此与无阻尼自由振动幅值恒定不变的特征不符，且其扰动频率也是虚假频率。为了消除共振的影响，可令 $\cos\omega_1 t$ 的系数为零，从而解得 ω_1 的近似值。这一做法也充分体现了当前所述方法的本质特性。这里有

$$\omega_1^2 = \omega^2 + \frac{3\alpha u_{\mathrm{m}}^2}{4} \tag{2.15}$$

式中，ω^2 可看作对 ω_1^2 的初次近似结果，而式(2.15)则是对 ω_1^2 的二次近似结果，其中包含了增量 $3\alpha u_{\mathrm{m}}^2/4$。

在方程(e)等号右边第一项为零的条件下，可根据方程的其余项，得到系统的总响应

$$u = C_1\cos\omega_1 t + C_2\cos\omega_2 t + \frac{\alpha u_{\mathrm{m}}^3}{32\omega_1^2}\cos 3\omega_1 t \tag{f}$$

在总响应表达式中，满足给定初始条件（$u_0 = u_{\mathrm{m}}$ 和 $\dot{u}_0 = 0$）的积分常数取值为

$$C_1 = u_{\mathrm{m}} - \frac{\alpha u_{\mathrm{m}}^3}{32\omega_1^2} \quad 和 \quad C_2 = 0$$

由此可得运动位移的二次近似

$$u = u_{\mathrm{m}}\cos\omega_1 t + \frac{\alpha u_{\mathrm{m}}^3}{32\omega_1^2}(\cos 3\omega_1 t - \cos\omega_1 t) \tag{2.16}$$

二次近似表达式的校正项中包含了正比于 $\cos 3\omega_1 t$ 的高次谐波，其曲线如图 2.11a 所示。当然，曲线偏离余弦函数外形的程度取决于系数 α 的取值。同时，由式(2.15)可知，角频率 ω_1 随幅值的增大而提高，其变化规律可参见图 2.11b 中的曲线。

若要对运动位移进行三次近似，须将二次近似表达式(2.16)代入方程(d)并重复上述推导步骤。由于近似推导时涉及的三角函数运算较复杂，因此须采用更系统的方法进行求解。为此，将式(2.15)和方程(2.16)分别写成以下形式：

$$\left.\begin{array}{l}\omega^2 = \omega_1^2 + \alpha c_1 \\ u = \phi_0 + \alpha\phi_1\end{array}\right\} \tag{g}$$

即频率和位移的二次近似表达式中包含 α 的一次幂。然后，可在这种形式的近似表达式中添加更多项，以获得对频率和位移的更准确近似。这时的近似表达式变为

$$u = \phi_0 + \alpha\phi_1 + \alpha^2\phi_2 + \alpha^3\phi_3 + \cdots \tag{2.17a}$$

和

$$\omega^2 = \omega_1^2 + \alpha c_1 + \alpha^2 c_2 + \alpha^3 c_3 + \cdots \tag{2.17b}$$

以上两式均包含小系数 α 的高次幂，且其中的 ϕ_0、ϕ_1、ϕ_2 等符号表示未知时间函数，c_1、c_2、c_3 等常数的取值应满足系统不发生共振的条件。这在推导二次近似表达式的过程中已经做过解释。通过在以上两个级数中添项的方式，可按需求无穷逼近位移和频率的真实解。在接下来的讨论中，将忽略幂指数大于 3 的含 α 的级数项。将式(2.17a)、(2.17b)代入方程(2.14)，可得

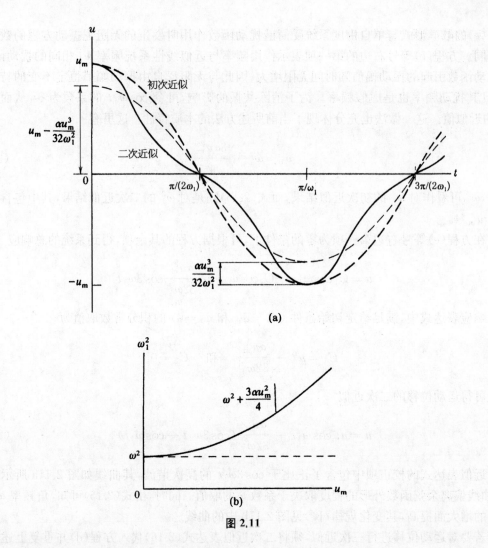

图 2.11

$$\ddot{\phi}_0 + \alpha\ddot{\phi}_1 + \alpha^2\ddot{\phi}_2 + \alpha^3\ddot{\phi}_3 +$$
$$(\omega_1^2 + \alpha c_1 + \alpha^2 c_2 + \alpha^3 c_3)(\phi_0 + \alpha\phi_1 + \alpha^2\phi_2 + \alpha^3\phi_3) +$$
$$\alpha(\phi_0 + \alpha\phi_1 + \alpha^2\phi_2 + \alpha^3\phi_3)^3 = 0 \qquad (h)$$

在方程(h)中进行代数运算,并忽略幂指数大于 3 的含 α 的级数项,可将方程(h)写成如下形式:

$$\ddot{\phi}_0 + \omega_1^2\phi_0 + \alpha(\ddot{\phi}_1 + \omega_1^2\phi_1 + c_1\phi_0 + \phi_0^3) +$$
$$\alpha^2(\ddot{\phi}_2 + \omega_1^2\phi_2 + c_2\phi_0 + c_1\phi_1 + 3\phi_0^2\phi_1) +$$
$$\alpha^3(\ddot{\phi}_3 + \omega_1^2\phi_3 + c_3\phi_0 + c_2\phi_1 + 3\phi_0^2\phi_2 + 3\phi_0\phi_1^2) = 0 \qquad (i)$$

以上方程在 α 取任意无穷小量时成立。因此,方程中含 α 的三个幂级数项的系数均等于零。根据这一结论,将方程(i)拆分成以下几个系统方程:

$$\left.\begin{array}{l}\ddot{\phi}_0 + \omega_1^2\phi_0 = 0 \\[4pt] \ddot{\phi}_1 + \omega_1^2\phi_1 = -c_1\phi_0 - \phi_0^3 \\[4pt] \ddot{\phi}_2 + \omega_1^2\phi_2 = -c_2\phi_0 - c_1\phi_1 - 3\phi_0^2\phi_1 \\[4pt] \ddot{\phi}_3 + \omega_1^2\phi_3 = -c_3\phi_0 - c_2\phi_1 - 3\phi_0^2\phi_2 - 3\phi_0\phi_1^2\end{array}\right\} \qquad (j)$$

取与先前相同的初始条件（即 $t=0$ 时，$u_0=u_m$ 和 $\dot{u}_0=0$），并将其代入式(2.17a)及其对时间求导后的表达式，可得

$$\phi_0(0)+\alpha\phi_1(0)+\alpha^2\phi_2(0)+\alpha^3\phi_3(0)=u_m$$

$$\dot{\phi}_0(0)+\alpha\dot{\phi}_1(0)+\alpha^2\dot{\phi}_2(0)+\alpha^3\dot{\phi}_3(0)=0$$

同理，以上两方程须在 α 取任意值时成立。因此有

$$\left.\begin{array}{l} \phi_0(0)=u_m,\ \dot{\phi}_0(0)=0 \\ \phi_1(0)=0,\ \dot{\phi}_1(0)=0 \\ \phi_2(0)=0,\ \dot{\phi}_2(0)=0 \\ \phi_3(0)=0,\ \dot{\phi}_3(0)=0 \end{array}\right\} \tag{k}$$

考虑方程组(j)中的第一个方程和式(k)中的第一对初始条件，仍旧发现

$$\phi_0=u_m\cos\omega_1 t \tag{l}$$

将这一初次近似表达式代入方程组(j)中第二个方程的右侧，可得

$$\ddot{\phi}_1+\omega_1^2\phi_1=-c_1 u_m\cos\omega_1 t-u_m^3\cos^3\omega_1 t$$

$$=-\left(c_1 u_m+\frac{3u_m^3}{4}\right)\cos\omega_1 t-\frac{u_m^3}{4}\cos 3\omega_1 t$$

为了排除共振发生的可能性，常数 c_1 的取值应能使方程右边的第一项为零。由此可得

$$c_1=-\frac{3u_m^2}{4} \tag{m}$$

而方程的通解 ϕ_1 变为

$$\phi_1=C_1\cos\omega_1 t+C_2\sin\omega_1 t+\frac{u_m^3}{32\omega_1^2}\cos 3\omega_1 t$$

上式须满足式(k)中的第二对初始条件，由此可得

$$C_1=-\frac{u_m^3}{32\omega_1^2} \quad \text{和} \quad C_2=0$$

因此

$$\phi_1=\frac{u_m^3}{32\omega_1^2}(\cos 3\omega_1 t-\cos\omega_1 t) \tag{n}$$

如果将推导过程终止在二次近似之后，并将所得表达式(l)、(m)、(n)代入式(2.17a)、(2.17b)，则可得到

$$u=u_m\cos\omega_1 t+\frac{\alpha u_m^3}{32\omega_1^2}(\cos 3\omega_1 t-\cos\omega_1 t) \tag{o}$$

其中

$$\omega_1^2=\omega^2+\frac{3\alpha u_m^2}{4} \tag{p}$$

上述结果与式(2.15)、(2.16)完全一致。

为了得到三次近似结果，将表达式(l)、(m)、(n)代入方程组(j)中第三个方程的右侧，可得

$$\ddot{\phi}_2 + \omega_1^2 \phi_2 = -c_2 u_m \cos\omega_1 t + 3u_m^2 \left(\frac{1}{4} - \cos^2\omega_1 t\right)\left[\frac{\alpha u_m^3}{32\omega_1^2}(\cos 3\omega_1 t - \cos\omega_1 t)\right]$$

利用三角函数公式，将以上方程改写为

$$\ddot{\phi}_2 + \omega_1^2 \phi_2 = -u_m\left(c_2 - \frac{3u_m^4}{128\omega_1^2}\right)\cos\omega_1 t - \frac{3u_m^5}{128\omega_1^2}\cos 5\omega_1 t$$

同样，为了排除共振的可能性，令

$$c_2 = \frac{3u_m^4}{128\omega_1^2} \tag{q}$$

这时通解 ϕ_2 变为

$$\phi_2 = C_1\cos\omega_1 t + C_2\sin\omega_1 t + \frac{u_m^5}{1\,024\omega_1^4}\cos 5\omega_1 t$$

根据式(k)第三行中的两个初始条件，可得积分常数

$$C_1 = -\frac{u_m^5}{1\,024\omega_1^4} \quad 和 \quad C_2 = 0$$

因此得到

$$\phi_2 = \frac{u_m^5}{1\,024\omega_1^4}(\cos 5\omega_1 t - \cos\omega_1 t) \tag{r}$$

响应的三次近似结果为

$$u = u_m\cos\omega_1 t + \frac{\alpha u_m^3}{32\omega_1^2}(\cos 3\omega_1 t - \cos\omega_1 t) + \frac{u_m^5}{1\,024\omega_1^4}(\cos 5\omega_1 t - \cos\omega_1 t) \tag{2.18}$$

其中 ω_1 由下式给定：

$$\omega_1^2 = \omega^2 + \frac{3\alpha u_m^2}{4} - \frac{3\alpha^2 u_m^4}{128\omega^2} \tag{2.19}$$

当进行四次近似时，可将 ϕ_0、ϕ_1、ϕ_2 和 c_1、c_2 的表达式代入方程组(j)中的最后一个方程。仿照前面的推导步骤，可得到

$$u = u_m\cos\omega_1 t + \frac{\alpha u_m^3}{32\omega_1^2}(\cos 3\omega_1 t - \cos\omega_1 t) + \frac{u_m^5}{1\,024\omega_1^4}(\cos 5\omega_1 t - \cos\omega_1 t) +$$

$$\frac{\alpha^3 u_m^7}{32\,768\omega_1^6}(\cos 7\omega_1 t - 6\cos 3\omega_1 t + 5\cos\omega_1 t) \tag{2.20}$$

其中 ω_1 由下式给定：

$$\omega_1^2 = \omega^2 + \frac{3\alpha u_m^2}{4} - \frac{3\alpha^2 u_m^4}{128\omega^2} + \frac{9\alpha^3 u_m^6}{512\omega^4} \tag{2.21}$$

综上所述，在用逐次逼近法对非线性振动进行拟合时，通常假设响应的初次近似表达式具

有式(b)的形式。而对满足初始条件(k)的方程组(j)中的一系列方程进行递归求解,可最终求得非线性自由振动的响应,且所得的近似响应在极限或中点位置处天然满足运动方程。还注意到,虽然逐次逼近法在理论上没有逼近次数的上限,但二次近似响应的精度足以满足实际需求。

2) Ritz 平均法

令单个周期内的虚功平均值为零,可根据解的多次近似拟合非线性振动响应。该方法称为 Ritz 平均法[7],它能在响应多项式项数与逐次逼近法相同的条件下,获得比逐次逼近法更精确的近似解。此外,Ritz 平均法不局限于准线性系统的拟合,并可在求解受迫振动(见下节)与自由振动问题时发挥作用。

考虑单自由度系统的无阻尼自由振动,其运动方程为

$$\ddot{u} + f(u) = 0 \tag{2.22}$$

方程(2.22)等号左边两项分别表示单位质量受到的惯性力和弹性恢复力。根据 D'Alembert 原理,可将方程(2.22)看作这两个力相互平衡的动态力平衡方程。如果这时系统产生虚位移 δu,则两力之和所做的功等于零,数学表达式为

$$[\ddot{u} + f(u)]\delta u = 0 \tag{s}$$

根据 Ritz 法,假设自由振动响应的级数表达形式为

$$u = a_1\phi_1(t) + a_2\phi_2(t) + a_3\phi_3(t) + \cdots = \sum_{i=1}^{n} a_i\phi_i(t) \tag{2.23}$$

式中,$\phi_1(t)$,$\phi_2(t)$ 等各项为所选时间函数;a_1,a_2 等权重系数的取值须使单周期时间内的虚功为零。若将虚位移定义为

$$\delta u_i = \delta a_i\phi_i(t) \tag{t}$$

则可在单个周期内对虚位移做的功进行积分,得到

$$\sum_{i=1}^{n} \int_0^{\tau} [\ddot{u} + f(u)]\delta a_i\phi_i(t)\mathrm{d}t = 0 \tag{u}$$

进而可得

$$\left. \begin{array}{l} \displaystyle\int_0^{\tau} [\ddot{u} + f(u)]\phi_1(t)\mathrm{d}t = 0 \\[2mm] \displaystyle\int_0^{\tau} [\ddot{u} + f(u)]\phi_2(t)\mathrm{d}t = 0 \\[2mm] \cdots\cdots \\[2mm] \displaystyle\int_0^{\tau} [\ddot{u} + f(u)]\phi_n(t)\mathrm{d}t = 0 \end{array} \right\} \tag{2.24}$$

方程组(2.24)表示的 n 个代数方程同时求解,可解得 a_1,a_2,$\cdots$,a_n。

以运动方程(2.14)表示的准线性系统为例,应用 Ritz 法求解系统响应。若取自由振动响应的初次近似为

$$u = a_1\phi_1(t) = a_1\cos\omega_1 t \tag{v}$$

则方程组(2.24)中的第一个方程为

$$\int_0^{\tau} (-\omega_1^2 a_1\cos\omega_1 t + \omega^2 a_1\cos\omega_1 t + \alpha a_1^3\cos^3\omega_1 t)\cos\omega_1 t\,\mathrm{d}t = 0$$

由于

$$\int_0^\tau \cos^2\omega_1 t\,\mathrm{d}t = \frac{1}{\omega_1}\int_0^{2\pi}\cos^2\omega_1 t\,\mathrm{d}(\omega_1 t)=\frac{\pi}{\omega_1}$$

且

$$\int_0^\tau \cos^4\omega_1 t\,\mathrm{d}t = \frac{1}{\omega_1}\int_0^{2\pi}\cos^4\omega_1 t\,\mathrm{d}(\omega_1 t)=\frac{3\pi}{4\omega_1}$$

所以可解得

$$\omega_1^2 = \omega^2 + \frac{3\alpha a_1^2}{4} \tag{2.25}$$

式(2.25)的数学形式与利用逐次逼近法得到的式(2.15)相同,并且可将 a_1 表示成含 ω、ω_1 和 α 的形式。由式(2.25)解出 a_1 后,将其代入式(v),可得

$$u = 2\sqrt{\frac{\omega_1^2-\omega^2}{3\alpha}}\cos\omega_1 t \tag{2.26}$$

为了满足本例的对称性,可取级数的前两项,从而得到更加精确的响应拟合结果:

$$u = a_1\phi_1(t) + a_2\phi_2(t) = a_1\cos\omega_1 t + a_2\cos 3\omega_1 t \tag{w}$$

将式(w)代入方程组(2.24)中的前两个方程,并对各项积分,可同时得到两个三次方程。这两个三次方程须通过数值求解方法才能确定 a_1 和 a_2 的取值。当然,以上分析步骤的困难显而易见,但也仅体现在代数计算方面。

2.4　非线性系统的受迫振动

在本章的前几节中,仅讨论了非线性系统的自由振动问题。本节将讨论非线性系统受到周期扰动函数作用后产生的稳态振动,并利用 Ritz 平均法计算响应的近似解。

假设系统中的阻尼力正比于速度为自变量的函数 $f_1(\dot{u})$,弹簧恢复力正比于位移为自变量的函数 $f_2(u)$,则周期扰动函数作用下的运动方程为

$$\ddot{u} + 2nf_1(\dot{u}) + \omega^2 f_2(u) = f_3(t) \tag{2.27}$$

方程(2.27)中各项分别表示惯性力、阻尼力、恢复力和单位质量受到的外载荷。利用 Ritz 法,可假设稳态振动的近似解有 2.3 节式(2.23)的级数形式。而受迫振动系统在单个周期内做虚功为零的条件则为

$$\int_0^\tau [\ddot{u} + 2nf_1(\dot{u}) + \omega^2 f_2(u) - f_3(t)]\phi_i(t)\,\mathrm{d}t = 0 \quad (i=1,2,3,\cdots,n) \tag{2.28}$$

接下来,首先分析不含阻尼的特殊情况,其运动方程为

$$\ddot{u} + \omega^2(u \pm \mu u^3) = q\cos\Omega t \tag{2.29}$$

该方程称为 Duffing(杜芬)方程。Duffing 在其撰写的振动专著中对其进行了详细论述。这类受迫振动关于平衡位置对称,且响应相位与扰动力相位同步或相差180°。假设响应位移的初次近似为

$$u = a_1\phi_1(t) = a_1\cos\Omega t \tag{a}$$

则当 $n=1$ 时,式(2.28)变为

$$\int_0^\tau [-\Omega^2 a_1 \cos\Omega t + \omega^2(a_1\cos\Omega t \pm \mu a_1^3 \cos^3\Omega t) - q\cos\Omega t]\cos\Omega t\,\mathrm{d}t = 0$$

上式经过积分运算后,整理可得

$$\omega^2 a_1 \pm \frac{3\omega^2\mu a_1^3}{4} = \Omega^2 a_1 + q \tag{2.30}$$

任意给定参数 ω^2、μ 和 q 的取值,方程(2.30)表示了稳态受迫振动幅值 a_1 与外载荷作用频率 Ω 间的两个近似关系(近似关系绘制成函数曲线即为响应谱)。当系统中含硬化弹簧时,更方便地绘制响应谱曲线(见 1.6 节的图 1.22)的方法是将方程(2.30)改写为

$$\frac{3\mu a_1^3}{4} = \left(\frac{\Omega^2}{\omega^2} - 1\right)a_1 + \frac{q}{\omega^2} \tag{2.31}$$

而当系统中含软化弹簧时,则将方程(2.30)改写为

$$\frac{3\mu a_1^3}{4} = \left(1 - \frac{\Omega^2}{\omega^2}\right)a_1 - \frac{q}{\omega^2} \tag{2.32}$$

接下来将讨论根据方程(2.31)、(2.32)绘制 a_1 随 Ω/ω 变化曲线的方法。

　　方程(2.31)可看作等号左边 a_1 的三次函数与等号右边 a_1 的线性函数的交点。三次函数曲线与不同频率比 Ω/ω 的线性函数曲线参见图 2.12a。该图中的倾斜直线①与三次函数曲线相交于 A 点,并与图 2.12b 中 $\Omega/\omega = 0$ 的垂直直线对应。交点处 a_1 的值用图 2.12b 中的 A' 点表示。图 2.12a 中满足条件 $0 < \Omega/\omega < 1$ 的直线②与三次函数曲线相交于 B 点,该点在图 2.12b 中的对应点为 B'。图 2.12a 中的水平直线③表示线性系统发生了共振,但在上、下两图中也仅有 C 和 C' 两点与之对应。随着图 2.12a 中直线斜率的增加,直线与三次函数曲线间将产生一个临界状态。即图中的直线④不仅与三次函数曲线的上分支相交于 D 点,而且与其下分支在 E 点相切。图 2.12b 中响应谱曲线上的对应点 D' 和 E' 均出现在临界频率($\Omega \geqslant \omega$)条件下,该谱线位置处的斜率无穷大(E' 点)。图 2.12a 中斜率更大的直线⑤与三次函数曲线相交于 F、G 和 H 三点,它们在响应谱中的对应点 F'、G' 和 H' 如图 2.12b 所示。由此可见,图 2.12b 中的实线是方程(2.31)的图形化表示结果。

　　含硬化弹簧系统的响应谱为双曲渐近函数,如图 2.12b 中的虚线所示。令方程(2.31)中的 q 等于零,响应谱曲线即为非线性自由振动的响应谱曲线。这时自由振动的振幅-频率关系式为

$$\frac{3\mu a_1^2}{4} = \frac{\Omega^2}{\omega^2} - 1 \tag{2.33}$$

式中,Ω 为非线性自由振动的角频率。另外,当载荷 q 取不同非零值时,将在图 2.12b 中产生与粗实线相似的其他多条响应谱曲线(见图中细实线)[9]。响应谱中临界点 E'(曲线在该点处的斜率无穷大)的轨迹为图 2.12b 中的点画线。点画线的方程可通过对方程(2.31)求微分得到,表示为

$$\frac{9\mu a_1^3}{4} = \frac{\Omega^2}{\omega^2} - 1 \tag{2.34}$$

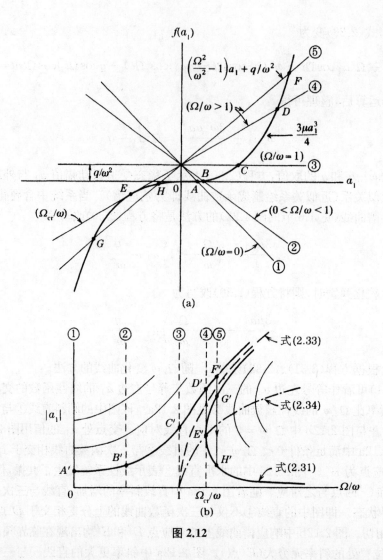

图 2.12

转而考虑方程(2.32)表示的软化弹簧情况。可用硬化弹簧条件下使用的图形化方法绘制出软化弹簧的典型响应谱曲线。这时,表示三次函数曲线,以及方程(2.32)等号右边线性函数的曲线参见图 2.13a,其中各条直线具有不同的 Ω/ω 取值。直线①和②均与三次函数曲线有两个交点,直线③与曲线有一个正切点,而直线④和⑤与曲线仅有一个交点。图 2.13a 中的 A-J 点与图 2.13b 中的 A'-J' 点相对应。软化弹簧条件下的响应谱曲线在 H' 点有垂直切线,且临界频率出现时的扰动频率小于线性系统的共振频率。

令方程(2.32)中的 $q=0$,可确定图 2.13b 中虚线对应的方程:

$$\frac{3\mu a_1^3}{4} = 1 - \frac{\Omega^2}{\omega^2} \tag{2.35}$$

该曲线的轨迹为椭圆,表示自由振动。其他各条响应谱曲线上诸如 H' 点的临界点在连成轨迹后用图中的点画线表示。点画线的方程可通过对方程(2.32)求微分得到,表示为

$$\frac{9\mu a_1^3}{4} = 1 - \frac{\Omega^2}{\omega^2} \tag{2.36}$$

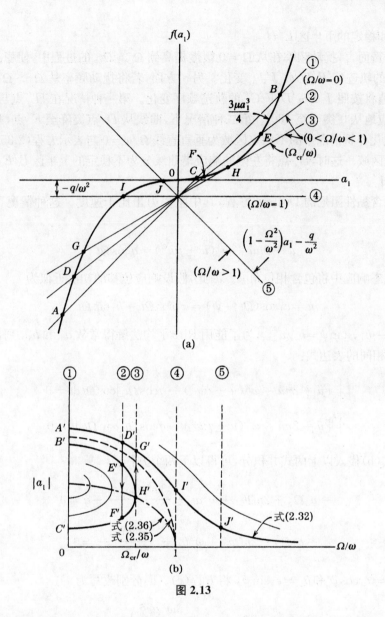

图 2.13

图 2.12b 和图 2.13b 中的响应谱线类型代表了实验中观察到的一类跳深现象的数学模型。跳深现象是在非线性机械系统受到简谐扰动函数作用时才能观察到的现象[8]。当系统含硬化弹簧时，扰动频率的提高（始于 $\Omega = 0$）将引起稳态响应幅值的增大，且幅值增大的规律与图 2.12b 左侧实线的变化规律一致。当振幅增大至 F' 点时停止。这时，由于外部扰动的作用，振幅将从 F' 点突降至右侧曲线的 H' 点，相应的相位也从 0° 突变为 180°。扰动力频率若继续提高，响应幅值将按照响应谱右侧曲线不断减小。另一方面，若扰动频率从一个相对较高的频率值（大于 Ω_{cr}）开始缓慢降低，则稳态响应幅值将逐渐增大至 E' 点。接下来，振幅将从 E' 点跳变至 D' 点，且相位角从 180° 突变为 0°。扰动频率若继续降低，将使响应幅值沿着 $D'C'B'A'$ 的轨迹逐渐减为零。从而发现，随着扰动频率的降低，响应幅值必定是从 E' 点跃增至 D' 点，这是因为方程在 $\Omega < \Omega_{cr}$ 时只有一个解。

文献[10]已证明，图 2.12b 中的虚线和点画线对应系统的不稳定区域，且曲线 $E'G'$ 上的点对应的现象在实际物理系统中无法观察到。因此，E' 点将响应谱的右侧曲线分为不稳定的

上半区 $E'G'$ 和稳定的下半区 $E'H'$。

对软化弹簧而言,扰动频率在从 $\Omega=0$ 缓慢提高到 $\Omega>\Omega_{cr}$ 的过程中,使稳态响应幅值按照图 2.13b 中的轨迹 $C'F'H'G'I'J'$ 变化。另一方面,若将扰动频率从 $\Omega>\Omega_{cr}$ 逐渐降低至零,则响应幅值将按照 $J'I'G'D'F'C'$ 的轨迹顺序变化。第一种情况在 H' 点与 G' 点间产生跳变,相位相应地从 $0°$ 突变至 $180°$。第二种情况下,曲线从 D' 点突降至 F' 点,相位也从 $180°$ 反转至 $0°$。软化弹簧情况下的不稳定区域为垂直直线 $\Omega/\omega=0$ 与表示方程(2.35)、(2.36)的曲线构成的封闭区域。这时,H' 点将左侧的响应谱曲线分为不稳定的上半区 $B'E'H'$ 和稳定的下半区 $C'F'H'$。

现在考虑含黏性阻尼的 Duffing 方程,其中阻尼力正比于速度。这种情况下的运动方程可写成

$$\ddot{u}+2n\dot{u}+\omega^2(u\pm\mu u^3)=q\cos\Omega t \tag{2.37}$$

受迫振动的稳态响应中将包含相位角 ψ。因此,假设响应位移的初次近似为

$$u=c_1\cos(\Omega t-\psi)=a_1\cos\Omega t+b_1\sin\Omega t \tag{b}$$

式中,$c_1^2=a_1^2+b_1^2$,$\tan\psi=b_1/a_1$。为了能用 Ritz 平均法解得常数 a_1 和 b_1,列出以下两个与式(2.28)形式相同的表达式:

$$\int_0^\tau[\ddot{u}+2n\dot{u}+\omega^2(u\pm\mu u^3)-q\cos\Omega t]\cos\Omega t\,dt=0$$

$$\int_0^\tau[\ddot{u}+2n\dot{u}+\omega^2(u\pm\mu u^3)-q\cos\Omega t]\sin\Omega t\,dt=0$$

将 u 的表达式(b)代入以上两式并积分,可得以下两个方程:

$$-a_1\Omega^2+2n\Omega b_1+\omega^2 a_1\pm\frac{3\omega^2\mu a_1 c_1^2}{4}-q=0 \tag{c}$$

$$-b_1\Omega^2-2n\Omega a_1+\omega^2 b_1\pm\frac{3\omega^2\mu b_1 c_1^2}{4}=0 \tag{d}$$

然后,可由 $a_1=c_1\cos\psi$ 和 $b_1=c_1\sin\psi$,将方程(c)、(d)分别改写为

$$2n\Omega c_1\sin\psi+\left(-\Omega^2+\omega^2\pm\frac{3\omega^2\mu c_1^2}{4}\right)c_1\cos\psi-q=0 \tag{e}$$

$$-2n\Omega c_1\cos\psi+\left(-\Omega^2+\omega^2\pm\frac{3\omega^2\mu c_1^2}{4}\right)c_1\sin\psi=0 \tag{f}$$

将方程(e)乘以 $\cos\psi$、方程(f)乘以 $\sin\psi$,相加后可得

$$-\Omega^2+\omega^2\pm\frac{3\omega^2\mu c_1^2}{4}=\frac{q}{c_1}\cos\psi \tag{g}$$

另一方面,将方程(e)乘以 $\sin\psi$、方程(f)乘以 $\cos\psi$,相减后可得

$$2n\Omega=\frac{q}{c_1}\sin\psi \tag{h}$$

将方程(g)、(h)分别平方后相加,可得

$$\left(-\Omega^2 + \omega^2 \pm \frac{3\omega^2\mu c_1^2}{4}\right)^2 + 4n^2\Omega^2 = \left(\frac{q}{c_1}\right)^2 \tag{2.38}$$

将方程(h)除以方程(g)后,可得

$$\psi = \arctan\left(\frac{2n\Omega}{-\Omega^2 + \omega^2 \pm 3\omega^2\mu c_1^2/4}\right) \tag{2.39}$$

方程(2.38)、(2.39)建立了 ω^2、μ、n 和 q 取任意值时振幅 c_1、相位角 ψ 与扰动频率 Ω 间的关系。若阻尼系数 $n=0$,相位角将变为 0 或 π,$b_1=0$,$c_1=a_1$,方程(2.38)与无阻尼情况下的方程(2.30)相同。

为了绘制响应谱曲线,将方程(2.38)整理后拆分为以下两个表达式:

$$\frac{3\mu c_1^3}{4} = \left(\frac{\Omega^2}{\omega^2} - 1\right)c_1 + \frac{q}{\omega^2}\sqrt{1 - \frac{(2n\Omega c_1)^2}{q^2}} \tag{2.40}$$

和

$$\frac{3\mu c_1^3}{4} = \left(1 - \frac{\Omega^2}{\omega^2}\right)c_1 - \frac{q}{\omega^2}\sqrt{1 - \frac{(2n\Omega c_1)^2}{q^2}} \tag{2.41}$$

其中,方程(2.40)表示含硬化弹簧的情况,方程(2.41)表示含软化弹簧的情况。若阻尼为零,则方程(2.40)、(2.41)与方程(2.31)、(2.32)相同。注意到方程(2.40)、(2.41)的等号右边不是直线,进而导致响应谱曲线的构造比无阻尼情况复杂。但是,有阻尼响应谱曲线的基本形状仍与无阻尼时的曲线形状基本一致。这一结论可由图 2.14、图 2.15 分别表示的硬化和软化弹簧响应谱曲线得出。

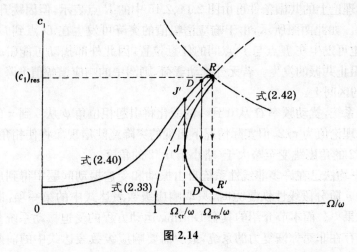

图 2.14

图 2.14 中虚线的定义与前文相同[见方程(2.33)]。这时,响应谱曲线与自由振动方程的曲线相交,交点轨迹可通过联立方程(2.33)、(2.40)确定,结果为

$$(c_1)_{res} = \frac{q/(2n\omega)}{\Omega_{res}/\omega} = \frac{q}{2n\Omega_{res}} \tag{2.42}$$

式中,Ω_{res} 为共振频率;$(c_1)_{res}$ 为共振幅值。

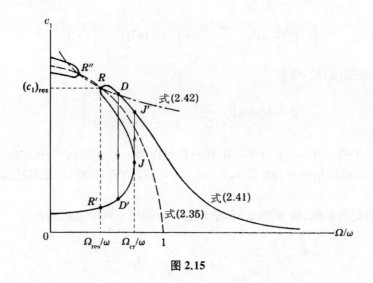

图 2.15

方程(2.42)表示了一系列位于 c_1-Ω/ω 坐标平面内的双曲线(见图 2.14 中的点画线)。因此,给定 $q/(2n\omega)$ 的取值,即可确定方程(2.42)对应的曲线形状。而由该曲线与自由振动方程曲线的交点,可大致确定稳态受迫振动所能达到的最大幅值。因此,若仅须知道振幅的最大值,则无须构造完整响应谱,进而也就回避掉了绘制方程(2.40)曲线时产生的困难。

同理,图 2.15 中虚线的含义也与前文相同[见方程(2.35)]。响应谱曲线与自由振动方程的曲线相交,交点轨迹可通过联立方程(2.35)、(2.41)确定。结果与方程(2.42)相同,其曲线为图 2.15 中用点画线表示的双曲线。在这种情况下,交点轨迹与自由振动方程的曲线可能有两个交点,且响应谱的上半分支没有物理意义。

弱阻尼系统理论上的共振条件可由图 2.14、2.15 中的 R 点表示,但因跳升现象的存在,共振不一定会发生。如此两图所示,由于响应谱幅值的突降可发生在 D 点到 D' 点间的任意位置,幅值的陡增也可发生在 J 点与 J' 点间的任意位置,因此外部扰动可能引起响应谱幅值的提早突降,进而阻止共振的发生。若无外扰动载荷,则图中的响应谱幅值突降现象大约发生在 R 点到 R' 点间的区间上。

对于有阻尼系统,扰动频率 Ω 从 0 到 ∞ 的变化将引起相位角 ψ 从 0 到 π 的连续变化。其中共振时的相角理论值为 $\pi/2$,但实际情况下出现的突降或陡增现象将使相角发生突变,从略小于(略大于)$\pi/2$ 的角度跳变至略大于(略小于)$\pi/2$ 的角度。

总之,Ritz 平均法已在许多非线性系统自由振动和受迫振动问题中得到成功应用。当系统中存在对称的 n 阶分段线性恢复力时,只取响应级数表达式中的第一项,即可获得较高精度的近似计算结果[9]。而本节介绍的具有 Duffing 运动方程的受迫振动系统只是该类系统的一个示例。对于存在非对称恢复力的系统,最少需要响应级数表达式中的前两项才能求解得到较高精度的近似结果,且其中涉及的代数运算量将大幅增加。

2.5 分段线性系统

2.1 节已经提到,某些系统在振动时会显现出分段线性的特征。对这类系统的分析通常较为简单,甚至在某些情况下可以求得精确解。例如,非连续线性弹簧、分段线性的材料非弹性行为(包括弹塑性变形),以及库仑(或干摩擦)阻尼均会使系统产生分段线性特征。本节将讨论系统对初始位移和速度的自由振动响应、对周期扰动函数的受迫振动响应，以及对任意扰动函数的瞬态响应。

　　如图 2.16a 所示，振动系统中的质量块位于两个线性弹簧之间的间隙处。若从中心位置开始度量质量块的运动位移，则其载荷-位移曲线有图 2.16b 中曲线的形式。质量块与弹簧接触时发生的自由振动的周期取决于间隙大小与其他系统参数。假设质量块在 $t=0$ 时刻的初始位移为零、初始速度为 $\dot{u}_0$，则其通过距离为 u_1 的间隙所需的时间为

$$t_1 = \frac{u_1}{\dot{u}_0} \tag{a}$$

通过该间隙后，质量块与右侧弹簧接触，之后其运动变为简谐运动，直到质量块回弹后在 t_2 时刻再次脱离弹簧。质量块速度从 $\dot{u}_0$ 减小到零所需的时间间隔等于质量 m 与弹簧 k 组成系统的固有周期的 $1/4$。因此，最大位移出现的时间为

$$t_m = t_1 + \frac{\pi}{2\omega} = \frac{u_1}{\dot{u}_0} + \frac{\pi}{2}\sqrt{\frac{m}{k}} \tag{b}$$

而实际系统的完整振动周期为

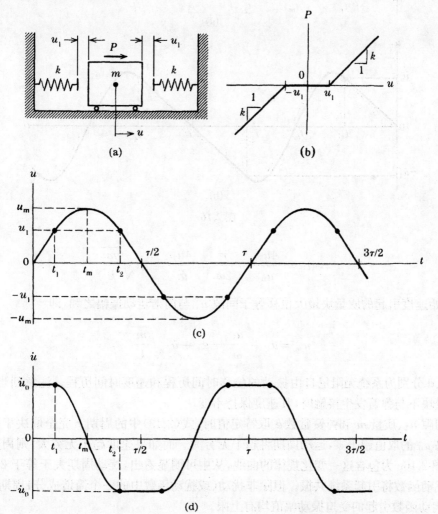

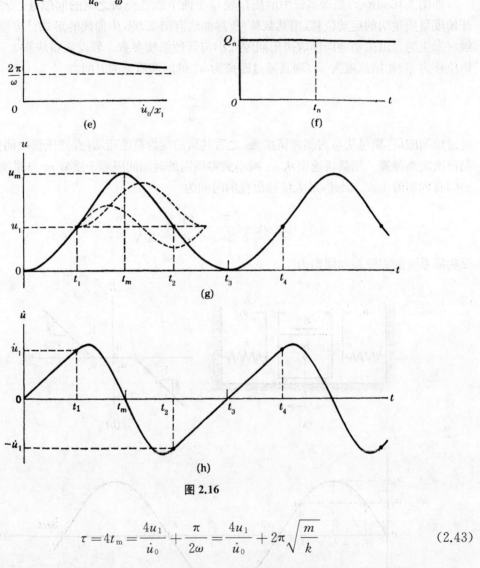

图 2.16

$$\tau = 4t_m = \frac{4u_1}{\dot{u}_0} + \frac{\pi}{2\omega} = \frac{4u_1}{\dot{u}_0} + 2\pi\sqrt{\frac{m}{k}} \tag{2.43}$$

此外,初始速度引起的质量块最大位移等于间隙 u_1 与简谐运动振幅之和,即

$$u_m = u_1 + \frac{\dot{u}_0}{\omega} = u_1 + \dot{u}_0\sqrt{\frac{m}{k}} \tag{2.44}$$

图 2.16c、d 分别为系统无阻尼自由振动的位移时间历程和速度时间历程。注意到当图 2.16d 中的质量块不与弹簧发生接触时,其速度保持不变。

当间隙 u_1、质量 m 和弹簧常数 k 取特定值时,式(2.43)中的周期 τ 完全取决于初始速度 $\dot{u}_0$。如果 $\dot{u}_0$ 的取值趋于零,运动周期将趋于无穷大。而如果速度趋于无穷大,则周期将趋于 $2\pi/\omega$。图 2.16e 为包含这一变化规律的曲线,从中可明显看出,扰动周期大于等于 $2\pi/\omega$ 的任意周期扰动函数将引起系统共振。但除非扰动(或扰动函数中的一个简谐成分)周期等于 $2\pi/\omega$,否则扰动函数引起的受迫振动幅值均有上限。

现在,假设图 2.16a 中的系统初始状态静止,并受到如图 2.16f 所示的阶跃函数作用。质量块在该恒力 Q_n 的作用下,将在间隙内产生加速度 $q_n=Q_n/m$,且速度和位移分别为

$$\dot{u}=q_n t \quad 和 \quad u=q_n t^2/2 \tag{c}$$

式(c)中的第二个表达式可用图 2.16g 中 $t=0$ 到 $t=t_1$ 间的位移-时间抛物线表示。第一个速度表达式的曲线为图 2.16h 中相同时间间隔内的直线。在这种情况下,质量块通过间隙 u_1 所需的时间

$$t_1=\sqrt{2u_1/q_n} \tag{d}$$

t_1 时刻的速度

$$\dot{u}_1=q_n t_1=\sqrt{2q_n u_1} \tag{e}$$

质量块与右侧弹簧接触时的初始速度为 $\dot{u}_1$,而系统在时间间隔 $t_1\leqslant t\leqslant t_2$ 内的响应表达式可写成

$$u=u_1+\frac{\dot{u}_1}{\omega}\sin\omega(t-t_1)+\frac{Q_n}{k}[1-\cos\omega(t-t_1)] \tag{f}$$

式(f)等号右边的第二项由初始速度 $\dot{u}_1$ 引起,最后一项由扰动函数引起。这两项在图 2.16g 中用时间间隔 $t_1\leqslant t\leqslant t_2$ 内的虚线表示,而等号右边的三项之和在图 2.16g 中用贝壳形实线表示。对式(f)进行微分,可确定 t_m 时刻的最大位移 u_m。在这里,

$$t_m=t_1+\frac{1}{\omega}\arctan\left(-\frac{\dot{u}_1/\omega}{Q_n/k}\right) \tag{2.45}$$

最大位移

$$u_m=u_1+\frac{Q_n}{k}+\sqrt{\left(\frac{Q_n}{k}\right)^2+\left(\frac{\dot{u}_1}{\omega}\right)^2} \tag{2.46}$$

由于贝壳形曲线关于时间 t_m 对称,位移将在 t_2 时刻重新减小为 u_1。t_2 的值由下式给出:

$$t_2=2t_m-t_1 \tag{g}$$

此后,质量块与右侧弹簧脱离,其运动规律为图 2.16g 中时间间隔 $t_2\leqslant t\leqslant t_4$ 内的抛物线,该抛物线关于时间 t_3 对称。这时所关心的时间信息包括

$$t_3=t_2+t_1 \quad 和 \quad t_4=t_2+2t_1 \tag{h}$$

其中,质量块在 t_4 时刻再次与右侧弹簧发生接触,并重复上一周期的位移变化规律。与位移对应的速度时间历程如图 2.16h 所示。从中看到,只要质量块与弹簧脱离接触,速度便随时间线性变化。

若 t_n 时刻突然从系统中撤去恒力 Q_n(见图 2.16f),则扰动函数不再为阶跃函数,变为矩形脉冲。在这种情况下,t_n 时刻的系统位移 u_n 和速度 $\dot{u}_n$ 可由图 2.16g、h 中的曲线分别确定。而如果将这两个量的取值作为初始条件,则接下来的系统自由振动响应可用类似于得到图 2.16c、d 中曲线的方法推导得到。

作为分段线弹性系统的另一个示例,考虑图 2.17a 中的对称布置系统。该系统与图 2.16a 中的系统类似,但与质量块相连的弹簧可在其偏离中点位置时提供恢复力。本例中的静载荷-

位移曲线如图 2.17b 所示,其中通过坐标原点的直线斜率为 k_1,更陡直线的斜率等于 k_2。若位移不超过 $\pm u_1$,则质量块运动为简谐运动。而如果其位移大小超过 u_1,运动形式将变得更为复杂。

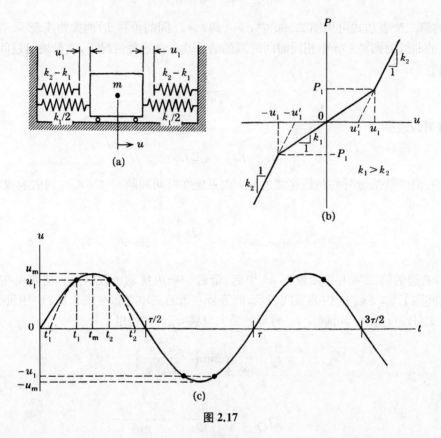

图 2.17

为了研究图中系统的自由振动特性,假设质量块在 $t=0$ 时刻的初始位移为零,初始速度 $\dot{u}_0 > \omega_1 u_1$,其中 $\omega_1 = \sqrt{k_1/m}$。这样的速度将导致质量块偏离过渡点 u_1,进而产生如图 2.17c 所示的位移时间历程曲线。时间范围 $0 \leqslant t \leqslant t_1$ 内的系统位移为

$$u = \frac{\dot{u}_0}{\omega_1}\sin\omega_1 t \tag{i}$$

速度为

$$\dot{u} = \dot{u}_0\cos\omega_1 t \tag{j}$$

质量块在 t_1 时刻到达第一个弹性区的极限位置 u_1,因此可根据式(i)写成

$$t_1 = \frac{1}{\omega_1}\arcsin\left(\frac{\omega_1 u_1}{\dot{u}_0}\right) \tag{k}$$

而该时刻的速度可根据式(j)表示为

$$\dot{u}_1 = \dot{u}_0\sqrt{1 - \left(\frac{\omega_1 u_1}{\dot{u}_0}\right)^2} \tag{l}$$

此后，质量块与图 2.17a 中右上角的弹簧发生接触，接触后的运动方程为

$$m\ddot{u} + k_1 u + (k_2 - k_1)(u - u_1) = 0$$

或可写成

$$m\ddot{u} + k_2 u = (k_2 - k_1)u_1 \tag{m}$$

方程(m)的等号右边为常数，因此可将其视为作用在弹簧常数为 k_2 系统上的伪阶跃函数。根据以上方法，系统的总响应可通过计算 t_1 时刻初始条件引起的响应与伪阶跃函数作用下的受迫振动响应之和求得。因此有

$$u = u_1 \cos\omega_2(t - t_1) + \frac{\dot{u}_1}{\omega_2}\sin\omega_2(t - t_1) + \frac{k_2 - k_1}{k_2}u_1[1 - \cos\omega_2(t - t_1)]$$

$$= \left(1 - \frac{k_1}{k_2}\right)u_1 + \frac{k_1}{k_2}u_1\cos\omega_2(t - t_1) + \frac{\dot{u}_1}{\omega_2}\sin\omega_2(t - t_1) \tag{n}$$

而速度表达式为

$$\dot{u} = -\frac{k_1}{k_2}\omega_2 u_1\sin\omega_2(t - t_1) + \dot{u}_1\cos\omega_2(t - t_1) \tag{o}$$

式(n)、(o)中的符号 ω_2 表示第二个弹性区内简谐运动的角频率 $\omega_2 = \sqrt{k_2/m}$。还可由式(o)得到最大响应出现的时间

$$t_{\mathrm{m}} = t_1 + \frac{1}{\omega_2}\arctan\left(\frac{k_2\dot{u}_1}{k_1\omega_2 u_1}\right) \tag{p}$$

式(n)等号右边的第一项

$$u_1' = \left(1 - \frac{k_1}{k_2}\right)u_1 \tag{q}$$

表示图 2.17b 中更陡的直线与 u 轴正方向的交点。此外，式(n)中余弦项的系数

$$\frac{k_1}{k_2}u_1 = u_1 - u_1'$$

表示相对于该交点的初始位移。图 2.17c 中的虚线可想象为第二个弹性区内简谐运动的延伸。第二个弹性区内简谐运动的半周期起始于 t_1' 时刻，终止于 t_2' 时刻。这两个时刻分别表示为

$$t_1' = t_{\mathrm{m}} - \frac{\pi}{2\omega_2} \quad \text{和} \quad t_2' = t_{\mathrm{m}} + \frac{\pi}{2\omega_2}$$

图中实线与虚线的第二个切点所对应的时刻为

$$t_2 = t_1 + \frac{2}{\omega_2}\arctan\left(\frac{k_2\dot{u}_1}{k_1\omega_2 u_1}\right) \tag{r}$$

仿照上一个示例的做法，本例中系统的完整振动周期可根据下式计算：

$$\tau = 4t_\mathrm{m} = 4t_1 + \frac{4}{\omega_2}\arctan\left(\frac{k_2\dot{u}_1}{k_1\omega_2 u_1}\right) \tag{2.47}$$

此外,式(n)还表明,初始速度引起的质量块最大位移 u_m 等于 u_1' 与第二个弹性区内简谐运动的和,即

$$u_\mathrm{m} = \left(1 - \frac{k_1}{k_2}\right)u_1 + \sqrt{\left(\frac{k_1}{k_2}u_1\right)^2 + \left(\frac{\dot{u}_1}{\omega_2}\right)^2} \tag{2.48}$$

当然,需要将式(l)表示的 $\dot{u}_1$ 代入式(2.47)、(2.48),才能将振动周期和最大位移用初始速度 $\dot{u}_0$ 表示。

如果图 2.17a 中的系统受到简谐扰动函数 $Q\sin\Omega t$ 的作用,那么它的运动方程须按照位移 u 的三个取值范围分别写成

$$m\ddot{u} + k_1 u = Q\sin\Omega t \quad (-u_1 \leqslant u \leqslant u_1) \tag{s}$$

$$m\ddot{u} + k_2 u = Q\sin\Omega t + (k_2 - k_1)u_1 \quad (u \geqslant u_1) \tag{t}$$

$$m\ddot{u} + k_2 u = Q\sin\Omega t - (k_2 - k_1)u_1 \quad (u \leqslant -u_1) \tag{u}$$

方程(s)~(u)可用于系统瞬态响应的计算,但不适用于稳态响应的计算。Klotter[11]利用单项近似的 Ritz 平均法研究了这一受迫振动问题。图 2.18 中列出了一系列研究后得到的刚度比 $k_1/k_2 = 1/2$ 的响应谱曲线。为了将图中曲线无量纲化,绘制了不同载荷参数 $\zeta = Q/(k_1 u_1)$ 下 u/u_1 随 Ω^2/ω^2 的变化曲线。

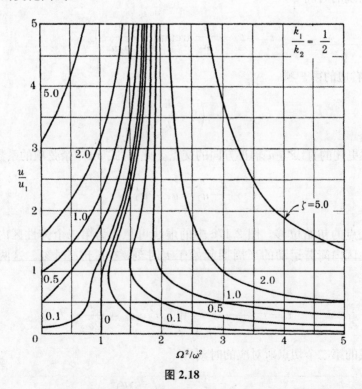

图 2.18

接下来,举例说明分段线性的非弹性系统的相关问题。转而考虑图 2.19a 中的系统,系统中的质量小球和处于竖直位置的柔性构件相连。假设系统在受到水平载荷 P 作用后产生小

位移 u，且系统产生了与 2.1 节中相同的弹塑性变形。这一过程还可通过图 2.19b 中的载荷-位移曲线表示。即变形初始阶段，静载荷-位移曲线的斜率等于某个非零常数 k。当变形位移达到 u_1 时，塑性铰链在构件连接处瞬间形成，这时曲线的纵坐标等于最大载荷值 P_m，斜率变为零。假设小球在 $t=0$ 时刻的初始位移为零，但初始速度 $\dot{u}_0 > \omega u_1$，其中 $\omega = \sqrt{k/m}$，u_1 为塑性铰链第一次形成时的 t_1 时刻的位移，则在时间范围 $0 \leqslant t \leqslant t_1$ 内，位移和速度的方程为

$$u = \frac{\dot{u}_0}{\omega}\sin\omega t \quad 和 \quad \dot{u} = \dot{u}_0\cos\omega t \tag{v}$$

图 2.19c、d 分别表示位移和速度的时间历程，而式（v）中两函数的图像分别用图 2.19c、d 中的曲线段①表示。将 $u_1 = P_m/k$ 代入式（v），可得

$$t_1 = \frac{1}{\omega}\arcsin\left(\frac{P_m\omega}{k\dot{u}_0}\right) \quad 和 \quad \dot{u}_1 = \dot{u}_0\sqrt{1-\left(\frac{P_m\omega}{k\dot{u}_0}\right)^2} \tag{w}$$

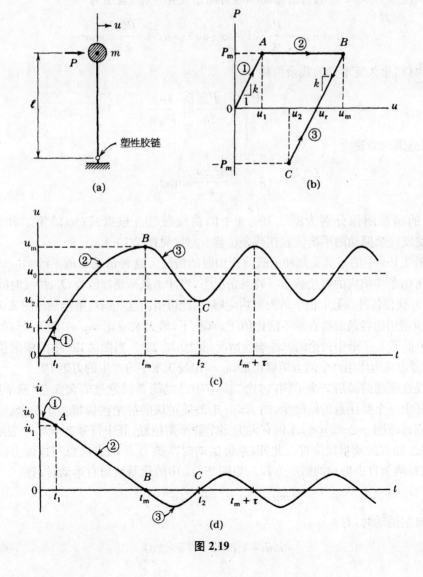

图 2.19

当塑性铰链形成后,小球在时间范围 $t_1 \leqslant t \leqslant t_m$ 内的位移和速度表达式为

$$u = u_1 + \dot{u}_1(t - t_1) - \frac{P_m(t - t_1)^2}{2m}, \quad \dot{u} = \dot{u}_1 - \frac{P_m(t - t_1)}{m} \qquad (\text{x})$$

以上两式(分别表示一条抛物线和一根直线)分别对应图 2.19c、d 中的线段②。由式(x)发现,最大位移 u_m 出现的时刻为

$$t_m = t_1 + \frac{m\dot{u}_1}{P_m} = t_1 + \frac{1}{\omega}\sqrt{\left(\frac{k\dot{u}_0}{P_m\omega}\right)^2 - 1} \qquad (2.49)$$

而其取值为

$$u_m = u_1 + \dot{u}_1(t_m - t_1) - \frac{P_m(t_m - t_1)^2}{2m} = \frac{P_m}{2k}\left[\left(\frac{k\dot{u}_0}{P_m\omega}\right)^2 + 1\right] \qquad (2.50)$$

在 t_m 时刻后,塑性铰链消失,小球回弹至载荷-位移曲线的弹性区,对应图 2.19b 中的直线③。时间范围 $t_m \leqslant t$ 内的自由振动响应有简谐变化规律,表示为

$$u = u_m - \frac{P_m}{k}(1 - \cos\omega t) = u_r + \frac{P_m}{k}\cos\omega t \qquad (\text{y})$$

其中,度量材料永久变形量的残余位移

$$u_r = u_m - \frac{P_m}{k} = \frac{P_m}{2k}\left[\left(\frac{k\dot{u}_0}{P_m\omega}\right)^2 - 1\right] \qquad (2.51)$$

最后,时间范围内的速度

$$\dot{u} = -\frac{P_m\omega}{k}\sin\omega t \qquad (\text{z})$$

式(y)、(z)的函数图像分别为图 2.19c、d 中的曲线段③。根据式(y)的第二种表达式[式(2.51)],发现残余振动的平衡位置在残余位移 u_r 处(见图 2.19c)。

考虑图 2.19a 中的系统受到冲击载荷作用时的情况。这种情况下的系统响应可通过类似于求解对初始条件响应的方法确定。特殊情况下,当冲击载荷是幅值为 Q_n、持续时间为 t_n 的矩形脉冲时,可获得各种参数取值下的大量响应解,因此可借由这些响应解绘制出图 2.20 中的响应谱[12]。响应谱中的各条曲线表示不同比值 P_m/Q_n 下,最大响应比 u_m/u_1 随 t_m/τ 的变化规律。这其中就包括了 1.14 节中讨论的弹性响应情况(见图 1.52a)。当图 2.19a 中的横向位移 u 较为显著时,须考虑重力作用产生的力矩修正量 mgu,以校正水平力产生的力矩 Pl。

分段线性问题的最后一个示例,讨论 2.1 节中已经简要讨论过的含库仑(或干摩擦)阻尼的系统。其中一个要注意的问题是,图 2.21a 中的质量块的静平衡位置多于一个。实际上,该质量块在位移范围 $-\Delta \leqslant u \leqslant \Delta$ 内有无穷多个静平衡位置,其中符号 $\Delta = F/k$ 表示摩擦力 F 与弹簧力 $k\Delta$ 相等的质量块位置。此外,系统运动时摩擦力 F 的方向总与速度方向相反。所以,该系统有两个自由振动的微分方程。当图 2.21a 中的质量块向右运动时,有

$$m\ddot{u} + ku = -F \quad (\dot{u} > 0) \qquad (\text{a}')$$

当质量块向左运动时,有

$$m\ddot{u} + ku = F \quad (\dot{u} < 0) \qquad (\text{b}')$$

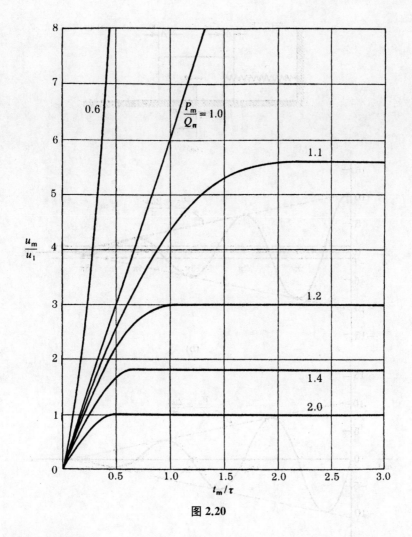

图 2.20

方程(a)′、(b)′可合并简写为

$$m\ddot{u} + ku = -F\,\text{sgn}(\dot{u}) \tag{c'}$$

式中,函数 $\text{sgn}(\dot{u})$ 的作用是提取速度 $\dot{u}$ 的方向。

假设图 2.21a 中的质量块在初始时刻向右偏移一个位移 $u_0 \gg \Delta$,且在初始速度为零时将其释放,则根据质量块向左运动的方程(b′),可得方程的解

$$u = u_0\cos\omega t + \frac{F}{k}(1 - \cos\omega t) = \Delta + (u_0 + \Delta)\cos\omega t \tag{2.52a}$$

速度随时间的响应表达式为

$$\dot{u} = -\omega(u_0 - \Delta)\sin\omega t \tag{2.52b}$$

由以上两式发现,质量块在时间间隔 $0 \leqslant t \leqslant \pi/\omega$ 内的运动为简谐运动,其中 $\omega = \sqrt{k/m}$ 为运动角频率。而在 $t = \pi/\omega$ 时刻,质量块的最大负位移为 $-(u_0 - 2\Delta)$,速度方向由负变正。在接下来的时间间隔内 $(\pi/\omega \leqslant t \leqslant 2\pi/\omega)$,质量块向右运动。故可根据方程(a′)解得响应位移为

$$u = -(u_0 - 2\Delta)\cos\omega t - \frac{F}{k}(1 - \cos\omega t) = -\Delta - (u_0 - 3\Delta)\cos\omega t \tag{2.53a}$$

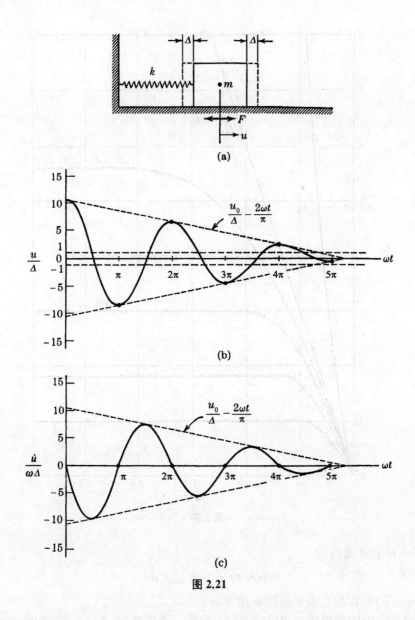

图 2.21

速度为

$$\dot{u} = \omega(u_0 - 3\Delta)\sin\omega t \tag{2.53b}$$

因此,第二个时间间隔内的运动仍为相同角频率 ω 的简谐运动。

检查式(2.52a)和式(2.53a)后发现,前者表示质量块围绕右侧平衡位置($u = \Delta$)发生的幅值为 $u_0 - \Delta$ 的振动,后者表示质量块围绕左侧平衡位置($u = -\Delta$)发生的幅值为 $u_0 - 3\Delta$ 的振动。因此,在时间间隔 π/ω 内,最大位移的数值减小了 2Δ;而在时间间隔 $2\pi/\omega$ 内,最大位移的数值减小了 4Δ。继续分析后还发现,振动幅值在减小到 Δ 之前,在每半个周期内均会减小 2Δ。因此,质量块最终将会在位移范围 $-\Delta \leqslant u \leqslant \Delta$ 内的某个极限位置处停止运动。

图 2.21a 中的质量块在初始条件 $u_0 = 10.5\Delta$ 和 $\dot{u}_0 = 0$ 的作用下,会产生如图 2.21b、c 分别表示的位移和速度的无量纲时间历程。时间历程曲线的幅值按照下式逐渐衰减:

$$\frac{u_m}{\Delta} = \frac{\dot{u}_m}{\omega\Delta} = \pm\left(\frac{u_0}{\Delta} - \frac{2\omega t}{\pi}\right) \tag{2.54}$$

式(2.54)表示的函数为图 2.21b、c 中将曲线包络在内的倾斜虚线。按照假定的初始条件,质量块将在振动 2.5 个周期后停止在 $u = -0.5\Delta$ 处。由于阻尼力在 $t = \pi/\omega$、$2\pi/\omega$ 等时刻发生突变,因此图 2.21c 中的曲线斜率在对应时刻不连续。

　　虽然摩擦力在每半个周期内方向发生变化,但图 2.21a 中的系统在冲击激励作用下的瞬态响应并不难求解。反而是系统在周期扰动函数 $Q\cos\Omega t$ 的作用下产生的稳态响应求解较为困难。可根据 1.10 节中的等效黏性阻尼概念得到稳态响应的一种近似解,但同时也可借助其他方法得到响应的严格解[13]。对于含干摩擦阻尼的系统,其受迫振动的放大系数 ku/Q 曲线与相位角 θ 曲线可参见图 2.22a、b。图中的每条曲线代表不同阻尼水平,由比例 F/Q 确定。对于图 2.22a 中虚线表示的极限位置,质量块在该极限位置之上的区域内不会停止振动。而在极限位置之下的区域内,质量块会间歇性地停止运动,且摩擦力在 $-F \leqslant P \leqslant F$ 的范围内取值为正。

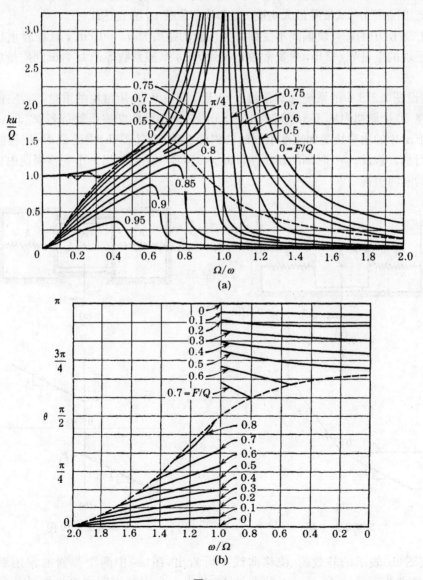

图 2.22

⊖◎ 习题 2.5

2.5-1. 在如图 2.16a 所示的系统中,假设幅度为 Q_n 的矩形脉冲终止于 t_n 时刻(见图 2.16f)。若令 t_n 等于图 2.16h 中速度 $\dot{u}$ 达到最大值所需的时间,试确定 t_n 和自由振动幅值。

2.5-2. 图 2.17a 中的系统受到始于 $t=0$ 时刻的阶跃函数 $Q_n=k_1u_1$ 作用。试确定最大响应 u_m 及其出现的时间 t_m。

2.5-3. 假设习题 2.5-2 中的脉冲刚好在转换点 $(u=u_1)$ 处的 t_n 时刻终止,试确定 t_n 和此后产生的自由振动幅值。

2.5-4. 假设图 2.19a 中的系统受到始于 $t=0$ 时刻的阶跃函数 $Q_n=ku_1/1.5$ 作用。试推导最大响应 u_m 的表达式和最大响应出现的时刻 t_m。

2.5-5. 假设图 2.19a 中的系统受到始于 $t=0$ 时刻的矩形脉冲 $Q=ku_1$ 作用。若脉冲在塑性铰链形成的 t_n 时刻终止,试推导最大响应 u_m 和残余位移 u_r 的表达式。

2.5-6. 图 2.21a 中的质量块偏离不受弹簧力位置的距离为 $u_0=10$ in.,且在静止状态下被释放。若质量块的重量 $W=2$ lb,弹簧常数 $k=1$ lb/in.,摩擦系数等于 $1/4$,试问质量块将振动多长时间?

2.5-7. 假设图 2.21a 中的系统弹簧常数 $k=4W$,其中 W 为质量块的重量。若质量块的自由振动幅值在 10 个周期内从 25 in. 衰减到 22.5 in.,试问地面的摩擦系数是多少?

2.5-8. 图(a)中的质量块受到刚度不同的两根弹簧约束,且图(b)中的载荷-位移曲线关于坐标原点不对称。假设 $t=0$ 时刻的初始条件 $u_0=0$、$\dot{u}_0\neq0$,试画出一个完整周期内自由振动位移和速度的时间历程。

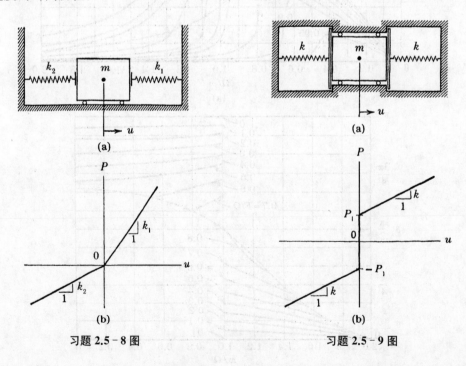

习题 2.5-8 图   习题 2.5-9 图

2.5-9. 从图(b)表示的静载荷-位移曲线中可看出,图(a)中两个弹簧的预压缩量为 P_1。试在初始条件为 $u_0=0$ 和 $\dot{u}_0\neq0$ 的条件下,画出一个完整周期内自由振动位移和速度的时间历程。

2.5-10. 假设分段线弹性系统的静载荷-位移曲线如图所示。试绘制初始条件为 $u_0 = 0$ 和 $\dot{u}_0 > \omega_1 u_1$ 时,一个完整周期内自由振动位移和速度的时间历程。

2.5-11. 考虑图 2.7c 中的双线性滞迟恢复力曲线(见 2.1 节),并假设 $k_1 = 5k_2$。若受该恢复力作用的系统同时受到幅度 $Q_n = k_1 u_1$ 的阶跃函数作用,试画出包括单周期残余振动在内的位移时间历程。

2.5-12. 假设习题 2.5-11 中的 $Q_n = 2k_1 u_1$,请重新绘制位移-时间历程。

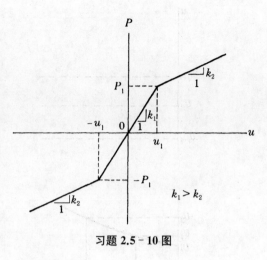

习题 2.5-10 图

2.6 非线性系统的数值解

利用数值积分方法,总能求得非线性系统运动方程的近似解。许多著名的数值积分方法都涉及响应的外推公式或插值公式,将它们应用于有限短时间步长即可解得响应近似解。在这些高效的数值积分方法中,有一种方法需要利用预测和校正公式进行反复迭代运算,另一种方法则是通过对运动方程的直接线性插值,将其表示成增量形式以计算响应。本节将分别介绍这两种方法的基本步骤,并分析两种方法各自的稳定性与准确性。虽然本节的应用实例均为单自由度系统,但读者仍可将所介绍的数值积分方法推广至多自由度系统应用。

具有非线性特征的单自由度系统,其运动方程的一般形式可表示为

$$\ddot{u} = f(t, u, \dot{u}) \tag{2.55}$$

为了求解方程(2.55),可根据该方程估计系统的初始加速度($t=0$ 时刻),从而可得

$$\ddot{u}_0 = f(0, u_0, \dot{u}_0) \tag{2.56}$$

方程(2.55)在初始时刻之后的任意时刻 t 的解,写成符号形式为

$$u = F(t) \tag{2.57}$$

图 2.23 给出了数值计算得到的响应解图像,它实际上是 u-t 平面内一条具有轻微不连续性的光滑曲线。其中,符号 u_0,u_1,u_2,$\cdots$,u_{j-1},u_j,u_{j+1},$\cdots$ 表示 u 在 t_0,t_1,t_2,$\cdots$,t_{j-1},t_j,t_{j+1},$\cdots$ 时刻的取值。且若无特殊说明,均认为 t_j 时刻到 t_{j+1} 时刻的时间间隔 Δt_j 取相同值 Δt。数值积分的目标是根据之前各个时刻的响应,利用近似公式计算 t_{j+1} 时刻的响应。

1)预测-校正迭代法

下面将要介绍的方法称为预测-校正迭代法[14]。该方法首先利用显式表达式(预测式)估计每个时间步长终止时刻的响应,然后用一个或多个隐式表达式(校正式)修正估计结果。由于非线性振动问题中的系统特性会随每个迭代循环发生变化,因此采用上述迭代法进行数值求解往往是必须的。

首先介绍的是平均加速度法。利用该方法,可将单自由度系统在 t_{j+1} 时刻的速度 $\dot{u}_{j+1}$ 近似表示为

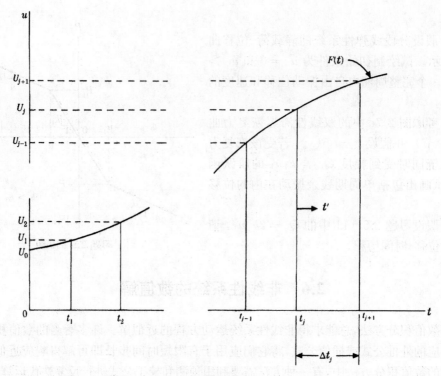

图 2.23

$$\dot{u}_{j+1} = \dot{u}_j + \frac{1}{2}(\ddot{u}_j + \ddot{u}_{j+1})\Delta t_j \tag{2.58}$$

式中，$\dot{u}_j$ 为前一时刻 t_j 的速度（见图 2.23）。式(2.58)在数值分析中被称为梯形法则，其含义为当前步长内的加速度可用 $\ddot{u}_j$ 和 $\ddot{u}_{j+1}$ 的平均值表示。同理，步长终止时刻的位移 u_{j+1} 可用梯形法则近似表示为

$$u_{j+1} = u_j + \frac{1}{2}(\dot{u}_j + \dot{u}_{j+1})\Delta t_j \tag{2.59}$$

其中步长内的速度取 $\dot{u}_j$ 和 $\dot{u}_{j+1}$ 的平均值。将方程(2.58)代入方程(2.59)可得

$$u_{j+1} = u_j + \dot{u}_j\Delta t_j + \frac{1}{4}(\ddot{u}_j + \ddot{u}_{j+1})(\Delta t_j)^2 \tag{2.60}$$

在应用预测-校正法时，不直接通过方程(2.60)求解，而是先后使用方程(2.58)、(2.59)进行求解。由于 $\ddot{u}_{j+1}$ 为未知量，因此近似解通常以隐式形式给出，响应解也必须在每个步长内通过迭代计算得到。以下递推方程给出了第 j 个步长内的第 i 次迭代计算步骤：

$$(\dot{u}_{j+1})_i = Q_j + \frac{1}{2}(\ddot{u}_{j+1})_{i-1}\Delta t_j \quad (i > 1) \tag{2.61}$$

$$(u_{j+1})_i = R_j + \frac{1}{2}(\dot{u}_{j+1})_i\Delta t_j \quad (i \geqslant 1) \tag{2.62}$$

$$(\ddot{u}_{j+1})_i = f[t_{j+1}, (u_{j+1})_i, (\dot{u}_{j+1})_i] \quad (i \geqslant 1) \tag{2.63}$$

其中

$$Q_j = \dot{u}_j + \frac{1}{2}\ddot{u}_j\Delta t_j \tag{2.64}$$

且

$$R_j = u_j + \frac{1}{2}\dot{u}_j\Delta t_j \tag{2.65}$$

以上迭代计算是无法实现自启动的,需要额外的补充方程来确定每个时间步长内速度 $\dot{u}_{j+1}$ 的一个初始估计值,才可根据方程(2.56)估计初始加速度,进而根据以下欧拉外推公式启动第一个步长的迭代计算,实现 $\dot{u}_1$ 的估计:

$$(\dot{u}_1)_1 = \dot{u}_0 + \ddot{u}_0\Delta t_0 \quad (j=0;\ i=1) \tag{2.66}$$

然后,根据方程(2.62)、(2.63)可得到 u_1 和 $\ddot{u}_1$ 的初始估计。第一个步长内的所有后续迭代均要不断地重复求解方程(2.61)~(2.63)。

要启动第 j 个步长的迭代计算,可再次根据欧拉外推公式确定 $\dot{u}_{j+1}$ 的一个初始估计值,表示为

$$(\dot{u}_{j+1})_1 = \dot{u}_j + \ddot{u}_j\Delta t_j \quad (i=1) \tag{2.67}$$

方程(2.66)、(2.67)的形式均说明步长内的加速度为常数。为了改善第 j 个步长内的第一次迭代结果,可借助下式所示的一种更精巧的估计公式进行迭代。但是,该公式仅适用于均匀时间步长的情况:

$$(\dot{u}_{j+1})_1 = \dot{u}_{j-1} + 2\ddot{u}_j\Delta t \quad (i=1) \tag{2.68}$$

式(2.68)贯穿了 t_{j-1} 到 t_{j+1} 的两个相等时间步长(见图 2.23),并采用了中间时刻 t_j 的加速度值。

将方程(2.67)、(2.68)称为显式预测方程,它们将 $\dot{u}_{j+1}$ 用之前时刻的 $\dot{u}$ 和 $\ddot{u}$ 进行估计。另一方面,又将方程(2.58)称为隐式校正方程。借助该方程,可在得到 $\ddot{u}_{j+1}$ 的估值后利用其提高 $\dot{u}_{j+1}$ 的估计精度。由此可见,上述方法首先涉及一次预测方程的使用,然后才是多次校正方程的重复使用。

还注意到,利用迭代方法求解响应需要提供迭代终止判据或变步长判据。例如,需要知道迭代次数的上限才能终止迭代计算。在这里,采用一种较为简单的方法来衡量方法的收敛速度。该方法根据以下表达式控制 u_{j+1} 中的有效数字位数:

$$|(u_{j+1})_i - (u_{j+1})_{i-1}| < \varepsilon_u |(u_{j+1})_i| \tag{2.69}$$

式中, ε_u 为一个取值由分析人员确定的微小量。例如,可通过指定 $\varepsilon_u = 0.0001$,将估计精度控制在大约四位有效数字。这一精度将在本节的数值算例中用到。

介绍另一种响应的隐式近似方法,该方法名为线性加速度法。也即,该方法假设加速度在时间步长内线性变化。因此,对于步长 Δt_j 内的 $\ddot{u}$,其表达式可写成

$$\ddot{u}(t') = \ddot{u}_j + (\ddot{u}_{j+1} - \ddot{u}_j)\frac{t'}{\Delta t_j} \tag{2.70}$$

式中, t' 的取值从步长开始时刻度量(见图 2.23)。若加速度线性变化,则对应的速度和位移将随时间呈二次方和三次方变化,所以

$$\dot{u}(t') = \dot{u}_j + \ddot{u}_jt' + (\ddot{u}_{j+1} - \ddot{u}_j)\frac{(t')^2}{2\Delta t_j} \tag{2.71}$$

且

$$u(t') = u_j + \dot{u}_j t' + \ddot{u}_j \frac{(t')^2}{2} + (\ddot{u}_{j+1} - \ddot{u}_j) \frac{(t')^3}{6\Delta t_j} \tag{2.72}$$

在步长终止时刻,速度和位移变为

$$\dot{u}_{j+1} = \dot{u}_j + \frac{1}{2}(\ddot{u}_j + \ddot{u}_{j+1})\Delta t_j \tag{2.73}$$

和

$$u_{j+1} = u_j + \dot{u}_j \Delta t_j + \frac{1}{6}(2\ddot{u}_j + \ddot{u}_{j+1})(\Delta t_j)^2 \tag{2.74}$$

方程(2.73)与平均加速度法中的方程(2.58)相同,但方程(2.74)却与平均加速度法中的对应方程(2.60)稍有不同。

接下来,将按照与平均加速度法类似的步骤,运用线性加速度法进行分析。由于方程(2.73)与方程(2.58)相同,所以 $\dot{u}_{j+1}$ 的第 i 次迭代估计所用到的递归方程也与方程(2.61)相同。为了将 u_{j+1} 与 $\dot{u}_{j+1}$ 直接关联起来,将方程(2.73)整理为 $\ddot{u}_{j+1}$ 的表达式,并将其代入方程(2.74),由此可得

$$u_{j+1} = u_j + \frac{1}{3}(2\dot{u}_j + \dot{u}_{j+1})\Delta t_j + \frac{1}{6}\ddot{u}_j(\Delta t_j)^2 \tag{2.75}$$

因此,构造得到用于估计 u_{j+1} 的第 i 次迭代用递归方程:

$$(u_{j+1})_i = R_j^* + \frac{1}{3}(\dot{u}_{j+1})_i \Delta t_j \quad (i \geqslant 1) \tag{2.76}$$

其中

$$R_j^* = u_j + \frac{2}{3}\dot{u}_j \Delta t_j + \frac{1}{6}\ddot{u}_j(\Delta t_j)^2 \tag{2.77}$$

再次利用前面给出的表达式[见方程(2.66)~(2.68)]启动每个步长的迭代。

众所周知,线性加速度法的估计精度要略高于平均加速度法。但文献[15]也证明了线性加速度法的稳定性条件仅为有条件稳定。因此,若时间步长取得过大,线性加速度法将无法收敛。另外,平均速度法虽然估计精度较低,但其稳定性条件为绝对稳定。对两种方法稳定性和求解精度的讨论将在本节末尾进行。

例1. 利用预测-校正法求解初始状态静止的线性单自由度系统在受到阶跃力 P_1 作用后产生的响应。

解:系统的运动方程为

$$m\ddot{u} + c\dot{u} + ku = P_1 \tag{a}$$

将方程(a)整理成方程(2.55)的形式,可得

$$\ddot{u} = \frac{1}{m}(P_1 - ku - c\dot{u}) \tag{b}$$

在零阻尼($c = 0$)条件下,可用刚度 k 和周期 τ 将质量 m 表示为

$$m = \frac{k}{\omega^2} = k\left(\frac{\tau}{2\pi}\right)^2 \tag{c}$$

在 $t_0 = 0$ 时刻有 $u_0 = \dot{u}_0 = 0$，所以初始加速度为

$$\ddot{u}_0 = \frac{P_0}{m} = \frac{P_1}{m} \tag{d}$$

用 20 个 $\Delta t = \tau/20$ 的等时间步长计算系统响应的近似解。

利用平均加速度法求解响应。借助方程(2.66)启动第一个时间步长的第一次迭代，并用以下表达式估计 $t_1 = \Delta t = \tau/20$ 时刻的速度：

$$(\dot{u}_1)_1 = \dot{u}_0 + \ddot{u}_0 \Delta t = 0 + \left(\frac{P_1}{m}\right)\left(\frac{\tau}{20}\right) = 0.05\frac{P_1 \tau}{m} \tag{e}$$

然后可根据方程(2.62)，将 t_1 时刻的位移表示为

$$(u_1)_1 = R_0 + \frac{1}{2}(\dot{u}_1)_1 \Delta t = 0 + \frac{0.05}{2k}\left(\frac{P_1 \tau^2}{20}\right)\left(\frac{2\pi}{\tau}\right)^2 = 0.049\,35\frac{P_1}{k} \tag{f}$$

接下来，可根据方程(2.63)[或方程(b)]，将 t_1 时刻的加速度表示为

$$(\ddot{u}_1)_1 = \frac{1}{m}(P_1 - ku_1)_1 = \frac{P_1}{m}(1 - 0.049\,35) = 0.950\,7\frac{P_1}{m} \tag{g}$$

根据方程(2.61)~(2.63)，进行第一个时间步长的第二次迭代，可得

$$(\dot{u}_1)_2 = (1 + 0.950\,7)\frac{P_1 \tau}{40m} = 0.048\,77\frac{P_1 \tau}{m}$$

$$(u_1)_2 = 0 + \frac{0.048\,77}{2k}\left(\frac{P_1 \tau^2}{20}\right)\left(\frac{2\pi}{\tau}\right)^2 = 0.048\,13\frac{P_1}{k}$$

$$(\ddot{u}_1)_2 = \frac{P_1}{m}(1 - 0.048\,13) = 0.951\,9\frac{P_1}{m}$$

第三次迭代的表达式为

$$(\dot{u}_1)_3 = (1 + 0.951\,9)\frac{P_1 \tau}{40m} = 0.048\,80\frac{P_1 \tau}{m}$$

$$(u_1)_3 = 0 + \frac{0.048\,80}{2k}\left(\frac{P_1 \tau^2}{20}\right)\left(\frac{2\pi}{\tau}\right)^2 = 0.048\,16\frac{P_1}{k}$$

$$(\ddot{u}_1)_3 = \frac{P_1}{m}(1 - 0.048\,16) = 0.951\,8\frac{P_1}{m}$$

第四次迭代的表达式为

$$(\dot{u}_1)_4 = (1 + 0.951\,8)\frac{P_1 \tau}{40m} = 0.048\,80\frac{P_1 \tau}{m}$$

$$(u_1)_4 = 0 + \frac{0.048\,80}{2k}\left(\frac{P_1 \tau^2}{20}\right)\left(\frac{2\pi}{\tau}\right)^2 = 0.048\,16\frac{P_1}{k}$$

$$(\ddot{u}_1)_4 = \frac{P_1}{m}(1 - 0.048\,16) = 0.951\,8\frac{P_1}{m}$$

　　在第四次迭代时,响应解已经收敛为包含四位有效数字的结果。将 20 个时间步长的估计结果和每个步长的迭代次数 n_i 列于表 2.1 中。同时,将阻尼为零和阻尼比 $\gamma=0.1$ 条件下的近似结果用图 2.24 中的曲线表示出来。按照图 2.24 中所示的坐标尺度,根本无法将近似计算的结果与真实响应解区分开来。

表 2.1　迭代法求解例 1 所得的响应

j	平均加速度法		线性加速度法	
	n_i	u 的近似解	n_i	u 的近似解
1	4	0.048 16	4	0.048 55
2	4	0.188 0	4	0.189 5
3	4	0.406 1	4	0.409 1
4	4	0.681 3	4	0.686 1
5	4	0.987 3	3	0.993 6
6	4	1.294	3	1.302
7	4	1.573	3	1.581
8	3	1.797	3	1.803
9	3	1.944	3	1.948
10	3	2.000	3	2.000
11	3	1.959	3	1.955
12	3	1.827	3	1.818
13	3	1.614	3	1.601
14	4	1.343	3	1.326
15	4	1.038	3	1.019
16	4	0.730 0	4	0.710 5
17	4	0.447 8	4	0.429 9
18	4	0.218 7	4	0.204 7
19	4	0.064 97	4	0.056 65
20	5	0.001 26	5	0.000 25

注:表中数值须乘以 P_1/k。

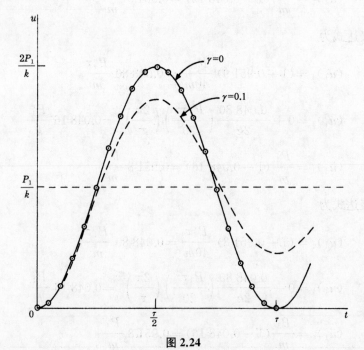

图 2.24

接下来,将方程(2.62)、(2.65)替换为方程(2.76)、(2.77),用线性加速度法进行求解。利用该方法解得的近似响应解精度更高,方法迭代次数更少。计算结果同样被列于表 2.1 中。至此,以线性振动问题为例,验证了两种方法的有效性。下面将利用这两种方法求解非线性振动问题。

例 2. 图 2.3 中单摆(见 2.1 节)的非线性运动方程为

$$\ddot{\phi} + \omega^2 \sin\phi = 0$$

其中 $\omega^2 = g/L$。若令 $L = g$,则 $\omega^2 = 1$。另外,取初始条件 $\phi_0 = \pi/2$ 和 $\dot{\phi}_0 = 0$。2.2 节的方程 (2.12)给出了单摆振动周期的精确表达式。由初始条件 $\phi_0 = \phi_m = \pi/2$,可根据椭圆积分表确定 $K = F(k, \pi/2) = 1.854\,1$。因此,四分之一周期 $\tau/4 = K/\omega = 1.854\,1$ s。另一方面,若取 $\omega = K = 1.854\,1$,则 $\tau/4 = 1$ s,所以采用这一更为简单的关系式进行后续计算。

在这种条件下,数值求解的方程为

$$\ddot{\phi} = -\omega^2 \sin\phi = -3.437\,7\sin\phi \tag{h}$$

根据初始条件有

$$\ddot{\phi}_0 = -\omega^2 \sin\pi/2 = -3.437\,7 \tag{i}$$

表 2.2 列出了利用平均加速度法和线性加速度法,在 20 个时间步长($\Delta t = 0.1$ s)内解得的近似响应。角度 ϕ 的取值在 t_{10} 时刻应等于零,而在两个 ϕ_{10} 的近似值中,线性加速度法得到的近似值更小。最终,两种方法均得到了正确解 $\phi_{20} = -1.570\,8$ rad。将 ϕ 的近似值随时间的变化曲线绘制在图 2.25 中。

表 2.2　迭代法求解例 2 所得的响应

j	t_j/s	n_i	ϕ 的近似解/rad	
			平均法	线性法
0	0	—	1.570 8	1.570 8
1	0.1	2	1.553 6	1.553 6
2	0.2	2	1.502 1	1.502 1
3	0.3	2	1.416 3	1.416 3
4	0.4	3	1.296 7	1.296 6
5	0.5	3	1.144 2	1.144 0
6	0.6	3	0.960 8	0.960 3
7	0.7	3	0.749 6	0.748 7
8	0.8	3	0.515 4	0.514 0
9	0.9	3	0.264 6	0.262 7
10	1.0	4	0.005 1	0.002 5
11	1.1	3	−0.254 6	−0.257 7
12	1.2	3	−0.505 9	−0.509 3
13	1.3	3	−0.740 9	−0.744 4
14	1.4	3	−0.953 0	−0.956 4
15	1.5	3	−1.137 6	−1.140 7
16	1.6	3	−1.291 3	−1.293 9
17	1.7	3	−1.412 3	−1.414 2
18	1.8	2	−1.499 4	−1.500 7
19	1.9	2	−1.552 2	−1.552 9
20	2.0	2	−1.570 8	−1.570 8

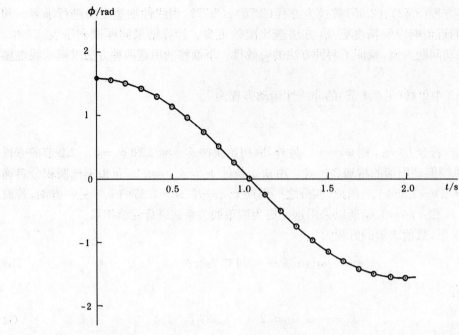

图 2.25

例 3. 以含硬化弹簧系统的振动为第二个非线性振动实例,考虑其运动方程

$$m\ddot{u} + c\dot{u} + k(u + \alpha u^3) = Q(t) \tag{j}$$

或写成

$$\ddot{u} + 2n\dot{u} + \omega^2(u + \alpha u^3) = q(t) \tag{k}$$

根据习题 2.2-1(见 2.2 节),取

$$m = 100 \text{ lb-s}^2/\text{in.}, \quad k = 400 \text{ lb/in.}$$

$$\omega^2 = 4 \text{ s}^{-2}, \quad \alpha = 2 \text{ in.}^{-2}, \quad c = Q(t) = 0$$

对于上述参数取值,可将习题 2.2-1 中需要进行数值求解的方程整理为

$$\ddot{u} = -\omega^2(u + \alpha u^3) = -4(u + 2u^3) \tag{l}$$

将初始条件 $u_0 = 0$ 和 $\dot{u}_0 = 10$ in./s 代入方程(l),可得

$$\ddot{u}_0 = -4(0 + 0) = 0 \tag{m}$$

将利用两种方法得到的 20 个时间步长($\Delta t = 0.025$ s)的响应结果列于表 2.3 中。同时,也将 u 的近似值随时间的变化曲线绘制于图 2.26 中。可以发现,最大近似位移 2.12 in. 出现在了本就应该出现的 $t_{12} = 0.30$ s 时刻。

表 2.3　迭代法求解例 3 所得的响应

j	t_j/s	n_i	u 的近似解/in.	
			平均法	线性法
0	0	—	0	0
1	0.025	3	0.249 8	0.249 9

（续表）

j	t_j/s	n_i	u 的近似解/in.	
			平均法	线性法
2	0.050	3	0.498 8	0.499 0
3	0.075	3	0.745 7	0.746 1
4	0.100	3	0.988 4	0.989 0
5	0.125	3	1.223 4	1.224 3
6	0.150	3	1.445 7	1.447 2
7	0.175	3	1.649 0	1.651 1
8	0.200	2	1.825 6	1.828 2
9	0.225	2	1.967 3	1.970 2
10	0.250	3	2.066 5	2.069 4
11	0.275	3	2.117 1	2.119 6
12	0.300	3	2.115 8	2.117 5
13	0.325	3	2.062 8	2.063 2
14	0.350	3	1.961 4	1.960 3
15	0.375	3	1.817 8	1.815 1
16	0.400	2	1.639 7	1.635 5
17	0.425	3	1.435 3	1.429 8
18	0.450	3	1.212 2	1.205 8
19	0.475	3	0.976 8	0.969 6
20	0.500	3	0.733 9	0.726 3

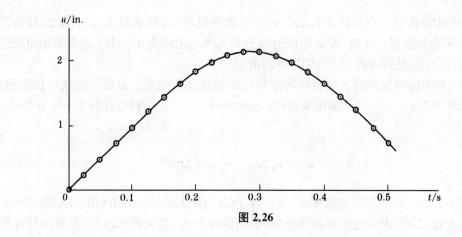

图 2.26

本节介绍的迭代方法的例题可用计算器进行计算,但其中涉及的数值计算较为繁复,若能利用计算机进行迭代,计算过程将更为简单。将设计用于迭代计算的计算机程序命名为 AVAC1、AVAC2A 和 AVAC3A。三个程序均采用平均加速度法求解例题 1、2、3。这三个程序是在附录 B 中程序 LINFORCE 的基础上进行修改的,因此只须改动几行代码,就能变换为线性加速度法的求解程序 LINAC1、LINAC2A 和 LINAC3A。此外,本章末尾的大多数数值积分问题均可在上述程序的基础上稍做修改以进行计算。

2）直接线性外推法

由于非线性振动系统中的质量、阻尼和刚度系数均为变量,因此若能将线性运动方程改写为增量运动方程形式,则可利用该增量运动方程近似非线性运动方程,实现非线性振动问题的数值求解。在求解实际问题时,往往能够建立关于增量加速度、增量速度和增量位移的增量运动方程。并且在应用本方法时,通常将增量位移 Δu_j 看作未知数,在每个时间步长内求解拟静力学问题。

单自由度系统在 t_j 时刻(图 2.23)的有阻尼运动方程可写成

$$m_j \ddot{u}_j + c_j \dot{u}_j + k_j u_j = P_j \tag{2.78}$$

同理,$t_{j+1} = t_j + \Delta t_j$ 时刻的运动方程为

$$m_j (\ddot{u}_j + \Delta \ddot{u}_j) + c_j (\dot{u}_j + \Delta \dot{u}_j) + k_j (u_j + \Delta u_j) = P_j + \Delta P_j \tag{2.79}$$

假设该方程中的变系数 m_j、c_j 和 k_j 在同一时间步长内保持不变,则当 $\Delta t_j \rightarrow 0$ 时,这一假设严格成立。将方程(2.79)减去方程(2.78),可得增量形式的运动方程

$$m_j \Delta \ddot{u}_j + c_j \Delta \dot{u}_j + k_j \Delta u_j = \Delta P_j \tag{2.80}$$

该方程将与 Newmark 广义加速度法一起用于响应的求解。接下来将对 Newmark 广义加速度法进行介绍。

Newmark 在他 1959 年的论文[15]中推广了当时的若干数值积分方法。他提出单自由度系统在 t_j 时刻的速度和位移可用以下方程近似表示:

$$\dot{u}_{j+1} = \dot{u}_j + [(1 - \gamma) \ddot{u}_j + \gamma \ddot{u}_{j+1}] \Delta t_j \tag{2.81}$$

$$u_{j+1} = u_j + \dot{u}_j \Delta t_j + \left[\left(\frac{1}{2} - \beta \right) \ddot{u}_j + \beta \ddot{u}_{j+1} \right] (\Delta t_j)^2 \tag{2.82}$$

方程(2.81)中的参数 γ 会在时间步长 Δt_j 内产生数值阻尼(或算术阻尼)。若 γ 的取值小于 $1/2$,将人为引起负阻尼。反之,若 γ 的取值大于 $1/2$,人为阻尼为正。为了避免数值阻尼的出现,须使 $\gamma = 1/2$,这使得方程(2.81)变为梯形准则。

方程(2.82)中的参数 β 用于控制时间步长内的加速度变化量。正是因为这一控制机制,本方法才被称为 Newmark 广义加速度法(或 Newmark-β 法)。例如,若取 $\beta = 0$,方程(2.82)将变为

$$u_{j+1} = u_j + \dot{u}_j \Delta t_j + \frac{1}{2} \ddot{u}_j (\Delta t_j)^2 \tag{2.83}$$

由于求解时步长 Δt_j 内的起始加速度 $\ddot{u}_j$ 为常数,因此利用方程(2.83)求解的方法被称为恒定加速度法。方程(2.83)表示的截断泰勒级数,根据欧拉公式[见方程(2.67)]求解所得速度以及梯形法求解所得位移得到。

若取 $\beta = 1/4$,则可由方程(2.82)得到

$$u_{j+1} = u_j + \dot{u}_j \Delta t_j + \frac{1}{4} (\ddot{u}_j + \ddot{u}_{j+1}) (\Delta t_j)^2 \tag{2.84}$$

方程(2.84)与平均加速度法求解时的方程(2.60)相同。当取 $\beta = 1/6$ 时,方程(2.82)变为

$$u_{j+1} = u_j + \dot{u}_j \Delta t_j + \frac{1}{6} (2\ddot{u}_j + \ddot{u}_{j+1}) (\Delta t_j)^2 \tag{2.85}$$

在这种情况下,方程(2.85)与线性加速度法求解时的方程(2.74)相同。

现在把 Newmark-β 方法转换成前面描述的直接线性外推的形式。为此,将方程(2.81)

重新改写成增量形式

$$\Delta \dot{u}_j = \left[(1-\gamma)\ddot{u}_j + \gamma \ddot{u}_{j+1}\right]\Delta t_j = (\ddot{u}_j + \gamma \ddot{u}_{j+1})\Delta t_j \tag{2.86}$$

同理,将方程(2.82)改写为

$$\Delta u_j = \dot{u}_j \Delta t_j + \left[\left(\frac{1}{2}-\beta\right)\ddot{u}_j + \beta \ddot{u}_{j+1}\right](\Delta t_j)^2$$

$$= \dot{u}_j \Delta t_j + \left(\frac{1}{2}\ddot{u}_j + \beta \ddot{u}_{j+1}\right)(\Delta t_j)^2 \tag{2.87}$$

根据方程(2.87)解得 $\Delta \ddot{u}_j$ 的表达式

$$\Delta \ddot{u}_j = \frac{1}{\beta (\Delta t_j)^2}\Delta u_j - \frac{1}{\beta \Delta t_j}\dot{u}_j - \frac{1}{2\beta}\ddot{u}_j \tag{2.88}$$

将方程(2.88)代入方程(2.86),可得

$$\Delta \dot{u}_j = \frac{\gamma}{\beta \Delta t_j}\Delta u_j - \frac{\gamma}{\beta}\dot{u}_j - \left(\frac{\gamma}{2\beta}-1\right)\Delta t_j \ddot{u}_j \tag{2.89}$$

为了便于后续运算,定义以下两项:

$$\hat{Q}_j = \frac{1}{\beta \Delta t_j}\dot{u}_j + \frac{1}{2\beta}\ddot{u}_j \tag{2.90}$$

$$\hat{R}_j = \frac{\gamma}{\beta}\dot{u}_j + \left(\frac{\gamma}{2\beta}-1\right)\Delta t_j \ddot{u}_j \tag{2.91}$$

现在,方程(2.88)、(2.89)分别被改写为

$$\Delta \ddot{u}_j = \frac{1}{\beta (\Delta t_j)^2}\Delta u_j - \hat{Q}_j \tag{2.92}$$

$$\Delta \dot{u}_j = \frac{\gamma}{\beta \Delta t_j}\Delta u_j - \hat{R}_j \tag{2.93}$$

然后将方程(2.92)、(2.93)代入增量运动方程[见方程(2.80)],合并同类项后可得

$$\hat{k}_j \Delta u_j = \Delta \hat{P}_j \tag{2.94}$$

其中

$$\hat{k}_j \Delta u_j = k_j + \frac{1}{\beta (\Delta t_j)^2}m_j + \frac{\gamma}{\beta \Delta t_j}c_j \tag{2.95}$$

且

$$\Delta \hat{P}_j = \Delta P_j + m_j \hat{Q}_j + c_j \hat{R}_j \tag{2.96}$$

通过求解方程(2.94)表示的拟静力学问题,可解得增量位移 Δu_j。将其代入方程(2.92)、(2.93),即可解得增量加速度 $\Delta \ddot{u}_j$ 和增量速度 $\Delta \dot{u}_j$。最后,位移、速度和加速度的总值可根据以下三式计算得到:

$$u_{j+1} = u_j + \Delta u_j \tag{2.97}$$

$$\dot{u}_{j+1} = \dot{u}_j + \Delta \dot{u}_j \tag{2.98}$$

$$\ddot{u}_{j+1} = \ddot{u}_j + \Delta \ddot{u}_j \tag{2.99}$$

以上三式计算完毕后,第 j 个时间步长的计算便完成了。

若以上算法收敛后的近似解与真实解相差较大,可选择缩短时间步长来检验是否满足所需计算精度。另一种选择是利用步长内 m_j、c_j 和 k_j 的平均值,在该步长下进行第二、第三乃至多组计算。

为了提高算法对数值阻尼的控制能力,Hilber 等[16]将参数 α 引入 t_{j+1} 时刻的运动方程中,将运动方程表示为

$$m_j \ddot{u}_{j+1} + c_j \dot{u}_{j+1} + (1+\alpha) k_j u_{j+1} - \alpha k_j u_j = P_{j+1} \tag{2.100}$$

将方程(2.100)减去仍用方程(2.100)表示的 t_j 时刻的运动方程,可得增量方程

$$m_j \Delta \ddot{u}_j + c_j \Delta \dot{u}_j + (1+\alpha) k_j \Delta u_j - \alpha k_j \Delta u_{j-1} = \Delta P_j \tag{2.101}$$

现在,将 Newmark 法中的方程(2.92)、(2.93)代入方程(2.101),合并同类项后可得

$$\hat{k}_{aj} \Delta u_j = \Delta \hat{P}_{aj} \tag{2.102}$$

其中

$$\hat{k}_{aj} = \hat{k}_j + \alpha k_j \tag{2.103}$$

且

$$\Delta \hat{P}_{aj} = \Delta \hat{P}_j + \alpha k_j \Delta u_{j-1} \tag{2.104}$$

$\hat{k}_j$ 和 $\Delta \hat{P}_j$ 的表达式在之前的方程(2.95)、(2.96)中已经推导得到。对第一个时间步长而言,方程(2.104)中的 $\Delta u_{j-1} = 0$。

3) 数值算法的稳定性和精度

为了研究各种单步长数值算法的稳定性和计算精度,可将它们改写成算符形式[17]

$$\mathbf{U}_{j+1} = \mathbf{A} \mathbf{U}_j + \mathbf{L} P_{j+1} \tag{2.105}$$

方程(2.105)中的符号 $\mathbf{U}_j$ 表示以 t_j 时刻的三个响应 u_j、$\dot{u}_j$ 和 $\ddot{u}_j$ 为元素的列向量[18],即

$$\mathbf{U}_j = \{u_j, \ \dot{u}_j, \ \ddot{u}_j\} \tag{2.106}$$

同理,定义 t_{j+1} 时刻的向量为

$$\mathbf{U}_{j+1} = \{u_{j+1}, \ \dot{u}_{j+1}, \ \ddot{u}_{j+1}\} \tag{2.107}$$

方程(2.105)中的 3×3 阶系数矩阵 $\mathbf{A}$ 称为放大矩阵。下面将以该矩阵为对象,分析算法的稳定性和精度。最后还要说明,符号 $\mathbf{L}$ 表示称为载荷算符的列向量,它在方程中与 t_{j+1} 时刻的载荷 P_{j+1} 相乘。若系统不受载荷作用,方程(2.105)简化为

$$\mathbf{U}_{j+1} = \mathbf{A} \mathbf{U}_j \tag{2.108}$$

该方程表示自由振动响应。

研究数值算法稳定性时,首先对放大矩阵 $\mathbf{A}$ 进行如下形式的谱分解[18]:

$$\mathbf{A} = \boldsymbol{\Phi} \boldsymbol{\lambda} \boldsymbol{\Phi}^{-1} \tag{2.109}$$

式中,$\boldsymbol{\lambda}$ 为 $\mathbf{A}$ 的谱矩阵,其对角元为特征值 λ_1、λ_2 和 λ_3;$\boldsymbol{\Phi}$ 为 $\mathbf{A}$ 的 3×3 阶模态矩阵,其中特征向

量 $\boldsymbol{\Phi}_1$、$\boldsymbol{\Phi}_2$ 和 $\boldsymbol{\Phi}_3$ 按列排布。若从 $t_0 = 0$ 时刻开始计算方程(2.108),则在 n_j 个时间步长后将得到

$$\mathbf{U}_{n_j} = \mathbf{A}^{n_j} \mathbf{U}_0 \tag{2.110}$$

式中,向量 $\mathbf{U}_0$ 表示初始条件;向量 $\mathbf{U}_{n_j}$ 表示 t_{n_j} 时刻的响应。将方程(2.110)中矩阵 $\mathbf{A}$ 的谱分解式的幂指数提高到 n_j,可得

$$\mathbf{A}^{n_j} = \boldsymbol{\Phi} \boldsymbol{\lambda}^{n_j} \boldsymbol{\Phi}^{-1} \tag{2.111}$$

现在定义矩阵 $\mathbf{A}$ 的谱半径

$$(r)_{\mathbf{A}} = \max |\lambda_i| \quad (i = 1, 2, 3) \tag{2.112}$$

然后,可由式(2.111)得出谱半径

$$(r)_{\mathbf{A}} \leqslant 1 \tag{2.113}$$

只有这一条件得到满足,才能保证数值解单调递增。将该条件称为给定方法的稳定性判据。利用该判据分析恒定加速度法[见方程(2.83)]的稳定性,可得知恒定加速度法是条件性稳定的。通过该方法解得临界时间步长

$$(\Delta t)_{\mathrm{cr}} = \frac{\tau}{\pi} = 0.318\tau \tag{2.114}$$

而线性加速度法求解得到的临界时间步长

$$(\Delta t)_{\mathrm{cr}} = \sqrt{3}\,\frac{\tau}{\pi} = 0.551\tau \tag{2.115}$$

另一方面,平均加速度法的谱半径总等于 1。因此,该方法不存在临界时间步长,属于绝对稳定算法。

数值积分的精度与其稳定性密切相关。图 2.27 给出了单自由度系统对初始位移 u_0 的无阻尼响应。图中的曲线①为严格解,曲线②、③和④表示不同近似解。其中,曲线②表明,算法不稳定将引起幅值增长(AI),而曲线③的幅值没有变化,曲线④出现了幅值衰减(AD)。因此,根据稳定性判据(2.113),只有曲线③和④表示的近似解满足精度要求。其中,由于曲线③

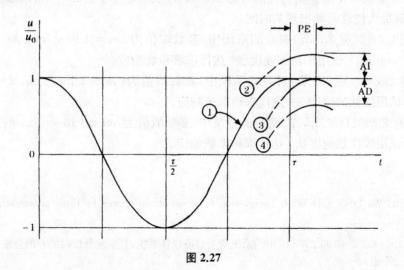

图 2.27

对应的放大矩阵的谱半径等于 1,因此可将其看作平均加速度法求得的近似结果。另一个满足精度要求的近似解由曲线④表示,它的谱半径小于 1。因此,需要分析曲线④中出现的振幅抑制现象,该现象是一种重要的误差类型。

此外,图 2.27 中所有的近似响应曲线均表现出周期性伸长现象(PE),这种现象属于数值算法中的第二类误差。要想忽略不计振幅抑制误差和周期伸长误差,只须将时间步长取得足够小。Newmark[15] 曾建议将时间步长取为 τ 的 1/5 或 1/6,但更常用的时间步长为 $\Delta t = \tau/10$。

平均加速度法看上去似乎是隐式方法中的最佳选择,因为利用它求得的近似解不会出现振幅抑制误差,且周期伸长量最小[17]。但对于多自由度系统而言,少量的振幅抑制现象是希望看到的,它有助于减小或消除高阶模态响应带来的影响。但即便如此,若放大矩阵的谱半径取值过小,仍会过分抑制系统响应。因此得出结论,本节介绍的含 Hilber-α 修正系数的 Newmark-β 法是最佳算法选择。该方法的最佳参数选择很可能是 $\alpha=-0.1$, $\beta=0.3025$ 和 $\gamma=0.6$ [19]。

习题 2.6

2.6-1. 试用平均加速度法验证 2.6 节例 1 的表 2.1 中前 10 个步长的迭代结果。

2.6-2. 试用线性加速度法验证 2.6 节例 1 的表 2.1 中后 10 个步长的迭代结果。

2.6-3. 将 2.6 节中例 2 的初始条件变为 $\phi_0=0$ 和 $\dot\phi_0=2.618\,\text{rad/s}$,其他已知条件与该例题相同。试根据以上条件重新计算该例题。

2.6-4. 已知习题 2.1-1 中系统(见 2.1 节)的准确运动方程,以及以下参数值:$k=10\,\text{lb/in.}$, $m=8\,\text{lb-s}^2/\text{in.}$, $l=4\,\text{in.}$。试用平均加速度法迭代求解该系统对初始条件 $u_0=l/4$ 和 $\dot u_0=v_0=\dot v_0=0$ 的自由振动响应,并取 10 个等时间步长 $\Delta t=0.1\,\text{s}$,绘制响应曲线。

2.6-5. 已知习题 2.1-6 中系统(见 2.1 节)的准确运动方程,以及以下参数值:$W=5\,\text{lb}$, $l=4\,\text{in.}$, $k_r=100\,\text{lb-in./rad}$。试用线性加速度法迭代求解该系统对初始条件 $\phi_0=l/4$ 和 $\dot\phi_0=10.64\,\text{rad/s}$ 的自由振动响应,并取 20 个等时间步长 $\Delta t=0.025\,\text{s}$,绘制响应曲线。

2.6-6. 将 2.6 节例 3 中的弹簧特性由习题 2.2-1 的形式变为习题 2.2-2 的形式。试用平均加速度法求解最大位移及其出现的时间。

2.6-7. 将 2.6 节例 3 中的弹簧特性由习题 2.2-1 的形式变为习题 2.2-4 的形式。试用线性加速度法求解最大位移及其出现的时间。

2.6-8. 习题 2.5-2(见 2.5 节)对应的系统中,参数取值为:$m=1\,\text{lb-s}^2/\text{in.}$, $k_1=\pi^2\,\text{lb/in.}$, $k_2=4k_1$, $u_1=1\,\text{in.}$。试用平均加速度法* 迭代求解系统响应。

2.6-9. 习题 2.5-4(见 2.5 节)对应的系统中,参数取值为:$m=1\,\text{lb-s}^2/\text{in.}$, $k=\pi^2\,\text{lb/in.}$, $u_1=1\,\text{in.}$。试用线性加速度法* 迭代求解系统响应。

2.6-10. 习题 2.5-11(见 2.5 节)对应的系统中,参数取值为:$m=1\,\text{lb-s}^2/\text{in.}$, $k_1=\pi^2\,\text{lb/in.}$, $u_1=1\,\text{in.}$。试用线性加速度法①迭代求解系统响应。

参考文献

[1] RAMBERG W, OSGOOD W R. Description of stress-strain curves by three parameters[R]. NACA

---

① 习题 2.6-8、2.6-9 和 2.6-10 中的系统均为分段线性系统,且系统分析时的 k 值会在不同阶段从一个值突变为另一个值。

Tech. Note No. 902, 1943.

[2] GOEL S C, BERG G V. Inelastic earthquake response of tall steel frames[J]. Journal of Structural Division, ASCE, 1968, 94(ST8): 1907 - 1934.

[3] POPOV E P, PINKNEY B R. Cyclic yield reversal in steel building joints[J]. Journal of Structural Division, ASCE, 1969, 95(ST3): 327 - 353.

[4] DEN HARTOG J P. Mechanical vibrations[M]. 4th ed. New York: McGraw-Hill, 1956.

[5] BELVINS R D. Flow-induced vibration[M]. New York: Van Nostrand-Reinhold, 1977.

[6] KRYLOFF A N, BOGOLIUBOFF N. Introduction to nonlinear mechanics[M]//Annals of Mathematics Studies 11, Princeton, NJ: Princeton University Press, 1943.

[7] RITZ W. Über eine neue Methode zur Lösung gewisser Variations-probleme der mathematischen Physik [J]. Crelles Jour. f. d. reine u. ang. Math., 1909(135): 1 - 61.

[8] DUFFING G. Erzwungene Schwingungen bei verlanderlicher Eigenfrequenz[M]. Braunsweig, F. Vieweg u. Sohn, 1918.

[9] KLOTTER K. Nonlinear vibration problems treated by the averaging method of W. Ritz[C]. Proc. 1st U.S. Natl. Congr. Appl. Mech., 1951: 125 - 131.

[10] KLOTTER K, PINNEY E. A comprehensive stability criterion for the forced vibrations of nonlinear systems[J]. Journal of Applied Mechanics, 1953(20): 9 - 12.

[11] KLOTTER K. Nonlinear vibration problems treated by the averaging method of W. Ritz[R]. Technical Report No. 17, Parts I and II, Division of Engineering Mechanics, Stanford University, Stanford, CA, 1951.

[12] U.S. Army Corps of Engineers. Design of structures to resist the effects of atomic weapons[R]. Manual EM 1110 - 345 - 415, 1957.

[13] DEN HARTOG J P. Forced vibrations with combined coulomb and viscous damping[J]. Trans. ASME, 1931(53): 107 - 115.

[14] MORINO L, LEECH J W, WITMER E A. Optimal predictor-corrector method for systems of second-order differential equations[J]. AIAA. J., 1974, 12(10): 1343 - 1347.

[15] NEWMARK N M. A method of computation for structural dynamics[J]. ASCE J. Eng. Mech. Div., 1959, 85(EM3): 67 - 94.

[16] HILBER H M, HUGHES T J R, TAYLOR R L. Improved numerical dissipation for time integration algorithms in structural mechanics[J]. Earthquake Eng. Struct. Dyn., 1977, 5(3): 283 - 292.

[17] BATHE K J. Finite element procedures in engineering analysis[M]. Englewood Cliffs, NJ: Prentice-Hall, 1982.

[18] GERE J M, WEAVER W, Jr.. Matrix algebra for engineers[M]. 2nd ed. Belmont, CA: Wadsworth, 1983.

[19] WEAVER W, Jr., JOHNSTON P R. Structural dynamics by finite elements[M]. Englewood Cliffs, NJ: Prentice-Hall, 1987.

第 3 章
两自由度系统的振动问题

3.1　两自由度系统示例

在第 1 章和第 2 章中仅研究了单自由度系统。在本章及后续章节中，将讨论多自由度系统，其中最为简单的是两自由度系统。该振动系统的结构可由两个坐标或位移完全定义，且系统的运动只需要两个微分方程来描述。

图 3.1a 所示的地面上有两个质量分别为 m_1 和 m_2 的质量块，它们之间通过弹簧常数分别为 k_1 和 k_2 的两根弹簧相连。假设两个质量块只能在 x 方向运动，并且系统中不存在摩擦或其他形式的阻尼。此外，从静平衡位置开始计算质量块的位移 u_1 和 u_2，将它们作为系统运动的坐标。图 3.1a 同时给出了作用于质量块 m_1 和 m_2 上的扰动函数 $Q_1 = F_1(t)$ 和 $Q_2 = F_2(t)$。质量块运动到某一位置时，弹簧作用在质量块上的力如图 3.1b 所示。根据牛顿第二定律，可以得到质量块 m_1 和 m_2 的运动方程如下：

$$m_1 \ddot{u}_1 = -k_1 u_1 + k_2(u_2 - u_1) + Q_1 \tag{a}$$

$$m_2 \ddot{u}_2 = -k_2(u_2 - u_1) + Q_2 \tag{b}$$

若 $u_1 > u_2$，上述表达式不变。因为在这种情况下，作用在每个质量块上的弹簧压力 $k_2(u_1 - u_2)$ 在式 (a) 中符号为负，在式 (b) 中符号为正。将方程中各项整理后可得

$$m_1 \ddot{u}_1 + (k_1 + k_2)u_1 - k_2 u_2 - Q_1 \tag{3.1a}$$

$$m_2 \ddot{u}_2 - k_2 u_1 + k_2 u_2 = Q_2 \tag{3.1b}$$

因此，同时得到了两个二阶常系数线性微分方程。

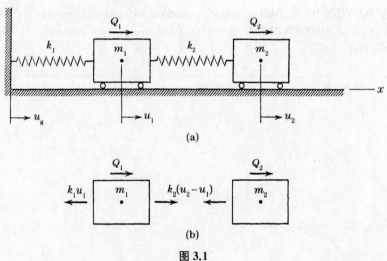

图 3.1

为了研究该系统的自由振动,令 Q_1 和 Q_2 等于零,得到齐次方程

$$m_1\ddot{u}_1 + (k_1 + k_2)u_1 - k_2 u_2 = 0 \tag{c}$$

$$m_2\ddot{u}_2 - k_2 u_1 + k_2 u_2 = 0 \tag{d}$$

仿照单自由度系统的做法,假设以上两方程的解的形式为

$$u_1 = A\sin(\omega t + \phi) \tag{e}$$

$$u_2 = B\sin(\omega t + \phi) \tag{f}$$

式(e)、(f)的形式说明,在固有振动模态下,两质量块的运动规律均遵循相同的简谐函数规律,其中角频率为 ω 和相位角为 ϕ。 符号 A 和 B 表示振动的最大值,或称为振幅。将式(e)、(f)分别代入方程(c)、(d),可得以下须满足的代数方程:

$$(k_1 + k_2 - \omega^2 m_1)A - k_2 B = 0 \tag{g}$$

$$-k_2 A + (k_2 - \omega^2 m_2)B = 0 \tag{h}$$

方程(g)、(h)的一个可能解为 $A = B = 0$,该解对应于静平衡位置,不产生振动特征信息。当且仅当 A 和 B 的系数行列式等于零时,上述方程才能有非零解。因此,

$$\begin{vmatrix} (k_1 + k_2 - \omega^2 m_1) & -k_2 \\ -k_2 & (k_2 - \omega^2 m_2) \end{vmatrix} = 0 \tag{i}$$

将行列式(i)展开可得

$$(k_1 + k_2 - \omega^2 m_1)(k_2 - \omega^2 m_2) - k_2^2 = 0 \tag{j}$$

或

$$m_1 m_2 \omega^4 - [m_1 k_2 + m_2(k_1 + k_2)]\omega^2 + k_1 k_2 = 0 \tag{k}$$

式(k)中的最高次幂为 ω^2 的二次方。通常将上述方程称为系统的频率方程或特征方程。该方程有两个根(特征值),可通过二次方程的求根公式得到:

$$\omega_{1,2}^2 = \frac{-b \mp \sqrt{b^2 - 4ac}}{2a} \tag{l}$$

其中

$$a = m_1 m_2,\ b = -[m_1 k_2 + m_2(k_1 + k_2)],\ c = k_1 k_2 \tag{m}$$

因为式(l)中根号下方的表达式始终为正,因此两个根 ω_1^2 和 ω_2^2 均为实根。显然,求根公式中的平方根项小于 $-b$,因此两个根均为正数。此外,令式(l)中的 $\omega_1 < \omega_2$,这样可由上述特征方程得到两个只与系统物理常数相关的振动角频率。

将特征值 ω_1^2 和 ω_2^2 代入齐次代数方程(g)、(h)后,发现无法解得 A 和 B 的确切值。但用这两个方程可计算比值 $r_1 = A_1/B_1$ 和 $r_2 = A_2/B_2$,且这两个比值分别与 ω_1^2 和 ω_2^2 相关,即

$$r_1 = \frac{A_1}{B_1} = \frac{k_2}{k_1 + k_2 - \omega_1^2 m_1} = \frac{k_2 - \omega_1^2 m_2}{k_2} \tag{n}$$

$$r_2 = \frac{A_2}{B_2} = \frac{k_2}{k_1 + k_2 - \omega_2^2 m_1} = \frac{k_2 - \omega_2^2 m_2}{k_2} \tag{o}$$

这两个振幅的比值表示了系统两个固有模态(也称为主模态)的振型。根据式(l),它们具有双重定义,且它们的取值只取决于物理常数 m_1、m_2、k_1 和 k_2。

用较小的角频率 ω_1 和相应的振幅比 r_1 重新改写式(e)、(f),可得

$$u_1' = r_1 B_1 \sin(\omega_1 t + \phi_1) \tag{p}$$

$$u_2' = B_1 \sin(\omega_1 t + \phi_1) \tag{q}$$

式(p)、(q)完全描述了振动的一阶模态,也称为基本模态。其由角频率为 ω_1 且相位角为 ϕ_1 的两个质量块的简谐运动组成。在该运动发生的任意时刻,位移比 u_1'/u_2' 等于振幅比 r_1。在振动的每个周期内,两个质量块均通过各自静平衡位置两次,并且同时到达它们各自的极限位置。上述分析并没有给出相位角的限制条件,但根据式(e)、(f)的定义,两质量块的相位角必然相同。

用较大的角频率 ω_2 和相应的振幅比 r_2 重新改写式(e)、(f),可得

$$u_1'' = r_2 B_2 \sin(\omega_2 t + \phi_2) \tag{r}$$

$$u_2'' = B_2 \sin(\omega_2 t + \phi_2) \tag{s}$$

式(r)、(s)描述了振动的二阶模态。两质量块简谐运动的角频率为 ω_2,且有共同相位角 ϕ_2。在这种情况下,位移比总是满足 $u_1''/u_2'' = r_2$。

方程(c)、(d)的通解为式(p)、(q)、(r)、(s)表示的主模态解之和。因此,有

$$u_1 = u_1' + u_1'' = r_1 B_1 \sin(\omega_1 t + \phi_1) + r_2 B_2 \sin(\omega_2 t + \phi_2) \tag{t}$$

$$u_2 = u_2' + u_2'' = B_1 \sin(\omega_1 t + \phi_1) + B_2 \sin(\omega_2 t + \phi_2) \tag{u}$$

式(t)、(u)中包含了四个任意常数(B_1、B_2、ϕ_1 和 ϕ_2),这些常数可通过满足两质量块在 $t=0$ 时刻位移和速度的四个初始条件来确定。式(t)、(u)表示了更为复杂的运动形式,该运动不具有周期性,除非固有频率 ω_1 和 ω_2 恰好相等。因此,当且仅当使系统以某一阶主模态开始运动时,其振动才表现为单纯的简谐运动。

当求解任意两自由度系统问题时,总能以类似于求解图 3.1a 中系统的方法来确定系统的频率和振型。由于所有多自由度系统的运动方程都具有相似的数学形式,因此先推迟讨论这些方程的求解方法。系统求解这类运动方程的方法,将以矩阵运算的形式在本章后续部分和第 4 章中讨论。

两自由度系统的第二个例子,考虑如图 3.2a 所示的弹簧悬置质量小球。图中所示的三个弹簧均位于同一平面内,且它们的弹簧常数分别为 k_1、k_2 和 k_3。假设小球只能在弹簧平面(x-y 平面)内产生位移,因此它的运动可用其相对平衡位置的平移量在 x 和 y 方向上的分量(u_1 和 v_1)来定义。作用于 x 和 y 方向的扰动函数 Q_x 和 Q_y 也可参见图 3.2a。如果只考虑小位移,那么弹簧作用在小球上的恢复力 R_1、R_2 和 R_3(见图 3.2b)可被认为与处于平衡位置的弹簧具有相同的倾角。基于这一假设,质量小球的运动方程可表示为

$$m\ddot{u}_1 = \sum_{i=1}^{3} R_i \cos\alpha_i + Q_x \tag{v}$$

和

$$m\ddot{v}_1 = \sum_{i=1}^{3} R_i \sin\alpha_i + Q_y \tag{w}$$

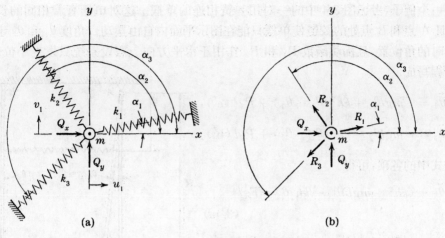

图 3.2

其中

$$R_i = -k_i(u_1 \cos \alpha_i + v_1 \sin \alpha_i) \tag{x}$$

将式（x）代入方程（v）、（w），整理后可得

$$m\ddot{u}_1 + \sum_{i=1}^{3} k_i(u_1 \cos^2 \alpha_i + v_1 \sin \alpha_i \cos \alpha_i) = Q_x \tag{3.2a}$$

$$m\ddot{v}_1 + \sum_{i=1}^{3} k_i(u_1 \sin \alpha_i \cos \alpha_i + v_1 \sin^2 \alpha_i) = Q_y \tag{3.2b}$$

图 3.3 给出了第三个示例，该系统由固定在轴上的两个圆盘组成。轴固定于 A 点与 B 点处，并限制其在 C 点和 D 点的横向平移运动。如图所示，三个轴段的扭转弹簧常数分别为 k_{r1}、k_{r2} 和 k_{r3}，圆盘的旋转自由度用 ϕ_1 和 ϕ_2 表示，圆盘的质量惯性矩为 I_1 和 I_2，加载在圆盘上的扭矩为 T_1 和 T_2。在这种情况下，系统的旋转运动方程为

$$I_1 \ddot{\phi}_1 = -k_{r1}\phi_1 + k_{r2}(\phi_2 - \phi_1) + T_1 \tag{y}$$

$$I_2 \ddot{\phi}_2 = -k_{r2}(\phi_2 - \phi_1) - k_{r3}\phi_2 + T_2 \tag{z}$$

整理可得

$$I_1 \ddot{\phi}_1 + (k_{r1} + k_{r2})\phi_1 - k_{r2}\phi_2 = T_1 \tag{3.3a}$$

$$I_2 \ddot{\phi}_2 - k_{r2}\phi_1 + (k_{r2} + k_{r3})\phi_2 = T_2 \tag{3.3b}$$

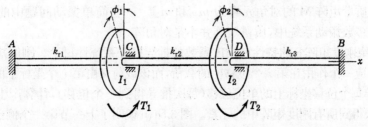

图 3.3

最后一个例子,考虑图 3.4 中的一对用弹簧相连的单摆。这对单摆有着相同的长度 l 和质量 m,且 A 点和 B 点处的铰链使单摆只能在图示平面内自由摆动。角度 θ_1 和 θ_2 定义了系统在运动时的角位置,且扰动函数 P_1 和 P_2 作用于水平方向。假设系统只发生小位移,则可将运动方程写成

$$ml^2\ddot{\theta}_1 = -mgl\theta_1 + kh^2(\theta_2 - \theta_1) + P_1l \quad (a')$$

$$ml^2\ddot{\theta}_2 = -mgl\theta_2 - kh^2(\theta_2 - \theta_1) + P_2l \quad (b')$$

整理表达式中的各项,可得

$$ml^2\ddot{\theta}_1 + (kh^2 + mgl)\theta_1 - kh^2\theta_2 = P_1l \tag{3.4a}$$

$$ml^2\ddot{\theta}_2 - kh^2\theta_1 + (kh^2 + mgl)\theta_2 = P_2l \tag{3.4b}$$

显而易见,以上每个例子中的运动方程都具有相似的数学形式。下一节将利用到这些相似性。

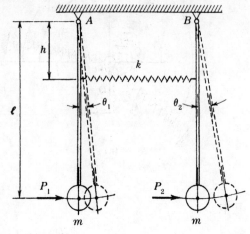

图 3.4

3.2　载荷方程及其刚度系数

方程(3.1a)、(3.1b)可改写成矩阵形式[1]

$$\begin{bmatrix} m_1 & 0 \\ 0 & m_2 \end{bmatrix} \begin{bmatrix} \ddot{u}_1 \\ \ddot{u}_2 \end{bmatrix} + \begin{bmatrix} k_1 + k_2 & -k_2 \\ -k_2 & k_2 \end{bmatrix} \begin{bmatrix} u_1 \\ u_2 \end{bmatrix} = \begin{bmatrix} Q_1 \\ Q_2 \end{bmatrix} \tag{3.5}$$

同样的关系式还可简写为

$$\mathbf{M\ddot{D}} + \mathbf{SD} - \mathbf{Q} \tag{3.6}$$

其中 $\mathbf{D}$、$\mathbf{\ddot{D}}$ 和 $\mathbf{Q}$ 为列向量,且

$$\mathbf{D} = \begin{bmatrix} u_1 \\ u_2 \end{bmatrix}, \; \mathbf{\ddot{D}} = \begin{bmatrix} \ddot{u}_1 \\ \ddot{u}_2 \end{bmatrix}, \; \mathbf{Q} = \begin{bmatrix} Q_1 \\ Q_2 \end{bmatrix} \tag{a}$$

且系数矩阵为

$$\mathbf{S} = \begin{bmatrix} S_{11} & S_{12} \\ S_{21} & S_{22} \end{bmatrix} = \begin{bmatrix} k_1 + k_2 & -k_2 \\ -k_2 & k_2 \end{bmatrix}, \; \mathbf{M} = \begin{bmatrix} m_1 & 0 \\ 0 & m_2 \end{bmatrix} \tag{b}$$

方程(3.6)称为矩阵形式的载荷运动方程。之所以采用"载荷运动方程"这一术语,是因为它表示的一大类运动方程中的相关各项代表力或力矩(更具一般性的名称为载荷)。刚度矩阵 $\mathbf{S}$ 由刚度系数组成,质量矩阵 $\mathbf{M}$ 的对角元素为 m_1 和 m_2。一些简单振动问题中的质量矩阵是对角阵,但在其他多数振动系统中,质量矩阵并不是对角阵。

现在,将围绕刚度矩阵 $\mathbf{S}$ 的特性和刚度系数的推导展开系统性讨论。刚度矩阵中的任意一个元素 S_{ij} 都对应一个作用在第 i 个位移上的载荷,而该载荷又由第 j 个坐标下的单位位移作用产生。通过推导每个位移坐标上的单位位移(每次推导得到一个位移),计算产生该单位位移所需的维持载荷来得到所有刚度矩阵中的元素。图 3.5a、b 说明了上一节第一个例子中的相关推导过程。图 3.5a 中的第一个质量块产生了单位位移 $u_1 = 1$,而 $u_2 = 0$。产生这种单位位移所需的

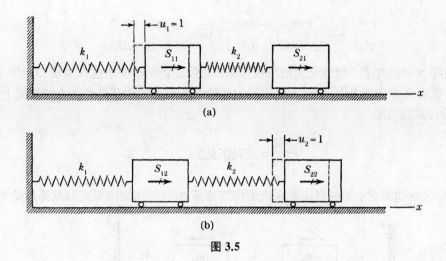

图 3.5

静态维持力记为 S_{11} 和 S_{21}（载荷向量上的斜杠表示该载荷为维持载荷）。符号 S_{11} 表示产生第 1 个自由度上的单位位移所需的第 1 个自由度上的维持载荷，而符号 S_{21} 表示产生第 1 个自由度上的单位位移所需的第 2 个自由度上的维持载荷。它们的取值分别为 $S_{11} = k_1 + k_2$ 和 $S_{21} = -k_2$，且共同组成刚度矩阵的第一列。刚度矩阵 $\mathbf{S}$ 的第二列元素可由图 3.5b 得到。该图中的单位位移 $u_2 = 1$（而 $u_1 = 0$）。在这种情况下，维持力为 $S_{12} = -k_2$ 和 $S_{22} = k_2$，它们分别表示产生第 2 个自由度上的单位位移所需的第 1 个和第 2 个自由度上的维持载荷。对具有小位移的线弹性系统而言，其刚度矩阵总是对称的[2]。例如在本问题中，有 $S_{12} = S_{21} = -k_2$。

当把上一节第二个例子中的运动方程［见图 3.2 和方程(3.2a、b)］改写成矩阵形式时，可得到

$$\begin{bmatrix} m & 0 \\ 0 & m \end{bmatrix} \begin{bmatrix} \ddot{u}_1 \\ \ddot{v}_1 \end{bmatrix} + \sum_{i=1}^{3} k_i \begin{bmatrix} \cos^2\alpha_i & \sin\alpha_i\cos\alpha_i \\ \sin\alpha_i\cos\alpha_i & \sin^2\alpha_i \end{bmatrix} \begin{bmatrix} u_1 \\ v_1 \end{bmatrix} = \begin{bmatrix} Q_x \\ Q_y \end{bmatrix} \tag{3.7}$$

方程(3.7)中左边刚度矩阵的第一列可根据条件 $u_1 = 1$、$v_1 = 0$ 直接得到，而第二列可根据条件 $u_1 = 0$、$v_1 = 1$ 直接得到。

同理，第三个例子中的运动方程［见图 3.3 和方程(3.3a、b)］的矩阵形式为

$$\begin{bmatrix} I_1 & 0 \\ 0 & I_2 \end{bmatrix} \begin{bmatrix} \ddot{\phi}_1 \\ \ddot{\phi}_2 \end{bmatrix} + \begin{bmatrix} k_{r1} + k_{r2} & -k_{r2} \\ -k_{r2} & k_{r2} + k_{r3} \end{bmatrix} \begin{bmatrix} \phi_1 \\ \phi_2 \end{bmatrix} = \begin{bmatrix} T_1 \\ T_2 \end{bmatrix} \tag{3.8}$$

这种情况下的位移为转角，相应的载荷为扭矩或转矩。包含 I_1 和 I_2 的系数矩阵仍被称为"质量矩阵"，当然这样的称呼不一定恰当。和前面一样，刚度矩阵中的元素可根据条件 $\phi_1 = 1$（矩阵第一列中的元素）和 $\phi_2 = 1$（矩阵第二列中的元素）推导得到。

现在，将最后一个例子中的运动方程［见图 3.4 和方程(3.4a、b)］写成矩阵形式：

$$\begin{bmatrix} ml^2 & 0 \\ 0 & ml^2 \end{bmatrix} \begin{bmatrix} \ddot{\theta}_1 \\ \ddot{\theta}_2 \end{bmatrix} + \begin{bmatrix} kh^2 + mgl & -kh^2 \\ -kh^2 & kh^2 + mgl \end{bmatrix} \begin{bmatrix} \theta_1 \\ \theta_2 \end{bmatrix} = \begin{bmatrix} P_1 l \\ P_2 l \end{bmatrix} \tag{3.9}$$

然而，这种情况下的恢复载荷是刚度项与重力项的混合。若将这两类恢复载荷对应的影响系数拆分成独立矩阵，则有

$$\mathbf{S}^* = \mathbf{S} + \mathbf{G} \tag{3.10}$$

其中

$$\mathbf{S} = \begin{bmatrix} kh^2 & -kh^2 \\ -kh^2 & kh^2 \end{bmatrix}, \quad \mathbf{G} = \begin{bmatrix} mgl & 0 \\ 0 & mgl \end{bmatrix} \qquad (c)$$

第一个矩阵 $\mathbf{S}$ 中包含了一般意义上的刚度系数,而第二个矩阵 $\mathbf{G}$ 中包含了重力影响系数。重力影响系数定义为在重力作用下,产生单位位移所需的载荷。而在没有重力的情况下,重力矩阵 $\mathbf{G}$ 中的元素均为零。

习题 3.2

3.2‑1. 试求解如图所示的两自由度系统的刚度矩阵 $\mathbf{S}$,并写出矩阵形式的载荷运动方程。

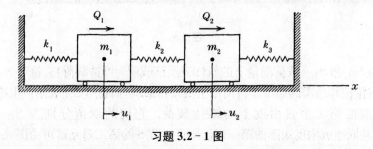

习题 3.2‑1 图

3.2‑2. 令图 3.2 中的弹簧常数为 $k_1 = k_2 = k_3 = k$,并假设角度值为 $\alpha_1 = 0°$、$\alpha_2 = 60°$ 和 $\alpha_3 = 210°$。 试用 k 表示悬置质量的刚度矩阵。

3.2‑3. 如图所示的双摆中包含将质量小球 m_1 和 m_2 连接在一起的约束弹簧。若将小球发生的小水平位移 u_1 和 u_2 定义为位移坐标,试推导该系统的刚度矩阵 $\mathbf{S}$ 和重力矩阵 $\mathbf{G}$,并写出矩阵形式的载荷运动方程。

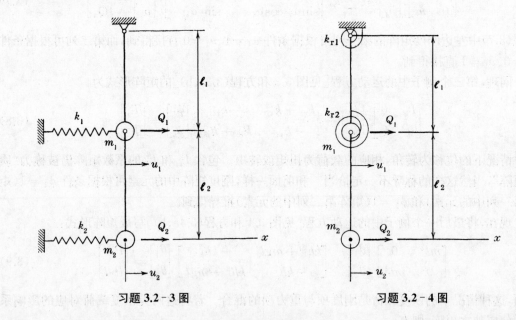

习题 3.2‑3 图   习题 3.2‑4 图

3.2‑4. 如图所示的双摆在两个铰链处均被旋转弹簧约束。若用质量小球发生的小水平位移 u_1 和 u_2 作为位移坐标,试推导该系统的刚度矩阵 $\mathbf{S}$ 和重力矩阵 $\mathbf{G}$,并写出矩阵形式的载荷运动方程。

3.2‑5. 假设如图所示的两层建筑框架中的梁均为刚性梁,支柱均为等截面,且较低一层的弯曲刚度为 EI_1、较高一层的弯曲刚度为 EI_2。 若将这两层分别产生的小水平位移 u_1 和 u_2 作为位移坐标,试推导刚度矩阵 $\mathbf{S}$,并写出矩阵形式的载荷运动方程。

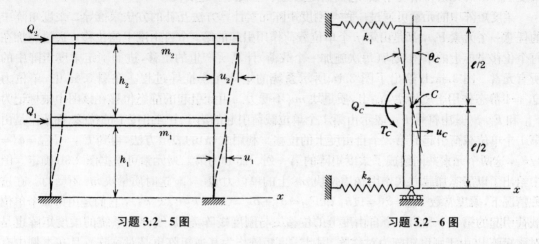

习题 3.2‑5 图　　　　　　　　　　习题 3.2‑6 图

3.2‑6. 如图所示的等截面刚性杆垂直支承在滚子上,并通过顶部和底部的水平弹簧限制其横向运动。若用符号 l、A 和 ρ 分别表示杆的长度、横截面面积和密度,试用杆质心(C 点)处的小位移 u_C 和 θ_C 作为位移坐标,推导系统的刚度矩阵、重力矩阵和质量矩阵,并写出矩阵形式的载荷运动方程。(要求: 运动方程中须包含作用于 C 点的水平力 Q_C 和扭矩 T_C)

3.3　位移方程及其柔度系数

对静定系统而言,有时用位移运动方程分析比用载荷方程分析更为便捷。利用位移方程法分析时,用柔度表示其位移坐标(位移可以是平移或旋转)。为此,引入符号

$$\delta = \frac{1}{k} \tag{a}$$

该符号被称为刚度常数(之前也称为弹簧常数)为 k 的弹簧的柔度常数。根据这一符号,可将图 3.1a 中两个弹簧的柔度常数分别定义为 $\delta_1 = 1/k_1$ 和 $\delta_2 = 1/k_2$。

假设作用在图 3.1a 质量块上的力 Q_1 和 Q_2 是静态的(静态作用力不产生惯性力)。在这种条件下,用柔度常数表示的质量块位移为

$$(u_1)_{\text{st}} = \delta_1(Q_1 + Q_2) \tag{b}$$

$$(u_2)_{\text{st}} = \delta_1(Q_1 + Q_2) + \delta_2 Q_2 \tag{c}$$

上述表达式可写成矩阵形式

$$\begin{bmatrix} u_1 \\ u_2 \end{bmatrix}_{\text{st}} = \begin{bmatrix} \delta_1 & \delta_1 \\ \delta_1 & \delta_1 + \delta_2 \end{bmatrix} \begin{bmatrix} Q_1 \\ Q_2 \end{bmatrix} \tag{d}$$

式(d)表示的位移‑载荷关系可表示为更精简的形式

$$\mathbf{D}_{\text{st}} = \mathbf{F}\mathbf{Q} \tag{e}$$

式中,符号 $\mathbf{F}$ 表示的柔度矩阵为

$$\mathbf{F} = \begin{bmatrix} F_{11} & F_{12} \\ F_{21} & F_{22} \end{bmatrix} = \begin{bmatrix} \delta_1 & \delta_1 \\ \delta_1 & \delta_1 + \delta_2 \end{bmatrix} \tag{f}$$

柔度矩阵中的元素为柔度系数，它们被定义为单位载荷引起的位移。

柔度矩阵中的元素可通过一种与刚度矩阵元素计算方法互补的方法来推导。柔度矩阵中的任意一个元素 F_{ij}，都是由第 j 个单位载荷作用引起的第 i 个自由度上的位移。通过施加在每个位移坐标上的单位载荷（每次施加一个载荷）计算所产生的位移，进而确定柔度矩阵中的所有元素。图 3.6a、b 给出了图 3.1a 所示系统的矩阵元素推导过程。在图 3.6a 中，单位力 $Q_1 = 1$ 静态作用于质量块 m_1 上，质量块 m_2 不受力。由此引起的静态位移在该图中被标记为 F_{11} 和 F_{21}。其中符号 F_{11} 表示由第 1 个单位载荷引起的第 1 个自由度上的位移，而 F_{21} 是由第 1 个单位载荷引起的第 2 个自由度上的位移。利用式（a）的表示方法，得到 $F_{11} = F_{21} = \delta_1 = 1/k_1$，这两个元素共同组成了柔度矩阵的第一列。而 $\mathbf{F}$ 的第二列元素可根据图 3.6b 确定。图中给出了以静态加载方式作用在质量块 m_2 上的单位力 $Q_2 = 1$，这时质量块 m_1 不受力。在这种情况下，柔度常数 $F_{12} = \delta_1 = 1/k_1$ 和 $F_{22} = \delta_1 + \delta_2 = (k_1 + k_2)/(k_1 k_2)$，它们是由第 2 个单位载荷引起的第 1 个和第 2 个自由度上的位移。与刚度矩阵类似，线弹性系统的柔度矩阵也是对称矩阵[①]（由于刚度矩阵为对称阵，因此柔度矩阵作为其逆矩阵也是对称阵），且在本例中有 $F_{12} = F_{21} = \delta_1$。

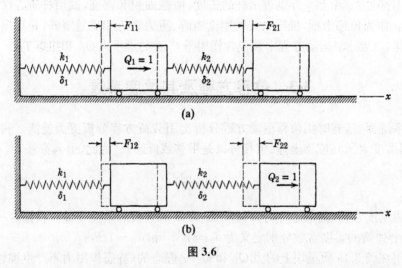

图 3.6

现在，将力 Q_1 和 Q_2 的加载方式变为动态加载。在这种情况下，系统会产生惯性力 $-m_1\ddot{u}_1$ 和 $-m_2\ddot{u}_2$。因此，将方程（d）改写为

$$\begin{bmatrix} u_1 \\ u_2 \end{bmatrix} = \begin{bmatrix} \delta_1 & \delta_1 \\ \delta_1 & \delta_1 + \delta_2 \end{bmatrix} \begin{bmatrix} Q_1 - m_1\ddot{u}_1 \\ Q_2 - m_2\ddot{u}_2 \end{bmatrix} \tag{g}$$

若将质量和加速度用单独的矩阵表示，则方程（g）被扩展为

$$\begin{bmatrix} u_1 \\ u_2 \end{bmatrix} = \begin{bmatrix} \delta_1 & \delta_1 \\ \delta_1 & \delta_1 + \delta_2 \end{bmatrix} \left(\begin{bmatrix} Q_1 \\ Q_2 \end{bmatrix} - \begin{bmatrix} m_1 & 0 \\ 0 & m_2 \end{bmatrix} \begin{bmatrix} \ddot{u}_1 \\ \ddot{u}_2 \end{bmatrix} \right) \tag{3.11}$$

扩展方程也可简写为

---

① 柔度矩阵的对称性可通过 J. C. Maxwell 在 1864 年提出的 Maxwell（麦克斯韦）互换定理证明得到。

$$\mathbf{D} = \mathbf{F}(\mathbf{Q} - \mathbf{M\ddot{D}}) \tag{3.12}$$

该方程的含义是：动态位移等于柔度矩阵与载荷向量的乘积。外载荷与惯性载荷均包含在方程等号右边的括号内。

为了将本方法与上一节的方法做对比，通过方程(3.6)解得 $\mathbf{D}$，并将其表示为

$$\mathbf{D} = \mathbf{S}^{-1}(\mathbf{Q} - \mathbf{M\ddot{D}}) \tag{h}$$

方程(h)表明，刚度矩阵 $\mathbf{S}$ 是非奇异的，其逆矩阵 $\mathbf{S}^{-1}$ 存在。比较方程(3.12)、(h)，发现

$$\mathbf{F} = \mathbf{S}^{-1} \tag{3.13}$$

只要 $\mathbf{F}$ 和 $\mathbf{S}$ 对应于同一系统中的同一坐标，上述关系便成立。例如，若将式(f)表示的矩阵 $\mathbf{F}$ 求逆，则可根据关系式(a)，得到

$$\mathbf{F}^{-1} = \frac{1}{\delta_1 \delta_2} \begin{bmatrix} \delta_1 + \delta_2 & -\delta_1 \\ -\delta_1 & \delta_1 \end{bmatrix} = \begin{bmatrix} k_1 + k_2 & -k_2 \\ -k_2 & k_2 \end{bmatrix} \tag{i}$$

式(i)即为图 3.1a 中系统的刚度矩阵[见 3.2 节中的方程(b)]。当然，若系统的刚度矩阵是奇异的，那么其对应的柔度矩阵将不存在。

考虑到图 3.1a 中的系统是静定系统，因此其柔度矩阵较易推导。但若要得到静不定系统的柔度矩阵则较为困难。对大多数振动系统而言，用含刚度系数的载荷方程进行分析更为方便。也有很多情况，利用补充的位移方程法求解更为方便。下面用几个例子说明柔度系数的使用方法。

例 1. 如图 3.7a 所示的悬臂梁上固定有质量小球 m_1 和 m_2，它们分别位于梁的中点和自由端。在这里，假设梁是等截面的，弯曲刚度为 EI，若仅考虑与弯曲变形相关的小位移，则可将 y 方向上的平移 v_1 和 v_2 作为位移坐标。试用柔度系数建立本例中系统的位移运动方程。

解： 为了推导得到柔度系数，首先施加如图 3.7b 所示的单位力 $Q_1 = 1$，并由此计算柔度矩阵的元素

$$F_{11} = \frac{l^3}{24EI}, \ F_{21} = \frac{5l^3}{48EI} \tag{j}$$

然后，施加如图 3.7c 所示的单位力 $Q_2 = 1$，得到柔度系数

$$F_{12} = \frac{5l^3}{48EI}, \ F_{22} = \frac{l^3}{3EI} \tag{k}$$

因此，柔度矩阵为

$$\mathbf{F} = \frac{l^3}{48EI} \begin{bmatrix} 2 & 5 \\ 5 & 16 \end{bmatrix} \tag{l}$$

进而得到矩阵形式的位移运动方程

$$\begin{bmatrix} v_1 \\ v_2 \end{bmatrix} = \frac{l^3}{48EI} \begin{bmatrix} 2 & 5 \\ 5 & 16 \end{bmatrix} \left(\begin{bmatrix} Q_1 \\ Q_2 \end{bmatrix} - \begin{bmatrix} m_1 & 0 \\ 0 & m_2 \end{bmatrix} \begin{bmatrix} \ddot{v}_1 \\ \ddot{v}_2 \end{bmatrix} \right) \tag{m}$$

若对柔度矩阵求逆，可得

$$\mathbf{S} = \mathbf{F}^{-1} = \frac{48EI}{7l^3} \begin{bmatrix} 16 & -5 \\ -5 & 2 \end{bmatrix} \tag{n}$$

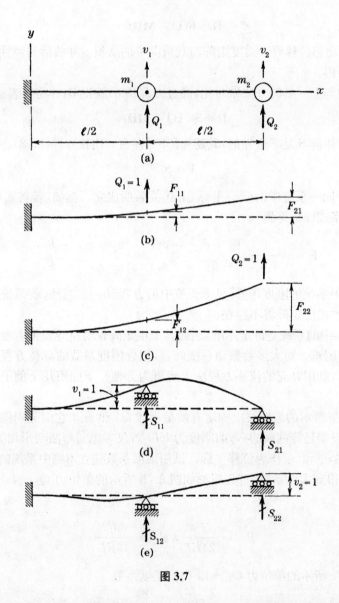

图 3.7

该逆矩阵也可通过图 3.7d、e 中的步骤直接推导获得。但在本问题中,直接推导刚度系数要比直接推导柔度系数困难得多。所以,就像本例中的情况一样,通过柔度矩阵求逆的方式推导刚度矩阵会更加方便。

例 2. 图 3.8a 中的简单框架由两个弯曲刚度为 EI 的等截面构件组成。质量小球 m 与框架的自由端相连,其在该点处的小位移 v_1 和 u_1(弯曲变形产生)属于同一量级。试在忽略重力的条件下,用位移坐标 v_1 和 u_1 写出本系统的载荷运动方程。

解: 与上一个例子相同,本例中的柔度矩阵相比刚度矩阵更易求得。图 3.8b、c 分别给出了单位力 $Q_x=1$ 和 $Q_y=1$ 作用下框架的变形情况,且这两个力每次只有一个作用在框架上。由此解得柔度矩阵为

$$\mathbf{F} = \frac{l^3}{6EI}\begin{bmatrix} 8 & 3 \\ 3 & 2 \end{bmatrix} \tag{o}$$

对其求逆,可得

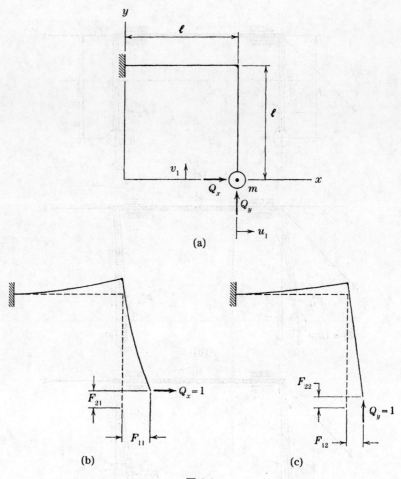

图 3.8

$$\mathbf{S} = \mathbf{F}^{-1} = \frac{6EI}{7l^3} \begin{bmatrix} 2 & -3 \\ -3 & 8 \end{bmatrix} \tag{p}$$

然后,可将载荷运动方程写成

$$\begin{bmatrix} m & 0 \\ 0 & m \end{bmatrix} \begin{bmatrix} \ddot{u}_1 \\ \ddot{v}_1 \end{bmatrix} + \frac{6EI}{7l^3} \begin{bmatrix} 2 & -3 \\ -3 & 8 \end{bmatrix} \begin{bmatrix} u_1 \\ v_1 \end{bmatrix} = \begin{bmatrix} Q_x \\ Q_y \end{bmatrix} \tag{q}$$

例 3. 第三个计算柔度的例子,考虑图 3.9a 中的两个刚性摆,它们通过旋转刚度为 k_r 的扭杆相连。若摆绕 x 轴做小角度(θ_1 和 θ_2)旋转,试建立位移运动方程。

解:由于系统的刚度系数(和重力系数)容易求得,所以将它们的求解结果直接写出[见式(3.10)]:

$$\mathbf{S}^* = \mathbf{S} + \mathbf{G} = \begin{bmatrix} k_r & -k_r \\ -k_r & k_r \end{bmatrix} + \begin{bmatrix} mgl & 0 \\ 0 & mgl \end{bmatrix} \tag{r}$$

可以看到,刚度矩阵 $\mathbf{S}$ 是奇异的,柔度矩阵 $\mathbf{F} = \mathbf{S}^{-1}$ 不存在。然而,矩阵 $\mathbf{S}^*$ 的逆矩阵存在,计算其逆矩阵可得

$$\mathbf{F}^* = (\mathbf{S}^*)^{-1} = \frac{1}{mgl(2k_r + mgl)} \begin{bmatrix} k_r + mgl & k_r \\ k_r & k_r + mgl \end{bmatrix} \tag{s}$$

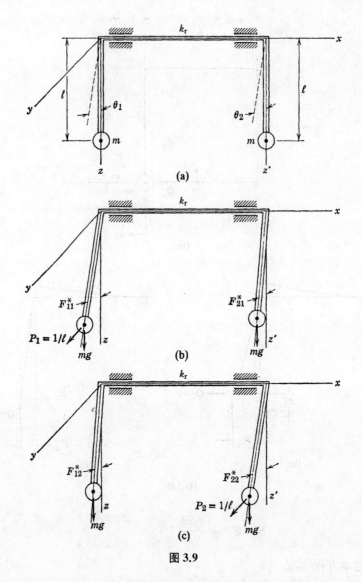

图 3.9

矩阵 $\mathbf{F}^*$ 中的元素不能被拆分为单独的柔度系数和重力影响系数,因此将它们统称伪柔度系数。这些元素可通过如图 3.9b、c 所示的力矩(或与力矩等效的力的表达形式 $P_1 = 1/l$ 和 $P_2 = 1/l$)的作用直接推导得到。根据图 3.9b,可写出力矩平衡条件

$$mglF_{11}^* + mglF_{21}^* = P_1l = 1 \qquad (t)$$

和旋转相容条件

$$F_{11}^* - F_{21}^* = \frac{mglF_{21}^*}{k_r} \qquad (u)$$

联立方程(t)、(u),可解得

$$F_{11}^* = \frac{k_r + mgl}{mgl(2k_r + mgl)}, \ F_{21}^* = \frac{k_r}{mgl(2k_r + mgl)} \qquad (v)$$

式(v)中两式与式(s)中矩阵的第一列元素相同。同理,矩阵 $\mathbf{F}^*$ 的第二列元素也可根据图 3.9c 所示的运动直接推导得到。最后,本例的位移方程可用 $\mathbf{F}^*$ 表示为

$$\begin{bmatrix} \theta_1 \\ \theta_2 \end{bmatrix} = \mathbf{F}^* \left(\begin{bmatrix} P_1 l \\ P_2 l \end{bmatrix} - \begin{bmatrix} ml^2 & 0 \\ 0 & ml^2 \end{bmatrix} \begin{bmatrix} \ddot{\theta}_1 \\ \ddot{\theta}_2 \end{bmatrix} \right) \tag{w}$$

习题 3.3

3.3‑1. 对于习题 3.2‑1 中的双质量系统,试根据每次分别向质量 m_1 和 m_2 施加一个单位作用力的方法,确定系统的柔度系数;写出矩阵形式的位移运动方程,并验证关系式 $\mathbf{S} = \mathbf{F}^{-1}$。

3.3‑2. 对于 3.1 节图 3.3 中的系统,试用位移方程法直接求解其柔度系数,并验证关系式 $\mathbf{S} = \mathbf{F}^{-1}$。

3.3‑3. 重新考虑 3.1 节图 3.4 中用弹簧相连的一对摆,试通过矩阵 $\mathbf{S}^*$ 求逆的方式推导伪柔度矩阵 $\mathbf{F}^*$;另外,试通过施加与位移坐标 θ_1 和 θ_2 相对应的单位载荷的方法,直接推导矩阵 $\mathbf{F}^*$ 中的元素。

3.3‑4. 对于习题 3.2‑5 中的两层框架,试通过施加单位载荷的方法确定系统的柔度系数;写出矩阵形式的位移运动方程,并验证关系式 $\mathbf{S} = \mathbf{F}^{-1}$。

3.3‑5. 试推导习题 3.2‑6 中的系统在无重力条件下的柔度矩阵 $\mathbf{F}_{\mathrm{C}}$,并通过对矩阵 $\mathbf{F}_{\mathrm{C}}$ 求逆的方式推导矩阵 $\mathbf{S}_{\mathrm{C}}$;将其与矩阵 $\mathbf{G}_{\mathrm{C}}$ 相加推导矩阵 $\mathbf{S}_{\mathrm{C}}^*$;推导矩阵 $\mathbf{S}_{\mathrm{C}}^*$ 的逆矩阵以确定矩阵 $\mathbf{F}_{\mathrm{C}}^*$。

3.3‑6. 图示简支梁在其三等分点上分别固定有质量小球 m_1 和 m_2。 假设该梁为等截面梁,弯曲刚度为 EI。 若将平动位移 v_1 和 v_2 作为位移坐标,试确定系统的柔度系数,并写出矩阵形式的位移运动方程。

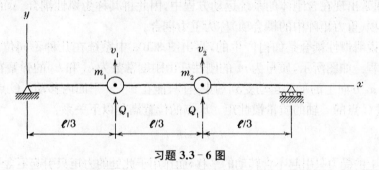

习题 3.3‑6 图

3.3‑7. 如图所示为含有两个质量小球 m_1 和 m_2 的外伸等截面梁(弯曲刚度为 EI)。 试确定其柔度矩阵 $\mathbf{F}$;通过求逆矩阵的方式推导刚度矩阵 $\mathbf{S} = \mathbf{F}^{-1}$,并在此基础上写出矩阵形式的载荷运动方程。

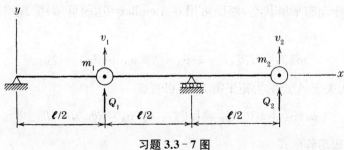

习题 3.3‑7 图

3.3 - 8. 假设在如图所示的水平框架中,每个构件都是等截面的,且弯曲刚度均为 EI,扭转刚度均为 GJ。试根据垂直平动位移 v_1 和 v_2 推导柔度矩阵及其逆矩阵,并建立矩阵形式的载荷运动方程。

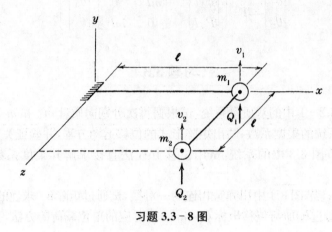

习题 3.3 - 8 图

3.4 惯性耦合与重力耦合

到目前为止,本章考虑的大多数两自由度系统的质量矩阵和重力矩阵都是对角矩阵。但运动方程中的耦合项又通常出现在刚度矩阵或柔度矩阵的非对角元位置上。将这种耦合类型称为弹性耦合,其中耦合项或者与弹性单元的刚度特性相关,或者与其柔度特性相关。与此同时,也可改写运动方程,使质量矩阵和重力矩阵产生非对角元。由于第一类耦合项(质量矩阵中的耦合项)通常出现在含刚体的系统运动方程中,因此将其称为惯性耦合。而将与之相对应的第二类耦合项(重力矩阵中的耦合项)称为重力耦合。

为了举例说明惯性耦合是如何产生的,写出图 3.10a 中系统在几种不同位移坐标选择下的载荷运动方程。如图所示,质量为 m 的刚性杆由刚度常数为 k_1 和 k_2 的弹簧在 A 点和 D 点支承。该杆在 x 方向上的平移运动受到约束,杆只能在 $x - y$ 平面内移动。C 点为杆的质心,I_C 表示杆绕过 C 点的 z 轴的质量惯性矩。B 点的位置满足以下关系:

$$k_1 l_4 = k_2 l_5 \tag{a}$$

B 点在 y 方向上的受力只引起不含转动的平移,而作用于此处的力矩只引起不含平移的转动。

图 3.10b 所示为该系统的第一种位移坐标选择。将 v_A 定义为 A 点在 y 方向上的平动位移,θ_A 定义为杆绕 A 点的转动位移。同时,图中还给出了作用在 A 点的外载荷 Q_A 和 T_A、作用于 A 点和 D 点的弹簧力,以及作用在 C 点的惯性载荷。当自由体受力图上出现惯性载荷时,认为该系统处于动态平衡状态,继而可用 d'Alembert(达朗贝尔)原理得到 y 方向上的力平衡方程

$$m(\ddot{v}_A + l_1\ddot{\theta}_A) + k_1 v_A + k_2(v_A + l\theta_A) = Q_A \tag{b}$$

第二个平衡方程为关于 A 点的力矩平衡方程,可写成

$$m(\ddot{v}_A + l_1\ddot{\theta}_A)l_1 + I_C\ddot{\theta}_A + k_2(v_A + l\theta_A)l = T_A \tag{c}$$

将方程(b)、(c)写成矩阵形式

$$
\begin{bmatrix} m & ml_1 \\ ml_1 & I_C + ml_1^2 \end{bmatrix} \begin{bmatrix} \ddot{v}_A \\ \ddot{\theta}_A \end{bmatrix} + \begin{bmatrix} k_1 + k_2 & k_2 l \\ k_2 l & k_2 l^2 \end{bmatrix} \begin{bmatrix} v_A \\ \theta_A \end{bmatrix} = \begin{bmatrix} Q_A \\ T_A \end{bmatrix} \tag{3.14a}
$$

该方程中同时出现了惯性耦合与弹性耦合。

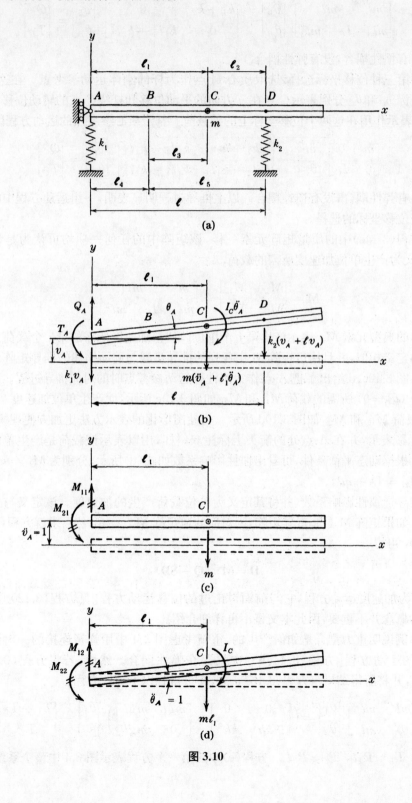

图 3.10

　　系统的第二种位移坐标选择,用 v_B 和 θ_B 分别表示 B 点在 y 方向的平动位移和杆绕 B 点的转动位移,同时用 Q_B 和 T_B 分别表示作用在这两个位移坐标上的外载荷。仿照上一个坐标选择时的做法,可得到矩阵形式的载荷运动方程

$$\begin{bmatrix} m & ml_3 \\ ml_3 & I_C + ml_3^2 \end{bmatrix} \begin{bmatrix} \ddot{v}_B \\ \ddot{\theta}_B \end{bmatrix} + \begin{bmatrix} k_1 + k_2 & 0 \\ 0 & k_1 l_4^2 + k_2 l_5^2 \end{bmatrix} \begin{bmatrix} v_B \\ \theta_B \end{bmatrix} = \begin{bmatrix} Q_B \\ T_B \end{bmatrix} \tag{3.14b}$$

该方程中只有惯性耦合,没有弹性耦合。

　　系统的第三种位移坐标选择,选取质心 C 点作为杆的刚体运动参考点。在这种条件下,选取位移坐标 v_C 和 θ_C 分别表示 C 点在 y 方向的平动位移和杆绕 C 点的转动位移,同时用 Q_C 和 T_C 分别表示作用在这两个位移坐标上的外载荷。基于质心参考点的运动方程因此变为

$$\begin{bmatrix} m & 0 \\ 0 & I_C \end{bmatrix} \begin{bmatrix} \ddot{v}_C \\ \ddot{\theta}_C \end{bmatrix} + \begin{bmatrix} k_1 + k_2 & k_2 l_2 - k_1 l_1 \\ k_2 l_2 - k_1 l_1 & k_1 l_1^2 + k_2 l_2^2 \end{bmatrix} \begin{bmatrix} v_C \\ \theta_C \end{bmatrix} = \begin{bmatrix} Q_C \\ T_C \end{bmatrix} \tag{3.14c}$$

该方程中只有弹性耦合,没有惯性耦合。以上推导过程明显表明,一组运动方程中的耦合关系完全取决于位移坐标的选择。

　　正如方程(3.14a)中的质量矩阵元素一样,该矩阵中的任何一项均可认为是惯性影响系数,且被定义为产生单位加速度所需的载荷

$$\mathbf{M} = \begin{bmatrix} M_{11} & M_{12} \\ M_{21} & M_{22} \end{bmatrix} = \begin{bmatrix} m & ml_1 \\ ml_1 & I_C + ml_1^2 \end{bmatrix} \tag{d}$$

质量矩阵中的典型元素 M_{ij} 表示产生第 j 个单位(瞬时)加速度所需的第 i 个载荷。该定义与刚度系数的定义相似,并且构造矩阵 $\mathbf{M}$ 中各列的推导步骤与前面描述的推导矩阵 $\mathbf{S}$ 中各列的步骤类似。图 3.10c、d 给出了把 A 点作为刚性杆运动参考点时的对应推导过程。产生单位加速度 $\ddot{v}_A = 1$ ($\ddot{\theta}_A = 0$) 所需的载荷 M_{11} 和 M_{21} 如图 3.10c 所示,而产生单位加速度 $\ddot{\theta}_A = 1$ ($\ddot{v}_A = 0$) 所需的载荷 M_{12} 和 M_{22} 如图 3.10d 所示。为使图形化的表示方法更加方便理解,将图中的加速度用位移表示,并在 A 点处的箭头上标注双斜杠,用以表示该载荷是产生单位加速度所需的载荷。根据动态平衡条件,可看出惯性影响系数如式(d)所示,分别为 $M_{11} = m$、$M_{21} = M_{12} = ml_1$ 和 $M_{22} = I_C + ml_1^2$。

　　还可推导逆惯性影响系数,并将其定义为单位载荷产生的加速度。该定义与柔度系数的定义相似。如果矩阵 $\mathbf{M}$ 是非奇异矩阵,则对应的逆矩阵 $\mathbf{M}^{-1}$ 存在,然后求解方程(3.6)中的加速度矩阵 $\ddot{\mathbf{D}}$,可得

$$\ddot{\mathbf{D}} = \mathbf{M}^{-1}(\mathbf{Q} - \mathbf{SD}) \tag{3.15}$$

式(3.15)即为加速度运动方程,它与前面讨论过的位移运动方程[见方程(3.12)]类似。但加速度方程的概念并不重要,因此本文将不再详细介绍。

　　为了举例说明重力耦合是如何产生的,重新考虑图 3.4 中用弹簧连接的一对摆。如前所述,这对摆的运动方程[方程(3.4a、b)]中只存在弹性耦合。然而,若将方程(3.4a)与方程(3.4b)相加,并将所得结果与方程(3.4b)联立,便可得到以下等效方程

$$\begin{bmatrix} ml^2 & ml^2 \\ 0 & ml^2 \end{bmatrix} \begin{bmatrix} \ddot{\theta}_1 \\ \ddot{\theta}_2 \end{bmatrix} + \left(\begin{bmatrix} 0 & 0 \\ -kh^2 & kh^2 \end{bmatrix} + \begin{bmatrix} mgl & mgl \\ 0 & mgl \end{bmatrix} \right) \begin{bmatrix} \theta_1 \\ \theta_2 \end{bmatrix} = \begin{bmatrix} T_1 + T_2 \\ T_2 \end{bmatrix} \tag{e}$$

方程(e)中, $T_1 = P_1 l$, $T_2 = P_2 l$。方程(e)中的第一个方程表示图 3.4 中整个系统关于 A 点

的动态力矩平衡条件,而第二个方程仅表示右侧摆关于 B 点的力矩平衡条件。通过将原始方程进行线性组合,在质量矩阵和重力矩阵中引入非对角元素。但与此同时,刚度矩阵也失去了对称性。方程(e)也可看作将 3.2 节中方程(3.9)乘以转置矩阵 $\mathbf{A}^{\mathrm{T}}$ 得到的结果,其中

$$\mathbf{A} = \begin{bmatrix} 1 & 0 \\ 1 & 1 \end{bmatrix}, \quad \mathbf{A}^{\mathrm{T}} = \begin{bmatrix} 1 & 1 \\ 0 & 1 \end{bmatrix} \tag{f}$$

式中,上标 T 表示转置。因此,用更为简洁的矩阵法,可将方程(e)重新表示为

$$\mathbf{A}^{\mathrm{T}} \mathbf{M} \ddot{\mathbf{D}} + \mathbf{A}^{\mathrm{T}} (\mathbf{S} + \mathbf{G}) \mathbf{D} = \mathbf{A}^{\mathrm{T}} \mathbf{T} \tag{g}$$

如果在方程(g)中的 $\ddot{\mathbf{D}}$ 和 $\mathbf{D}$ 之前插入以下单位矩阵,则可恢复所有系数矩阵的对称性:

$$\mathbf{I} = \mathbf{A} \mathbf{A}^{-1} \tag{h}$$

式中,$\mathbf{A}^{-1}$ 为矩阵算子 $\mathbf{A}$ 的逆矩阵:

$$\mathbf{A}^{-1} = \begin{bmatrix} 1 & 0 \\ -1 & 1 \end{bmatrix} \tag{i}$$

插入单位矩阵后,方程(g)变为

$$\mathbf{A}^{\mathrm{T}} \mathbf{M} \mathbf{A} \mathbf{A}^{-1} \ddot{\mathbf{D}} + \mathbf{A}^{\mathrm{T}} (\mathbf{S} + \mathbf{G}) \mathbf{A} \mathbf{A}^{-1} \ddot{\mathbf{D}} = \mathbf{A}^{\mathrm{T}} \mathbf{T} \tag{j}$$

或写成

$$\mathbf{M}_{\mathrm{A}} \ddot{\mathbf{D}}_{\mathrm{A}} + (\mathbf{S}_{\mathrm{A}} + \mathbf{G}_{\mathrm{A}}) \mathbf{D}_{\mathrm{A}} = \mathbf{T}_{\mathrm{A}} \tag{3.16}$$

其中

$$\begin{aligned}
\mathbf{D}_{\mathrm{A}} &= \mathbf{A}^{-1} \mathbf{D} = \begin{bmatrix} \theta_1 \\ -\theta_1 + \theta_2 \end{bmatrix}, \quad \mathbf{T}_{\mathrm{A}} = \mathbf{A}^{\mathrm{T}} \mathbf{T} = \begin{bmatrix} T_1 + T_2 \\ T_2 \end{bmatrix} \\
\ddot{\mathbf{D}}_{\mathrm{A}} &= \mathbf{A}^{-1} \ddot{\mathbf{D}} = \begin{bmatrix} \ddot{\theta}_1 \\ -\ddot{\theta}_1 + \ddot{\theta}_2 \end{bmatrix}, \quad \mathbf{M}_{\mathrm{A}} = \mathbf{A}^{\mathrm{T}} \mathbf{M} \mathbf{A} = ml^2 \begin{bmatrix} 2 & 1 \\ 1 & 1 \end{bmatrix} \\
\mathbf{S}_{\mathrm{A}} &= \mathbf{A}^{\mathrm{T}} \mathbf{S} \mathbf{A} = kh^2 \begin{bmatrix} 0 & 0 \\ 0 & 1 \end{bmatrix}, \quad \mathbf{G}_{\mathrm{A}} = \mathbf{A}^{\mathrm{T}} \mathbf{G} \mathbf{A} = mgl \begin{bmatrix} 2 & 1 \\ 1 & 1 \end{bmatrix}
\end{aligned} \tag{k}$$

方程(3.16)给出了载荷运动方程的另一种形式,其中广义载荷为 $\mathbf{T}_{\mathrm{A}}$,而与之对应的广义位移为 $\mathbf{D}_{\mathrm{A}}$。这种坐标变换方法(从 $\mathbf{D}$ 到 $\mathbf{D}_{\mathrm{A}}$)称为坐标转换。转换后系数矩阵的对称性由诸如 $\mathbf{M}_{\mathrm{A}} = \mathbf{A}^{\mathrm{T}} \mathbf{M} \mathbf{A}$ 的全等变换保证。在变换后的新坐标系统中可看到,方程同时包含了惯性耦合和重力耦合,但不包含弹性耦合。

例 1. 图 3.11 中悬臂梁的一端连接了刚性质量块 m。设 I_C 为刚体绕其质心 C 点的 z 轴的质量惯性矩。C 点位于 x 轴上与悬臂梁自由端距离为 b 的位置处。假设该悬臂梁为等截面梁、弯曲刚度为 EI,且仅考虑弯曲变形引起的 x - y 平面内的小位移。若将该系统看作两自由度系统,试写出系统的位移运动方程。

解:若选择平移 v_B 和刚体绕 B 点的旋转 θ_B 作为位移坐标,那么柔度系数将容易求得。此外,质量矩阵中的元素与方程(d)中矩阵的元素相似,只是将其中的 l_1 换成了距离 b。因此,可将基于参考点 B 的位移运动方程写成

$$\begin{bmatrix} v_B \\ \theta_B \end{bmatrix} = \frac{l}{6EI} \begin{bmatrix} 2l^2 & 3l \\ 3l & 6 \end{bmatrix} \left(\begin{bmatrix} Q_B \\ T_B \end{bmatrix} - \begin{bmatrix} m & mb \\ mb & I_C + mb \end{bmatrix} \begin{bmatrix} \ddot{v}_B \\ \ddot{\theta}_B \end{bmatrix} \right) \tag{l}$$

该方程中同时包含弹性耦合与惯性耦合。

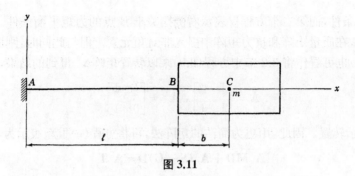

图 3.11

另一方面,如果将 C 点定为刚体运动的参考点,可得以下位移方程:

$$\begin{bmatrix} v_C \\ \theta_C \end{bmatrix} = \frac{l}{6EI} \begin{bmatrix} 2(l^2+3lb+3b^2) & 3(l+2b) \\ 3(l+2b) & 6 \end{bmatrix} \left(\begin{bmatrix} Q_C \\ T_C \end{bmatrix} - \begin{bmatrix} m & 0 \\ 0 & I_C \end{bmatrix} \begin{bmatrix} \ddot{v}_C \\ \ddot{\theta}_C \end{bmatrix} \right) \tag{m}$$

该方程中包含的弹性耦合更为复杂,但不存在惯性耦合。

例 2. 考虑如图 3.12a 所示的双摆。该双摆由两个刚体组成,这两个刚体间在 B 点铰接,并在 A 点与支承铰接。由于重力作用,该系统能在 x - y 平面内振荡,这时取小转动 θ_1 和 θ_2 作为位移坐标。两个刚体的质量分别用 m_1 和 m_2 表示,它们的质心分别位于 C_1 和 C_2,且绕过质心的 z 轴的质量惯性矩分别用 I_1 和 I_2 表示。试写出该系统的载荷运动方程。

解:利用 d'Alembert 原理写出整个系统(见图 3.12a)关于 A 点的力矩动态平衡方程

$$I_1\ddot{\theta}_1 + I_2\ddot{\theta}_2 + m_1 h_1^2 \ddot{\theta}_1 + m_2(l\ddot{\theta}_1 + h_2\ddot{\theta}_2)(l+h_2) + m_1 g h_1 \theta_1 + m_2 g(l\theta_1 + h_2\theta_2) = T_1 + T_2 \tag{n}$$

同理可得第二个刚体关于 B 点的力矩动态平衡方程

$$I_2\ddot{\theta}_2 + m_2(l\ddot{\theta}_1 + h_2\ddot{\theta}_2)h_2 + m_2 g h_2 \theta_2 = T_2 \tag{o}$$

将方程(n)、(o)写成矩阵形式

$$\begin{bmatrix} I_1 + m_1 h_1^2 + m_2 l(l+h_2) & I_2 + m_2 h_2(l+h_2) \\ m_2 l h_2 & I_2 + m_2 h_2^2 \end{bmatrix} \begin{bmatrix} \ddot{\theta}_1 \\ \ddot{\theta}_2 \end{bmatrix} +$$

$$\begin{bmatrix} (m_2 h_2 + m_2 l)g & m_2 h_2 g \\ 0 & m_2 h_2 g \end{bmatrix} \begin{bmatrix} \theta_1 \\ \theta_2 \end{bmatrix} = \begin{bmatrix} T_1 + T_2 \\ T_2 \end{bmatrix} \tag{p}$$

由于广义载荷与位移坐标没有对应关系,且系数矩阵为非对称矩阵,因此方程(p)与方程(e)相似。但是,若将方程(n)减去方程(o),并将所得结果与方程(o)联立,便可得到方程组

$$\mathbf{M}\ddot{\mathbf{D}} + \mathbf{G}\mathbf{D} = \mathbf{T} = \begin{bmatrix} T_1 \\ T_2 \end{bmatrix} \tag{q}$$

式中,$\mathbf{M}$ 和 $\mathbf{G}$ 为以下对称矩阵:

$$\mathbf{M} = \begin{bmatrix} I_1 + m_1 h_1^2 + m_2 l^2 & m_2 l h_2 \\ m_2 l h_2 & I_2 + m_2 h_2^2 \end{bmatrix} \tag{r}$$

和

$$\mathbf{G} = \begin{bmatrix} (m_1 h_1 + m_2 l)g & 0 \\ 0 & m_2 h_2 g \end{bmatrix} \tag{s}$$

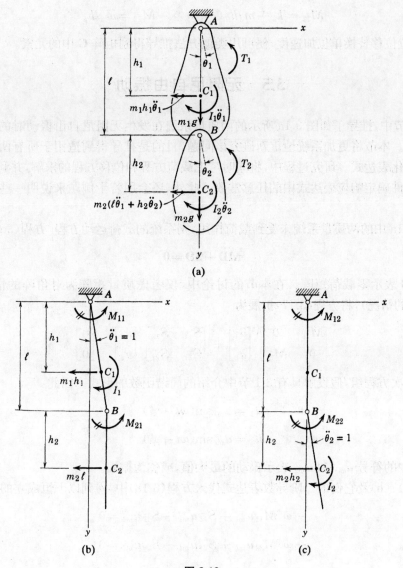

图 3.12

式中，$\mathbf{M}$ 为第一个刚体关于 A 点的动态力矩平衡条件。

对称矩阵 $\mathbf{M}$ 和 $\mathbf{G}$ 可分别通过惯性影响系数和重力影响系数直接得出。图 3.12b、c 为推导矩阵 $\mathbf{M}$ 中各元素所需条件 $\ddot{\theta}_1 = 1$ $(\ddot{\theta}_2 = 0)$ 和 $\ddot{\theta}_2 = 1(\ddot{\theta}_1 = 0)$ 的示意图。从图 3.12b 中，看到

$$M_{21} = m_2 l h_2 \tag{t}$$

和

$$M_{11} = I_1 + m_1 h_1^2 + m_2 l(l + h_2) - M_{21} = I_1 + m_1 h_1^2 + m_2 l^2 \tag{u}$$

以上两元素共同组成了矩阵 $\mathbf{M}$［见式（r）］的第一列。同时，根据图 3.12c，可得第二列中的元素

$$M_{22} = I_2 + m_2 h_2^2 \tag{v}$$

和

$$M_{12} = I_2 + m_2 h_2 (l + h_2) - M_{22} = m_2 l h_2 \tag{w}$$

另外,将单位位移替换单位加速度,便可用类似方法推导得到矩阵 **G** 中的元素。

3.5 无阻尼自由振动

在 3.1 节中,推导了如图 3.1a 所示的两质量系统在发生无阻尼自由振动时的固有频率和振型表达式。本节将更加系统地重新研究该问题,目的是推导得到适用于所有两自由度振动系统的一般化表达式。研究过程中,将同时考虑载荷方程和位移方程的求解,并利用位移和速度的初始条件确定响应表达式中的任意常数。此外,还会用若干例题来说明一些特殊的自由振动问题。

若图 3.1a 中的两质量系统未受到载荷作用,则系统的载荷运动方程[方程(3.6)]变为

$$\mathbf{M\ddot{D}} + \mathbf{SD} = \mathbf{0} \tag{3.17}$$

式中,符号 **0** 表示零载荷矩阵。在本节的讨论中,仅考虑质量矩阵为对角阵的情况(参见图 3.1a中系统的情况),将方程(3.17)扩展为

$$\begin{bmatrix} M_{11} & 0 \\ 0 & M_{22} \end{bmatrix} \begin{bmatrix} \ddot{u}_1 \\ \ddot{u}_2 \end{bmatrix} + \begin{bmatrix} S_{11} & S_{12} \\ S_{21} & S_{22} \end{bmatrix} \begin{bmatrix} u_1 \\ u_2 \end{bmatrix} = \begin{bmatrix} 0 \\ 0 \end{bmatrix} \tag{3.18}$$

对于以上齐次方程组,假设解具有 3.1 节中介绍的简谐函数的形式。因此

$$u_1 = u_{m1} \sin(\omega t + \phi) \tag{a}$$

$$u_2 = u_{m2} \sin(\omega t + \phi) \tag{b}$$

式(a)、(b)中的符号 u_{m1} 和 u_{m2} 表示振动的最大值,或称为振幅。

将式(a)、(b)及它们的二阶导数表达式代入方程(3.18)中,得到以下恒成立的代数方程:

$$-\omega^2 M_{11} u_{m1} + S_{11} u_{m1} + S_{12} u_{m2} = 0 \tag{c}$$

$$-\omega^2 M_{22} u_{m2} + S_{21} u_{m1} + S_{22} u_{m2} = 0 \tag{d}$$

或

$$\begin{bmatrix} S_{11} - \omega^2 M_{11} & S_{12} \\ S_{21} & S_{22} - \omega^2 M_{22} \end{bmatrix} \begin{bmatrix} u_{m1} \\ u_{m2} \end{bmatrix} = \begin{bmatrix} 0 \\ 0 \end{bmatrix} \tag{e}$$

位移要有非零解,方程(e)中系数矩阵的行列式需等于零。因此

$$\begin{vmatrix} S_{11} - \omega^2 M_{11} & S_{12} \\ S_{21} & S_{22} - \omega^2 M_{22} \end{vmatrix} = 0 \tag{f}$$

行列式展开后可得

$$(S_{11} - \omega^2 M_{11})(S_{22} - \omega^2 M_{22}) - S_{12}^2 = 0 \tag{g}$$

或

$$M_{11} M_{22} (\omega^2)^2 - (M_{11} S_{22} + M_{22} S_{11}) \omega^2 + S_{11} S_{22} - S_{12}^2 = 0 \tag{h}$$

这个特征方程的最高次幂为 ω^2 的二次方,方程的根即为系统的特征值。运用二次公式求解方

程(h),可得

$$\omega_{1,2}^2 = \frac{-b \mp \sqrt{b^2 - 4ac}}{2a} \tag{3.19}$$

其中

$$a = M_{11}M_{22}, \ b = -(M_{11}S_{22} + M_{22}S_{11}), \ c = S_{11}S_{22} - S_{12}^2 = |\mathbf{S}| \tag{i}$$

根据式(i),将式(3.19)中的 $b^2 - 4ac$ 展开,发现其始终为正。因此,方程的根 ω_1^2 和 ω_2^2 均为实根。此外,若矩阵 $\mathbf{S}$ 有非负特征值(等于常数 c),则式(3.19)中的平方根项将小于等于 b。因此,ω_1^2 和 ω_2^2 均为非零实数。

将特征值 ω_1^2 和 ω_2^2 代入齐次方程(c)、(d),可求得振幅比 r_1 和 r_2:

$$r_1 = \frac{u_{m1,1}}{u_{m2,1}} = \frac{-S_{12}}{S_{11} - \omega_1^2 M_{11}} = \frac{S_{22} - \omega_1^2 M_{22}}{-S_{21}} \tag{3.20a}$$

$$r_2 = \frac{u_{m1,2}}{u_{m2,2}} = \frac{-S_{12}}{S_{11} - \omega_2^2 M_{11}} = \frac{S_{22} - \omega_2^2 M_{22}}{-S_{21}} \tag{3.20b}$$

由方程(g)可知,两个振幅比的定义都是存在的。且与一般的齐次代数方程一样,只能确定上述方程的解为任意常数,无法得知振幅的确切值,亦即只能求得它们之间的比值或振型。式(3.20a)、(3.20b)中振幅的第二个下标(1 或 2)表示对应于根 ω_1^2 和 ω_2^2 的固有模态(或主模态)。与 3.1 节类似,将特征方程的解[式(3.19)]按照 $\omega_1 < \omega_2$ 的顺序写出。其中较小解为一阶模态(或称基本模态)角频率,而较大解为二阶模态角频率。

为了演示频率和振型的计算方法,令图 3.1a 中系统的质量 $m_1 = m_2 = m$,弹簧刚度常数 $k_1 = k_2 = k$,进而有 $M_{11} = M_{22} = m$、$S_{11} = 2k$、$S_{12} = S_{21} = -k$、$S_{22} = k$。由式(3.19)可得

$$\omega_1^2 = \frac{3 - \sqrt{5}}{2} \frac{k}{m} = 0.382 \frac{k}{m} \tag{j}$$

$$\omega_2^2 = \frac{3 + \sqrt{5}}{2} \frac{k}{m} = 2.618 \frac{k}{m} \tag{k}$$

将以上每个根均代入振幅比定义式(3.20a)、(3.20b)中,可得如下振型:

$$一阶: r_1 = \frac{u_{m1,1}}{u_{m2,1}} = \frac{2}{1 + \sqrt{5}} = \frac{-1 + \sqrt{5}}{2} = 0.618 \tag{l}$$

$$二阶: r_2 = \frac{u_{m1,2}}{u_{m2,2}} = \frac{2}{1 - \sqrt{5}} = \frac{-1 - \sqrt{5}}{2} = -1.618 \tag{m}$$

当然,这两阶振型的振幅均可按需缩放,但它们之间的比值保持不变。图 3.13a 给出了两质量系统在其基本模态下的振型,其中整个系统的振幅相对第二个质量的振幅做了归一化。同理可得如图 3.13b 所示的二阶模态振型,其中整个系统的振幅同样也相对第二个质量的振幅做了归一化。

若不用载荷方程法,而选用位移方程法求解响应,则方程(3.17)变为

$$\mathbf{FM\ddot{D}} + \mathbf{D} = \mathbf{0} \tag{3.21}$$

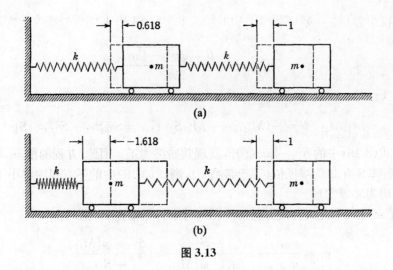

图 3.13

方程组的扩展形式可写成

$$\begin{bmatrix} F_{11}M_{11} & F_{12}M_{22} \\ F_{21}M_{11} & F_{22}M_{22} \end{bmatrix} \begin{bmatrix} \ddot{u}_1 \\ \ddot{u}_2 \end{bmatrix} + \begin{bmatrix} u_1 \\ u_2 \end{bmatrix} = \begin{bmatrix} 0 \\ 0 \end{bmatrix} \tag{3.22}$$

将式(a)、(b)代入方程(3.22),可得下列代数方程:

$$-\omega^2 F_{11}M_{11}u_{m1} - \omega^2 F_{12}M_{22}u_{m2} + u_{m1} = 0 \tag{n}$$

$$-\omega^2 F_{21}M_{11}u_{m1} - \omega^2 F_{22}M_{22}u_{m2} + u_{m2} = 0 \tag{o}$$

或

$$\begin{bmatrix} F_{11}M_{11} - \lambda & F_{12}M_{22} \\ F_{21}M_{11} & F_{22}M_{22} - \lambda \end{bmatrix} \begin{bmatrix} u_{m1} \\ u_{m2} \end{bmatrix} = \begin{bmatrix} 0 \\ 0 \end{bmatrix} \tag{p}$$

式中,$\lambda = 1/\omega^2$。为使方程有非零解,其系数矩阵的行列式须等于零,由此可得

$$(F_{11}M_{11} - \lambda)(F_{22}M_{22} - \lambda) - F_{12}^2 M_{11}M_{22} = 0 \tag{q}$$

或

$$\lambda^2 - (F_{11}M_{11} + F_{22}M_{22})\lambda + (F_{11}M_{22} - F_{12}^2)M_{11}M_{22} = 0 \tag{r}$$

式(r)为齐次位移方程对应的特征方程,该方程的根为角频率平方的倒数。因此,可根据

$$\lambda_{1,2} = \frac{-d \pm \sqrt{d^2 - 4e}}{2} \tag{3.23a}$$

计算该特征方程的根。同时,也可通过

$$\omega_{1,2}^2 = \frac{1}{\lambda_{1,2}} = \frac{2}{-d \pm \sqrt{d^2 - 4e}} \tag{3.23b}$$

计算特征方程的根。其中,

$$d = -(F_{11}M_{11} + F_{22}M_{22}), \quad e = (F_{11}F_{22} - F_{12}^2)M_{11}M_{22} = |\mathbf{F}|M_{11}M_{22} \tag{s}$$

在式(3.23a)、(3.23b)中,λ_1 的值(两个 λ 中的较大者)对应 ω_1^2(两个 ω^2 中的较小者),λ_2 的值

（两个 λ 中的较小者）对应 ω_2^2（两个 ω^2 中的较大者）。当矩阵 $\mathbf{F}$ 的行列式为正数时，方程（r）的根（以及它们的倒数）均为正实数。

将特征值 λ_1 和 λ_2 代入齐次方程［见方程（q）］，可分别得到两个振幅比 r_1 和 r_2 的定义式

$$r_1 = \frac{u_{m1,1}}{u_{m2,1}} = \frac{-F_{12}M_{22}}{F_{11}M_{11}-\lambda_1} = \frac{F_{22}M_{22}-\lambda_1}{-F_{21}M_{11}} \tag{3.24a}$$

$$r_2 = \frac{u_{m1,2}}{u_{m2,2}} = \frac{-F_{12}M_{22}}{F_{11}M_{11}-\lambda_2} = \frac{F_{22}M_{22}-\lambda_2}{-F_{21}M_{11}} \tag{3.24b}$$

且由方程（q）可知，以上振幅比的定义式均存在。

若再次假设图 3.1a 中系统的质量和弹簧常数均相等，则柔度系数 $F_{11}=\delta$、$F_{12}=F_{21}=\delta$ 和 $F_{22}=2\delta$（其中 $\delta=1/k$）。然后，可由式（3.23a）计算得到以下数值：

$$\lambda_1 = \frac{(3+\sqrt{5})m\delta}{2} = \frac{m\delta}{0.382} \tag{t}$$

$$\lambda_2 = \frac{(3-\sqrt{5})m\delta}{2} = \frac{m\delta}{2.618} \tag{u}$$

两个结果为式（j）、（k）中结果的倒数。将式（t）、（u）代入式（3.24a）、（3.24b），可得以下振幅比：

$$\text{一阶：} \quad r_1 = \frac{u_{m1,1}}{u_{m2,1}} = \frac{2}{1+\sqrt{5}} = \frac{-1+\sqrt{5}}{2} = 0.618$$

$$\text{二阶：} \quad r_2 = \frac{u_{m1,2}}{u_{m2,2}} = \frac{2}{1-\sqrt{5}} = \frac{-1-\sqrt{5}}{2} = -1.618$$

它们与式（l）、（m）完全相同。

在确定了给定系统的振动特性后，可叠加各阶固有模态，以写出如下形式的系统自由振动的完备解：

$$u_1 = r_1 u_{m2,1}\sin(\omega_1 t + \phi_1) + r_2 u_{m2,2}\sin(\omega_2 t + \phi_2) \tag{v}$$

$$u_2 = u_{m2,1}\sin(\omega_1 t + \phi_1) + u_{m2,2}\sin(\omega_2 t + \phi_2) \tag{w}$$

在式（v）中，分别使用 $r_1 u_{m2,1}$ 和 $r_2 u_{m2,2}$ 代替 $u_{m1,1}$ 和 $u_{m1,2}$。式（v）、（w）也可写成以下等效形式：

$$u_1 = r_1(C_1\cos\omega_1 t + C_2\sin\omega_1 t) + r_2(C_3\cos\omega_2 t + C_4\sin\omega_2 t) \tag{3.25a}$$

$$u_2 = C_1\cos\omega_1 t + C_2\sin\omega_1 t + C_3\cos\omega_2 t + C_4\sin\omega_2 t \tag{3.25b}$$

速度表达式可通过将表达式（3.25a）、（3.25b）对时间求微分得到：

$$\dot{u}_1 = -\omega_1 r_1(C_1\sin\omega_1 t - C_2\cos\omega_1 t) - \omega_2 r_2(C_3\sin\omega_2 t - C_4\cos\omega_2 t) \tag{3.25c}$$

$$\dot{u}_2 = -\omega_1(C_1\sin\omega_1 t - C_2\cos\omega_1 t) - \omega_2(C_3\sin\omega_2 t - C_4\cos\omega_2 t) \tag{3.25d}$$

式（3.25a）～（3.25d）中的四个任意常数 $C_1 \sim C_4$ 可根据四个位移和速度的初始条件确定。对于某个两自由度系统，若其在 $t=0$ 时刻的初始条件用符号 u_{01}、$\dot{u}_{01}$、u_{02} 和 $\dot{u}_{02}$ 表示，则将初始条件代入式（3.25a）～（3.25d）后，可计算得到四个常数：

$$C_1 = \frac{u_{01} - r_2 u_{02}}{r_1 - r_2}, \quad C_2 = \frac{\dot{u}_{01} - r_2 \dot{u}_{02}}{\omega_1(r_1 - r_2)}$$

$$C_3 = \frac{r_1 u_{02} - u_{01}}{r_1 - r_2}, \quad C_4 = \frac{r_1 \dot{u}_{02} - \dot{u}_{01}}{\omega_2(r_1 - r_2)} \qquad (3.26)$$

为了说明上述表达式的使用方法,计算如图 3.1a 所示的系统对初始条件 $u_{01} = u_{02} = 1$ 和 $\dot{u}_{01} = \dot{u}_{02} = 0$ 的响应。由方程(j)、(k)、(l)和(m)可知,具有相等质量和弹簧常数的系统的 ω_1、ω_2、r_1 和 r_2 取值均为已知。将这些已知条件与初始条件一起代入式(3.26)中的表达式,可求得常数值 $C_1 = 1.171, C_2 = 0, C_3 = -0.171$ 和 $C_4 = 0$,进而根据表达式(3.25a)、(3.25b)确定系统的响应

$$u_1 = 0.724 \cos \omega_1 t + 0.276 \cos \omega_2 t \qquad (x)$$

$$u_2 = 1.171 \cos \omega_1 t - 0.171 \cos \omega_2 t \qquad (y)$$

由于初始速度为零,这种情况下的响应中只包含余弦项。若初始位移为零,初始速度非零,则响应中只出现正弦项。此外,系统的两个固有模态都在响应表达式中有所贡献。只有当初始条件与某阶可能的模态运动相同时,响应表达式中才只会有某一阶模态的贡献。例如,若初始位移刚好与一阶模态的振动模式吻合($u_{01}/u_{02} = r_1$,$\dot{u}_{01}/\dot{u}_{02} = 0$),则响应变为

$$u_1 = u_{01} \cos \omega_1 t, \quad u_2 = u_{02} \cos \omega_1 t$$

上式仅由一阶模态响应组成。

综上所述,若振动时的固有模态有式(a)、(b)的形式,则可将自由振动的齐次微分方程[如方程(3.17)或方程(3.21)]转换为一组代数方程。令方程系数矩阵的行列式等于零,就可得到特征方程并计算相应的频率和振型。按照上述步骤得到的解的形式是确定的,但各阶模态对总响应的贡献大小须由初始条件确定。

接下来,要讨论几种特殊形式的自由振动。再次考虑图 3.4 中用弹簧相连的一对单摆。在该系统中,质量矩阵的对角元素[见 3.2 节中的方程(3.9)] $M_{11} = M_{22} = ml^2$。另外,若用包含重力项的矩阵 $\mathbf{S}^*$ 代替矩阵 $\mathbf{S}$,则有 $S_{11}^* = S_{22}^* = kh^2 + mgl$ 和 $S_{12}^* = S_{21}^* = -kh^2$。根据式(3.19)与以上各元素的值,可得固有角频率为

$$\omega_1 = \sqrt{\frac{g}{l}}, \quad \omega_2 = \sqrt{\frac{g}{l} + \frac{2kh^2}{ml^2}} \qquad (z)$$

然后,可由式(3.20a)、(3.20b)计算得到简单的振幅比

$$r_1 = 1, \quad r_2 = -1 \qquad (a')$$

振动的二阶固有模态分别如图 3.14a、b 所示,其中系统振幅对右侧单摆的振幅做了归一化处理。在一阶模态中,两个单摆朝相同方向摆动且振幅相等(等同于两个摆合二为一),弹簧不产生变形。在二阶模态中,两个单摆朝相反方向摆动但振幅相等,弹簧产生周期性伸缩变形。

另外,当前所分析的系统关于两摆中间的垂直平面对称。从图 3.14b 中发现,系统的二阶固有模态关于该平面对称,也因此将该模态称为对称振动模态。借助约束弹簧中点处的运动(在这种情况下,一半弹簧的有效刚度常数为 $2k$),可用半边系统表示对称振动模态。另一方面,图 3.14a 所示的一阶固有模态关于该平面反对称,这一阶模态称为反对称振动模态。这时,若允许弹簧中点自由地穿过对称平面(此时弹簧的有效刚度常数为零),则半边系统可用来表示这种模态。一般来说,只有一个对称面的振动系统只包含关于该平面的对称模态和反对

称模态,因而可将整个系统分解为两个降阶系统进行分析。其中一个降阶系统须限制其关于对称平面的位移,只允许对称位移产生,而另一个系统中只允许反对称位移产生。

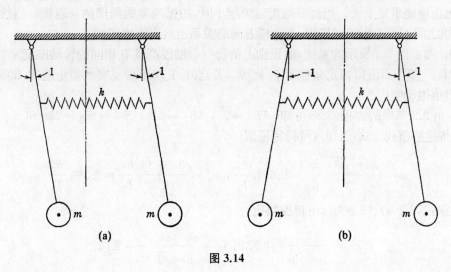

图 3.14

如果弹簧连接的这对摆不受重力场影响,那么矩阵 S^* 还原为奇异矩阵 S。在这种情况下,由式(z)表示的根变为

$$\omega_1 = 0, \ \omega_2 = \frac{h}{l}\sqrt{\frac{2k}{m}} \tag{b$'$}$$

这时,系统的一阶模态是没有阻力的刚体运动。这种刚体模态的固有频率为零,且运动周期无穷大。将仅有正根的特征方程称为正定方程,而将有一个或多个零根的方程称为半正定方程。因此,有时也将具有一个或多个刚体模态的振动系统称为半正定系统。

重新考虑这对摆的振动。假设重力存在,但连接弹簧的刚度为零。在这种情况下,式(z)中的第二个角频率与第一个角频率相等,方程产生了重根。这两个摆以相同频率独立振荡,且它们的振幅之间没有内在关系。

另一方面,若连接这对摆的弹簧的刚度常数较小(但非零),则两摆之间存在轻耦合。在这种情况下,二阶模态频率略高于一阶模态频率[见式(z)]。假设系统以 $\theta_{01}=\theta_0$、$\theta_{02}=0$ 和 $\dot{\theta}_{01}=\dot{\theta}_{02}=0$ 为初始条件开始振动。利用式(3.26),可得 $C_1=-C_3=\theta_0/2$ 和 $C_2=C_4=0$,并且根据式(3.25a)、(3.25b),可得到系统的响应

$$\theta_1 = \frac{\theta_0}{2}(\cos\omega_1 t + \cos\omega_2 t) = \theta_0 \cos\frac{(\omega_1-\omega_2)t}{2}\cos\frac{(\omega_1+\omega_2)t}{2} \tag{c$'$}$$

$$\theta_2 = \frac{\theta_0}{2}(\cos\omega_1 t - \cos\omega_2 t) = -\theta_0 \sin\frac{(\omega_1-\omega_2)t}{2}\sin\frac{(\omega_1+\omega_2)t}{2} \tag{d$'$}$$

当频率 ω_1 和 ω_2 接近时,位移 θ_1 和 θ_2 均为低频 $(\omega_1-\omega_2)/2$ 三角函数和高频 $(\omega_1+\omega_2)/2$ 三角函数的乘积,进而产生一种被称为"拍振[①]"的现象。响应发生的起始时刻,左侧摆以 θ_0 为振幅进行振荡,而右侧摆保持静止。接下来,前者振幅逐渐减小,后者振幅逐渐增大。在 $t=$

---

① 拍振的介绍参见 1.7 节。

$\pi/(\omega_1-\omega_2)$ 时刻,左侧摆静止,右侧摆以 θ_0 为振幅振荡。接下来,前者振幅开始增大,后者振幅开始减小,直到 $t=2\pi/(\omega_1-\omega_2)$ 时刻再次回到初始状态。若系统中不存在阻尼,则这种现象将会无止境地重复下去。当弹簧刚度越来越小时,拍振现象的周期越来越长。当然,若 $k=0$,则两摆之间不再产生相互作用,振动模态间的关系也具有不确定性。

例 1. 考虑图 3.3 所示的系统,假设轴上的每一个轴段都具有相同的转动刚度常数 k_r,且有 $I_2=2I_1$。整个系统以恒定角速度 $\dot{\phi}_0$ 旋转。若这时 A 点和 B 点突然停止运动,试确定由此产生的自由振动响应。

解: 由 3.2 节中的方程(3.8)可知,$M_{11}=I_1$,$M_{22}=2I_1$,$S_{11}=S_{22}=2k_r$ 和 $S_{12}=S_{21}=-k_r$。将这些值代入式(3.19),可得特征值

$$\omega_1^2=\frac{3-\sqrt{3}}{2}\frac{k_r}{I_1}=0.634\frac{k_r}{I_1},\ \omega_2^2=\frac{3+\sqrt{3}}{2}\frac{k_r}{I_1}=2.366\frac{k_r}{I_1} \tag{e'}$$

另外,根据式(3.20a)、(3.20b),可得振幅比

$$r_1=\frac{2}{1+\sqrt{3}}=0.732,\ r_2=\frac{2}{1-\sqrt{3}}=-2.732 \tag{f'}$$

系统一阶和二阶模态的振型分别如图 3.15a、3.15b 所示。其中,系统振幅均相对右侧圆盘的振幅做了归一化处理。

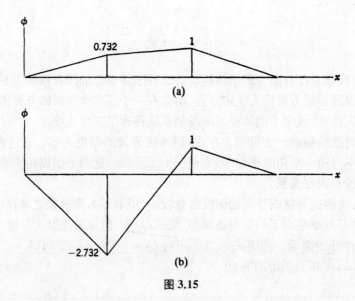

图 3.15

利用式(3.26),计算得到常数

$$C_1=C_3=0,\ C_2=1.352\dot{\phi}_0\sqrt{I_1/k_r},\ C_4=-0.050\,2\dot{\phi}_0\sqrt{I_1/k_r}$$

然后,可根据式(3.25a)、(3.25b)得到响应

$$\phi_1=(0.992\sin\omega_1 t+0.137\sin\omega_2 t)\dot{\phi}_0\sqrt{\frac{I_1}{k_r}} \tag{g'}$$

$$\phi_2=(1.352\sin\omega_1 t-0.050\,2\sin\omega_2 t)\dot{\phi}_0\sqrt{\frac{I_1}{k_r}} \tag{h'}$$

例 2. 将上一节图 3.10a 中的系统看作支承在前、后弹簧上的一种汽车简化模型。为了避免惯性耦合，将质心 C 作为上下和俯仰运动的参考点，并假设汽车的特性参数取以下值：

$$mg = 3\ 220\ \text{lb}, \quad k_1 = 2\ 000\ \text{lb/ft}, \quad k_2 = 2\ 500\ \text{lb/ft},$$

$$I_C = 1\ 500\ \text{lb-s}^2\text{-ft}, \quad l_1 = 4\ \text{ft}, \quad l_2 = 6\ \text{ft}$$

试确定系统的频率和振型，并计算系统对一个无旋转的初始垂直平动位移 Δ 的自由振动响应（$v_{0C} = \Delta$、$\theta_{0C} = 0$、$\dot{v}_{0C} = \dot{\theta}_{0C} = 0$）。

解： 由上一节中的方程（3.14c）可知，$M_{11} = m = 100\ \text{lb-s}^2/\text{ft}$、$M_{22} = I_C = 1\ 500\ \text{lb-s}^2\text{-ft}$、$S_{11} = k_1 + k_2 = 4\ 500\ \text{lb/ft}$、$S_{12} = S_{21} = k_2 l_2 - k_1 l_1 = 7\ 000\ \text{lb}$ 和 $S_{22} = k_1 l_1^2 + k_2 l_2^2 = 122\ 000\ \text{lb-ft}$。利用这些数值，可根据式（3.19）、（3.20a）、（3.20b）求得

$$\omega_1 = 6.13\ \text{rad/s}, \quad \omega_2 = 9.42\ \text{rad/s}$$

$$(\tau_1 \approx 1.02\ \text{Hz}, \quad \tau_2 \approx 0.67\ \text{Hz})$$

$$r_1 = -9.40\ \text{ft/rad} = -1.97\ \text{in./}°$$

$$r_2 = 1.59\ \text{ft/rad} = 0.333\ \text{in./}°$$

图 3.16a、b 给出系统相对转动位移做归一化后的一阶和二阶振型。它们与绕节点 O' 和 O'' 发生的刚体旋转等效，且两个节点分别在 C 点右侧 9.40 ft 处和左侧 1.59 ft 处。在一阶模态中，汽车主要发生上下跳动。而在二阶模态中，汽车主要发生俯仰运动。

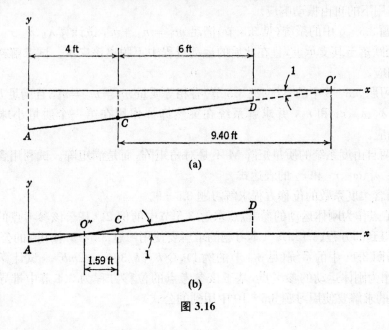

图 3.16

根据给定的初始条件，式（3.26）中的常数 $C_1 = -C_3 = -\Delta/10.99$，$C_2 = C_4 = 0$。最后，可由式（3.25a）、（3.25b）得到汽车的响应

$$v_C = (0.856\cos\omega_1 t + 0.145\cos\omega_2 t)\Delta \tag{i'}$$

$$\theta_C = -0.091\ 1(\cos\omega_1 t - \cos\omega_2 t)\Delta \tag{j'}$$

它是一种由俯仰运动和上下跳动组合而成的复杂非周期运动。

习题 3.5

3.5‑1. 假设习题 3.2‑1 中的系统(见 3.2 节)满足 $m_1=m_2=m$、$k_1=k_2=k$。 试确定特征值 ω_1^2 和 ω_2^2,以及振型比 r_1 和 r_2。 若令初始条件 $u_{01}=u_{02}=\Delta$、$\dot{u}_{01}=\dot{u}_{02}=0$,试求解自由振动响应。

3.5‑2. 令图 3.2 中的系统有习题 3.2‑2(见 3.2 节)中的参数。 试计算特征值 ω_1^2 和 ω_2^2,以及振型比 r_1 和 r_2。 试求解系统对初始条件 $u_{01}=\Delta$、$v_{01}=0$、$\dot{u}_{01}=\dot{v}_{01}=0$ 的响应。

3.5‑3. 令习题 3.2‑3 中的系统(见 3.2 节)满足 $m_1=m_2=m$、$l_1=l_2=l$ 和 $k_1=k_2=0$。 试确定 ω_1^2、ω_2^2、r_1 和 r_2,并求解系统对初始条件 $u_{01}=u_{02}=0$、$\dot{u}_{01}=\dot{u}_{02}=\dot{u}_0$ 的响应。

3.5‑4. 令习题 3.2‑5 中的两层框架(见 3.2 节)满足 $m_1=2m$, $m_2=m$, $h_1=h_2=h$ 和 $EI_1=EI_2=EI$。 试计算 ω_1^2、ω_2^2、r_1 和 r_2,并求解系统在突然卸掉较低层的静载荷 $(Q_1)_{st}$ 后的自由振动响应。

3.5‑5. 假设图 3.7a 中的系统满足 $m_1=m_2=m$(见 3.3 节中的例 1)。试根据式(3.23a)、(3.24a)、(3.24b),计算 λ_1、λ_2、r_1 和 r_2,并求解系统在突然卸掉梁自由端静载荷 $(Q_2)_{st}$ 后的响应。

3.5‑6. 试确定图 3.8a 中系统(见 3.3 节例 2)的 λ_1、λ_2、r_1 和 r_2。 若这时系统受到冲击载荷的作用,质量小球获得了 x 方向的初始速度 $\dot{u}_0$($\dot{u}_{01}=\dot{u}_0$、$\dot{v}_{01}=0$、$u_{01}=v_{01}=0$)。 试求解系统在这一初始条件作用下的自由振动响应。

3.5‑7. 令习题 3.3‑6 中的系统(见 3.3 节)满足 $m_1=m_2=m$,试计算 λ_1、λ_2、r_1 和 r_2。 假设梁从高度 h 处跌落至其支承上,且在此后的运动过程中不脱离该支承。试求解初始条件引起的自由振动响应。

3.5‑8. 假设习题 3.3‑8 中的系统(见 3.3 节)有相等质量 $m_1=m_2=m$,且满足 $R=EI/GJ=1/3$。 试计算 λ_1、λ_2、r_1 和 r_2,并求解系统在突然卸掉作用在第一个质量小球上的静载荷 $(Q_1)_{st}$ 后的响应。

3.5‑9. 假设两自由度系统的质量矩阵 $\mathbf{M}$ 不是对角矩阵,而是满矩阵。试利用含刚度系数的载荷方程推导 ω_1^2、ω_2^2、r_1 和 r_2 的表达式。

3.5‑10. 利用含柔度系数的位移方程求解习题 3.5‑9。

3.5‑11. 将 A 点作为刚体运动的参考点,求解 3.5 节中的例 2。基于该参考点的载荷方程为 3.4 节中推导得到的方程(3.14a)。(本习题的求解要使用习题 3.5‑9 中用到的公式)

3.5‑12. 对于图 3.11 中的系统(见 3.4 节的例 1),令 $b=l/3$、$I_C=2mb^2$。 试计算 λ_1、λ_2、r_1 和 r_2。 将 B 点作为刚体运动的参考点,基于该参考点的位移方程为 3.4 节中推导得到的方程(1)。(本习题的求解要使用习题 3.5‑10 中用到的公式)

3.6 无阻尼受迫振动

现在,考虑两自由度系统受到简谐激励的情况。例如,假设图 3.1a 中的两质量系统受到以下正弦扰动函数的作用:

$$Q_1=P_1\sin\Omega t,\ Q_2=P_2\sin\Omega t \tag{a}$$

这两个扰动函数有相同的角频率 Ω,但幅值 P_1 和 P_2 不相等。在这种情况下,载荷运动方程

[见方程(3.6)]变为

$$\mathbf{M}\ddot{\mathbf{D}} + \mathbf{S}\mathbf{D} = \mathbf{P}\sin\Omega t \tag{3.27}$$

其中

$$\mathbf{P} = \begin{bmatrix} P_1 \\ P_2 \end{bmatrix}$$

本节依旧只考虑质量矩阵为对角阵的情况。将方程(3.27)写成扩展形式

$$\begin{bmatrix} M_{11} & 0 \\ 0 & M_{22} \end{bmatrix} \begin{bmatrix} \ddot{u}_1 \\ \ddot{u}_2 \end{bmatrix} + \begin{bmatrix} S_{11} & S_{12} \\ S_{21} & S_{22} \end{bmatrix} \begin{bmatrix} u_1 \\ u_2 \end{bmatrix} = \begin{bmatrix} P_1 \\ p_2 \end{bmatrix} \sin\Omega t \tag{3.28}$$

取方程的一个特解形式为

$$u_1 = A_1 \sin\Omega t, \; u_2 = A_2 \sin\Omega t$$

或

$$\mathbf{D} = \mathbf{A}\sin\Omega t \tag{b}$$

其中，稳态响应振幅

$$\mathbf{A} = \begin{bmatrix} A_1 \\ A_2 \end{bmatrix}$$

将式(b)代入方程(3.28)，可得以下代数方程：

$$\begin{bmatrix} S_{11} - \Omega^2 M_{11} & S_{12} \\ S_{21} & S_{22} - \Omega^2 M_{22} \end{bmatrix} \begin{bmatrix} A_1 \\ A_2 \end{bmatrix} = \begin{bmatrix} P_1 \\ P_2 \end{bmatrix} \tag{c}$$

求解 $\mathbf{A}$，可得

$$\mathbf{A} = \mathbf{B}\mathbf{P} \tag{d}$$

式中，矩阵 $\mathbf{B}$ 为方程(c)中系数矩阵的逆矩阵。因此

$$\mathbf{B} = \begin{bmatrix} B_{11} & B_{12} \\ B_{21} & B_{22} \end{bmatrix} = \frac{1}{C} \begin{bmatrix} S_{22} - \Omega^2 M_{22} & -S_{12} \\ -S_{21} & S_{11} - \Omega^2 M_{11} \end{bmatrix} \tag{e}$$

且

$$C = (S_{11} - \Omega^2 M_{11})(S_{22} - \Omega^2 M_{22}) - S_{12}^2 \tag{f}$$

矩阵 $\mathbf{B}$ 中的元素为影响系数(也可称为传递函数)，定义为单位简谐扰动函数引起的稳态响应幅值。将式(d)代入式(b)，可得解的最终形式为

$$\mathbf{D} = \mathbf{B}\mathbf{P}\sin\Omega t \tag{3.29}$$

式(3.29)表示两个质量以角频率 Ω 做简谐运动。

对于频率缓变的扰动力(即当 $\Omega \to 0$ 时)，矩阵 $\mathbf{B}$ 变为刚度矩阵的逆矩阵，即柔度矩阵。将 C 的表达式(f)与特征方程[3.5 节中的方程(g)]做对比后发现，当 $\Omega = \omega_1$ 或 $\Omega = \omega_2$ 时，系统振幅变为无穷大。因此，两自由度系统存在两个共振频率，分别对应自由振动的两个固有频率。

式(d)中振幅 A_1 和 A_2 的比值为

$$\frac{A_1}{A_2} = -\frac{(S_{22}-\Omega^2 M_{22})P_1 - S_{12}P_2}{S_{21}P_1 - (S_{11}-\Omega^2 M_{11})P_2} \tag{g}$$

当 $P_2=0$，且 $\Omega=\omega_1$ 或 $\Omega=\omega_2$ 时，该比值与 3.5 节式(3.20a)、(3.20b)中的 r_1 或 r_2 的第二种形式接近。另一方面，当 $P_1=0$ 且系统发生共振时，该比值与 r_1 或 r_2 的第一种形式接近。更一般化的情况是，若把式(g)的分子与分母同时除以 $-S_{12}$，可看到

$$\frac{A_1}{A_2} = \frac{r_i P_1 + P_2}{P_1 + P_2/r_i} = r_i \quad (i=1,\ 2) \tag{3.30}$$

这一结果表明，受迫振动在每种共振条件下都将以该共振条件下的主模态振动。

要构建两自由度系统稳态振幅的响应谱，须假定问题中的参数取值。因此，对图 3.1a 所示的两质量系统而言，取 $m_1=2m$、$m_2=m$ 和 $k_1=k_2=k$。同时，为了方便响应谱曲线的绘制，引入符号

$$\omega_0^2 = \frac{k_1}{m_1} = \frac{k}{2m} \tag{h}$$

并用 ω_0^2 表示系统的特征值[见式(3.19)]。所得结果为

$$\omega_1^2 = 0.586\omega_0^2,\ \omega_2^2 = 3.414\omega_0^2 \tag{i}$$

当用 ω_0^2 表示矩阵 **B** 时，矩阵 **B** 变为

$$\mathbf{B} = \frac{k}{C}\begin{bmatrix} 1-\Omega^2/2\omega_0^2 & 1 \\ 1 & 2(1-\Omega^2/2\omega_0^2) \end{bmatrix} \tag{j}$$

其中

$$C = k^2[2(1-\Omega^2/2\omega_0^2)^2 - 1] \tag{k}$$

在这种情况下，矩阵 **B** 中所有元素的单位相同。仅须将所有元素乘以 k，就能使矩阵无量纲化。因此，令

$$\boldsymbol{\beta} = k\mathbf{B} \tag{l}$$

并将式(3.29)改写为

$$\mathbf{D} = \boldsymbol{\beta}(\mathbf{P}/k)\sin\Omega t \tag{m}$$

式(m)与 1.6 节中的式(1.24)类似，并且可将矩阵 **β** 看作放大系数矩阵(未取绝对值)。

图 3.17 为以下放大系数的无量纲曲线：

$$\beta_{11} = \frac{1-\Omega^2/2\omega_0^2}{2(1-\Omega^2/2\omega_0^2)^2 - 1} \tag{n}$$

$$\beta_{21} = \frac{1}{2(1-\Omega^2/2\omega_0^2)^2 - 1} \tag{o}$$

这两个表达式与函数 $(P_1/k)\sin\Omega t$ 相关。当 $\Omega=0$ 时，两个放大系数均等于 1。随着 Ω 的增加，两个系数均变为正数，意味着两个质量的振动与扰动力 $P_1\sin\Omega t$ 具有相同相位。当 Ω 接近一阶固有频率 ω_1 时，两个系数趋于无限大。这时，若 Ω 继续增大至略大于 ω_1，则两个系数

将变为负数,两质量的振动相位也将不同于扰动力相位。但两质量之间的振动相位依旧相同。随着 Ω 的进一步增加,两个放大系数的绝对值将不断减小,直到(当 $\Omega=\sqrt{2}\omega_0$ 时) β_{11} 变为零。这时的 β_{21} 取值变为 -1。当 Ω 超过 $\sqrt{2}\omega_0$ 时, β_{11} 变为正数, β_{21} 仍为负值。这种情况表示两质量间的振动相位不再相同,但第一个质量的振动相位却再次变得与扰动力相位相同。当 $\Omega=\omega_2$ 时,两个放大系数重新趋于无穷。此后,随着 Ω 增大至远超 ω_2 的取值后,两质量的运动均趋于零。

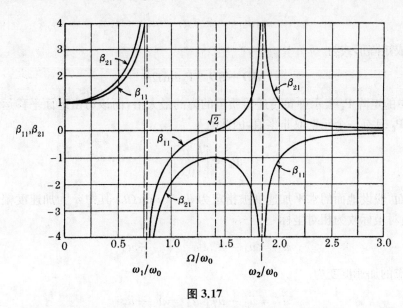

图 3.17

$\Omega=\sqrt{2}\omega_0$ 时的 β_{11} 取值为零,这一现象值得特别关注。在该频率下,第一个质量保持静止,第二个质量以振幅 $-P_1/k$ 做与扰动函数反相位的运动。可从式(e)定义的 β_{11} 看出,对两质量系统而言,当

$$\Omega=\sqrt{S_{22}/M_{22}} \tag{p}$$

时, β_{11} 为零,这时式(p)变为 $\sqrt{k_2/m_2}=\sqrt{2}\omega_0$。以图 3.18a 中质量为 m_1 的电机为例,说明有效利用上述条件的方法。该电机用刚度为 k_1 的梁支承,电机转子的不平衡使电机旋转时产生旋转力向量。当旋转力向量 P_1 的角频率等于临界值 $\Omega_{cr}=\sqrt{k_1/m_1}$ 时,系统发生剧烈的受迫振动。为了抑制该振动,在如图 3.18b 所示的梁上加装一个刚度为 k_2 的弹簧,用来悬挂辅助质量 m_2。如果指定的 m_2 和 k_2 的值满足 $\sqrt{k_2/m_2}=\Omega_{cr}$,则两自由度系统中的电机振动将会消失,而辅助质量的振幅为 $-P_1/k_2$。将该辅助系统称为动力吸振器。这是因为该吸振器可在无实际阻尼的条件下,抑制定转速工作机械的振动。因此,若要设计这样的"阻尼器",首先需要确定弹簧刚度 k_2 的取值,从而使得

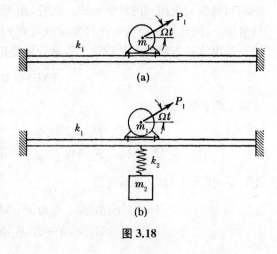

图 3.18

$-P_1/k_2$ 的取值在合适范围之内。然后,选择质量 m_2 的取值,以满足 $\sqrt{k_2/m_2}=\Omega_{\mathrm{cr}}$。另一方面,若要使动力吸振器在不等于 Ω_{cr} 的工作转速下有效工作,只能依靠系统的实际阻尼[3]。

与 1.6 节讨论的情况相同,受迫振动也可能因为周期性地面运动的作用而产生。例如,假设图 3.1a 中的地面在 x 方向上按简谐函数 $u_{\mathrm{g}}=d\sin\Omega t$ 发生平移运动,其中 d 为位移幅值。在这种情况下,载荷运动方程为

$$m_1\ddot{u}_1=-k_1(u_1-u_{\mathrm{g}})+k_2(u_2-u_1) \tag{q}$$

$$m_2\ddot{u}_2=-k_2(u_2-u_1) \tag{r}$$

以上方程写成矩阵形式为

$$\mathbf{M\ddot{D}}+\mathbf{SD}=\mathbf{P_g}\sin\Omega t \tag{3.31}$$

方程(3.31)中的矩阵 $\mathbf{P_g}$ 表示弹簧传递给质量的力的最大值,而该力由地面平移运动产生。本例中的矩阵 $\mathbf{P_g}$ 只有一个元素取非零值,因此有

$$\mathbf{P_g}=\begin{bmatrix}k_1d\\0\end{bmatrix} \tag{s}$$

另一方面,假设地面的水平加速度被指定为 $\ddot{u}_{\mathrm{g}}=a\sin\Omega t$,其中 a 为加速度幅值。在这种情况下,将绝对坐标改为相对坐标

$$u_1^*=u_1-u_{\mathrm{g}},\ u_2^*=u_2-u_{\mathrm{g}} \tag{t}$$

而与之相对应的加速度变为

$$\ddot{u}_1^*=\ddot{u}_1-\ddot{u}_{\mathrm{g}},\ \ddot{u}_2^*=\ddot{u}_2-\ddot{u}_{\mathrm{g}} \tag{u}$$

因此,用相对坐标表示的载荷方程可写成

$$\mathbf{M\ddot{D}}^*+\mathbf{SD}^*=\mathbf{P_g}^*\sin\Omega t \tag{3.32}$$

对于图 3.1a 中的两质量系统,方程(3.32)中的矩阵 $\mathbf{P_g}^*$ 变为

$$\mathbf{P_g}^*=-\begin{bmatrix}m_1\\m_2\end{bmatrix}a \tag{v}$$

因此,总能将支承运动引起的受迫振动问题与作用在该位移坐标上的外载荷引起的受迫振动问题表示成相同的数学形式。此外,由于系统实际受到的载荷不一定作用在所分析的位移坐标下,因此也可能需要计算实际载荷在相应位移坐标下的等效载荷[2]。

若用位移方程而不是载荷方程来分析受迫振动,则方程(3.27)将变为

$$\mathbf{FM\ddot{D}}+\mathbf{D}=\mathbf{FP}\sin\Omega t \tag{3.33}$$

或表示为扩展形式

$$\begin{bmatrix}F_{11}M_{11}&F_{12}M_{22}\\F_{21}M_{11}&F_{22}M_{22}\end{bmatrix}\begin{bmatrix}\ddot{u}_1\\\ddot{u}_2\end{bmatrix}+\begin{bmatrix}u_1\\u_2\end{bmatrix}=\begin{bmatrix}F_{11}&F_{12}\\F_{21}&F_{22}\end{bmatrix}\begin{bmatrix}P_1\\P_2\end{bmatrix}\sin\Omega t \tag{3.34}$$

将式(b)代入方程(3.34),可得

$$\begin{bmatrix}1-\Omega^2F_{11}M_{11}&-\Omega^2F_{12}M_{22}\\-\Omega^2F_{21}M_{11}&1-\Omega^2F_{22}M_{22}\end{bmatrix}\begin{bmatrix}A_1\\A_2\end{bmatrix}=\begin{bmatrix}F_{11}&F_{12}\\F_{21}&F_{22}\end{bmatrix}\begin{bmatrix}P_1\\P_2\end{bmatrix} \tag{w}$$

在这种情况下,矩阵 **A** 的解可写成

$$\mathbf{A} = \mathbf{EFP} \tag{x}$$

式中,矩阵 **E** 为方程(w)等号左边系数矩阵的逆矩阵。因此

$$\mathbf{E} = \begin{bmatrix} E_{11} & E_{12} \\ E_{21} & E_{22} \end{bmatrix} = \frac{1}{H} \begin{bmatrix} 1 - \Omega^2 F_{22} M_{22} & \Omega^2 F_{12} M_{22} \\ \Omega^2 F_{21} M_{11} & 1 - \Omega^2 F_{11} M_{11} \end{bmatrix} \tag{y}$$

其中

$$H = (1 - \Omega^2 F_{11} M_{11})(1 - \Omega^2 F_{22} M_{22}) - \Omega^4 F_{12}^2 M_{11} M_{22} \tag{z}$$

矩阵 **E** 中的元素为影响系数。这些影响系数被定义为质量产生的单位简谐位移所引起的稳态响应振幅。将式(x)代入式(b),得到解

$$\mathbf{D} = \mathbf{EFP} \sin \Omega t \tag{3.35}$$

对比式(3.35)、(3.29),发现

$$\mathbf{EF} = \mathbf{B} \tag{3.36a}$$

所以

$$\mathbf{E} = \mathbf{BS} \tag{3.36b}$$

虽然 **B** 和 **S** 都是对称矩阵,但它们的乘积 **E** 通常是非对称的。

也可引入符号

$$\mathbf{\Delta}_{st} = \mathbf{FP} \tag{3.37}$$

利用该符号,可将方程(3.33)改写为

$$\mathbf{FM\ddot{D}} + \mathbf{D} = \mathbf{\Delta}_{st} \sin \Omega t \tag{3.38}$$

方程(3.35)的解也相应变为

$$\mathbf{D} = \mathbf{E\Delta}_{st} \sin \Omega t \tag{3.39}$$

式(3.39)与 1.6 节中例 4 的表达式(u)相似。矩阵 $\mathbf{\Delta}_{st}$ 的元素被定义为静态加载的扰动函数最大值所引起的质量位移。根据式(3.37)的定义,矩阵 $\mathbf{\Delta}_{st}$ 中的元素因相应位移坐标下的外载荷作用产生。但在其他情况下,矩阵中的类似元素也可能源于其他类型的载荷或支承运动。

利用方程(3.38),还可方便地分析图 3.1a 中地面发生的简谐平移运动。若地面位移仍旧像以前一样被指定为 $u_g = d \sin \Omega t$,那么矩阵 $\mathbf{\Delta}_{st}$ 将简化为

$$\mathbf{\Delta}_{st} = \begin{bmatrix} 1 \\ 1 \end{bmatrix} d \tag{a'}$$

式(a')表示了系统的刚体运动。另一方面,若用指定的地面加速度 $\ddot{u}_g = a \sin \Omega t$ 进行分析则更加困难。这时,相对坐标下的方程(3.38)[见式(t)、(u)]变为

$$\mathbf{FM\ddot{D}^*} + \mathbf{D}^* = \mathbf{\Delta}_{st}^* \sin \Omega t \tag{3.40}$$

其中

$$\mathbf{\Delta}_{st}^* = \mathbf{FP}_g^* \tag{b'}$$

例 1. 假设图 3.1a 中的两质量系统受到正弦规律变化的地面位移 $u_g = d\sin\Omega t$ 作用。根据绘制图 3.17 中响应谱时使用的参数，取 $m_1 = 2m$、$m_2 = m$ 和 $k_1 = k_2 = k$。试利用载荷方程法和位移方程法求解系统的稳态响应。

解：确定了该系统中的矩阵 $\mathbf{B}$［见式（j）、（k）］和矩阵 $\mathbf{P_g}$［见式（s）］后，将它们代入式（3.29），得到以下结果：

$$u_1 = \frac{(1-\Omega^2 m/k)d\sin\Omega t}{2(1-\Omega^2 m/k)^2 - 1} \tag{c'}$$

$$u_2 = \frac{d\sin\Omega t}{2(1-\Omega^2 m/k)^2 - 1} \tag{d'}$$

接下来，利用柔度系数 $F_{11} = F_{12} = F_{21} = \delta$ 和 $F_{22} = 2\delta$ 推导矩阵 $\mathbf{E}$［见式（y）、（z）］，得到

$$\mathbf{E} = \frac{1}{H}\begin{bmatrix} 1-2\Omega^2 m\delta & \Omega^2 m\delta \\ 2\Omega^2 m\delta & 1-2\Omega^2 m\delta \end{bmatrix} \tag{e'}$$

其中

$$H = (1-2\Omega^2 m\delta)^2 - 2\Omega^4 m^2\delta^2 = 2(1-\Omega^2 m\delta)^2 - 1 \tag{f'}$$

将矩阵 $\mathbf{E}$ 和 $\mathbf{\Delta_{st}}$［见式（a'）］代入式（3.39），可得

$$u_1 = \frac{(1-\Omega^2 m\delta)d\sin\Omega t}{2(1-\Omega^2 m\delta)^2 - 1} \tag{g'}$$

$$u_2 = \frac{d\sin\Omega t}{2(1-\Omega^2 m\delta)^2 - 1} \tag{h'}$$

由于 $\delta = 1/k$，观察到式（g'）、（h'）与式（c'）、（d'）是相同的。

例 2. 假设图 3.8a 中的框架（见 3.3 节中的例 2）在其右上角受到 z 方向上的扭矩 $T = T_m\cos\Omega t$ 作用。试确定质量小球（位于框架自由端）在该激励作用下的稳态响应。

解：采用位移方程法分析本系统的振动。注意到系统的柔度系数为 $F_{11} = \dfrac{4l^3}{3EI}$，$F_{12} = F_{21} = \dfrac{l^3}{2EI}$ 和 $F_{22} = \dfrac{l^3}{3EI}$。此外，质量矩阵的元素 $M_{11} = M_{22} = m$。将这些取值代入式（y）、（z）中，可求得矩阵

$$\mathbf{E} = \frac{1}{H}\begin{bmatrix} 1-\dfrac{\Omega^2 ml^3}{3EI} & \dfrac{\Omega^2 ml^3}{2EI} \\ \dfrac{\Omega^2 ml^3}{2EI} & 1-\dfrac{4\Omega^2 ml^3}{3EI} \end{bmatrix} \tag{i'}$$

其中

$$H = 1 - \frac{5\Omega^2 ml^3}{3EI} + \frac{7\Omega^4 m^2 l^6}{36(EI)^2} \tag{j'}$$

静态加载于框架右上角的最大扭矩 T_m 将引起质量小球在 x 方向上的位移 $\dfrac{T_m l^2}{EI}$，同时

还会引起 y 方向上的位移 $\dfrac{T_\mathrm{m} l^2}{2EI}$。所以,本例中的矩阵 $\mathbf{\Delta}_\mathrm{st}$ 变为

$$\mathbf{\Delta}_\mathrm{st} = \begin{bmatrix} 2 \\ 1 \end{bmatrix} \frac{T_\mathrm{m} l^2}{2EI} \tag{k$'$}$$

将上述矩阵代入式(3.39),并用 $\cos\Omega t$ 代替 $\sin\Omega t$,可得

$$u_1 = \left(12 - \frac{\Omega^2 m l^3}{EI}\right) \frac{T_\mathrm{m} l^2 \cos\Omega t}{12EIH} \tag{l$'$}$$

$$u_2 = \left(3 - \frac{\Omega^2 m l^3}{EI}\right) \frac{T_\mathrm{m} l^2 \cos\Omega t}{6EIH} \tag{m$'$}$$

3.7　含黏性阻尼的自由振动

如图 3.19a 所示的两质量系统中有减振阻尼器,阻尼器的黏性阻尼常数为 c_1 和 c_2。若没有外载荷作用在系统上,则载荷运动方程为(见图 3.19b)

$$m_1 \ddot{u}_1 = -c_1 \dot{u}_1 + c_2(\dot{u}_2 - \dot{u}_1) - k_1 u_1 + k_2(u_2 - u_1) \tag{a}$$

$$m_2 \ddot{u}_2 = -c_2(\dot{u}_2 - \dot{u}_1) - k_2(u_2 - u_1) \tag{b}$$

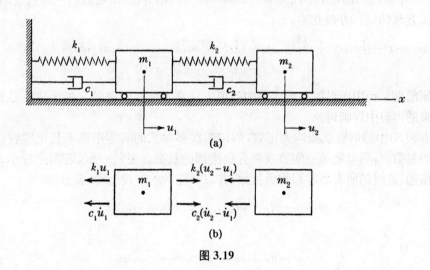

(a)

(b)

图 3.19

上述方程的矩阵形式简化为

$$\mathbf{M\ddot{D}} + \mathbf{C\dot{D}} + \mathbf{SD} = \mathbf{0} \tag{3.41}$$

其中

$$\mathbf{C} = \begin{bmatrix} C_{11} & C_{12} \\ C_{21} & C_{22} \end{bmatrix} = \begin{bmatrix} c_1 + c_2 & -c_2 \\ -c_2 & c_2 \end{bmatrix}, \quad \mathbf{\dot{D}} = \begin{bmatrix} \dot{u}_1 \\ \dot{u}_2 \end{bmatrix} \tag{c}$$

方程(3.41)中其他矩阵的定义均与前文相同。阻尼矩阵 $\mathbf{C}$ 中的元素为阻尼影响系数,这些系数被定义为产生单位速度所需的载荷。即在包含黏性阻尼系数的矩阵中,任意元素 C_{ij} 表示

与第 j 个单位速度引起的阻尼载荷相平衡的第 i 个载荷。这一定义与刚度系数和惯性影响系数的定义类似，且推导矩阵 $\mathbf{C}$ 中各列的步骤与之前推导矩阵 $\mathbf{S}$ 和 $\mathbf{M}$ 中各列的步骤也类似。按照该步骤推导得到的阻尼矩阵总是对称矩阵。

由于方程(3.41)中存在速度项，所以该齐次微分方程的求解比 3.5 节中的无阻尼方程更复杂。这里考虑具有以下形式的解：

$$u_1 = A_1 e^{st} \tag{d}$$

$$u_2 = A_2 e^{st} \tag{e}$$

将式(d)、(e)及其导数代入方程(3.41)，可得以下恒成立的代数方程：

$$\begin{bmatrix} M_{11}s^2 + C_{11}s + S_{11} & C_{12}s + S_{12} \\ C_{21}s + S_{21} & M_{22}s^2 + C_{22}s + S_{22} \end{bmatrix} \begin{bmatrix} A_1 \\ A_2 \end{bmatrix} = \begin{bmatrix} 0 \\ 0 \end{bmatrix} \tag{f}$$

为使方程(f)有非零解，系数矩阵的行列式必须等于零。由此可得特征方程

$$(M_{11}s^2 + C_{11}s + S_{11})(M_{22}s^2 + C_{22}s + S_{22}) - (C_{12}s + S_{12})^2 = 0 \tag{g}$$

或

$$M_{11}M_{22}s^4 + (M_{11}C_{22} + M_{22}C_{11})s^3 + (M_{11}S_{22} + C_{11}C_{22} + M_{22}S_{11} - C_{12}^2)s^2 +$$
$$(C_{11}S_{22} + C_{22}S_{11} - 2C_{12}S_{12})s + S_{11}S_{22} - S_{12}^2 = 0 \tag{h}$$

若取图 3.19a 中系统的确切值 $M_{11} = m_1$、$M_{22} = m_2$ 等，则方程(h)可进行一定程度的简化。将确切值代入方程(h)后，方程变为

$$m_1 m_2 s^4 + [m_1 c_2 + m_2(c_1 + c_2)]s^3 + [m_1 k_2 + c_1 c_2 + m_2(k_1 + k_2)]s^2 +$$
$$(c_1 k_2 + c_2 k_1)s + k_1 k_2 = 0 \tag{i}$$

这一方程须借助某种用于提取多项式根的数值方法来求解。但解的一般形式是已知的，并且将在接下来的内容中详细讨论。

因为方程(i)中的所有系数均为正数，所以四次多项式的非零根既不是正实数，也不是具有正实部的复数[4]，只可能是负实数或带有负实部的复数。更进一步，若阻尼较小，则系统可发生自由振动，这时的所有非零根均为复数，并以共轭对的形式出现，表示为

$$s_{11} = -n_1 + i\omega_{d1}, \quad s_{12} = -n_1 - i\omega_{d1} \tag{3.42a}$$

和

$$s_{21} = -n_2 + i\omega_{d2}, \quad s_{22} = -n_2 - i\omega_{d2} \tag{3.42b}$$

式中，符号 n_1 和 n_2 为阻尼引起的正实数；ω_{d1} 和 ω_{d2} 为有阻尼角频率。将以上两式中的每个根代入方程(f)，可得相应的振幅比

$$r_{jk} = \frac{-C_{12}s_{jk} - S_{12}}{M_{11}s_{jk}^2 + C_{11}s_{jk} + S_{11}} = \frac{M_{22}s_{jk}^2 + C_{22}s_{jk} + S_{22}}{-C_{21}s_{jk} - S_{21}} \tag{3.43}$$

式中，$j = 1$ 或 2；$k = 1$ 或 2；所得比值 r_{11}，r_{12} 和 r_{21}，r_{22} 均为复共轭对。因而可将完备解写成

$$u_1 = r_{11}A_{11}e^{s_{11}t} + r_{12}A_{12}e^{s_{12}t} + r_{21}A_{21}e^{s_{21}t} + r_{22}A_{22}e^{s_{22}t} \tag{3.44a}$$

$$u_2 = A_{11}e^{s_{11}t} + A_{12}e^{s_{12}t} + A_{21}e^{s_{21}t} + A_{22}e^{s_{22}t} \tag{3.44b}$$

式中,系数 A_{11} 和 A_{12}、A_{21} 和 A_{22} 均为复共轭对,它们由初始条件确定。

仿照 1.8 节单自由度系统的分析步骤,可将式(3.44a)、(3.44b)变换为等效的三角函数形式。因此,式(3.44b)中 u_2 的前两项被改写为

$$A_{11}e^{s_{11}t} + A_{12}e^{s_{12}t} = e^{-n_1t}(C_1\cos\omega_{d1}t + C_2\sin\omega_{d1}t)$$

其中

$$\cos\omega_{d1}t = \frac{e^{i\omega_{d1}t} + e^{-i\omega_{d1}t}}{2} \qquad \sin\omega_{d1}t = \frac{e^{i\omega_{d1}t} - e^{-i\omega_{d1}t}}{2i}$$

且

$$C_1 = A_{11} + A_{12},\ C_2 = i(A_{11} - A_{12}) \tag{j}$$

式中,C_1 和 C_2 均为实数。式(3.44a)中的相应项可通过引入以下符号变换为三角函数形式:

$$r_{11} = a + ib,\ r_{12} = a - ib \tag{k}$$

它们表示第一对复共轭振幅比。然后,可将 u_1 的前两项改写成其等效形式

$$r_{11}A_{11}e^{s_{11}t} + r_{12}A_{12}e^{s_{12}t} = e^{-n_1t}\left[(C_1a - C_2b)\cos\omega_{d1}t + (C_1b + C_2a)\sin\omega_{d1}t\right]$$

同理,利用实数

$$C_3 = A_{21} + A_{22},\ C_4 = i(A_{21} - A_{22}) \tag{l}$$

并引入符号

$$r_{21} = c + id,\ r_{22} = c - id \tag{m}$$

可将 u_1 和 u_2 的后两项也转换为三角函数形式。由此可得总响应解的表达式

$$u_1 = e^{-n_1t}(r_1C_1\cos\omega_{d1}t + r_1'C_2\sin\omega_{d1}t) + e^{-n_2t}(r_2C_3\cos\omega_{d2}t + r_2'C_4\sin\omega_{d2}t) \tag{3.45a}$$

$$u_2 = e^{-n_1t}(C_1\cos\omega_{d1}t + C_2\sin\omega_{d1}t) + e^{-n_2t}(C_3\cos\omega_{d2}t + C_4\sin\omega_{d2}t) \tag{3.45b}$$

其中实振幅比

$$\left.\begin{array}{l} r_1 = \dfrac{C_1a - C_2b}{C_1},\ r_1' = \dfrac{C_1b + C_2a}{C_2} \\[3mm] r_2 = \dfrac{C_3c - C_4d}{C_3},\ r_2' = \dfrac{C_3d + C_4c}{C_4} \end{array}\right\} \tag{n}$$

从许多方面来看,表达式(3.45a)、(3.45b)都与无阻尼振动的响应解[见 3.5 节中的式(3.25a)、(3.25b)]相似。然而,它们确实也与无阻尼响应表达式存在显著差异。由于 e^{-n_1t} 和 e^{-n_2t} 的存在,有阻尼情况下的振动幅值会随时间逐渐减小,并最终消失。另外,有阻尼角频率 ω_{d1} 和 ω_{d2} 也区别于无阻尼角频率。此外,有阻尼振动有四个振幅比,而无阻尼振动只有两个振幅比。因此,u_1 的表达式(3.45a)中的第一项与 u_2 的表达式(3.45b)中的第一项相位不同。同理,u_1 表达式中的第二项与 u_2 表达式中的第二项也具有不同相位。将上述各项写成如下含相位角的形式,可清楚地看到各项之间的相位差异:

$$u_1 = B_1'e^{-n_1t}\cos(\omega_{d1}t - \alpha_{d1}') + B_2'e^{-n_2t}\cos(\omega_{d2}t - \alpha_{d2}') \tag{3.46a}$$

$$u_2 = B_1e^{-n_1t}\cos(\omega_{d1}t - \alpha_{d1}) + B_2e^{-n_2t}\cos(\omega_{d2}t - \alpha_{d2}) \tag{3.46b}$$

其中

$$B_1 = \sqrt{C_1^2 + C_2^2}, \ B_2 = \sqrt{C_3^2 + C_4^2} \atop B_1' = B_1\sqrt{a^2 + b^2}, \ B_2' = B_2\sqrt{c^2 + d^2} \Biggr\} \tag{o}$$

且

$$\alpha_{d1} = \arctan\left(\frac{C_2}{C_1}\right), \ \alpha_{d2} = \arctan\left(\frac{C_4}{C_3}\right) \atop \alpha_{d1}' = \arctan\left(\frac{r_1'C_2}{r_1C_1}\right), \ \alpha_{d2}' = \arctan\left(\frac{r_2'C_4}{r_2C_3}\right) \Biggr\} \tag{p}$$

因此,3.5 节中定义的主模态对当前讨论的两自由度有阻尼系统而言是不存在的。系统中实际存在的固有模态之间含有非零相位角,从而使分析变得更加复杂。对主模态和阻尼的讨论,将放到第 4 章的多自由度系统振动问题中展开。

考虑黏性阻尼系数很小的情况。这时的特征方程(h)近似为无阻尼系统的特征方程。若取以下近似关系:

$$\omega_{d1} \approx \omega_1, \ \omega_{d2} \approx \omega_2 \atop r_1' \approx r_1, \ r_2' \approx r_2 \Biggr\} \tag{q}$$

则可根据上述关系,将式(3.45a)、(3.45b)简化为

$$u_1 \approx r_1 e^{-n_1 t}(C_1\cos\omega_1 t + C_2\sin\omega_1 t) + r_2 e^{-n_2 t}(C_3\cos\omega_2 t + C_4\sin\omega_2 t) \tag{3.47a}$$

$$u_2 \approx e^{-n_1 t}(C_1\cos\omega_1 t + C_2\sin\omega_1 t) + e^{-n_2 t}(C_3\cos\omega_1 t + C_4\sin\omega_2 t) \tag{3.47b}$$

为了计算常数 $C_1 \sim C_4$,将 $t=0$ 时刻的初始条件 u_{01}、u_{02}、$\dot{u}_{01}$ 和 $\dot{u}_{02}$ 代入式(3.47a)、(3.47b),以及它们对时间的导数中。所得常数的表达式为

$$C_1 \approx \frac{u_{01} - r_2 u_{02}}{r_1 - r_2}, \ C_2 \approx \frac{\dot{u}_{01} + n_1 u_{01} - r_2(\dot{u}_{02} + n_1 u_{02})}{\omega_1(r_1 - r_2)} \atop C_3 \approx \frac{r_1 u_{02} - u_{01}}{r_1 - r_2}, \ C_4 \approx \frac{r_1(\dot{u}_{02} + n_2 u_{02}) - (\dot{u}_{01} + n_2 u_{01})}{\omega_2(r_1 - r_2)} \Biggr\} \tag{r}$$

另一方面,若阻尼很大,则特征方程的所有根都将变为负实根。在这种情况下,解的形式将不再是振动,可表示为

$$u_1 = r_1 D_1 e^{-v_1 t} + r_2 D_2 e^{-v_2 t} + r_3 D_3 e^{-v_3 t} + r_4 D_4 e^{-v_4 t} \tag{3.48a}$$

$$u_2 = D_1 e^{-v_1 t} + D_2 e^{-v_2 t} + D_3 e^{-v_3 t} + D_4 e^{-v_4 t} \tag{3.48b}$$

式中,$v_1 \sim v_4$ 为正数;常数 $D_1 \sim D_4$,$r_1 \sim r_4$ 都为实数。

当然,系统的解也可能是两个负实根和两个具有负实部的共轭复根。在这种情况下,解可写成以下形式:

$$u_1 = e^{-nt}(r_1 C_1\cos\omega_d t + r_1' C_2\sin\omega_d t) + r_3 C_3 e^{-v_3 t} + r_4 C_4 e^{-v_4 t} \tag{3.49a}$$

$$u_2 = e^{-nt}(C_1\cos\omega_d t + C_2\sin\omega_d t) + C_3 e^{-v_3 t} + C_4 e^{-v_4 t} \tag{3.49b}$$

也可用位移运动方程代替载荷运动方程来分析有阻尼自由振动。这时的微分方程将变为

$$\mathbf{F}(\mathbf{M}\ddot{\mathbf{D}} + \mathbf{C}\dot{\mathbf{D}}) + \mathbf{D} = 0 \tag{3.50}$$

该方法应用的具体步骤与载荷方程类似,这里不再赘述。

3.8　含黏性阻尼的受迫振动

令图 3.19a 中的系统受到一个一般简谐激励作用,该激励的复数表达式为

$$\mathbf{Q} = \mathbf{P}\mathrm{e}^{\mathrm{i}\Omega t} = \mathbf{P}(\cos\Omega t + \mathrm{i}\sin\Omega t) \tag{a}$$

式中,向量 $\mathbf{P}$ 的含义与 3.6 节方程(3.27)中的 $\mathbf{P}$ 相同。由此可将 3.7 节中的方程(3.41)改写为

$$\mathbf{M}\ddot{\mathbf{D}} + \mathbf{C}\dot{\mathbf{D}} + \mathbf{S}\mathbf{D} = \mathbf{P}\mathrm{e}^{\mathrm{i}\Omega t} \tag{3.51}$$

仅考虑稳态受迫振动,假设上述方程的解的复数形式为

$$\mathbf{D} = \mathbf{A}\mathrm{e}^{\mathrm{i}\Omega t} \tag{b}$$

将式(b)及其对时间的导数代入方程(3.51),可得以下矩阵形式的代数方程:

$$(\mathbf{S} - \Omega^2\mathbf{M} + \mathrm{i}\Omega\mathbf{C})\mathbf{A} = \mathbf{P} \tag{c}$$

求解方程(c)中的矩阵 $\mathbf{A}$,可得

$$\mathbf{A} = \mathbf{B}^* \mathbf{P} \tag{d}$$

将式(d)代入式(b),解得

$$\mathbf{D} = \mathbf{B}^* \mathbf{P}\mathrm{e}^{\mathrm{i}\Omega t} \tag{3.52}$$

式(3.52)表示两质量块具有以 Ω 为角频率的简谐运动规律。

根据方程(c)、(d),可知矩阵 $\mathbf{B}^*$ 的定义式为

$$\mathbf{B}^* = (\mathbf{S} - \Omega^2\mathbf{M} + \mathrm{i}\Omega\mathbf{C})^{-1} \tag{e}$$

该矩阵与 3.6 节中的矩阵 $\mathbf{B}$ 类似,但矩阵 $\mathbf{B}^*$ 却包含阻尼引起的虚数部分。当 $\mathbf{M}$ 为对角矩阵时,矩阵 $\mathbf{B}^*$ 的扩展形式变为

$$\mathbf{B}^* = \begin{bmatrix} B_{11}^* & B_{12}^* \\ B_{21}^* & B_{22}^* \end{bmatrix} = \frac{1}{C^*} \begin{bmatrix} S_{22} - \Omega^2 M_{22} + \mathrm{i}\Omega C_{22} & -S_{12} - \mathrm{i}\Omega C_{12} \\ -S_{21} - \mathrm{i}\Omega C_{21} & S_{11} - \Omega^2 M_{11} + \mathrm{i}\Omega C_{11} \end{bmatrix} \tag{f}$$

其中

$$C^* = (S_{11} - \Omega^2 M_{11} + \mathrm{i}\Omega C_{11})(S_{22} - \Omega^2 M_{22} + \mathrm{i}\Omega C_{22}) - (S_{12} + \mathrm{i}\Omega C_{12})^2 \tag{g}$$

矩阵 $\mathbf{B}^*$ 中的元素为影响系数,可称为复传递函数。该矩阵中复数的含义为单位简谐扰动函数引起的有阻尼稳态响应振幅与相位。

利用标准复数关系,可借助实振幅和相位角将式(3.52)中的解表示为

$$u_1 = \frac{\sqrt{a^2+b^2}}{\sqrt{g^2+h^2}} P_1\cos(\Omega t - \theta_1) + \frac{\sqrt{c^2+d^2}}{\sqrt{g^2+h^2}} P_2\cos(\Omega t - \theta_2) \tag{3.53a}$$

$$u_2 = \frac{\sqrt{c^2+d^2}}{\sqrt{g^2+h^2}} P_1\cos(\Omega t - \theta_2) + \frac{\sqrt{e^2+f^2}}{\sqrt{g^2+h^2}} P_2\cos(\Omega t - \theta_3) \tag{3.53b}$$

其中

$$a = S_{22} - \Omega^2 M_{22}, \ b = \Omega C_{22}, \ c = S_{12}$$
$$d = \Omega C_{12}, \ e = S_{11} - \Omega^2 M_{11}, \ f = \Omega C_{11}$$
$$g = (S_{11} - \Omega^2 M_{11})(S_{22} - \Omega^2 M_{22}) - S_{12}^2 - \Omega^2 (C_{11} C_{22} - C_{12}^2)$$
$$h = \Omega [C_{11}(S_{22} - \Omega^2 M_{22}) + C_{22}(S_{11} - \Omega^2 M_{11}) - 2 C_{12} S_{12}]$$

$$(h)$$

且

$$\theta_1 = \arctan\left(\frac{ah - bg}{ag + bh}\right), \ \theta_2 = \arctan\left(\frac{ch - dg}{cg + dh}\right), \ \theta_3 = \arctan\left(\frac{eh - fg}{eg + fh}\right) \qquad (i)$$

至此发现，考虑黏性阻尼效应将使分析变得更加复杂，即便是对只包含两个自由度的系统也是如此。在第 4 章中，将考虑多自由度系统的有阻尼振动问题。在分析这类问题时，会做一定假设以简化相位关系，进而保证实际计算时的高精度。

参考文献

[1] GERE J M, WEAVER W, Jr.. Matrix algebra for engineers [M]. 2nd ed. Belmont, CA: Wadsworth, 1983.

[2] WEAVER W, Jr., GERE J M. Matrix analysis of framed structures[M]. 2nd ed. New York: Van Nostrand-Reinhold, 1980.

[3] ORMONDROYD J, DEN HARTOG J P. Theory of dynamic vibration absorber[J]. Trans. ASME, 1928(50): 241-254.

[4] RAYLEIGH J W S. Theory of sound: Vol.1[M]. 2nd ed. New York: Dover, 1945.

第 4 章
多自由度系统的振动问题

4.1 引 言

上一章中涉及的两自由度系统的概念,将在本章中拓展到多自由度系统中。就自由度数量而言,我们所分析的多自由度系统具有多于一个且数量有限的自由度。这类多自由度振动系统的特性是由有限数量的位移坐标决定的。若系统中与质量相关的自由度数量为 n,则需要 n 个微分方程来描述系统的运动。

在第 3 章中,除了有阻尼的情况,无阻尼情况下两自由度系统的自由振动和简谐激励作用下的受迫振动,分析起来并没有太多困难。但对多自由度系统而言,由于方程项数随自由度数的增加而迅速增加,因此系统振动分析变得更加复杂。尽管矩阵运算能使包含多个相关项的运算更加高效,但比大规模运算更为困难的是,分析系统在受到任意扰动函数作用后在原始坐标系中的振动。尤其是当阻尼存在时,这类振动问题的分析将变得更加困难。克服上述困难的一种做法是选取一组合适的坐标系。

若将多自由度系统的主模态作为广义坐标,则无阻尼运动方程中不存在耦合项。基于该坐标的每个方程可单独求解,等同于每个方程可单独用于描述一个单自由度系统。这种被称为正则模态法的动力学分析方法将在本章中进行推导,并将其用于普遍关注的一类多自由度系统振动问题的求解。接下来,首先介绍无阻尼系统的相关问题,然后在本章的后半段针对有阻尼系统的相关问题进行讨论。

4.2 无阻尼系统的固有频率和振型

对于含 n 个自由度的系统,其无阻尼自由振动的载荷运动方程[见 3.5 节的式(3.17)]具有的一般形式为

$$\begin{bmatrix} M_{11} & M_{12} & M_{13} & \cdots & M_{1n} \\ M_{21} & M_{22} & M_{23} & \cdots & M_{2n} \\ M_{31} & M_{32} & M_{33} & \cdots & M_{3n} \\ \vdots & \vdots & \vdots & & \vdots \\ M_{n1} & M_{n2} & M_{n3} & \cdots & M_{nn} \end{bmatrix} \begin{bmatrix} \ddot{u}_1 \\ \ddot{u}_2 \\ \ddot{u}_3 \\ \vdots \\ \ddot{u}_n \end{bmatrix} + \begin{bmatrix} S_{11} & S_{12} & S_{13} & \cdots & S_{1n} \\ S_{21} & S_{22} & S_{23} & \cdots & S_{2n} \\ S_{31} & S_{32} & S_{33} & \cdots & S_{3n} \\ \vdots & \vdots & \vdots & & \vdots \\ S_{n1} & S_{n2} & S_{n3} & \cdots & S_{nn} \end{bmatrix} \begin{bmatrix} u_1 \\ u_2 \\ u_3 \\ \vdots \\ u_n \end{bmatrix} = \begin{bmatrix} 0 \\ 0 \\ 0 \\ 0 \\ 0 \end{bmatrix} \quad (4.1)$$

或
$$\mathbf{M\ddot{D}} + \mathbf{SD} = \mathbf{0}$$

假设质量在发生固有模态振动时均按以下简谐函数规律运动:

$$\mathbf{D}_i = \mathbf{\Phi}_{Mi} \sin(\omega_i t + \phi_i) \quad (a)$$

式中,ω_i 和 ϕ_i 分别为第 i 阶模态的角频率和相位角。式(a)中的符号 $\mathbf{D}_i$ 表示第 i 阶模态的位移列矩阵(或向量),$\mathbf{\Phi}_{Mi}$ 表示与之对应的最大位移向量,或称为振幅。即

$$D_i = \begin{bmatrix} u_1 \\ u_2 \\ u_3 \\ \vdots \\ u_n \end{bmatrix}_i \qquad \Phi_{Mi} = \begin{bmatrix} u_{m1} \\ u_{m2} \\ u_{m3} \\ \vdots \\ u_{mn} \end{bmatrix}_i$$

将式(a)代入式(3.17),可得到一组代数方程,表示为

$$H_i \Phi_{Mi} = 0 \qquad (4.2)$$

其中,特征矩阵

$$H_i = S - \omega_i^2 M \qquad (4.3)$$

式(4.2)有非零解,须满足特征矩阵的行列式等于零。因此,特征方程的一般形式为

$$|H_i| = \begin{vmatrix} S_{11} - \omega_i^2 M_{11} & S_{12} - \omega_i^2 M_{12} & S_{13} - \omega_i^2 M_{13} & \cdots & S_{1n} - \omega_i^2 M_{1n} \\ S_{21} - \omega_i^2 M_{21} & S_{22} - \omega_i^2 M_{22} & S_{23} - \omega_i^2 M_{23} & \cdots & S_{2n} - \omega_i^2 M_{2n} \\ S_{31} - \omega_i^2 M_{31} & S_{32} - \omega_i^2 M_{32} & S_{33} - \omega_i^2 M_{33} & \cdots & S_{3n} - \omega_i^2 M_{3n} \\ \vdots & & & & \vdots \\ S_{n1} - \omega_i^2 M_{n1} & S_{n2} - \omega_i^2 M_{n2} & S_{n3} - \omega_i^2 M_{n3} & \cdots & S_{mn} - \omega_i^2 M_{mn} \end{vmatrix} = 0 \qquad (4.4)$$

将行列式展开,可得一个最高阶项为 $(\omega_i^2)^n$ 的多项式。若多项式不能因式分解,则它的 n 个根 ω_1^2, ω_2^2, $\cdots$, ω_i^2, $\cdots$, ω_n^2 可用数值方法求解得到。上述在前文中被称为"特征值"的根也被称为本征值(注:本征值的英文单词 eigenvalue 中的前缀 eigen 与德语单词 own 意思相同)。若 M 为正定矩阵[1], S 为正定矩阵或半正定矩阵,则它们的特征值均为非负实数。但这些特征值的取值不一定都不相等(即可能存在相等的特征值)。这种有重复特征根的情况将在 4.7 节讨论。

在这里,任意一个模态的振幅向量用 Φ_{Mi} 表示,称为特征向量,或本征向量。若特征方程 (4.4)的根是系统的特征值,则可根据齐次代数方程(4.2)求出特征向量(含任意待定常数)。由于存在 n 个特征值,因此有 n 个模态向量与之对应。对于取值唯一的特征值(对应非重根),通过求解 $n-1$ 个联立方程,可将特征向量中的其他 $n-1$ 个振幅用剩余的一个振幅表示。同时也发现,若 H_i 的逆矩阵按照以下形式定义,则不需要大量的计算:

$$H_i^{-1} = \frac{H_i^a}{|H_i|} = \frac{(H_i^c)^T}{|H_i|} \qquad (b)$$

式中,符号 H_i^a 为 H_i 的伴随矩阵,定义为余子式矩阵 H_i^c 的转置。当然,由于行列式 $|H_i|$ 的取值为零, H_i 的逆矩阵实际是不存在的[见式(4.4)]。然而,为了便于分析,仍可将式(b)改写为

$$H_i H_i^a = |H_i| I = 0 \qquad (c)$$

对比式(c)和式(4.2)后得出结论,特征向量 Φ_{Mi} 与伴随矩阵 H_i^a 中的任意一个非零列均成正比。由于特征向量可进行任意比例的缩放,因此可令其等于该非零列,或按需归一化。[2]

---

① 若一个实矩阵的所有主子式均为正,则实矩阵为正定矩阵。若某些主子式为零,则实矩阵为半正定矩阵[1]。

② 若 H_i 的子矩阵是解耦的,则子矩阵可单独分析。

当用位移运动方程替换载荷方程分析时,式(4.1)将变为[见 3.5 节中的式(3.21)]

$$\begin{bmatrix} F_{11} & F_{12} & F_{13} & \cdots & F_{1n} \\ F_{21} & F_{22} & F_{23} & \cdots & F_{2n} \\ F_{31} & F_{32} & F_{33} & \cdots & F_{3n} \\ \vdots & \vdots & \vdots & & \vdots \\ F_{n1} & F_{n2} & F_{n3} & \cdots & F_{nn} \end{bmatrix} \begin{bmatrix} M_{11} & M_{12} & M_{13} & \cdots & M_{1n} \\ M_{21} & M_{22} & M_{23} & \cdots & M_{2n} \\ M_{31} & M_{32} & M_{33} & \cdots & M_{3n} \\ \vdots & \vdots & \vdots & & \vdots \\ M_{n1} & M_{n2} & M_{n3} & \cdots & M_{nn} \end{bmatrix} \begin{bmatrix} \ddot{u}_1 \\ \ddot{u}_2 \\ \ddot{u}_3 \\ \vdots \\ \ddot{u}_n \end{bmatrix} + \begin{bmatrix} u_1 \\ u_2 \\ u_3 \\ \vdots \\ u_n \end{bmatrix} = \begin{bmatrix} 0 \\ 0 \\ 0 \\ 0 \\ 0 \end{bmatrix} \quad (4.5)$$

或

$$\mathbf{F}\mathbf{M}\ddot{\mathbf{D}} + \mathbf{D} = 0$$

将式(a)代入式(3.21),可得到一组代数方程

$$\mathbf{L}_i \mathbf{\Phi}_{\mathrm{M}i} = 0 \qquad (4.6)$$

式中,$\mathbf{L}_i$ 表示特征矩阵,将其定义为

$$\mathbf{L}_i = \mathbf{F}\mathbf{M} - \lambda_i \mathbf{I} \qquad (4.7)$$

式中,$\lambda_i = 1/\omega_i^2$。当且仅当 $\mathbf{L}_i$ 的行列式为零时,方程(4.6)有非零解,进而可得这种情况下系统特征方程的一般形式

$$\left| \begin{bmatrix} F_{11} & F_{12} & F_{13} & \cdots & F_{1n} \\ F_{21} & F_{22} & F_{23} & \cdots & F_{2n} \\ F_{31} & F_{32} & F_{33} & \cdots & F_{3n} \\ \vdots & \vdots & \vdots & & \vdots \\ F_{n1} & F_{n2} & F_{n3} & \cdots & F_{nn} \end{bmatrix} \begin{bmatrix} M_{11} & M_{12} & M_{13} & \cdots & M_{1n} \\ M_{21} & M_{22} & M_{23} & \cdots & M_{2n} \\ M_{31} & M_{32} & M_{33} & \cdots & M_{3n} \\ \vdots & \vdots & \vdots & & \vdots \\ M_{n1} & M_{n2} & M_{n3} & \cdots & M_{nn} \end{bmatrix} - \lambda_i \begin{bmatrix} 1 & 0 & 0 & \cdots & 0 \\ 0 & 1 & 0 & \cdots & 0 \\ 0 & 0 & 1 & \cdots & 0 \\ \vdots & \vdots & \vdots & & \vdots \\ 0 & 0 & 0 & \cdots & 1 \end{bmatrix} \right| = 0$$

$$(4.8)$$

方程(4.8)中的行列式展开后为 n 阶多项式,可解得根 $\lambda_1,\lambda_2,\cdots,\lambda_i,\cdots,\lambda_n$,它们即为本问题的特征值。将这些特征值代入式(4.6),即可确定特征向量。典型特征向量的另一种确定方法,是取按需缩放的伴随矩阵 $\mathbf{L}_i^{\mathrm{a}}$ 的任意一列。

从第 3 章的讨论可明显看出,式(4.3)中的刚度矩阵 $\mathbf{S}$ 不仅可用重力矩阵 $\mathbf{G}$ 代替,而且可用其与重力矩阵 $\mathbf{G}$ 组合而成的增广矩阵代替[见 3.2 节中的式(3.10)]。同理,式(4.7)中的柔度矩阵 $\mathbf{F}$ 可用与重力影响因素相关的伪柔度矩阵代替(见 3.3 节中的例 3)。在任意情况下,只要满足质量矩阵 $\mathbf{M}$ 为对角矩阵而不是满矩阵,上述计算均可得到适当简化。下面用几个多自由度系统的实例来说明固有频率和模态振型的求解方法。

例 1. 图 4.1a 所示的三个质量小车和墙壁之间用三个弹簧相连。位移坐标 u_1、u_2 和 u_3 定义了系统中三个自由度的运动。为简单起见,令 $m_1=m_2=m_3=m$ 和 $k_1=k_2=k_3=k$。试利用载荷方程法求解特征值和主振型。

解: 本例中系统的质量矩阵为对角矩阵

$$\mathbf{M} = \begin{bmatrix} m_1 & 0 & 0 \\ 0 & m_2 & 0 \\ 0 & 0 & m_3 \end{bmatrix} = m \begin{bmatrix} 1 & 0 & 0 \\ 0 & 1 & 0 \\ 0 & 0 & 1 \end{bmatrix} \qquad (d)$$

刚度矩阵为

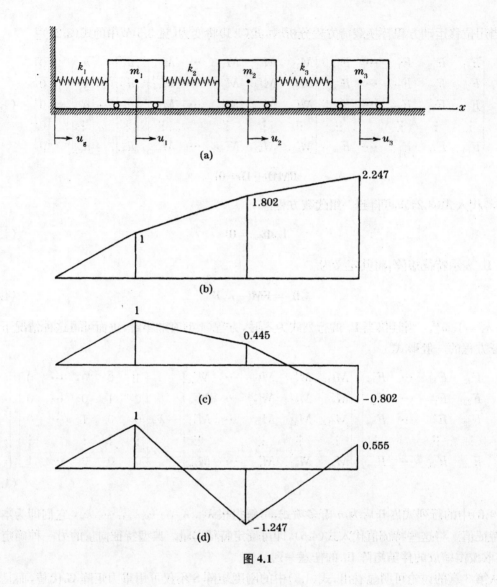

图 4.1

$$\mathbf{S} = \begin{bmatrix} k_1 + k_2 & -k_2 & 0 \\ -k_2 & k_2 + k_3 & -k_3 \\ 0 & -k_3 & k_3 \end{bmatrix} = k \begin{bmatrix} 2 & -1 & 0 \\ -1 & 2 & -1 \\ 0 & -1 & 1 \end{bmatrix} \tag{e}$$

用以上两个矩阵中的元素构造式(4.3)中的特征矩阵,可得

$$\mathbf{H}_i = \begin{bmatrix} 2k - \omega_i^2 m & -k & 0 \\ -k & 2k - \omega_i^2 m & -k \\ 0 & -k & k - \omega_i^2 m \end{bmatrix} \tag{f}$$

令 $\mathbf{H}_i$ 的行列式等于零[见式(4.4)],合并同类项,可得特征方程

$$(\omega_i^2)^3 - 5\left(\frac{k}{m}\right)(\omega_i^2)^2 + 6\left(\frac{k}{m}\right)^2(\omega_i^2) - \left(\frac{k}{m}\right)^3 = 0 \tag{g}$$

三次方程(g)无法进行因式分解,但它的根可通过试错法确定为

$$\omega_1^2 = 0.198\,\frac{k}{m},\ \omega_2^2 = 1.555\,\frac{k}{m},\ \omega_3^2 = 3.247\,\frac{k}{m} \tag{h}$$

为了求解最小特征值对应的振型,将 ω_1^2 的值代入式(4.2),用 $u_{m1,1}$ 表示 $u_{m2,1}$ 和 $u_{m3,1}$,结果为

$$u_{m2,1} = 1.802 u_{m1,1},\ u_{m3,1} = 2.247 u_{m1,1} \tag{i}$$

同理,将 ω_2^2 和 ω_3^2 的值代入式(4.2),解得

$$u_{m2,2} = 0.445 u_{m1,2},\ u_{m3,2} = -0.802 u_{m1,2} \tag{j}$$

另外,有

$$u_{m2,3} = -1.247 u_{m1,3},\ u_{m3,3} = 0.555 u_{m1,3} \tag{k}$$

另一方面,可由式(f)推导得到伴随矩阵

$$\mathbf{H}_i^a = \begin{bmatrix} (2k-\omega_i^2 m)(k-\omega_i^2 m)-k^2 & k(k-\omega_i^2 m) & k^2 \\ k(k-\omega_i^2 m) & (2k-\omega_i^2 m)(k-\omega_i^2 m) & k(2k-\omega_i^2 m) \\ k^2 & k(2k-\omega_i^2 m) & (k-\omega_i^2 m)-k^2 \end{bmatrix} \tag{l}$$

将 ω_1^2 的值代入式(l),可得

$$\mathbf{H}_i^a = k^2 \begin{bmatrix} 0.445 & 0.802 & 1.000 \\ 0.802 & 1.445 & 1.802 \\ 1.000 & 1.802 & 2.247 \end{bmatrix}$$

该矩阵的第三列(已经除以 k^2)即为按第一个自由度上质量的振幅进行归一化后的第一个特征向量。因此有[①]

$$\mathbf{\Phi}_{M1} = \{1.000,\ 1.802,\ 2.247\} \tag{m}$$

该结果与式(i)所列结果相同。当然,为了得到上述计算结果,只须计算伴随矩阵的其中一列。这是因为矩阵所有列均与 $\mathbf{\Phi}_{M1}$ 成正比。

同理,特征向量 $\mathbf{\Phi}_{M2}$ 和 $\mathbf{\Phi}_{M3}$ 的求解,可通过将 ω_2^2 和 ω_3^2 的值代入式(l)表示的 $\mathbf{H}_i^a$ 的第三列。求解结果为

$$\mathbf{\Phi}_{M2} = \{1.000,\ 0.445,\ -0.802\} \tag{n}$$

和

$$\mathbf{\Phi}_{M3} = \{1.000,\ -1.247,\ 0.555\} \tag{o}$$

该结果与式(j)、(k)所列结果相同。式(m)、(n)、(o)表示的三个振型分别用图 4.1b~c 的纵坐标表示。

假设图 4.1a 中第一个弹簧的刚度系数 k_1 为零。在这种情况下,系统既可自由地进行刚体平动,也可自由振动。刚度系数 S_{11} 由 $2k$ 变为 k,特征矩阵中的对应项变为 $H_{i11} = k - \omega_i^2 m$。相应地,特征方程也简化为因子相乘的形式:

$$\omega_i^2\left(\omega_i^2 - \frac{k}{m}\right)\left(\omega_i^2 - \frac{3k}{m}\right) = 0 \tag{p}$$

---

① 为了节约篇幅,列向量写成用大括号括起来的行向量形式,向量元素间用逗号分隔。

由式(p)可得

$$\omega_1^2 = 0, \ \omega_2^2 = \frac{k}{m}, \ \omega_3^2 = \frac{3k}{m} \tag{q}$$

式中,零根对应刚体模态。

式(l)中伴随矩阵 $\mathbf{H}_i^a$ 的第三列变为

$$\mathbf{H}_{i,3}^a = \begin{bmatrix} k^2 \\ k(k - \omega_i^2 m) \\ (k - \omega_i^2 m)(2k - \omega_i^2 m) - k^2 \end{bmatrix} \tag{r}$$

将半正定系统的特征值逐个代入式(r),可得以下特征向量:

$$\boldsymbol{\Phi}_{M1} = \begin{bmatrix} 1 \\ 1 \\ 1 \end{bmatrix}, \ \boldsymbol{\Phi}_{M2} = \begin{bmatrix} 1 \\ 0 \\ -1 \end{bmatrix}, \ \boldsymbol{\Phi}_{M3} = \begin{bmatrix} 1 \\ -2 \\ 1 \end{bmatrix} \tag{s}$$

系统的主振型即为以上三个向量可视化后的结果。

例 2. 如图 4.2a 所示的三个质量小球系在一根张紧丝上。假设丝中的张力 T 很大,则小球发生的横向小位移对张力 T 影响较小。取 $m_1 = m_2 = m_3 = m$ 和 $l_1 = l_2 = l_3 = l_4 = l$。试用位移方程法求解系统的特征值和特征向量。

解:本例的质量矩阵与例 1 相同。因此,推导得到柔度矩阵

$$\mathbf{F} = \frac{l}{4T} \begin{bmatrix} 3 & 2 & 1 \\ 2 & 4 & 2 \\ 1 & 2 & 3 \end{bmatrix} \tag{t}$$

利用以上矩阵元素,构造得到式(4.7)中的特征矩阵

$$\mathbf{L}_i = \begin{bmatrix} 3\alpha - \lambda_i & 2\alpha & \alpha \\ 2\alpha & 4\alpha - \lambda_i & 2\alpha \\ \alpha & 2\alpha & 3\alpha - \lambda_i \end{bmatrix} \tag{u}$$

式中,$\alpha = lm/4T$。令矩阵 $\mathbf{L}_i$ 的行列式等于零,得到特征方程

$$(\lambda_i - 2\alpha)(\lambda_i^2 - 8\alpha\lambda_i + 8\alpha^2) = 0 \tag{v}$$

降序排列式(u)的根,可得

$$\lambda_1 = 2(2 + \sqrt{2})\alpha, \ \lambda_2 = 2\alpha, \ \lambda_3 = 2(2 - \sqrt{2})\alpha \tag{w}$$

为了确定系统的振型,只推导 $\mathbf{L}_i$ 的伴随矩阵的第一列,得到

$$\mathbf{L}_{i,1}^a = \begin{bmatrix} (4\alpha - \lambda_i)(3\alpha - \lambda_i) - 4\alpha^2 \\ -2\alpha(3\alpha - \lambda_i) + 2\alpha^2 \\ 4\alpha^2 - \alpha(4\alpha - \lambda_i) \end{bmatrix} \tag{x}$$

将特征值逐个代入式(x)(求解各阶模态振型时,特征向量均对 u_{m1} 做归一化处理),可得特征向量

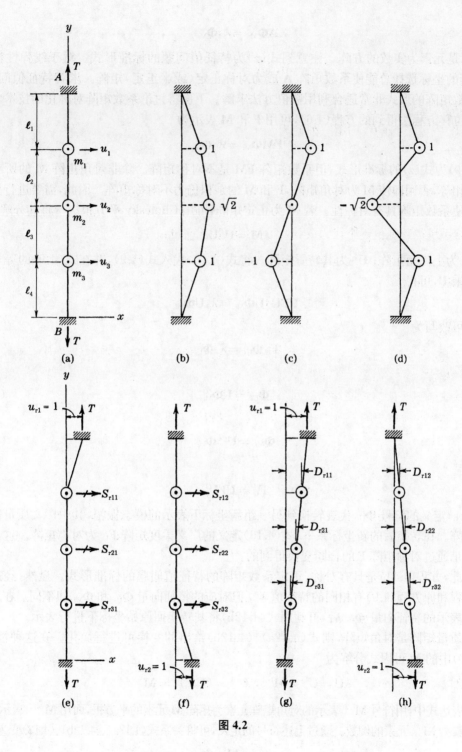

图 4.2

$$\boldsymbol{\Phi}_{\mathrm{M1}} = \begin{bmatrix} 1 \\ \sqrt{2} \\ 1 \end{bmatrix}, \quad \boldsymbol{\Phi}_{\mathrm{M2}} = \begin{bmatrix} 1 \\ 0 \\ -1 \end{bmatrix}, \quad \boldsymbol{\Phi}_{\mathrm{M3}} = \begin{bmatrix} 1 \\ -\sqrt{2} \\ 1 \end{bmatrix} \tag{y}$$

以上振型分别如图 4.2b~d 所示。

本节所讨论的两种求解特征值和特征向量的方法均可表示为

$$\mathbf{A}\boldsymbol{\Phi}_{\mathrm{M}i} = \lambda_i \boldsymbol{\Phi}_{\mathrm{M}i} \qquad (\mathrm{z})$$

式中，$\mathbf{A}$ 是元素为实数的方阵。注意到式（z）为特征值问题的标准形式。对于线弹性振动系统，适当的坐标选择总能使系数矩阵 $\mathbf{A}$ 成为对称正定（或半正定）矩阵。求解特征值问题时，这种系数矩阵的形式非常适合利用数值方法求解。下面将讨论系数矩阵对称化的技术。

由位移方程法得到的方程（4.6），可用 $\mathbf{F}$ 和 $\mathbf{M}$ 表示为

$$\mathbf{FM}\boldsymbol{\Phi}_{\mathrm{M}i} = \lambda_i \boldsymbol{\Phi}_{\mathrm{M}i} \qquad (4.9)$$

方程（4.9）为式（z）的标准形式，但系数矩阵 $\mathbf{FM}$ 是不对称矩阵。除非对角矩阵 $\mathbf{M}$ 的所有对角元素均相等，否则即使 $\mathbf{M}$ 为对角矩阵，$\mathbf{F}$ 和 $\mathbf{M}$ 的乘积仍为不对称矩阵。因此，需要进行坐标变换才能使系数矩阵具有对称性。若 $\mathbf{M}$ 为正定矩阵，可用 Cholesky 平方根法[2]将其分解为

$$\mathbf{M} = \mathbf{U}^{\mathrm{T}}\mathbf{U} \qquad (4.10)$$

式中，$\mathbf{U}$ 为上三角矩阵；$\mathbf{U}^{\mathrm{T}}$ 为其转置矩阵。将式（4.10）代入式（4.9），并在式（4.9）的等号两边同时左乘 $\mathbf{U}$，可得

$$\mathbf{UFU}^{\mathrm{T}}\mathbf{U}\boldsymbol{\Phi}_{\mathrm{M}i} = \lambda_i \mathbf{U}\boldsymbol{\Phi}_{\mathrm{M}i}$$

该方程可改写为

$$\mathbf{F}_{\mathrm{U}}\boldsymbol{\Phi}_{\mathrm{U}i} = \lambda_i \boldsymbol{\Phi}_{\mathrm{U}i} \qquad (4.11)$$

其中

$$\boldsymbol{\Phi}_{\mathrm{U}i} = \mathbf{U}\boldsymbol{\Phi}_{\mathrm{M}i} \qquad (4.12\mathrm{a})$$

或

$$\boldsymbol{\Phi}_{\mathrm{M}i} = \mathbf{U}^{-1}\boldsymbol{\Phi}_{\mathrm{U}i} \qquad (4.12\mathrm{b})$$

且有

$$\mathbf{F}_{\mathrm{U}} = \mathbf{UFU}^{\mathrm{T}} \qquad (4.13)$$

式（4.12a）定义的符号 $\boldsymbol{\Phi}_{\mathrm{U}i}$ 代表转换到另一组新坐标下表示的模态振幅，其中广义质量矩阵为单位矩阵。在转换后的新坐标系下，式（4.13）定义的广义柔度矩阵 $\mathbf{F}_{\mathrm{U}}$ 为对称矩阵。这是由于该矩阵是通过对称矩阵 $\mathbf{F}$ 的合同变换得到的。

因此，方程（4.11）是具有对称、正定系数矩阵的特征值问题的标准形式。显然，经过变换后的方程和原方程（4.9）有相同的特征值 λ_i，但对应的特征向量 $\boldsymbol{\Phi}_{\mathrm{U}i}$ 和 $\boldsymbol{\Phi}_{\mathrm{M}i}$ 却不同。在求得广义坐标表示的特征向量 $\boldsymbol{\Phi}_{\mathrm{U}i}$ 后，可利用式（4.12b）将其转换回原始坐标下进行表示。

若质量矩阵是对角矩阵，则式（4.12a）、（4.12b）给出的变换可进行简化。在这种情况下，式（4.10）中的 $\mathbf{M}$ 可因式分解为

$$\mathbf{U} = \mathbf{U}^{\mathrm{T}} = \mathbf{M}^{1/2}, \ \mathbf{U}^{-1} = (\mathbf{U}^{-1})^{\mathrm{T}} = \mathbf{M}^{-1/2} \qquad (4.14)$$

在以上表达式中，用符号 $\mathbf{M}^{1/2}$ 表示的对角矩阵元素为矩阵 $\mathbf{M}$ 元素的平方根，而用 $\mathbf{M}^{-1/2}$ 表示的对角矩阵元素为 $\mathbf{M}^{1/2}$ 元素的倒数。通过上述符号的定义，可将关系式（4.12a）、（4.12b）、（4.13）变为

$$\boldsymbol{\Phi}_{\mathrm{U}i} = \mathbf{M}^{1/2}\boldsymbol{\Phi}_{\mathrm{M}i} \qquad (4.15\mathrm{a})$$

或

$$\boldsymbol{\Phi}_{\mathrm{M}i} = \mathbf{M}^{-1/2}\boldsymbol{\Phi}_{\mathrm{U}i} \qquad (4.15\mathrm{b})$$

且有

$$\mathbf{F}_{\mathrm{U}} = \mathbf{M}^{1/2}\mathbf{F}\mathbf{M}^{1/2} \qquad (4.16)$$

利用载荷方程法求得的式(4.2)也可转换到广义坐标系下进行描述。首先把该式改写成含 **S** 和 **M** 的形式：

$$\mathbf{S}\mathbf{\Phi}_{\mathrm{M}i} = \omega_i^2 \mathbf{M}\mathbf{\Phi}_{\mathrm{M}i} \tag{4.17}$$

式(4.17)与式(z)的标准形式不同，因为 **M** 出现在方程等号的右边。式(4.17)表示的是一种非标准形式的特征值问题，式中包含两个对称的系数矩阵。可在该式的等号两边同时乘以 $\mathbf{M}^{-1}$，将其转换为标准形式的特征值问题，但所得的系数矩阵 $\mathbf{M}^{-1}\mathbf{S}$ 将不再是对称矩阵。为了避免矩阵对称性的丢失，将式(4.12b)代入式(4.17)，并在等号两边同时乘以 $(\mathbf{U}^{-1})^{\mathrm{T}}$，从而得到

$$(\mathbf{U}^{-1})^{\mathrm{T}}\mathbf{S}\mathbf{U}^{-1}\mathbf{\Phi}_{\mathrm{U}i} = \omega_i^2 (\mathbf{U}^{-1})^{\mathrm{T}}\mathbf{M}\mathbf{U}^{-1}\mathbf{\Phi}_{\mathrm{U}i} \tag{4.18}$$

用 **M** 的因式分解表达式(4.10)替换式(4.18)等号右边的 **M**，可得

$$\mathbf{S}_{\mathrm{U}}\mathbf{\Phi}_{\mathrm{U}i} = \omega_i^2 \mathbf{M}_{\mathrm{U}}\mathbf{\Phi}_{\mathrm{U}i} = \omega_i^2 \mathbf{\Phi}_{\mathrm{U}i} \tag{4.19}$$

其中

$$\mathbf{S}_{\mathrm{U}} = (\mathbf{U}^{-1})^{\mathrm{T}}\mathbf{S}\mathbf{U}^{-1} = \mathbf{F}_{\mathrm{U}}^{-1} \tag{4.20}$$

这里可清晰地看到，将 **M** 变换为单位矩阵的过程为

$$\mathbf{M}_{\mathrm{U}} = (\mathbf{U}^{-1})^{\mathrm{T}}\mathbf{M}\mathbf{U}^{-1} = (\mathbf{U}^{\mathrm{T}})^{-1}\mathbf{U}^{\mathrm{T}}\mathbf{U}\mathbf{U}^{-1} = \mathbf{I} \tag{4.21}$$

现在，式(4.19)已经变为具有对称系数矩阵的特征值问题的标准形式。由式(4.20)可知，广义刚度矩阵 $\mathbf{S}_{\mathrm{U}}$ 为式(4.13)所定义的广义柔度矩阵的逆矩阵。当然，该命题成立的条件为 **S**（当然也包括 $\mathbf{S}_{\mathrm{U}}$）是正定矩阵。当质量矩阵为对角矩阵时，**S** 的变换式(4.20)可化简为

$$\mathbf{S}_{\mathrm{U}} = \mathbf{M}^{-1/2}\mathbf{S}\mathbf{M}^{-1/2} \tag{4.22}$$

例 3. 假定图 4.2a 中第二个小球的质量取 $m_2 = 4m$，且和例 2 一样取 $m_1 = m_3 = m$。在这种情况下，式(4.9)中的乘积 **FM** 变为

$$\mathbf{FM} = \frac{l}{4T} \begin{bmatrix} 3 & 2 & 1 \\ 2 & 4 & 2 \\ 1 & 2 & 3 \end{bmatrix} \begin{bmatrix} 1 & 0 & 0 \\ 0 & 4 & 0 \\ 0 & 0 & 1 \end{bmatrix} m = \alpha \begin{bmatrix} 3 & 8 & 1 \\ 2 & 16 & 2 \\ 1 & 8 & 3 \end{bmatrix} \tag{a'}$$

由于 **F** 第二列的缩放比例与其他列不同，因此上述矩阵为不对称矩阵。若不使用这种矩阵形式，可选择通过构造对称矩阵 $\mathbf{M}^{1/2}$（及其逆矩阵）以保留 **F** 固有的对称性。所构造的矩阵表示为

$$\mathbf{M}^{1/2} = \sqrt{m} \begin{bmatrix} 1 & 0 & 0 \\ 0 & 2 & 0 \\ 0 & 0 & 1 \end{bmatrix}, \quad \mathbf{M}^{-1/2} = \frac{1}{\sqrt{m}} \begin{bmatrix} 1 & 0 & 0 \\ 0 & \dfrac{1}{2} & 0 \\ 0 & 0 & 1 \end{bmatrix} \tag{b'}$$

然后，可像式(4.16)一样，将矩阵 $\mathbf{M}^{1/2}$ 看作变换算子，计算得到

$$\mathbf{F}_{\mathrm{U}} = \mathbf{M}^{1/2}\mathbf{FM}^{1/2} = \alpha \begin{bmatrix} 3 & 4 & 1 \\ 4 & 16 & 4 \\ 1 & 4 & 3 \end{bmatrix} \tag{c'}$$

由此保证了矩阵的对称性。变换后的矩阵 $\mathbf{F}_{\mathrm{U}}$ 将用于求解式(4.11)定义的标准形式的特征值问题。最后，可利用式(4.15b)中的算子 $\mathbf{M}^{1/2}$，实现原始坐标系下特征向量的求解。

习题 4.2

4.2-1. 在如图 4.2a 所示的系统中,假设 $m_1 = m_2 = m_3 = m$ 和 $l_1 = l_2 = l_3 = l_4 = l$。试利用载荷方程法和刚度系数求解系统的特征值 ω_i^2 和特征向量 $\boldsymbol{\Phi}_{Mi}$ ($i = 1, 2, 3$)。

4.2-2. 如图所示的系统中包含了三个质量和四个弹簧。假设 $m_1 = m_2 = m_3 = m$ 和 $k_1 = k_2 = k_3 = k_4 = k$,试利用位移方程法和柔度系数求解特征值和特征向量。

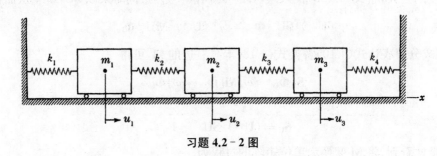

习题 4.2-2 图

4.2-3. 如图所示的三个单摆通过两个弹簧相连。令 $m_1 = m_2 = m_3 = m$ 和 $k_1 = k_2 = k$,小摆角 θ_1、θ_2 和 θ_3 表示位移坐标。试利用载荷方程法求解特征值和特征向量。

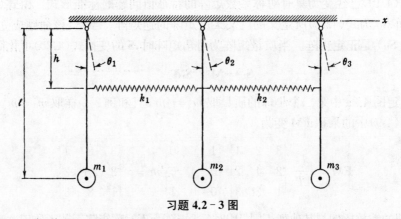

习题 4.2-3 图

4.2-4. 如图所示的三个圆盘固定在轴上。轴在 A 点固定,并可在 B、C 和 D 点自由旋转。若用转角 ϕ_1、ϕ_2 和 ϕ_3 表示系统的位移坐标,并假设 $I_1 = I_2 = I_3 = I$ 和 $k_{r1} = k_{r2} = k_{r3} = k_r$,试用位移方程法求解特征值和特征向量。

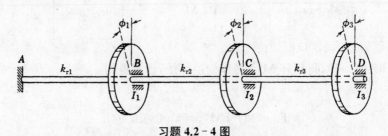

习题 4.2-4 图

4.2-5. 如图所示的由三个弹簧连接而成的四质量系统可在 x 方向自由平移。假设 $m_1 = m_2 = m_3 = m_4 = m$ 和 $k_1 = k_2 = k_3 = k$,试用载荷方程法计算特征值和特征向量。

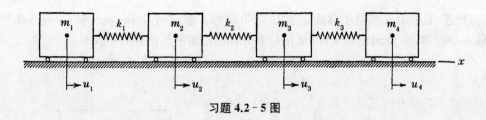

习题 4.2 - 5 图

4.2 - 6. 如图所示的简支梁在其三个四分点处各固定有一个质量小球。假设 $m_1=m_2=m_3=m$，轻质等截面梁的弯曲刚度为 EI。若用 v_1、v_2 和 v_3 表示位移坐标，试用位移方程法求解该系统的特征值和特征向量。

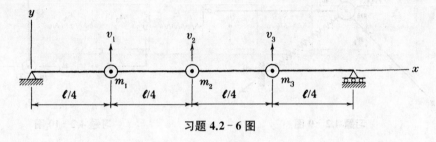

习题 4.2 - 6 图

4.2 - 7. 在如图所示的包含三个质量小球的复摆系统中，令 $m_1=m_2=m_3=m$ 和 $l_1=l_2=l_3=l$。若用小平移 u_1、u_2 和 u_3 表示位移坐标，试用载荷方程法求解特征值和特征向量。

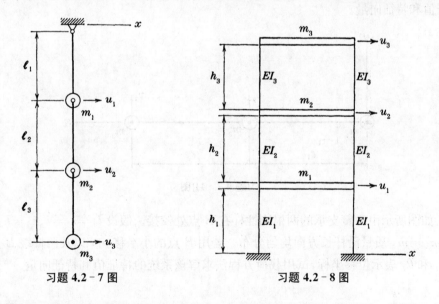

习题 4.2 - 7 图　　　　　　　　　　习题 4.2 - 8 图

4.2 - 8. 如图所示的三层建筑框架由刚性梁和柔性柱构成。假设 $m_1=m_2=m_3=m$，$h_1=h_2=h_3=h$，$EI_1=3EI$，$EI_2=2EI$ 和 $EI_3=EI$。若用小平移 u_1、u_2 和 u_3 表示位移坐标，试用位移方程法计算特征值和特征向量。

4.2 - 9. 用较小的正交平移量 u_1、v_1 和 w_1 表示如图所示的弹簧支承质量小球的位移坐标。沿弹簧方向的单位向量用 $e_1=0.8i-0.6j$，$e_2=0.6j+0.8k$ 和 $e_3=0.6j-0.8k$（其中 i，j，k 分别表示 x,y,z 方向的单位向量）表示。假设所有弹簧的刚度系数均相等，试用载荷方程法求解特征值和特征向量。

4.2 - 10. 如图所示的平面框架中包含两个弯曲刚度为 EI 的等截面构件。该框架在 A 点固定、C 点相连,且各有一质量小球固定于 B 点和 D 点。假设 $m_1=m_2=m$ 和 $l_1=l_2=l$。若用小位移 u_1、v_1 和 v_2 表示位移坐标,试用位移方程法求解特征值和特征向量。

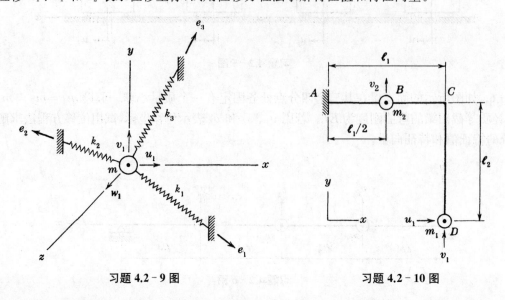

习题 4.2-9 图　　　　　习题 4.2-10 图

4.2-11. 假设固定有三个质量小球的等截面梁(小球所处位置如图所示)只能在 y 方向上自由平移。给定已知条件 $m_1=m_2=m_3=m$ 和 $l_1=l_2=l$,梁的弯曲刚度为 EI。试用载荷方程法求解特征值和特征向量。

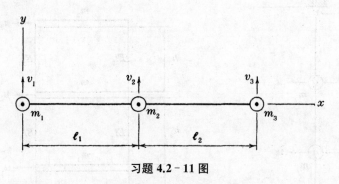

习题 4.2-11 图

4.2-12. 如图所示由弹簧支承的两根刚性杆在 B 点处铰接。假设 $l_1=l_2=l$、$k_1=k_2=k_3=k$ 和 $m_1=m_2=m$,质量沿杆长方向均匀分布。若用 B 点的小平移 v_1,以及两杆绕 B 点旋转的小转角 θ_1 和 θ_2 表示位移坐标,试用载荷方程法求解该系统的特征值和特征向量。

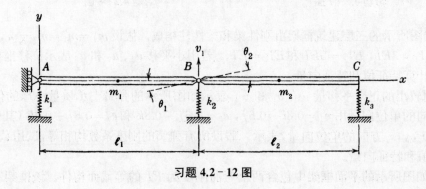

习题 4.2-12 图

4.3 主坐标和正则坐标

为了研究各阶主模态间的内在关系,考虑载荷方程得到的第 i 和 j 阶模态的特征值问题〔见前一节中的式(4.17)〕,将它们分别表示为

$$\mathbf{S}\boldsymbol{\Phi}_{Mi} = \omega_i^2 \mathbf{M}\boldsymbol{\Phi}_{Mi} \tag{a}$$

$$\mathbf{S}\boldsymbol{\Phi}_{Mj} = \omega_j^2 \mathbf{M}\boldsymbol{\Phi}_{Mj} \tag{b}$$

首先将第一个表达式左乘 $\boldsymbol{\Phi}_{Mj}^{T}$,然后将第二个表达式转置后右乘 $\boldsymbol{\Phi}_{Mi}$,得到

$$\boldsymbol{\Phi}_{Mj}^{T}\mathbf{S}\boldsymbol{\Phi}_{Mi} = \omega_i^2 \boldsymbol{\Phi}_{Mj}^{T}\mathbf{M}\boldsymbol{\Phi}_{Mi} \tag{c}$$

$$\boldsymbol{\Phi}_{Mj}^{T}\mathbf{S}\boldsymbol{\Phi}_{Mi} = \omega_j^2 \boldsymbol{\Phi}_{Mj}^{T}\mathbf{M}\boldsymbol{\Phi}_{Mi} \tag{d}$$

方程(c)、(d)的左边相等,所以将第一个方程减去第二个方程,得到关系式

$$(\omega_i^2 - \omega_j^2)\,\boldsymbol{\Phi}_{Mj}^{T}\mathbf{M}\boldsymbol{\Phi}_{Mi} = 0 \tag{e}$$

另一方面,若方程(c)的等号两边同时除以 ω_i^2,方程(d)的等号两边同时除以 ω_j^2,则两方程的等号右边相等。两方程相减后可得

$$\left(\frac{1}{\omega_i^2} - \frac{1}{\omega_j^2}\right)\boldsymbol{\Phi}_{Mj}^{T}\mathbf{S}\boldsymbol{\Phi}_{Mi} = 0 \tag{f}$$

当 $i \neq j$ 且特征值不同 ($\omega_i^2 \neq \omega_j^2$) 时,为了使方程(e)、(f)成立,须满足关系式

$$\boldsymbol{\Phi}_{Mj}^{T}\mathbf{M}\boldsymbol{\Phi}_{Mi} = \boldsymbol{\Phi}_{Mi}^{T}\mathbf{M}\boldsymbol{\Phi}_{Mj} = 0 \tag{4.23}$$

和

$$\boldsymbol{\Phi}_{Mj}^{T}\mathbf{S}\boldsymbol{\Phi}_{Mi} = \boldsymbol{\Phi}_{Mi}^{T}\mathbf{S}\boldsymbol{\Phi}_{Mj} = 0 \tag{4.24}$$

式(4.23)、(4.24)反映了振动主模态间的正交关系。由式(4.23)可知,特征向量与 $\mathbf{M}$ 正交;由式(4.24)可知,特征向量与 $\mathbf{S}$ 同样正交。

当 $i = j$ 时,由方程(e)、(f)可得

$$\boldsymbol{\Phi}_{Mi}^{T}\mathbf{M}\boldsymbol{\Phi}_{Mi} = M_{Pi} \tag{4.25}$$

和

$$\boldsymbol{\Phi}_{Mi}^{T}\mathbf{S}\boldsymbol{\Phi}_{Mi} = S_{Pi} \tag{4.26}$$

常数 M_{Pi} 和 S_{Pi} 的值取决于特征向量 $\boldsymbol{\Phi}_{Mi}$ 的归一化方法。为了提高运算效率,将所有特征向量按列排成一个 $n \times n$ 的模态矩阵

$$\boldsymbol{\Phi}_M = \begin{bmatrix} \boldsymbol{\Phi}_{M1} & \boldsymbol{\Phi}_{M2} & \boldsymbol{\Phi}_{M3} & \cdots & \boldsymbol{\Phi}_{Mn} \end{bmatrix} \tag{4.27}$$

然后,可将式(4.23)、(4.25)统一表示为

$$\boldsymbol{\Phi}_M^{T}\mathbf{M}\boldsymbol{\Phi}_M = \mathbf{M}_P \tag{4.28}$$

式中,$\mathbf{M}_P$ 被称为主质量矩阵,它也是对角矩阵。同理,式(4.24)、(4.26)可统一表示为

$$\boldsymbol{\Phi}_M^{T}\mathbf{S}\boldsymbol{\Phi}_M = \mathbf{S}_P \tag{4.29}$$

式中，S_P 被称为主刚度矩阵，它也是对角矩阵。式(4.28)、(4.29)是矩阵 **M** 和 **S** 的对角变换。若矩阵 **M** 和 **S** 中的任意一个已经是对角矩阵，则式(4.28)、(4.29)表示的对角变换仅对矩阵的对角元素进行缩放。

为了利用对角变换后的矩阵，重新考虑多自由度系统的无阻尼自由振动，其载荷运动方程为

$$\mathbf{M}\ddot{\mathbf{D}} + \mathbf{S}\mathbf{D} = 0 \tag{4.30}$$

将方程(4.30)左乘 $\mathbf{\Phi}_M^T$，并在 $\ddot{\mathbf{D}}$ 和 **D** 前插入 $\mathbf{I} = \mathbf{\Phi}_M \mathbf{\Phi}_M^{-1}$，得到

$$\mathbf{\Phi}_M^T \mathbf{M} \mathbf{\Phi}_M \mathbf{\Phi}_M^{-1} \ddot{\mathbf{D}} + \mathbf{\Phi}_M^T \mathbf{S} \mathbf{\Phi}_M \mathbf{\Phi}_M^{-1} \mathbf{D} = 0$$

上式也可表示为

$$\mathbf{M}_P \ddot{\mathbf{D}}_P + \mathbf{S}_P \mathbf{D}_P = 0 \tag{4.31}$$

方程中的位移和加速度向量分别定义为

$$\mathbf{D}_P = \mathbf{\Phi}_M^{-1} \mathbf{D} \tag{4.32}$$

和

$$\ddot{\mathbf{D}}_P = \mathbf{\Phi}_M^{-1} \ddot{\mathbf{D}} \tag{4.33}$$

由式(4.28)、(4.29)可知，方程(4.31)中的广义质量矩阵和广义刚度矩阵均为对角矩阵。式(4.32)定义的广义位移 $\mathbf{D}_P$ 被称为主坐标，运动方程(4.31)既无惯性耦合，也无弹性耦合。由式(4.32)可知，原始坐标到主坐标的转换可通过以下运算实现：

$$\mathbf{D} = \mathbf{\Phi}_M \mathbf{D}_P \tag{4.34}$$

同理，根据式(4.33)，则有

$$\ddot{\mathbf{D}} = \mathbf{\Phi}_M \ddot{\mathbf{D}}_P \tag{4.35}$$

对比式(4.27)表示的模态矩阵定义式可以发现，广义位移 $\mathbf{D}_P$ 在式(4.34)中是模态矩阵 $\mathbf{\Phi}_M$ 每列的乘数，其作用是用于计算实际位移 **D**。因此，用主坐标表示的多自由度系统的振型函数是振动固有模态。

式(a)表示的特征值问题可通过将 $\mathbf{\Phi}_{Mi}$ 扩展至 $\mathbf{\Phi}_M$［见式(4.27)］，进行更一般化的表示，所得结果为

$$\mathbf{S}\mathbf{\Phi}_M = \mathbf{M}\mathbf{\Phi}_M \boldsymbol{\omega}^2 \tag{g}$$

式中，$\boldsymbol{\omega}^2$ 为对角元素为 ω_i^2 的对角矩阵，表示为

$$\boldsymbol{\omega}^2 = \begin{bmatrix} \omega_1^2 & 0 & 0 & \cdots & 0 \\ 0 & \omega_2^2 & 0 & \cdots & 0 \\ 0 & 0 & \omega_3^2 & \cdots & 0 \\ \vdots & \vdots & \vdots & & \vdots \\ 0 & 0 & 0 & \cdots & \omega_n^2 \end{bmatrix} \tag{4.36}$$

有时，该矩阵被称为谱矩阵。但在这里，将其命名为特征值矩阵。将式(g)右乘 $\mathbf{\Phi}_M$，则模态矩阵中的典型一列 $\mathbf{\Phi}_{Mi}$ 将按照特征值 ω_i^2 进行缩放。将式(g)左乘 $\mathbf{\Phi}_M^T$，并利用式(4.28)、(4.29)，可得

$$\mathbf{S}_P = \mathbf{M}_P \, \boldsymbol{\omega}^2 \qquad\qquad (4.37)$$

因此，有

$$S_{Pi} = M_{Pi}\omega_i^2 \qquad\qquad (h)$$

即在主坐标系中，第 i 个主刚度等于第 i 个主质量乘以第 i 个特征值。

由于模态向量可任意缩放，所以主坐标并不唯一。事实上，类似于广义位移坐标的集合有无穷多个。但最常用的是将质量矩阵转换为单位矩阵后得到的广义位移坐标。接下来，令式 (4.25) 中的 $M_{Pi}=1$，来说明将质量矩阵转换为单位矩阵的方法：

$$\boldsymbol{\Phi}_{Ni}^{\mathrm{T}} \mathbf{M} \boldsymbol{\Phi}_{Ni} = M_{Pi} = 1 \qquad\qquad (i)$$

其中

$$\boldsymbol{\Phi}_{Ni} = \boldsymbol{\Phi}_{Mi}\Big/ C_i \qquad\qquad (j)$$

在该条件下，比例缩放后的特征向量 $\boldsymbol{\Phi}_{Ni}$ 对质量矩阵做了归一化。式 (j) 中的标量 C_i 的计算式为

$$C_i = \pm\sqrt{\boldsymbol{\Phi}_{Mi}^{\mathrm{T}} \mathbf{M} \boldsymbol{\Phi}_{Mi}} = \pm\sqrt{\sum_{j=1}^{n} \Phi_{Mji} \Big(\sum_{k=1}^{n} M_{jk}\Phi_{Mki} \Big)} \qquad\qquad (4.38)$$

若质量矩阵是对角矩阵，则计算式可简化为

$$C_i = \pm\sqrt{\sum_{j=1}^{n} (M_j \, \boldsymbol{\Phi}_{Mji}^2)} \qquad\qquad (4.39)$$

若模态矩阵中的所有向量都按以上方式归一化，则可将下标 M 改为 N，并用 $\boldsymbol{\Phi}_N$ 代替 $\boldsymbol{\Phi}_M$。据此，将式 (4.28) 定义的主质量矩阵变为

$$\boldsymbol{\Phi}_N^{\mathrm{T}} \mathbf{S} \boldsymbol{\Phi}_N = \mathbf{M}_N = \mathbf{I} \qquad\qquad (4.40)$$

此外，式 (4.29)、(4.37) 定义的主刚度矩阵变为

$$\boldsymbol{\Phi}_N^{\mathrm{T}} \mathbf{S} \boldsymbol{\Phi}_N = \mathbf{S}_N = \boldsymbol{\omega}^2 \qquad\qquad (4.41)$$

或对于第 i 阶模态，有

$$\boldsymbol{\Phi}_{Ni}^{\mathrm{T}} \mathbf{S} \boldsymbol{\Phi}_{Ni} = S_{Ni} = \omega_i^2 \qquad\qquad (k)$$

因此，当特征向量被 M 归一化后，主坐标表示的刚度等于特征值。这组特殊的主坐标被称为正则坐标。

为了说明载荷方程中正则坐标的使用方法，重新考虑图 4.2a 中张紧丝上的三个质量小球。根据上一节中例 2 的计算结果，我们已知系统特征向量。将其按列组成模态矩阵后表示为

$$\boldsymbol{\Phi}_M = \begin{bmatrix} 1 & 1 & 1 \\ \sqrt{2} & 0 & -\sqrt{2} \\ 1 & -1 & 1 \end{bmatrix} \qquad\qquad (l)$$

质量矩阵 M 等于 $m\mathbf{I}$，为了将矩阵对 M 做归一化，根据式 (4.39) 计算以下标量值：

$$C_1 = \sqrt{m(1)^2 + m(\sqrt{2})^2 + m(1)^2} = 2\sqrt{m}$$

$$C_2 = \sqrt{m(1)^2 + m(0)^2 + m(-1)^2} = \sqrt{2}\,m$$

$$C_3 = \sqrt{m(1)^2 + m(-\sqrt{2})^2 + m(1)^2} = 2\sqrt{m}$$

将 $\mathbf{\Phi}_\mathrm{M}$ 按列除以上三个标量,可得

$$\mathbf{\Phi}_\mathrm{N} = \frac{1}{2\sqrt{m}} \begin{bmatrix} 1 & \sqrt{2} & 1 \\ \sqrt{2} & 0 & -\sqrt{2} \\ 1 & -\sqrt{2} & 1 \end{bmatrix} \tag{m}$$

系统的刚度矩阵为

$$\mathbf{S} = \frac{T}{l} \begin{bmatrix} 2 & -1 & 0 \\ -1 & 2 & -1 \\ 0 & -1 & 2 \end{bmatrix} \tag{n}$$

将式(m)、(n)代入式(4.41),可得

$$\mathbf{S}_\mathrm{N} = \frac{T}{ml} \begin{bmatrix} 2-\sqrt{2} & 0 & 0 \\ 0 & 2 & 0 \\ 0 & 0 & 2+\sqrt{2} \end{bmatrix} \tag{o}$$

该矩阵的对角元即为 ω_1^2, ω_2^2 和 ω_3^2(见习题 4.2-1 的答案)。当然在这之前,已经计算得到了式(o)中的特征值。因此,将刚度影响因子转换为正则坐标的做法优势并不明显。该做法的优势将在本章后面计算振动响应时得到充分体现。

分析形如方程(4.30)的运动方程,还可采用另一种方法。用 $\mathbf{M}^{-1}$ 左乘该方程,得到加速度方程

$$\ddot{\mathbf{D}} + \mathbf{M}^{-1}\mathbf{S}\mathbf{D} = \mathbf{0} \tag{4.42}$$

将式(4.34)、(4.35)分别替换方程中的 $\mathbf{D}$ 和 $\ddot{\mathbf{D}}$,并在方程等号两边同时左乘 $\mathbf{\Phi}_\mathrm{M}^{-1}$,可得

$$\ddot{\mathbf{D}}_\mathrm{P} + \mathbf{\Phi}_\mathrm{M}^{-1}\mathbf{M}^{-1}\mathbf{S}\mathbf{\Phi}_\mathrm{M}\mathbf{D}_\mathrm{P} = \mathbf{0} \tag{p}$$

在 $\mathbf{S}$ 之前插入单位矩阵 $\mathbf{I} = (\mathbf{\Phi}_\mathrm{M}^{-1})^\mathrm{T}\mathbf{\Phi}_\mathrm{M}^\mathrm{T}$,方程(p)的系数矩阵变为

$$\mathbf{\Phi}_\mathrm{M}^{-1}\mathbf{M}^{-1}(\mathbf{\Phi}_\mathrm{M}^{-1})^\mathrm{T}\,\mathbf{\Phi}_\mathrm{M}^\mathrm{T}\mathbf{S}\mathbf{\Phi}_\mathrm{M} = \mathbf{M}_\mathrm{P}^{-1}\mathbf{S}_\mathrm{P} = \boldsymbol{\omega}^2 \tag{q}$$

因此,主坐标表示的矩阵加速度方程可写成

$$\ddot{\mathbf{D}}_\mathrm{P} + \boldsymbol{\omega}^2\mathbf{D}_\mathrm{P} = \mathbf{0} \tag{4.43}$$

该方程也可通过式(4.31)左乘 $\mathbf{M}_\mathrm{P}^{-1}$ 得到。由于无论使用上述两种方法中的哪一种均可得到相同结果,因此避免利用方程(4.42)进行求解。这是因为利用该方程求解时首先需要推导 $\mathbf{M}^{-1}$。当然,当 $\mathbf{M}$ 为对角矩阵时,计算其逆矩阵并不困难;但当矩阵为满矩阵时,$\mathbf{M}^{-1}$ 的计算变得十分复杂。

另一方面,由于 $\mathbf{M}_\mathrm{P}$ 总是对角矩阵,因此矩阵的求逆运算并不麻烦。事实证明,在这种情况下计算所需模态矩阵的逆矩阵是非常有利的。而求逆公式可由式(4.28)右乘 $\mathbf{\Phi}_\mathrm{M}^{-1}$ 并左乘 $\mathbf{M}_\mathrm{P}^{-1}$ 得到,结果为

$$\Phi_M^{-1} = M_P^{-1} \Phi_M^T M \tag{4.44a}$$

若特征向量对 M 做归一化,则主质量均等于 1,式(4.44a)也变为

$$\Phi_N^{-1} = \Phi_N^T M \tag{4.44b}$$

根据式(4.29),还可推导得出与式(4.44a)、(4.44b)类似的用于计算刚度和主刚度的公式。然而,除非特征向量已被 S 归一化,我们仍倾向于使用式(4.44a)、(4.44b)进行计算。

若用位移运动方程代替载荷方程进行分析,则须将方程(4.30)替换为

$$FM\ddot{D} + D = 0 \tag{4.45}$$

将式(4.34)、(4.35)分别替换方程中的 D 和 $\ddot{D}$,可把该方程转换到主坐标系下进行描述。方程等号两边同时左乘 Φ_M^{-1},可得

$$\Phi_M^{-1} FM\Phi_M \ddot{D}_P + D_P = 0 \tag{r}$$

在 M 之前插入单位矩阵 $I = (\Phi_M^{-1})^T \Phi_M^T$,方程(r)的系数矩阵变为

$$\Phi_M^{-1} F (\Phi_M^{-1})^T \Phi_M^T M\Phi_M = F_P M_P \tag{s}$$

式(s)中的符号 F_P 表示对应于 S_P 的主柔度矩阵,定义为

$$F_P = \Phi_M^{-1} F (\Phi_M^{-1})^T = S_P^{-1} \tag{4.46}$$

当然,该定义式只适用于 S(也包含 S_P)为正定矩阵的情况。因此,主坐标表示的位移方程可写成

$$F_P M_P \ddot{D}_P + D_P = 0 \tag{4.47}$$

此外,式(g)表示的特征值问题的扩展形式可变为

$$FM\Phi_M = \Phi_M \lambda \tag{t}$$

式(t)中的特征值矩阵 λ 是对角元为 λ_i 的对角矩阵,表示为

$$\lambda = \begin{bmatrix} \lambda_1 & 0 & 0 & \cdots & 0 \\ 0 & \lambda_2 & & \cdots & 0 \\ 0 & 0 & \lambda_3 & \cdots & 0 \\ \vdots & \vdots & \vdots & & \vdots \\ 0 & 0 & 0 & \cdots & \lambda_n \end{bmatrix} = (\omega^2)^{-1} \tag{4.48}$$

将式(t)左乘 Φ_M^{-1} 后,可利用式(s)得到

$$F_P M_P = \lambda \tag{4.49}$$

当模态矩阵被质量矩阵归一化后,式(4.46)、(4.49)中的主柔度矩阵可表示为

$$\Phi_N^{-1} F (\Phi_N^{-1})^T = F_N = \lambda = (\omega^2)^{-1} \tag{4.50}$$

因此,正则坐标表示的柔度矩阵变为特征值矩阵 λ,或等于 $(\omega^2)^{-1}$。由此得出结论:无论原始坐标表示的运动方程是哪种形式,正则坐标表示的运动方程都具有与方程(4.43)相同的形式。

为了举例说明位移方程中正则坐标的使用方法,再次考虑图 4.2a 中张紧丝上的三个质量小球。该系统的柔度矩阵为

$$\mathbf{F} = \frac{l}{4T}\begin{bmatrix} 3 & 2 & 1 \\ 2 & 4 & 2 \\ 1 & 2 & 3 \end{bmatrix} \tag{u}$$

根据式(4.44b)求解式(m)表示的 $\mathbf{\Phi}_N$ 的逆矩阵,将所得结果与式(u)一起代入式(4.50),可得

$$\mathbf{F}_N = \frac{lm}{2T}\begin{bmatrix} 2+\sqrt{2} & 0 & 0 \\ 0 & 1 & 0 \\ 0 & 0 & 2-\sqrt{2} \end{bmatrix} \tag{v}$$

该矩阵的对角元取值为 $\lambda_1 = 1/\omega_1^2$, $\lambda_2 = 1/\omega_2^2$ 和 $\lambda_3 = 1/\omega_3^2$(见 4.2 节中的例 2)。

如上一节末所述,求解特征值问题时,一般将表达式转换为含对称系数矩阵的标准形式。且使用该方法时,特征向量通常被归一化为单位长度。令符号 $\mathbf{V}_i$ 表示归一化后的特征向量,我们有

$$\mathbf{V}_i^T \mathbf{V}_i = 1 \tag{w}$$

标准形式的特征向量 $\mathbf{\Phi}_{Ui}$[见 4.2 节中的式(4.12a)]可通过缩放运算得到归一化特征向量 $\mathbf{V}_i$:

$$\mathbf{V}_i = \frac{\mathbf{\Phi}_{Ui}}{C_i} \tag{x}$$

其中,标量

$$C_i = \pm\sqrt{\mathbf{\Phi}_{Ui}^T \mathbf{\Phi}_{Ui}} = \pm\sqrt{\sum_{j=1}^{n} \mathbf{\Phi}_{Uji}^2} \tag{4.51}$$

借助这种正则化方法,可使模态矩阵 $\mathbf{V}$ 具有如下性质:

$$\mathbf{V}^T\mathbf{V} = \mathbf{I}, \quad \mathbf{V}^{-1} = \mathbf{V}^T \tag{4.52}$$

因此,也将其称为正交矩阵。将该模态矩阵转换回原始坐标系下进行表示[见 4.2 节的式(4.12b)],可得

$$\mathbf{\Phi}_N = \mathbf{U}^{-1}\mathbf{V} \tag{4.53}$$

为了证明推导 $\mathbf{\Phi}_N$ 过程的正确性,将式(4.53)和定义式 $\mathbf{M} = \mathbf{U}^T\mathbf{U}$ 代入(4.40),可得

$$\mathbf{V}^T (\mathbf{U}^{-1})^T \mathbf{U}^T\mathbf{U}\mathbf{U}^{-1}\mathbf{V} = \mathbf{I}$$

因此,原始坐标表示的特征向量已被 $\mathbf{M}$ 归一化。

4.4 初始条件引起的正则模态响应

由上一节中的式(4.43)可知,正则坐标表示的无阻尼自由振动的典型运动方程为

$$\ddot{u}_{Ni} + \omega_i^2 u_{Ni} = 0 \quad (i=1, 2, 3, \cdots, n) \tag{4.54}$$

具有上述形式的运动方程组中,每个方程均不与其他方程发生耦合。因此,在求解这类方程组时,等效于独立求解多个单自由度系统的运动方程[见 1.1 节中的式(1.1)]。若已知每个正则坐标在 $t=0$ 时刻的初始位移 u_{Ni} 和初始速度 $\dot{u}_{N0i}$,则可计算 i 阶模态的自由振动响应。所得结果为

$$u_{Ni} = u_{N0i} \cos \omega_i t + \frac{\dot{u}_{N0i}}{\omega_i} \sin \omega_i t \tag{4.55}$$

式(4.55)是根据 1.1 节中描述单自由度系统的无阻尼自由振动响应表达式(1.5)得到的。

利用式(4.32)，可得正则坐标表示的初始位移

$$\mathbf{D}_{N0} = \mathbf{\Phi}_N^{-1} \mathbf{D}_0 \tag{4.56}$$

式中，$\mathbf{D}_0$ 和 $\mathbf{D}_{N0}$ 分别为用原始坐标和正则坐标表示的初始位移向量：

$$\mathbf{D}_0 = \begin{bmatrix} u_{01} \\ u_{02} \\ u_{03} \\ \vdots \\ u_{0n} \end{bmatrix}, \quad \mathbf{D}_{N0} = \begin{bmatrix} u_{N01} \\ u_{N02} \\ u_{N03} \\ \vdots \\ u_{N0n} \end{bmatrix} \tag{a}$$

同理，系统的初始速度也可通过以下变换转换到正则坐标系下表示：

$$\dot{\mathbf{D}}_{N0} = \mathbf{\Phi}_N^{-1} \dot{\mathbf{D}}_0 \tag{4.57}$$

式中，$\dot{\mathbf{D}}_0$ 和 $\dot{\mathbf{D}}_{N0}$ 分别为用原始坐标和正则坐标表示的初始速度向量。式(4.57)由式(4.56)对时间求微分得到，且各速度向量的形式与式(a)中各位移向量的形式相同。

在求得正则坐标表示的初始条件后，可用式(4.55)计算正则位移向量 $\mathbf{D}_N = \{u_{Ni}\}$ 中的各个元素。继而再根据式(4.34)，将这些元素转换到原始坐标中表示。因此，有

$$\mathbf{D} = \mathbf{\Phi}_N \mathbf{D}_N \tag{4.58}$$

原始运动方程无论是载荷方程形式还是位移方程形式，上述过程的计算步骤均保持不变。但是，利用载荷方程求解，可能得到一个或多个刚体模态。这类主模态的特征值 ω_i^2 为零，进而使得式(4.54)变为

$$\ddot{u}_{Ni} = 0 \tag{4.59}$$

将该方程对时间求二次积分，可得

$$u_{Ni} = u_{N0i} + \dot{u}_{N0i} t \tag{4.60}$$

因此，一般用式(4.60)代替式(4.55)，来计算刚体模态在正则坐标系中的响应。

例 1. 在 3.5 节中，通过求解任意常数确定了图 3.1a 中两质量系统在初始条件 $u_{01} = u_{02} = 1$ 和 $\dot{u}_{01} = \dot{u}_{02} = 0$ 的作用下产生的自由振动响应。现在将使用正则模态法求解，并证明所得结果与之前的结果相同。

解： 通过假设 $m_1 = m_2 = m$ 和 $k_1 = k_2 = k$，已解得系统特征值：$\omega_1^2 = 0.382k/m$ 和 $\omega_2^2 = 2.618k/m$。此外，还得到了振型比 $r_1 = 0.618$ 和 $r_2 = -1.618$。因此，模态矩阵为

$$\mathbf{\Phi}_M = \begin{bmatrix} 0.618 & -1.618 \\ 1.000 & 1.000 \end{bmatrix} \tag{b}$$

为了将该矩阵对 $\mathbf{M} = m\mathbf{I}$ 做归一化，根据式(4.39)计算得到以下标量：

$$C_1 = \sqrt{m(0.618)^2 + m(1.000)^2} = 1.175\sqrt{m}$$

$$C_2 = \sqrt{m(-1.618)^2 + m(1.000)^2} = 1.902\sqrt{m}$$

将 $\mathbf{\Phi}_\text{M}$ 中的各列除以上述标量值,所得结果为

$$\mathbf{\Phi}_\text{N} = \frac{1}{\sqrt{m}} \begin{bmatrix} 0.526 & -0.851 \\ 0.851 & 0.526 \end{bmatrix} \tag{c}$$

将初始条件转换到正则坐标系中表示,需要计算 $\mathbf{\Phi}_\text{N}$ 的逆矩阵,它可由式(4.44b)计算得到:

$$\mathbf{\Phi}_\text{N}^{-1} = \mathbf{\Phi}_\text{N}^\text{T}\mathbf{M} = \sqrt{m} \begin{bmatrix} 0.526 & 0.851 \\ -0.851 & 0.526 \end{bmatrix} \tag{d}$$

向量形式的初始条件为

$$\mathbf{D}_0 = \begin{bmatrix} 1 \\ 1 \end{bmatrix}, \ \dot{\mathbf{D}}_0 = \begin{bmatrix} 0 \\ 0 \end{bmatrix} \tag{e}$$

根据式(4.56),将非零初始位移向量转换到正则坐标系中表示,结果为

$$\mathbf{D}_\text{N0} = \mathbf{\Phi}_\text{N}^{-1}\mathbf{D}_0 = \sqrt{m} \begin{bmatrix} 1.377 \\ -0.325 \end{bmatrix} \tag{f}$$

两次利用式(4.55)进行计算,可构造得到正则坐标表示的解向量

$$\mathbf{D}_\text{N} = \sqrt{m} \begin{bmatrix} 1.377\cos\omega_1 t \\ -0.325\cos\omega_2 t \end{bmatrix} \tag{g}$$

然后,通过反变化(4.58)求得原始坐标表示的振动响应

$$\mathbf{D} = \mathbf{\Phi}_\text{N}\mathbf{D}_\text{N} = \begin{bmatrix} 0.724\cos\omega_1 t + 0.276\cos\omega_2 t \\ 1.71\cos\omega_1 t - 0.171\cos\omega_2 t \end{bmatrix} \tag{h}$$

该结果与 3.5 节中的计算结果相同。

例 2. 考虑含刚体运动模态的情况,再次以图 4.1a 中的三质量系统为例进行分析,并令 $k = 0$。另外,假设 $m_1 = m_2 = m_3 = m$ 和 $k_2 = k_3 = k$。根据以上条件,可求得特征值 $\omega_1^2 = 0$、$\omega_2^2 = k/m$ 和 $\omega_3^2 = 3k/m$(见 4.2 节中的例 1)。同时,可解得特征向量,进而将模态矩阵表示为

$$\mathbf{\Phi}_\text{M} = \begin{bmatrix} 1 & 1 & 1 \\ 1 & 0 & -2 \\ 1 & -1 & 1 \end{bmatrix} \tag{i}$$

假设系统初始状态静止。当其中的第一个质量受到撞击时,在瞬间获得速度 v。试求解系统在该冲击载荷作用下的响应。

解: 将 $\mathbf{\Phi}_\text{M}$ 对质量矩阵归一化,可得

$$\mathbf{\Phi}_\text{N} = \frac{1}{\sqrt{6m}} \begin{bmatrix} \sqrt{2} & \sqrt{3} & 1 \\ \sqrt{2} & 0 & -2 \\ \sqrt{2} & -\sqrt{3} & 1 \end{bmatrix} \tag{j}$$

且 $\mathbf{\Phi}_\text{N}$ 的逆矩阵

$$\mathbf{\Phi}_\text{N}^{-1} = \mathbf{\Phi}_\text{N}^\text{T}\mathbf{M} = \sqrt{\frac{m}{6}} \begin{bmatrix} \sqrt{2} & \sqrt{2} & \sqrt{2} \\ \sqrt{3} & 0 & -\sqrt{3} \\ 1 & -2 & 1 \end{bmatrix} \tag{k}$$

向量形式的初始条件

$$\mathbf{D}_0 = \begin{bmatrix} 0 \\ 0 \\ 0 \end{bmatrix}, \ \dot{\mathbf{D}}_0 = \begin{bmatrix} v \\ 0 \\ 0 \end{bmatrix} \tag{l}$$

将非零初始速度向量转换到正则坐标系中表示,可得

$$\dot{\mathbf{D}}_{N0} = \mathbf{\Phi}_N^{-1} \dot{\mathbf{D}}_0 = v\sqrt{\frac{m}{6}} \begin{bmatrix} \sqrt{2} \\ \sqrt{3} \\ 1 \end{bmatrix} \tag{m}$$

利用式(4.60)求解刚体模态,同时用式(4.55)计算振动模态响应。由此可得正则模态响应向量

$$\mathbf{D}_N = v\sqrt{\frac{m}{6}} \begin{bmatrix} \sqrt{2}\,t \\ (\sqrt{3}\sin\omega_2 t)/\omega_2 \\ (\sin\omega_3 t)/\omega_3 \end{bmatrix} \tag{n}$$

把该结果转换到原始坐标中表示,可得

$$\mathbf{D} = \mathbf{\Phi}_N \mathbf{D}_N = \frac{v}{6} \begin{bmatrix} 2t + (3\sin\omega_2 t)/\omega_2 + (\sin\omega_3 t)/\omega_3 \\ 2t - (2\sin\omega_3 t)/\omega_3 \\ 2t - (3\sin\omega_2 t)/\omega_2 + (\sin\omega_3 t)/\omega_3 \end{bmatrix} \tag{o}$$

式(o)中各响应的刚体运动分量等于 $vt/3$。

　　若所有质量的初始速度 v 均相等,则初始速度向量变为 $\dot{\mathbf{D}}_0 = \{v,\ v,\ v\}$,式(m)、(n)、(o)化简为

$$\dot{\mathbf{D}}_{N0} = v\sqrt{3m} \begin{bmatrix} 1 \\ 0 \\ 0 \end{bmatrix}, \ \mathbf{D}_N = v\sqrt{3m} \begin{bmatrix} t \\ 0 \\ 0 \end{bmatrix}, \ \mathbf{D} = vt \begin{bmatrix} 1 \\ 1 \\ 1 \end{bmatrix} \tag{p}$$

这种情况下的运动为纯刚体平动,不包含振动这种运动形式。

　　例 3. 图 4.2a 所示的系统在第二个质量小球处受到静力 P 的作用。假设 $m_1 = m_2 = m_3 = m$ 和 $l_1 = l_2 = l_3 = l_4 = l$,试求解突然撤销静力 P 之后,系统的自由振动响应。

　　解:根据 4.2 节中的例 2,有模态矩阵

$$\mathbf{\Phi}_M = \begin{bmatrix} 1 & 1 & 1 \\ \sqrt{2} & 0 & -\sqrt{2} \\ 1 & -1 & 1 \end{bmatrix} \tag{q}$$

将 $\mathbf{\Phi}_M$ 对 $\mathbf{M}$ 归一化,可得

$$\mathbf{\Phi}_N = \frac{1}{2\sqrt{m}} \begin{bmatrix} 1 & \sqrt{2} & 1 \\ \sqrt{2} & 0 & -\sqrt{2} \\ 1 & -\sqrt{2} & 1 \end{bmatrix}, \ \mathbf{\Phi}_N^{-1} = \frac{\sqrt{m}}{2} \begin{bmatrix} 1 & \sqrt{2} & 1 \\ \sqrt{2} & 0 & -\sqrt{2} \\ 1 & -\sqrt{2} & 1 \end{bmatrix} \tag{r}$$

向量形式的初始条件为

$$\mathbf{D}_0 = \frac{Pl}{2T}\begin{bmatrix}1\\2\\1\end{bmatrix}, \quad \dot{\mathbf{D}}_0 = \begin{bmatrix}0\\0\\0\end{bmatrix} \tag{s}$$

用正则坐标将初始位移表示为

$$\mathbf{D}_{N0} = \mathbf{\Phi}_N^{-1}\mathbf{D}_0 = \frac{Pl\sqrt{m}}{2T}\begin{bmatrix}1+\sqrt{2}\\0\\1-\sqrt{2}\end{bmatrix} \tag{t}$$

重复利用式(4.55)进行计算,得到正则模态响应

$$\mathbf{D}_N = \frac{Pl\sqrt{m}}{2T}\begin{bmatrix}(1+\sqrt{2})\cos\omega_1 t\\0\\(1-\sqrt{2})\cos\omega_3 t\end{bmatrix} \tag{u}$$

然后,可得原始坐标表示的响应计算结果为

$$\mathbf{D} = \mathbf{\Phi}_N\mathbf{D}_N = \frac{Pl}{4T}\begin{bmatrix}(1+\sqrt{2})\cos\omega_1 t+(1-\sqrt{2})\cos\omega_3 t\\(\sqrt{2}+2)\cos\omega_1 t-(\sqrt{2}-2)\cos\omega_3 t\\(1+\sqrt{2})\cos\omega_1 t+(1-\sqrt{2})\cos\omega_3 t\end{bmatrix} \tag{v}$$

从中发现,二阶反对称模态未被激发,式(v)中的元素由对称的一和三阶模态组成。因而,质量小球 1 和 3 有相同的振动响应。

习题 4.4

4.4-1. 在图 4.1a 所示的系统中,取 $m_1=m_2=m_3=m$ 和 $k_1=k_2=k_3=k$,且系统特征值和特征向量取与 4.2 节中例 1 计算得到的第一组特征向量。这时作用在第三个质量处的静力 P 突然撤销。试求解载荷撤销后系统的自由振动响应。

4.4-2. 试求解习题 4.2-2 中的三质量系统在初始条件 $\mathbf{D}_0=\{0,0,0\}$ 和 $\dot{\mathbf{D}}_0=\{\dot{u}_{01},0,-\dot{u}_{01}\}$ 作用下的自由振动响应。

4.4-3. 试求解习题 4.2-3 中的弹簧摆在初始条件 $\mathbf{D}_0=\{0,\phi,0\}$ 和 $\dot{\mathbf{D}}_0=\{0,0,0\}$ 作用下的自由振动响应。

4.4-4. 试求解习题 4.2-4 中的扭转系统在初始条件 $\mathbf{D}_0=\{0,0,0\}$ 和 $\dot{\mathbf{D}}_0=\{\dot{\theta},\dot{\theta},\dot{\theta}\}$ 作用下的自由振动响应。

4.4-5. 试计算习题 4.2-5 中的四质量系统在初始条件 $\mathbf{D}_0=\{0,0,0,0\}$ 和 $\dot{\mathbf{D}}_0=\{\dot{u}_{01},0,0,\dot{u}_{01}\}$ 作用下的响应。

4.4-6. 假定习题 4.2-6 中的无质量梁在右侧支承处固定,且该梁以匀角速度 $\dot{\theta}$ 绕左侧支承旋转。试求解系统在初始速度作用下的响应。

4.4-7. 试计算习题 4.2-7 中的含三个质量小球的复摆在初始条件 $\mathbf{D}_0=\{\Delta,\Delta,\Delta\}$ 和 $\dot{\mathbf{D}}_0=\{0,0,0\}$ 作用下的响应。

4.4‑8. 试求解习题 4.2‑8 中的三层建筑框架在作用于第三层的静载 $Q_3 = P$ 突然撤销后的响应。

4.4‑9. 令习题 4.2‑9 中的质点在 x 方向上具有初始速度 $\dot{u}_{01}$，而其他所有方向的初速度和初始位移均为零。试求解该质点发生的运动。

4.4‑10. 假设在习题 4.2‑10 中的框架上，有 y 方向的静力 P 作用于 C 点。试求解静力撤销后的系统响应。

4.4‑11. 试计算习题 4.2‑11 中的系统在初始条件 $\mathbf{D}_0 = \{0, 0, 0\}$ 和 $\dot{\mathbf{D}}_0 = \{\dot{v}_{01}, 2\dot{v}_{01}, \dot{v}_{01}\}$ 作用下的响应。

4.4‑12. 令 $l = 3\,\mathrm{ft}$，试求解习题 4.2‑12 中的系统在初始条件 $v_{01} = \Delta$、$\theta_{01} = \theta_{02} = 0$、$\dot{v}_{01} = 0$ 和 $\dot{\theta}_{01} = \dot{\theta}_{02} = 0$ 作用下的响应。

4.5　载荷作用引起的正则模态响应

考虑对应位移坐标上受到外载荷作用的多自由度系统。其矩阵形式的载荷运动方程为

$$\mathbf{M}\ddot{\mathbf{D}} + \mathbf{S}\mathbf{D} = \mathbf{Q} \tag{4.61}$$

式中，表示时变外载荷列矩阵（或向量）的符号

$$\mathbf{Q} = \begin{bmatrix} Q_1 \\ Q_2 \\ Q_3 \\ \vdots \\ Q_n \end{bmatrix} = \begin{bmatrix} F_1(t) \\ F_2(t) \\ F_3(t) \\ \vdots \\ F_n(t) \end{bmatrix} \tag{a}$$

方程 (4.61) 的等号两边同时左乘 $\boldsymbol{\Phi}_M^T$，并将方程中的 $\mathbf{D}$ 和 $\ddot{\mathbf{D}}$ 分别用式 (4.34)、(4.35) 代入，可得

$$\boldsymbol{\Phi}_M^T \mathbf{M} \boldsymbol{\Phi}_M \ddot{\mathbf{D}}_P + \boldsymbol{\Phi}_M^T \mathbf{S} \boldsymbol{\Phi}_M \mathbf{D}_P = \boldsymbol{\Phi}_M^T \mathbf{Q}$$

该方程也可写成

$$\mathbf{M}_P \ddot{\mathbf{D}}_P + \mathbf{S}_P \mathbf{D}_P = \mathbf{Q}_P \tag{4.62}$$

式中，矩阵 $\mathbf{M}_P$ 和 $\mathbf{S}_P$ 由式 (4.28)、(4.29) 给定。方程 (4.62) 中的符号 $\mathbf{Q}_P$ 为主坐标表示的外载荷向量，由下式计算得到：

$$\mathbf{Q}_P = \boldsymbol{\Phi}_M^T \mathbf{Q} \tag{4.63a}$$

以上矩阵表达式写成展开形式并进行矩阵乘法运算，结果为

$$\begin{bmatrix} Q_{P1} \\ Q_{P2} \\ Q_{P3} \\ \vdots \\ Q_{Pn} \end{bmatrix} = \begin{bmatrix} \Phi_{M11}Q_1 + \Phi_{M21}Q_2 + \Phi_{M31}Q_3 + \cdots \Phi_{Mn1}Q_n \\ \Phi_{M12}Q_1 + \Phi_{M22}Q_2 + \Phi_{M32}Q_3 + \cdots \Phi_{Mn2}Q_n \\ \Phi_{M13}Q_1 + \Phi_{M23}Q_2 + \Phi_{M33}Q_3 + \cdots \Phi_{Mn3}Q_n \\ \vdots \\ \Phi_{M1n}Q_1 + \Phi_{M2n}Q_2 + \Phi_{M3n}Q_3 + \cdots \Phi_{Mnn}Q_n \end{bmatrix} \tag{4.63b}$$

若模态矩阵对质量矩阵归一化，则式 (4.63a) 变为

$$\mathbf{Q}_N = \boldsymbol{\Phi}_N^T \mathbf{Q} \tag{4.64}$$

正则坐标表示的第 i 个运动方程为

$$\ddot{u}_{Ni} + \omega_i^2 u_{Ni} = q_{Ni} \quad (i = 1, 2, 3, \cdots, n) \tag{4.65}$$

其中,第 i 阶正则模态载荷

$$q_{Ni} = \boldsymbol{\Phi}_{N1i} Q_1 + \boldsymbol{\Phi}_{N2i} Q_2 + \boldsymbol{\Phi}_{N3i} Q_3 + \cdots + \boldsymbol{\Phi}_{Nni} Q_n \tag{4.66}$$

式中, q_{Ni} 即为第 i 个正则坐标表示的外载荷。由于广义质量等于 1,因此外载荷单位与加速度单位相同。

式(4.65)表示的 n 个方程中的每个方程,均已与其余方程解耦。因此可以看到,这些方程与单自由度系统的载荷运动方程具有相同形式。可据此利用 Duhamel 积分,计算第 i 个正则坐标表示的外载荷引起的系统响应。在这里,Duhamel 积分式为

$$u_{Ni} = \frac{1}{\omega_i} \int_0^t q_{Ni} \sin \omega_i (t - t') \mathrm{d}t' \tag{4.67}$$

式(4.67)由 1.12 节中的式(1.64)推导而来,适用于求解初始状态静止的单自由度无阻尼系统。重复式(4.67)中的积分计算,可求得正则模态位移向量 $\mathbf{D}_N = \{u_{Ni}\}$ 中的每个元素。最后,利用上一节中的式(4.58),将位移向量转换到原始坐标系中表示。

与刚体运动相对应的正则模态的特征值 ω_i^2 为零。这时方程(4.65)变为

$$\ddot{u}_{Ni} = q_{Ni} \tag{4.68}$$

这种情况下,正则模态响应(系统初始状态静止)为

$$u_{Ni} = \int_0^t \int_0^{t'} q_{Ni} \mathrm{d}t'' \mathrm{d}t' \tag{4.69}$$

因此,若求解的是刚体模态的正则模态响应,则只须将式(4.67)替换为式(4.69)。

综上所述,在计算多自由度系统受外载荷作用产生的动力学响应时,首先要利用式(4.64),将外载荷转换到正则坐标系中表示。然后根据式(4.67),积分求解每阶振动模态的响应,并利用式(4.69),积分求解刚体模态响应。最后,通过式(4.58)的反变换,求解得到实际位移坐标。若外载荷与位移坐标没有对应关系,则须先计算当前坐标对应的等效载荷,再进行后续推导(见本节末的例 3)。

在进一步讨论之前,对作用在第 j 个位移坐标上的载荷 $Q_j = F_j(t)$ 引起的第 k 个位移坐标上的动力学响应进行分析。由式(4.66)可知, Q_j 引起的第 i 阶正则模态载荷

$$q_{Ni} = \boldsymbol{\Phi}_{Nji} Q_j \tag{b}$$

若系统只产生振动模态,则可根据式(4.67)计算得到第 i 阶模态响应

$$u_{Ni} = \frac{\boldsymbol{\Phi}_{Nji}}{\omega_i} \int_0^t Q_j \sin \omega_i (t - t') \mathrm{d}t' \tag{c}$$

利用式(4.58),将响应变换到原始坐标系中,得到第 k 个位移坐标的响应

$$(u_k)_{Q_j} = \sum_{i=1}^n \left[\frac{\boldsymbol{\Phi}_{Nki} \boldsymbol{\Phi}_{Nji}}{\omega_i} \int_0^t Q_j \sin \omega_i (t - t') \mathrm{d}t' \right] \tag{d}$$

同理,由作用在第 k 个位移坐标上的载荷 $Q_k = F_k(t)$ 引起的第 j 个位移坐标的响应可写成

$$(u_j)_{Qk} = \sum_{i=1}^{n} \left[\frac{\boldsymbol{\Phi}_{Nji} \boldsymbol{\Phi}_{Nki}}{\omega_i} \int_0^t Q_k \sin \omega_i (t - t') \mathrm{d}t' \right] \tag{e}$$

若 $Q_j = Q_k = F(t)$，则式（d）、（e）的等号右边相等。由此可知两方程等号左边相等：

$$(u_k)_{Qj} = (u_j)_{Qk} \quad [Q_j = Q_k = F(t)] \tag{4.70}$$

式（4.70）即为与静载荷 Maxwell 互换定理类似的动载荷互换定理[3]。该定理表明，作用于第 j 个坐标的时变载荷引起的第 k 个位移坐标的动态响应，与作用于第 k 个坐标的载荷引起的第 j 个坐标的动态响应相等。该定理同时适用于含振动模态和刚体模态的系统。这一结论可通过用式（4.69）代替式（4.67）以得到式（c）得以证实。

若不用载荷方程，而是用位移方程来分析振动系统，则系统方程由方程（4.61）变为

$$\mathbf{FM\ddot{D}} + \mathbf{D} = \mathbf{FQ} = \boldsymbol{\Delta} \tag{4.71}$$

在该方程中，符号 $\boldsymbol{\Delta}$ 表示静力分析得到的时变位移向量。由于该向量的元素为时间函数，因此它比 3.6 节中式（3.37）定义的向量 $\boldsymbol{\Delta}_{\text{st}}$ 更具一般性。在这里，符号 $\boldsymbol{\Delta}_{\text{st}}$ 表示的是简谐扰动函数的最大值作用引起的静位移常向量。方程（4.71）中向量 $\boldsymbol{\Delta}$ 的元素不一定是作用在该位移坐标上的外载荷，也可能是其他扰动因素，例如基础运动这类扰动因素引起的时变位移。这种情况将在下一节中进行讨论。

首先，用式（4.34）、（4.35）分别替换方程（4.71）中的 $\mathbf{D}$、$\ddot{\mathbf{D}}$（$\boldsymbol{\Phi}_{\text{M}}$ 归一化为 $\boldsymbol{\Phi}_{\text{N}}$），将方程变换到正则坐标系中描述。然后，在方程等号两边同时左乘 $\boldsymbol{\Phi}_{\text{N}}^{-1}$，得到

$$\boldsymbol{\Phi}_{\text{N}}^{-1} \mathbf{FM\Phi}_{\text{N}} \ddot{\mathbf{D}}_{\text{N}} + \mathbf{D}_{\text{N}} = \boldsymbol{\Phi}_{\text{N}}^{-1} \mathbf{FQ} = \boldsymbol{\Phi}_{\text{N}}^{-1} \boldsymbol{\Delta}$$

或改写成

$$\mathbf{F}_{\text{N}} \ddot{\mathbf{D}}_{\text{N}} + \mathbf{D}_{\text{N}} = \boldsymbol{\Delta}_{\text{N}} \tag{4.72}$$

其中，$\mathbf{F}_{\text{N}}$ 由式（4.50）给定，而 $\boldsymbol{\Delta}_{\text{N}}$ 被定义为

$$\boldsymbol{\Delta}_{\text{N}} = \boldsymbol{\Phi}_{\text{N}}^{-1} \boldsymbol{\Delta} \tag{4.73}$$

方程（4.72）表示的 n 个方程中的每个方程均具有如下形式：

$$\lambda_i \ddot{u}_{\text{N}i} + u_{\text{N}i} = \delta_{\text{N}i} \quad (i = 1, 2, 3, \cdots, n) \tag{4.74}$$

方程（4.74）中的 $\delta_{\text{N}i}$ 为第 i 个正则坐标表示的时变位移。

若方程（4.72）的等号两边同时左乘 $\mathbf{S}_{\text{N}} = \mathbf{F}_{\text{N}}^{-1}$，则该方程变为

$$\ddot{\mathbf{D}}_{\text{N}} + \mathbf{S}_{\text{N}} \mathbf{D}_{\text{N}} = \mathbf{S}_{\text{N}} \boldsymbol{\Delta}_{\text{N}} \tag{4.75}$$

相应地，n 个方程中的每个方程均变为如下形式：

$$\ddot{u}_{\text{N}i} + \omega_i^2 u_{\text{N}i} = q_{\text{N}\delta i} \quad (i = 1, 2, 3, \cdots, n) \tag{4.76}$$

其中

$$q_{\text{N}\delta i} = \omega_i^2 \delta_{\text{N}i} \tag{4.77}$$

式（4.77）定义的 $q_{\text{N}\delta i}$ 为时变位移 $\delta_{\text{N}i}$ 引起的等效正则模态载荷。当用位移方程代替载荷方程进行分析时，$q_{\text{N}i}$ 也替换为 $q_{\text{N}\delta i}$。

第 i 阶正则模态在等效载荷 $q_{\text{N}\delta i}$ 的作用下产生的响应，同样可通过 Duhamel 积分进行计

算。在这种情况下,有

$$u_{Ni} = \frac{1}{\omega_i} \int_0^t q_{N\delta i} \sin\omega_i(t-t') \mathrm{d}t' = \omega_i \int_0^t \delta_{Ni} \sin\omega_i(t-t') \mathrm{d}t' \qquad (4.78)$$

式(4.78)与1.13节中的式(1.70)有对应关系。重复利用式(4.78)进行积分计算,可由式(4.58)将响应计算结果转换到原始坐标系中表示。

动位移互换定理可用类似于推导式(4.70)表示的动载荷互换定理的方法得到。由此写出等式

$$(u_k)_{\Delta j} = (u_j)_{\Delta k} \qquad [\Delta_j = \Delta_k = f(t)] \qquad (4.79)$$

式(4.79)表明,第 j 个坐标上发生的时变位移引起的第 k 个位移坐标的动态响应,与第 k 个坐标上发生相同位移引起的第 j 个坐标的动态响应相等。

例 1. 再次考虑图 3.1a 中的两质量系统。其对初始条件的响应在上一节的例 1 中已经计算得到。现假设有阶跃函数 $Q_1 = P$ 作用于第一个质量上。试确定系统在初始状态静止的条件下,对该扰动函数的响应。

解: 对这个简单的例子而言,外载荷向量 $\mathbf{Q} = \{P, 0\}$。根据式(4.64),可将该载荷向量转换到正则坐标系中表示:

$$\mathbf{Q}_N = \mathbf{\Phi}_N^T \mathbf{Q} = \frac{1}{\sqrt{m}} \begin{bmatrix} 0.526 & 0.851 \\ -0.851 & 0.526 \end{bmatrix} \begin{bmatrix} P \\ 0 \end{bmatrix} = \frac{P}{\sqrt{m}} \begin{bmatrix} 0.526 \\ -0.851 \end{bmatrix} \qquad (f)$$

根据阶跃函数的 Duhamel 积分结果[见 1.12 节中的式(1.66)],第 i 个正则坐标的响应

$$u_{Ni} = q_{Ni}(1 - \cos\omega_i t)/\omega_i^2 \qquad (g)$$

因此,正则模态位移向量

$$\mathbf{D}_N = \frac{P}{\sqrt{m}} \begin{bmatrix} 0.526(1 - \cos\omega_1 t)/\omega_1^2 \\ -0.851(1 - \cos\omega_2 t)/\omega_2^2 \end{bmatrix} \qquad (h)$$

将 $\omega_1^2 = 0.382k/m$ 和 $\omega_2^2 = 2.618k/m$ 代入式(h),可得

$$\mathbf{D}_N = \frac{P\sqrt{m}}{k} \begin{bmatrix} 1.377(1 - \cos\omega_1 t) \\ -0.325(1 - \cos\omega_2 t) \end{bmatrix} \qquad (i)$$

根据式(4.58),将正则模态位移向量转换到原始坐标系中,表示为

$$\mathbf{D} = \mathbf{\Phi}_N \mathbf{D}_N = \frac{P}{k} \begin{bmatrix} 1 - 0.724\cos\omega_1 t - 0.276\omega_2 t \\ 1 - 1.171\cos\omega_1 t + 0.171\omega_2 t \end{bmatrix} \qquad (j)$$

观察推导结果后发现,两质量块在静载荷的作用下,均围绕偏移位置 $(u_1)_{st} = (u_2)_{st} = P/k$ 往复振荡。

用相同的方法,还可计算系统对作用在第二个质量块上的阶跃函数 $Q_2 = P$ 的响应。在这种情况下,可求得

$$\mathbf{D} = \frac{P}{k} \begin{bmatrix} 1 - 1.171\cos\omega_1 t + 0.171\omega_2 t \\ 2 - 1.895\cos\omega_1 t - 0.105\omega_2 t \end{bmatrix} \qquad (k)$$

由式 (k) 可知,第一个质量块围绕偏移位置 $(u_1)_{st} = P/k$ 往复振荡,第二个质量块围绕偏移位置 $(u_2)_{st} = 2P/k$ 往复振荡(载荷静态作用产生的结果)。比较式 (j)、(k) 后还发现,阶跃函数 $Q_1 = P$ 作用于第一个质量块时引起的第二个质量块的动态响应,等于阶跃函数 $Q_2 = P$ 作用于第二个质量块时引起的第一个质量块的响应。这一等效关系验证了互换定理公式 (4.70)。

例 2. 假设上一节例 2 中的半正定系统受到斜坡函数 $Q_2 = Rt$ 的作用,且力的作用点位于第二个质量处(符号 R 为力随时间的变化率)。试计算三质量系统对该激励的响应。

解:用 $\mathbf{\Phi}_N^T$ 左乘系统受到的外载荷向量 $\mathbf{Q} = \{0, Rt, 0\}$,将其转换到正则坐标系中表示,结果为

$$\mathbf{Q}_N = \mathbf{\Phi}_N^T \mathbf{Q} = \frac{1}{\sqrt{6m}} \begin{bmatrix} \sqrt{2} & \sqrt{2} & \sqrt{2} \\ \sqrt{3} & 0 & -\sqrt{3} \\ 1 & -2 & 1 \end{bmatrix} \begin{bmatrix} 0 \\ Rt \\ 0 \end{bmatrix} = \frac{Rt}{\sqrt{6m}} \begin{bmatrix} \sqrt{2} \\ 0 \\ -2 \end{bmatrix} \tag{l}$$

由式 (4.69) 可知,一阶正则模态(刚体模态)的响应

$$u_{N1} = \frac{Rt^3 \sqrt{2}}{6\sqrt{6m}} \tag{m}$$

由于二阶模态具有对称性,因此它不对上述反对称载荷产生响应。与此同时,三阶模态的响应可根据式 (4.67) 求解。对斜坡函数进行 Duhamel 积分,可得

$$u_{N3} = -2R\left(t - \frac{1}{\omega_3}\sin\omega_3 t\right) / (\omega_3^2 \sqrt{6m}) \tag{n}$$

式 (n) 根据 1.12 节中的例 1 得到。利用已经计算得到的 $\omega_3^2 = 3k/m$,可将正则模态响应写成

$$\mathbf{D}_N = \frac{R}{6\sqrt{6m}} \begin{bmatrix} t^3 \sqrt{2} \\ 0 \\ -\dfrac{4m}{k}\left(t - \dfrac{1}{\omega_3}\sin\omega_3 t\right) \end{bmatrix} \tag{o}$$

将以上位移转换到原始坐标系中表示,变为

$$\mathbf{D} = \mathbf{\Phi}_N \mathbf{D}_N = \frac{R}{18m} \begin{bmatrix} t^3 - \dfrac{2m}{k}\left(t - \dfrac{1}{\omega_3}\sin\omega_3 t\right) \\ t^3 + \dfrac{6m}{k}\left(t - \dfrac{1}{\omega_3}\sin\omega_3 t\right) \\ t^3 - \dfrac{2m}{k}\left(t - \dfrac{1}{\omega_3}\sin\omega_3 t\right) \end{bmatrix} \tag{p}$$

式 (p) 中各响应的刚体运动分量等于 $Rt^3/(18m)$,振动分量中只存在三阶主模态。

例 3. 重新考虑图 4.2a 中的系统。假设质量和长度与上一节中的例 3 相同。假定 x 方向的简谐扰动函数 $P\sin\Omega t$ 作用于第一和第二个质量间的丝上。试分别通过载荷方程和位移方程求解系统的稳态受迫振动。

解:由观察可知,作用在质量小球上的等效力 $\mathbf{Q} = \{P(\sin\Omega t)/2, P(\sin\Omega t)/2, 0\}$。将

$\mathbf{\Phi}_N^T$ 左乘该向量，得到正则坐标对应的扰动函数

$$\mathbf{Q}_N = \mathbf{\Phi}_N^T \mathbf{Q} = \frac{P \sin \Omega t}{4 \sqrt{m}} \begin{bmatrix} 1 & \sqrt{2} & 1 \\ \sqrt{2} & 0 & -\sqrt{2} \\ 1 & -\sqrt{2} & 1 \end{bmatrix} \begin{bmatrix} 1 \\ 1 \\ 0 \end{bmatrix} = \frac{P \sin \Omega t}{4 \sqrt{m}} \begin{bmatrix} 1+\sqrt{2} \\ \sqrt{2} \\ 1-\sqrt{2} \end{bmatrix} \quad (q)$$

忽略瞬态响应，可将正则模态响应写成

$$\mathbf{D}_N = \frac{P \sin \Omega t}{4 \sqrt{m}} \begin{bmatrix} (1+\sqrt{2})\beta_1/\omega_1^2 \\ \sqrt{2}\beta_2/\omega_2^2 \\ (1-\sqrt{2})\beta_3/\omega_3^2 \end{bmatrix} \quad (r)$$

式中，第 i 阶正则模态的放大因子

$$\beta_i = \frac{1}{1-(\Omega^2/\omega_i^2)} \quad (i=1, 2, 3) \quad (s)$$

将 $1/\omega_1^2 = [(2+\sqrt{2})lm]/(2T)$，$1/\omega_2^2 = lm/(2T)$ 和 $1/\omega_3^2 = [(2-\sqrt{2})lm]/(2T)$ 代入式(r)，将其变为

$$\mathbf{D}_N = \frac{Pl \sqrt{m} \sin \Omega t}{8T} \begin{bmatrix} (4+3\sqrt{2})\beta_1 \\ \sqrt{2}\beta_2 \\ (4-3\sqrt{2})\beta_3 \end{bmatrix} \quad (t)$$

相应地，原始坐标表示的响应变为

$$\mathbf{D} = \mathbf{\Phi}_N \mathbf{D}_N = \frac{Pl \sin \Omega t}{16T} \begin{bmatrix} (4+3\sqrt{2})\beta_1 + 2\beta_2 + (4-3\sqrt{2})\beta_3 \\ 2(3+2\sqrt{2})\beta_1 + 2(3-2\sqrt{2})\beta_3 \\ (4+3\sqrt{2})\beta_1 - 2\beta_2 + (4-3\sqrt{2})\beta_3 \end{bmatrix} \quad (u)$$

为了在本问题中应用位移方程，首先将位移向量 $\mathbf{\Delta}$ 表示成乘积的形式：

$$\mathbf{\Delta} = \mathbf{FQ} = \frac{Pl \sin \Omega t}{8T} \begin{bmatrix} 3 & 2 & 1 \\ 2 & 4 & 2 \\ 1 & 2 & 3 \end{bmatrix} \begin{bmatrix} 1 \\ 1 \\ 1 \end{bmatrix} = \frac{Pl \sin \Omega t}{8T} \begin{bmatrix} 5 \\ 6 \\ 3 \end{bmatrix} \quad (v)$$

利用式(4.73)，将该位移向量转换到正则坐标系中，结果为

$$\mathbf{\Delta}_N = \mathbf{\Phi}_N^{-1} \mathbf{\Delta} = \frac{Pl \sqrt{m} \sin \Omega t}{16T} \begin{bmatrix} 1 & \sqrt{2} & 1 \\ \sqrt{2} & 0 & -\sqrt{2} \\ 1 & -\sqrt{2} & 1 \end{bmatrix} \begin{bmatrix} 5 \\ 6 \\ 3 \end{bmatrix}$$

$$= \frac{Pl \sqrt{m} \sin \Omega t}{8T} \begin{bmatrix} 4+3\sqrt{2} \\ \sqrt{2} \\ 4-3\sqrt{2} \end{bmatrix} \quad (w)$$

该向量引起的正则模态响应与式(t)相同，因此最后的计算结果仍由式(u)给出。

习题 4.5

4.5-1. 图 4.1a 中的三质量系统,有 $m_1=m_2=m_3=m$ 和 $k_1=k_2=k_3=k$。试求解该系统对作用于第三个质量处的简谐扰动函数 $Q_3=P\cos\Omega t$ 的稳态响应。

4.5-2. 试求解习题 4.2-2 中的三质量系统对作用于第一个质量处的阶跃函数 $Q_1=P$ 的响应。

4.5-3. 假定有一个水平向右的斜坡力 Rt 作用于习题 4.2-3 中的中心摆质点上,试求解系统在小摆幅条件下的响应。

4.5-4. 试求解习题 4.2-4 中系统在受到第二和第三个圆盘间的轴上扭矩 $T\sin\Omega t$ 作用后产生的稳态响应。

4.5-5. 试求解习题 4.2-5 中的四质量系统对作用于第一和第四个质量处的阶跃函数 $Q_1=Q_4=P$ 的响应。

4.5-6. 习题 4.2-6 中的梁在质点 m_1 和 m_3 处受到斜坡函数 $Q_1=Q_3=Rt$ 的作用,求解系统响应。

4.5-7. 习题 4.2-7 中含三个质点的复摆在 x 方向受到力 $P\cos\Omega t$ 的作用,该力的作用点位于第一和第二个质点的中心处。试计算系统的稳态响应。

4.5-8. 试求解习题 4.2-8 中的三层建筑框架,在受到作用于各层的阶跃函数力 $Q_1=Q_2=Q_3=P$ 后的响应。

4.5-9. 试求解习题 4.2-9 中的弹簧悬置质量,在受到作用于 z 方向斜坡函数 Rt 后的响应。

4.5-10. 试求解习题 4.2-10 中的框架,在受到作用于 B 点的 y 方向外力 $P\sin\Omega t$ 后的稳态响应。

4.5-11. 试求解习题 4.2-11 中的系统,在受到作用于第一和第三个质点处的 y 方向斜坡力 $Q_1=Q_3=Rt$ 后的响应。

4.5-12. 令 $l=3$ ft。试求解习题 4.2-12 中的系统在受到作用于右侧杆质心处的 y 方向阶跃力 P 后的响应。

4.6　支承运动引起的正则模态响应

在很多情况下,我们对支承运动而不是外载荷作用引起的多自由度系统响应感兴趣。例如,若图 4.1a 中的地面在 x 方向上按以下函数规律平动:

$$u_{\mathrm{g}}=F_{\mathrm{g}}(t) \tag{a}$$

则载荷运动方程可写成

$$\mathbf{M\ddot{D}}+\mathbf{SD}^*=\mathbf{0} \tag{b}$$

其中,质量相对地面的位移向量

$$\mathbf{D}^*=\mathbf{D}-\mathbf{1}u_{\mathrm{g}} \tag{c}$$

式(c)中的向量 **1** 元素全部为 1,它将 u_{g} 重复生成 n 次。这种处理地面位移的方法与先前处理单个或两个自由度系统问题的方法类似[见 1.6 节中的式(j)]。然而,更一般化的处理方法是将运动方程写成其等价形式

$$\mathbf{M}\ddot{\mathbf{D}} + \mathbf{S}\mathbf{D} + \mathbf{S}_\mathrm{g}u_\mathrm{g} = \mathbf{0} \tag{d}$$

这时有

$$\mathbf{S}_\mathrm{g} = -\mathbf{S}\mathbf{1} \tag{e}$$

式中，$\mathbf{S}_\mathrm{g}$ 为刚度系数组成的向量，并定义其为当 u_g 取值为 1 时，与自由位移坐标[①]相对应的持续作用载荷。该持续性载荷可通过对 $u_\mathrm{g} = 1$ 的系统进行静力分析直接得到。但对本例而言，它由式（e）计算得到，结果等于矩阵 $\mathbf{S}$ 各行求和后取负值。

将乘积 $\mathbf{S}_\mathrm{g}u_\mathrm{g}$ 移项至等号右侧，可将式（d）转换为式（4.61）的形式。因此，有

$$\mathbf{M}\ddot{\mathbf{D}} + \mathbf{S}\mathbf{D} = \mathbf{Q}_\mathrm{g} \tag{4.80}$$

其中

$$\mathbf{Q}_\mathrm{g} = -\mathbf{S}_\mathrm{g}u_\mathrm{g} = \mathbf{S}\mathbf{1}u_\mathrm{g} \tag{4.81}$$

向量 $\mathbf{Q}_\mathrm{g}$ 包含地面运动引起的自由位移坐标所对应的等效载荷。仿照系统受到实际载荷作用时的做法，将以上等效载荷转换到正则坐标系中。因此，可由式（4.64）写出

$$\mathbf{Q}_{\mathrm{N}\mathrm{g}} = \mathbf{\Phi}_\mathrm{N}^\mathrm{T}\mathbf{Q}_\mathrm{g} \tag{4.82}$$

正则坐标表示的第 i 个运动方程变为

$$\ddot{u}_{\mathrm{N}i} + \omega_i^2 u_{\mathrm{N}i} = q_{\mathrm{N}\mathrm{g}i} \quad (i = 1,\ 2,\ 3,\ \cdots,\ n) \tag{4.83}$$

式中，$q_{\mathrm{N}\mathrm{g}i}$ 为地面运动引起的第 i 个正则坐标下的等效载荷。

利用 Duhamel 积分求得的第 i 阶正则模态响应可表示为

$$u_{\mathrm{N}i} = \frac{1}{\omega_i}\int_0^t q_{\mathrm{N}\mathrm{g}i}\sin\omega_i(t - t')\mathrm{d}t' \tag{4.84}$$

式（4.84）的数学形式与上一节中的式（4.67）相同，只是将 $q_{\mathrm{N}i}$ 替换成了 $q_{\mathrm{N}\mathrm{g}i}$。与先前一样，按照式（4.84）重复计算积分，并利用 $\mathbf{D} = \mathbf{\Phi}_\mathrm{N}\mathbf{D}_\mathrm{N}$ 将结果转换到原始坐标系中。

若图 4.1a 指定的是系统的地面加速度 $\ddot{u}_\mathrm{g}$（而不是地面位移 u_g），则须将坐标转变为式（c）定义的相对运动。对应于 $\mathbf{D}^*$ 的加速度

$$\ddot{\mathbf{D}}^* = \ddot{\mathbf{D}} - \mathbf{1}\ddot{u}_\mathrm{g} \tag{f}$$

整理式（f）以表示 $\ddot{\mathbf{D}}$，并将其代入方程（b），可得用相对坐标表示的运动方程

$$\mathbf{M}^*\ddot{\mathbf{D}}^* + \mathbf{S}\mathbf{D}^* = \mathbf{Q}_\mathrm{g}^* \tag{4.85}$$

其中

$$\mathbf{Q}_\mathrm{g}^* = -\mathbf{M}\mathbf{1}\ddot{u}_\mathrm{g} \tag{4.86}$$

由于图 4.1a 中系统的质量矩阵为对角矩阵，因此这种特殊情况下的 $\mathbf{Q}_\mathrm{g}^*$ 展开后为

$$\mathbf{Q}_\mathrm{g}^* = \begin{bmatrix} -m_1\ddot{u}_\mathrm{g} \\ -m_2\ddot{u}_\mathrm{g} \\ -m_3\ddot{u}_\mathrm{g} \end{bmatrix} \tag{g}$$

---

① 为了避免本节中可能出现的歧义，使用术语"自由位移坐标"来区分可以自由运动的位移坐标和外部施加的位移坐标。其中，后一种位移坐标类型用来描述支承或约束的运动。

即相对自由位移坐标对应的等效载荷等于质量与地面加速度 $\ddot{u}_g$ 的乘积取负值。在确定这些等效载荷之后,将向量 $\mathbf{Q}_g$ 替换为 $\mathbf{Q}_g^*$,用其计算系统相对地面的响应。由于方程(4.85)中的系数矩阵与方程(4.80)中的系数矩阵相同,因此可用相同的变换算子 $\mathbf{\Phi}_N$,将相对坐标与正则坐标联系起来。

若利用位移方程而不是载荷方程进行分析,则图 4.1a 中的地面平动效应可表示为

$$\mathbf{FM\ddot{D}} + \mathbf{D} - \mathbf{1}u_g = \mathbf{0} \tag{h}$$

方程(h)可由方程(b)左乘 $\mathbf{F} = \mathbf{S}^{-1}$ 得到。将该方程写成上一节中方程(4.71)的形式,可得

$$\mathbf{FM\ddot{D}} + \mathbf{D} = \mathbf{\Delta}_g \tag{4.87}$$

其中

$$\mathbf{\Delta}_g = \mathbf{1}u_g \tag{4.88}$$

向量 $\mathbf{\Delta}_g$ 为地面运动引起的自由位移坐标所表示的时变位移,而向量中的时变位移元素可通过静力分析得到。当然,本例中向量的各个元素均等于平动位移 u_g。这些位移可借助坐标变换(4.73),被转换到正则坐标系中进行表示。由此可得

$$\mathbf{\Delta}_{Ng} = \mathbf{\Phi}_N^{-1} \mathbf{\Delta}_g \tag{4.89}$$

在这种情况下,正则坐标表示的第 i 个运动方程[见方程(4.74)]变为

$$\lambda_i \ddot{u}_{Ni} + u_{Ni} = \delta_{Ngi} \quad (i = 1, 2, 3, \cdots, n) \tag{4.90}$$

式中,δ_{Ngi} 表示地面运动引起的第 i 个正则坐标下的时变位移。

应用式(4.78)定义的第二类 Duhamel 积分计算第 i 阶模态响应。因此,可得

$$u_{Ni} = \omega_i \int_0^t \delta_{Ngi} \sin\omega_i(t - t') \mathrm{d}t' \tag{4.91}$$

式中,δ_{Ni} 被替换为 δ_{Ngi}。重复式(4.91)中的计算,仍然与以往相同,将结果转换到原始坐标系中进行表示。

若指定的是地面加速度 $\ddot{u}_g$ 而不是位移 u_g,则用相对坐标表示的位移方程为

$$\mathbf{FM\ddot{D}}^* + \mathbf{D}^* = \mathbf{FQ}_g^* \tag{4.92}$$

方程(4.92)可由 $\mathbf{F} = \mathbf{S}^{-1}$ 左乘方程(4.85)得到。在这种情况下,可由式(4.86)得到

$$\mathbf{\Delta}_g^* = \mathbf{FQ}_g^* = -\mathbf{FM1}\ddot{u}_g \tag{4.93}$$

进而可用 $\mathbf{\Delta}_g^*$ 代替 $\mathbf{\Delta}_g$,以计算系统相对地面的响应。

上面讨论了四种处理特定多自由度系统(见图 4.1a)支承运动的方法。若求解时采用载荷方程,则等效载荷可根据式(4.81)定义的指定位移求解,或根据式(4.86)定义的指定加速度求解。第二种求解方法通常比第一种求解方法简单,但计算所得的响应为系统相对运动支承的位移。另一方面,若将运动方程写成位移方程的形式,则地面平动引起的时变自由位移坐标可由式(4.88)计算得到,而地面加速度引起的相对加速度可根据式(4.93)计算得到。式(4.88)与式(4.93)比较后发现,前者的计算过程更加简单。此外,式(4.88)的计算也比载荷方程法中式(4.81)或式(4.86)的计算简单。因此,若已经确定了支承位移,且支承柔度不难计算,则采用位移方程法求解更为简单。这一结论被证实适用于图 4.1a 所示的受地面刚体平动作用的静定系统。但是,若系统为静不定系统,则采用载荷方程法求解更为简单。

例 1. 假定图 3.1a 中对两质量系统起约束作用的墙面，突然按照阶跃函数 $u_g = d$ 向右做刚体平移运动。假设 $m_1 = m_2 = m$ 和 $k_1 = k_2 = k$，试确定系统在该瞬时支承位移作用下的响应。

解：根据载荷方程法，利用式(4.81)计算得到自由位移坐标对应的等效载荷

$$\mathbf{Q}_g = -\mathbf{S}_g u_g = \mathbf{S1} u_g = \begin{bmatrix} 2k & -k \\ -k & k \end{bmatrix} \begin{bmatrix} 1 \\ 1 \end{bmatrix} d = \begin{bmatrix} kd \\ 0 \end{bmatrix} \tag{i}$$

根据式(4.82)，将该向量转换到正则坐标系中表示，结果为

$$\mathbf{Q}_{Ng} = \mathbf{\Phi}_N^T \mathbf{Q}_g = \frac{1}{\sqrt{m}} \begin{bmatrix} 0.526 & 0.851 \\ -0.851 & 0.526 \end{bmatrix} \begin{bmatrix} kd \\ 0 \end{bmatrix} = \frac{kd}{\sqrt{m}} \begin{bmatrix} 0.526 \\ -0.851 \end{bmatrix} \tag{j}$$

计算两次式(4.84)，可得阶跃函数作用引起的响应，用正则坐标表示为

$$\mathbf{D}_N = \frac{kd}{\sqrt{m}} \begin{bmatrix} 0.526(1-\cos\omega_1 t)/\omega_1^2 \\ -0.851(1-\cos\omega_2 t)/\omega_2^2 \end{bmatrix} = d\sqrt{m} \begin{bmatrix} 1.377(1-\cos\omega_1 t) \\ -0.325(1-\cos\omega_2 t) \end{bmatrix} \tag{k}$$

原始坐标表示的响应变为

$$\mathbf{D} = \mathbf{\Phi}_N \mathbf{D}_N = d \begin{bmatrix} 1 - 0.724\cos\omega_1 t - 0.726\cos\omega_2 t \\ 1 - 1.171\cos\omega_1 t + 0.171\cos\omega_2 t \end{bmatrix} \tag{l}$$

该响应的数学形式与第一个质量受阶跃力作用时的响应形式类似(见上一节中的例 1)，区别在于将 d 替换为了 P/k。

若用位移方程法求解本问题，则可根据式(4.88)计算与阶跃位移作用引起的自由位移坐标相对应的平移量

$$\mathbf{\Delta}_g = \mathbf{1} u_g = \begin{bmatrix} 1 \\ 1 \end{bmatrix} d = \begin{bmatrix} d \\ d \end{bmatrix} \tag{m}$$

正则坐标系中，该向量被变换为

$$\mathbf{\Delta}_{Ng} = \mathbf{\Phi}_N^{-1} \mathbf{\Delta}_g = \sqrt{m} \begin{bmatrix} 0.526 & 0.851 \\ -0.851 & 0.526 \end{bmatrix} \begin{bmatrix} d \\ d \end{bmatrix} = d\sqrt{m} \begin{bmatrix} 1.377 \\ -0.325 \end{bmatrix} \tag{n}$$

计算两次式(4.91)，所得结果与正则模态响应(k)相同。因此，最后的响应计算结果仍由式(l)给定。

例 2. 图 4.1a 中的三质量系统，有 $m_1 = m_2 = m_3 = m$ 和 $k_1 = k_2 = k_3 = k$。试确定该系统在支承加速度为抛物线函数 $\ddot{u}_g = a_1 t^2/t_1^2$ 的作用下产生的响应，其中 a_1 为 t_1 时刻的地面刚体加速度。

解：首先考虑利用载荷方程法求解。由式(g)可得系统受到的等效载荷

$$\mathbf{Q}_g^* = \frac{-a_1 t^2 m}{t_1^2} \begin{bmatrix} 1 \\ 1 \\ 1 \end{bmatrix} \tag{o}$$

该向量若用正则坐标表示，则变为

$$\mathbf{Q}_{Ng}^* = \mathbf{\Phi}_N^T \mathbf{Q}_g^* = \frac{-a_1 t^2 m}{t_1^2} \begin{bmatrix} 0.328 & 0.591 & 0.737 \\ 0.737 & 0.328 & -0.591 \\ 0.591 & -0.737 & 0.328 \end{bmatrix} \begin{bmatrix} 1 \\ 1 \\ 1 \end{bmatrix}$$

$$= \frac{-a_1 t^2 m}{t_1^2} \begin{bmatrix} 1.656 \\ 0.474 \\ 0.182 \end{bmatrix} \tag{p}$$

计算三次 Duhamel 积分,可得

$$\mathbf{D}_N^* = \frac{-a_1 t^2 m}{t_1^2} \begin{bmatrix} 1.656[t^2 - 2(1 - \cos\omega_1 t)/\omega_1^2]/\omega_1^2 \\ 0.474[t^2 - 2(1 - \cos\omega_2 t)/\omega_2^2]/\omega_2^2 \\ 0.182[t^2 - 2(1 - \cos\omega_3 t)/\omega_3^2]/\omega_3^2 \end{bmatrix} \tag{q}$$

以上每个解的形式与习题 1.13 - 6 的答案相同。将 $1/\omega_1^2 = 5.05m/k$、$1/\omega_2^2 = 0.643m/k$ 和 $1/\omega_3^2 = 0.308m/k$ 代入式(q),可得

$$\mathbf{D}_N^* = \frac{-a\sqrt{m^3}}{t_1^2 k} \begin{bmatrix} 8.363[t^2 - 10.10m(1 - \cos\omega_1 t)/k] \\ 0.305[t^2 - 1.286m(1 - \cos\omega_2 t)/k] \\ 0.056[t^2 - 0.616m(1 - \cos\omega_3 t)/k] \end{bmatrix} \tag{r}$$

然后,将响应用原始相对坐标表示为

$$\mathbf{D}^* = \mathbf{\Phi}_N \mathbf{D}_N^* = \frac{-a_1 m}{t_1^2 k} \begin{bmatrix} 3t^2 - 27.70 f_1(t) - 0.289 f_2(t) - 0.020 f_3(t) \\ 5t^2 - 49.92 f_1(t) - 0.129 f_2(t) + 0.025 f_3(t) \\ 6t^2 - 62.26 f_1(t) + 0.232 f_2(t) - 0.011 f_3(t) \end{bmatrix} \tag{s}$$

式中,$f_1(t) = m(1 - \cos\omega_1 t)/k$,$f_2(t) = m(1 - \cos\omega_2 t)/k$ 和 $f_3(t) = m(1 - \cos\omega_3 t)/k$。

转而考虑用位移方程法求解。根据式(4.93),可得向量

$$\mathbf{\Delta}_g^* = -\mathbf{FM1}\ddot{u}_g = \frac{-a_1 t^2 m}{t_1^2 k} \begin{bmatrix} 1 & 1 & 1 \\ 1 & 2 & 2 \\ 1 & 2 & 3 \end{bmatrix} \begin{bmatrix} 1 \\ 1 \\ 1 \end{bmatrix} = \frac{-a_1 t^2 m}{t_1^2 k} \begin{bmatrix} 3 \\ 5 \\ 6 \end{bmatrix} \tag{t}$$

将该向量转换到正则坐标系中表示,结果为

$$\begin{aligned} \mathbf{\Delta}_{Ng}^* &= \mathbf{\Phi}_N^{-1} \mathbf{\Delta}_g^* \\ &= \frac{-a_1 t^2 \sqrt{m^3}}{t_1^2 k} \begin{bmatrix} 0.328 & 0.591 & 0.737 \\ 0.737 & 0.328 & -0.591 \\ 0.591 & -0.737 & 0.328 \end{bmatrix} \begin{bmatrix} 3 \\ 5 \\ 6 \end{bmatrix} = \frac{-a_1 t^2 \sqrt{m^3}}{t_1^2 k} \begin{bmatrix} 8.363 \\ 0.305 \\ 0.056 \end{bmatrix} \end{aligned} \tag{u}$$

计算三次 Duhamel 积分,可得式(r)表示的正则模态响应,且最终结果与式(s)相同。所得结果显著说明,一阶基本模态对响应的贡献最为显著,二阶模态的贡献远小于一阶模态,三阶模态的贡献又远小于二阶模态。

　　前面给出的例题,展示了含指定的某一类地面刚体平动系统的各种分析方法。当地面发生同时包含三种刚体平动分量和三种刚体转动分量的运动时,情况将变得更加复杂[4]。在这种情况下,u_g 可扩展为包含六种位移种类的向量,向量 $\mathbf{S}_g$ 也变为 $n \times 6$ 阶矩阵。此外,为了保证正则模态法的线性假设条件成立,需要将地面转动约束在小角度范围内。线性振动分析法唯一适用的大幅运动类型为刚体平动。分析这类大幅运动问题时,须采用相对坐标描述运动,以免造成数值求解振动响应时的精度损失。最后,将计算得到的相对位移与地面位移相加,即可求得系统的绝对运动位移。

　　对于与地面存在多个连接点的系统,也可借助刚度或柔度系数的合理推导来计算系统对各支承点独立运动的响应[5]。在这种情况下,为了使系统具有线性振动特性,支承处的相对位移须满足小位移条件。若一个 n 自由度系统有 r 个可独立运动的支承约束,则载荷方程(d)可推广为

$$\mathbf{M\ddot{D}} + \mathbf{SD} + \mathbf{S_R D_R} = \mathbf{0}$$

或

$$\mathbf{M\ddot{D}} + \mathbf{SD} = \mathbf{Q_R} \tag{4.94}$$

其中

$$\mathbf{Q_R} = -\mathbf{S_R D_R} \tag{4.95}$$

以上表达式中，$\mathbf{D_R}$ 为约束位移向量；$\mathbf{S_R}$ 为将自由位移坐标与支承约束耦合在一起的 $n \times r$ 阶刚度矩阵；$\mathbf{Q_R}$ 为约束运动引起的等效载荷向量。

还可利用另一种方法求解与地面存在多个连接点的系统的响应。在方程两边同时左乘 $\mathbf{F} = \mathbf{S}^{-1}$，将方程(4.94)转变为位移方程的形式：

$$\mathbf{FM\ddot{D}} + \mathbf{D} = \mathbf{\Delta_R} \tag{4.96}$$

其中

$$\mathbf{\Delta_R} = -\mathbf{FS_R D_R} = \mathbf{T_R D_R} \tag{4.97}$$

在这种方法中，向量 $\mathbf{\Delta_R}$ 为支承约束的独立运动引起的自由位移坐标下的时变位移。与其他该类型向量一样，向量的每个元素均可通过静力分析确定。由式(4.97)可知，向量各元素可通过将变换算符

$$\mathbf{T_R} = -\mathbf{FS_R} = \mathbf{S}^{-1}\mathbf{S_R} \tag{4.98}$$

左乘 $\mathbf{D_R}$ 得到。符号 $\mathbf{T_R}$ 表示位移影响系数组成的 $n \times r$ 阶矩阵，定义为约束发生单位位移运动引起的自由位移坐标下的位移。虽然式(4.98)提供了一种在复杂系统中求解上述类型向量中元素的有效计算公式，但有时这些向量元素也可直接推导得到。以下例题举例说明了直接推导法在具有独立约束运动系统中的应用。

例 3. 再次考虑图 4.2a 中的系统，假设支承点 A 和 B 可在 x 方向独立平动。分别用 u_{R1} 和 u_{R2} 表示 A 点和 B 点处的小位移。当 $u_{R1} = 0$ 和 $u_{R2} = d\sin\Omega t$ 时，试确定约束运动引起的系统稳态响应。仿照前文，取 $m_1 = m_2 = m_3 = m$ 和 $l_1 = l_2 = l_3 = l_4 = l$，进而可用先前计算得到的系统特性进行分析。

解： 本问题中约束位移向量的形式为

$$\mathbf{D_R} = \begin{bmatrix} u_{R1} \\ u_{R2} \end{bmatrix} = \begin{bmatrix} 0 \\ d\sin\Omega t \end{bmatrix} \tag{v}$$

为了使用方程(4.94)定义的载荷方程法求解，对矩阵 $\mathbf{S_R}$ 进行推导，得到

$$\mathbf{S_R} = \begin{bmatrix} S_{R11} & S_{R12} \\ S_{R21} & S_{R22} \\ S_{R31} & S_{R32} \end{bmatrix} = \frac{T}{l} \begin{bmatrix} -1 & 0 \\ 0 & 0 \\ 0 & -1 \end{bmatrix} \tag{w}$$

该矩阵的第一列为图 4.2e 中位移 $u_{R1} = 1$ 时，作用于质量小球处的持续性载荷。同理，$\mathbf{S_R}$ 的第二列为图 4.2f 中位移 $u_{R2} = 1$ 时的持续性载荷。根据式(4.95)，可解得对应于自由位移坐标的等效载荷

$$\mathbf{Q_R} = -\mathbf{S_R D_R} = \frac{Td\sin\Omega t}{l} \begin{bmatrix} 0 \\ 0 \\ 1 \end{bmatrix} \tag{x}$$

将该向量转换到正则坐标系中,可得

$$\mathbf{Q}_{NR} = \mathbf{\Phi}_N^T \mathbf{Q}_R = \frac{Td\sin\Omega t}{2l\sqrt{m}} \begin{bmatrix} 1 & \sqrt{2} & 1 \\ \sqrt{2} & 0 & -\sqrt{2} \\ 1 & -\sqrt{2} & 1 \end{bmatrix} \begin{bmatrix} 0 \\ 0 \\ 1 \end{bmatrix}$$

$$= \frac{Td\sin\Omega t}{2l\sqrt{m}} \begin{bmatrix} 1 \\ -\sqrt{2} \\ 1 \end{bmatrix} \tag{y}$$

主模态的稳态响应

$$\mathbf{D}_N = \frac{Td\sin\Omega t}{2l\sqrt{m}} \begin{bmatrix} \beta_1/\omega_1^2 \\ -\sqrt{2}\beta_2/\omega_2^2 \\ \beta_3/\omega_3^2 \end{bmatrix} = \frac{d\sqrt{m}\sin\Omega t}{4} \begin{bmatrix} (2+\sqrt{2})\beta_1 \\ -\sqrt{2}\beta_2 \\ (2-\sqrt{2})\beta_3 \end{bmatrix} \tag{z}$$

因此,原始坐标表示的稳态响应

$$\mathbf{D} = \mathbf{\Phi}_N \mathbf{D}_N = \frac{d\sin\Omega t}{8} \begin{bmatrix} (2+\sqrt{2})\beta_1 - 2\beta_2 + (2-\sqrt{2})\beta_3 \\ 2(1+\sqrt{2})\beta_1 + 2(1-\sqrt{2})\beta_3 \\ (2+\sqrt{2})\beta_1 + 2\beta_2 + (2-\sqrt{2})\beta_3 \end{bmatrix} \tag{a'}$$

若要采用方程(4.96)定义的位移方程法求解,可根据式(4.98)推导得到位移影响系数矩阵

$$\mathbf{T}_R = -\mathbf{F}\mathbf{S}_R = \frac{-l}{4T} \begin{bmatrix} 3 & 2 & 1 \\ 2 & 4 & 2 \\ 1 & 2 & 3 \end{bmatrix} \begin{bmatrix} -1 & 0 \\ 0 & 0 \\ 0 & -1 \end{bmatrix} \frac{T}{l} = \frac{1}{4} \begin{bmatrix} 3 & 1 \\ 2 & 2 \\ 1 & 3 \end{bmatrix} \tag{b'}$$

另外,也可将 $\mathbf{T}_R$ 中第一行和第二行的元素看作图 4.2g、h 中因约束运动位移 $u_{R1} = 1$ 和 $u_{R2} = 1$ 作用引起的质量小球处的位移。当用算符 $\mathbf{T}_R$ 左乘式(v)中的 $\mathbf{D}_R$ 时,自由位移坐标下的时变位移

$$\mathbf{\Delta}_R = \mathbf{T}_R \mathbf{D}_R = \frac{d\sin\Omega t}{4} \begin{bmatrix} 3 & 1 \\ 2 & 2 \\ 1 & 3 \end{bmatrix} \begin{bmatrix} 0 \\ 1 \end{bmatrix} = \frac{d\sin\Omega t}{4} \begin{bmatrix} 1 \\ 2 \\ 3 \end{bmatrix} \tag{c'}$$

将该向量转换到正则坐标系中表示,可得

$$\mathbf{\Delta}_{NR} = \mathbf{\Phi}_N^{-1} \mathbf{\Delta}_R = \frac{d\sqrt{m}\sin\Omega t}{8} \begin{bmatrix} 1 & \sqrt{2} & 1 \\ \sqrt{2} & 0 & -\sqrt{2} \\ 1 & -\sqrt{2} & 1 \end{bmatrix} \begin{bmatrix} 1 \\ 2 \\ 3 \end{bmatrix}$$

$$= \frac{d\sqrt{m}\sin\Omega t}{4} \begin{bmatrix} 2+\sqrt{2} \\ -\sqrt{2} \\ 2-\sqrt{2} \end{bmatrix} \tag{d'}$$

这时发现,正则坐标表示的解为式(z),而原始坐标表示的结果为式(a')。

4.6 - 1. 假定图 4.1a 中的地面按照指定的斜坡函数 $u_g = d_1 t / t_1$ 规律平动。其中 d_1 为 t_1 时刻的地面刚体平动量。若假设 $m_1 = m_2 = m_3 = m$ 和 $k_1 = k_2 = k_3 = k$，试利用载荷方程法求解系统响应。

4.6 - 2. 试用位移方程法求解习题 4.2 - 2 中的三质量系统因刚体阶跃位移函数 $u_g = d$ 作用产生的响应。

4.6 - 3. 试用载荷方程法求解习题 4.2 - 3 中的弹簧连接摆因基础的简谐刚体加速度 $\ddot{u}_g = a \sin \Omega t$ 作用产生的稳态响应。（注意：本习题中的摆角为绝对摆角，不是相对摆角）

4.6 - 4. 假设习题 4.2 - 4 中的轴在 A 点有角加速度 $\ddot{\phi}_A = \alpha_1 t^2 / t_1^2$，其中 α_1 为 t_1 时刻的角加速度。试用位移方程法求解各圆盘与轴上 A 点间的相对转动响应。

4.6 - 5. 假设习题 4.2 - 5 中系统的第四个质量按照斜坡函数 $u_4 = d_1 t / t_1$ 平动，其中 d_1 为 t_1 时刻的位移。试用载荷方程法求解其他三个质量的响应。

4.6 - 6. 假设习题 4.2 - 6 中的梁在左侧支承处突然产生 y 方向平移 d。试用位移方程法计算梁上各质量小球的响应。

4.6 - 7. 试用位移方程法求解习题 4.2 - 7 中复摆因支承处的阶跃位移 $u_g = d$ 作用产生的响应。

4.6 - 8. 假设习题 4.2 - 8 题中的三层建筑框架受到变化规律为 $\ddot{u}_g = a \sin \Omega t$ 的水平地面加速度作用。试用载荷方程法求解各层相对地面的稳态水平运动。

4.6 - 9. 考虑习题 4.2 - 9 中弹簧支承的质量小球。若令第一个（或位置最低处）弹簧的接地点在 x 方向突然产生位移 d，试用载荷方程法计算质量小球的响应。

4.6 - 10. 令习题 4.2 - 10 中框架的 A 点绕垂直于 x - y 平面的轴做小角度简谐旋转 $\theta_A = \phi \cos \Omega t$。试用位移方程法求解框架上质量小球的稳态响应。

4.6 - 11. 假设在习题 4.2 - 11 中的系统里，中间质量小球的加速度为抛物线函数 $\ddot{v}_2 = a_1 t^2 / t_1^2$，其中 a_1 为 t_1 时刻的加速度。试用载荷方程法求解质量小球 m_1 和 m_3 相对 m_2 的响应。

4.6 - 12. 假设习题 4.2 - 12 中支承点 C 处的弹簧下端点在 y 方向上以简谐函数 $v_R = d \sin \Omega t$ 平动。设 $l = 3$ ft，试用位移方程法求解稳态响应。

4.7 固有频率和振型的迭代求解法

第 4.2 节中介绍的求解线性系统特征值和特征向量的方法，仅适用于特征方程容易求得的场合。对大多数含两个以上自由度的系统而言，特征方程通常不能进行因式分解，须用试错法提取方程的根。同时，也可根据数值方法求解代数特征值问题[6]，且它们通常对多自由度系统更为有效。本节讨论的方法被称为正向迭代法或直接迭代法①。当利用该方法求解特征值问题时，若矩阵阶数较低，则可使用计算器直接求解；但若矩阵阶数较高，则须通过计算机编程求解。

迭代法在求解振动问题中的少数几个低阶固有频率与振型时十分有效。但若求解的是多自由度系统的所有特征值和特征向量，则偏向于选择代数运算量较小的其他数值方法进行求

---

① 逆向迭代法或反向迭代法的介绍参见本章文献[4]。

解。此外,若能提前估计模态振型,迭代过程将更快收敛。一般来说,主模态振型可得到较好估计,但高阶模态振型的估计较为困难。即便如此,模态振型预测的精度只影响计算的收敛速度,并不影响最终结果的准确性。

在不特别针对振动问题进行分析的情况下,为了方便迭代推演,可从特征值问题的标准形式入手,将其表示为

$$\mathbf{A}\mathbf{X}_{Mi} = \lambda_i \mathbf{X}_{Mi} \tag{4.99}$$

将试验特征向量 $(\mathbf{X})_1$ 代入式(4.99)的两侧,可求得特征值 λ_i 的一次近似。为此,用向量 $(\mathbf{Y})_1$ 表示等式左侧矩阵 $\mathbf{A}$ 与试验特征向量 $(\mathbf{X})_1$ 的乘积,即

$$(\mathbf{Y})_1 = \mathbf{A}(\mathbf{X})_1 \tag{a}$$

若向量 $(\mathbf{X})_1$ 不是特征向量的真实取值,则将其代入式(4.99)后,等式只能近似成立。这一近似相等关系可表示为

$$(\mathbf{Y})_1 \approx \lambda_i (\mathbf{X})_1 \tag{b}$$

将 n 维向量 $(\mathbf{Y})_1$ 中的任意一个元素除以向量 $(\mathbf{X})_1$ 的对应元素,可得特征值的一次近似值 $(\lambda_i)_1$[注意到,若 $(\mathbf{X})_1$ 是真正的特征向量,则两向量对应元素相除后的结果应该相等]。将所有可能的特征值估计结果表示成比值形式:

$$(\lambda_i)_1 = (y_j)_1 / (x_j)_1 \quad (1 \leqslant j \leqslant n) \tag{c}$$

在进行第二步迭代之前,向量 $(\mathbf{Y})_1$ 通常要以某种方式做归一化处理(归一化方法可以是把向量所有元素均除以第一个元素、最大元素或最小元素)。一般情况下,将 $(\mathbf{Y})_1$ 除以任意常数 b_1 以生成第二个试验向量:

$$(\mathbf{X})_2 = (\mathbf{Y})_1 / b_1 \tag{d}$$

然后,用矩阵 $\mathbf{A}$ 左乘该向量,得到新向量

$$(\mathbf{Y})_2 = \mathbf{A}(\mathbf{X})_2 \tag{e}$$

接下来,特征值的二次近似值 $(\lambda_i)_2$ 可根据下式计算得到:

$$(\lambda_i)_2 = (y_j)_2 / (x_j)_2 \tag{f}$$

继续将向量 $(\mathbf{Y})_2$ 除以任意常数 b_2,生成第三个试验向量:

$$(\mathbf{X})_3 = (\mathbf{Y})_2 / b_2 \tag{g}$$

重复以上过程,直到特征值与对应特征向量的计算结果达到所需精度。

对于第 k 次迭代,描述上述步骤的递推方程为

$$(\mathbf{Y})_k = \mathbf{A}(\mathbf{X})_k \tag{4.100}$$

$$(\lambda_i)_k = (y_j)_k / (x_j)_k \tag{4.101}$$

$$(\mathbf{X})_{k+1} = (\mathbf{Y})_k / b_k \tag{4.102}$$

式中,b_k 为任选除数。重复利用上述方程进行求解发现,算法最终收敛于最大特征值及对应的特征向量。所以为了加快收敛速度,第一个试验向量 $(\mathbf{X})_1$ 应被用于近似最大特征值对应的特征向量。

为了证明迭代算法收敛于最大特征值,将第一个试验向量 $(\mathbf{X})_1$ 用系统的真实特征向量表示:

$$(\mathbf{X})_1 = \sum_{i=1}^{n} a_i \boldsymbol{\Phi}_{\mathrm{M}i} \tag{h}$$

式中,a_1,a_2,$\cdots$,a_i,$\cdots$,a_n 为比例系数。该表达式成立的条件是系统存在 n 个线性独立的特征向量(尽管特征向量未知),而这一条件通常在振动系统中能够得到满足。另外,假设特征向量对应的特征值按照降序排列,且最大特征值 λ_1 没有重根,即

$$\lambda_1 > \lambda_2 \geqslant \cdots \geqslant \lambda_i \geqslant \cdots \geqslant \lambda_n \tag{i}$$

将式(h)代入式(a)后,可由式(4.99)推导得出真实特征向量表示的

$$(\mathbf{Y})_1 = \sum_{i=1}^{n} a_i \mathbf{A} \boldsymbol{\Phi}_{\mathrm{M}i} = \sum_{i=1}^{n} a_i \lambda_i \boldsymbol{\Phi}_{\mathrm{M}i} \tag{j}$$

进行第二次迭代,有

$$(\mathbf{Y})_2 = \mathbf{A}(\mathbf{X})_2 = \mathbf{A}(\mathbf{Y})_1 / b_1 \tag{k}$$

将式(j)代入式(k),并再次利用式(4.99),可求得 $(\mathbf{Y})_2$ 的展开式为

$$(\mathbf{Y})_2 = \sum_{i=1}^{n} a_i \lambda_i \mathbf{A} \boldsymbol{\Phi}_{\mathrm{M}i} / b_1 = \sum_{i=1}^{n} a_i \lambda_i^2 \boldsymbol{\Phi}_{\mathrm{M}i} / b_1 \tag{l}$$

对于第 k 次迭代,$(\mathbf{Y})_k$ 的展开式变为

$$(\mathbf{Y})_k = \sum_{i=1}^{n} a_i \lambda_i^k \boldsymbol{\Phi}_{\mathrm{M}i} / (b_1 b_2 \cdot \cdots \cdot b_{k-1}) \tag{m}$$

式中,λ_i 的指数提高到了 k 次。将式(m)等号右边除以 λ_1^k,并将包含 $\boldsymbol{\Phi}_{\mathrm{M}1}$ 的项与其他项分开,可得

$$(\mathbf{Y})_k = \lambda_1^k \Big[a_1 \boldsymbol{\Phi}_{\mathrm{M}1} + \sum_{i=2}^{n} a_i \, (\lambda_i / \lambda_1)^k \, \boldsymbol{\Phi}_{\mathrm{M}i} \Big] / (b_1 b_2 \cdot \cdots \cdot b_{k-1})$$

根据假设的特征值排序[见式(i)],可明显发现,系数 $(\lambda_i / \lambda_1)^k$ 随 k 的增大趋于零。因此得出结论

$$(\mathbf{Y})_k \approx \lambda_1^k a_1 \boldsymbol{\Phi}_{\mathrm{M}1} / (b_1 b_2 \cdot \cdots \cdot b_{k-1}) \tag{n}$$

由于式(n)中的其他项均为常数,所以 $(\mathbf{Y})_k$ 的形式与 $\boldsymbol{\Phi}_{\mathrm{M}1}$ 趋于一致。若从式(n)的等号右边分离出因子 λ_1,发现有

$$(\mathbf{Y})_k \approx \lambda_1 [\lambda_1^{k-1} a_1 \boldsymbol{\Phi}_{\mathrm{M}1} / (b_1 b_2 \cdot \cdots \cdot b_{k-1})] = \lambda_1 (\mathbf{X})_k \tag{o}$$

因此,式(4.101)定义的 λ_i 的 k 次近似值可被看作 λ_1 的近似值。该收敛条件最终证明了最大特征值 λ_1 为主特征值,而其对应的向量 $\boldsymbol{\Phi}_{\mathrm{M}1}$ 为主特征向量。

现在利用迭代法求解多自由度系统主振动模态的特征值和特征向量。由于迭代法的收敛结果为最大特征值,而最大特征值在位移方程法中等于最小角频率平方的倒数,因此使用位移方程法求解。由 4.2 节中的式(4.9),有

$$\mathbf{A}_1 \boldsymbol{\Phi}_{\mathrm{M}1} = \mathbf{FM} \boldsymbol{\Phi}_{\mathrm{M}1} = \lambda_1 \boldsymbol{\Phi}_{\mathrm{M}1} \tag{4.103}$$

其中

$$\lambda_1 = 1/\omega_1^2 \tag{4.104}$$

式(4.103)是式(4.99)定义的特征值问题的标准形式。对本问题而言,发现有

$$\mathbf{A}_1 = \mathbf{FM} \tag{4.105}$$

该矩阵被称为动态矩阵。除非 $\mathbf{M}$ 为对角元全部相等的对角矩阵,动态矩阵一般情况下为非对称矩阵。但这种不对称性不影响迭代法求解主振动模态。

在 4.2 节的例 1 中,用载荷方程法求解了图 4.1a 中三质量系统的主模态频率和振型。现在仍以该系统为例,用位移方程法求解主模态频率和振型。若令 $k_1 = k_2 = k_3 = k$ 和 $m_1 = m_2 = m_3 = m$,则系统的柔度和质量矩阵为

$$\mathbf{F} = \delta \begin{bmatrix} 1 & 1 & 1 \\ 1 & 2 & 2 \\ 1 & 2 & 3 \end{bmatrix}, \ \mathbf{M} = m \begin{bmatrix} 1 & 0 & 0 \\ 0 & 1 & 0 \\ 0 & 0 & 1 \end{bmatrix}$$

上式中的 δ 与前文一致,取 $\delta = 1/k$。所以,式(4.105)中的矩阵 $\mathbf{A}_1$ 变为

$$\mathbf{A}_1 = m\delta \begin{bmatrix} 1 & 1 & 1 \\ 1 & 2 & 2 \\ 1 & 2 & 3 \end{bmatrix} \tag{p}$$

求矩阵 $\mathbf{A}_1$ 的各行之和,可得主模态振型向量的较好近似。通过该近似方法得到的位移向量与 Rayleigh 法(见第 1.5 节)一样,是对与质量成正比的静力作用的响应。实现上述目标的另一种间接方法是取

$$(\mathbf{X}_1)_1 = \{1, \ 1, \ 1\}$$

为第一个试验向量。根据式(4.100),将矩阵 $\mathbf{A}_1$ 左乘 $(\mathbf{X}_1)_1$,得到向量

$$(\mathbf{Y}_1)_1 = m\delta \{3, \ 5, \ 6\}$$

而由式(4.101)定义的特征值 λ_1 的一次近似,可用三种不同方法计算。为了方便后续计算,将 $(\mathbf{Y}_1)_1$ 的最后一个元素除以 $(\mathbf{X}_1)_1$ 的最后一个元素,得到

$$(\lambda_1)_1 = (y_n)_1 / (x_n)_1 = 6m\delta$$

在开始第二次迭代循环之前,首先将向量 $(\mathbf{Y}_1)_1$ 中的所有元素除以最后一个元素,以归一化该向量[见式(4.102)]。由此得到的第二个试验向量

$$(\mathbf{X}_1)_2 = \{0.500, \ 0.833, \ 1.000\}$$

使用上述归一化方法时的除数 $b_1 = 6m\delta$ 刚好为近似特征值。

接下来的第二次迭代循环,将利用式(4.100)~(4.102)求解 $(\mathbf{Y}_1)_2$、$(\lambda_1)_2$ 和 $(\mathbf{X}_1)_3$。再重复上述迭代过程多次,直至连续两次迭代所得的特征值和特征向量在预设精度范围之内相等。表 4.1 总结了迭代结果,在精度为三位有效数字的条件下,第五次循环结果与第四次循环结果相同。因此有

$$\left. \begin{array}{l} \lambda_1 \approx 5.049m\delta, \ \omega_1^2 = 1/\lambda_1 \approx 0.198k/m \\ \mathbf{\Phi}_{M1} \approx \{0.445, \ 0.802, \ 1.000\} \end{array} \right\} \tag{q}$$

虽然 $\mathbf{\Phi}_{\mathrm{M1}}$ 的归一化方法有所不同,但以上迭代过程得到的结果与 4.2 节中例 1 的计算结果完全相同。

表 4.1 主模态的迭代求解过程

试验向量 $(\mathbf{X}_1)_k$	$(\mathbf{X}_1)_1$	$(\mathbf{X}_1)_2$	$(\mathbf{X}_1)_3$	$(\mathbf{X}_1)_4$	$(\mathbf{X}_1)_5$
$\dfrac{\mathbf{A}_1}{m\delta} = \begin{bmatrix} 1 & 1 & 1 \\ 1 & 2 & 2 \\ 1 & 2 & 3 \end{bmatrix}$	1 1 1	0.500 0.833 1.000	0.452 0.806 1.000	0.446 0.803 1.000	0.445 0.802 1.000
特征值 $(\lambda_1)_k/(m\delta)$	6	5.167	5.065	5.051	5.049

在确定了主模态之后,还可利用迭代法继续求解高阶模态的特征值和特征向量。这时,若系统的一阶模态因恰当约束的引入而被抑制住,则二阶模态将成为主模态。若一阶和二阶模态均被约束,则三阶模态成为主模态,以此类推。考虑到系统的固有模态数目等于自由度数,引入模态约束将减少系统的自由度数。因此可知,在迭代求解二阶模态时,其系数矩阵的阶数为 $n-1$,而迭代求解三阶模态时的系数矩阵阶数为 $n-2$,以此类推。但为了表格和计算机运算的方便,最好能够保持矩阵阶数 n 不变。保持矩阵阶数不变的简单技巧将在接下来的内容中进行讨论。

指定某些主模态位移为零,可引入模态约束。根据 4.3 节中的式(4.32)和式(4.44a),有

$$\mathbf{D}_{\mathrm{P}} = \mathbf{\Phi}_{\mathrm{M}}^{-1}\mathbf{D} = \mathbf{M}_{\mathrm{P}}^{-1}\mathbf{\Phi}_{\mathrm{M}}^{\mathrm{T}}\mathbf{M}\mathbf{D} \tag{r}$$

式(r)建立了主坐标向量 $\mathbf{D}_{\mathrm{P}}$ 与原始坐标向量 $\mathbf{D}$ 间的关系。为了清除一阶模态,根据式(r),令 u_{P1} 的表达式为零:

$$u_{\mathrm{P1}} = \frac{1}{M_{\mathrm{P1}}}\mathbf{\Phi}_{\mathrm{M1}}^{\mathrm{T}}\mathbf{M}\mathbf{D} = 0 \tag{s}$$

若将向量 $\mathbf{D}$ 取为某个特征向量 $\mathbf{\Phi}_{\mathrm{M}i}$［其中 $(i=1, 2, 3, \cdots, n)$］,则可发现,该约束条件与一阶模态和更高阶模态对 $\mathbf{M}$ 的正交性一致。为了便于分析,假设质量矩阵 $\mathbf{M}$ 为对角阵,从而将式(s)展开为

$$M_{11}\mathbf{\Phi}_{\mathrm{M11}}u_1 + M_{22}\mathbf{\Phi}_{\mathrm{M21}}u_2 + M_{33}\mathbf{\Phi}_{\mathrm{M31}}u_3 + \cdots + M_{nn}\mathbf{\Phi}_{\mathrm{M}n1}u_n = 0$$

任选 u_1,将它用其余位移表示为

$$u_1 = -\frac{M_{22}\mathbf{\Phi}_{\mathrm{M21}}}{M_{11}\mathbf{\Phi}_{\mathrm{M11}}}u_2 - \frac{M_{33}\mathbf{\Phi}_{\mathrm{M31}}}{M_{11}\mathbf{\Phi}_{\mathrm{M11}}}u_3 - \cdots - \frac{M_{nn}\mathbf{\Phi}_{\mathrm{M}n1}}{M_{11}\mathbf{\Phi}_{\mathrm{M11}}}u_n \tag{t}$$

将以上 u_1 的表达式代入特征值问题的原始方程(4.99)中,可得含 $n-1$ 个未知数的 n 个方程。其中第一个方程由于是其余 $n-1$ 个方程的线性组合,因此可被忽略。忽略后的 $n-1$ 个方程只含有 $n-1$ 个未知数。但是,n 个线性相关方程组成的完整方程组(不包含一阶模态)可在不进行矩阵降阶的条件下迭代得到二阶模态。为此,结合式(t)以及 $u_2=u_2$、$u_3=u_3$ 等平凡关系式,构造具有以下形式的矩阵:

$$\begin{bmatrix} u_1 \\ u_2 \\ u_3 \\ \vdots \\ u_n \end{bmatrix} = \begin{bmatrix} 0 & c_{12} & c_{13} & \cdots & c_{1n} \\ 0 & 1 & 0 & \cdots & 0 \\ 0 & 0 & 1 & \cdots & 0 \\ \vdots & \vdots & \vdots & & \vdots \\ 0 & 0 & 0 & \cdots & 1 \end{bmatrix} \begin{bmatrix} u_1' \\ u_2 \\ u_3 \\ \vdots \\ u_n \end{bmatrix} \tag{u}$$

其中

$$c_{12} = -\frac{M_{22}\boldsymbol{\Phi}_{M21}}{M_{11}\boldsymbol{\Phi}_{M11}}, \quad c_{13} = -\frac{M_{33}\boldsymbol{\Phi}_{M31}}{M_{11}\boldsymbol{\Phi}_{M11}}, \quad \cdots, \quad c_{1n} = -\frac{M_{nn}\boldsymbol{\Phi}_{Mn1}}{M_{11}\boldsymbol{\Phi}_{M11}} \tag{v}$$

式(u)中等号右边向量的第一个元素 u_1' 总是与零相乘,因此称为虚拟位移。该方程可简写为

$$\mathbf{D} = \mathbf{T}_{S1}\mathbf{D}' \tag{w}$$

式中,$\mathbf{T}_{S1}$ 表示了 $u_1, u_2, u_3, \cdots, u_n$ 与 $u_2, u_3, \cdots, u_n$ 的相关性。用 $\mathbf{A}_1$ 和 $\boldsymbol{\Phi}_{Mi} = \mathbf{T}_{S1}\boldsymbol{\Phi}_{Mi}'$ 分别替换式(4.99)等号左边的 $\mathbf{A}$ 和 $\mathbf{X}_{Mi}$,可得

$$\mathbf{A}_1\mathbf{T}_{S1}\boldsymbol{\Phi}_{Mi}' = \lambda_i\boldsymbol{\Phi}_{Mi} \tag{x}$$

式中,$\mathbf{T}_{S1}$ 给出了迭代求解二阶模态所需的线性相关性。在每个迭代循环内,将该矩阵算子左乘试验向量,即可保证试验向量与一阶模态的正交性。然而为了便于计算,$\mathbf{T}_{S1}$ 只会作为矩阵 $\mathbf{A}$ 的右乘项使用一次。将矩阵 $\mathbf{T}_{S1}$ 命名为清除矩阵,它在迭代过程中将一阶模态的特征信息清除出去,以使二阶模态成为主模态。因此有

$$\mathbf{A}_2\boldsymbol{\Phi}_{Mi}' = \lambda_i\boldsymbol{\Phi}_{Mi} \tag{4.106}$$

其中

$$\mathbf{A}_2 = \mathbf{A}_1\mathbf{T}_{S1} \tag{4.107}$$

且 $\mathbf{T}_{S1}$ 的形式仍由方程(u)定义。

以图 4.1a 中的系统为例,利用上述模态清除方法求解系统二阶模态的特征值和特征向量。在已经求得一阶特征向量 $\boldsymbol{\Phi}_{M1}$ 的条件下,利用该向量的元素构造清除矩阵 $\mathbf{T}_{S1}$,所得结果为

$$\mathbf{T}_{S1} = \begin{bmatrix} 0 & -1.802 & -2.247 \\ 0 & 1 & 0 \\ 0 & 0 & 1 \end{bmatrix} \tag{y}$$

将 $\mathbf{T}_{S1}$ 右乘矩阵 $\mathbf{A}_1$[见式(p)],可得

$$\mathbf{A}_2 = m\delta \begin{bmatrix} 0 & -0.802 & -1.247 \\ 0 & 0.198 & -0.247 \\ 0 & 0.198 & 0.753 \end{bmatrix} \tag{z}$$

假设没有任何关于二阶模态振型的先验知识,因此任取第一个试验向量

$$(\mathbf{X}_2)_1 = \{1, \ 1, \ 1\}$$

上式为真实特征向量的一个较差近似。若能给出特征向量的更好估计,则迭代算法将在很少几个迭代循环内收敛于真实特征向量的一个精确近似值。

将矩阵 $\mathbf{A}_2$[见式(4.100)]左乘 $(\mathbf{X}_2)_1$,可得向量

$$(\mathbf{Y}_2)_1 = m\delta\{-2.049, \ -0.049, \ 0.951\}$$

将 $(\mathbf{Y}_2)_1$ 的最后一个元素除以 $(\mathbf{X}_2)_1$ 的最后一个元素[见式(4.101)],得到 λ_2 的一次近似

$$(\lambda_2)_1 = 0.951m\delta$$

然后,用向量 $(\mathbf{Y}_2)_1$ 中的每个元素除以最后一个元素[见式(4.102)],将其归一化为第二个试验向量

$$(\mathbf{X}_2)_2 = \{-2.155, -0.052, 1.000\}$$

以上结果与后续迭代结果可参见表 4.2。从中发现,五次迭代循环后算法仍未收敛。继续进行迭代,算法在 11 次循环后收敛于以下结果:

$$\left.\begin{aligned} \lambda_2 \approx 0.643 m\delta, \ \omega_2^2 = 1/\lambda_2 \approx 1.555 k/m \\ \mathbf{\Phi}_{M2} \approx \{-1.247, -0.555, 1.000\} \end{aligned}\right\} \quad (a')$$

虽然 $\mathbf{\Phi}_{M2}$ 的归一化方法有所不同,但以上结果与 4.2 节中例 1 的计算结果相同。

表 4.2   二阶模态的迭代求解过程

试验向量 $(\mathbf{X}_2)_k$			$(\mathbf{X}_2)_1$	$(\mathbf{X}_2)_2$	$(\mathbf{X}_2)_3$	$(\mathbf{X}_2)_4$	$(\mathbf{X}_2)_5$
$\dfrac{\mathbf{A}_2}{m\delta} = \begin{bmatrix} 0 & -0.802 & -1.247 \\ 0 & 0.198 & -0.247 \\ 0 & 0.198 & 0.753 \end{bmatrix}$			1	-2.155	-1.623	-1.416	-1.326
			1	-0.052	-0.346	-0.461	-0.511
			1	1.000	1.000	1.000	1.000
特征值 $(\lambda_2)_k/(m\delta)$			0.951	0.743	0.684	0.662	0.652

求解得到二阶模态后,可同清除一阶模态一样,将二阶模态从系统方程中清除。利用约束条件 $u_{P1} = 0$ 和 $u_{P2} = 0$,用 u_3,$\cdots$,u_n 表示 u_2,并将位移关系式写成矩阵形式

$$\begin{bmatrix} u_1' \\ u_2 \\ u_3 \\ \vdots \\ u_n \end{bmatrix} = \begin{bmatrix} 1 & 0 & 0 & \cdots & 0 \\ 0 & 0 & d_{23} & \cdots & d_{2n} \\ 0 & 0 & 1 & \cdots & 0 \\ \vdots & \vdots & \vdots & & \vdots \\ 0 & 0 & 0 & \cdots & 1 \end{bmatrix} \begin{bmatrix} u_1' \\ u_2' \\ u_3 \\ \vdots \\ u_n \end{bmatrix} \quad (b')$$

其中

$$\left.\begin{aligned} d_{23} &= -\frac{M_{33}(\mathbf{\Phi}_{M11}\mathbf{\Phi}_{M32} - \mathbf{\Phi}_{M12}\mathbf{\Phi}_{M31})}{M_{22}(\mathbf{\Phi}_{M11}\mathbf{\Phi}_{M22} - \mathbf{\Phi}_{M12}\mathbf{\Phi}_{M21})} \\ &\quad\quad \cdots\cdots \\ d_{2n} &= -\frac{M_{nn}(\mathbf{\Phi}_{M11}\mathbf{\Phi}_{Mn2} - \mathbf{\Phi}_{M12}\mathbf{\Phi}_{Mn1})}{M_{22}(\mathbf{\Phi}_{M11}\mathbf{\Phi}_{M22} - \mathbf{\Phi}_{M12}\mathbf{\Phi}_{M21})} \end{aligned}\right\} \quad (c')$$

在用 u_3,$\cdots$,u_n 求解 u_2 的过程中,可得矩阵 $\mathbf{\Phi}_M$ 的前两列,而式(c')括号内的表达式为这两列相除后的余子式。注意到在方程 (b') 等号右边的向量中,又出现了一个虚拟位移 u_2'。以上方程可简写为

$$\mathbf{D}' = \mathbf{T}_{S2}\mathbf{D}'' \quad (d')$$

矩阵 $\mathbf{T}_{S2}$ 表示了 u_2,u_3,$\cdots$,u_n 与 u_3,$\cdots$,u_n 的相关性。用方程(d')替换式(4.106)左侧的 $\mathbf{\Phi}_{Mi}'$,可得

$$\mathbf{A}_3\mathbf{\Phi}_{Mi}'' = \lambda_i\mathbf{\Phi}_{Mi} \quad (4.108)$$

其中

$$\mathbf{A}_3 = \mathbf{A}_2\mathbf{T}_{S2} \quad (4.109)$$

然后,利用不包含前两阶模态的式(4.108),可实现三阶模态的迭代求解。

将上述方法应用于图 4.1a 中的系统,可计算得到式(c′)中第一个表达式的取值

$$d_{23} = -\frac{0.445 \times 1.000 - (-1.247) \times 1.000}{0.445 \times (-0.555) - (-1.247) \times 0.802} = -\frac{1.692}{0.753} = -2.247$$

并构造出清除矩阵

$$\mathbf{T}_{S2} = \begin{bmatrix} 1 & 0 & 0 \\ 0 & 0 & -2.247 \\ 0 & 0 & 1 \end{bmatrix} \tag{e′}$$

将 $\mathbf{T}_{S2}$ 右乘矩阵 $\mathbf{A}_2$[见式(z)],可得

$$\mathbf{A}_3 = m\delta \begin{bmatrix} 0 & 0 & 0.555 \\ 0 & 0 & -0.692 \\ 0 & 0 & 0.308 \end{bmatrix} \tag{f′}$$

$\mathbf{A}_3$ 的第三列与第三个特征向量成正比,因此无须再为求解最后一阶模态进行迭代。此外,第三个特征值刚好为矩阵 $\mathbf{A}_3$ 第三列的最后一个元素。因此有

$$\left. \begin{array}{l} \lambda_3 \approx 0.308m\delta,\ \omega_3^2 = 1/\lambda_3 \approx 3.247k/m \\ \mathbf{\Phi}_{M3} \approx \{1.802, -2.247, 1.000\} \end{array} \right\} \tag{g′}$$

虽然 $\mathbf{\Phi}_{M3}$ 的归一化方法有所不同,但以上结果与 4.2 节中例 1 的计算结果相同。

若系统有两个或多个重复特征值,则系统存在多个主特征值,且算法迭代收敛后的特征向量取决于第一个试验向量的形式。另外,即便存在重复特征值,清除矩阵也可保证收敛后的特征向量与之前得到的特征向量正交。由于与重复特征值相对应的特征向量通常包含零元素,因此需要在归一化过程中注意避免除数为零情况的出现。

以习题 4.2‑9(见习题集 4.2)中具有重复特征根的系统为简单示例,假设支承质量小球的三个弹簧的方向分别沿 x、y 和 z 轴。令 $k_1 = k_2 = k_3 = k$,可得本问题的矩阵

$$\mathbf{A}_1 = \mathbf{FM} = m\delta \begin{bmatrix} 1 & 0 & 0 \\ 0 & 1 & 0 \\ 0 & 0 & 1 \end{bmatrix}$$

通过分析,可求得本系统的特征值 $\lambda_1 = \lambda_2 = \lambda_3 = m\delta$,但与特征值相对应的特征向量仍然未知。接下来,将利用与上一例题相同的方法求解特征向量。由于利用试验向量 $(\mathbf{X}_1)_1 = \{1, 1, 1\}$ 求解特征向量时,式(4.103)得以满足,因此求得的向量为系统的第一个特征向量。而第一个清除矩阵[见式(u)、(v)、(w)]

$$\mathbf{T}_{S1} = \begin{bmatrix} 0 & -1 & -1 \\ 0 & 1 & 0 \\ 0 & 0 & 1 \end{bmatrix}$$

然后,根据式(4.107)计算得到矩阵

$$\mathbf{A}_2 = \mathbf{A}_1 \mathbf{T}_{S1} = m\delta \begin{bmatrix} 0 & -1 & -1 \\ 0 & 1 & 0 \\ 0 & 0 & 1 \end{bmatrix}$$

为了确定二阶振型,再次使用试验向量 $(\mathbf{X}_2)_1 = \{1, 1, 1\}$。 在两个迭代循环之后解得第二个特征向量 $\boldsymbol{\Phi}_{M2} = \{-2, 1, 1\}$。 然后,构造得出第二个清除矩阵[见式(b′)、(c′)、(d′)]

$$\mathbf{T}_{S2} = \begin{bmatrix} 1 & 0 & 0 \\ 0 & 0 & -1 \\ 0 & 0 & 1 \end{bmatrix}$$

利用该矩阵算子,可由式(4.109)求得矩阵

$$\mathbf{A}_3 = \mathbf{A}_2 \mathbf{T}_{S2} = m\delta \begin{bmatrix} 0 & 0 & 0 \\ 0 & 0 & -1 \\ 0 & 0 & 1 \end{bmatrix}$$

因此,第三个特征向量 $\boldsymbol{\Phi}_{M3} = \{0, -1, 1\}$,该向量与另外两个特征向量关于 M 正交。上述迭代过程得到的这组特征向量并不唯一,但它们满足正则模态分析法中要求的特征向量正交的条件。

理论上,以上阐述的迭代约简过程可反复利用,直至多自由度系统的全部固有频率和模态振型确定下来。然而,用该方法求得的每个特征值和特征向量均为近似值。正因为如此,每次约简后所得的特征向量,其固有正交性并不完美。另外,每次约简还会产生舍入误差,该误差随迭代约简次数的增多而不断累积。在这里,之所以考虑精度相关的问题,是因为通过上述方法求解多个频率和振型,需要进行大量代数运算。所以,如本节开头所述,迭代法只适用于求解几个最低阶模态的场合。此外,多自由度系统在求解时涉及的大量代数运算,均须借助计算机来完成。运算量大的负担在模态振型难以估计时显得尤为突出。附录 B.4 中介绍的计算机程序 **EIGIT**,利用迭代法求解矩阵的前几阶特征值和相应的特征向量。

事实上,一个系统中只有少数几个特征值和特征向量可用迭代法进行求解,这并不能阻碍利用正则模态法计算系统响应。假设系统共有 n 阶模态,若已经确定了其中的 n_1 阶模态,且 $n_1 \leqslant n$,则模态矩阵 $\boldsymbol{\Phi}_M$(或 $\boldsymbol{\Phi}_N$)的列数不再为 n 而是 n_1。这样一个长方形模态矩阵的逆矩阵是不存在的,所以通常根据正则模态法中的关系式(4.44a)、(4.44b),将模态矩阵的逆矩阵替换为转置矩阵 $\boldsymbol{\Phi}_M^{\mathrm{T}}$ 和 $\boldsymbol{\Phi}_N^{\mathrm{T}}$ 进行计算。此外,在上述推导过程中只计算了系统的 n_1 阶正则模态响应,忽略了其余模态对系统总响应的贡献。这种对正则模态法的改动称为模态截断。模态截断在求解系统只有少数几阶模态被激发出来的问题时具有重要应用价值。

到目前为止,还未考虑利用迭代法,以载荷方程为基础求解特征值问题[见 4.2 节中的式(4.17)]。原因是利用载荷方程法中求解得到的最高阶特征值 ω_n^2 非常大。当遇到刚度系数比柔度系数更易求得的问题时,通常可将非奇异刚度矩阵 $\mathbf{S}$ 求逆,得到计算式(4.103)所需的柔度矩阵 $\mathbf{F}$。在另一种情况下,若半正定系统的刚度矩阵为奇异矩阵,则可采用特殊方法进行处理。将系统的质量和刚度矩阵进行坐标变换,以清除刚体运动模态,实现矩阵的降阶。由于刚体模态的振型通过简单分析即可确定,因此只需简单几步即可消除。

假定已知振动系统只包含一个刚体模态,该模态由第一个特征向量 $\boldsymbol{\Phi}_{M1}$ 定义。这时,可通过指定约束条件 $u_{P1} = 0$,将刚体模态从载荷方程组中清除。然后在式(u)中,构造得到清除矩阵 $\mathbf{T}_{S1}$ 分割线右侧的 $n \times (n-1)$ 阶子矩阵,定义为约化变换矩阵 $\mathbf{T}_{R1}$。 在这种情况下,向量间的关系式变为

$$\mathbf{D} = \mathbf{T}_{R1} \mathbf{D}_{R1} \tag{4.110}$$

式(4.110)表达了 $\mathbf{D} = \{u_1, u_2, u_3, \cdots, u_n\}$ 与 $\mathbf{D}_{R1} = \{u_2, u_3, \cdots, u_n\}$ 的依存关系(第二个向

量不包含清除矩阵用到的虚拟位移 u_1')。由于矩阵 $\mathbf{T}_{R1}$ 不是时间的函数,因此还可将式(4.110)写成

$$\ddot{\mathbf{D}} = \mathbf{T}_{R1} \ddot{\mathbf{D}}_{R1} \tag{h'}$$

式中, $\ddot{\mathbf{D}}_{R1} = \{\ddot{u}_2, \ddot{u}_3, \cdots, \ddot{u}_n\}$ 。将式(4.110)、(h')代入自由振动的载荷运动方程[见 4.3 节中的式(4.30)],并将所得结果用 $\mathbf{T}_{R1}^T$ 左乘,可得

$$\mathbf{T}_{R1}^T \mathbf{M} \mathbf{T}_{R1} \ddot{\mathbf{D}}_{R1} + \mathbf{T}_{R1}^T \mathbf{S} \mathbf{T}_{R1} \mathbf{D}_{R1} = \mathbf{0}$$

或

$$\mathbf{M}_{R1} \ddot{\mathbf{D}}_{R1} + \mathbf{S}_{R1} \mathbf{D}_{R1} = \mathbf{0} \tag{4.111}$$

其中

$$\mathbf{M}_{R1} = \mathbf{T}_{R1}^T \mathbf{M} \mathbf{T}_{R1}, \quad \mathbf{S}_{R1} = \mathbf{T}_{R1}^T \mathbf{S} \mathbf{T}_{R1} \tag{4.112}$$

矩阵 $\mathbf{M}_{R1}$ 和 $\mathbf{S}_{R1}$ 均为 $n-1$ 阶对称方阵,且方程(4.111)表示清除刚体模态后用一组约简坐标表示的运动方程。在这组坐标下,对刚度矩阵 $\mathbf{S}_{R1}$ 求逆,可得柔度矩阵

$$\mathbf{F}_{R1} = \mathbf{S}_{R1}^{-1} \tag{4.113}$$

然后,通过构造矩阵乘积

$$\mathbf{A}_{R1} = \mathbf{F}_{R1} \mathbf{M}_{R1} \tag{4.114}$$

将迭代法用于方程(4.111)相关特征值问题的求解。最后利用式(4.110),将解得的特征向量转换到原始坐标系中表示。

若系统中存在第二个刚体模态,则用特征向量 $\mathbf{\Phi}_{M2}$ 对其进行定义,并引入第二个约束条件 $u_{P2}=0$ 。与该约束条件相对应的约化变换矩阵 $\mathbf{T}_{R2}$ 是清除矩阵 $\mathbf{T}_{S2}$ 的 $(n-1) \times (n-2)$ 阶子矩阵。该子矩阵位于式(b')中清除矩阵 $\mathbf{T}_{S2}$ 分割线的右下角。在这种情况下,关系式为

$$\mathbf{D}_{R1} = \mathbf{T}_{R2} \mathbf{D}_{R2} \tag{4.115}$$

式(4.115)表示了 $\mathbf{D}_{R1} = \{u_2, u_3, \cdots, u_n\}$ 与 $\mathbf{D}_{R2} = \{u_3, \cdots, u_n\}$ 的依存关系。还可用相同方法将矩阵 $\mathbf{M}_{R1}$ 和 $\mathbf{S}_{R1}$ 约化为 $\mathbf{M}_{R2}$ 和 $\mathbf{S}_{R2}$,约化过程表示为

$$\mathbf{M}_{R2} = \mathbf{T}_{R2}^T \mathbf{M}_{R1} \mathbf{T}_{R2}, \quad \mathbf{S}_{R2} = \mathbf{T}_{R2}^T \mathbf{S}_{R1} \mathbf{T}_{R2} \tag{4.116}$$

在另一种约化方法中,可将式(4.115)代入式(4.110),得到关系式

$$\mathbf{D} = \mathbf{T}_{R2}^* \mathbf{D}_{R2} \tag{4.117}$$

其中

$$\mathbf{T}_{R2}^* = \mathbf{T}_{R1} \mathbf{T}_{R2} \tag{4.118}$$

组合算子 $\mathbf{T}_{R2}^*$ [$n \times (n-2)$ 阶矩阵]通过 $\mathbf{T}_{R1}$ [$n \times (n-1)$ 阶]与 $\mathbf{T}_{R2}$ [$(n-1) \times (n-2)$ 阶]相乘的形式,表达出了 $\mathbf{D}$ 和 $\mathbf{D}_{R2}$ 的依存关系。利用该算子,可将 $\mathbf{M}$ 和 $\mathbf{S}$ 直接约化为 $\mathbf{M}_{R2}$ 和 $\mathbf{S}_{R2}$ 。约化公式为

$$\mathbf{M}_{R2} = (\mathbf{T}_{R2}^*)^T \mathbf{M} \mathbf{T}_{R2}^*, \quad \mathbf{S}_{R2} = (\mathbf{T}_{R2}^*)^T \mathbf{S} \mathbf{T}_{R2}^* \tag{4.119}$$

这一直接约化方法可推广至系统包含任意多刚体运动模态的情况。

为了举例说明上述方法,以图 4.1a 中的系统为例,假设其中第一个弹簧的刚度系数 k_1 为

零。这时,若取 $k_2 = k_3 = k$ 和 $m_1 = m_2 = m_3 = m$,则刚度和质量矩阵分别为

$$S = k \begin{bmatrix} 1 & -1 & 0 \\ -1 & 2 & -1 \\ 0 & -1 & 1 \end{bmatrix}, \mathbf{M} = m \begin{bmatrix} 1 & 0 & 0 \\ 0 & 1 & 0 \\ 0 & 0 & 1 \end{bmatrix}$$

观察后发现,该系统为半正定系统,且刚体模态的振型可用向量定义为

$$\mathbf{\Phi}_{M1} = \{1, 1, 1\}$$

根据该信息,可推导得到 3×2 阶约化变换矩阵

$$\mathbf{T}_{R1} = \begin{bmatrix} -1 & -1 \\ 1 & 0 \\ 0 & 1 \end{bmatrix} \tag{i$'$}$$

根据该算子,利用式(4.112)对刚度和质量矩阵进行变换:

$$\mathbf{M}_{R1} = m \begin{bmatrix} -1 & 1 & 0 \\ -1 & 0 & 1 \end{bmatrix} \begin{bmatrix} 1 & 0 & 0 \\ 0 & 1 & 0 \\ 0 & 0 & 1 \end{bmatrix} \begin{bmatrix} -1 & -1 \\ 1 & 0 \\ 0 & 1 \end{bmatrix} = m \begin{bmatrix} 2 & 1 \\ 1 & 2 \end{bmatrix} \tag{j$'$}$$

$$\mathbf{S}_{R1} = k \begin{bmatrix} -1 & 1 & 0 \\ -1 & 0 & 1 \end{bmatrix} \begin{bmatrix} 1 & -1 & 0 \\ -1 & 2 & -1 \\ 0 & -1 & 1 \end{bmatrix} \begin{bmatrix} -1 & -1 \\ 1 & 0 \\ 0 & 1 \end{bmatrix} = k \begin{bmatrix} 5 & 1 \\ 1 & 2 \end{bmatrix} \tag{k$'$}$$

将变换后的刚度矩阵求逆,可得柔度矩阵

$$\mathbf{F}_{R1} = \mathbf{S}_{R1}^{-1} = \frac{\delta}{9} \begin{bmatrix} 2 & -1 \\ -1 & 5 \end{bmatrix} \tag{l$'$}$$

接下来,根据式(4.114)构造矩阵乘积

$$\mathbf{A}_{R1} = \mathbf{F}_{R1} \mathbf{M}_{R1} = \frac{m\delta}{3} \begin{bmatrix} 1 & 0 \\ 1 & 3 \end{bmatrix} \tag{m$'$}$$

容易证明(无论求解方法是迭代法还是直接法),以上矩阵的特征值为 $\lambda_2 = m\delta$ 和 $\lambda_3 = m\delta/3$,对应的特征向量为 $(\mathbf{\Phi}_{R1})_{M2} = \{0, -1\}$ 和 $(\mathbf{\Phi}_{R1})_{M3} = \{-2, 1\}$。根据式(4.110),将两个特征向量转换到原始坐标系中表示,结果为

$$\mathbf{\Phi}_{M2} = \mathbf{T}_{R1} \begin{bmatrix} 0 \\ -1 \end{bmatrix} = \begin{bmatrix} 1 \\ 0 \\ -1 \end{bmatrix}, \mathbf{\Phi}_{M3} = \mathbf{T}_{R1} \begin{bmatrix} -2 \\ 1 \end{bmatrix} = \begin{bmatrix} 1 \\ -2 \\ 1 \end{bmatrix} \tag{n$'$}$$

该结果与 4.2 节中例 1 最后给出的结果相同。

习题 4.7

4.7 - 1. 设 $m_1 = m_3 = m$,$m_2 = 2m$ 和 $l_1 = l_2 = l_3 = l_4 = l$。试用迭代法求解图 4.2a 中系统的特征值和特征向量。

4.7 - 2. 设 $m_1 = m_3 = 2m$ 和 $m_2 = m$。试用迭代法求解习题 4.2 - 2。
4.7 - 3. 设 $m_1 = m_2 = m$ 和 $m_3 = 3m$。试用迭代法求解习题 4.2 - 6。
4.7 - 4. 设 $m_1 = m_2 = 3m$ 和 $m_3 = m$。试用迭代法求解习题 4.2 - 7。
4.7 - 5. 设 $m_1 = m_2 = 2m$ 和 $m_3 = m$。试用迭代法求解习题 4.2 - 8。
4.7 - 6. 设 $m_1 = m$ 和 $m_2 = 3m$。试用迭代法求解习题 4.2 - 10。
4.7 - 7. 设 $m_1 = m_3 = m$ 和 $m_2 = 2m$。试用迭代法求解习题 4.2 - 11。

4.8　多自由度系统中的阻尼

第 4.3~4.6 节介绍的正则模态法仅适用于多自由度无阻尼系统的求解。一般情况下,阻尼对振动系统响应的影响小到可被忽略。例如,当一个系统受到短时激励作用时,少量阻尼对该系统振动响应的影响并不显著。此外,当系统受到周期扰动函数作用时,若力的作用频率不接近于共振频率,则阻尼对系统稳态响应的影响也十分微弱。然而,对于变化频率接近系统固有频率的周期激励,阻尼作为影响系统响应的最主要因素必须加以考虑。由于阻尼效应事先未知,通常只在搞清阻尼特性之后才将其纳入振动分析的范畴。

在第 3 章中,讨论了含黏性阻尼的两自由度系统的自由和受迫振动。现在,将分析对象改为含 n 个自由度的有阻尼系统。当如图 4.3 所示的三质量系统中存在减振阻尼器产生的耗散力时,载荷运动方程可写成

$$\mathbf{M}\ddot{\mathbf{D}} + \mathbf{C}\dot{\mathbf{D}} + \mathbf{S}\mathbf{D} = \mathbf{Q} \tag{4.120}$$

式中,阻尼矩阵 $\mathbf{C}$ 的一般形式为

$$\mathbf{C} = \begin{bmatrix} C_{11} & C_{12} & C_{13} & \cdots & C_{1n} \\ C_{21} & C_{22} & C_{23} & \cdots & C_{2n} \\ C_{31} & C_{32} & C_{33} & \cdots & C_{34} \\ \vdots & \vdots & \vdots & & \vdots \\ C_{n1} & C_{n2} & C_{n3} & \cdots & C_{nn} \end{bmatrix} \tag{a}$$

该对称矩阵中的影响系数已经在 3.7 节中进行了定义。

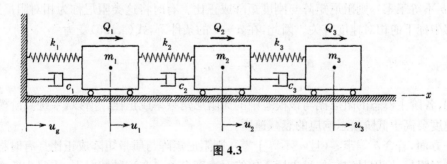

图 4.3

首先考虑阻尼矩阵与质量和刚度矩阵呈线性关系的一类特殊系统。对于这类系统,取

$$\mathbf{C} = a\mathbf{M} + b\mathbf{S} \tag{4.121}$$

式中,a 和 b 是常数。由于 $\mathbf{C}$ 与 $\mathbf{M}$ 和 $\mathbf{S}$ 的线性组合成正比,将该阻尼称为比例阻尼。在这种情况下,运动方程(4.120)可通过与无阻尼系统相同的坐标变换进行解耦[3]。因此,主坐标系

中的运动方程为

$$\mathbf{M}_P \ddot{\mathbf{D}}_P + \mathbf{C}_P \dot{\mathbf{D}}_P + \mathbf{S}_P \mathbf{D}_P = \mathbf{Q}_P \tag{4.122}$$

其中

$$\mathbf{C}_P = \boldsymbol{\Phi}_M^T \mathbf{C} \boldsymbol{\Phi}_M = a\mathbf{M}_P + b\mathbf{S}_P \tag{b}$$

符号 $\mathbf{C}_P$ 为对角矩阵,也被称为主阻尼矩阵,它是 $\mathbf{M}_P$ 和 $\mathbf{S}_P$ 的线性组合。当模态矩阵对 $\mathbf{M}$ 归一化后,正则坐标表示的阻尼矩阵变为

$$\mathbf{C}_N = \boldsymbol{\Phi}_N^T \mathbf{C} \boldsymbol{\Phi}_N = a\mathbf{I} + b\boldsymbol{\omega}^2 \tag{4.123}$$

在无阻尼条件下,该表达式中对角矩阵 $\boldsymbol{\omega}^2$ 的元素为特征值 ω_i^2 [见 4.3 节中的式(4.36)]。所以,正则坐标表示的第 i 个运动方程为

$$\ddot{u}_{Ni} + (a + b\omega_i^2)\dot{u}_{Ni} + \omega_i^2 u_{Ni} = q_{Ni} \quad (i = 1, 2, 3, \cdots, n) \tag{c}$$

为了将上述方程改写成与单自由度系统运动方程[见 1.12 节的式(1.61)]类似的形式,引入符号

$$C_{Ni} = 2n_i = a + b\omega_i^2, \quad \gamma_i = \frac{n_i}{\omega_i} \tag{d}$$

式中,$C_{Ni} = 2n_i$ 被定义为第 i 阶正则模态的模态阻尼常数;γ_i 为相应的模态阻尼比。利用模态阻尼常数 C_{Ni} 的定义,可将方程(c)改写为

$$\ddot{u}_{Ni} + 2n_i\dot{u}_{Ni} + \omega_i^2 u_{Ni} = q_{Ni} \quad (i = 1, 2, 3, \cdots, n) \tag{4.124}$$

上式表示的 n 个方程中的每个方程,均与其他方程不发生耦合。因此,可像求解单自由度系统有阻尼响应一样,求解多自由度系统的第 i 阶模态响应。

根据定义式(d),可将模态阻尼比 γ_i 用常数 a 和 b 表示为

$$\gamma_i = \frac{a + b\omega_i^2}{2\omega_i} \tag{4.125}$$

该关系式对于研究式(4.121)中常数 a 和 b 对模态阻尼的影响十分有效。例如,若令常数 a 等于零(且 b 不等于零),则阻尼矩阵与刚度矩阵成正比。有时将这类阻尼称为相对阻尼,原因是它与位移坐标下的相对速度有关。因此,在 $a = 0$ 的条件下,式(4.125)变为

$$\gamma_i = \frac{b}{2}\omega_i \tag{e}$$

上式表明,各阶主模态的阻尼比与该模态中的无阻尼角频率成正比。所以,系统高阶模态响应的衰减速度要高于低阶模态响应的衰减速度。

另一方面,若令 b 等于零(且 a 不等于零),则阻尼矩阵与质量矩阵成正比。有时将这类阻尼称为绝对阻尼,原因是它与位移坐标下的绝对速度有关。在这种情况下,式(4.125)简化为

$$\gamma_i = \frac{a}{2\omega_i} \tag{f}$$

上式表明,各阶模态的阻尼比与无阻尼角频率成反比。根据这一条件,系统低阶模态受到的抑制要强于高阶模态。

文献[7]的研究成果表明,式(4.121)定义的比例阻尼条件是有阻尼系统存在主模态的充分不必要条件。而主模态存在的必要条件是:对角化阻尼矩阵进行的变换可同时实现系统运动方程的解耦。这一条件要比式(4.121)宽松,因此包含更多种可能产生的结果。

然而,对大多数系统而言,阻尼影响系数组成的阻尼矩阵不能与质量矩阵和刚度矩阵同时被对角化。正如 3.7 节所述,系统中实际存在的固有模态具有使分析复杂化的相位关系。这类系统的特征值或者为负实数,或者为具有负实部的复数,且复数形式的特征值会以一对共轭复数的形式出现[见 3.7 节中的式(3.42a)、(3.42b)],对应的特征向量也为复共轭对。此外,高阻尼系统中由耗散力产生的虚数项影响效果显著,因此可利用 Foss 法[8]求解含高阻尼的振动问题。该方法涉及将 n 个二阶运动方程解耦为 $2n$ 个独立的一阶方程。

另一方面,由于未搞清实际物理系统的阻尼特性,因此弱阻尼系统不必采用复杂方法进行分析。最简单的分析方法便是,假设运动方程可用无阻尼系统得出的模态矩阵进行解耦。换而言之,假设模态矩阵 $\mathbf{\Phi}_M$ 不仅与质量矩阵 $\mathbf{M}$ 和刚度矩阵 $\mathbf{S}$ 正交[见式(4.23)、(4.24)],而且与阻尼矩阵 $\mathbf{C}$ 正交:

$$\mathbf{\Phi}_{Mj}^T\mathbf{C}\mathbf{\Phi}_{Mi}=\mathbf{\Phi}_{Mi}^T\mathbf{C}\mathbf{\Phi}_{Mj}=0 \quad (i\neq j) \tag{4.126}$$

上述假设表明,$\mathbf{C}_P=\mathbf{\Phi}_M^T\mathbf{C}\mathbf{\Phi}_M$ 定义的矩阵运算能够得出可被忽略的较小非对角元。除此之外,用试验(或假设)的方法确定固有模态振动的阻尼比 γ_i,一般要比确定阻尼矩阵 $\mathbf{C}$ 中的阻尼影响系数方便。因此,利用 γ_i 将方程(4.124)改写为

$$\ddot{u}_{Ni}+2\gamma_i\omega_i\dot{u}_{Ni}+\omega_i^2u_{Ni}=q_{Ni} \quad (i=1,2,3,\cdots,n) \tag{4.127}$$

为了使该表达式适用于弱阻尼系统,令所有模态的阻尼比 $0\leqslant\gamma_i\leqslant0.20$。与以上一系列假设相关的该类型阻尼在工程中具有重要应用价值,一般将其称为模态阻尼。需要牢记的是,模态阻尼的概念建立在描述无阻尼系统运动的正则坐标系中,且阻尼比也是在该坐标系中指定的。

当在系统正则坐标系中对模态矩阵进行假设后,可能还希望将其转换到原始坐标系中表示。原始坐标表示的阻尼矩阵可通过以下反变换得到:

$$\mathbf{C}=(\mathbf{\Phi}_N^{-1})^T\mathbf{C}_N\mathbf{\Phi}_N^{-1} \tag{g}$$

然而,一般情况下不去尝试求解 $\mathbf{\Phi}_N$ 的逆矩阵,而是根据关系式 $\mathbf{\Phi}_N^{-1}=\mathbf{\Phi}_N^T\mathbf{M}$[见 4.3 节中的式(4.44b)],将式(g)改写为

$$\mathbf{C}=\mathbf{M}\mathbf{\Phi}_N\mathbf{C}_N\mathbf{\Phi}_N^T\mathbf{M} \tag{4.128}$$

当不需要对系统所有阶固有模态进行分析(即采用模态截断法进行分析)时,以上变换公式将会被使用到。

4.9 周期扰动函数引起的有阻尼响应

如上一节所述,当周期激励的频率与多自由度系统的某一阶固有频率接近时,阻尼对系统振动的影响最为显著。另一方面,在 3.8 节中利用传递函数法对两自由度系统的受迫振动进行了求解。该方法可方便地推广至包含 n 个自由度的系统,且方法中表示各物理量间基本关系[见方程(3.51)、式(3.52)]的符号与两自由度的情况完全相同。然而,利用传递函数法求解 n 自由度系统问题,涉及对含复数元素的 $n\times n$ 阶矩阵求逆。这种情况给传递矩阵法的应用带来了困难。这时,对某些特征值和特征向量已知的系统而言,正则模态法可有效代替传递函数

法,用于求解多自由度系统问题。在已知激励频率和系统固有频率的条件下,可直接计算与激励频率接近的各阶模态的稳态响应。接下来,将讨论简谐扰动函数与更具一般性的周期扰动函数引起的受迫振动。分析过程中,假设系统中包含的阻尼类型为上一节介绍的比例阻尼或模态阻尼。

考虑某个弱阻尼系统受到一组正比于简谐函数 $\cos\Omega t$ 载荷作用的情况,则载荷向量 $\mathbf{Q}$ 可写成

$$\mathbf{Q} = \mathbf{P}\cos\Omega t \tag{a}$$

其中

$$\mathbf{P} = \{P_1, P_2, P_3, \cdots, P_n\} \tag{b}$$

式(a)中,$\mathbf{P}$ 的取值为函数 $\cos\Omega t$ 的幅度因子。将载荷运动方程转换到正则坐标系中进行表示,可得典型意义下的模态方程

$$\ddot{u}_{Ni} + 2n_i\dot{u}_{Ni} + \omega_i^2 u_{Ni} = q_{Ni}\cos\Omega t \quad (i=1,2,3,\cdots,n) \tag{4.129}$$

式中,q_{Ni} 为常数。该方程与1.9节中的方程(1.42)形式相同。因此,可将第 i 阶模态的有阻尼稳态响应表示为

$$u_{Ni} = \frac{q_{Ni}}{\omega_i^2}\beta_i\cos(\Omega t - \theta_i) \tag{4.130}$$

其中动力放大系数

$$\beta_i = \frac{1}{\sqrt{(1-\Omega^2/\omega_i^2)^2 + (2\gamma_i\Omega/\omega_i)^2}} \tag{4.131}$$

相位角

$$\theta_i = \arctan\left(\frac{2\gamma_i\Omega/\omega_i}{1-\Omega^2/\omega_i^2}\right) \tag{4.132}$$

式(4.130)、(4.131)、(4.132)分别由式(1.46)、(1.47)、(1.48)得出,且由式(4.130)给出的响应表达式可用以往相同的方法转换回原始坐标系。

为了求解角频率 ω_i 与载荷频率接近时的模态响应,只须利用模态向量 $\mathbf{\Phi}_{Ni}$ 将位移在正则坐标和原始坐标间相互转换。即将4.5节中的式(4.64)专门写成

$$q_{Ni} = \mathbf{\Phi}_{Ni}^T\mathbf{P} \tag{4.133}$$

而4.4节中的式(4.58)则改写为

$$\mathbf{D} = \mathbf{\Phi}_{Ni}u_{Ni} \tag{4.134}$$

如果需要求解其他角频率与载荷频率 Ω 接近的多个模态响应,仍可重复采用上述公式进行坐标变换。

当用位移运动方程而不是载荷方程进行分析时,简谐位移向量 $\mathbf{\Delta}$ 变为

$$\mathbf{\Delta} = \mathbf{FQ} = \mathbf{FP}\cos\Omega t = \mathbf{\Delta}_{st}\cos\Omega t \tag{c}$$

式中,$\mathbf{\Delta}_{st}$ 为静载荷 $\mathbf{P}$ 作用产生的位移向量。由于位移是通过逆变换 $\mathbf{\Phi}_N^{-1} = \mathbf{\Phi}_N^T\mathbf{M}$ 转换到正则

坐标系中的,因此与式(4.133)相对应的表达式变为

$$\delta_{\mathrm{N}i} = \mathbf{\Phi}_{\mathrm{N}i}^{\mathrm{T}} \mathbf{M} \mathbf{\Delta}_{\mathrm{st}} \tag{4.135}$$

式中,$\delta_{\mathrm{N}i}$ 为常数。根据 4.5 节中的式(4.77),系统的第 i 阶等效正则模态载荷为

$$q_{\mathrm{N}\delta i} = \omega_i^2 \delta_{\mathrm{N}i} \tag{d}$$

所以,第 i 阶模态的有阻尼稳态响应[见式(4.130)]变为

$$u_{\mathrm{N}i} = \delta_{\mathrm{N}i} \beta_i \cos(\Omega t - \theta_i) \tag{4.136}$$

根据式(4.134),可将该响应转换回原始坐标系中进行表示。

现在考虑某个受到一组载荷作用的弱阻尼系统,这组载荷正比于一般周期函数 $f(t)$。在这种情况下,载荷向量 $\mathbf{Q}$ 可写成

$$\mathbf{Q} = \mathbf{F}(t) = \mathbf{P} f(t) \tag{e}$$

其中向量 $\mathbf{P}$ 由式(b)定义。仿照 1.11 节的推导过程,将 $f(t)$ 展开成以下傅里叶级数的形式 [见式(1.58)]:

$$f(t) = a_0 + \sum_{j=1}^{n} (a_j \cos j\Omega t + b_j \sin j\Omega t) \tag{4.137}$$

式中,系数 a_j、b_j、a_0 可通过式(1.59a、b、c)计算。

将载荷运动方程转换到正则坐标系中表示,得到典型模态方程

$$\ddot{u}_{\mathrm{N}i} + 2n_i \dot{u}_{\mathrm{N}i} + \omega_i^2 u_{\mathrm{N}i} = q_{\mathrm{N}i} f(t) \quad (i = 1, 2, 3, \cdots, n) \tag{4.138}$$

式中,$q_{\mathrm{N}i}$ 为常数。由本书习题 1.11 - 6 的答案,取第 i 阶模态的有阻尼稳态响应

$$u_{\mathrm{N}i} = \frac{q_{\mathrm{N}i}}{\omega_i^2} \left\{ a_0 + \sum_{j=1}^{\infty} \beta_{ij} \left[a_j \cos(j\Omega t - \theta_{ij}) + b_j \sin(j\Omega t - \theta_{ij}) \right] \right\} \tag{4.139}$$

其中,动力放大系数

$$\beta_{ij} = \frac{1}{\sqrt{(1 - j^2 \Omega^2 / \omega_i^2)^2 + (2\gamma_i j\Omega / \omega_i)^2}} \tag{4.140}$$

相位角

$$\theta_{ij} = \arctan\left(\frac{2\gamma_i j\Omega / \omega_i}{1 - j^2 \Omega^2 / \omega_i^2} \right) \tag{4.141}$$

由于第 i 阶模态的响应表达式(4.139)是包含许多项的级数,因此具有一般周期函数变化规律的载荷比简谐变化的载荷更易引起系统共振($j\Omega \approx \omega_i$),进而也就难以预测在实际情况下哪阶模态被周期性载荷激励出来。然而,在将扰动函数表示为傅里叶级数之后,每个扰动力频率 $j\Omega$ 均可与固有频率 ω_i 进行比较,用于预测大幅受迫振动的发生。

若采用位移运动方程法进行分析,则周期性位移向量

$$\mathbf{\Delta} = \mathbf{\Delta}_{\mathrm{st}} f(t) \tag{f}$$

式中,$\mathbf{\Delta}_{\mathrm{st}}$ 的定义与前文相同。根据前文的逻辑关系,可将式(4.139)中的常数 $q_{\mathrm{N}i} / \omega_i^2$ 用 $\delta_{\mathrm{N}i}$ 代替。然后,可根据式(4.134)将结果转换回原始坐标系中进行表示。

例 1. 假设图 4.3 中的系统受简谐扰动函数 $Q_1 = Q_2 = Q_3 = P\cos\Omega t$ 的作用,其中 $\Omega = 1.25\sqrt{k/m}$。令 $m_1 = m_2 = m_3 = m$,$k_1 = k_2 = k_3 = k$,且每阶主模态的阻尼比 $\gamma_i = 0.01$($i = 1$,2,3),试计算质量块的稳态响应。

解:外力作用角频率的平方($\Omega^2 = 1.5625 k/m$)与 4.2 节例 1 中得到的第二个系统特征值非常接近。所以,即使载荷变化规律与一阶模态的振型相似,仍旧预测系统的二阶模态对系统总响应的贡献最大。利用式(4.133)推导得出二阶正则模态载荷

$$q_{N2} = \mathbf{\Phi}_{N2}^T \mathbf{P} = \frac{1}{\sqrt{m}} \begin{bmatrix} 0.737 & 0.328 & -0.591 \end{bmatrix} \begin{bmatrix} 1 \\ 1 \\ 1 \end{bmatrix} P = 0.474 \frac{P}{\sqrt{m}}$$

二阶模态的动力放大系数可由式(4.131)计算得到:

$$
\begin{aligned}
\beta_2 &= \frac{1}{\sqrt{(1 - 1.5625/1.555)^2 + (0.02)^2(1.5625/1.555)}} \\
&= \frac{1}{\sqrt{(0.004823)^2 + (0.02006)^2}} = 48.50
\end{aligned}
$$

根据式(4.130),可解得二阶模态的有阻尼稳态响应

$$u_{N2} = \frac{0.474 \times 48.50}{1.555} \frac{P}{k} \sqrt{m} \cos(\Omega t - \theta_2) = 14.77 \frac{P}{k} \sqrt{m} \cos(\Omega t - \theta_2)$$

其中 $$\theta_2 = \arctan\left(\frac{0.02006}{0.004823}\right) = \arctan 4.159 = 76°29'$$

由式(4.132)计算得到。

根据式(4.134),将二阶模态响应转换回原始坐标,可得

$$\mathbf{D} = \mathbf{\Phi}_{N2} u_{N2} = \begin{bmatrix} 10.89 \\ 4.84 \\ -8.73 \end{bmatrix} \frac{P}{k} \cos(\Omega t - \theta_2) \tag{g}$$

由此可见,系统中存在的少量阻尼对二阶模态响应的影响非常显著。相同的情况,若系统为无阻尼系统,则动力放大系数 $\beta_2 = 1/0.004823 = 207.3$,相位角 $\theta_2 = 0$。

以此类推,可确定一阶模态响应

$$\mathbf{D} = \begin{bmatrix} 0.398 \\ 0.717 \\ 0.895 \end{bmatrix} \frac{P}{k} \cos(\Omega t - \theta_1) \tag{h}$$

和三阶模态响应

$$\mathbf{D} = \begin{bmatrix} 0.0637 \\ -0.0794 \\ 0.0353 \end{bmatrix} \frac{P}{k} \cos(\Omega t - \theta_3) \tag{i}$$

与式(g)中向量的振幅相比,以上两向量的振幅均非常小。此外,阻尼对式(h)、(i)中结果的影响也可忽略不计。

例 2. 如图 4.4 所示的方波形状的周期扰动函数,作用于图 4.3 中的第一个质量块上。试求每阶正则模态下的有阻尼稳态响应。

解:将方波展开成傅里叶级数(见 1.11 节中的习题 1.11 - 2),可得

$$F(t) = Pf(t)$$
$$= \frac{4P}{\pi}\left(\sin\Omega t + \frac{1}{3}\sin 3\Omega t + \cdots\right) \quad \text{(j)}$$

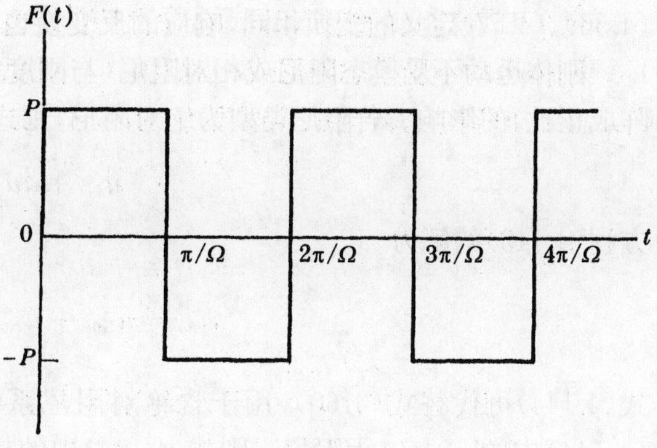

图 4.4

将载荷向量转换到正则坐标系中表示,可写成

$$\mathbf{Q}_\mathrm{N} = \mathbf{\Phi}_\mathrm{N}^\mathrm{T}\mathbf{Q} = \mathbf{Q}_\mathrm{N}^\mathrm{T}\begin{bmatrix} F(t) \\ 0 \\ 0 \end{bmatrix} = \begin{bmatrix} \Phi_{\mathrm{N}11} \\ \Phi_{\mathrm{N}12} \\ \Phi_{\mathrm{N}13} \end{bmatrix}F(t) \quad \text{(k)}$$

根据式(4.139),可将正则模态响应改写为

$$\mathbf{D}_\mathrm{N} = \frac{4P}{\pi}\begin{bmatrix} \Phi_{\mathrm{N}11}\left[\beta_{11}\sin(\Omega t - \theta_{11}) + \dfrac{\beta_{13}}{3}\sin(3\Omega t - \theta_{13}) + \cdots\right]\Big/\omega_1^2 \\[2mm] \Phi_{\mathrm{N}12}\left[\beta_{21}\sin(\Omega t - \theta_{21}) + \dfrac{\beta_{23}}{3}\sin(3\Omega t - \theta_{23}) + \cdots\right]\Big/\omega_2^2 \\[2mm] \Phi_{\mathrm{N}13}\left[\beta_{31}\sin(\Omega t - \theta_{31}) + \dfrac{\beta_{33}}{3}\sin(3\Omega t - \theta_{33}) + \cdots\right]\Big/\omega_3^2 \end{bmatrix} \quad \text{(l)}$$

其中,动力放大系数和相位角分别由式(4.140)、(4.141)计算得到。

4.10　有阻尼系统的瞬态响应

无论待求解响应的时长如何,只要其持续时间比系统固有周期长,就应该在计算瞬态响应时将阻尼效应考虑在内。另一方面,若待求解响应的时长较短,但模态阻尼比相对较高($\gamma_i >$ 0.05),则阻尼效应仍旧显著。因此,将对 4.4、4.5、4.6 节中的公式进行修改,用来说明阻尼效应对正则坐标表示的瞬态响应的影响。和上一节相同,在讨论中仍假设阻尼为比例阻尼或模态阻尼。

在 4.4 节中,推导了多自由度系统在初始位移和初始速度影响下产生的正则模态响应的表达式。若系统中存在阻尼,则式(4.55)定义的第 i 阶模态的自由振动响应变为

$$u_{\mathrm{N}i} = \mathrm{e}^{-n_i t}\left(u_{\mathrm{N}0i}\cos\omega_{\mathrm{d}i}t + \frac{\dot{u}_{\mathrm{N}0i} + n_i u_{\mathrm{N}0i}}{\omega_{\mathrm{d}i}}\sin\omega_{\mathrm{d}i}t\right) \quad (4.142)$$

式(4.142)由 1.8 节中的式(1.35)推导得到。式(4.142)中有阻尼振动的角频率

$$\omega_{\mathrm{d}i} = \sqrt{\omega_i^2 - n_i^2} = \omega\sqrt{1 - \gamma_i^2} \quad \text{(a)}$$

式中,ω_i 为无阻尼角频率。将初始条件向量 $\mathbf{D}_0$ 和 $\dot{\mathbf{D}}_0$ 变换到正则坐标系中的矩阵变换,与式

(4.56)、(4.57)定义的变换相同，响应的反变换也由式(4.58)给定。

刚体运动不受模态阻尼或相对阻尼（与刚度矩阵成正比）的影响，但受绝对阻尼（与质量矩阵成正比）的影响。若阻尼类型为绝对阻尼，则式 4.4 节中的方程(4.59)变为

$$\ddot{u}_{Ni} + a\dot{u}_{Ni} = 0 \tag{4.143}$$

方程(4.143)的解为

$$u_{Ni} = u_{N0i} + \dot{u}_{N0i}\left(\frac{1 - e^{-at}}{a}\right) \tag{4.144}$$

式(4.144)可代替式(4.60)，用于含绝对阻尼系统刚体运动的计算。值得注意的是，若令式(4.144)中的 a 为 0（无阻尼），则式(4.144)中的括号内会出现 0/0 的不定式形式。由于以上不定式的极限

$$\lim_{a \to 0}\left(\frac{1 - e^{-at}}{a}\right) = t \tag{b}$$

因此响应表达式最后仍旧统一为式(4.60)。

若系统阻尼形式为比例或模态阻尼，则载荷作用下的正则模态响应计算只须在 4.5 节公式的基础上稍加改动。其中将外载荷转换到正则坐标系中的矩阵变换运算仍与式(4.64)相同，但式(4.67)中的 Duhamel 积分变为

$$u_{Ni} = \frac{e^{-n_i t}}{\omega_{di}} \int_0^t e^{-n_i t'} q_{Ni} \sin\omega_{di}(t - t')\,dt' \tag{4.145}$$

式(4.145)根据 1.12 节中的式(1.62)得出。若阻尼形式为绝对阻尼，则刚体运动方程(4.68)变为

$$\ddot{u}_{Ni} + a\dot{u}_{Ni} = q_{Ni} \tag{4.146}$$

对于初始状态静止的系统，方程(4.146)的解的形式为

$$u_{Ni} = \int_0^t q_{Ni}\left[\frac{1 - e^{-a(t-t')}}{a}\right]dt' \tag{4.147}$$

式(4.147)为(4.69)的替换表达式。

若用位移方程代替载荷方程进行分析，则可根据 4.5 节中的式(4.73)，将位移向量 $\boldsymbol{\Delta}$ 转换到正则坐标系中进行表示。此外，第 i 阶等效正则模态载荷

$$q_{Ni} = \omega_i^2 \delta_{Ni} \tag{c}$$

该式由式(4.77)得出。所以，式(4.145)中的 Duhamel 积分变为

$$u_{Ni} = \frac{\omega_i^2}{\omega_{di}} e^{-n_i t} \int_0^t e^{-n_i t'} \delta_{Ni} \sin\omega_{di}(t - t')\,dt' \tag{4.148}$$

如 4.5 节所述，当系统的时变位移易通过静力分析得到时，上述形式的积分将有助于系统有阻尼响应的求解。

4.6 节中给出的支承运动引起的正则模态响应表达式，也可稍作修改以适用于系统中含比例或模态阻尼情况的求解。在多数情况下，只须将式(4.145)、(4.148)中的 q_{Ni} 和 δ_{Ni} 替换为 4.6 节中定义的 q_{Ngi}、q_{Ngi}^*、δ_{Ngi}、δ_{Ngi}^*、q_{NRi} 和 δ_{NRi}。但是，在某些强加支承位移的情况中，还须对原始坐标系中的向量 $\mathbf{Q}_g$、$\boldsymbol{\Delta}_g$、$\mathbf{Q}_R$ 或 $\boldsymbol{\Delta}_R$ 做出改动，以将自由位移坐标与支承约束间的速度耦

合考虑在内。例如，图 4.3 中的系统与地面通过减振阻尼器相连。若地面在 x 方向上以 $u_g = F_g(t)$ 的规律平动，则载荷运动方程为

$$\mathbf{M}\ddot{\mathbf{D}} + \mathbf{C}\dot{\mathbf{D}} + \mathbf{C}_g \dot{u}_g + \mathbf{S}\mathbf{D} + \mathbf{S}_g u_g = \mathbf{0} \tag{d}$$

其中 $\mathbf{C}_g$ 表示将质量与地面运动耦合在一起的阻尼影响系数向量。将方程（d）写成方程（4.120）的形式，可得

$$\mathbf{M}\ddot{\mathbf{D}} + \mathbf{C}\dot{\mathbf{D}} + \mathbf{S}\mathbf{D} = \mathbf{Q}_{g1} + \mathbf{Q}_{g2} \tag{4.149}$$

其中

$$\mathbf{Q}_{g1} = -\mathbf{S}_g u_g, \quad \mathbf{Q}_{g2} = -\mathbf{C}_g \dot{u}_g \tag{4.150}$$

向量 $\mathbf{Q}_{g1}$ 和 $\mathbf{Q}_{g2}$ 包含地面位移和地面速度引起的等效载荷（对应于相应的位移坐标）。这两个向量可根据需要，在整个分析过程中始终保持相互间的分离。这时，若将它们转换到正则坐标系中，可表示为

$$\mathbf{Q}_{Ng} = \boldsymbol{\Phi}_N^T \mathbf{Q}_g = \boldsymbol{\Phi}_N^T \mathbf{Q}_{g1} + \boldsymbol{\Phi}_N^T \mathbf{Q}_{g2} = \mathbf{Q}_{Ng1} + \mathbf{Q}_{Ng2} \tag{4.151}$$

进而可得正则坐标表示的第 i 个运动方程

$$\ddot{u}_{Ni} + 2n_i \dot{u}_{Ni} + \omega_i^2 u_{Ni} = q_{Ngi} = q_{Ngi1} + q_{Ngi2} \quad (i = 1, 2, 3, \cdots, n) \tag{4.152}$$

该方程与 1.13 节中的方程（1.68）类似。最后，式（4.145）中的 Duhamel 积分变为

$$u_{Ni} = u_{Ni1} + u_{Ni2} = \frac{e^{-n_i t}}{\omega_{di}} \int_0^t e^{-n_i t'} (q_{Ngi1} + q_{Ngi2}) \sin\omega_{di}(t - t') dt' \tag{4.153}$$

式（4.153）可与 1.13 节中的式（1.69）进行类比。

上述问题中包含了含速度耦合的地面运动，这一复杂因素可通过引入地面加速度，并将位移坐标转换为相对位移坐标 $\mathbf{D}^* = \mathbf{D} - \mathbf{1}u_g$ 予以消除。与 1.13 节中已经证明的单自由度系统的情况［见式（1.71）和式（1.72）］相同，在相对坐标系中，质量与地面之间既无位移耦合也无速度耦合，只存在与地面之间的惯性耦合，这一耦合特点与无阻尼系统的情况相同。另一方面，若支承约束中存在 r 个独立运动，则不能按照地面刚体运动的概念进行求解。且求解这类问题时，需要直接考虑自由位移坐标与支承约束间发生的速度耦合。

例 1. 设如图 4.3 所示系统中的第三个质量块受到阶跃函数 $Q_3 = P$ 的作用，且 $Q_1 = Q_2 = 0$。假设系统初始状态静止，试求解作用力引起的有阻尼正则模态响应。

解： 将载荷转换到正则坐标系中表示，可得

$$\mathbf{Q}_N = \boldsymbol{\Phi}_N^T \mathbf{Q} = \boldsymbol{\Phi}_N^T \begin{bmatrix} 0 \\ 0 \\ P \end{bmatrix} = \begin{bmatrix} \Phi_{N31} \\ \Phi_{N32} \\ \Phi_{N33} \end{bmatrix} P \tag{e}$$

因阶跃函数作用引起的正则模态响应（见 1.12 节中的例 3）

$$\mathbf{D}_N = P \begin{bmatrix} \Phi_{N31} \left[1 - e^{-n_1 t} \left(\cos\omega_{d1} t + \dfrac{n_1}{\omega_{d1}} \sin\omega_{d1} t \right) \right] \Big/ \omega_1^2 \\[2ex] \Phi_{N32} \left[1 - e^{-n_2 t} \left(\cos\omega_{d2} t + \dfrac{n_2}{\omega_{d2}} \sin\omega_{d2} t \right) \right] \Big/ \omega_2^2 \\[2ex] \Phi_{N33} \left[1 - e^{-n_3 t} \left(\cos\omega_{d3} t + \dfrac{n_3}{\omega_{d3}} \sin\omega_{d3} t \right) \right] \Big/ \omega_3^2 \end{bmatrix} \tag{f}$$

例 2. 假定图 4.3 中的地面按斜坡函数 $u_g = d_1 t / t_1$ 的规律发生平移,其中 d_1 为 t_1 时刻的地面刚体平动。假设系统初始状态静止,试写出有阻尼正则模态响应表达式。

解: 式(4.150)定义的等效载荷向量

$$\mathbf{Q}_{g1} = -\mathbf{S}_g u_g = \begin{bmatrix} k_1 \\ 0 \\ 0 \end{bmatrix} \frac{d_1 t}{t_1}, \quad \mathbf{Q}_{g2} = -\mathbf{C}_g \dot{u}_g = \begin{bmatrix} c_1 \\ 0 \\ 0 \end{bmatrix} \frac{d_1}{t_1} \tag{g}$$

将这两个向量转换到正则坐标系中[见式(4.151)],可得

$$\mathbf{Q}_{Ng} = \mathbf{Q}_{Ng1} + \mathbf{Q}_{Ng2} = \frac{k_1 d_1 t}{t_1} \begin{bmatrix} \Phi_{N11} \\ \Phi_{N12} \\ \Phi_{N13} \end{bmatrix} + \frac{c_1 d_1}{t_1} \begin{bmatrix} \Phi_{N11} \\ \Phi_{N12} \\ \Phi_{N13} \end{bmatrix} \tag{h}$$

由斜坡函数 $\mathbf{Q}_{Ng1}$ 引起的正则模态响应表示为

$$u_{Ni1} = \frac{k_1 d_1 \, \Phi_{N1i}}{t_1 \omega_i^2} \left[t - \frac{2n_i}{\omega_i^2} + e^{-n_i t} \left(\frac{2n_i}{\omega_i^2} \cos \omega_{di} t - \frac{\omega_{di}^2 - n_i^2}{\omega_i^2 \omega_{di}} \sin \omega_{di} t \right) \right] \tag{i}$$

式中,$i = 1, 2, 3$(见 1.12 节中的习题 1.12-9)。此外,由斜坡函数 $\mathbf{Q}_{Ng2}$ 引起的正则模态响应(见例1)由下式给出:

$$u_{Ni2} = \frac{c_1 d_1 \, \Phi_{N1i}}{t_1 \omega_i^2} \left[1 - e^{-n_i t} \left(\cos \omega_{di} t + \frac{n_i}{\omega_{di}} \sin \omega_{di} t \right) \right] \tag{j}$$

式中,$i = 1, 2, 3$。

4.11 响应的逐步计算法

1.5 节介绍了当单自由度系统受到无解析表达式的扰动函数作用时,可利用逐步计算法对该系统的响应进行求解。具体做法涉及对载荷函数的分段线性插值。现在将该插值方法推广到多自由度系统当中,在与正则模态法相结合的基础上计算多自由度系统响应。与 4.8 节相同,仍假设系统只含模态阻尼。由于多自由度系统响应的求解计算量大,因此本节所提方法将通过计算机编程实现。

重新考虑图 1.55 所示的分段线性插值方法。不失一般性,每次只计算一个扰动函数,从而将分段线性的载荷向量 $\mathbf{Q}_{lj}$ 表示为

$$\mathbf{Q}_{lj} = \mathbf{P} f_l(\Delta t_j) \quad (j + 1 = 1, 2, \cdots, n_1) \tag{4.154}$$

式中,Δt_j 为有限长微小时间步长;n_1 为步长数。在以上表达式中,$\mathbf{P}$ 表示无量纲分段线性扰动函数 $f_l(\Delta t_j)$ 的比例系数。若同时有多个扰动函数作用在系统上,则在分别计算各扰动函数引起的响应之后,对各响应进行叠加。

将载荷运动方程变换到正则坐标系中,得到典型模态方程

$$\ddot{u}_{Ni} + 2n_i \dot{u}_{Ni} + \omega_i^2 u_{Ni} = q_{Ni, j} + \Delta q_{Ni, j} \frac{t'}{\Delta t_j}$$

$$(i = 1, 2, \cdots, n; \, j + 1 = 1, 2, \cdots, n_1) \tag{4.155}$$

其中 $t' = t - t_j$。方程(4.155)中的符号 $q_{Ni,j}$ 为 t_j 时刻的第 i 个正则模态载荷。因此

$$q_{Ni,j} = \mathbf{\Phi}_{Ni}^{\mathrm{T}} \mathbf{Q}_{lj} = \mathbf{\Phi}_{Ni}^{\mathrm{T}} \mathbf{P} f_l(\Delta t_j) \tag{4.156}$$

另外,第 i 个模态载荷在时间间隔 Δt_j 内的变化量被定义为

$$\Delta q_{Ni,j} = q_{Ni,j+1} - q_{Ni,j} \tag{4.157}$$

式中,符号 $q_{Ni,j+1}$ 表示 t_{j+1} 时刻的载荷。

以类似于 1.15 节的方法,将第 j 个时间步长终了时刻的第 i 阶模态响应分为三部分表示:

$$u_{Ni,j+1} = (u_{N1} + u_{N2} + u_{N3})_{i,j+1} \tag{4.158}$$

其中第一部分为 t_j 时刻(该时间间隔的起始时刻)的位移和速度引起的第 i 阶自由振动响应。所以有

$$(u_{N1})_{i,j+1} = \mathrm{e}^{-n_i \Delta t_j} \left(u_{Ni,j} \cos \omega_{di} \Delta t_j + \frac{\dot{u}_{Ni,j} + n_i u_{Ni,j}}{\omega_{di}} \sin \omega_{di} \Delta t_j \right) \tag{4.159a}$$

式(4.159a)为式(1.79a)的扩展版本。

式(4.158)中响应的另外两个部分由时间步长内的线性扰动函数作用引起。其中,短时冲击引起的矩形波响应部分表示为

$$(u_{N2})_{i,j+1} = \frac{q_{Ni,j}}{\omega_i^2} \left[1 - \mathrm{e}^{-n_i \Delta t_j} \left(\cos \omega_{di} \Delta t_j + \frac{n_i}{\omega_{di}} \sin \omega_{di} \Delta t_j \right) \right] \tag{4.159b}$$

式(4.159b)由式(1.79b)得到。另外,三角波形响应部分可表示为

$$(u_{N3})_{i,j+1} = \frac{\Delta q_{Ni,j}}{\omega_i^4 \Delta t_j} \left[\omega_i^2 \Delta t_j - 2n_i + \mathrm{e}^{-n_i \Delta t_j} \left(2n_i \cos \omega_{di} \Delta t_j - \frac{\omega_{di}^2 - n_i^2}{\omega_{di}} \sin \omega_{di} \Delta t_j \right) \right] \tag{4.159c}$$

式(4.159c)由式(1.79c)得到。

还可将第 j 个时间步长结束时第 i 阶模态的速度写成三个部分:

$$\dot{u}_{Ni,j+1} = (\dot{u}_{N1} + \dot{u}_{N2} + \dot{u}_{N3})_{i,j+1} \tag{4.160}$$

这三个速度分量可分别通过扩展表达式(1.80a、b 和 c)得到:

$$(\dot{u}_{N1})_{i,j+1} = \mathrm{e}^{-n_i \Delta t_j} \left[-\left(u_{Ni,j} \omega_{di} + n_i \frac{\dot{u}_{Ni,j} + n_i u_{Ni,j}}{\omega_{di}} \right) \sin \omega_{di} \Delta t_j + \dot{u}_{Ni,j} \cos \omega_{di} \Delta t_j \right] \tag{4.161a}$$

$$(\dot{u}_{N2})_{i,j+1} = \frac{q_{Ni,j}}{\omega_{di}} \mathrm{e}^{-n_i \Delta t_j} \sin \omega_{di} \Delta t_j \tag{4.161b}$$

$$(\dot{u}_{N3})_{i,j+1} = \frac{\Delta q_{Ni,j}}{\omega_i^2 \Delta t_j} \left[1 - \mathrm{e}^{-n_i \Delta t_j} \left(\cos \omega_{di} \Delta t_j + \frac{n_i}{\omega_{di}} \sin \omega_{di} \Delta t_j \right) \right] \tag{4.161c}$$

式(4.158)~(4.161)共同组成了计算第 j 个时间步长结束时,各阶正则模态有阻尼响应的递推公式。它们同时还定义了第 $j+1$ 个时间步长开始时位移和速度的初始条件。重复利用这些公式,可解得每个正则模态的响应时间历程,继而与往常一样将每个时刻的响应位移转

换回原始坐标系中表示。

若某个结构的第 i 阶模态为刚体运动模态,则须选用恰当的刚体响应表达式计算响应,而不能通过上面给出的递推公式计算。在这种情况下,将式(4.158)、(4.159)中的位移替换为

$$u_{\text{N}i,\,j+1} = u_{\text{N}i,\,j} + \dot{u}_{\text{N}i,\,j} \Delta t_j + \frac{1}{2} \left(q_{\text{N}i,\,j} + \frac{1}{3} \Delta q_{\text{N}i,\,j} \right) (\Delta t_j)^2 \qquad (4.162)$$

并将式(4.160)、(4.161)中的速度替换为

$$\dot{u}_{\text{N}i,\,j+1} = \dot{u}_{\text{N}i,\,j} + \left(q_{\text{N}i,\,j} + \frac{1}{2} \Delta q_{\text{N}i,\,j} \right) \Delta t_j \qquad (4.163)$$

以上两式适用于表示无绝对阻尼条件下的刚体运动模态。

当用位移方程代替载荷方程进行分析时,分段线性的位移函数向量 $\boldsymbol{\Delta}_{lj}$ 变为

$$\boldsymbol{\Delta}_{lj} = \mathbf{F}\,\mathbf{Q}_{lj} = \mathbf{F}\mathbf{P}f_l(\Delta t_j) = \boldsymbol{\Delta}_{\text{st}}f_l(\Delta t_j) \quad (j+1 = 1,\,2,\,\cdots,\,n_1) \qquad (4.164)$$

在这种分析方法中,式(4.159)、(4.161)中的 $q_{\text{N}i,\,j}/\omega_i^2$ 和 $\Delta q_{\text{N}i,\,j}/\omega_i^2$ 将分别由 $\delta_{\text{N}i,\,j}$ 和 $\Delta\delta_{\text{N}i,\,j}$ 代替。

为了应用式(4.158)～(4.161)的递推公式,我们编写了名为 **NOMOLIN** 的计算机程序。程序的详细介绍可参见附录 B.5。该程序采用正则模态法计算受分段线性扰动函数作用的多自由度系统的有阻尼动力学响应。图 4.5 的上半部分即为一个满足分段线性条件的函数 f_l。该问题的数值计算结果(在 0.5 s 的时间间隔内)列于表 4.3 的第四列。将该函数乘以载荷系数向量 $\mathbf{P} = \{-3.0,\,0,\,6.0\}$ kN,与初始条件向量 $\mathbf{D}_0 = \{2,\,-2,\,1\}$ cm 和 $\dot{\mathbf{D}}_0 = \mathbf{0}$ 共同作用于如图 4.3 所示的系统之上。为了便于分析,假设 $m_1 = m_2 = m_3 = 1$ kg、$k_1 = k_2 = k_3 = 1$ kN/mm 和 $\gamma_1 = \gamma_2 = \gamma_3 = 0.05$。 根据程序 **NOMOLIN** 计算得到的瞬态响应列于表 4.3 的最后三列中。

表 4.3　程序 NOMOLIN 的计算结果

j	t_j/s	$\Delta t_j/\text{s}$	f_{lj}	u_{1j}/cm	u_{2j}/cm	u_{3j}/cm
0	0	—	1.8	2.000	−2.000	1.000
1	0.5	0.5	1.4	1.260	−1.205	0.781
2	1.0	0.5	1.0	−0.348	0.519	0.344
3	1.5	0.5	0.6	−1.615	1.868	0.135
4	2.0	0.5	0.2	−1.671	1.945	0.425
5	2.5	0.5	0.6	−0.553	0.880	1.080
6	3.0	0.5	1.0	0.885	−0.358	1.718
7	3.5	0.5	1.4	1.668	−0.735	1.977
8	4.0	0.5	1.4	1.393	0.073	1.798
9	4.5	0.5	1.4	0.444	1.502	1.455
10	5.0	0.5	1.4	−0.379	2.569	1.358
11	5.5	0.5	1.4	−0.484	2.623	1.748
12	6.0	0.5	1.3	0.130	1.791	2.501
13	6.5	0.5	1.2	0.950	0.826	3.217
14	7.0	0.5	1.1	1.386	0.513	3.501
15	7.5	0.5	1.0	1.214	1.095	3.239
16	8.0	0.5	1.1	0.698	2.135	2.652
17	8.5	0.5	1.2	0.321	2.878	2.138
18	9.0	0.5	0.8	0.398	2.815	1.975

（续表）

j	t_j /s	Δt_j /s	f_{lj}	u_{1j} /cm	u_{2j} /cm	u_{3j} /cm
19	9.5	0.5	0.4	0.859	2.019	2.110
20	10.0	0.5	0.0	1.310	1.038	2.250
21	10.5	0.5	0.0	1.352	0.452	2.093
22	11.0	0.5	0.0	0.875	0.461	1.555
23	11.5	0.5	0.0	0.138	0.782	0.786
24	12.0	0.5	0.0	−0.435	0.906	0.048
25	12.5	0.5	0.0	−0.576	0.503	−0.468
26	13.0	0.5	0.0	−0.347	−0.347	−0.755
27	13.5	0.5	0.0	−0.072	−1.237	−0.953
28	14.0	0.5	0.0	−0.076	−1.745	−1.219
29	14.5	0.5	0.0	−0.444	−1.734	−1.596
30	15.0	0.5	0.0	−0.976	−1.414	−1.981

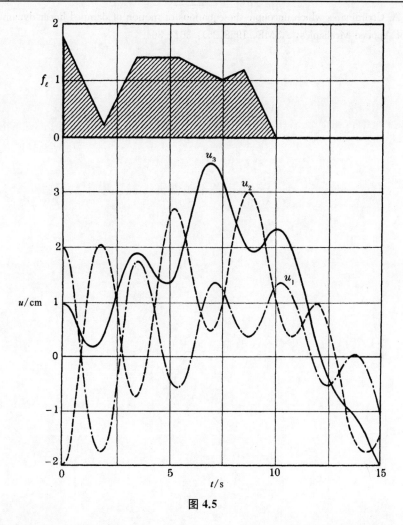

图 4.5

图 4.5 的下半部分为位移曲线 u_1，u_2 和 u_3。从中可发现，初始位移的变化规律将系统的三阶模态显著地激励出来，该模态的固有周期约为 3.5 s。由于扰动函数的作用周期为 10 s，因此在这之后的响应只包含自由振动成分。

参考文献

［1］ GERE J M, WEAVER W, Jr.. Matrix algebra for engineers［M］. 2nd ed. Belmont, CA: Wadsworth, 1983.

［2］ WEAVER W, Jr., GERE J M. Matrix analysis of framed structures［M］. 2nd ed. New York: Van Nostrand-Reinhold, 1980.

［3］ RAYLEIGH J W S. Theory of sound: Vol. 1［M］. 2nd ed. New York: Dover, 1945.

［4］ WEAVER W, Jr., JOHNSTON P R. Structural dynamics by finite elements［M］. Englewood Cliffs, NJ: Prentice-Hall, 1987.

［5］ WEAVER W, Jr.. Dynamics of discrete-parameter structures［G］. Developments in Theoretical and Applied Mechanics, New York: Pergamon Press, 1965(2): 629 - 651.

［6］ WILKINSON J H. The algebraic eigenvalue problem［M］. London: Oxford University Press, 1965.

［7］ CAUGHEY T K. Classical normal modes in damped linear dynamic systems［J］. Journal of Applied Mechanics, ASME, 1960(27): 269 - 271; also 1965(32): 583 - 588.

［8］ FOSS K A. Coordinates which uncouple the equations of motion of damped linear dynamic systems［J］. Journal of Applied Mechanics, ASME, 1958(25): 361 - 364.

第 5 章
无穷多自由度连续体的振动问题

5.1 引 言

所有结构和机器均由包含一定质量和弹性的零部件构成。在很多情况下,这些零部件可被简化为质点、刚体或无质量的变形构件。由此类简化零部件构成的系统具有有限个自由度,因此可用前序章节中的方法进行分析。然而,也可采用更为严格意义上的方法对上述系统进行分析,无需离散化系统的解析模型。本章将对质量和弹性连续分布的弹性体进行分析。在分析过程中,可被看作弹性体的零部件包括杆、轴、索、梁、简单外形框架、环、拱、膜、板、壳,以及三维固体。以上多数零部件的振动问题将在本章中进行详细介绍,但壳与三维固体的振动问题不在本书的讨论范围内。[①] 此外,对于具有复杂外形的构件,例如一般外形框架、拱、开孔板、飞机机身、船体等,由于采用弹性连续体进行建模分析极为困难(通常情况下是不可能的),因此一般将其离散化为具有较多自由度数的离散模型进行分析。为此,将这部分内容放在第6章中的有限单元法中进行介绍。

若将分析实体等效为弹性连续体,则可将其看作由无穷多质点组成。为了确定实体上每个点的位置,需要引入无穷多个位移坐标对点的位置进行定义。在这种情况下,系统中包含无穷多个自由度。由这些坐标定义的位移函数为连续函数,且位移函数对时间的一阶和二阶导数分别表示该坐标系中质点的速度与加速度。另外,由于弹性连续体的质量具有分布特征,因此其包含的固有模态数目也是无穷的,动态响应也是无穷多个固有模态之和。

本书在介绍弹性体振动问题时,假设材料均匀且各向同性,同时满足 Hooke(胡克)定律。在小位移条件下,系统的响应与激励之间具有线弹性特征。虽然本章不考虑阻尼对系统振动特性的影响,但仍可方便地通过引入 4.8 节中介绍的模态阻尼比的概念分析阻尼效应。

5.2 等截面杆的纵向自由振动

在弹性杆的所有自由振动类型中,纵向振动最为简单。本节将介绍弹性杆的纵向振动,而扭转与横向振动将在本章后面几节进行介绍。当分析杆的纵向振动时,通常假设杆截面为平面,且截面上的质点只沿轴向运动。但在实际情况下,纵向振动引起的弹性体的拉伸与压缩,一般伴随一定程度横向变形的产生。然而,在本节接下来的讨论中,将只考虑纵向振动波长远大于横截面外形的情况。与纵向位移相比,这种情况下的横向位移在计算精度要求不高时可被忽略。[②]

图 5.1a 为一根长度为 l 的无约束等截面杆,其中微元长度 $\mathrm{d}x$ 与杆的左侧端点距离为 x,

---

① 关于弹性体振动的详细介绍,可查阅本章参考文献[1]和[2]。

② 考虑横向振动的圆形截面柱状杆的纵向振动问题,其完备解由"L. Pochhammer, *Jour. Math.* (Crelle),81,1876,p.324."和"E. Giebe, E. Blechschmidt, *Ann. Physik*, Ser., 5, 18, 1933, p. 457."给出。

且 x 处的轴向位移用 u 表示。当杆发生纵向振动时,根据 d'Alembert 原理,可将图 5.1b 中各微元受到的轴向力相加,得到

$$S + \frac{\partial S}{\partial x}\mathrm{d}x - S - \rho A \mathrm{d}x \frac{\partial^2 u}{\partial t^2} = 0 \tag{a}$$

式中,S 为杆在截面 x 处受到的轴向内应力之和(轴向力)。式(a)中的惯性力,是材料的质量密度 ρ、微元体积 $A\mathrm{d}x$(A 为 x 处的横截面积),以及微元加速度 $\partial^2 u/\partial t^2$ 的乘积。根据 Hooke 定律,可将轴向力 S 用轴向应力 σ 表示,进而将轴向应力 σ 用轴向应变 $\varepsilon = \partial u/\partial x$ 表示:

$$S = A\sigma = EA\varepsilon = EA \frac{\partial u}{\partial x} \tag{b}$$

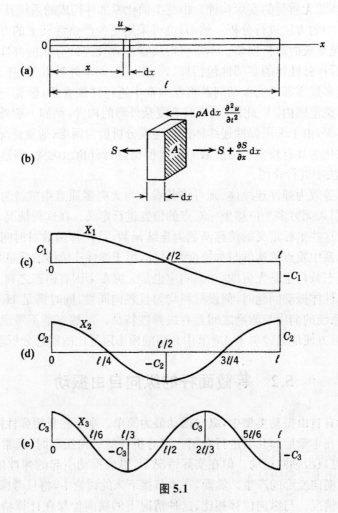

图 5.1

式中,E 为弹性模量。将式(b)代入式(a)后,整理可得

$$\frac{\partial^2 u}{\partial x^2} = \frac{1}{a^2} \frac{\partial^2 u}{\partial t^2} \tag{5.1}$$

其中

$$a = \sqrt{E/\rho} \tag{5.2}$$

方程(5.1)被称为一维波动方程,用来描述轴向传播速度为 a 的纵向振动位移。其中 a 为材料内的声音传播速度。本问题的波动解形式为

$$u = f(x - at) \tag{c}$$

式(c)表示传播速度为 a 的关于 x 的任意函数。通过计算下列导数,可证明上式满足等式(5.1):

$$\frac{\partial u}{\partial x} = f'(x - at), \quad \frac{\partial^2 u}{\partial x^2} = f''(x - at)$$

$$\frac{\partial u}{\partial t} = -af'(x - at), \quad \frac{\partial^2 u}{\partial t^2} = a^2 f''(x - at)$$

将以上两个二阶导数代入方程(5.1)后,发现等号两边相等,等式(5.1)成立。波动解的更一般化表达式为

$$u = f_1(x - at) + f_2(x + at) \tag{d}$$

式中,第一项表示沿 x 正方向传播的函数 $f_1(x)$,第二项表示沿 x 负方向传播的函数 $f_2(x)$。虽然以上波动解形式适用于短时冲击问题的求解,却没有振动解分析起来方便。下面详细介绍振动解的推导过程。

当图 5.1a 中的杆以它的某阶固有模态振动时,式(5.1)的解的形式为

$$u = X(A\cos\omega t + B\sin\omega t) \tag{e}$$

式中,A 和 B 为常数;ω 为角频率;符号 X 为 x 的函数,表示固有振动模态的振型,也被称为主函数或正则函数。将式(e)代入方程(5.1),可得

$$\frac{\mathrm{d}^2 X}{\mathrm{d}x^2} + \frac{\omega^2}{a^2} X = 0 \tag{f}$$

该方程的解为

$$X = C\cos\frac{\omega x}{a} + D\sin\frac{\omega x}{a} \tag{g}$$

以上 X 表达式中的常数 C 和 D 是满足杆两个端点边界条件的任意可能常数。由于图 5.1a 中杆的两端无约束,因此正比于 $\mathrm{d}X/\mathrm{d}x$ 的轴向力在两端点处为零,即边界条件为

$$\left(\frac{\mathrm{d}X}{\mathrm{d}x}\right)_{x=0} = 0, \quad \left(\frac{\mathrm{d}X}{\mathrm{d}x}\right)_{x=l} = 0 \tag{h}$$

为了使第一个边界条件成立,须满足式(g)中的常系数 $D = 0$。而当 $C \neq 0$(非平凡解)时,第二个边界条件成立须满足

$$\sin\frac{\omega l}{a} = 0 \tag{5.3}$$

式(5.3)即为当前问题的频率方程。根据该方程,可计算两端自由杆发生纵向固有模态振动的频率。频率方程成立的条件为

$$\frac{\omega_i l}{a} = i\pi \tag{i}$$

式中，i 为整数。令 $i = 0，1，2，3，\cdots$，可得纵向振动各阶模态的频率。$i = 0$ 为零频率，表示杆沿 x 方向的刚体位移。令式(i)中的 $i = 1$，可解得一阶模态频率，这时有

$$\omega_1 = \frac{a\pi}{l} = \frac{\pi}{l}\sqrt{\frac{E}{\rho}} \tag{5.4}$$

与频率 ω_1 相对应的振动周期

$$\tau_1 = \frac{1}{f_1} = \frac{2\pi}{\omega_1} = 2l\sqrt{\frac{\rho}{E}} \tag{5.5}$$

一阶模态的振型如图 5.1c 所示，其表达式可由式(g)表示为

$$X_1 = C_1 \cos\frac{\omega_1 x}{a} = C_1 \cos\frac{\pi x}{l}$$

如图 5.1d 和图 5.1e 所示的二、三阶振动模态分别为

$$\frac{\omega_2 l}{a} = 2\pi，\ X_2 = C_2 \cos\frac{2\pi x}{l}$$

和

$$\frac{\omega_3 l}{a} = 3\pi，\ X_3 = C_3 \cos\frac{3\pi x}{l}$$

方程(5.1)的振动解为式(e)，而式(e)的一般形式可写成

$$u_i = \cos\frac{i\pi x}{l}\left(A_i \cos\frac{i\pi at}{l} + B_i \sin\frac{i\pi at}{l}\right) \tag{j}$$

将各阶振动解按照其一般形式求和，即可将杆的任何纵向振动表示为

$$u = \sum_{i=1}^{\infty} \cos\frac{i\pi x}{l}\left(A_i \cos\frac{i\pi at}{l} + B_i \sin\frac{i\pi at}{l}\right) \tag{5.6}$$

式(5.6)中，常数 A_i、B_i 由初始条件确定。例如，假设在初始时刻 $t = 0$，位移 u 由方程 $(u)_{t=0} = f_1(x)$ 给定，初始速度由方程 $(\dot{u})_{t=0} = f_2(x)$ 给定。将 $t = 0$ 代入式(5.6)，可得

$$f_1(x) = \sum_{i=1}^{\infty} A_i \cos\frac{i\pi x}{l} \tag{k}$$

将式(5.6)对时间 t 求导，并将 $t = 0$ 代入求导后的表达式，可得

$$f_2(x) = \sum_{i=1}^{\infty} \frac{i\pi a}{l} B_i \cos\frac{i\pi x}{l} \tag{l}$$

由此，可根据 1.11 节中的式(1.59a)求解常系数 A_i 和 B_i，计算公式为

$$A_i = \frac{2}{l}\int_0^l f_1(x)\cos\frac{i\pi x}{l}\,\mathrm{d}x \tag{m}$$

$$B_i = \frac{2}{i\pi a}\int_0^l f_2(x)\cos\frac{i\pi a}{l}\,\mathrm{d}x \tag{n}$$

例如,考虑两端受压的等截面杆。当压力在 $t=0$ 时刻突然释放后,假设杆的中点保持静止,取

$$(u)_{t=0} = f_1(x) = \frac{\varepsilon_0 l}{2} - \varepsilon_0 x , \ f_2(x) = 0$$

式中,ε_0 为 $t=0$ 时刻的压应变。由式(m)、(n)可得

$$A_i = \frac{4\varepsilon_0 l}{\pi^2 i^2} \ (i \text{ 为奇数}), \ A_i = 0 \ (i \text{ 为偶数}), \ B_i = 0$$

通解(5.6)变为

$$u = \frac{4\varepsilon_0 l}{\pi^2} \sum_{i=1,3,5,\cdots}^{\infty} \frac{1}{i^2} \cos \frac{i\pi x}{l} \cos \frac{i\pi at}{l} \tag{o}$$

由式(o)可知,通解由 $i=0,\ 1,\ 3,\ 5,\ \cdots$ 的奇数项构成,且振动关于杆的中心截面对称。

另一类问题,考虑一端固定、一端自由杆(见图 5.2a)的纵向振动。本问题的端点条件为

$$(u)_{x=0} = 0, \ \left(\frac{\mathrm{d}u}{\mathrm{d}x}\right)_{x=l} = 0 \tag{p}$$

为了满足第一个端点条件,取正则函数一般表达式(g)中的 $C=0$。由第二个端点条件可得频率方程

$$\cos \frac{\omega l}{a} = 0$$

由上式可得各阶振动模态的频率和周期分别为

$$\omega_i = \frac{i\pi a}{2l}, \ \tau_i = \frac{2\pi}{\omega_i} = \frac{4l}{ia} \ (i=0,\ 1,\ 3,\ 5,\ \cdots) \tag{q}$$

各阶振动模态的一般表达式(e)变为

$$u_i = \sin \frac{i\pi x}{2l} \left(A_i \cos \frac{i\pi at}{2l} + B_i \sin \frac{i\pi at}{2l} \right) \tag{r}$$

纵向振动总的解为各阶振动模态之和:

$$u = \sum_{i=1,3,5,\cdots}^{\infty} \sin \frac{i\pi x}{2l} \left(A_i \cos \frac{i\pi at}{2l} + B_i \sin \frac{i\pi at}{2l} \right) \tag{5.7}$$

常数 A_i 和 B_i 可根据特定情况下的初始条件($t=0$)确定。

举例来说,假设杆在初始状态下受到轴向拉力 P_0 的作用(见图 5.2a),在 $t=0$ 时刻拉力突然消失。若用符号 ε_0 表示杆的初始应变 P_0/EA,则初始条件为

$$(u)_{t=0} = \varepsilon_0 x, \ (\dot{u})_{t=0} = 0$$

若式(r)中的 B_i 等于零,则第二个初始条件成立。为了确定 A_i,有方程

$$\sum_{i=1,3,5,\cdots}^{\infty} A_i \sin \frac{i\pi x}{2l} = \varepsilon_0 x$$

由 1.11 节中的方程(1.59b),可解得

$$A_i = \frac{2\varepsilon_0}{l}\int_0^l x\sin\frac{i\pi x}{2l}\,\mathrm{d}x = \frac{8\varepsilon_0 l}{i^2\pi^2}(-1)^{(i-1)/2}$$

式(5.7)变为

$$u = \frac{8\varepsilon_0 l}{\pi^2}\sum_{i=1,\,3,\,5,\,\cdots}^{\infty}\frac{(-1)^{(i-1)/2}}{i^2}\sin\frac{i\pi x}{2l}\cos\frac{i\pi at}{2l} \qquad (s)$$

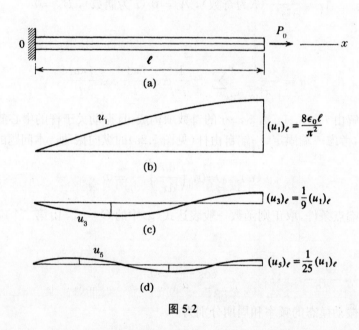

图 5.2

图 5.2b～d 给出了前三阶固有模态对杆纵向振动响应的贡献,其他阶模态对响应的贡献随着阶数 i 的增大而迅速减小。将 $x=l$ 代入式(s),可计算杆自由端的振动位移。当 $t=0$ 时,解得

$$(u)_{\substack{x=l\\t=0}} = \frac{8\varepsilon_0 l}{\pi^2}\left(1+\frac{1}{9}+\frac{1}{25}+\cdots\right) = \frac{8\varepsilon_0 l}{\pi^2}\left(\frac{\pi^2}{8}\right) = \varepsilon_0 l$$

该结论与实际情况吻合。

例 1. 推导长度为 l 的两端固定杆发生纵向振动时的正则函数。

解:本例的端点条件为

$$(u)_{x=0} = (u)_{x=l} = 0$$

为了满足端点条件,令式(g)中的系数 $C=0$,可得频率方程 $\sin\omega_i l/a = 0$,进而解得 $\omega_i = i\pi a/l$。 由此可得正则函数

$$X_i = A_i\sin\frac{i\pi x}{l} \quad (i=1,\,2,\,3,\,\cdots) \qquad (t)$$

例 2. 如图 5.3a 所示,两端固支杆的中点位置受到集中轴向力 P_0 的作用。若轴向力突然消失,试问杆将产生什么振动?

解：杆的左半部分受到的拉应力与右半部分受到的压应力大小相等，等于 $\varepsilon_0 = P_0/(2EA)$。如图 5.3b 所示，初始时刻的位移 $(u)_{t=0}$ 在 $0 \leqslant x \leqslant l/2$ 时为 $g_1(x) = \varepsilon_0 x$，在 $l/2 \leqslant x \leqslant l$ 时为 $g_2(x) = \varepsilon_0(l-x)$。根据例 1，可由式(t)得到本例的正则函数。而满足初始条件 $(\dot{u})_{t=0} = 0$ 振动的一般表达式为

$$u = \sum_{i=1}^{\infty} A_i \sin \frac{i\pi x}{l} \cos \frac{i\pi at}{l} \tag{u}$$

常数 A_i 可由初始位移计算得到，解得

$$A_i = \frac{2}{l} \left[\int_0^{l/2} \varepsilon_0 x \sin \frac{i\pi x}{l} \mathrm{d}x + \int_{l/2}^l \varepsilon_0(l-x) \sin \frac{i\pi x}{l} \mathrm{d}x \right]$$

$$= \frac{4\varepsilon_0 l}{\pi^2} \frac{(-1)(i-1)/2}{i^2} \quad (i=1, 3, 5, \cdots)$$

$$A_i = 0 \quad (i=2, 4, 6, \cdots)$$

因此

$$u = \frac{4\varepsilon_0 l}{\pi^2} \sum_{i=1, 3, 5, \cdots}^{\infty} \frac{(-1)^{(i-1)/2}}{i^2} \sin \frac{i\pi x}{l} \cos \omega_i t \tag{v}$$

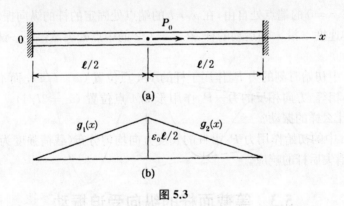

图 5.3

例 3. 杆以匀速度 v 沿 x 轴运动。某一时刻，端点 $x=0$ 处的速度突变为零。这时杆运动的初始条件为 $(u)_{t=0} = 0$ 和 $(\dot{u})_{t=0} = v$。试确定速度突变引起的杆振动。

解：振动位移的通解表达式为式(5.7)。由于初始位移为零，因此将 $A_i = 0$ 代入式(5.7)。然后，通过以下方程求解 B_i：

$$(\dot{u})_{t=0} = \sum_{i=1, 3, 5, \cdots}^{\infty} B_i \frac{i\pi a}{2l} \sin \frac{i\pi x}{2l} = v$$

解得

$$B_i = \frac{8vl}{\pi^2 i^2 a}$$

由此可得

$$u = \frac{8vl}{\pi^2 a} \sum_{i=1, 3, 5, \cdots}^{\infty} \frac{1}{i^2} \sin \frac{i\pi x}{2l} \sin \omega_i t \tag{w}$$

式(w)可计算杆的任一截面在任意时刻的振动位移。例如,杆的自由端($x=l$)在$t=l/a$时刻(声音传播距离 l 所需的时间)的振动位移

$$(u)_{\substack{x=l\\t=l/a}}=\frac{8vl}{\pi^2a}\left(1+\frac{1}{9}+\frac{1}{25}+\cdots\right)=\frac{vl}{a}$$

杆振动时的应变

$$\frac{\mathrm{d}u}{\mathrm{d}x}=\frac{8vl}{\pi^2a}\sum_{i=1,3,5,\cdots}^{\infty}\frac{1}{i^2}\frac{i\pi}{2l}\cos\frac{i\pi x}{2l}\sin\omega_i t$$

固定端($x=0$)的应变

$$\left(\frac{\mathrm{d}u}{\mathrm{d}x}\right)_{x=0}=\frac{4v}{\pi a}\sum_{i=1,3,5,\cdots}^{\infty}\frac{1}{i}\sin\frac{i\pi at}{2l}=\frac{v}{a}\quad\left(0<\frac{\pi at}{2l}<\frac{\pi}{2}\right)$$

杆内传播速度为 a 的张力波,源于 $t=0$ 时刻左侧固定端突然停止运动。而在 $t=l/a$ 时刻,张力波到达杆的自由端,且该时刻杆内所有质点的速度为零,杆得以均匀拉伸,拉应变 $\varepsilon=v/a$。

习题 5.2

5.2-1. 试确定在 $x=0$ 的端点处自由,在 $x=l$ 的端点处固定的杆的纵向振动的一般表达式。

5.2-2. 一根以匀速度 v 沿 x 轴运动的杆,在 $x=l/2$ 的中点处突然停止。试确定由此产生的自由振动。

5.2-3. 假定例 2 中初始时刻的力 P_0 作用于杆的 1/4 点位置($x=l/4$),而不是中点位置。同时,还有一个大小相等、方向相反的力 $-P_0$ 作用于 3/4 点位置($x=3l/4$)。试问这些力突然消失时杆将产生什么样的振动?

5.2-4. 令图 5.2a 中的初始作用力 P_0 沿杆的长度方向均匀分布(载荷强度为 P_0/l)。试确定此分布载荷突然消失后杆的响应。

5.3　等截面杆的纵向受迫振动

本节分析如图 5.2a 所示等截面杆的右端点,在受到扰动函数 $P=F(t)$ 作用后产生的振动。上节中,已经讨论了等截面杆的自由振动,从中推导得出自由振动的正则函数表达式

$$X_i=D_i\sin\frac{i\pi x}{2l}\quad(i=1,3,5,\cdots)\tag{a}$$

杆上任意位置处的振动位移 $u=f(x)$ 均可通过固有模态振动(a)的线性叠加得到。所以,由外力 P 引起的受迫振动用级数形式可表示为

$$u=\phi_1\sin\frac{\pi x}{2l}+\phi_3\sin\frac{3\pi x}{2l}+\phi_5\sin\frac{5\pi x}{2l}+\cdots=\sum_{i=1,3,5,\cdots}^{\infty}\phi_i\sin\frac{i\pi x}{2l}\tag{5.8}$$

式中,$\phi_1,\phi_3,\phi_5,\cdots$ 为关于时间的未知函数。对自由振动而言,以上函数可用上一节中式(5.7)括号内的式子表示。而对于受迫振动,上述函数的求解则须利用虚功原理。这里需要考虑三类力的作用:振动杆上微元体的惯性力、杆变形引起的微元体弹性力和杆端点所受外力

P。对于虚位移,可用满足连续性条件和固定端条件 $(\delta u_{x=0}=0)$ 的任何纵向位移 δu 表示。为了计算方便,虚位移取式(a)所示的正则函数形式。因此

$$\delta u_i = X_i = D_i \sin\frac{i\pi x}{2l} \tag{b}$$

注意到杆的两个相邻横截面间的微元质量为 $\rho A \mathrm{d}x$,发现惯性力在假设的虚位移上所做的功

$$\delta W_I = \int_0^l (-\rho A \mathrm{d}x)\ddot{u}\delta u_i = -\rho A \int_0^l \ddot{u}D_i \sin\frac{i\pi x}{2l}\mathrm{d}x$$

用式(5.8)替换上式中的 u,并利用

$$\int_0^l \sin\frac{i\pi x}{2l}\sin\frac{j\pi x}{2l}\mathrm{d}x = 0, \quad \int_0^l \sin^2\frac{i\pi x}{2l}\mathrm{d}x = \frac{l}{2}$$

可得

$$\delta W_I = -\frac{\rho A l}{2}D_i\ddot{\phi}_i \tag{c}$$

杆上微元体所受的弹性力为 $EAu''\mathrm{d}x$。因此弹性力所做的虚功为

$$\delta W_E = \int_0^l (EAu''\mathrm{d}x)\delta u_i$$

将式(5.8)对 x 的二阶导数表达式代入上式,并用式(b)替换 δu_i,可得

$$\delta W_E = -\frac{i^2\pi^2 EA}{8l}D_i\phi_i \tag{d}$$

在后续章节中,计算弹性力所做虚功的一种更简单方法,是利用弹性体应变能进行求解。本例中弹性杆的应变能表达式为

$$U = \frac{1}{2}\int_0^l EA\left(\frac{\partial u}{\partial x}\right)^2 \mathrm{d}x \tag{e}$$

将上式中的 u 用式(5.8)代替,并利用

$$\int_0^l \cos\frac{i\pi x}{2l}\cos\frac{j\pi x}{2l}\mathrm{d}x = 0, \quad \int_0^l \cos^2\frac{i\pi x}{2l}\mathrm{d}x = \frac{l}{2}$$

可得应变能

$$U = \frac{\pi^2 EA}{16l}\sum_{i=1,3,5,\cdots}^{\infty} i^2\phi_i^2 \tag{f}$$

从而发现,杆在任何时刻的应变能大小取决于定义杆振动位移的时间函数 ϕ_i。若给时间函数一个增量 $\delta\phi_i$,则相应的位移增量

$$\delta u_i = \delta\phi_i \sin\frac{i\pi x}{2l} \tag{g}$$

进而产生应变能增量

$$\delta U = \frac{\partial U}{\partial \phi_i}\delta\phi_i = \frac{i^2\pi^2 EA}{8l}\phi_i\delta\phi_i \tag{h}$$

弹性力在位移(g)上做的功则等于式(h)取负值。为了求解弹性力在虚位移(b)上做的功，只须对比式(b)、(g)，将 $\delta\phi_i$ 用 D_i 替换即可。由此可得虚功表达式

$$\delta W_E = -\frac{\partial U}{\partial \phi_i}\delta\phi_i = -\frac{i^2\pi^2 EA}{8l}\phi_i D_i \tag{i}$$

结果与式(d)相同。

求解扰动力 P 作用于杆端点时做的虚功 δW_P，须将式(b)中表示虚位移的变量 x 替换为杆长 l，相应的虚功

$$\delta W_P = PD_i\sin\frac{i\pi}{2} = PD_i\,(-1)^{(i-1)/2} \tag{j}$$

总的虚功为式(c)、(i)、(j)之和。令其和为零，得到方程

$$\frac{\rho Al}{2}\ddot{\phi}_i + \frac{i^2\pi^2 EA}{8l}\phi_i = P\,(-1)^{(i-1)/2}$$

或

$$\ddot{\phi}_i + \omega_i^2\phi_i = \frac{2}{\rho Al}P\,(-1)^{(i-1)/2} \tag{k}$$

式中，$\omega_i = i\pi a/(2l)$，$(i=1,3,5,\cdots)$。注意到，定义虚位移(b)中瞬时幅度的常数 D_i 在建立方程(k)时已被消去。

在已知 P 是关于某个时间的函数的情况下，级数(5.8)中的每个 ϕ_i 可方便地通过方程(k)求得。若初始位移和速度为零，则只须考虑作用力 P 引起的振动。将方程(k)的解写成 Duhamel 积分的形式，则有

$$\phi_i = \frac{4\,(-1)^{(i-1)/2}}{i\pi a\rho A}\int_0^t P\sin\left[\frac{i\pi a}{2l}(t-t')\right]\mathrm{d}t' \tag{l}$$

将式(l)代入式(5.8)，可得作用力 P 引起的响应表达式

$$u = \frac{4}{\pi a\rho A}\sum_{i=1,3,5,\cdots}^{\infty}\sin\frac{i\pi x}{2l}\int_0^t P\sin\left[\frac{i\pi a}{2l}(t-t')\right]\mathrm{d}t' \tag{5.9}$$

考虑恒力 P 在 $t=0$ 时刻突然作用在杆上所引起的特殊纵向振动问题。在这种情况下，式(5.9)中的积分容易解得，由此得到

$$u = \frac{8lP}{\pi^2 a^2\rho A}\sum_{i=1,3,5,\cdots}^{\infty}\frac{(-1)^{(i-1)/2}}{i}\sin\frac{i\pi x}{2l}\left(1-\cos\frac{i\pi at}{2l}\right) \tag{m}$$

将 $x=l$ 代入以上级数，可得杆端点的振动位移

$$(u)_{x=l} = \frac{8lP}{\pi^2 a^2\rho A}\sum_{i=1,3,5,\cdots}^{\infty}\frac{1}{i^2}\left(1-\cos\frac{i\pi at}{2l}\right) \tag{n}$$

可以看到,突然施加的作用力 P 使杆的各阶振动模态均被激发出来。杆的最大变形出现在 $t = 2l/a$ 时刻。这是因为,在该时刻有

$$1 - \cos \frac{i\pi at}{2l} = 2$$

由此可得

$$(u)_{t=2l/a} = \frac{16lP}{\pi^2 a^2 \rho A} \sum_{i=1,\,3,\,5,\,\cdots}^{\infty} \frac{1}{i^2}$$

注意到

$$\sum_{i=1,\,3,\,5,\,\cdots}^{\infty} \frac{1}{i^2} = \frac{\pi^2}{8}, \ a^2 = \frac{E}{\rho}$$

因此可得

$$(u)_{t=2l/a} = \frac{2lP}{EA}$$

所得结论为,突然施加的作用力 P 所产生的挠曲变形,是相等大小的静态载荷作用引起的挠曲变形的 2 倍。

第二个例子,考虑两端自由杆(见图 5.1a)在其端点 $x = l$ 处突然受到力 P 的作用而产生的纵向振动。[①] 仿照上一个例子,利用两端自由杆的正则函数将杆的纵向振动位移表示为级数形式:

$$u = \phi_0 + \phi_1 \cos \frac{\pi x}{l} + \phi_2 \cos \frac{2\pi x}{l} + \phi_3 \cos \frac{3\pi x}{l} + \cdots = \phi_0 + \sum_{i=1}^{\infty} \phi_i \cos \frac{i\pi x}{l} \quad (5.10)$$

式(5.10)的第一项 ϕ_0 表示杆的刚体运动。总的运动位移由杆的多个纵向振动模态叠加而成。为了确定函数 ϕ_0,考虑方程

$$\rho Al \ddot{\phi}_0 = P \tag{o}$$

和上一节相同,采用虚位移原理求解函数 ϕ_1,ϕ_2,ϕ_3,$\cdots$。取虚位移

$$\delta u_i = C_i \cos \frac{i\pi x}{l} \tag{p}$$

惯性力在该虚位移上做的功

$$\delta W_I = -\int_0^l \rho A \ddot{u} C_i \cos \frac{i\pi x}{l} \, \mathrm{d}x = -\frac{1}{2} \rho Al C_i \ddot{\phi}_i \tag{q}$$

振动杆在任意时刻的应变能

$$U = \frac{1}{2} \int_0^l EA \left(\frac{\partial u}{\partial x} \right)^2 \mathrm{d}x = \frac{\pi^2 EA}{4l} \sum_{i=1}^{\infty} i^2 \phi_i^2 \tag{r}$$

弹性力在位移(p)上做的功

$$\delta W_E = -\frac{\partial U}{\partial \phi_i} \delta \phi_i = -\frac{i^2 \pi^2 EA}{2l} C_i \phi_i \tag{s}$$

① 在研究深油井中长钻柱提升产生的振动时,将遇到与上述问题相似的情况。"B. F. Langer and E. H. Lamberger, *Jour. Appl. Mech.*, 10, 1943, p. 1."对该问题进行了讨论研究。

最后,作用力 P 在虚位移(p)上做的功

$$\delta W_P = P C_i \cos i\pi = C_i P\,(-1)^i \tag{t}$$

令式(c)、(i)、(j)的和为零,可建立方程

$$\ddot{\phi}_i + \omega_i^2 \phi_i = \frac{2}{\rho A l} P\,(-1)^i \tag{u}$$

式中,$\omega_i = i\pi a / l$。根据方式(o)和(u),可得(假设杆初始状态静止)

$$\phi_0 = \frac{P t^2}{2\rho A l} \tag{v}$$

$$\phi_i = (-1)^i \frac{2}{i\pi a \rho A} \int_0^t P \sin\left[\frac{i\pi a}{l}(t - t')\right] \mathrm{d}t' = \frac{(-1)^i 2 l P}{i^2 \pi^2 a^2 \rho A}\left(1 - \cos\frac{i\pi a t}{l}\right) \tag{w}$$

将式(v)、(w)代入式(5.10),可得

$$u = \frac{P t^2}{2\rho A l} + \frac{2 l P}{\pi^2 a^2 \rho A} \sum_{i=1}^{\infty} \frac{(-1)^i}{i^2} \cos\frac{i\pi x}{l}\left(1 - \cos\frac{i\pi a t}{l}\right) \tag{x}$$

将 $x = l$ 代入解的表达式(x),可将受外力 P 作用的杆端点处的振动位移表示为

$$(u)_{x=l} = \frac{P t^2}{2\rho A l} + \frac{2 l P}{\pi^2 a^2 \rho A} \sum_{i=1}^{\infty} \frac{1}{i^2}\left(1 - \cos\frac{i\pi a t}{l}\right) \tag{y}$$

在 $t = l/a$ 时刻,上式变为

$$(u)_{t=l/a} = \frac{P l}{2 E A} + \frac{4 P l}{\pi^2 E A}\left(1 + \frac{1}{9} + \frac{1}{25} + \cdots\right) = \frac{P l}{E A} \tag{z}$$

在该时刻,杆端点的纵向振动位移等于均匀拉力 P 作用下杆的伸长量。

例 1. 图 5.2a 中的等截面杆一端固定一端自由。若杆在自由端受到轴向简谐力 $P = P_1 \sin\Omega t$ 的作用,试求解杆的稳态受迫振动。

解:在本例情况下,方程(k)变为

$$\ddot{\phi}_i + \omega_i^2 \phi_i = \frac{2\,(-1)^{(i-1)/2}}{\rho A l} P_1 \sin\Omega t$$

解得稳态受迫振动为

$$\phi_i = \frac{2 P_1 (-1)^{(i-1)/2}}{\rho A l\,(\omega_i^2 - \Omega^2)} \sin\Omega t$$

将其代入式(5.8),即可解得杆的受迫振动。可以看到,若力的作用频率 Ω 接近杆的某一阶固有频率,则杆的振动幅值将会变得很大。

例 2. 某根钻杆是长度为 4 000 ft 的钢管,将其看作两端自由的等截面杆。已知杆的弹性模量 $E = 30 \times 10^6$ psi,钢管密度 $\rho = 0.735 \times 10^{-3}$ lb-s^2/in.^{4}。试求解最低阶固有模态振动的周期 τ_1,以及端部突然受到拉应力 $\sigma = P/A = 3\,000$ psi 作用后,杆在 $t = \tau_1/2$ 时刻于 $x = l$ 处的振动位移 δ。

解:声音在杆内的传播速度

$$a = \sqrt{\frac{E}{\rho}} = 202 \times 10^3 \text{ in./s}$$

因此,最低阶固有模态振动的周期 $\tau_1 = 2l/a = 0.475$ s。 根据式(z),解得杆的振动位移 $\delta = 3\,000 \times 4\,000/(30 \times 10^6) = 0.40$ ft。

习题 5.3

5.3‑1. 假定轴向恒力 P 突然作用于图 5.3a 中固定杆的中点处。试确定该杆从静止状态开始的纵向振动响应。

5.3‑2. 一根两端自由杆(见图 5.1a)在端点 $x = 0$ 处受到轴向斜坡力 $P = P_1 t/t_1$ 的作用。假设杆初始状态静止,试确定杆的纵向振动响应。

5.3‑3. 一根在 $x = 0$ 的端点处固定、在 $x = l$ 的端点处自由的杆(见图 5.2a),在其长度方向受到均布轴向力 $(P_1/l)\sin\Omega t$ 的作用。试求解杆的稳态受迫振动。

5.3‑4. 考虑一根在 $x = 0$ 处自由、$x = l$ 处固定的杆。试确定杆在受到突然作用于中点 $(x = l/2)$ 处的恒定轴向力 P 之后的振动响应。

5.4 等截面杆的正则模态法

前面几节的分析,与第 4 章中讨论的多自由度系统的正则模态法具有一定相似性。现在,将推导含分布质量与无限多自由度的等截面杆的正则模态法。尽管公式的推导过程基于等截面杆的纵向振动,但正则模态法的一般概念可推广到任意类型弹性体的振动分析当中。

重新考虑图 5.1a 中等截面杆的纵向自由振动。杆上典型微元体的运动微分方程[见 5.2 节中的方程(a)、(b)]可写成

$$m\ddot{u}\,\mathrm{d}x - ru''\mathrm{d}x = 0 \tag{a}$$

式中,$\ddot{u}$ 和 u'' 分别表示位移 u 对 t 和 x 求微分。杆单位长度的质量 $m = \rho A$,轴向刚度 $r = EA$。 当杆以它的第 i 阶固有模态振动时,其运动规律为简谐运动

$$u_i = X_i(A_i\cos\omega_i t + B_i\sin\omega_i t) \tag{b}$$

将式(b)代入方程(a),整理得

$$rX_i'' + m\omega_i^2 X_i = 0 \tag{c}$$

方程(c)的解的形式为

$$X_i = C_i\cos\frac{\omega_i x}{a} + D_i\sin\frac{\omega_i x}{a} \tag{d}$$

式(d)与 5.2 节讨论所得的结果相同(其中 $a = \sqrt{r/m}$)。

现在,将方程(c)写成另一种形式:

$$X_i'' = \lambda_i X_i \tag{5.11}$$

其中

$$\lambda_i = -\frac{m\omega_i^2}{r} = -\left(\frac{\omega_i}{a}\right)^2 \tag{e}$$

方程(5.11)为求解特征值的标准形式,其中特征值 λ_i 和特征函数 X_i 均由边界条件确定。这类特征值问题可定义为函数 X_i 对 x 的二阶导数与相同函数乘以常数 λ_i 的结果相等。

考虑第 i 和 j 阶模态的特征值问题,通过以下两式检验特征函数间的正交性:

$$X''_i = \lambda_i X_i \tag{f}$$

$$X''_j = \lambda_j X_j \tag{g}$$

将式(f)、(g)分别乘以 X_j、X_i,并将乘积沿着杆的长度方向积分,可得

$$\int_0^l X''_i X_j \, \mathrm{d}x = \lambda_i \int_0^l X_i X_j \, \mathrm{d}x \tag{h}$$

$$\int_0^l X''_j X_i \, \mathrm{d}x = \lambda_j \int_0^l X_i X_j \, \mathrm{d}x \tag{i}$$

对两式等号左边进行分部积分,可得

$$[X'_i X_j]_0^l - \int_0^l X'_i X'_j \, \mathrm{d}x = \lambda_i \int_0^l X_i X_j \, \mathrm{d}x \tag{j}$$

$$[X'_j X_i]_0^l - \int_0^l X'_i X'_j \, \mathrm{d}x = \lambda_j \int_0^l X_i X_j \, \mathrm{d}x \tag{k}$$

无论杆的端点条件是自由还是固定,两式分部积分后的第一项均为零。所以,用方程(j)减去方程(k),可得

$$(\lambda_i - \lambda_j) \int_0^l X_i X_j \, \mathrm{d}x = 0 \tag{l}$$

为使系统在 $i \neq j$ 时有不同特征值($\lambda_i \neq \lambda_j$),且方程(l)成立,须满足

$$\int_0^l X_i X_j \, \mathrm{d}x = 0 \quad (i \neq j) \tag{5.12}$$

将式(5.12)代入方程(j),可得

$$\int_0^l X'_i X'_j \, \mathrm{d}x = 0 \quad (i \neq j) \tag{5.13}$$

由方程(h)可得

$$\int_0^l X''_i X_j \, \mathrm{d}x = 0 \quad (i \neq j) \tag{5.14}$$

因此,等截面杆不仅满足特征函数正交的关系,而且其特征函数的导数也满足正交关系。

当 $i = j$ 时,式(l)中的积分项可为任意常数。若令常数为 α_i,则有

$$\int_0^l X_i^2 \, \mathrm{d}x = \alpha_i \quad (i = j) \tag{5.15}$$

若特征函数按照式(5.15)进行正则化处理,则由式(h)、(j)可得

$$\int_0^l X''_j X_i \, \mathrm{d}x = \int_0^l (X'_i)^2 \, \mathrm{d}x = \lambda_i \alpha_i = -\frac{m\omega_i^2}{r} \alpha_i = -\left(\frac{\omega_i}{a}\right)^2 \alpha_i \tag{5.16}$$

在接下来的讨论中将看到,计算振动响应时所用的 α_i 的取值很容易确定。

和上一节相同,将杆的纵向运动用时间函数 ϕ_i 和位移函数 X_i 表示为

$$u = \sum_i \phi_i X_i \quad (i = 1,\ 2,\ 3,\ \cdots) \tag{5.17}$$

将式(5.17)代入自由振动的运动方程(a),可得

$$\sum_{i=1}^{\infty} (m\ddot{\phi}_i X_i - r\phi_i X_i'') \, \mathrm{d}x = 0$$

将上式乘以正则函数 X_j,并沿着杆长积分,可得

$$\sum_{i=1}^{\infty} \left(m\ddot{\phi}_i \int_0^l X_i X_j \, \mathrm{d}x - r\phi_i \int_0^l X_i'' X_j \, \mathrm{d}x \right) = 0 \tag{m}$$

根据式(5.12)、(5.14)表示的正交关系,可将运动方程(m)化简 $(i=j)$ 为

$$m_{\mathrm{P}i} \ddot{\phi}_i + r_{\mathrm{P}i} \phi_i = 0 \quad (i = 1,\ 2,\ 3,\ \cdots) \tag{5.18}$$

其中

$$m_{\mathrm{P}i} = m \int_0^l X_i^2 \, \mathrm{d}x = m\alpha_i \tag{5.19}$$

且

$$r_{\mathrm{P}i} = -r \int_0^l X_i'' X_i \, \mathrm{d}x = r \int_0^l (X_i')^2 \, \mathrm{d}x = m\omega_i^2 \alpha_i \tag{5.20}$$

上几式中,$m_{\mathrm{P}i}$ 为第 i 阶模态的主质量(或称广义质量);$r_{\mathrm{P}i}$ 为第 i 阶模态的主刚度(或称广义刚度)。方程(5.18)即为用主坐标表示的自由振动的典型运动方程。

若特征函数 X_i 正则化后满足

$$m_{\mathrm{P}i} = m \int_0^l X_i^2 \, \mathrm{d}x = 1 \tag{n}$$

则称主质量被杆的单位长度质量正则化。根据这种正则化方法得到的主质量 $m_{\mathrm{P}i}$ 等于 1,而常数 $\alpha_i = 1/m$ [见式(5.15)]。根据式(5.20),主刚度变为

$$r_{\mathrm{P}i} = \omega_i^2 \tag{o}$$

然后,运动方程(5.18)简化为

$$\ddot{\phi}_i + \omega_i^2 \phi_i = 0 \quad (i = 1,\ 2,\ 3,\ \cdots) \tag{5.21}$$

方程(5.21)为正则坐标表示的运动方程。若令任意常数 α 为 1,则有 $m_{\mathrm{P}i} = m$ 和 $r_{\mathrm{P}i} = m\omega_i^2$,且运动方程(5.21)中的每一项都将包含公因子 m,进而可被约去。因此为了方便计算,取 $\alpha_i = 1$(而不取 $\alpha_i = 1/m$)。

综上所述,首先将式(5.17)代入运动微分方程(a),替换变量 u;然后在方程等号两边同时乘以 X_i,并沿杆长方向积分,从而将方程(a)转换到正则坐标系下进行表示。若特征函数正则化后满足

$$\int_0^l X_i^2 \, \mathrm{d}x = 1, \quad \int_0^l X_i'' X_i \, \mathrm{d}x = -\int_0^l (X_i')^2 \, \mathrm{d}x = -\left(\frac{\omega_i}{a} \right)^2 \tag{5.22}$$

则每个主坐标对应的广义质量等于 m，广义刚度等于 $m\omega_i^2$。将公因子 m 约去，即可得到方程(5.21)。

现在用正则模态法求解杆在初值位移和速度作用下的纵向振动响应。如 5.2 节所述，假设 $t=0$ 时刻的初始位移为 $u_0=f_1(x)$、初始速度为 $\dot{u}_0=f_2(x)$。将 u_0 和 $\dot{u}_0$ 展开成式(5.17)的形式：

$$\sum_{i=1}^{\infty}\phi_{0i}X_i=f_1(x) \tag{p}$$

$$\sum_{i=1}^{\infty}\dot{\phi}_{0i}X_i=f_2(x) \tag{q}$$

将式(p)、(q)两边同时乘以 X_j，并沿杆长方向积分，可得

$$\sum_{i=1}^{\infty}\phi_{0i}\int_0^l X_iX_j\,\mathrm{d}x=\int_0^l f_1(x)X_j\,\mathrm{d}x \tag{r}$$

$$\sum_{i=1}^{\infty}\dot{\phi}_{0i}\int_0^l X_iX_j\,\mathrm{d}x=\int_0^l f_2(x)X_j\,\mathrm{d}x \tag{s}$$

根据式(5.12)、(5.22)表示的正交性和正则化关系，可由方程(r)、(s)得出正则坐标表示的初始条件 $(i=j)$：

$$\phi_{0i}=\int_0^l f_1(x)X_i\,\mathrm{d}x \tag{5.23}$$

$$\dot{\phi}_{0i}=\int_0^l f_2(x)X_i\,\mathrm{d}x \tag{5.24}$$

所以，各阶正则模态的自由振动响应

$$\phi_i=\phi_{0i}\cos\omega_i t+\frac{\dot{\phi}_{0i}}{\omega_i}\sin\omega_i t \quad (i=1,\,2,\,\cdots) \tag{t}$$

将式(t)代入方程(5.17)，可得包含所有阶模态的总响应

$$u=\sum_{i=1}^{\infty}X_i\left(\phi_{0i}\cos\omega_i t+\frac{\dot{\phi}_{0i}}{\omega_i}\sin\omega_i t\right) \tag{5.25}$$

式(5.25)即为 5.2 节中由式(5.6)、(5.7)表示的特解的一般形式。

接下来，利用正则模态法计算等截面杆的纵向受迫振动。如图 5.4 所示，假设杆受到单位长度上的分布外力 $Q(x,t)$ 的作用。在这种情况下，杆上典型微元体的运动微分方程为

$$m\ddot{u}\,\mathrm{d}x-ru''\,\mathrm{d}x=Q(x,t)\,\mathrm{d}x \tag{u}$$

为了分析方便，将方程等号两边同时除以 $m=\rho A$（单位长度质量），可得

$$\ddot{u}\,\mathrm{d}x-a^2u''\,\mathrm{d}x=q(x,t)\,\mathrm{d}x \tag{v}$$

式中，$a^2=r/m=E/\rho$；$q(x,t)=Q(x,t)/m$。用式(5.17)替换方程(v)中的变量 u，从而将杆的受迫振动转换到正则坐标系中进行分析。方程等号两边同时乘以 X_j，并沿杆长方向积分，可得

$$\sum_{i=1}^{\infty}\left(\ddot{\phi}_i\int_0^l X_iX_j\mathrm{d}x - a^2\phi_i\int_0^l X''_iX_j\mathrm{d}x\right)=\int_0^l X_jq(x,t)\mathrm{d}x \tag{w}$$

根据式(5.12)、(5.14)、(5.22)给出的正交性和正则化关系,当 $i=j$ 时,有

$$\ddot{\phi}_i + \omega_i^2\phi_i = \int_0^l X_iq(x,t)\mathrm{d}x \quad (i=1,2,3,\cdots) \tag{5.26}$$

式(5.26)即为正则坐标表示的典型运动方程,等号右边的积分为第 i 阶正则模态载荷。

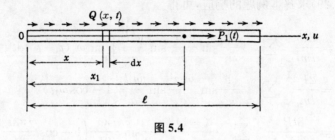

图 5.4

第 i 阶模态的振动响应通过 Duhamel 积分求解得到,为

$$\phi_i = \frac{1}{\omega_i}\int_0^l X_i\int_0^t q(x,t')\sin\omega_i(t-t')\mathrm{d}t'\mathrm{d}x \tag{5.27}$$

将式(5.27)表示的时间函数代入式(5.17),可得总振动响应

$$u = \sum_{i=1}^{\infty}\frac{X_i}{\omega_i}\int_0^l X_i\int_0^t q(x,t')\sin\omega_i(t-t')\mathrm{d}t'\mathrm{d}x \tag{5.28}$$

如图 5.4 所示,若集中载荷 $P_1(t)$ 作用于 x_1 处,则不需要沿杆长方向积分。这类载荷作用下的响应可通过以下简化表达式计算:

$$u = \sum_{i=1}^{\infty}\frac{X_iX_{i1}}{\omega_i}\int_0^t q_1(t')\sin\omega_i(t-t')\mathrm{d}t' \tag{5.29}$$

式中,X_{i1} 表示正则函数 X_i 在 x_1 点的取值,而 $q_1(t)=P_1(t)/m$。

上述计算外载荷作用下受迫振动响应的正则模态法,与上一节中介绍的虚功法等效。下面两个例题分别说明如何利用式(5.28)、(5.29)求解分布和集中载荷作用下的受迫振动响应。

例 1. 假设图 5.4 中的杆左端固定右端自由。试确定突然施加均布纵向作用力后杆的响应。均布纵向作用力在单位长度上的大小为 Q。

解: 由于载荷强度 $q=Q/m$ 不随 x 和 t 变化,因此将其从式(5.28)的积分项中提出。根据杆的自由振动理论,有

$$\omega_i = \frac{i\pi a}{2l},\ X_i = D_i\sin\frac{\omega_i x}{a} \quad (i=1,3,5,\cdots)$$

取 $D_i = \sqrt{2/l}$,可通过式(5.22)将 X_i 正则化。然后,由式(5.28)得出

$$u = \frac{2Q}{lm}\sum_{i=1,3,5,\cdots}^{\infty}\frac{1}{\omega_i}\sin\frac{\omega_i x}{a}\int_0^l\sin\frac{\omega_i x}{a}\int_0^t\sin\omega_i(t-t')\mathrm{d}t'\mathrm{d}x$$

$$= \frac{4Q}{\pi m} \sum_{i=1,3,5,\cdots}^{\infty} \frac{1}{i\omega_i^2} \sin\frac{\omega_i x}{a}(1-\cos\omega_i t)$$

$$= \frac{16 l^2 Q}{\pi^3 a^2 m} \sum_{i=1,3,5,\cdots}^{\infty} \frac{1}{i^3} \sin\frac{i\pi x}{2l}\left(1-\cos\frac{i\pi a t}{2l}\right) \tag{x}$$

例2. 杆的端点条件与例1相同。试计算杆的右端点$(x=l)$突然受到集中作用力P后的响应。

解：利用式(5.29)求解本例题的响应，可得

$$u = \frac{2P}{lm} \sum_{i=1,3,5,\cdots}^{\infty} \frac{1}{\omega_i} \sin\frac{\omega_i x}{a} \sin\frac{\omega_i l}{a} \int_0^t \sin\omega_i(t-t')\,\mathrm{d}t'$$

$$= \frac{2P}{lm} \sum_{i=1,3,5,\cdots}^{\infty} \frac{1}{\omega_i^2} \sin\frac{\omega_i x}{a} \sin\frac{\omega_i l}{a}(1-\cos\omega_i t)$$

$$= \frac{8lP}{\pi^2 a^2 \rho A} \sum_{i=1,3,5,\cdots}^{\infty} \frac{(-1)^{(i-1)/2}}{i^2} \sin\frac{i\pi x}{2l}\left(1-\cos\frac{i\pi a t}{2l}\right) \tag{y}$$

所得表达式与5.3节中的式(m)相同。

习题 5.4

5.4-1. 假设图5.3a中的初始力P_0作用于杆的$1/3$点处$(x=l/3)$，而非中点处。试用正则模态法求解突然撤销此力引起的杆的自由振动。

5.4-2. 假定图5.2a中杆的右半部分在$t=0$时刻存在沿轴向运动的初始速度v。试确定这一初始条件引起的杆的自由振动。

5.4-3. 某根两端固定的杆突然受到在$x=0$处强度为零，在$x=l$处强度为Q的呈线性变化的分布轴向载荷作用。试用正则模态法求解杆的纵向振动响应。

5.4-4. 某根两端自由的杆，在其中点$(x=l/2)$位置受到轴向力$P=P_1(t/t_1)^2$的作用，试确定由该力作用引起的杆的纵向振动响应。

5.5 端点含质量或弹簧的等截面杆振动

除了前面章节讨论的固定或自由端点条件外，还可能遇到如图5.5所示的杆的右端点处同时存在集中质量或弹性约束的情况。本节将利用正则模态法分析包含这两种端点条件的杆的相关问题。

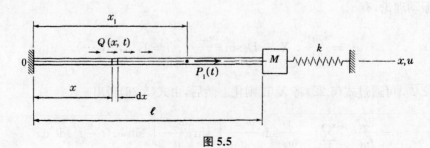

图 5.5

首先考虑图 5.5 中弹簧刚度系数 k 等于零,且杆的右端只有集中质量 M 的情况。在本例中,振动时集中质量作用于杆端点处的惯性力等于 $-M(\ddot{u})_{x=l}$。因此,杆的边界条件可写成

$$(u)_{x=0}=0, \ r(u')_{x=l}=-M(\ddot{u})_{x=l} \tag{a}$$

由于第二个边界条件中涉及集中质量的运动,因此其分析要比单杆的情况复杂些。但这种情况下的运动仍为简谐运动,第 i 阶模态也可表示为

$$u_i=X_i(A_i\cos\omega_i t+B_i\sin\omega_i t) \tag{b}$$

将式(b)代入边界条件(a),可得

$$X_{i0}=0, \ rX'_{il}=M\omega_i^2 X_{il} \tag{c}$$

式中,下标 0 和 l 分别表示位置 $x=0$ 和 $x=l$。如前所述,正则函数的形式为

$$X_i=C_i\cos\frac{\omega_i x}{a}+D_i\sin\frac{\omega_i x}{a} \tag{d}$$

由式(c)中的第一个边界条件,可知 $C_i=0$,而由第二个条件可得关系式

$$\frac{r\omega_i}{a}\cos\frac{\omega_i l}{a}=M\omega_i^2\sin\frac{\omega_i l}{a} \tag{e}$$

将上式改写为更简洁的形式

$$\xi_i\tan\xi_i=\eta \tag{5.30}$$

式中,$\xi_i=\omega_i l/a$;$\eta=ml/M$(杆与集中质量的质量比)。

方程(5.30)为本例的频率方程。由于该方程的表达形式是先验的,因此角频率 ω_i 须通过试验确定。通常情况下,我们对主振型最感兴趣。因此,下式列出了不同质量比 η 对应的 ξ_1 值(主振型):

$$\eta=0.01, \ 0.10, \ 0.30, \ 0.50, \ 0.70, \ 0.90, \ 1.00, \ 1.50$$
$$\underline{\xi_1=0.10, \ 0.32, \ 0.52, \ 0.65, \ 0.75, \ 0.82, \ 0.86, \ 0.98}$$
$$\eta=2.00, \ 3.00, \ 4.00, \ 5.00, \ 10.0, \ 20.0, \ 100.0, \ \infty$$
$$\xi_1=1.08, \ 1.20, \ 1.27, \ 1.32, \ 1.42, \ 1.52, \ 1.57, \ \pi/2$$

若杆的质量相比集中质量很小,则 η 和 ξ_1 的取值将很小,式(5.30)可简化为 $\tan\xi_1=\xi_1$,进而有

$$\xi_i^2\approx\eta=\frac{ml}{M}, \ \xi_1=\frac{\omega_1 l}{a}\approx\sqrt{\frac{ml}{M}}$$

因此

$$\omega_1\approx\frac{a}{l}\sqrt{\frac{ml}{M}}=\sqrt{\frac{EA}{Ml}}$$

式中,EA/l 为杆的轴向刚度。该结果与将杆和集中质量看作一个单自由度系统分析时的结果一致。另一方面,若质量比 η 取较大值,则频率方程变为

$$\tan\frac{\omega_i l}{a}=\infty$$

由该方程可得角频率

$$\omega_i = \frac{i\pi a}{2l} \quad (i = 1, 3, 5, \cdots)$$

该结果与 5.2 节中得到的结果相同。

为了研究一端有集中质量的杆的正交性,将 i 和 j 两个不同阶模态的特征值问题[见 5.4 节中的式(5.11)]改写为

$$rX_i'' = -m\omega_i^2 X_i \tag{f}$$

$$rX_j'' = -m\omega_j^2 X_j \tag{g}$$

式(f)两边同乘以 X_j,式(g)两边同乘以 X_i,然后沿杆长方向积分,可得

$$r \int_0^l X_i'' X_j \, \mathrm{d}x = -m\omega_i^2 \int_0^l X_i X_j \, \mathrm{d}x \tag{h}$$

$$r \int_0^l X_j'' X_i \, \mathrm{d}x = -m\omega_j^2 \int_0^l X_i X_j \, \mathrm{d}x \tag{i}$$

分析正交性时,也须考虑 $x = l$ 处的集中质量。因此对于 i 和 j 阶模态,式(c)中的第二个边界条件可写成

$$rX_{il}' X_{jl} = M\omega_i^2 X_{il} X_{jl} \tag{j}$$

$$rX_{jl}' X_{il} = M\omega_j^2 X_{il} X_{jl} \tag{k}$$

其中式(j)和式(k)已分别与 X_{jl} 和 X_{il} 相乘。将式(h)、(i)分别减去式(j)、(k),可得组合关系式

$$r \int_0^l X_i'' X_j \, \mathrm{d}x - rX_{il}' X_{jl} = -\omega_i^2 \left(m \int_0^l X_i X_j \, \mathrm{d}x + M X_{il} X_{jl} \right) \tag{l}$$

$$r \int_0^l X_j'' X_i \, \mathrm{d}x - rX_{jl}' X_{il} = -\omega_j^2 \left(m \int_0^l X_i X_j \, \mathrm{d}x + M X_{il} X_{jl} \right) \tag{m}$$

对式(l)、(m)等号左边进行分部积分,可得

$$-rX_{i0}' X_{j0} - r \int_0^l X_i' X_j' \, \mathrm{d}x = -\omega_i^2 \left(m \int_0^l X_i X_j \, \mathrm{d}x + M X_{il} X_{jl} \right) \tag{n}$$

$$-rX_{j0}' X_{i0} - r \int_0^l X_i' X_j' \, \mathrm{d}x = -\omega_j^2 \left(m \int_0^l X_i X_j \, \mathrm{d}x + M X_{il} X_{jl} \right) \tag{o}$$

由于左边积分项为零,因此将式(o)与式(n)相减,可得

$$(\omega_i^2 - \omega_j^2) \left(m \int_0^l X_i X_j \, \mathrm{d}x + M X_{il} X_{jl} \right) = 0 \tag{p}$$

当 $i \neq j$(且 $\omega_i^2 \neq \omega_j^2$)时,式(p)定义了正交关系式

$$m \int_0^l X_i X_j \, \mathrm{d}x + M X_{il} X_{jl} = 0 \quad (i \neq j) \tag{5.31}$$

由式(n)还发现

$$r \int_0^l X_i' X_j' \mathrm{d}x = 0 \qquad (5.32)$$

且式(l)定义了关系式

$$r \int_0^l X_i'' X_j \mathrm{d}x - r X_{il}' X_{jl} = 0 \quad (i \neq j) \qquad (5.33)$$

将式(5.31)～(5.33)与 5.2 节中的对应表达式[式(5.12)～(5.14)]进行比较,发现式(5.31)和式(5.33)中多出了附加项。

对于 $i = j$ 的情况,式(p)中的第二个括号可取任意常数。令其等于任意常数 m,可表示为

$$m \int_0^l X_i^2 \mathrm{d}x + M X_{il}^2 = m \quad (i = j) \qquad (5.34)$$

当特征函数被正则化以满足上式时,可由式(l)、(n)得到

$$r \int_0^l X_i'' X_i \mathrm{d}x - r X_{il}' X_{il} = -r \int_0^l (X_i')^2 \mathrm{d}x = -m \omega_i^2 \qquad (5.35)$$

为了确定系统对 $t = 0$ 时刻的初始条件 $u_0 = f_1(x)$ 和 $\dot{u}_0 = f_2(x)$ 的纵向振动响应,首先给集中质量在 $x = l$ 处的初始位移和初始速度分别赋值:$u_{0l} = f_1(l)$ 和 $\dot{u}_{0l} = f_2(l)$。然后将杆和质量块的初始条件展开成用时间和位移函数表示的形式[见 5.4 节中的式(5.17)]:

$$\sum_{i=1}^{\infty} \phi_{0i} X_i = f_1(x), \quad \sum_{i=1}^{\infty} \dot{\phi}_{0i} X_i = f_2(x) \qquad (q)$$

$$\sum_{i=1}^{\infty} \phi_{0i} X_{il} = f_1(l), \quad \sum_{i=1}^{\infty} \dot{\phi}_{0i} X_{il} = f_2(l) \qquad (r)$$

接下来,将式(q)乘以 $m X_j$,并沿杆长方向积分。此外,将式(r)乘以 $M X_{jl}$ 后的结果与式(q)的结果相加,可得

$$\sum_{i=1}^{\infty} \phi_{0i} \left(m \int_0^l X_i X_j \mathrm{d}x + M X_{il} X_{jl} \right) = m \int_0^l f_1(x) X_j \mathrm{d}x + M f_1(l) X_{jl} \qquad (s)$$

$$\sum_{i=1}^{\infty} \dot{\phi}_{0i} \left(m \int_0^l X_i X_j \mathrm{d}x + M X_{il} X_{jl} \right) = m \int_0^l f_2(x) X_j \mathrm{d}x + M f_2(x) X_{jl} \qquad (t)$$

利用式(5.31)、(5.34)定义的正交性和正则化关系,发现由式(s)、(t)可得正则坐标表示的初始条件 $(i = j)$:

$$\phi_{0i} = \int_0^l f_1(x) X_i \mathrm{d}x + \frac{l}{\eta} f_1(l) X_{il} \qquad (5.36)$$

$$\dot{\phi}_{0i} = \int_0^l f_2(x) X_i \mathrm{d}x + \frac{l}{\eta} f_2(l) X_{il} \qquad (5.37)$$

根据以上 ϕ_{0i} 和 $\dot{\phi}_{0i}$ 的表达式,系统对初始条件的响应与 5.4 节中的式(5.25)相同。

为了说明系统对纵向力的响应计算方法,建立关于杆的典型微元体(见图 5.5)的运动微分方程

$$m \ddot{u} \mathrm{d}x - r u'' \mathrm{d}x = Q(x, t) \mathrm{d}x \qquad (u)$$

对于杆的右端点,可由式(a)得到关系式

$$M\ddot{u}_l + ru'_l = 0 \tag{v}$$

根据式(5.17)展开式(u),然后乘以 X_j 并沿杆长方向积分,可得

$$\sum_{i=1}^{\infty} \left(m\ddot{\phi}_i \int_0^l X_i X_j \,\mathrm{d}x - r\phi_i \int_0^l X_i'' X_j \,\mathrm{d}x \right) = \int_0^l X_j Q(x,\,t)\,\mathrm{d}x \tag{w}$$

同理,式(v)展开后乘以 X_{jl},可得

$$\sum_{i=1}^{\infty} (M\ddot{\phi}_i X_{il} X_{jl} + r\phi_i X'_{il} X_{jl}) = 0 \tag{x}$$

将式(w)、(x)相加,可得

$$\sum_{i=1}^{\infty} \left[\ddot{\phi}_i \left(m\int_0^l X_i X_j \,\mathrm{d}x + M X_{il} X_{jl} \right) - r\phi_i \left(\int_0^l X_i'' X_j \,\mathrm{d}x - X'_{il} X_{jl} \right) \right] = \int_0^l X_j Q(x,\,t)\,\mathrm{d}x \tag{y}$$

利用式(5.31)、(5.33)、(5.34)、(5.35)定义的正交性和正则化条件,发现 $(i=j)$

$$m\ddot{\phi}_i - m\omega_i^2 \phi_i = \int_0^l X_i Q(x,\,t)\,\mathrm{d}x \tag{z}$$

该方程除以 m 后与 5.4 节中的方程(5.26)相同,其中 $q(x,\,t) = Q(x,\,t)/m$。所以,第 i 阶模态的响应仍然由式(5.27)定义,而总响应则根据式(5.28)计算。当集中力 $P_1(t)$ 作用于 x_1 点处(见图 5.5)时,响应可根据式(5.29)计算。当 $x_1 = l$ 时,集中力直接作用于质量 M 上,计算响应只须将 x_1 的取值代入式(5.29),无需其他操作。

本节之前所讨论的问题均适用于图 5.5 中弹簧的刚度系数 k 等于零且集中质量 M 不等于零的情况。现在考虑与之相反的情况,即 $k \neq 0$、$M = 0$ 的情况。在这种情况下,弹簧在杆的振动过程中对其端点施加的作用力等于 $-k(u)_{x=l}$。所以,杆的边界条件变为

$$(u)_{x=0} = 0, \quad r(u')_{x=l} = -k(u)_{x=l} \tag{a'}$$

仿照含集中质量情况下的推导过程,发现正则函数仍由下式定义:

$$X_i = D_i \sin \frac{\omega_i x}{a} \tag{b'}$$

而由式(a')定义的第二个边界条件,可得关系式

$$\frac{r\omega_i}{a} \cos \frac{\omega_i l}{a} = -k \sin \frac{\omega_i l}{a} \tag{c'}$$

若定义无量纲参数 $\zeta_i = ml\omega_i^2/k$,则频率方程的紧凑形式变为

$$\xi_i \tan \xi_i = -\zeta_i \tag{5.38}$$

式中,$\xi_i = \omega_i l/a$。因此,若将参数 η 替换为 $-\xi_i$,则先前给出的关于一阶主振型的数值序列仍然适用。当弹簧的刚度系数 k 很小($k \to 0$)时,式(c')变为右端不受约束(但左端固定)的杆的频率方程。另一种方面,当 k 很大($k \to \infty$)时,式(c')除以 k 后的频率方程变为两端固定杆的频率方程。

为了得到一端含弹簧杆的正交关系,仿照一端含集中质量杆的情况进行推导。然而,在这

种情况下,式(j)、(k)被替换为

$$rX'_{il}X_{jl} = -kX_{il}X_{jl} \tag{d'}$$

$$rX'_{jl}X_{il} = -kX_{il}X_{jl} \tag{e'}$$

将式(h)、(i)分别减去以上两个表达式,可得组合关系式

$$r\int_0^l X''_i X_j \, dx - rX'_{il}X_{jl} - kX_{il}X_{jl} = -m\omega_i^2 \int_0^l X_i X_j \, dx \tag{f'}$$

$$r\int_0^l X''_j X_i \, dx - rX'_{jl}X_{il} - kX_{il}X_{jl} = -m\omega_j^2 \int_0^l X_i X_j \, dx \tag{g'}$$

用分部积分法表示上式等号左边的积分项,并将式(g')减去式(f'),可得该系统的正交关系式

$$m\int_0^l X_i X_j \, dx = 0 \quad (i \neq j) \tag{5.39}$$

$$r\int_0^l X'_i X'_j \, dx + kX_{il}X_{jl} = 0 \quad (i \neq j) \tag{5.40}$$

$$r\int_0^l X''_i X_j \, dx - rX'_{il}X_{jl} - kX_{il}X_{jl} = 0 \quad (i \neq j) \tag{5.41}$$

将以上表达式与 5.4 节中的式(5.12)、(5.13)、(5.14)进行对比后发现,虽然式(5.39)与无弹簧系统的表达式相同,但式(5.40)、(5.41)中却出现了附加项。

对于 $i=j$ 的情况,可任选正则化方法以得到

$$m\int_0^l X_i^2 \, dx = m \tag{5.42}$$

且

$$r\int_0^l X''_i X_i \, dx - rX'_{il}X_{il} - kX_{il}^2 = -r\int_0^l (X'_i)^2 \, dx - kX_{il}^2 = -m\omega_i^2 \tag{5.43}$$

由于式(5.42)表示的正则化方法与 5.4 节中给出的方法一致[见式(5.22)],因此 5.4 节中推导得到的系统对初始条件[式(5.23)、(5.24)、(5.25)]的响应计算公式也适用于本问题响应的求解。此外,系统受纵向力作用后的振动响应也可用 5.4 节中的式(5.28)、(5.29)计算。因此发现,虽然弹簧的出现改变了杆的频率和振型,但求解杆动态响应的正则模态法保持不变。

若图 5.5 中的质量和弹簧同时存在($M \neq 0$ 和 $k \neq 0$),则边界条件变为

$$(u)_{x=0} = 0, \quad r(u')_{x=l} = -M(\ddot{u})_{x=l} - k(u)_{x=l} \tag{h'}$$

在这种组合模式下,正则函数仍由式(c')定义,而由式(h')表示的第二个边界条件可得

$$\frac{r\omega_i}{a}\cos\frac{\omega_i l}{a} = (M\omega_i^2 - k)\sin\frac{\omega_i l}{a} \tag{i'}$$

由此可得频率方程的精简形式为

$$\xi_i \tan\xi_i = \frac{\eta\zeta_i}{\zeta_i - \eta} \tag{5.44}$$

本问题的正交关系由式(5.31)、(5.40)、(5.41)定义,而正则化要求则通过式(5.34)、(5.43)实现。正则坐标表示的初始位移和速度用式(5.36)、(5.37)表示。系统对初始条件和作用力的

响应解则由 5.4 节中的式(5.25)、(5.28)、(5.29)给出。

　　本节用到的求解步骤可扩展到构件两端均含有质量和弹簧的复杂情况。在这种情况下，由式(d)表示的正则函数中的两部分均不等于零，且频率方程中的项数更多。此外，正交性表达式和正则关系式中也将包含构件两端的质量和刚度项。正则坐标表示的初始条件的计算只须考虑质量的影响。这类推导等截面杆纵向振动表达式的复杂问题将作为习题留给读者。接下来，将在 5.7 节中讨论与上述问题的数学推导相类似的两端含圆盘的轴的振动，并在 5.8 节中讨论两端含横向约束弹簧的张紧丝的振动。

5.6　支承纵向运动引起的杆振动

　　现在考虑基础运动而不是外力作用引起的等截面杆的纵向振动响应。例如，如图 5.6 所示的基础沿 x 方向按以下函数规律运动：

$$u_g = g(t) \tag{a}$$

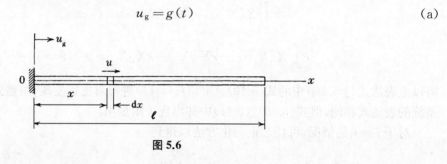

图 5.6

杆上典型微元体的运动微分方程为

$$m\ddot{u}\,dx - r(u - u_g)''dx = 0 \tag{b}$$

为了求解该方程，引入符号

$$u^* = u - u_g \tag{c}$$

该符号表示杆上任意一点相对基础刚体平动的位移。此外，杆上任意一点的绝对加速度 $\ddot{u}$ 可表示为

$$\ddot{u} = \ddot{u}^* + \ddot{u}_g \tag{d}$$

将式(c)、(d)代入式(b)，可得

$$m(\ddot{u}^* + \ddot{u}_g)dx - r(u^*)''dx = 0$$

或

$$m\ddot{u}^*dx - r(u^*)''dx = -m\ddot{u}_g dx = -m\ddot{g}(t)dx \tag{e}$$

将方程(e)与 5.4 节中的方程(u)进行比较，结果表明，相对坐标下的等效分布载荷为 $-m\ddot{g}(t)$。这一表达式等同于前几章中离散参数系统的基础运动加速度的表达式[1.6 节中的式(l)]。

　　为方便起见，将方程(e)除以单位长度的质量 m，得到

$$\ddot{u}^*dx - a^2(u^*)''dx = -\ddot{g}(t)dx \tag{f}$$

将该方程与 5.4 节中的方程(v)进行比较后发现，式(v)中的 $q(x,t)$ 被 $-\ddot{g}(t)$ 代替，而方程

(5.26)变为

$$\ddot{\phi}_i + \omega_i^2 \phi_i = -\ddot{g}(t)\int_0^l X_i \, \mathrm{d}x \quad (i=1,\ 2,\ 3,\ \cdots) \tag{5.45}$$

方程(5.45)等号右边表示第 i 阶等效正则模态载荷。第 i 阶振动模态的响应则通过 Duhamel 积分计算,表示为

$$\phi_i = -\frac{1}{\omega_i^2}\int_0^l X_i \, \mathrm{d}x \int_0^t \ddot{g}(t')\sin\omega_i(t-t')\mathrm{d}t' \tag{5.46}$$

根据式(5.17)计算所有正则模态响应之和,可得

$$u^* = -\sum_{i=1}^\infty \frac{X_i}{\omega_i}\int_0^l X_i \, \mathrm{d}x \int_0^t \ddot{g}(t')\sin\omega_i(t-t')\mathrm{d}t' \tag{5.47}$$

式(5.47)表示杆上任意一点相对基础的振动规律。将相对振动与基础运动相加,可确定总的响应解,表示为

$$u = u_\mathrm{g} + u^* = g(t) + u^* \tag{5.48}$$

因此,利用式(5.47)中 $u_0 = g(t)$ 对时间的二阶导数,以及式(5.48)表示的函数本身,可计算杆对基础纵向刚体平动的响应。方程(5.48)中的函数 $u_\mathrm{g} = g(t)$ 可用来描述无质量杆(和基础)的刚体运动,而相对运动 u^* 则表示的是分布在杆长方向上的惯性力。

　仿照基础发生刚体运动时的推导步骤,推导杆因两端约束发生独立平动而引起的纵向振动响应。为此,考虑图 5.7 和函数

$$u_\mathrm{g1} = g_1(t), \ u_\mathrm{g2} = g_2(t) \tag{g}$$

它们分别表示左右两端点的独立平动。虽然两个平动位移可能很大,但假设在任何时刻 t,两个平动位移的差值很小。

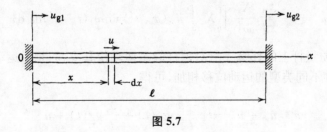

图 5.7

　分析杆对两端约束发生独立运动的纵向振动响应时,将绝对位移 u 看作以下两部分之和,可方便后续推导:

$$u = u_\mathrm{st} + u^* \tag{h}$$

式中,u_st 表示给定支承运动条件下,无质量杆(两端受约束)上任意一点的位移函数。该函数由静态分析得到。对于等截面杆,函数形式为

$$u_\mathrm{st} = \frac{l-x}{l}g_1(t) + \frac{x}{l}g_2(t) = (u_\mathrm{st})_1 + (u_\mathrm{st})_2 \tag{5.49}$$

这部分位移可用来描述无质量杆的弹性体运动。式(h)中的 u^* 表示杆上任意一点相对 u_st 的

位移。因此，u^* 仍旧用来表示分布在杆长方向上的惯性力。

同理，杆上任意一点的加速度可写成

$$\ddot{u} = \ddot{u}_{st} + \ddot{u}^*　\tag{i}$$

式(i)为式(h)对时间求二次导数的结果。图 5.7 中杆上典型微元体的运动方程，可根据式(h)、(i)中的定义写成

$$m(\ddot{u}_{st} + \ddot{u}^*)\mathrm{d}x - r\,(u_{st} + u^*)''\mathrm{d}x = 0　\tag{j}$$

对于等截面杆，u_{st}'' 为零，式(j)可改写为

$$m\ddot{u}^*\mathrm{d}x - r\,(u^*)''\mathrm{d}x = -m\ddot{u}_{st}(x, t)\mathrm{d}x　\tag{k}$$

该方程等同于基础刚体运动情况下的方程(e)。由方程(k)可知，本问题中相对坐标下的等效分布载荷为 $-m\ddot{u}_{st}(x, t)$。将式(k)除以单位长度的质量 m，可得

$$\ddot{u}^*\mathrm{d}x - a^2\,(u^*)''\mathrm{d}x = -\ddot{u}_{st}(x, t)\mathrm{d}x　\tag{l}$$

在本例中，$-\ddot{u}_{st}(x, t)$ 代替 $q(x, t)$ 出现在方程等号右边。所以，正则坐标表示的第 i 阶模态的运动方程为

$$\ddot{\phi}_i + \omega_i^2\phi_i = -\int_0^l X_i\ddot{u}_{st}(x, t)\mathrm{d}x　\quad(i = 1, 2, 3, \cdots)　\tag{5.50}$$

方程(5.50)等号右边为第 i 阶等效正则模态载荷。计算 Duhamel 积分，可得第 i 阶振动模态的响应

$$\phi_i = -\frac{1}{\omega_i^2}\int_0^l X_i\int_0^t \ddot{u}_{st}(x, t')\sin\omega_i(t - t')\mathrm{d}t'\mathrm{d}x　\tag{5.51}$$

各阶模态响应之和为

$$u^* = -\sum_{i=1}^{\infty}\frac{X_i}{\omega_i}\int_0^l X_i\int_0^t \ddot{u}_{st}(x, t')\sin\omega_i(t - t')\mathrm{d}t'\mathrm{d}x　\tag{5.52}$$

式(5.52)表示了无质量杆上的任意一点对该杆静态运动位移 u_{st} 的相对运动响应。为了求解系统总响应，将两种不同类型的运动位移相加，可得

$$u = u_{st} + u^* = \frac{l - x}{l}g_1(t) + \frac{x}{l}g_2(t) + u^*　\tag{5.53}$$

综上所述，杆对两端约束独立平动的纵向振动响应，是相对运动 u^*（也可称为振动）与无质量杆弹性体运动 u_{st} 的求和结果。虽然位移 u_{st} 通过静态分析得到，但它同时是 x 和 t 的函数。而位移 u^* 表示有质量杆偏离 u_{st} 的总响应位移 u。然而，式(k)中的等效分布载荷 $-m\ddot{u}_{st}$ 与原始坐标表示的分布惯性力 $-m\ddot{u}$ 以及相对坐标表示的分布惯性力 $-m\ddot{u}_{st}^*$ 均不同。可将其看作实现绝对运动位移到相对运动位移转换而施加的外载荷项。由于式(k)中的系数 m 和 r 与前面章节中的 m 和 r 取值相同，因此用相对坐标描述的特征值和特征函数，与用原始坐标描述的两端固定杆的特征值和特征函数相同。

若杆两端点处的位移函数 $g_1(t)$ 和 $g_2(t)$ 相等，即

$$g_1(t) = g_2(t) = g(t)$$

则由式(5.49)可得 $u_{st} = u_g = g(t)$。在这种情况下,两端约束杆的弹性体运动简化为刚体运动,式(5.50)到式(5.53)变得与式(5.45)到式(5.48)相同。

例 1. 假定图 5.6 中杆的支承按照抛物线函数 $u_g(t) = g(t) = u_1 (t/t_1)^2$ 平动,其中 u_1 为 t_1 时刻的位移。假设杆初始状态静止,试确定杆在约束运动条件下的响应。

解: 根据前文对杆振动问题的分析,有

$$\omega_i = \frac{i\pi a}{2l}, \quad X_i = \sqrt{\frac{2}{l}} \sin \frac{\omega_i x}{a} \quad (i=1,\ 3,\ 5,\ \cdots)$$

式中,X_i 已被正则化以满足 5.4 节中的式(5.22)。刚体运动 u_g 对时间求二阶导数,可得

$$\ddot{u}_g = \ddot{g}(t) = \frac{2u_1}{t_1^2}$$

然后,根据式(5.47)解得相对运动

$$
\begin{aligned}
u^* &= -\frac{4u_1}{lt_1^2} \sum_{i=1,\ 3,\ 5,\ \cdots}^{\infty} \frac{1}{\omega_i} \sin \frac{\omega_i x}{a} \int_0^l \sin \frac{\omega_i x}{a} \mathrm{d}x \int_0^t \sin \omega_i (t-t') \mathrm{d}t' \\
&= -\frac{8u_1}{\pi t_1^2} \sum_{i=1,\ 3,\ 5,\ \cdots}^{\infty} \frac{1}{i\omega_i^2} \sin \frac{\omega_i x}{a} (1 - \cos \omega_i t) \\
&= -\frac{32l^2 u_1}{\pi^3 a^2 t_1^2} \sum_{i=1,\ 3,\ 5,\ \cdots}^{\infty} \frac{1}{i^3} \sin \frac{i\pi x}{2l} \left(1 - \cos \frac{i\pi a t}{2l} \right)
\end{aligned}
\tag{m}
$$

根据式(5.48),可计算得到系统总响应

$$u = \frac{u_1}{t_1^2} \left[t^2 - \frac{32l^2}{\pi^3 a^2} \sum_{i=1,\ 3,\ 5,\ \cdots}^{\infty} \frac{1}{i^3} \sin \frac{i\pi x}{2l} \left(1 - \cos \frac{i\pi a t}{2l} \right) \right] \tag{n}$$

例 2. 考虑图 5.7 中的杆,假设两端支承按照以下简谐运动规律振动:

$$u_{g1} = g_1(t) = u_1 \sin \Omega_1 t, \quad u_{g2} = g_2(t) = u_2 \sin \Omega_2 t$$

以上表达式中的符号 u_1 和 u_2 分别表示杆左右两端支承的振动幅值,Ω_1 和 Ω_2 为载荷作用角频率。试确定杆上任意一点在两端支承运动作用下发生的稳态受迫振动。

解: 由于图 5.7 中杆的两端被约束,因此本问题中各阶模态的固有频率和正则化振型为

$$\omega_i = \frac{i\pi a}{l}, \quad X_i = \sqrt{\frac{2}{l}} \sin \frac{\omega_i x}{a} \quad (i=1,\ 3,\ 5,\ \cdots)$$

由式(5.49)可得无质量杆的弹性体响应

$$u_{st} = \frac{l-x}{l} u_1 \sin \Omega_1 t + \frac{x}{l} u_2 \sin \Omega_2 t \tag{o}$$

该式对时间的二阶导数为

$$\ddot{u}_{st} = -\frac{l-x}{l} \Omega_1^2 u_1 \sin \Omega_1 t + \frac{x}{l} \Omega_2^2 u_2 \sin \Omega_2 t \tag{p}$$

杆上任意一点相对静态位移 u_{st} 的稳态响应[式(5.22)对时间求积分]

$$u^* = \frac{2}{l} \sum_{i=1}^{\infty} \frac{1}{\omega_i^2} \sin \frac{i\pi x}{l} \left(\Omega_1^2 u_1 \beta_{i1} \sin \Omega_1 t \int_0^l \frac{l-x}{l} \sin \frac{i\pi x}{l} dx + \right.$$

$$\left. \Omega_2^2 u_2 \beta_{i2} \sin \Omega_2 t \int_0^l \frac{x}{l} \sin \frac{i\pi x}{l} dx \right)$$

$$= \frac{2l^2}{\pi^3 a^2} \sum_{i=1}^{\infty} \frac{1}{i^3} \sin \frac{i\pi x}{l} \left[\Omega_1^2 u_1 \beta_{i1} \sin \Omega_1 t - (-1)^i \Omega_2^2 u_2 \beta_{i2} \sin \Omega_2 t \right] \qquad (q)$$

在所得结果中，放大因子被定义为

$$\beta_{i1} = \frac{1}{1 - \Omega_1^2/\omega_i^2}, \quad \beta_{i2} = \frac{1}{1 - \Omega_2^2/\omega_i^2}$$

将式(o)、(q)代入式(5.53)，可解得总响应

$$u = \left[\frac{l-x}{l} + \frac{2l^2 \Omega_1^2}{\pi^3 a^2} \sum_{i=1}^{\infty} \frac{\beta_{i1}}{i^3} \sin \frac{i\pi x}{l} \right] u_1 \sin \Omega_1 t +$$

$$\left[\frac{x}{l} - \frac{2l^2 \Omega_2^2}{\pi^3 a^2} \sum_{i=1}^{\infty} (-1)^i \frac{\beta_{i2}}{i^3} \sin \frac{i\pi x}{l} \right] u_2 \sin \Omega_2 t \qquad (r)$$

习题 5.6

5.6‑1. 一根在 $x=0$ 处自由、$x=l$ 处固定的杆，受到支承简谐运动 $u_g = g(t) = d \sin \Omega t$ 的作用，其中 d 为振幅。试确定该杆因支承运动作用而发生的稳态受迫振动。

5.6‑2. 试求解一根两端固定的杆因支承刚体运动 $u_g = g(t) = u_1 (t/t_1)^2$ 作用而发生的纵向振动响应。

5.6‑3. 某根一端固定的杆，在其 $x=0$ 的端点处受到支承运动 $u_{g1} = g_1(t) = u_1 (t/t_1)^2$ 的作用，而在 $x=l$ 的端点处保持静止不动。试确定因以上条件作用引起的杆的纵向振动响应。

5.6‑4. 假定习题 5.6‑3 中的一端固定杆在 $x=l$ 的端点处也发生运动，且运动规律为 $u_{g2} = g_2(t) = u_2 (t/t_2)^3$。试求解该杆在习题 5.6‑3 的振动响应基础上增加的响应。

5.7　圆轴的扭转振动

图 5.8a 是一根截面为圆形的光轴，本节将分析圆形光轴的扭转振动问题。设符号 θ 为距离轴左端距离为 x 的任一截面绕轴中心转动的角度。当轴以扭转的形式振动时，典型轴段（见图 5.8b）的弹性力矩和惯性力矩可根据 d'Alembert 原理相加并表示为

$$T + \frac{\partial T}{\partial x} dx - T - \rho I_p dx \frac{\partial^2 \theta}{\partial t^2} = 0 \qquad (a)$$

微分方程中，x 处截面的内力矩用符号 T 表示，正方向如图 5.8b 所示。此外，截面的极惯性矩用符号 I_p 表示。根据上述定义，轴段的质量惯性矩即为 $\rho I_p dx$，其角加速度为 $\partial^2 \theta / \partial t^2$。根据初等扭转理论，有关系式

$$T = G I_p \frac{\partial \theta}{\partial x} \qquad (b)$$

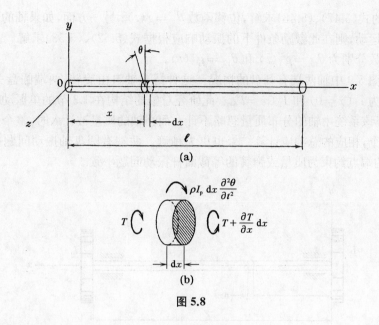

图 5.8

式中,G 为剪切弹性模量。将式(b)代入方程(a)后整理得

$$\frac{\partial^2 \theta}{\partial x^2} = \frac{1}{b^2} \frac{\partial^2 \theta}{\partial t^2} \tag{5.54}$$

式(5.54)有一维波动方程的形式,其中扭转振动波的传播速度为

$$b = \sqrt{G/\rho} \tag{5.55}$$

式(5.54)、(5.55)的形式分别与 5.2 节中的式(5.1)、(5.2)相同,只是将符号 u、a 和 E 替换为 θ、b 和 G。所以,之前章节中关于等截面杆纵向振动问题的理论推导也可沿用至圆轴的扭转振动问题,只须将相应符号进行替换处理。比如对于两端无约束的轴,扭转振动固有模态中的各阶固有频率和正则函数就与等截面杆的情形一致,表达式为

$$\omega_i = \frac{i\pi b}{l}, \quad X_i = C_i \cos \frac{\omega_i x}{b} \quad (i = 1,\ 2,\ 3,\ \cdots) \tag{c}$$

且根据式(5.6),有自由振动解的形式为

$$\theta = \sum_{i=1}^{\infty} \cos \frac{i\pi x}{l} \left(A_i \cos \frac{i\pi bt}{l} + B_i \sin \frac{i\pi bt}{l} \right) \tag{5.56}$$

同理,一端或两端固定轴的扭转自由振动也可由 5.2 节中等截面杆的理论公式求解,而正则模态解的一般形式也由 5.4 节中的式(5.25)给出。

分析轴受到分布扭矩作用下的扭转振动响应,可使用 5.4 节中的式(5.28)求解。其中 $q(x,\ t)$ 表示单位长度分布扭矩除以单位长度质量惯性矩 ρI_{p}。如要分析轴受集中扭矩的情况,则 $x = x_1$ 处作用的集中扭矩 $T_1(t)$ 产生的轴的扭转振动可根据式(5.29)计算,公式中的载荷项 $q_1(t) = T_1(t)/(\rho I_{\mathrm{p}})$。

上一节中,分析了等截面杆在约束发生纵向平移运动下的振动响应问题。相应方法可被用于求解轴在约束发生绕其轴心旋转运动下的振动响应。若约束的旋转运动为刚体运动,可

利用 5.6 节中的式(5.47)、(5.48)求解，位移函数 $\theta_g = g(t)$；另一方面，如果轴的两端约束各自独立发生旋转运动，则在此激励条件下的振动响应根据式(5.52)、(5.53)求解。左右两端约束的旋转位移函数分别为 $\theta_{g1} = g_1(t)$ 和 $\theta_{g2} = g_2(t)$。

现在讨论图 5.9 中轴两端有圆盘的情况。这种情况轴自由旋转，两端圆盘关于 x 轴的质量惯性矩分别为 $I_1(x=0)$ 和 $I_2(x=l)$。此研究对象的结构在 1.3 节的单振动模态系统中讨论过，区别在于该系统中轴的分布质量忽略不计。而当轴的质量被计入时，整个系统的模态数量变为无穷多个，相应的总响应计算结果也更为精确。两端有圆盘轴振动问题的计算方法与 5.5 节中介绍的端点约束为质量或弹簧的等截面杆振动问题一致。

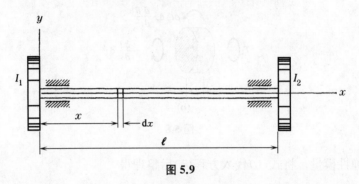

图 5.9

当图 5.9 中系统发生扭转振动时，圆盘施加给轴端约束的惯性扭矩构成如下边界条件：

$$GI_{\text{p}}\,(\theta')_{x=0} = I_1\,(\ddot{\theta})_{x=0}\,,\quad GI_{\text{p}}\,(\theta')_{x=l} = -I_2\,(\ddot{\theta})_{x=l} \tag{d}$$

和之前章节相同，假设第 i 阶固有模态振动为简谐运动

$$\theta_i = X_i(A_i\cos\omega_i t + B_i\sin\omega_i t) \tag{e}$$

将式(e)代入式(d)可得

$$GI_{\text{p}}X'_{i0} = -I_1\omega_i^2 X_{i0}\,,\quad GI_{\text{p}}X'_{il} = -I_2\omega_i^2 X_{il} \tag{f}$$

下标 0 和 l 分别表示轴向位置 $x=0$ 和 $x=l$。本问题中的正则函数写成

$$X_i = C_i\cos\frac{\omega_i x}{b} + D_i\sin\frac{\omega_i x}{b} \tag{g}$$

将式(g)代入式(f)可得

$$GI_{\text{p}}\frac{\omega_i}{b}D_i = -I_1\omega_i^2 C_i \tag{h}$$

且有

$$GI_{\text{p}}\frac{\omega_i}{b}\left(-C_i\sin\frac{\omega_i l}{b} + D_i\cos\frac{\omega_i l}{b}\right) = I_2\omega_i^2\left(C_i\cos\frac{\omega_i l}{b} + D_i\sin\frac{\omega_i l}{b}\right) \tag{i}$$

方程(h)、(i)构成一对包含未知常数 C_i 和 D_i 的齐次代数方程。消去方程未知参数后，可推导得出频率方程为

$$-GI_{\text{p}}\frac{\omega_i}{b}\left(\sin\frac{\omega_i l}{b} + \frac{I_1 b\omega_i}{GI_{\text{p}}}\cos\frac{\omega_i l}{b}\right) = I_2\omega_i^2\left(\cos\frac{\omega_i l}{b} - \frac{I_1 b\omega_i}{GI_{\text{p}}}\sin\frac{\omega_i l}{b}\right) \tag{j}$$

因 ω_i 出现在表达式的两侧,所以 $\omega_0 = 0$ 表示了系统刚体旋转的角频率。为了确定各阶振动模态的频率,定义

$$\xi_1 = \frac{\omega_i b}{l}, \quad \eta_1 = \frac{\rho I_\mathrm{p} l}{I_1} = \frac{I_\mathrm{o}}{I_1}, \quad \eta_2 = \frac{I_\mathrm{o}}{I_2} \tag{k}$$

式中, $I_\mathrm{o} = \rho I_\mathrm{p} l$,为轴绕其旋转轴线的质量惯性矩。根据式(k)的定义,将频率方程(j)改写为更简洁的形式:

$$-\left(\tan \xi_i + \frac{\xi_i}{\eta_1}\right) = \frac{\xi_i}{\eta_2}\left(1 - \frac{\xi_i}{\eta_1}\tan \xi_i\right)$$

或者

$$\left(\frac{\xi_i^2}{\eta_1 \eta_2} - 1\right)\tan \xi_i = \left(\frac{1}{\eta_1} + \frac{1}{\eta_2}\right)\xi_i \tag{5.57}$$

如果 ξ_1, ξ_2, ξ_3, $\cdots$(按照升序排列)表示超越方程的非零正根,则每个根对应的正则函数可由式(g)、(h)推导并写成

$$X_i = C_i\left(\cos \frac{\xi_i x}{l} - \frac{\xi_i}{\eta_1}\sin \frac{\xi_i x}{l}\right) \tag{5.58}$$

　　假设圆盘的质量惯性矩 I_1 和 I_2 相比于轴的质量惯性矩 I_o 较小,则参数 η_1 和 η_2 取值较大。由式(5.57)求解得到的根为 π, 2π, 3π, $\cdots$,且式(5.58)中的正则函数和两端自由轴情况下的正则函数(c)是一致的。另一种情况,当 I_1 和 I_2 相比于 I_o 较大时,参数 η_1 和 η_2 取值较小,式(5.57)中的常数 1 与 $\dfrac{\xi_i^2}{\eta_1 \eta_2}$ 比可忽略。这种情况下的频率方程变为

$$\xi_i \tan \xi_i = \eta_1 + \eta_2 \tag{l}$$

方程(l)的形式与 5.5 节中的纵向振动方程(5.30)一致。对一阶扭振模态而言,方程(l)中的所有项都很小,变量间的关系简化为 $\tan \xi_1 = \xi_1$。因而有

$$\xi_1^2 \approx \eta_1 + \eta_2 = \frac{I_\mathrm{o}(I_1 + I_2)}{I_1 I_2}$$

进而有

$$\omega_1 = \frac{b\xi_1}{l} \approx \frac{b}{l}\sqrt{\frac{I_\mathrm{o}(I_1 + I_2)}{I_1 I_2}} = \sqrt{\frac{G I_\mathrm{p}(I_1 + I_2)}{l I_1 I_2}}$$

一阶扭振模态的周期为

$$\tau_1 = 2\pi\sqrt{\frac{l I_1 I_2}{G I_\mathrm{p}(I_1 + I_2)}}$$

这一结果与 1.3 节中的式(1.11)一致。这是因为式(1.11)在推导前假设杆的质量可忽略,且在此基础上只分析了系统的一阶模态。

　　采用 5.5 节中已经应用过的方法,可推导得出两端有圆盘轴的正交关系如下:

$$\rho I_\mathrm{p}\int_0^l X_i X_j \mathrm{d}x + I_1 X_{i0} X_{j0} + I_2 X_{il} X_{jl} = 0 \quad (i \neq j) \tag{5.59}$$

$$GI_p \int_0^l X_i' X_j' dx = 0 \quad (i \neq j) \tag{5.60}$$

$$GI_p \left(\int_0^l X_i'' X_j dx + X_{i0}' X_{j0} - X_{il}' X_{jl} \right) = 0 \quad (i \neq j) \tag{5.61}$$

此外，$i = j$ 时的正则化条件确定为

$$\rho I_p \int_0^l X_i^2 dx + I_1 X_{i0}^2 + I_2 X_{il}^2 = \rho I_p \tag{5.62}$$

进而有

$$GI_p \left(\int_0^l X_i'' X_i dx + X_{i0}' X_{i0} - X_{il}' X_{il} \right) = -GI_p \left[\int_0^l (X_i')^2 dx \right] = -\rho I_p \omega_i^2 \tag{5.63}$$

方程(5.59)到方程(5.63)与方程(5.31)到方程(5.35)类似，其区别在于将之前方程里的 $m = \rho A$ 替换为 ρI_p、$r = EA$ 替换为 GI_p，而且方程(5.59)～(5.63)中出现了 $x = 0$ 和 $x = l$ 处和圆盘相关的若干项参数。

考虑图 5.9 中系统对 $t = 0$ 时刻的初始条件 $\theta_0 = f_1(x)$ 和 $\dot\theta_0 = f_2(x)$ 的转动响应。为此，须确定 $x = 0$ 和 $x = l$ 处圆盘的初始位移 $f_1(0)$ 和 $f_1(l)$，以及初始速度 $f_2(0)$ 和 $f_2(l)$。然后，将轴和圆盘的初始条件展开为下列关于时间和位移函数的级数：

$$\sum_{i=1}^\infty \phi_{0i} X_i = f_1(x), \quad \sum_{i=1}^\infty \dot\phi_{0i} X_i = f_2(x) \tag{m}$$

$$\sum_{i=1}^\infty \phi_{0i} X_{i0} = f_1(0), \quad \sum_{i=1}^\infty \dot\phi_{0i} X_{i0} = f_2(0) \tag{n}$$

$$\sum_{i=1}^\infty \phi_{0i} X_{il} = f_1(l), \quad \sum_{i=1}^\infty \dot\phi_{0i} X_{il} = f_2(l) \tag{o}$$

将以上三个表达式进行组合。首先将方程(m)乘以 $\rho I_p X_j$ 并沿着轴向积分，然后将方程(n)、(o)分别乘以 $I_1 X_{j0}$、$I_2 X_{jl}$。最后将这些结果相加后可得

$$\sum_{i=1}^\infty \phi_{0i} \left(\rho I_p \int_0^l X_i X_j dx + I_1 X_{i0} X_{j0} + I_2 X_{il} X_{jl} \right)$$
$$= \rho I_p \int_0^l f_1(x) X_j dx + I_1 f_1(0) X_{j0} + I_2 f_1(l) X_{jl} \tag{p}$$

$$\sum_{i=1}^\infty \dot\phi_{0i} \left(\rho I_p \int_0^l X_i X_j dx + I_1 X_{i0} X_{j0} + I_2 X_{il} X_{jl} \right)$$
$$= \rho I_p \int_0^l f_2(x) X_j dx + I_1 f_2(0) X_{j0} + I_2 f_2(l) X_{jl} \tag{q}$$

由方程(5.59)、(5.62)表示的正交性和正则化关系可看出，当 $i = j$ 时，由式(p)、(q)可以推导得到正则坐标系下的初始位移和速度：

$$\phi_{0i} = \int_0^l f_1(x) X_i dx + \frac{l}{\eta_1} f_1(0) X_{i0} + \frac{l}{\eta_2} f_1(l) X_{il} \tag{5.64}$$

$$\dot\phi_{0i} = \int_0^l f_2(x) X_i dx + \frac{l}{\eta_1} f_2(0) X_{i0} + \frac{l}{\eta_2} f_2(l) X_{il} \tag{5.65}$$

式(5.64)、(5.65)与 5.5 节中的式(5.36)、(5.37)相比,只多出了圆盘相关项。根据这两个关于 ϕ_{0i} 和 $\dot{\phi}_{0i}$ 的定义式,可通过 5.4 节中的式(5.25)求解本问题的系统响应。

如果将特征函数正则化以满足方程(5.62),则图 5.9 中系统对所施加扭矩的响应可通过式(5.28)、(5.29)计算。将计算所得响应与刚体运动相加得到最终的振动响应。这里刚体运动可根据以下方程求解:

$$J\ddot{\phi}_0 = R \tag{r}$$

式中,$J = I_0 + I_1 + I_2$,其物理意义为系统总的质量惯性矩;$\ddot{\phi}_0$ 为刚体模态的振动加速度;R 为施加于轴和圆盘上的总扭矩。

例 1. 假设图 5.8a 中的两端无约束轴在左端受到扭矩 $R = R_1 t/t_1$(R_1 是 t_1 时刻的扭矩)作用。试求初始时刻处于静止状态的轴在受到斜坡载荷 R 后的响应。

解: 将 $J = I_0 = \rho I_p l$ 和 $R = R_1 t/t_1$ 代入式(r),对时间进行两次积分,可得刚体旋转角度

$$\phi_0 = \frac{R_1 t^3}{6\rho I_p l t_1} = \frac{R_1 t^3}{6 I_0 t_1} \tag{s}$$

与刚体运动相加的振动响应由式(5.29)得出:

$$
\begin{aligned}
\theta &= \frac{2R_1}{\rho I_p l t_1} \sum_{i=1}^{\infty} \frac{1}{\omega_i} \cos\frac{\omega_i b}{l} \int_0^l t' \sin\omega_i(t - t')\mathrm{d}t' \\
&= \frac{2R_1}{I_0 t_1} \sum_{i=1}^{\infty} \frac{1}{\omega_i^2} \cos\frac{\omega_i b}{l}\left(t - \frac{1}{\omega_i}\sin\omega_i t\right) \\
&= \frac{2l^2 R_1}{\pi^2 b^2 I_0 t_1} \sum_{i=1}^{\infty} \frac{1}{i^2} \cos\frac{i\pi x}{l}\left(t - \frac{l}{i\pi b}\sin\frac{i\pi b t}{l}\right)
\end{aligned} \tag{t}
$$

轴的扭转合运动是式(s)、(t)之和。轴在扭矩作用的 $x = 0$ 处的合运动位移为

$$(\theta)_{x=0} = \frac{R_1}{I_0 t_1}\left[\frac{t^3}{6} + \frac{2l^2}{\pi^2 b^2}\sum_{i=1}^{\infty}\frac{1}{i^2}\left(t - \frac{l}{i\pi b}\sin\frac{i\pi b t}{l}\right)\right] \tag{u}$$

将 $t = t_1 = l/b$ 代入式(u),可得这一时刻的合运动位移为

$$(\theta)_{x=0} = \frac{R_1 l^2}{I_0 b^2}\left[\frac{1}{6} + \frac{2}{\pi^2}\left(1 + \frac{1}{4} + \frac{1}{9} + \cdots\right)\right] = \frac{R_1 l}{2 G I_p} \tag{v}$$

例 2. 假设图 5.9 中系统三个部件的质量惯性矩相等($I_0 = I_1 = I_2$)。轴两端的圆盘受到大小相等、方向相反的扭矩作用,产生相对转角 $2\alpha_0$。在 $t = 0$ 时刻两端扭矩得到释放,引起的初始位移函数由式(w)给出。试求系统对初始条件的响应:

$$\theta_0 = f_1(x) = \frac{\alpha_0}{l}(2x - l), \quad \dot{\theta}_0 = f_2(x) = 0 \tag{w}$$

解: 本问题的 $\eta_1 = \eta_2 = 1$,超越频率方程(5.57)简化为

$$(\xi_i^2 - 1)\tan\xi_i = 2\xi_i \tag{x}$$

函数 X_i 按照式(5.62)正则化,以满足条件

$$\int_0^l X_i^2 \mathrm{d}x + X_{i0}^2 + X_{il}^2 = 1 \tag{y}$$

另外,对于给定的初始条件(w),式(5.64)、(5.65)分别变为

$$\phi_{0i} = \frac{\alpha_0}{l}\left[\int_0^l (2x-l)X_i \, \mathrm{d}x - l^2(X_{i0}-X_{il})\right]$$

和
$$\dot{\phi}_{0i} = 0$$

所以,自由振动响应的表达式[见式(5.25)]可写成

$$\theta = \frac{\alpha_0}{l}\sum_{i=1}^{\infty} X_i\left[\int_0^l (2x-l)X_i \, \mathrm{d}x - l^2(X_{i0}-X_{il})\right]\cos\left(\frac{\xi_i bt}{l}\right) \tag{z}$$

5.8 张紧丝的横向振动

另一种运动方程形式为一维波动方程的弹性系统,如图 5.10a 所示。它是一根可产生横向自由振动的张紧丝(无弯曲刚度)。假设丝在 x-y 平面内发生微幅振动时的张紧力 S 为常数。用符号 v 表示距离丝左端点 x 处的任意一点的横向位移。图 5.10b 表示丝上长度为 $\mathrm{d}x$ 的典型微元体在 y 方向上的自由体受力情况。发生自由振动时,惯性力与微元体两端在 y 方向的张紧力之差平衡。对于丝发生微小倾斜的情况,其动态平衡的条件可写成

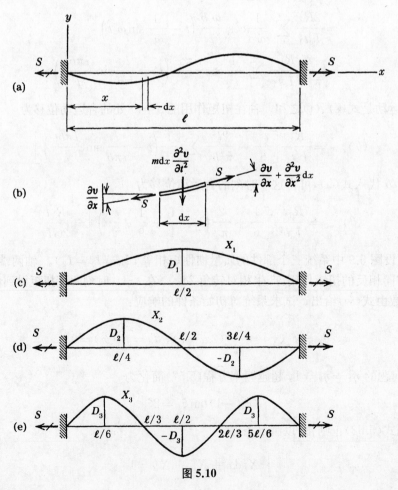

图 5.10

$$S\left(\frac{\partial v}{\partial x}+\frac{\partial^2 v}{\partial x^2}\mathrm{d}x\right)-S\,\frac{\partial v}{\partial x}-m\,\mathrm{d}x\,\frac{\partial^2 v}{\partial t^2}=0 \tag{a}$$

式中，m 为丝单位长度的质量。因此，可得系统的运动微分方程为

$$\frac{\partial^2 v}{\partial x^2}=\frac{1}{c^2}\,\frac{\partial^2 v}{\partial t^2} \tag{5.66}$$

其中

$$c=\sqrt{\frac{S}{m}} \tag{5.67}$$

表示横向振动波的纵向传播速度。

发现方程(5.66)、(5.67)的数学形式与 5.2 节中的方程(5.1)、(5.2)相同，其区别只是将方程(5.1)、(5.2)中的符号 u、a、E 和 ρ 分别替换为方程(5.66)、(5.67)中的 v、c、S 和 m。所以，先前推导得到的诸多关于杆和轴的纵向与扭转振动方程，均可通过改变符号被用于张紧丝横向振动的求解。但是在这种情况下，系统的边界条件受保持丝绷紧状态的张紧力 S 的约束，其中最简单的边界条件为如图 5.10a 所示的两端固定的张紧丝。这种情况下的边界条件为

$$(v)_{x=0}=0,\ \ (v)_{x=l}=0 \tag{b}$$

角频率和正则函数变为

$$\omega_i=\frac{i\pi c}{l},\ \ X_i=D_i\sin\frac{\omega_i x}{c}\ \ \ (i=1,\ 2,\ 3,\ \cdots) \tag{c}$$

图 5.10c、d 和 e 分别为第一、二和三阶模态的正则函数。若正则函数通过式(5.22)(见 5.4 节)求得，则有 $D_i=\sqrt{2/l}$。

定义丝上任意一点在 $t=0$ 的初始时刻有横向初始位移 $v_0=f_1(x)$ 和速度 $\dot{v}_0=f_2(x)$。根据 5.4 节中的式(5.23)、(5.24)，可得正则坐标表示的初始条件

$$\phi_{0i}=\sqrt{\frac{2}{l}}\int_0^l f_1(x)\sin\frac{i\pi x}{l}\mathrm{d}x,\ \ \dot{\phi}_{0i}=\sqrt{\frac{2}{l}}\int_0^l f_2(x)\sin\frac{i\pi x}{l}\mathrm{d}x \tag{d}$$

而式(5.25)给出了丝对初始条件的响应

$$v=\sqrt{\frac{2}{l}}\sum_{i=1}^{\infty}\sin\frac{i\pi x}{l}\left(\phi_{0i}\cos\frac{i\pi ct}{l}+\frac{\dot{\phi}_{0i}}{\omega_i}\sin\frac{i\pi ct}{l}\right) \tag{5.68}$$

此外，由式(5.28)可得丝对横向分布力 $Q(x,\ t)$ 的响应

$$v=\frac{2}{l}\sum_{i=1}^{\infty}\frac{1}{\omega_i}\sin\frac{i\pi x}{l}\int_0^l\sin\frac{i\pi x}{l}\int_0^t q(x,\ t')\sin\omega_i(t-t')\mathrm{d}t'\mathrm{d}x \tag{5.69}$$

式中，$q(x,\ t)=Q(x,\ t)/m$。若横向载荷 $P_1(t)$ 集中作用于 x_1 处，则由式(5.29)定义的响应变为

$$v=\frac{2}{l}\sum_{i=1}^{\infty}\frac{1}{\omega_i}\sin\frac{i\pi x}{l}\sin\frac{i\pi x_1}{l}\int_0^t q_1(t')\sin\omega_i(t-t')\mathrm{d}t' \tag{5.70}$$

式中，$q_1(t)=P_1(t)/m$。

在 5.6 节中,讨论了两端约束发生独立运动时等截面杆的纵向平动。对这一问题分析后得出的等式关系,可直接用于两端约束发生横向运动(沿 y 方向)时张紧丝的横向平动求解。图 5.11a 和图 5.11b 中给出的左右端点处支承发生的独立横向运动分别用以下两式表示:

$$v_{g1} = g_1(t), \quad v_{g2} = g_2(t) \tag{e}$$

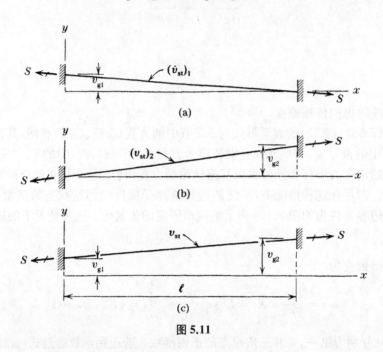

图 5.11

因两端支承位移的作用,无质量丝上任意一点的横向运动

$$v_{st} = (v_{st})_1 + (v_{st})_2 = \frac{l-x}{l}g_1(t) + \frac{x}{l}g_2(t) \tag{5.71}$$

这种情况下的位移 v_{st} 为刚体运动(见图 5.11c),其由 y 方向的平动和绕垂直于 x-y 平面的轴发生的小角度转动组合而成,且图 5.11a 和图 5.11b 中的 $(v_{st})_1$ 和 $(v_{st})_2$ 皆由这两类运动组成。合运动在满足 $g_1(t) = g_2(t) = g(t)$ 的条件时为单纯平动,而在满足 $g_1(t) = -g_2(t)$ 的条件时为绕中点的纯转动。因此发现,5.6 节中关于无质量系统的弹性体运动的概念,与端点发生横向位移的张紧丝的刚体运动概念相同。

将式(5.71)对时间的二阶导数以及由式(c)得出的正则化特征函数一起代入 5.6 节中的式(5.52),可得丝的振动响应

$$v^* = -\frac{2}{l}\sum_{i=1}^{\infty}\frac{1}{\omega_i}\sin\frac{i\pi x}{l}\int_0^l \sin\frac{i\pi x}{l}\int_0^t \left[\frac{l-x}{l}\ddot{g}_1(t') + \frac{x}{l}\ddot{g}_2(t')\right]\sin\omega_i(t-t')\mathrm{d}t'\mathrm{d}x \tag{5.72}$$

为了计算总响应,将振动和刚体运动相加,得到

$$v = v_{st} + v^* = \frac{l-x}{l}g_1(t) + \frac{x}{l}g_2(t) + v^* \tag{5.73}$$

以上讨论所得结论仅适用于张紧丝两端约束为刚性约束的情况。下面研究如图 5.12 所

示的含横向弹性约束的情况。假设已知 $x=0$ 和 $x=l$ 处的弹簧刚度系数分别为 k_1 和 k_2，丝的两个端点只能在 y 方向自由平动。这时，采用与 5.5 节中对一端含质量或弹簧的等截面杆的相同分析方法来分析两端为弹簧的丝的振动问题。

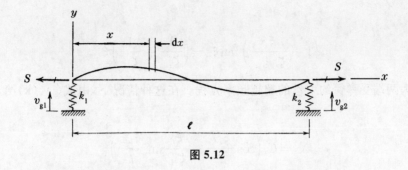

图 5.12

在图 5.12 中的丝上，典型单元体的运动方程[见方程(a)]可写成

$$m\ddot{v}\mathrm{d}x - Sv''\mathrm{d}x = 0 \tag{f}$$

在丝的两个端点处，弹簧力与丝内张紧力 S 在 y 方向的分力平衡。所以，边界条件为

$$S\,(v')_{x=0} = k_1\,(v)_{x=0}, \ S\,(v')_{x=l} = -k_2\,(v)_{x=l} \tag{g}$$

与以往相同，我们假设第 i 阶固有振动模态为简谐运动

$$v_i = X_i(A_i\cos\omega_i t + B_i\sin\omega_i t) \tag{h}$$

将式(h)代入式(g)，可得

$$SX'_{i0} = k_1 X_{i0}, \ SX'_{il} = -k_2 X_{il} \tag{i}$$

与以往相同，仍将正则函数写成

$$X_i = C_i\cos\frac{\omega_i x}{c} + D_i\sin\frac{\omega_i x}{c} \tag{j}$$

将式(j)代入式(i)，可得

$$\frac{S\omega_i}{c}D_i = k_1 C_i \tag{k}$$

且

$$\frac{S\omega_i}{c}\left(-C_i\sin\frac{\omega_i l}{c} + D_i\cos\frac{\omega_i l}{c}\right) = -k_2\left(C_i\cos\frac{\omega_i l}{c} + D_i\sin\frac{\omega_i l}{c}\right) \tag{l}$$

消去式(k)、(l)中的常数 C_i 和 D_i，可得频率方程

$$\frac{S\omega_i}{c}\left(\sin\frac{\omega_i l}{c} + \frac{k_1 c}{S\omega_i}\cos\frac{\omega_i l}{c}\right) = k_2\left(\cos\frac{\omega_i l}{c} + \frac{k_1 c}{S\omega_i}\sin\frac{\omega_i l}{c}\right) \tag{m}$$

定义以下三个符号，以简化后续推导：

$$\xi_i = \frac{\omega_i l}{c}, \ \zeta_{i1} = \frac{ml\omega_i^2}{k_1}, \ \zeta_{i2} = \frac{ml\omega_i^2}{k_2} \tag{n}$$

同时将方程(m)改写为

$$\tan\xi_i - \frac{\xi_i}{\zeta_{i1}} = \frac{\xi_i}{\zeta_{i2}}\left(1 + \frac{\xi_i}{\zeta_{i1}}\tan\xi_i\right)$$

或

$$\left(1 - \frac{\xi_i^2}{\zeta_{i1}\zeta_{i2}}\right)\tan\xi_i = \left(\frac{1}{\zeta_{i1}} + \frac{1}{\zeta_{i2}}\right)\xi_i \qquad (5.74)$$

式(5.74)即为两端受弹簧约束丝的超越频率方程。在这种情况下,由式(j)、(k)给出的正则函数可写成

$$X_i = C_i\left(\cos\frac{\xi_i x}{l} + \frac{\xi_i}{\zeta_{i1}}\sin\frac{\xi_i x}{l}\right) \qquad (5.75)$$

若 k_1 和 k_2 的取值很大,则方程(m)变为

$$\sin\frac{\omega_i l}{c} = 0 \qquad (o)$$

方程(o)即为两端固定丝的频率方程。在这种情况下,式(5.75)趋近于式(c)的形式。另一方面,当 k_1 和 k_2 的取值很小时,由式(5.74)、(5.75)可得

$$\omega_i = \frac{i\pi c}{l}, \ X_i = C_i\cos\frac{\omega_i x}{c} \quad (i = 1,\ 2,\ 3,\ \cdots) \qquad (p)$$

上式表明丝中无横向约束。最后一种情况,若 k_1 很大而 k_2 很小,方程(m)趋近于

$$\cos\frac{\omega_i l}{c} = 0 \qquad (q)$$

而根据式(5.75),可解得角频率和正则函数分别为

$$\omega_i = \frac{i\pi c}{2l}, \ X_i = D_i\sin\frac{\omega_i x}{c} \quad (i = 1,\ 2,\ 3,\ \cdots) \qquad (r)$$

上式表明,丝的左端固定,右端可自由平动。

利用 5.5 节中使用过的方法,可推导得出两端含弹簧的张紧丝的正交关系 $(i \neq j)$:

$$m\int_0^l X_i X_j\,\mathrm{d}x = 0 \qquad (5.76)$$

$$S\int_0^l X_i' X_j'\,\mathrm{d}x + k_1 X_{i0} X_{j0} + k_2 X_{il} X_{jl} = 0 \qquad (5.77)$$

$$S\int_0^l X_i'' X_j\,\mathrm{d}x + S X_{i0}' X_{j0} - k_1 X_{i0} X_{j0} - S X_{il}' X_{jl} - k_2 X_{il} X_{jl} = 0 \qquad (5.78)$$

另外,正则化条件选取

$$m\int_0^l X_i^2\,\mathrm{d}x = m \quad (i = j) \qquad (5.79)$$

因此,有

$$S \int_0^l X_i'' X_i \, \mathrm{d}x + S X_{i0}' X_{i0} - k_1 X_{i0}^2 - S X_{il}' X_{il} - k_2 X_{il}^2$$

$$= -S \int_0^l (X_i')^2 \, \mathrm{d}x - k_1 X_{i0}^2 - k_2 X_{il}^2 = -m \omega_i^2 \tag{5.80}$$

方程(5.76)到方程(5.80)与方程(5.39)到方程(5.43)类似,只是将刚度 $r = EA$ 替换为张紧力 S。此外,上述方程中还包含了与左右两端弹簧相关的项。

由于正则化定义式(5.79)与 5.4 节中的正则化定义式相同,因此先前推导得到的系统对初始条件的响应表达式[(5.23)、(5.24)、(5.25)]同样适用于求解受弹性约束的丝振问题。此外,横向力作用下的系统响应可根据式(5.28)、(5.29)计算。而系统对支承独立平动 v_{g1} 和 v_{g2} (见图 5.12)的响应可通过 5.6 节中的式(5.52)和式(5.53)计算。因此发现,弹性约束只改变丝振频率与模态振型,不改变其动态响应的求解方法。

5.9　等截面梁的横向振动

假设等截面梁的任意截面关于 $x\text{-}y$ 平面对称,考虑其在 $x\text{-}y$ 平面内的横向振动问题 (图 5.13a)。和上一节中张紧丝的横向振动问题相同,也用符号 v 表示梁上距离左端点 x 处的典型微元体的横向振动位移。由于丝的弯曲刚度 EI 很小,因此在分析丝的横向振动时可忽略其影响,但弯曲刚度的影响在分析梁的横向振动时不能忽略。图 5.13b 所示是长度为 $\mathrm{d}x$ 的微元体在内力和惯性力作用下的自由体受力分析图,其中剪力 V 和弯矩 M 的正方向与文献 [3]一致。当梁发生横向振动时,y 方向力的动态平衡条件为

$$V - V - \frac{\partial V}{\partial x} \mathrm{d}x - \rho A \, \mathrm{d}x \, \frac{\partial^2 v}{\partial t^2} = 0 \tag{a}$$

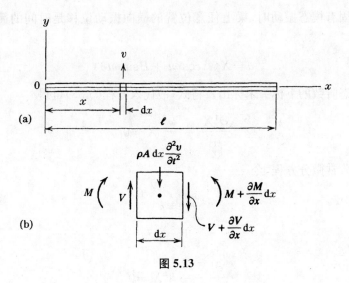

图 5.13

力矩平衡条件为

$$-V \mathrm{d}x + \frac{\partial M}{\partial x} \mathrm{d}x \approx 0 \tag{b}$$

将式(b)代入式(a),消去 V 后可得

$$\frac{\partial^2 M}{\partial x^2}\mathrm{d}x = -\rho A\mathrm{d}x\ \frac{\partial^2 v}{\partial t^2} \tag{c}$$

根据初等弯曲理论有关系式

$$M = EI\ \frac{\partial^2 v}{\partial x^2} \tag{d}$$

式(c)中的 M 用式(d)代入后可得

$$\frac{\partial^2}{\partial x^2}\left(EI\ \frac{\partial^2 v}{\partial x^2}\right)\mathrm{d}x = -\rho A\mathrm{d}x\ \frac{\partial^2 v}{\partial t^2} \tag{5.81}$$

式(5.81)即为梁发生横向自由振动时的一般运动方程。对于等截面梁而言,弯曲刚度 EI 随着轴向位置 x 不发生变化,运动方程可简化为

$$EI\ \frac{\partial^4 v}{\partial x^4}\mathrm{d}x = -\rho A\mathrm{d}x\ \frac{\partial^2 v}{\partial t^2} \tag{5.82}$$

运动方程还可写成

$$\frac{\partial^4 v}{\partial x^4} = -\frac{1}{a^2}\ \frac{\partial^2 v}{\partial t^2} \tag{5.83}$$

这种形式的运动方程中,符号 a 定义为

$$a = \sqrt{\frac{EI}{\rho A}} \tag{5.84}$$

当梁以某阶固有模态振动时,梁上任意位置的横向振动位移是时间的简谐函数,其表达式为

$$v = X(A\cos\omega t + B\sin\omega t) \tag{e}$$

其中表示固有模态阶数的下标 i 未标出。将式(e)代入方程(5.83)可得

$$\frac{\partial^4 X}{\partial x^4} - \frac{\omega^2}{a^2}X = 0 \tag{f}$$

为了求解这个四阶常微分方程,令

$$\frac{\omega^2}{a^2} = k^4 \tag{g}$$

将方程(f)改写成

$$\frac{\partial^4 X}{\partial x^4} - k^4 X = 0 \tag{h}$$

为了使方程(h)成立,令 $X = \mathrm{e}^{nx}$,方程(h)变为

$$\mathrm{e}^{nx}(n^4 - k^4) = 0 \tag{i}$$

求解方程(i),可得四个根 $n_1 = k$,$n_2 = -k$,$n_3 = \mathrm{j}k$,$n_4 = -\mathrm{j}k$,其中 $\mathrm{j} = \sqrt{-1}$。 因此方程(h)

的通解为

$$X = Ce^{kx} + De^{-kx} + Ee^{jkx} + Fe^{-jkx} \qquad (j)$$

或将通解写成另一种等效形式为

$$X = C_1 \sin kx + C_2 \cos kx + C_3 \sinh kx + C_4 \cosh kx \qquad (5.85)$$

这一表达式即为等截面梁横向振动的典型正则函数形式。

式(5.85)中的常数 C_1、C_2、C_3 和 C_4 要根据两端约束的边界条件确定取值。比如对于一端简支的等截面梁,该端点的位移和弯矩均为零,边界条件为

$$X = 0, \; X'' = 0 \qquad (k)$$

而对固定端点的等截面梁,边界位移和斜率为零,因而有边界条件

$$X = 0, \; X' = 0 \qquad (l)$$

对自由端而言,弯矩和剪力不存在,边界条件为

$$X'' = 0, \; X''' = 0 \qquad (m)$$

对于式(5.85),总能给出关于梁两端的四个边界条件用以求解四个常数,进而得出自由振动的频率和振型。最后通过各阶正则模态的相加求得系统总的振动响应为

$$v = \sum_{i=1}^{\infty} X_i (A_i \cos \omega_i t + B_i \sin \omega_i t) \qquad (5.86)$$

对于梁在其他特殊端点条件下的振动问题,将在后续章节中阐述相关内容。

现在重新分析方程(h),将其改写成特征值的形式:

$$X_i''' = \lambda_i X_i \qquad (5.87)$$

这里有特征值

$$\lambda_i = k_i^4 = \left(\frac{\omega_i}{a} \right)^2 \qquad (n)$$

这一特征值问题是特征函数 X_i 关于位置 x 的四阶导数等于该特征函数乘以特征值 λ_i。特征函数的正交性通过研究第 i 和 j 阶模态的特征值问题得出。推导过程如下,首先有:

$$X_i''' = \lambda_i X_i \qquad (o)$$

$$X_j''' = \lambda_j X_j \qquad (p)$$

将式(o)和式(p)分别乘以 X_j 和 X_i,并沿着梁的长度方向积分后可得

$$\int_0^l X_i''' X_j \, dx = \lambda_i \int_0^l X_i X_j \, dx \qquad (q)$$

$$\int_0^l X_j''' X_i \, dx = \lambda_j \int_0^l X_i X_j \, dx \qquad (r)$$

对于以上两等式等号左边的积分项,利用分部积分法将其改写为

$$[X_i''' X_j]_0^l - [X_i'' X_j']_0^l + \int_0^l X_i'' X_j'' \, dx = \lambda_i \int_0^l X_i X_j \, dx \qquad (s)$$

$$[X_j''' X_i]_0^l - [X_j'' X_i']_0^l + \int_0^l X_i'' X_j'' \mathrm{d}x = \lambda_j \int_0^l X_i X_j \mathrm{d}x \tag{t}$$

式(k)、(l)、(m)定义的梁两端的边界条件,使得式(s)、(t)中的已积项为零。因此,将式(s)减去式(t)得到

$$(\lambda_i - \lambda_j) \int_0^l X_i X_j \mathrm{d}x = 0 \tag{u}$$

当 $i \neq j$ 时,如果两特征值 $\lambda_i \neq \lambda_j$,为了使等式(u)成立,有

$$\int_0^l X_i X_j \mathrm{d}x = 0 \quad (i \neq j) \tag{5.88}$$

将式(5.88)代入式(s),可得

$$\int_0^l X_i'' X_j'' \mathrm{d}x = 0 \quad (i \neq j) \tag{5.89}$$

同样将式(5.88)代入式(q),可得

$$\int_0^l X_i^{(4)} X_j \mathrm{d}x = 0 \quad (i \neq j) \tag{5.90}$$

方程(5.88)、(5.89)、(5.90)共同构成了等截面梁横向振动的正交关系。

对于 $i = j$ 的情况,式(u)中的积分项可以等于任意常数 α_i,即

$$\int_0^l X_i^2 \mathrm{d}x = \alpha_i \quad (i = j) \tag{5.91}$$

当特征函数按照式(5.91)正则化后,根据式(q)、(s)可得

$$\int_0^l X_i^{(4)} X_i \mathrm{d}x = \int_0^l (X_i'')^2 \mathrm{d}x = \lambda_i \alpha_i = k_i^4 \alpha_i = \left(\frac{\omega_i}{a} \right)^2 \alpha_i \tag{5.92}$$

为了将运动方程(5.82)转换到主坐标系下进行描述,将其改写为

$$m\ddot{v} \mathrm{d}x + r v^{(4)} \mathrm{d}x = 0 \tag{v}$$

式中,$m = \rho A$,为梁的单位长度质量;$r = EI$,为梁的弯曲刚度。将梁的横向运动按照时间函数 ϕ_i 和位移函数 X_i 相乘的形式表达为

$$v = \sum_i \phi_i X_i \quad (i = 1, 2, 3, \cdots) \tag{5.93}$$

将式(5.93)代入运动方程(v)可得

$$\sum_{i=1}^{\infty} (m\ddot{\phi}_i X_i + r\phi_i X_i^{(4)}) \mathrm{d}x = 0 \tag{w}$$

将方程(w)乘以正则函数 X_j,并沿着长度方向积分,得到

$$\sum_{i=1}^{\infty} \left(m\ddot{\phi}_i \int_0^l X_i X_j \mathrm{d}x + r\phi_i \int_0^l X_i^{(4)} X_j \mathrm{d}x \right) = 0 \tag{x}$$

根据关系式(5.88)、(5.90)、(5.92),得到当 $i = j$ 时主坐标系下的运动方程

$$m_{\mathrm{P}i} \ddot{\phi}_i + r_{\mathrm{P}i} \phi_i = 0 \quad (i = 1, 2, 3, \cdots) \tag{5.94}$$

这里有

$$m_{\mathrm{P}i} = m \int_0^l X_i^2 \,\mathrm{d}x = m\alpha_i \tag{5.95}$$

且有

$$r_{\mathrm{P}i} = r \int_0^l X_i^{(4)} X_i \,\mathrm{d}x = r \int_0^l (X_i'')^2 \,\mathrm{d}x = m\omega_i^2 \alpha_i \tag{5.96}$$

从而发现,弯曲振动主质量的计算方法与 5.4 节中式(5.19)表达的轴向振动计算方法相同。但式(5.96)中主刚度的计算方法与式(5.20)中轴向振动主刚度的计算方法不同。

如前所述,将正则常数归一化,则由式(5.91)、(5.92)得出

$$\int_0^l X_i^2 \,\mathrm{d}x = 1, \quad \int_0^l X_i^{(4)} X_i \,\mathrm{d}x = \int_0^l (X_i'')^2 \,\mathrm{d}x = k_i^4 = \left(\frac{\omega_i}{a}\right)^2 \tag{5.97}$$

将方程(5.94)除以 m,得到另一种熟悉的主坐标运动方程形式:

$$\ddot{\phi}_i + \omega_i^2 \phi_i = 0 \quad (i = 1, 2, 3, \cdots) \tag{5.98}$$

从上述推导过程中发现,梁弯曲振动的正则模态分析法与 5.4 节中轴向振动的分析方法相似。正因为这个相似性,在分析梁对初始条件和外载荷的响应时无须重新推导响应计算公式,直接应用 5.4 节中的式(5.23)～(5.29)计算即可。计算过程中要注意用横向位移 v 替换纵向位移 u。

5.10　简支梁的横向振动

图 5.14 为梁横向振动的第一种特殊情况——等截面简支梁。这种情况下的边界条件为

$$(X)_{x=0} = 0, \quad \left(\frac{\partial^2 X}{\partial x^2}\right)_{x=0} = 0; \quad (X)_{x=l} = 0, \quad \left(\frac{\partial^2 X}{\partial x^2}\right)_{x=l} = 0 \tag{a}$$

式(a)中的简支梁边界条件表示梁两端的横向位移和弯矩均为零。

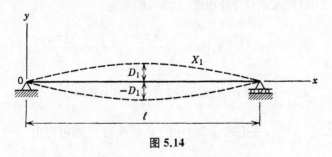

图 5.14

一般情况下,为了方便求解,将正则函数的一般表达式[式(5.85)]写成以下等效形式:

$$\begin{aligned}
X = {}&C_1(\cos kx + \cosh kx) + C_2(\cos kx - \cosh kx) + \\
&C_3(\sin kx + \sinh kx) + C_4(\sin kx - \sinh kx)
\end{aligned} \tag{5.99}$$

根据式(a)的前两个边界条件,可确定式(5.99)中的常数 C_1 和 C_2 均为零。而根据式(a)的后两个边界条件,可确定式(5.99)中的常数 $C_3 = C_4$。且有

$$\sin kl = 0 \tag{5.100}$$

式(5.100)即为本问题的频率方程。方程的非零连续根为 $k_i l = i\pi$ ($i=1$, 2, 3, …),因此有

$$k_i = \frac{i\pi}{l} \quad (i=1, 2, 3, \cdots) \tag{5.101}$$

对应 k_i 的角频率由下式得到:

$$\omega_i = k_i^2 a = \frac{i^2\pi^2 a}{l^2} = \frac{i^2\pi^2}{l^2}\sqrt{\frac{EI}{\rho A}} \tag{5.102}$$

而振动模态的周期为

$$\tau_i = \frac{1}{f_i} = \frac{2\pi}{\omega_i} = \frac{2l^2}{i^2\pi}\sqrt{\frac{\rho A}{EI}} \tag{5.103}$$

发现任意一阶振动模态的周期都与梁的长度成正比,并与截面的回转半径成反比。由此得出结论,对于外形尺寸和材料相同的梁,固有振动的周期正比于其尺寸。

不同固有模态振动的振型曲线由式(5.99)给出的正则函数表示。当满足 $C_1 = C_2 = 0$、$C_3 = C_4 = D/2$ 时,振型曲线为

$$X_i = D_i \sin k_i x = D_i \sin\frac{i\pi x}{l} \quad (i=1, 2, 3, \cdots) \tag{5.104}$$

因此,振型曲线为正弦曲线,其中图 5.14 中的虚线为一阶振型曲线。发现简支梁的正则函数与两端固定张紧丝的正则函数相同(见图 5.10c、d 和 e)。为了满足前一节中式(5.97)的正则化要求,令常数 $D_i = \sqrt{2/l}$。

现在考虑简支梁对初始位移和速度的横向振动响应。与张紧丝问题一样,将梁上任意一点的横向初始位移表示为 $v_0 = f_1(x)$,初始速度表示为 $\dot{v}_0 = f_2(x)$($t=0$ 时刻)。同样,本问题的方程通解根据上一节中的式(5.86)求解,这与 5.4 节中式(5.25)表示的正则模态法等效。如果将正则函数(5.104)代入式(5.23)和式(5.24),结果为

$$\phi_{0i} = \int_0^l f_1(x) X_i \, \mathrm{d}x = \sqrt{\frac{2}{l}} \int_0^l f_1(x)\sin\frac{i\pi x}{l}\,\mathrm{d}x \tag{b}$$

$$\dot{\phi}_{0i} = \int_0^l f_2(x) X_i \, \mathrm{d}x = \sqrt{\frac{2}{l}} \int_0^l f_2(x)\sin\frac{i\pi x}{l}\,\mathrm{d}x \tag{c}$$

再将式(b)、(c)代入式(5.25),并把式(5.25)中的 u 替换为 v,则可得出

$$v = \frac{2}{l}\sum_{i=1}^{\infty}\sin\frac{i\pi x}{l}\left[\cos\omega_i t\int_0^l f_1(x)\sin\frac{i\pi x}{l}\,\mathrm{d}x + \frac{1}{\omega_i}\sin\omega_i t\int_0^l f_2(x)\sin\frac{i\pi x}{l}\,\mathrm{d}x\right] \tag{5.105}$$

将式(5.105)与方程(5.86)对比,可得出常数 A_i 和 B_i 的表达式为

$$A_i = \frac{2}{l}\int_0^l f_1(x)\sin\frac{i\pi x}{l}\,\mathrm{d}x \tag{d}$$

$$B_i = \frac{2}{l\omega_i} \int_0^l f_2(x) \sin\frac{i\pi x}{l} \mathrm{d}x \tag{e}$$

举例来说,假设梁在距离左侧支点 x_1 处的微段 δ 上受到冲击载荷作用,产生初始速度 $\dot{v}_1$。这时有 $f_1(x)=0$,同时有 $f_2(x)=0\ (x\neq x_1)$、$f_2(x_1)=\dot{v}_1$。将这些条件代入式(d)、(e),无须积分便可得到

$$A_i = 0,\quad B_i = \frac{2\dot{v}_1\delta}{l\omega_i} \sin\frac{i\pi x_1}{l}$$

并且有总响应为

$$v = \frac{2\dot{v}_1\delta}{l} \sum_{i=1}^{\infty} \frac{1}{\omega_i} \sin\frac{i\pi x}{l} \sin\frac{i\pi x_1}{l} \sin\omega_i t \tag{f}$$

如果冲击载荷作用在简支梁跨距的中点 $x_1 = l/2$ 处,则有

$$v = \frac{2\dot{v}_1\delta}{l} \left(\frac{1}{\omega_1}\sin\frac{\pi x}{l}\sin\omega_1 t - \frac{1}{\omega_3}\sin\frac{3\pi x}{l}\sin\omega_3 t + \frac{1}{\omega_5}\sin\frac{5\pi x}{l}\sin\omega_5 t - \cdots \right)$$

$$= \frac{2\dot{v}_1\delta l}{a\pi^2} \left(\sin\frac{\pi x}{l}\sin\omega_1 t - \frac{1}{9}\sin\frac{3\pi x}{l}\sin\omega_3 t + \frac{1}{25}\sin\frac{5\pi x}{l}\sin\omega_5 t - \cdots \right) \tag{g}$$

这种情况下,系统只有对称振动模态被激励出来,且式(g)中相邻振动模态的幅值逐项递减 $1/i^2$。

习题 5.10

5.10-1. 一简支梁因作用于中点处的力 P 产生挠曲。试问如果载荷 P 突然消失后该梁将发生什么振动?

5.10-2. 对于前一习题,若力 P 作用于 $x = x_1$ 处,试问该梁将发生什么振动?

5.10-3. 简支梁受到强度为 w 的均布载荷作用。试求载荷突然消失后梁的振动。

5.10-4. 在 $t=0$ 时刻,若简支梁除两端点外的其他所有点均被赋予横向运动速度 $\dot{v}_0$,试确定该梁的振动。

5.11　其他端点条件下梁的振动

1) 两端自由梁

这种情况下的边界条件为

$$\left(\frac{\partial^2 X}{\partial x^2}\right)_{x=0} = 0,\ \left(\frac{\partial^3 X}{\partial x^3}\right)_{x=0} = 0;\ \left(\frac{\partial^2 X}{\partial x^2}\right)_{x=l} = 0,\ \left(\frac{\partial^3 X}{\partial x^3}\right)_{x=l} = 0 \tag{a}$$

为了满足式(a)的前两个边界条件,通解(5.99)中的常数 $C_2 = C_4 = 0$,可将通解表达式简化为

$$X = C_1(\cos kx + \cosh kx) + C_3(\sin kx + \sinh kx) \tag{5.106}$$

而由式(a)的第三和第四个边界条件,可建立方程

$$C_1(-\cos kl + \cosh kl) + C_3(-\sin kl + \sinh kl) = 0 \tag{b}$$

$$C_1(\sin kl + \sinh kl) + C_3(-\cos kl + \cosh kl) = 0 \qquad (c)$$

令方程(b)、(c)的系数行列式为零,可求出常数 C_1 和 C_3 的非零解。通过以上步骤,确定频率方程为

$$(-\cos kl + \cosh kl)^2 - (-\sin^2 kl + \sinh^2 kl) = 0 \qquad (d)$$

或利用以下两个三角函数关系

$$\cos^2 kl + \sin^2 kl = 1, \ \cosh^2 kl - \sinh^2 kl = 1$$

将式(d)改写为

$$\cos kl \cosh kl = 1 \qquad (5.107)$$

方程的几个最小连续根为

$k_0 l$	$k_1 l$	$k_2 l$	$k_3 l$	$k_4 l$	$k_5 l$
0	4.730	7.853	10.996	14.137	17.279

其中第一个根为表示两类刚体运动的重根。其他非零根可通过下式近似:

$$k_i l \approx \left(i + \frac{1}{2}\right)\pi$$

两端自由梁的振动频率通过方程 $f_i = \dfrac{\omega_i}{2\pi} = \dfrac{k_i^2 a}{2\pi}$ 计算,所以有

$$f_0 = 0, \ f_1 = \frac{\omega_1}{2\pi} = \frac{k_1^2 a}{2\pi}, \ f_2 = \frac{\omega_2}{2\pi} = \frac{k_2^2 a}{2\pi}, \ \cdots \qquad (e)$$

将方程(5.107)的这些连续根代入式(b)、(c),便可确定每阶振动模态的比值 C_1/C_3。 梁振动时的振型曲线通过式(5.106)计算,对应频率 f_1、f_2 和 f_3 的前三阶模态振型分别如图 5.15a、b 和 c 所示。梁的刚体振动位移也可叠加表示为

$$X_0 = c_1 + c_2 x \qquad (f)$$

式(f)包含了平动和转动两种运动,并可将其叠加至自由振动位移上。

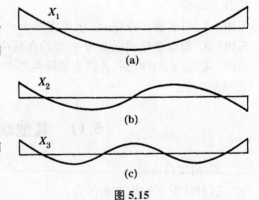

图 5.15

2) 两端固支梁

这种情况下的边界条件为

$$(X)_{x=0} = 0, \ \left(\frac{\partial X}{\partial x}\right)_{x=0} = 0; \ (X)_{x=l} = 0 \ \left(\frac{\partial X}{\partial x}\right)_{x=l} = 0 \qquad (g)$$

为了满足式(g)的前两个边界条件,通解(5.99)中的常数 $C_1 = C_3 = 0$,通解表达式变为

$$X = C_2(\cos kx - \cosh kx) + C_4(\sin kx - \sinh kx) \qquad (5.108)$$

根据式(g)的后两个边界条件,可得下列两方程:

$$C_2(\cos kl - \cosh kl) + C_4(\sin kl - \sinh kl) = 0 \tag{h}$$

$$C_2(\sin kl + \sinh kl) + C_4(-\cos kl + \cosh kl) = 0 \tag{i}$$

由方程(h)、(i)可得与式(5.107)相同的频率方程，进而表明两端固定梁的振动频率与两端自由梁的振动频率一致。图 5.16a、b 和 c 给出了等截面梁的前三阶模态振型。

3) 一端固支一端自由梁

假设左端 $x = 0$ 处固定，则边界条件为

$$\left.\begin{array}{c} (X)_{x=0} = 0, \quad \left(\dfrac{\mathrm{d}X}{\mathrm{d}x}\right)_{x=0} = 0 \\[2mm] \left(\dfrac{\mathrm{d}^2 X}{\mathrm{d}x^2}\right)_{x=l} = 0 \quad \left(\dfrac{\mathrm{d}^3 X}{\mathrm{d}x^3}\right)_{x=l} = 0 \end{array}\right\} \tag{j}$$

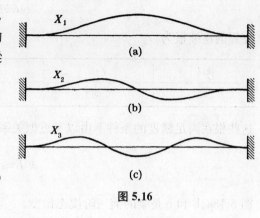

图 5.16

从式(j)的前两个边界条件推导得出通解(5.99)中的常数 $C_1 = C_3 = 0$，继而振型的表达式为式(5.108)。式(j)的其余两个边界条件确定了频率方程：

$$\cos kl \cosh kl = -1 \tag{5.109}$$

该频率方程的连续根为

$k_1 l$	$k_2 l$	$k_3 l$	$k_4 l$	$k_5 l$	$k_6 l$
1.875	4.694	7.855	10.996	14.137	17.279

根的近似值可通过以下约等式计算：

$$k_i l \approx \left(i - \frac{1}{2}\right)\pi$$

发现随着频率值的增大，方程(5.109)的根逐渐逼近两端自由梁的方程(5.107)的根。

任意一阶模态的振动频率为

$$f_i = \frac{\omega_i}{2\pi} = \frac{a k_i^2}{2\pi} \tag{k}$$

例如，取一阶振动模态，其频率为

$$f_1 = \frac{a}{2\pi}\left(\frac{1.875}{l}\right)^2 \tag{l}$$

相应的振动周期为

$$\tau_1 = \frac{1}{f_1} = \frac{2\pi}{a}\,\frac{l^2}{(1.875)^2} = \frac{2\pi}{3.515}\sqrt{\frac{\rho A l^4}{EI}} \tag{m}$$

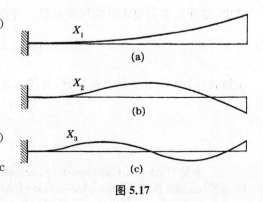

图 5.17

本问题中梁的前三阶模态振型如图 5.17a、b 和 c 所示。

4）一端固支一端简支梁

这种情况下的频率方程为

$$\tan kl = \tanh kl \tag{5.110}$$

方程的连续根为

$k_1 l$	$k_2 l$	$k_3 l$	$k_4 l$	$k_5 l$
3.927	7.069	10.210	13.352	16.493

这些根在满足精度的条件下由以下近似关系计算得出：

$$k_i l \approx \left(i + \frac{1}{4}\right)\pi$$

图 5.18a、b 和 c 是梁的前三阶模态振型。

截至目前，所考虑的所有端点条件中的正则
函数及其相应推导公式都可查表得到[①]。通过查
表方法求解梁的振动问题可以大大简化求解过
程。下面举例说明如何通过查表，求解梁在初始
条件下的振动响应。用于计算系统对施加载荷
产生的响应的另一种方法，将在后面章节阐述。

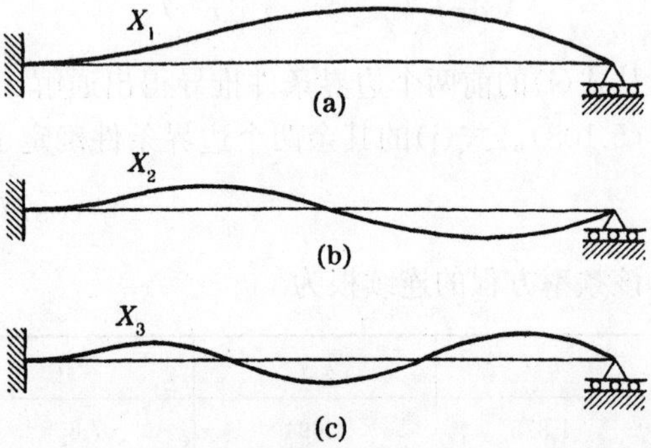

前述章节叙述的关于求解弹性体在初始条
件下的响应的方法，主要采用定积分的形式：

图 5.18

$$\int_0^l f_1(x) X_i \, \mathrm{d}x , \int_0^l f_2(x) X_i \, \mathrm{d}x$$

当正则函数 X_i 比较复杂时，被积函数直接计算积分很困难。对各种类型的端点约束，只有简
支梁的模态振型形式较为简单，其他端点条件的被积函数多为双曲函数，通常需要计算数值积
分。但也有特例，比如系统初始条件由集中力或集中力矩产生的情况。下面，将讨论系统受到
集中力 P_0（$t=0$ 时刻突然消失）作用，产生初始位移 $v_0 = f_1(x)$ 的情况下，系统振动的求解方
法。相似的步骤也可用于求解集中力矩作用下系统的振动。

梁的任一初始位移曲线 $v_0 = f_1(x)$ 可以表示成正则函数 X_i 加权求和的形式：

$$v_0 = b_1 X_1 + b_2 X_2 + b_3 X_3 + \cdots = \sum_{i=1}^{\infty} b_i X_i \tag{n}$$

式中，权重 b_i 为需要求解的尺度系数。等截面梁在弯曲位置的应变能可以写成

$$U_0 = \frac{EI}{2} \int_0^l (v_0'')^2 \, \mathrm{d}x \tag{o}$$

求解式（n）中 v_0 对 x 的二阶导数，并代入式（o）可得

$$U_0 = \frac{EI}{2} \sum_{i=1}^{\infty} b_i^2 \int_0^l (X_i'')^2 \, \mathrm{d}x \tag{p}$$

---

① 参见"Tables of Characteristic Functions Representing Normal Modes of Vibration of a Beam，by
Dana Young and R. P.，Felgar，Univ. Texas Publ.，No. 4913，1949."。

根据 5.9 节中的式 (5.91)、(5.92)，有

$$\int_0^l (X_i'')^2 \, \mathrm{d}x = k_i^4 \int_0^l X_i^2 \, \mathrm{d}x \tag{q}$$

利用式 (p) 求得

$$U_0 = \frac{EI}{2} \sum_{i=1}^{\infty} b_i^2 k_i^4 \int_0^l X_i^2 \, \mathrm{d}x \tag{r}$$

假设式 (n) 中的初始位移 v_0 由作用在 $x = x_1$ 处的 y 方向集中力 P_0 产生。利用虚功原理求解式 (n) 中的权重系数 b_i。设作用力在虚位移 $\delta b_i X_i$ 上所做的虚功等于应变能的增量，可表示为

$$P_0 \delta b_i X_{i1} = \frac{\partial U_0}{\partial b_i} \delta b_i = EI b_i k_i^4 \delta b_i \int_0^l X_i^2 \, \mathrm{d}x \tag{s}$$

式中，X_{i1} 为 X_i 在 $x = x_1$ 处的取值。将式 (s) 改写成求解 b_i 的形式，为

$$b_i = \frac{P_0 X_{i1}}{EI k_i^4 \int_0^l X_i^2 \, \mathrm{d}x} \tag{t}$$

将这一 b_i 的表达式代入式 (n) 后可得

$$v_0 = \frac{P_0}{EI} \sum_{i=1}^{\infty} \left(\frac{X_i X_{i1}}{k_i^4 \int_0^l X_i^2 \, \mathrm{d}x} \right) \tag{u}$$

发现正则化 X_i 的方法不影响 v_0 的取值。根据前文提出的查表结果，正则化条件表示为

$$\int_0^l X_i^2 \, \mathrm{d}x = l \tag{v}$$

根据这一条件，表达式 (t) 可改写为

$$b_i = \frac{P_0 l^3 X_{i1}}{EI (k_i l)^4} \tag{5.111}$$

进而将方程 (u) 变为

$$v_0 = \frac{P_0 l^3}{EI} \sum_{i=1}^{\infty} \frac{X_i X_{i1}}{(k_i l)^4} \tag{5.112}$$

式 (5.112) 可用于表示并分析梁的静态振型曲线。

前文提到的弹性梁在初始位移 $b_i X_i$ 作用下的自由振动响应为

$$v_i = b_i X_i \cos \omega_i t \tag{w}$$

因此，系统的总响应可表示为

$$v = \sum_{i=1}^{\infty} b_i X_i \cos \omega_i t \tag{x}$$

将 b_i 的表达式 (5.111) 代入式 (x) 可得

$$v = \frac{P_0 l^3}{EI} \sum_{i=1}^{\infty} \frac{X_i X_{i1}}{(k_i l)^4} \cos \omega_i t \tag{5.113}$$

要使用这个表达式,可从表中获取所需模态的 X_i 值。

上述方法既可用于分布载荷作用问题,也可用于集中载荷作用下的振动问题。但从工程实际角度出发,这一方法不具有显著优势。计算分布载荷的虚功[见式(s)]需要对载荷强度和沿杆长方向的每个正则函数的乘积进行积分。这一包含类载荷函数的积分类似于对位移函数的积分,均是在工程计算时希望避免的。但在大多数情况下,计算载荷函数的积分会比计算位移函数的积分方便。

例. 两端固定梁在其跨度中点位置受到横向集中力 P_0 的作用。假设力在 $t=0$ 时刻突然消失,求梁中点处的自由振动响应。

解:两端固定梁的正则函数[式(5.108)]可表示为

$$X_i = \cosh k_i x - \cos k_i x - \alpha_i (\sinh k_i x - \sin k_i x) \tag{y}$$

其中

$$\alpha_i = \frac{\cosh k_i l - \cos k_i l}{\sinh k_i l - \sin k_i l}$$

计算可得 $\alpha_1 = 0.982\,5$,$\alpha_2 = 1.000\,8$,$\alpha_3 \approx 1$,$\alpha_4 \approx 1$。通过查表,找到两端固定梁的奇数阶模态为

$$(X_1)_{x=l/2} = 1.588, \ (X_3)_{x=l/2} = -1.406, \ (X_5)_{x=l/2} = 1.415$$

将以上取值与相应的 $k_i l$ 取值代入式(5.113),可得梁中点的振动响应:

$$(v)_{x=l/2} = \frac{P_0 l^3}{EI} \left[\frac{(1.588)^2}{(4.730)^4} \cos \omega_1 t + \frac{(1.406)^2}{(10.996)^4} \cos \omega_3 t + \frac{(1.415)^2}{(17.279)^4} \cos \omega_5 t + \cdots \right]$$

$$= \frac{P_0 l^3}{EI} (5\,038 \cos \omega_1 t + 135 \cos \omega_3 t + 22 \cos \omega_5 t + \cdots) \times 10^{-6} \tag{z}$$

习题 5.11

5.11-1. 试用数值方法求解一根一端固定另一端简支的梁的正则函数,并绘制出一阶和二阶固有模态的振型曲线。

5.11-2. 试求解前一习题,并假设这时梁上 $x=0$ 端固定,$x=l$ 端自由。

5.11-3. 假设两端固定梁在 $x=l/4$ 处受到一集中力 P_0 的作用而发生弯曲,在 $t=0$ 时刻该力突然消失。试求该梁的自由振动表达式。

5.11-4. 假设一端固定另一端自由的梁在自由端受到一集中力 P_0 的作用而发生弯曲,在 $t=0$ 时刻该力突然消失。试求该梁的自由振动表达式。

5.12 转动惯量与剪切变形的影响

在以前关于弯曲振动的讨论中,默认梁的横截面尺寸与其长度相比较小。为了考虑横截面尺寸对频率的影响,将对之前讨论过的理论进行修正。这些修正对于研究杆被节点处横截面细分为相对短的长度时的高频振动模态,具有重要意义。

从图 5.13b 中容易发现,典型梁单元振动时不仅发生平移运动,还伴随旋转运动[1]。旋转角度等于位移曲线的斜率,表示为 $\partial v/\partial x$,对应的角速度和角加速度为

$$\frac{\partial^2 v}{\partial x \partial t} \quad \text{和} \quad \frac{\partial^3 v}{\partial x \partial t^2}$$

进而有绕质心轴线并垂直于 x-y 平面的梁单元的惯性矩为

$$-\rho I \frac{\partial^3 v}{\partial x \partial t^2} \mathrm{d}x$$

定义逆时针方向为惯性矩的正方向。不同于 5.9 节中的式(b),建立梁单元动态平衡方程时须考虑惯性矩的影响,方程为

$$-V\mathrm{d}x + \frac{\partial M}{\partial x}\mathrm{d}x - \rho I \frac{\partial^3 v}{\partial x \partial t^2}\mathrm{d}x = 0 \tag{a}$$

将式(a)得出的剪力 V 的表达式代入 y 方向的力平衡方程[5.9 节式(a)],有

$$\frac{\partial V}{\partial x}\mathrm{d}x = \frac{\partial}{\partial x}\left(\frac{\partial M}{\partial x} - \rho I \frac{\partial^3 v}{\partial x \partial t^2}\right)\mathrm{d}x = -\rho A\mathrm{d}x \frac{\partial^2 v}{\partial t^2} \tag{b}$$

根据 5.9 节中的式(d)得到

$$EI \frac{\partial^4 v}{\partial t^4} = -\rho A \frac{\partial^2 v}{\partial t^2} + \rho I \frac{\partial^4 v}{\partial x^2 \partial t^2} \tag{5.114}$$

式(5.114)即为等截面梁横向振动的微分方程,其中等号右边的第二项计入了转动惯量对振动的影响。

还可考虑剪切变形对振动的影响,得到比式(5.114)更为精确的运动微分方程。[1] 位移曲线的斜率不仅取决于梁截面的旋转角度,还受到剪切变形的影响。忽略剪切力,定义 ψ 为位移曲线的斜率,β 为相同截面中性轴的剪切角,可得总的位移曲线斜率为

$$\frac{\mathrm{d}v}{\mathrm{d}x} = \psi + \beta \tag{c}$$

根据初等弹性理论,有关于弯矩和剪力的方程如下:

$$M = EI \frac{\mathrm{d}\psi}{\mathrm{d}x}, \ V = -k'\beta AG = -k'\left(\frac{\mathrm{d}v}{\mathrm{d}x} - \psi\right)AG \tag{d}$$

式中,k' 为由截面形状决定的数值因子;A 为截面积;G 为剪切弹性模量。因此有梁单元转动的微分方程

$$-V\mathrm{d}x + \frac{\partial M}{\partial x}\mathrm{d}x - \rho I \frac{\partial^2 \psi}{\partial t^2}\mathrm{d}x = 0 \tag{e}$$

---

① 考虑剪切变形效应的微分方程,可参见"*S. Timoshenko*, *Phil. Mag.* Ser. 6, 41, p. 744. 和 43, p. 125, 1921."两篇文章。"*E. Goens*, *Ann. Physik*, Ser. 5, 11, 1931, p. 649"和"*R. M. Davies*, *Phil. Mag.*, Ser. 7, 23, 1937, p. 1129."均通过实验验证了剪切效应。"*W. Flügge*, *Z. angew. Math. u. Mech.*, 22, 1942, p. 312."强调了梁受冲击载荷作用下考虑剪切变形的必要性。

将式(d)代入方程(e)可得

$$EI \frac{\partial^2 \psi}{\partial x^2} + k' \left(\frac{\mathrm{d}\upsilon}{\mathrm{d}x} - \psi \right) AG - \rho I \frac{\partial^2 \psi}{\partial t^2} = 0 \qquad (f)$$

而同一梁单元在 y 方向的平动微分方程仍为

$$-\frac{\partial V}{\partial x} \mathrm{d}x - \rho A \frac{\partial^2 \upsilon}{\partial t^2} \mathrm{d}x = 0 \qquad (g)$$

将式(d)中的第二个关系式代入方程(g)可得

$$k' \left(\frac{\partial^2 \upsilon}{\partial x^2} - \frac{\partial \psi}{\partial x} \right) G - \rho \frac{\partial^2 \upsilon}{\partial t^2} = 0 \qquad (h)$$

消去方程(f)、(h)中的 ψ，可得到完整的等截面梁横向振动微分方程

$$EI \frac{\partial^4 \upsilon}{\partial x^4} + \rho A \frac{\partial^2 \upsilon}{\partial t^2} - \rho I \left(1 + \frac{E}{k'G} \right) \frac{\partial^4 \upsilon}{\partial x^2 \partial t^2} + \frac{\rho^2 I}{k'G} \frac{\partial^4 \upsilon}{\partial t^4} = 0 \qquad (5.115)$$

下面讨论根据方程(5.115)计算梁的振动频率的方法。

再次考虑 5.10 节中的简支梁振动问题（图 5.14）。利用方程(5.115)求解更精确的振动频率解，不再利用方程(5.83)进行计算。方程(5.115)两边同时除以 ρA，借助定义式(5.84)和符号

$$r_g^2 = \frac{I}{A} \qquad (i)$$

推导得到

$$a^2 \frac{\partial^4 \upsilon}{\partial x^4} + \frac{\partial^2 \upsilon}{\partial t^2} - r_g^2 \left(1 + \frac{E}{k'G} \right) \frac{\partial^4 \upsilon}{\partial x^2 \partial t^2} + r_g^2 \frac{\rho^2}{k'G} \frac{\partial^4 \upsilon}{\partial t^4} = 0 \qquad (5.116)$$

为了满足以上运动方程及其端点条件，取第 i 阶模态

$$\upsilon_i = \left(\sin \frac{i\pi x}{l} \right) (A_i \cos \omega_i t + B_i \sin \omega_i t) \qquad (j)$$

式中的正则函数与不考虑转动惯量和剪切变形的情况一致。将式(j)代入方程(5.116)，得到计算振动频率的方程如下：

$$a^2 \frac{i^4 \pi^4}{l^4} - \omega_i^2 - \omega_i^2 \frac{i^2 \pi^2 r_g^2}{l^2} - \omega_i^2 \frac{i^2 \pi^2 r_g^2}{l^2} \frac{E}{k'G} + \frac{r_g^2 \rho}{k'G} \omega_i^4 = 0 \qquad (5.117)$$

如若只考虑方程前两项，忽略后面三项，则根据方程(5.117)可得

$$\omega_i = a \frac{i^2 \pi^2}{l^2} = \frac{a\pi^2}{\lambda_i^2} \qquad (k)$$

式中，$\lambda_i = l/i$，为振动单元长度的一半，这一结果与式(5.102)的结果相同。如果将方程(5.117)的前三项进行二项式展开，可得

$$\omega_i = \frac{a\pi^2}{\lambda_i^2}\left(1 - \frac{\pi^2 r_g^2}{2\lambda_i^2}\right) \tag{1}$$

这种情况下的频率计算考虑了转动惯量对振动的影响。从中发现,频率计算的这一修正方法对高频振动的频率计算显得尤为重要(λ_i 的减小等同于振动频率 ω_i 的增大)。

如要考虑剪切变形对振动的影响,则须将方程(5.117)中等号左边的所有项考虑在内。将 ω_i 的一次近似(k)代入方程左边的最后一项,可看到这一项是 $\pi^2 r_g^2/\lambda_i^2$ 的二阶无穷小量。因此,忽略最后一项后得

$$\omega_i = \frac{a\pi^2}{\lambda_i^2}\left[1 - \frac{1}{2}\frac{\pi^2 r_g^2}{\lambda_i^2}\left(1 + \frac{E}{k'G}\right)\right] \tag{5.118}$$

假设有 $G = 3E/8$,且梁的横截面为矩形,$k' = 0.833$[①],有

$$\frac{E}{k'G} = 3.2$$

因此,考虑剪切效应的修正计算结果是考虑转动惯量效应计算结果的 3.2 倍。[②] 假设第 i 阶模态的波长 λ_i 是梁厚度的 10 倍,可得到

$$\frac{1}{2}\left(\frac{\pi^2 r_g^2}{\lambda_i^2}\right) = \frac{1}{2}\left(\frac{\pi^2}{12}\right)\left(\frac{1}{100}\right) \approx 0.004$$

所以,同时考虑转动惯量和剪切变形的修正计算结果修正量为 1.7%。

5.13 简支梁的受迫振动响应

这一节将讨论简支梁在受到分布力 $Q(x, t)$ 作用,或受到作用于 $x = x_1$ 处的集中力 $P_1(t)$ 或集中力矩 $M_1(t)$ 时,横向振动响应的计算问题(图 5.19)。按照 5.9 节叙述的内容,无须再推导梁受到前两种载荷时的振动响应。利用 5.4 节中的式(5.28),将分布力 $Q(x, t)$ 作用下的横向响应 v 写成

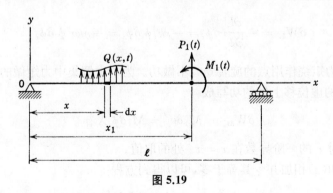

图 5.19

---

① R. G. Olsson 在其"*Z. angew. Math. u. Mech.*,15,1935."一文中,给出了 k' 的另一个不同取值。
② 针对解的表达式(5.116)的讨论,可参见 R. A. Anderson 的"Flexural Vibrations in Uniform Beams According to the Timoshenko Theory,*Trans. ASME*,75,1953,pp. APM 504 - 514."。

$$v = \sum_{i=1}^{\infty} \frac{X_i}{\omega_i} \int_0^l X_i \int_0^t q(x, t') \sin \omega_i (t-t') dt' dx \tag{5.119}$$

式中，$q(x, t) = Q(x, t)/m$。类似地，利用式(5.29)求解集中力 $P_1(t)$ 作用下的振动响应

$$v = \sum_{i=1}^{\infty} \frac{X_i X_{i1}}{\omega_i} \int_0^t q_1(t') \sin \omega_i (t-t') dt' \tag{5.120}$$

式中，X_{i1} 表示正则函数 X_i 在 $x = x_1$ 处的取值，且有 $q_1(t) = P_1(t)/m$。

对于集中力矩 $M_1(t)$ 作用的情况，力矩作用的结果不是一般意义上的平动，需要进行间接处理。因此，将采用 5.3 节中的虚功方法进行分析。将位移曲线展开成级数形式

$$v = \sum_{i=1}^{\infty} \phi_j X_j \tag{a}$$

定义第 i 阶模态的虚位移为 $\delta v_i = \delta \phi_i X_i$，则分布惯性力在该虚位移上做的虚功为

$$\delta W_{Ii} = \int_0^l (-\rho A \, dx \ddot{v}) \delta v_i = -m \delta \phi_i \int_0^l \ddot{v} X_i dx \tag{b}$$

将式(a)代入式(b)，并利用式(5.88)、(5.97)给出的正交和正则关系，可得在 $i = j$ 时有

$$\delta W_{Ii} = -m \ddot{\phi}_i \delta \phi_i \int_0^l X_i^2 dx = -m \ddot{\phi}_i \delta \phi_i \tag{c}$$

与梁弯曲相关的应变能是

$$U = \int_0^l \frac{EI}{2} (v'')^2 dx = \frac{r}{2} \int_0^l (v'')^2 dx \tag{d}$$

将式(a)代入式(d)，并利用关系式(5.89)、(5.97)，可得

$$U = \frac{r}{2} \sum_{j=1}^{\infty} \phi_j^2 \int_0^l (X_j'')^2 dx = \frac{r}{2} \sum_{j=1}^{\infty} k_j^4 \phi_j^2 \tag{e}$$

另外，弹性力所做的虚功在 $i = j$ 时为

$$\delta W_{Ei} = -\frac{\partial U}{\partial \phi_i} \delta \phi_i = -r k_i^4 \phi_i \delta \phi_i = -m \omega_i^2 \phi_i \delta \phi_i \tag{f}$$

注意到，集中力矩绕作用点的旋转 $\delta v_i'$ 不做功。为了求解集中力矩做的虚功，将集中力矩 M_1 在第 i 阶模态的虚位移上做的功写成

$$\delta W_{M_1 i} = M_1 \delta v_{i1}' = M_1 \delta \phi_i X_{i1}' \tag{g}$$

式中，X_{i1}' 为 X_i 对 x 的一阶导数在 $x = x_1$ 处的取值。

将式(c)、(f)和(g)相加并令其等于零，可以得到方程

$$m \ddot{\phi}_i + m \omega_i^2 \phi_i = M_1 X_{i1}' \tag{h}$$

方程(h)两边同时除以质量 m 可得

$$\ddot{\phi}_i + \omega_i^2 \phi_i = \frac{M_1 X_{i1}'}{m} \quad (i = 1, 2, 3, \cdots) \tag{5.121}$$

式(5.121)是正则坐标系下的典型运动方程形式,方程等号的右边则表示了本问题中第 i 阶正则模态所受的载荷。

第 i 阶振动模态响应可通过 Duhamel 积分计算:

$$\phi_i = \frac{X'_{i1}}{m\omega_i} \int_0^t M_1(t') \sin\omega_i(t-t') \mathrm{d}t' \tag{5.122}$$

总的振动响应即为

$$\upsilon = \sum_{i=1}^\infty \frac{X_i X'_{i1}}{m\omega_i} \int_0^t M_1(t') \sin\omega_i(t-t') \mathrm{d}t' \tag{5.123}$$

因此,将虚功法与正则模态法结合,可用于求解集中力矩作用下的响应表达式,且表达式的形式与式(5.120)表示的集中力作用下的响应表达式相似。其不同之处在于将式(5.120)中的 P_1 和 X_{i1} 分别替换为 M_1 和 X'_{i1}。

对于简支梁的这一特殊情况,角频率和正则化的振型函数分别为(见 5.10 节)

$$\omega_i = k_i^2 a = \frac{i^2\pi^2 a}{l^2}, \quad X_i = \sqrt{\frac{2}{l}} \sin\frac{i\pi x}{l} \quad (i=1,\ 2,\ 3,\ \cdots) \tag{i}$$

将式(i)中的 X_i 代入式(5.119),可得分布力作用下的横向振动响应

$$\upsilon = \frac{2}{l}\sum_{i=1}^\infty \frac{1}{\omega_i}\sin\frac{i\pi x}{l}\int_0^l \sin\frac{i\pi x}{l}\int_0^t q(x,\ t')\sin\omega_i(t-t')\mathrm{d}t'\mathrm{d}x \tag{5.124}$$

同理,将式(i)中的 X_i 代入式(5.120),可得集中力作用下的横向振动响应

$$\upsilon = \frac{2}{l}\sum_{i=1}^\infty \frac{1}{\omega_i}\sin\frac{i\pi x}{l}\sin\frac{i\pi x_1}{l}\int_0^t q_1(t')\sin\omega_i(t-t')\mathrm{d}t' \tag{5.125}$$

将正则函数表达式代入式(5.123),可得集中力矩作用下的横向振动响应

$$\upsilon = \frac{2\pi}{ml^2}\sum_{i=1}^\infty \frac{i}{\omega_i}\sin\frac{i\pi x}{l}\cos\frac{i\pi x_1}{l}\int_0^t M_1(t')\sin\omega_i(t-t')\mathrm{d}t' \tag{5.126}$$

式(5.124)、(5.125)表示的简支梁的横向响应表达式与 5.8 节中张紧丝的响应表达式(5.69)、(5.70)相同,而式(5.126)只适用于有弯曲刚度的构件。

考虑 $x=x_1$ 处受到简谐力 $P_1=P\sin\Omega t$ 作用的梁的受迫振动。这种情况下由式(5.125)给出的响应表达式为

$$\begin{aligned}
\upsilon &= \frac{2P}{ml}\sum_{i=1}^\infty \frac{1}{\omega_i}\sin\frac{i\pi x}{l}\sin\frac{i\pi x_1}{l}\int_0^t \sin\Omega t'\sin\omega_i(t-t')\mathrm{d}t'\\
&= \frac{2P}{ml}\sum_{i=1}^\infty \frac{1}{\omega_i}\sin\frac{i\pi x}{l}\sin\frac{i\pi x_1}{l}\left(\sin\Omega t - \frac{\Omega}{\omega_i}\sin\omega_i t\right)\beta_i\\
&= \frac{2Pl^3}{m\pi^4 a^2}\sum_{i=1}^\infty \frac{1}{i^4}\sin\frac{i\pi x}{l}\sin\frac{i\pi x_1}{l}\left(\sin\Omega t - \frac{\Omega l^2}{i^2\pi^2 a}\sin\omega_i t\right)\beta_i
\end{aligned} \tag{5.127}$$

放大因子 β_i 为

$$\beta_i = \frac{1}{1 - \Omega^2/\omega_i^2} \tag{j}$$

式(5.127)括号内的第一项为梁在载荷作用下的稳态振动响应,而第二项则为瞬态自由振动响应。后者在有阻尼的情况下响应会逐渐减小,而工程中稳态响应的规律才是关注的重点。

考虑当力的作用频率 Ω 很小,简谐力 $P\sin\Omega t$ 变化较慢,且 $\beta_i \approx 1$ 的情况。这种特殊情况下的稳态响应变为

$$\upsilon = \frac{2Pl^3}{m\pi^4 a^2} \sum_{i=1}^{\infty} \frac{1}{i^4} \sin\frac{i\pi x}{l} \sin\frac{i\pi x_1}{l} \sin\Omega t$$

若令 $ma^2 = EI$,则有

$$\upsilon = \frac{2Pl^3}{EI\pi^4} \sum_{i=1}^{\infty} \frac{1}{i^4} \sin\frac{i\pi x}{l} \sin\frac{i\pi x_1}{l} \sin\Omega t \tag{k}$$

式(k)的物理意义是,梁受到载荷 $P\sin\Omega t$ 作用后产生的静变形。当 P 作用在 $x=l/2$ 处时,得到

$$\upsilon = \frac{2Pl^3}{EI\pi^4} \left(\sin\frac{\pi x}{l} - \frac{1}{3^4}\sin\frac{3\pi x}{l} + \frac{1}{5^4}\sin\frac{5\pi x}{l} - \cdots \right) \sin\Omega t \tag{l}$$

级数(l)迅速收敛,只须保留级数第一项即可获得静变形的一个精确近似值。将该近似值代入式(l),可得中点处的横向响应

$$(\upsilon_m)_{x=l/2} = \frac{2Pl^3}{EI\pi^4} = \frac{Pl^3}{48.7EI}$$

近似引起的误差约为 1.5%。

令 α 表示扰动力频率与最低阶固有振动频率的比值,可根据式(i)得到

$$\alpha = \frac{\Omega}{\omega_1} = \frac{\Omega l^2}{a\pi^2}$$

且由式(5.127),受迫振动的稳态响应变为

$$\upsilon = \frac{2Pl^3\sin\Omega t}{EI\pi^4} \sum_{i=1}^{\infty} \frac{\sin(i\pi x/l)\sin(i\pi x_1/l)}{i^4 - \alpha^4} \tag{m}$$

如果简谐力作用在中点,式(m)变为

$$\upsilon = \frac{2Pl^3\sin\Omega t}{EI\pi^4} \left[\sin\frac{\sin(\pi x/l)}{1-\alpha^2} - \frac{\sin(3\pi x/l)}{3^4-\alpha^2} + \frac{\sin(5\pi x/l)}{5^4-\alpha^2} - \cdots \right] \tag{n}$$

当 α 取值较小时,级数(n)的第一项就能够精确地表示振动位移的大小。将式(n)与式(l)进行比较后发现,动态位移与静变形的比值可近似地表示为

$$\beta_1 = \frac{1}{1-\alpha^2} \tag{o}$$

例如,当扰动力频率的取值为最低阶固有频率的 $1/4$ 时,动态位移将比静变形大 6%。

考虑简谐力矩 $M_1 = M\sin\Omega t$ 作用在端点 $x=0$ 处时的受迫振动问题，其响应可根据式 (5.126) 计算。与简谐力作用下振动问题的推导过程相同，可得此时的响应表达式为

$$v = \frac{2Ml^2\sin\Omega t}{EI\pi^3}\sum_{i=1}^{\infty}\frac{\beta_i}{i^3}\sin\frac{i\pi x}{l} \tag{5.128}$$

式 (5.128) 即为力矩 $M\sin\Omega t$ 作用下受迫振动的稳态响应。

由于梁的振动模型均由线性微分方程表示，因此系统满足线性叠加原理。即如果有多个简谐激励 (力或力矩) 作用于梁上，则引起的振动响应可通过对每个激励的响应进行求和计算获得。

对于受连续分布简谐作用力而发生振动的情况，也可利用式 (5.124)，用相似方法进行求解。比如，假设梁受到强度 $Q(t)=w\sin\Omega t$ 的均匀分布力作用，则根据式 (5.124) 可得

$$v = \frac{4wl^4\sin\Omega t}{EI\pi^5}\sum_{i=1}^{\infty}\frac{\beta_i}{i^5}\sin\frac{i\pi x}{l} \tag{5.129}$$

如果载荷频率相比于最低阶固有频率很小，则可将响应近似为

$$v = \frac{4wl^4}{EI\pi^5}\left(\sin\frac{\pi x}{l}+\frac{1}{3^5}\sin\frac{3\pi x}{l}+\frac{1}{5^5}\sin\frac{5\pi x}{l}+\cdots\right)\sin\Omega t \tag{p}$$

这一快速收敛的级数表示了梁在均匀分布载荷 $w\sin\Omega t$ 作用下发生的静变形。取 $x=l/2$，可得中点处的变形量为

$$(v)_{x=l/2} = \frac{4wl^4}{EI\pi^5}\left(1-\frac{1}{3^5}+\frac{1}{5^5}-\cdots\right)\sin\Omega t \tag{q}$$

如果只取级数的第一项，中点处变形量的计算误差大约为 0.25%。

习题 5.13

5.13-1. 有一简支梁在施加于中点位置的力 P 的作用下，在施力点处产生 $1\,\mathrm{mm}$ 的挠曲变形。如果频率 Ω 等于梁最低阶固有频率的一半，试求当梁中点的作用力为 $P\sin\Omega t$ 时，所产生的受迫振动的振幅。

5.13-2. 前一习题中的梁在两个 $1/3$ 点处各受到一个简谐力 $P\sin\Omega t$ 的作用，且频率 Ω 取值与前一习题相同。试求梁中点位置的受迫振动幅值。

5.13-3. 试求一简支梁因左半跨上强度为 $w\sin\Omega t$ 的分布载荷作用而引起的中点位置的强迫振动振幅。

5.13-4. 试确定一简支梁对突然施加在跨距中点的力 P 的振动响应。

5.13-5. 试确定一简支梁因正弦分布载荷 $Q(x,t)=w\sin\pi x/(l\sin\Omega t)$ 而产生的稳态振动响应。

5.13-6. 试用虚功法推导梁对单位长度上分布力矩 $M(x,t)$ 的振动响应表达式，然后给出简支梁的求解结果。

5.14 其他端点条件下梁的受迫振动响应

前一节中的方程 (5.119) 表明，一般而言分布载荷同时是轴向位置 x 和时间 t 的函数。但

如果载荷 $Q(x,t)$ 可表示为乘积的形式

$$Q(x,t)=f(x)Q(t) \tag{a}$$

则方程(5.119)的简化形式可写成

$$v=\sum_{i=1}^{\infty}\frac{X_i}{\omega_i}\int_0^l f(x)X_i\mathrm{d}x\int_0^t q(t')\sin\omega_i(t-t')\mathrm{d}t' \tag{5.130}$$

式中，$q(t)=Q(t)/m$。式(5.130)中第一个积分的被积函数为载荷函数 $f(x)$ 与第 i 阶正则函数的乘积。在5.11节中已经讨论过，这类积分运算对于非简支梁而言难度较大。

另一方面，如果是集中载荷，则无须考虑梁两端的约束类型，即可根据式(5.120)、(5.123)分别计算集中力或集中力矩作用下的振动响应。比如考虑两端固定梁的情况，假设梁的振动由距左端 $x=x_1$ 处的简谐力 $P_1(t)=P\sin\Omega t$ 作用引起(见图5.20)。这种情况下，根据式(5.120)有

$$v=\frac{P}{ml}\sum_{i=1}^{\infty}\frac{X_iX_{i1}}{\omega_i}\int_0^t\sin\Omega t'\sin\omega_i(t-t')\mathrm{d}t'$$

$$=\frac{P}{ml}\sum_{i=1}^{\infty}\frac{X_iX_{i1}}{\omega_i^2}\left(\sin\Omega t-\frac{\Omega}{\omega_i}\sin\omega_i t\right)\beta_i \tag{5.131}$$

式中，长度 l 可由5.11节中的正则化类型确定。式(5.131)适用于任何类型梁的响应计算。但如果要利用这一公式分析我们想要分析的问题，只能利用固有频率 ω_i 和正则函数 X_i 计算两端固定梁的振动响应。

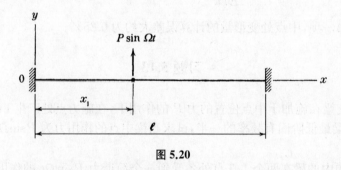

图5.20

假定图5.20中的简谐力作用于梁的中点，计算中点处的稳态响应。根据这一问题的已知条件，由式(5.131)的第一部分可得

$$(v)_{x=l/2}=\frac{P\sin\Omega t}{ml}\sum_i\frac{\beta_i}{\omega_i^2}(X_i)_{x=l/2}^2 \quad(i=1,2,3,\cdots) \tag{b}$$

将关系式 $\omega_i^2=a^2k_i^4$ 和 $ma^2=EI$ 代入式(b)可得

$$(v)_{x=l/2}=\frac{Pl^3\sin\Omega t}{EI}\sum_i\frac{\beta_i}{(k_il)^4}(X_i)_{x=l/2}^2 \quad(i=1,2,3,\cdots) \tag{c}$$

根据5.11节中例题的答案，可知级数中每项的数值，进而得到横向振动响应

$$(v)_{x=l/2}=\frac{Pl^3\sin\Omega t}{EI}(5\,038\beta_1+135\beta_2+22\beta_5+\cdots)\times10^{-6} \tag{d}$$

习题 5.14

5.14-1. 试确定悬臂梁在自由端受到简谐力 $P\sin\Omega t$ 作用时发生的稳态受迫振动。

5.14-2. 试求上一题中悬臂梁自由端的振动响应。查表可得 $(X_i)_{x=l}=2(-1)^{i+1}$，并从 5.11 节中取 k_il 的值。

5.14-3. 如果一简谐力 $P\sin\Omega t$ 作用于跨中部，试确定一端固定一端简支梁的稳态受迫振动。

5.14-4. 利用下列数值计算上一题中梁中点处的振动响应：

$$(X_1)_{x=l/2}=1.444\,9 \qquad (X_2)_{x=l/2}=0.570\,4$$
$$(X_3)_{x=l/2}=-1.300\,5 \qquad (X_4)_{x=l/2}=-0.539\,9$$
$$(X_5)_{x=l/2}=1.306\,8$$

第 5.11 节中给出了 k_il 的取值。

5.15　支承运动引起的梁振动

5.6 节讨论了等截面杆在地面刚体平动或两端约束独立平动（轴向运动）时的纵向振动响应问题。梁的刚体运动需要分两种类型进行讨论：一种是 y 方向的纯平动；另一种是绕 z 轴的小角度旋转，其中旋转运动垂直于过坐标原点的 x-y 平面（见图 5.13）。两种地面运动形式引起的梁上任意一点的 y 方向平动为

$$v_g=g_1(x)+xg_2(x) \tag{a}$$

式中，$g_1(x)$ 和 $g_2(x)$ 分别为刚体平动与转动。参考 5.6 节中的式（5.47），将梁在地面刚体运动作用下的相对振动响应写成

$$v^*=-\sum_{i=1}^{\infty}\frac{X_i}{\omega_i}\left[\int_0^l X_i\mathrm{d}x\int_0^t \ddot{g}_1(t')\sin\omega_i(t-t')\mathrm{d}t'+\int_0^l xX_i\mathrm{d}x\int_0^t \ddot{g}_2(t')\sin\omega_i(t-t')\mathrm{d}t'\right] \tag{5.132}$$

式中，X_i 为按照式（5.97）正则化的梁的正则函数。该表达式为梁上任意一点相对于地面刚体运动的振动位移。总响应等于该振动位移与地面运动之和，表示为

$$v=v_g+v^*=g_1(x)+xg_2(x)+v^* \tag{5.133}$$

从式（5.132）可看到，沿着梁长度方向积分的被积函数非常简单，且与时间的积分不相关。

另一类基础运动下的受迫振动问题是约束独立运动的情况。图 5.21a 和图 5.21b 为简支梁的一端约束发生 y 方向单位平动位移时的情况，其位移函数可分别表示为

$$\delta_1(x)=1-\frac{x}{l},\ \delta_2(x)=\frac{x}{l} \tag{b}$$

这种情况下的正则函数 X_i 与 5.8 节中张紧丝的正则函数相同。因此，梁的相对振动响应可写成

$$v^*=-\frac{2}{l}\sum_{i=1}^{\infty}\frac{1}{\omega_i}\sin\frac{i\pi x}{l}\left[\int_0^l \delta_1(x)\sin\frac{i\pi x}{l}\mathrm{d}x\int_0^t \ddot{g}_1(t')\sin\omega_i(t-t')\mathrm{d}t'+\right.$$
$$\left.\int_0^l \delta_2(x)\sin\frac{i\pi x}{l}\mathrm{d}x\int_0^t \ddot{g}_2(t')\sin\omega_i(t-t')\mathrm{d}t'\right] \tag{5.134}$$

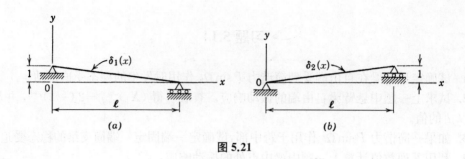

图 5.21

总响应为(见图 5.73)

$$v = v_{st} + v^* = \delta_1(x)g_1(t) + \delta_2(x)g_2(t) + v^* \tag{5.135}$$

式中，$g_1(t)$ 和 $g_2(t)$ 分别为左、右端点处指定的平动位移。

将式(b)中简支梁位移函数的表达式命名为位移影响函数。这种形式的函数表示在基础约束的单位位移作用下构件上某一点的位移。式(c)中的四个方程分别给出了图 5.22a、b、c 和 d 中两端固定梁的位移影响函数：

$$\delta_1(x) = 1 - \frac{3x^2}{l^2} + \frac{2x^3}{l^3}, \ \delta_2(x) = x - \frac{2x^2}{l} + \frac{x^3}{l^2}$$

$$\delta_3(x) = \frac{3x^2}{l^2} - \frac{2x^3}{l^3}, \ \delta_4(x) = -\frac{x^2}{l} + \frac{x^3}{l^2} \tag{c}$$

将这些影响函数乘以特定的基础约束位移，可求解得到梁的弹性运动位移为

$$v_{st} = \delta_1(x)g_1(t) + \delta_2(x)g_2(t) + \delta_3(x)g_3(t) + \delta_4(x)g_4(t) \tag{d}$$

式中，函数 $g_1(t)$ 和 $g_2(t)$ 分别为梁左端的平动和转动位移，$g_3(t)$ 和 $g_4(t)$ 分别为梁右端的平动和转动位移。

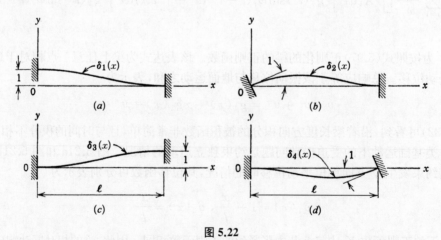

图 5.22

图 5.23a 和图 5.23b 所示为悬臂梁左端(将其定义为坐标系原点)约束发生独立单位位移时的情况。这种情况下的位移影响函数为

$$\delta_1(x) = 1, \ \delta_2(x) = x \tag{e}$$

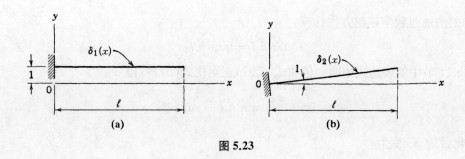

图 5.23

这一函数表达式与前述式(a)中表示的地面刚体运动位移吻合。另一种情况为一端固支一端简支梁的情况(如图 5.24a～c),其位移函数分别为

$$\delta_1(x) = 1 - \frac{3x^2}{2l^2} + \frac{x^3}{2l^3}, \quad \delta_2(x) = x - \frac{3x^2}{2l} + \frac{x^3}{2l^2}, \quad \delta_3(x) = \frac{3x^2}{2l^2} - \frac{x^3}{2l^3} \tag{f}$$

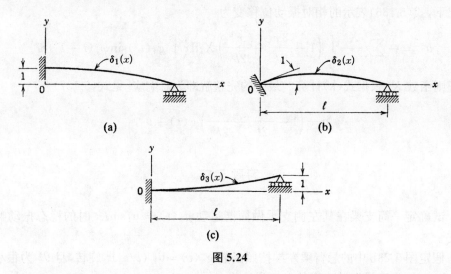

图 5.24

将这些位移函数乘以基础约束位移后,可得一端固支一端简支梁的弹性运动位移:

$$v_{\text{st}} = \delta_1(x) g_1(t) + \delta_2(x) g_2(t) + \delta_3(x) g_3(t) \tag{g}$$

综上所述,对于任何有独立运动约束的梁,都可通过求解位移影响函数 $\delta(x)$ 推导得到梁的振动响应

$$v^* = -\sum_{i=1}^{\infty} \frac{X_i}{\omega_i} \int_0^l \delta(x) X_i \, \mathrm{d}x \int_0^t \ddot{g}_1(t') \sin\omega_i(t-t') \mathrm{d}t' \tag{5.136}$$

进而可得总的振动响应

$$v = v_{\text{st}} + v^* = \delta(x) g(t) + v^* \tag{5.137}$$

如果梁的约束运动不止一种形式,那么和简支梁情况一样,可分别求解每种类型约束下的振动响应后再求和,得到梁的总响应[见式(5.134)和式(5.135)]。

例. 有左端简支右端固支的梁,试求梁在左端约束发生 y 方向平动位移 $g(t)$ 时的振动表达式。

解:本问题的正则函数可写成

$$X_i = \sinh k_i l \sin k_i x - \sin k_i l \sinh k_i x \tag{h}$$

其中 k_i 的值通过频率超越方程计算：

$$\tan k_i l = \tanh k_i l \tag{i}$$

该式与 5.11 节中的表达式相同。仿照式(5.97)正则化式(h)，可得

$$\int_0^l X_i^2 \, \mathrm{d}x = \frac{l}{2}(\sinh^2 k_i l - \sin^2 k_i l) = \alpha_i \tag{j}$$

则正则化后的 X_i 变为

$$X_i = (\sinh k_i l \sin k_i x - \sin k_i l \sinh k_i x) / \sqrt{\alpha_i} \tag{k}$$

梁左端约束在 y 方向上的平动位移影响函数为

$$\delta(x) = 1 - \frac{3x}{2l} + \frac{x^3}{2l^3} \tag{l}$$

这种情况下，式(5.136)表示的相对振动位移变为

$$v^* = -\sum_{i=1}^{\infty} \frac{X_i}{\omega_i} \int_0^l \left(1 - \frac{3x}{2l} + \frac{x^3}{2l^3}\right) X_i \, \mathrm{d}x \int_0^t \ddot{g}_1(t') \sin \omega_i(t - t') \, \mathrm{d}t' \tag{m}$$

其中的正则函数 X_i 根据式(k)计算。最终的完整解即为总响应[见式(5.137)]

$$v = \left(1 - \frac{3x}{2l} + \frac{x^3}{2l^3}\right) g(t) + v^* \tag{n}$$

习题 5.15

5.15‑1. 试确定一简支梁在其左侧支承做简谐运动 $g_1(t) = v_1 \sin \Omega t$ 时的稳态振动响应（见图 5.21a）。

5.15‑2. 假定图 5.23b 中的悬臂梁左端按照函数 $g_2(t) = \theta_2 (t/t_2)^2$ 旋转，且 θ_2 为很小的角。试用 X_i 和 ω_i 写出该梁振动响应的一般表达式。

5.15‑3. 试写出两端固定梁在其右侧支承做简谐旋转运动 $g_4 = \theta_4 \sin \Omega t$ 时的振动响应一般表达式（见图 5.22d），并假设 θ_4 为很小的角。

5.15‑4. 试写出一端固支一端简支梁在其右侧支承发生平动 $g_3(t) = v_3 (t/t_3)^3$ 时的振动响应一般表达式（见图 5.24c）。

5.16 受移动载荷作用的梁振动

众所周知，桥梁或桁架上滚动载荷产生的挠度和应力大于相同静载荷作用的结果。研究活动载荷对桥梁的作用效果意义重大，许多工程技术人员都致力于研究此类问题。[①] 本节将

---

① R. Willis 在"Appendix to the Report of the Commissioners Appointed to Inquire into the Application of Iron to Railway Structure, H. M. Stationery Office, London, 1849."中，首次考虑了受非簧载质量沿长度方向运动引起的无质量梁的振动问题。该问题（非簧载质量匀速运动的情况）的一种级数解法由 G. G. Stokes 在"Discussions of a Differential Equation Related to the Breaking of Railway Bridges, *Trans. Cambridge Phil. Soc.*, 8, Part 5, 1867, pp. 707‑735."中给出。Stokes 还给出了匀质梁受沿长度方向匀速运动的力作用时的振动解。

讨论移动载荷作用下梁的振动问题,其中载荷可以是恒力或简谐力。此外,忽略载荷质量的影响,只考虑梁的分布质量。若考虑载荷质量(无论是簧上质量还是簧下质量),则因为载荷位置的持续变化,系统模型成为变系数微分方程。这种情况下的系统振动问题十分复杂,不在本书讨论范围之内。

如图 5.25a 所示,首先分析垂直向下的滚动载荷 P 以匀速度 $\dot{u}$ 从左向右运动时简支梁的振动。[1] 假设 $t=0$ 时刻载荷作用在左侧支承处,则在任意时刻载荷位置到左侧支承的距离为 $\dot{u}t$。 对于梁的第 i 阶固有模态,垂直载荷在虚位移 $\delta v_i = \delta \phi_i X_i$ 上做的虚功为

$$\delta W_{Pi} = -P\delta \phi_i X_{i1} = -P\delta \phi_i \sin \frac{i\pi \dot{u}t}{l} \tag{a}$$

利用移动载荷的虚功表达式,并结合 5.13 节的推导过程,可推导得到响应解

$$v = -\frac{2Pl^3}{m\pi^2} \sum_{i=1}^{\infty} \frac{\sin(i\pi x/l)}{i^2(i^2\pi^2 a^2 - \dot{u}^2 l^2)} \sin \frac{i\pi \dot{u}t}{l} +$$

$$\frac{2Pl^4\dot{u}}{m\pi^3 a} \sum_{i=1}^{\infty} \frac{\sin(i\pi x/l)}{i^3(i^2\pi^2 a^2 - \dot{u}^2 l^2)} \sin \frac{i^2\pi^2 at}{l^2} \tag{5.138}$$

式中,解的第一个级数表示强迫振动成分,而第二个级数表示自由振动成分。

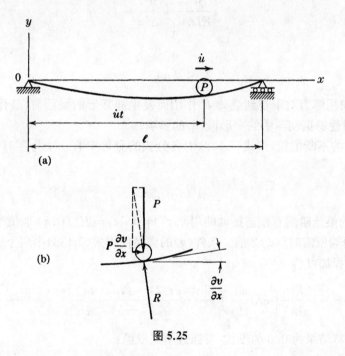

图 5.25

如果移动载荷的速度 $\dot{u}$ 非常慢,可令式(5.138)中的 $\dot{u}=0$、$\dot{u}t=x_1$,将其代入式(5.138)的第一个级数中,得到

---

① 参见"A. N. Krylov, Uber die Erzwungenen Schwingungen von Gleich-formigen Elastischen Staben, *Math. Ann.*, 61, 1905, p. 211.""S. Timoshenko, Erzwungene Schwingungen Prismatishe Stabe, *Z. Math. u. Phys.*, 59, 1911, p. 163.",以及"C. E. Inglis, A Mathematical Treatise on Vibrations in Railway Bridges, Cambridge University Press, London, 1934."。

$$v = -\frac{2Pl^3}{m\pi^4 a^2} \sum_{i=1}^{\infty} \frac{1}{i^4} \sin\frac{i\pi x}{l} \sin\frac{i\pi x_1}{l} \tag{b}$$

式(b)表示梁在距离左端支承 x_1 处的静载荷 P 作用下产生的静变形量。定义符号

$$\alpha^2 = \frac{\dot{u}^2}{a\omega_1} = \frac{\dot{u}^2 l^2}{a^2\pi^2} \tag{c}$$

并利用关系式 $ma^2 = EI$，将式(5.138)中的受迫振动解转换为以下形式：

$$v = -\frac{2Pl^3}{EI\pi^4} \sum_{i=1}^{\infty} \frac{\sin(i\pi x/l)\sin(i\pi\dot{u}t/l)}{i^2(i^2-\alpha^2)} \tag{d}$$

有趣的是，这一变形量表达式与梁在纵向压缩力 S（除压缩力外，梁还受到距离左端支承 $x_1 = \dot{u}t$ 处的横向载荷 P 的作用）作用下的静变形表达式相同，且有

$$\frac{S}{S_{er}} = \frac{Sl^2}{EI\pi^2} = \alpha^2 \tag{e}$$

式中，S_{er} 为梁的欧拉临界载荷。根据式(c)、(e)，有

$$\frac{Sl^2}{EI\pi^2} = \frac{\dot{u}^2 l^2}{a^2\pi^2}$$

或有

$$S = m\dot{u}^2 \tag{f}$$

相反地，这一纵向压缩力对于受到载荷 P 作用而发生静变形的梁而言，其作用效果等效于移动力 P 的速度对受迫振动项中的变形量(d)的影响。

随着速度 $\dot{u}$ 的不断增加，当式(5.138)中各分式的分母中有一个为零时，将满足某个特定条件。比如假设

$$\dot{u}^2 l^2 = a^2\pi^2 \tag{g}$$

这种情况下，梁的最低阶固有模态振动的周期 $\tau_1 = 2\pi/\omega_1 = 2l^2/(a\pi)$ 取值变为 $2l/\dot{u}$，它是移动力 P 跨越梁两端所需时间的 2 倍。条件(g)的满足使得式(5.138)中两个级数的第一项均等于零。将这两项相加可得

$$v = -\frac{2Pl^3}{m\pi^2}\left(\sin\frac{\pi x}{l}\right)\frac{\sin(\pi\dot{u}t/l) - [l\dot{u}/(\pi a)]\sin(\pi^2 at/l^2)}{\pi^2 a^2 - \dot{u}^2 l^2} \tag{h}$$

这一表达式的计算结果为 0/0 的形式，可通过下式取值：

$$\lim_{\dot{u}\to a\pi/l} v = \frac{Pt}{m\pi\dot{u}}\cos\frac{\pi\dot{u}t}{l}\sin\frac{\pi x}{l} - \frac{Pl}{m\pi^2\dot{u}^2}\sin\frac{\pi\dot{u}t}{l}\sin\frac{\pi x}{l} \tag{i}$$

当 $t = l/\dot{u}$ 时，式(i)取极大值，且极大值为

$$v_{max} = -\frac{Pl}{m\pi^2\dot{u}^2}\left(\sin\frac{\pi\dot{u}t}{l} - \frac{\pi\dot{u}t}{l}\cos\frac{\pi\dot{u}t}{l}\right)_{t=l/\dot{u}}\sin\frac{\pi x}{l} = -\frac{Pl^3}{EI\pi^3}\sin\frac{\pi x}{l} \tag{j}$$

式(i)为方程(5.138)中动态位移的一个满足精度要求的近似解。考虑这一近似条件，发现梁

共振时[满足条件(g)]的最大振动位移比最大静变形大 50%。这里有最大静位移为

$$v_{st} = -\frac{Pl^3}{48EI} \tag{k}$$

有趣的是,最大振动位移的出现发生在外力 P 离开梁时。这一时刻作用力 P 引起的变形量为零,因而移动作用力通过整个梁的过程中所做的功也为零。假设摩擦力不存在,且在梁变形曲线的法向上有反力 R 存在(见图 5.25b),分析作用力 P 通过梁时累积的能量。根据力的平衡原理,应存在大小为 $P(\partial v/\partial x)$ 的水平力。这个力通过梁的过程中所做的功为

$$W = \int_0^{l/\dot{u}} P\left(\frac{\partial v}{\partial x}\right)_{x=\dot{u}t} \dot{u}\,dt \tag{l}$$

将式(i)表示的 v 代入式(l)可得

$$W = -\frac{P^2}{m\pi\dot{u}^2}\int_0^{l/\dot{u}}\left(\sin\frac{\pi\dot{u}t}{l} - \frac{\pi\dot{u}t}{l}\cos\frac{\pi\dot{u}t}{l}\right)\cos\frac{\pi\dot{u}t}{l}\dot{u}\,dt = \frac{P^2l}{m\pi^2\dot{u}^2}\frac{\pi^2}{4}$$

利用式(g)和关系式 $ma^2 = EI$, 可得

$$W = \frac{P^2l^3}{4EI\pi^2} \tag{m}$$

上式表示的功的大小与梁在 $t = l/\dot{u}$ 时刻弯曲产生的势能大小非常接近。梁在长度中点受到 P 作用产生的势能为

$$W = \frac{P^2l^3}{96EI} \quad 和 \quad \frac{W}{U} = 2.43$$

所做功与弯曲势能的这一比值与最大振动位移和静变形之比 $[(48/\pi^3)^2 = 2.38]$ 接近,而两者之差由高阶振动模态引起。[1]

分析桥受载的实际情况,通常载荷通过桥的时间远大于桥一阶模态的振动周期,因而根据式(c)计算得到的 α^2 的值也很小。在这种条件下,取式(5.138)中每个级数的第一项,并假设受迫振动与自由振动的振幅彼此叠加引起强烈振动,求解得到最大振动位移为

$$
\begin{aligned}
v_{max} &= -\frac{2Pl^3}{m\pi^2}\left(\frac{1}{\pi^2a^2 - \dot{u}^2l^2} + \frac{\dot{u}l}{a\pi}\frac{1}{\pi^2a^2 - \dot{u}^2l^2}\right) \\
&= -\frac{2Pl^3}{EI\pi^4}\frac{1+\alpha}{1-\alpha^2} = -\frac{2Pl^3}{m\pi^2}\frac{1}{1-\alpha}
\end{aligned} \tag{5.139}
$$

需要注意的是,因为推导过程中完全忽略了阻尼的影响,因此式(5.139)的最大位移计算结果往往过大。另外,借助线性叠加原理,可以方便地求解集中和分布移动载荷作用下梁的振动响应。

现在考虑简谐力 $P_1(t) = -P\cos\Omega t$ 沿着梁长度方向以均速度 $\dot{u}$ 移动的情况。[2] 这种情况

---

[1]　关于本问题的进一步讨论,可参见"E. H. Lee, On a Paradox in Beam Vibration Theory, *Quarterly of Appl. Math.* X, (3), 1952, p. 290."。

[2]　见"S. Timoshenko, On the Transverse Vibrations of Bars of Uniform Cross Section, *Phil. Mag.*, 43, 1922, p. 125."。

在实际工程中相当于一列车轮有不平衡质量的火车通过铁路桥的情形。假设 $t=0$ 的初始时刻,力的幅值最大且方向向下。仿照前文的推导过程,发现移动的简谐力在位移 $\delta \upsilon_i=\delta\phi_i X_i$ 上做的虚功为

$$\delta W_{Pi}=-P\cos\Omega t\left(\delta\phi_i\sin\frac{i\pi\dot{u}t}{l}\right) \tag{n}$$

利用这一移动载荷的虚功表达式继续推导,得到振动响应的解为

$$\upsilon=-\frac{Pl^3}{EI\pi^4}\sum_{i=1}^{\infty}\sin\frac{i\pi x}{l}\left\{\frac{\sin(i\pi\dot{u}/l+\Omega)t}{i^4-(\psi+i\alpha)^2}+\frac{\sin(i\pi\dot{u}/l-\Omega)t}{i^4-(\psi-i\alpha)^2}-\right.$$
$$\left.\frac{\alpha}{i}\left[\frac{\sin(i^2\pi^2at/l^2)}{-i^2\alpha^2+(i^2-\psi)^2}+\frac{\sin(i^2\pi^2at/l^2)}{-i^2\alpha^2+(i^2+\psi)^2}\right]\right\} \tag{5.140}$$

梁的一阶固有模态的振动周期为 $\tau_1=2l^2/(\pi a)$,而简谐力通过梁的时间为 $t=l/\dot{u}$。式(5.140)中的 $\alpha=\dot{u}l/(\pi a)$,是上述一阶固有模态振动周期与 2 倍简谐力通过梁所需时间的比值。另外,$\psi=\tau_1/T$ 是一阶固有模态振动周期与简谐力周期 $T=2\pi/\Omega$ 的比值。

当简谐力周期 T 与一阶固有模态的振动周期 τ_1 相等时,有 $\psi=1$,这时梁发生共振。简谐力在移动过程中引起振动的幅值逐渐增大,并在 $t=l/\dot{u}$ 时刻达到最大值。这时,振动响应 υ 中最重要的组成部分,式(5.140)中等号右边级数的第一项 $(i=1)$ 可化简为

$$\upsilon=-\frac{2Pl^3}{\alpha EI\pi^4}\sin\frac{\pi x}{l}\sin\Omega t \tag{o}$$

且最大振动位移的表达式为

$$\upsilon_{\max}=-\frac{2Pl^3}{\alpha EI\pi^4}=-\frac{2l}{\dot{u}\tau_1}\left(\frac{2Pl^3}{EI\pi^4}\right) \tag{5.141}$$

如果简谐力 P 静态地作用于梁的中点位置,则引起的梁的静变形量为 $2Pl^3/(EI\pi^4)$。由于工程实际中时间间隔 $t=l/\dot{u}$ 比固有模态振动的周期 τ_1 大,因此由简谐作用产生的最大振动位移比静变形量大得多。

5.17　轴向力对梁振动的影响

如图 5.26 所示,如果振动梁在静态横向载荷作用下还受到轴向拉力 S 作用,那么关于变形曲线的微分方程为

$$EI\frac{d^2\upsilon}{dx^2}=M+S\upsilon \tag{a}$$

式中,M 为强度为 w 的横向载荷作用引起的弯矩(见图 5.26)。将方程(a)再求对 x 的二阶导数,可得

$$\frac{d^2}{dx^2}\left(EI\frac{d^2\upsilon}{dx^2}\right)=w+S\frac{d^2\upsilon}{dx^2} \tag{b}$$

为了建立横向振动微分方程,用单位长度上的惯性力替换方程(b)中的 w,可得

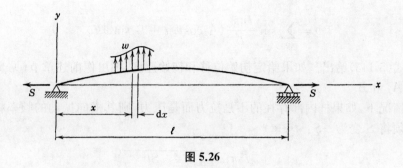

图 5.26

$$\frac{\mathrm{d}^2}{\mathrm{d}x^2}\left(EI\,\frac{\mathrm{d}^2 \upsilon}{\mathrm{d}x^2}\right) - S\,\frac{\mathrm{d}^2 \upsilon}{\mathrm{d}x^2} = -\rho A\,\frac{\mathrm{d}^2 \upsilon}{\mathrm{d}t^2} \tag{c}$$

对于等截面梁,有

$$EI\,\frac{\mathrm{d}^4 \upsilon}{\mathrm{d}x^4} - S\,\frac{\mathrm{d}^2 \upsilon}{\mathrm{d}x^2} = -\rho A\,\frac{\mathrm{d}^2 \upsilon}{\mathrm{d}t^2} \tag{5.142}$$

假设等截面梁以其某阶固有模态振动,并令方程(5.142)的解的形式为

$$\upsilon = X(A\cos\omega t + B\sin\omega t) \tag{d}$$

式中,X 为正则函数。将式(d)代入方程(5.142),得到

$$EI\,\frac{\mathrm{d}^4 \upsilon}{\mathrm{d}x^4} - S\,\frac{\mathrm{d}^2 \upsilon}{\mathrm{d}x^2} = \rho A\omega^2 X \tag{e}$$

满足给定端点条件的方程(e)的解即为相应条件下的正则函数,而其中最简单的情况是两端简支的梁。满足端点条件的正则函数取为

$$X_i = \sin\frac{i\pi x}{l} \quad (i = 1,\ 2,\ 3,\ \cdots) \tag{f}$$

将其代入方程(e),可求解得到对应的振动角频率

$$\omega_i = \frac{i^2\pi^2 a}{l^2}\sqrt{1 + \frac{Sl^2}{i^2 EI\pi^2}} \tag{5.143}$$

和前文相同,$a = \sqrt{EI/(\rho A)}$。 这时的振动角频率大于前面章节中拉力 S 不存在时的振动角频率[见 5.10 节的式(5.102)]。

如果有一根受到很大拉力且柔性很大的梁(可看作丝),那么式(5.143)中根号下的第二项远远大于 1。另外如果 i^2 取值不大,可将振动角频率近似为

$$\omega_i \approx \frac{i^2\pi^2 a}{l^2}\sqrt{\frac{Sl^2}{i^2 EI\pi^2}} = \frac{i\pi}{l}\sqrt{\frac{S}{\rho A}} \tag{g}$$

式(g)即为张紧丝的第 i 阶固有频率(见 5.8 节)。

将式(f)代入响应解(d)后,得到一个具有 i 个正弦半波的固有模态振动。将这些固有模态求和后,即可获得轴向受拉简支梁的自由振动响应通解

$$v = \sum_{i=1}^{\infty} \sin \frac{i\pi x}{l} (A_i \cos \omega_i t + B_i \sin \omega_i t) \tag{h}$$

式中，ω_i 由式(5.143)给出。如果给定初始位移和初始速度，则可像前述章节(见 5.10 节)一样确定常系数 A_i 和 B_i。

另一种情况下，如果杆内部存在的不是拉力而是压力，则其横向振动的频率将减小，在计算频率时只须将 S 变为 $-S$：

$$\omega_i = \frac{i^2 \pi^2 a}{l^2} \sqrt{1 - \frac{Sl^2}{i^2 EI \pi^2}} \tag{5.144}$$

式(5.144)计算得到的振动频率小于无轴向压缩简支梁的振动频率。频率计算结果取决于 $Sl^2/(EI\pi^2)$，它是轴向力与欧拉临界载荷的比值。如果比值趋近于 1，则最低阶振动模态的频率趋近于零，进而帮助确定了杆的横向屈曲状态。

本节若要对受轴向力 S 作用的简支梁的受迫振动问题展开研究，只须采用与 5.13 节中一样的步骤推导。推导过程中只须将式(5.143)、(5.144)代替 5.13 节中的简单表达式(5.102)即可，而其他分析步骤保持不变。[①]

5.18 含弹性支承或弹性基础的梁

梁两端的支承约束条件可能介于零约束和完全约束两个极限之间。如果对平移或旋转的这种约束是线弹性的，则它们可被理想化为弹簧，如图 5.27 所示。令符号 k_1 和 k_2 表示左端约束的平移和旋转弹簧的刚度系数，k_3 和 k_4 表示右端约束的平移和旋转弹簧的刚度系数。这一约束条件下的边界条件可表示为

$$\left. \begin{array}{l} V_{x=0} = EI(X''')_{x=0} = -k_1(X)_{x=0}, \quad M_{x=0} = EI(X'')_{x=0} = k_2(X')_{x=0} \\ V_{x=l} = EI(X''')_{x=l} = k_3(X)_{x=l}, \quad M_{x=l} = EI(X'')_{x=l} = -k_4(X')_{x=l} \end{array} \right\} \tag{a}$$

正则函数及其关于 x 的导数[见 5.9 节的式(5.85)]为

$$\left. \begin{array}{l} X = C_1 \sin kx + C_2 \cos kx + C_3 \sinh kx + C_4 \cosh kx \\ X' = k(C_1 \cos kx - C_2 \sin kx + C_3 \cosh kx + C_4 \sinh kx) \\ X'' = k^2(C_1 \sin kx - C_2 \cos kx + C_3 \sinh kx + C_4 \cosh kx) \\ X''' = k^3(-C_1 \cos kx + C_2 \sin kx + C_3 \cosh kx + C_4 \sinh kx) \end{array} \right\} \tag{b}$$

式中，$k = \sqrt{\omega/a}$。将式(b)代入边界条件(a)得

$$\left. \begin{array}{l} EIk^3 C_1 - k_1 C_2 - EIk^3 C_3 - k_1 C_4 = 0 \\ -k_2 C_1 - EIk C_2 - k_2 C_3 + EIk C_4 = 0 \\ (-EIk^3 \cos kl - k_3 \sin kl)C_1 + (EIk^3 \sin kl - k_3 \cos kl)C_2 + \\ \quad (EIk^3 \cosh kl - k_3 \sinh kl)C_3 + (EIk^3 \sinh kl - k_3 \cosh kl)C_4 = 0 \\ (-EIk \sin kl + k_4 \cos kl)C_1 + (-EIk \cos kl - k_4 \sin kl)C_2 + \\ \quad (EIk \sinh kl + k_4 \cosh kl)C_3 + (EIk \cosh kl + k_4 \sinh kl)C_4 = 0 \end{array} \right\} \tag{5.145}$$

---

① 若梁不是简支梁，则模态振型须同时满足微分方程(5.142)和已知边界条件。在这种情况下，梁无论是振型还是固有频率，都不会与 5.11 节中的情况相同。

当这四个齐次方程组成的方程组的系数行列式（关于 C_1、C_2、C_3 和 C_4 的系数行列式）等于零时，方程组有且仅有非零解。将 4×4 阶系数行列式展开后，可得到图 5.27 中弹性支承梁的频率方程。将特征方程的根代入方程组（5.145），可求解得到正则函数。

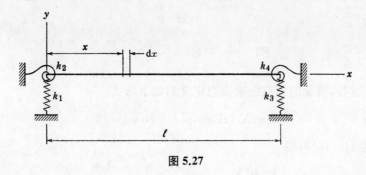

图 5.27

零约束和完全约束梁对应的系数行列式，可通过令方程组（5.145）中的弹簧刚度系数等于零或无穷大求解得到。比如左端固定右端自由悬臂梁的刚度系数 $k_1 = \infty$，$k_2 = \infty$，$k_3 = 0$，$k_4 = 0$。 这种情况下的行列式为

$$\begin{vmatrix} 0 & 1 & 0 & 1 \\ 1 & 0 & 1 & 0 \\ -\cos kl & \sin kl & \cosh kl & \sinh kl \\ -\sin kl & -\cos kl & \sinh kl & \cosh kl \end{vmatrix} = 0 \tag{c}$$

式中，第一行的元素已经被除以刚度系数 $-k_1$，第二行的系数被除以 $-k_2$。行列式展开后频率方程为

$$\cos kl \cosh kl = -1 \tag{d}$$

此方程与 5.11 节中的式（5.109）相同。求解正则函数的方程（包含任意常数 C_i）为

$$X_i = C_i \left(\frac{\sin k_i x - \sinh k_i x}{\cos k_i x + \cosh k_i x} - \frac{\cos k_i x - \cosh k_i x}{\sin k_i x - \sinh k_i x} \right) \tag{e}$$

如果梁横向运动的弹性约束是沿着长度方向连续分布的，则将该梁命名为弹性基础梁。图 5.28 所示就是一根含有大量密集分布弹簧的弹性基础梁。梁在单位长度上承受的载荷如果能使基础产生单位位移，则将该单位长度载荷定义为基础的弹性模量 k_f。 梁振动时，长度为 $\mathrm{d}x$ 的典型微元体的运动微分方程为

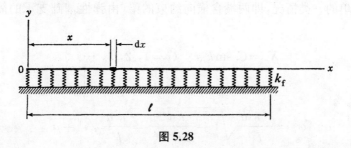

图 5.28

$$\frac{\partial^2}{\partial x^2}\left(EI\,\frac{\partial^2 \upsilon}{\partial x^2}\right)\mathrm{d}x = -k_\mathrm{f}\upsilon\,\mathrm{d}x - \rho A\,\mathrm{d}x\,\frac{\partial^2 \upsilon}{\partial t^2} \tag{f}$$

方程(f)中,等号右边的第一项表示弹性基础作用产生的弹性恢复力。上述方程对于等截面梁而言变为

$$EI\,\frac{\partial^4 \upsilon}{\partial x^4} + k_\mathrm{f}\upsilon = -\rho A\,\frac{\partial^2 \upsilon}{\partial t^2} \tag{5.146}$$

为了求解该方程,将梁的固有振动模态定义为如下形式:

$$\upsilon_i = X_i(A_i\cos\omega_i t + B_i\sin\omega_i t) \tag{g}$$

将式(g)代入方程(5.146)可得

$$EI\,\frac{\partial^4 X_i}{\partial x^4} - (\rho A\omega_i^2 - k_\mathrm{f})X_i = 0 \tag{h}$$

方程两边同时除以 EI,得到

$$\frac{\partial^4 X_i}{\partial x^4} - \left(\frac{\omega_i^2}{a^2} - \frac{k_\mathrm{f}}{EI}\right)X_i = 0 \tag{i}$$

为了表达式简洁,令

$$\frac{\omega_i^2}{a^2} - \frac{k_\mathrm{f}}{EI} = k_i^4 \tag{j}$$

则方程(i)变为

$$\frac{\partial^4 X_i}{\partial x^4} - k_i^4 X_i = 0 \tag{k}$$

这一微分方程的解为

$$X_i = C_{1i}\sin k_i x + C_{2i}\cos k_i x + C_{3i}\sinh k_i x + C_{4i}\cosh k_i x \tag{l}$$

方程的解与无弹性基础梁的解相同。因此,前述关于含各类端点条件梁的方程同样适用于本问题的求解。唯一的不同在于前面章节中的振动频率表达式为 $\omega_i = k_i^2 a$,而在这里,可由式(j)推导得到

$$\omega_i = k_i^2 a\sqrt{1 + \frac{k_\mathrm{f}}{EIk_i^4}} \tag{5.147}$$

考虑最为简单的一类情况,即两端含横向约束的梁(由弹性基础支承的简支梁)的振动问题,其正则函数

$$X_i = C_i\sin k_i x \quad (i = 1,\ 2,\ 3,\ \cdots) \tag{m}$$

且角频率

$$\omega_i = \frac{i^2\pi^2 a}{l^2}\sqrt{1 + \frac{k_\mathrm{f}l^4}{EIi^4\pi^4}} = \frac{\pi^2 a}{l^2}\sqrt{i^4 + \mu} \tag{5.148}$$

式中，$\mu = \dfrac{k_f l^4}{EI\pi^4}$。除了角频率表达式不同，各类条件（例如 5.10、5.13、5.15 和 5.16 节）作用下的简支梁的响应计算公式都适用于本问题响应的计算。

综上所述，梁的两端若为弹性支承（图 5.27），则其振动模态中的固有频率和模态振型均发生变化。而当梁为弹性基础支承时，只有固有频率发生改变。求解含弹性支承或弹性基础梁的振动响应的基本步骤，与含弹性约束的张紧丝的求解步骤相同。

例. 考虑简谐力 $P_1(t) = P\sin\Omega t$ 作用在距简支梁左端 x_1 处的情况，梁由弹性基础支承。求该梁受迫振动的稳态响应。

解： 根据 5.13 节中的式（5.127），可得扰动力作用下梁的振动响应

$$v = \frac{2Pl^3}{m}\sum_{i=1}^{\infty}\left[\frac{\sin(i\pi x/l)\sin(i\pi x_1/l)\sin\Omega t}{\pi^4 a^2(i^4+\mu)-\Omega^2 l^4} - \frac{\Omega\sin(i\pi x/l)\sin(i\pi x_1/l)\sin\omega_i t}{l^4\omega_i(\omega_i^2-\Omega^2)}\right] \quad (\text{n})$$

式中，级数的第一项为受迫振动响应，而第二项为自由振动响应。

如果简谐力 $P\sin\Omega t$ 的变化缓慢（$\Omega \to 0$），则式（n）中的稳态响应部分变为

$$v = \frac{2Pl^3}{EI\pi^4}\sum_{i=1}^{\infty}\frac{\sin(i\pi x/l)\sin(i\pi x_1/l)\sin\Omega t}{i^4+\mu} \quad (\text{o})$$

当 $x_1 = l/2$ 时，式（o）成为

$$v = \frac{2Pl^3}{EI\pi^4}\left[\frac{\sin(\pi x/l)}{1+\mu} - \frac{\sin(3\pi x/l)}{3^4+\mu} + \frac{\sin(5\pi x/l)}{5^4+\mu} - \cdots\right]\sin\Omega t \quad (\text{p})$$

将这一结果与 5.13 节中的式（l）进行比较，发现分母中新出现的变量 μ，描述的是弹性基础对梁振动位移的影响。

5.19　Ritz 法求解固有频率

1.5 节利用的是 Rayleigh 法求解梁或轴最低阶固有频率的近似值。该方法的应用首先需要假设弹性体振动时的挠曲形状，才能从系统能量的角度求解相应弹性体的固有频率。选择挠曲线的具体形状需要引入额外的约束条件，继而将系统变为单自由度系统。约束的引入增加了系统刚度，因此使得用 Rayleigh 法近似得到的固有频率高于固有频率的真实值。为了更加精确地求解系统的一阶固有频率，拟采用第一 Ritz（里兹）法[①]（该方法也可用于求解更高阶固有频率[②]）进行计算。第一 Ritz 法假设挠曲线函数包含若干参数，其中幅值参数的选择是以将振动频率降到最低的方式确定的。本节将以张紧丝的振动（见 5.8 节）为例，阐述各阶振型曲线的选择方法以及计算相应阶固有频率的基本步骤。

如果张紧丝的弯曲变形很小，则丝在振动过程中的拉力 S 可被忽略。变形引起的弹性势能的增量可通过丝长的增量乘以拉力 S 计算得到。在某个弯曲变形位置，丝长变为

$$L = \int_0^l \sqrt{1+\left(\frac{\mathrm{d}v}{\mathrm{d}x}\right)^2}\,\mathrm{d}x$$

---

① 见"W. Ritz, Gesammelte Werke, Paris, 1911, p. 265."。
② Rayleigh 仅利用该方法对复杂系统的主振动模态频率进行近似计算。他对该方法在系统高阶模态分析时的适用性持怀疑态度（见"*Phil. Mag.*，47，Ser. 5，1899，p. 566."和"22，Ser. 6，1911，p. 225."）。

对于小变形的情况,表达式可近似表示为

$$L \approx \int_0^l \left[1 + \frac{1}{2} \left(\frac{\mathrm{d}v}{\mathrm{d}x} \right)^2 \right] \mathrm{d}x$$

弹性势能的增量为

$$\Delta U \approx \frac{S}{2} \int_0^l \left(\frac{\mathrm{d}v}{\mathrm{d}x} \right)^2 \mathrm{d}x \tag{a}$$

丝的振动处于极限位置时,其弹性势能最大。这时有 $v_{\max} = X$,式(a)变为

$$\Delta U_{\max} \approx \frac{S}{2} \int_0^l \left(\frac{\mathrm{d}X}{\mathrm{d}x} \right)^2 \mathrm{d}x \tag{b}$$

丝振动时的动能可写成

$$T = \frac{m}{2} \int_0^l (\dot{v})^2 \mathrm{d}x \tag{c}$$

最大动能出现在丝振动的中间位置,此时有 $\dot{v}_{\max} = \omega X$。最大动能为

$$T_{\max} = \frac{\omega^2 m}{2} \int_0^l X^2 \mathrm{d}x \tag{d}$$

假设机械能无损失,令式(b)与式(d)相等,可得

$$\omega^2 = \frac{S}{m} \frac{\int_0^l \left(\dfrac{\mathrm{d}X}{\mathrm{d}x} \right)^2 \mathrm{d}x}{\int_0^l X^2 \mathrm{d}x} \tag{5.149}$$

通过假设各阶固有模态的振型,可将正则函数表达式代入式(5.149),计算对应阶模态的固有频率。

  Ritz 法的第一步是选择适用的振型曲线表达式。设有函数 $\Phi_i(x)$,$i = 1, 2, 3, \cdots, \infty$,将其用于表示正则函数 X,且该函数满足端点条件,则有

$$X = a_1 \Phi_1(x) + a_2 \Phi_2(x) + a_3 \Phi_3(x) + \cdots \tag{e}$$

取式(e)中的有限项,对丝可能的振型曲线形状附加某些限制。因此,根据式(5.149)计算得到的固有频率通常高于固有频率的真实值。为了使固有频率的近似值尽可能地逼近其真实值,Ritz 提出通过合理地选择式(e)中的系数 $a_1, a_2, a_3, \cdots$,最小化式(5.149)计算得到的固有频率估计值。通过这种方法,可以得到用如下方程表示的系统:

$$\frac{\partial}{\partial a_j} \frac{\int_0^l \left(\dfrac{\mathrm{d}X}{\mathrm{d}x} \right)^2 \mathrm{d}x}{\int_0^l X^2 \mathrm{d}x} = 0 \tag{5.150}$$

对式(5.150)进行微分运算,得到

$$\int_0^l X^2 \mathrm{d}x \frac{\partial}{\partial a_j} \int_0^l \left(\frac{\mathrm{d}X}{\mathrm{d}x} \right)^2 \mathrm{d}x - \int_0^l \left(\frac{\mathrm{d}X}{\mathrm{d}x} \right)^2 \mathrm{d}x \frac{\partial}{\partial a_j} \int_0^l X^2 \mathrm{d}x = 0 \tag{f}$$

注意到根据式(5.149),有

$$\int_0^l \left(\frac{\mathrm{d}X}{\mathrm{d}x}\right)^2 \mathrm{d}x = \frac{\omega^2 m}{S} \int_0^l X^2 \mathrm{d}x = 0$$

进而得到

$$\frac{\partial}{\partial a_j} \int_0^l \left[\left(\frac{\mathrm{d}X}{\mathrm{d}x}\right)^2 - \frac{\omega^2 m}{S}X^2\right]\mathrm{d}x = 0 \tag{5.151}$$

将关于 X 的表达式(e)代入式(5.151)并进行积分运算,可得到一个关于 a_1, a_2, a_3, $\cdots$ 的齐次线性方程组。方程组中的方程个数等于式(e)中系数 a_1, a_2, a_3, $\cdots$ 的个数。这个关于 a_1, a_2, a_3, $\cdots$ 的方程组当且仅当系数行列式等于零时有 a_1, a_2, a_3, $\cdots$ 的非零解。根据系数行列式等于零的条件,可计算各阶固有模态的振动角频率。

如图 5.29a、b 和 c 所示,考虑长度为 $2l$ 张紧丝的对称振动模态。容易发现,像 $l^2 - x^2$ 一样满足端点条件 $(v)_{x=\pm l} = 0$ 的对称抛物线函数可用于描述图 5.29a 中的对称振型曲线。将这一函数乘以 x^2, x^4, $\cdots$,还可得到其他满足端点条件的一系列对称曲线。通过以上方法,可得到振动丝的振型曲线表达式:

$$X = a_1(l^2 - x^2) + a_2 x^2(l^2 - x^2) + a_3 x^4(l^2 - x^2) + \cdots \tag{g}$$

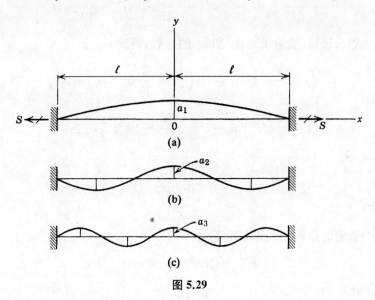

图 5.29

为了说明此方法的计算精度随着式(g)中项数的增多而提高的速率,从式(g)中只有一项的情况开始分析,并令

$$X_1 = a_1(l^2 - x^2) \tag{h}$$

式(5.149)中的两个积分结果分别为[①]

$$\int_0^l (X_1)^2 \mathrm{d}x = \frac{8}{15}a_1^2 l^5, \quad \int_0^l \left(\frac{\mathrm{d}X_1}{\mathrm{d}x}\right)^2 \mathrm{d}x = \frac{4}{3}a_1^2 l^3$$

---

① 无论是对称还是反对称模态,研究时只考虑系统的一半就能满足分析要求。

将以上两式代入式(5.149),可得

$$\omega_1^2 = \frac{5S}{2l^2 m} \tag{i}$$

将这一计算结果与真实解 $\omega_1^2 = \pi^2 S/(4l^2 m)$ 比较,发现频率计算的误差率仅为 0.66%。因此,当式(g)中只保留一项时,振型曲线已经被确定下来。且和 Rayleigh 法类似,系统变成单自由度系统。

为了得到更精确的近似解,保留式(g)中的前两项。这时表达式中有两个参数 a_1 和 a_2,通过调整这两个参数的比值,可以不同程度地改变振型曲线。当该比值的取值由式(5.149)取最小值得到,即式(5.151)得到满足时,近似结果最佳。式(g)取前两项时,有振型曲线的近似表达式

$$X_2 = a_1(l^2 - x^2) + a_2 x^2(l^2 - x^2) \tag{j}$$

式(5.149)中的两个积分结果分别为

$$\int_0^l X_2^2 \mathrm{d}x = \frac{8}{15}a_1^2 l^5 + \frac{16}{105}a_1 a_2 l^7 + \frac{8}{315}a_2^2 l^9$$

$$\int_0^l \left(\frac{\mathrm{d}X_2}{\mathrm{d}x}\right)^2 \mathrm{d}x = \frac{4}{3}a_1^2 l^3 + \frac{8}{15}a_1 a_2 l^5 + \frac{44}{105}a_2^2 l^7$$

将以上两式代入式(5.151),然后求对 a_1 和 a_2 的导数,得到

$$\left(1 - \frac{2}{5}k^2 l^2\right)a_1 + l^2\left(\frac{1}{5} - \frac{2}{35}k^2 l^2\right)a_2 = 0 \tag{k}$$

$$\left(1 - \frac{2}{7}k^2 l^2\right)a_1 + l^2\left(\frac{11}{7} - \frac{2}{21}k^2 l^2\right)a_2 = 0 \tag{l}$$

其中

$$k^2 = \frac{\omega^2 m}{S} \tag{m}$$

方程(k)、(l)确定的系数行列式等于零时,有

$$k^4 l^4 - 28k^2 l^2 + 63 = 0$$

方程的两个根分别为

$$k_1^2 l^2 = 2.467\,44, \quad k_2^2 l^2 = 25.6$$

考虑到所分析的固有模态的振型均关于丝中点对称,因此利用式(m)可解得一和三阶固有模态的振动频率分别为

$$\omega_1^2 = \frac{2.467\,44S}{l^2 m}, \quad \omega_3^2 = \frac{25.6S}{l^2 m}$$

将以上两个近似解与下式中的振动频率真实值比较:

$$\omega_1^2 = \frac{\pi^2 S}{4l^2 m} = \frac{2.467\,40S}{l^2 m}, \quad \omega_3^2 = \frac{9\pi^2 S}{4l^2 m} = \frac{22.207S}{l^2 m}$$

发现一阶模态的频率估计误差非常小(误差仅为 0.000 81%)。另外,三阶模态的频率估计误差为 7.4%。当式(g)取前三项时,三阶模态的频率估计误差将小于 0.5%。

从以上分析了解到,利用 Ritz 法不仅可求解最低阶固有频率,还可在振型曲线表达式取足够多项时,获得更高阶固有频率的精确解。下一节将利用第一 Ritz 法研究变截面梁的振动问题。除此之外,还将举例讨论第二 Ritz 法的使用方法。

5.20　变截面梁的振动问题

本章前述内容讨论了等截面梁的各类振动问题。但许多重要的工程问题,例如透平机叶片、船体、不同深度处的桥大梁等的振动问题,却需要应用变截面梁的理论方法进行研究。振动梁的运动微分方程已在 5.9 节中[见 5.9 节的式(5.81)]进行了推导,方程为

$$\frac{\partial^2}{\partial x^2}\left(EI\,\frac{\partial^2 v}{\partial x^2}\right)\mathrm{d}x + \rho A\,\mathrm{d}x\,\frac{\partial^2 v}{\partial t^2} = 0 \tag{a}$$

式中,I 和 A 均为轴向位置 x 的函数。只有在某些特殊情况下,正则函数与固有频率才有准确表达式,这些特殊情况将在接下来的内容中进行讨论。

应用第一 Ritz 法求解梁的振动响应,将最大势能和最大动能的表达式写作

$$U_{\max} = \frac{1}{2}\int_0^l EI\left(\frac{\mathrm{d}^2 X}{\mathrm{d}x^2}\right)^2\mathrm{d}x \tag{b}$$

$$T_{\max} = \frac{\omega^2}{2}\int_0^l \rho A X^2\,\mathrm{d}x \tag{c}$$

最大动能中有

$$\omega^2 = \frac{E}{\rho}\,\frac{\displaystyle\int_0^l I\left(\frac{\mathrm{d}^2 X}{\mathrm{d}x^2}\right)^2\mathrm{d}x}{\displaystyle\int_0^l A X^2\,\mathrm{d}x} \tag{d}$$

为了求近似解,和上一节内容一样,将振型曲线表示成级数的形式

$$X = a_1\Phi_1(x) + a_2\Phi_2(x) + a_3\Phi_3(x) + \cdots \tag{e}$$

式中,函数 Φ_j 满足梁的端点条件。满足式(d)取值最小化的条件为

$$\frac{\partial}{\partial a_j}\,\frac{\displaystyle\int_0^l I\left(\frac{\mathrm{d}^2 X}{\mathrm{d}x^2}\right)^2\mathrm{d}x}{\displaystyle\int_0^l A X^2\,\mathrm{d}x} = 0 \tag{f}$$

或

$$\int_0^l A X^2\,\mathrm{d}x\,\frac{\partial}{\partial a_j}\int_0^l\left(\frac{\mathrm{d}^2 X}{\mathrm{d}x^2}\right)^2\mathrm{d}x - \int_0^l I\left(\frac{\mathrm{d}^2 X}{\mathrm{d}x^2}\right)^2\mathrm{d}x\,\frac{\partial}{\partial a_j}\int_0^l A X^2\,\mathrm{d}x = 0 \tag{g}$$

根据式(d)~式(g),有

$$\frac{\partial}{\partial a_j} \int_0^l \left[I \left(\frac{\mathrm{d}^2 X}{\mathrm{d}x^2} \right)^2 - \frac{\omega^2 A \rho}{E} X^2 \right] \mathrm{d}x = 0 \tag{5.152}$$

因此，本问题变成确定式(e)中 a_1，a_2，a_3，$\cdots$ 的取值问题，亦即最小化积分

$$Z = \int_0^l \left[I \left(\frac{\mathrm{d}^2 X}{\mathrm{d}x^2} \right)^2 - \frac{\omega^2 A \rho}{E} X^2 \right] \mathrm{d}x \tag{h}$$

由式(5.152)推导得到的方程组是关于 a_1，a_2，a_3，$\cdots$ 的齐次线性方程组，方程的个数与级数(e)中包含的项数相同。令方程组定义的系数行列式为零，可得到系统的频率方程。根据频率方程，可求解得到对应阶模态的固有角频率。

　　1) 楔形梁的振动

　　现在用第一 Ritz 法求解单位厚度楔形梁的振动响应。楔形梁的端点条件为一端无约束一端完全约束，如图 5.30 所示。根据楔形梁的几何关系，有

$$A = \frac{2bx}{l}, \; I = \frac{1}{12} \left(\frac{2bx}{l} \right)^3 \tag{i}$$

式中，l 为这种悬臂梁的长度；$2b$ 为固定端的长度。这种情况下的边界条件为

$$\left. \left(EI \frac{\mathrm{d}^2 X}{\mathrm{d}x^2} \right) \right|_{x=0} = 0, \; \left. \frac{\mathrm{d}}{\mathrm{d}x} \left(EI \frac{\mathrm{d}^2 X}{\mathrm{d}x^2} \right) \right|_{x=0} = 0 \left. \begin{matrix} \\ \\ \end{matrix} \right\} \tag{j}$$
$$(X)_{x=l} = 0, \; \left(\frac{\mathrm{d}X}{\mathrm{d}x} \right)_{x=l} = 0$$

满足以上边界条件的振型曲线形如以下级数

$$X = a_1 \left(1 - \frac{x}{l} \right)^2 + a_2 \frac{x}{l} \left(1 - \frac{x}{l} \right)^2 + a_3 \frac{x^2}{l^2} \left(1 - \frac{x}{l} \right)^2 + \cdots \tag{k}$$

从以上级数表达式不难看出，当 $x = l$ 时，级数中的每一项及其对 x 的导数项等于零，且式(j)的第三和第四个边界条件得到满足。此外，由于 I 和 $\mathrm{d}I/\mathrm{d}x$ 在 $x = 0$ 处等于零，因此第一和第二个边界条件也得到满足。

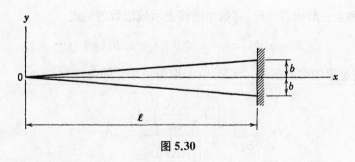

图 5.30

取式(k)的第一项近似为

$$X_1 = a_1 \left(1 - \frac{x}{l} \right)^2 \tag{l}$$

将其代入式(d)可计算得到

$$\omega^2 = \frac{10Eb^2}{\rho l^4},\ f = \frac{\omega}{2\pi} = \frac{5.48b}{2\pi l^2}\sqrt{\frac{E}{3\rho}} \tag{m}$$

为了求解更精确的近似解,重新取式(k)的前两项如下:

$$X_2 = a_1 \left(1 - \frac{x}{l}\right)^2 + a_2 \frac{x}{l}\left(1 - \frac{x}{l}\right)^2 \tag{n}$$

将式(n)代入式(h)后推导得到

$$Z_2 = \frac{2}{3}\frac{b^3}{l^3}\left[(a_1 - 2a_2)^2 + \frac{24}{5}a_2(a_1 - 2a_2) + 6a_2^2\right] - \frac{2b\rho l\omega^2}{E}\left[\frac{a_1^2}{30} + \frac{2a_1a_2}{105} + \frac{a_2^2}{280}\right]$$

根据条件

$$\frac{\partial Z_2}{\partial a_1} = 0,\ \frac{\partial Z_2}{\partial a_2} = 0$$

得到以下两个线性方程:

$$\left(\frac{E}{\rho}\frac{b^2}{3l^4} - \frac{\omega^2}{30}\right)a_1 + \left(\frac{2E}{5\rho}\frac{b^2}{3l^4} - \frac{\omega^2}{105}\right)a_2 = 0 \tag{o}$$

$$\left(\frac{2E}{5\rho}\frac{b^2}{3l^4} - \frac{\omega^2}{105}\right)a_1 + \left(\frac{2E}{5\rho}\frac{b^2}{3l^4} - \frac{\omega^2}{280}\right)a_2 = 0 \tag{p}$$

令方程(o)、(p)的系数行列式等于零,可得方程

$$\left(\frac{E}{\rho}\frac{b^2}{3l^4} - \frac{\omega^2}{30}\right)\left(\frac{2E}{5\rho}\frac{b^2}{3l^4} - \frac{\omega^2}{280}\right) - \left(\frac{2E}{5\rho}\frac{b^2}{3l^4} - \frac{\omega^2}{105}\right)^2 = 0 \tag{q}$$

此方程的两个根即为 $\omega_{1,2}^2$,其中小的根对应角频率 ω_1,相应的线频率为

$$f_1 = \frac{\omega_1}{2\pi} = \frac{5.319b}{2\pi l^2}\sqrt{\frac{E}{3\rho}} \tag{r}$$

当前研究的问题存在真实解,其中正则函数根据 Bessel(贝塞尔)函数求解得到。[①] 真实解为

$$f_1 = \frac{\omega_1}{2\pi} = \frac{5.315b}{2\pi l^2}\sqrt{\frac{E}{3\rho}} \tag{5.153}$$

将该真实解与式(m)、(r)表示的近似解比较,发现第一个近似解的估计误差为 3.1%,而第二个近似解的估计误差仅为 0.075%。如果需要计算更高阶振动模态的固有频率,则须继续增加级数(e)中的项数。进一步对比分析,考虑截面尺寸与变截面梁大端相同的等截面梁,其一阶固有频率为(见 5.11 节)

$$f_1 = \frac{\omega_1}{2\pi} = \frac{1.875^2 a}{2\pi l^2} = \frac{3.515b}{2\pi l^2}\sqrt{\frac{E}{3\rho}} \tag{s}$$

---

① 见"G. R. Kirchhoff, *Monatsberichte*, Berlin, 1879, p. 815."或"*Gesammelte Abhandlungen*, Leipzig, 1882, p. 339."。

当 A 和 I 不是位置 x 的连续函数时,仍然可以利用第一 Ritz 法求解固有频率。关于 A 和 I 的非连续函数可以存在多个函数间断点,也可定义为沿梁长度方向上的分段函数。当为分段函数时,积分式(h)可以分段积分,其中 I 和 A 在各分段上都是 x 的连续函数。[①] 如果关于 A 和 I 的函数可通过图形法或查询数值表得到,那么梁的固有频率仍可采用第一 Ritz 法求解。这里式(h)中的积分需要使用数值方法求解。

利用第二 Ritz 法则可直接求解运动微分方程,不必借助能量法推导,从而简化了此前计算过程。[②] 例如,等截面悬臂梁振动时,定义正则函数的微分方程为

$$EI\frac{\mathrm{d}^4 X}{\mathrm{d}x^4} - \rho A \omega^2 X = 0 \tag{t}$$

假设悬臂梁左端固定右端自由,则边界条件可定义成

$$(X)_{x=0} = 0, \quad \left(\frac{\mathrm{d}X}{\mathrm{d}x}\right)_{x=0} = 0, \quad \left(\frac{\mathrm{d}^2 X}{\mathrm{d}x^2}\right)_{x=l} = 0, \quad \left(\frac{\mathrm{d}^3 X}{\mathrm{d}x^3}\right)_{x=l} = 0 \tag{u}$$

利用第二 Ritz 法求解仍须将 X 表示成式(e)的级数形式。求解所得结果不是真实解,因此不满足方程(t)。若将结果代入方程(t)等号左边,所得结果也不等于零。这一结果的物理意义表示悬臂梁长度方向上作用有非零的分布载荷 $Q(x)$。级数(e)中系数 a_1,a_2,a_3,… 的取值可通过令载荷 $Q(x)$ 在虚位移 $\delta v_j = \delta a_j \Phi_j(x)$ 上做的虚功为零求解得到。根据该条件建立的方程为

$$\int_0^l \left(EI\frac{\mathrm{d}^4 X}{\mathrm{d}x^4} - \rho A \omega^2 X\right)\Phi_j(x)\mathrm{d}x = 0 \tag{5.154}$$

将级数(e)代入方程并计算积分,便可建立关于 a_1,a_2,a_3,… 的线性方程组。令方程组定义的系数行列式为零,可推导得到系统的频率方程。

级数(e)取前两项,假设此情况下的正则函数为

$$X = a_1(6l^2 x^2 - 4l x^3 + x^4) + a_2(20l^3 x^2 - 10l^2 x^3 + x^5) \tag{v}$$

式中,两个括号内的表达式均满足端点条件(u)。第一个括号内的计算结果与均匀受载悬臂梁的变形量成正比;第二个括号内为受线性载荷作用的悬臂梁变形量,其中固定端载荷为零,自由端载荷达到最大值。将式(v)代入方程(5.154)并计算积分,可得

$$\left(\frac{104}{45}\frac{\omega^2 l^4}{a^2} - \frac{144}{5}\right)a_1 + \left(\frac{2\,644}{315}\frac{\omega^2 l^4}{a^2} - 104\right)a_2 = 0 \tag{w}$$

$$\left(\frac{2\,644}{315}\frac{\omega^2 l^4}{a^2} - 104\right)a_1 + \left(\frac{21\,128}{693}\frac{\omega^2 l^4}{a^2} - \frac{2\,640}{7}\right)a_2 = 0 \tag{x}$$

令方程(w)、(x)的系数行列式等于零,可解得悬臂梁的前两阶固有频率

$$\omega_1 = 3.517\frac{a}{l^2} = \frac{3.517}{l^2}\sqrt{\frac{EI}{\rho A}}, \quad \omega_2 = \frac{22.78}{l^2}\sqrt{\frac{EI}{\rho A}} \tag{y}$$

[①] "K. A. Traenkel, *Ing.-Arch.*, 1, 1930, p. 499." 中讨论了这种情况的几个例子。

[②] 如 2.3 节所述,该方法有时被认为是 Galerkin 的贡献,却是由 W. Ritz 首先提出的。

式中,一阶固有频率 ω_1 的计算结果具有较高精度,二阶固有频率 ω_2 的计算误差为 3.4%。

2) 锥形梁的振动

Kirchhoff[1] 最早研究了一端自由一端固支锥形梁的振动问题。他计算得到的梁的最低阶固有频率为

$$f_1 = \frac{\omega_1}{2\pi} = \frac{4.359r}{2\pi l^2}\sqrt{\frac{E}{\rho}} \tag{5.155}$$

式中,r 为固支端的曲率半径;l 为梁的长度。长度相同,固支端尺寸与锥形梁相同的圆柱梁的最低阶固有频率为

$$f_1 = \frac{\omega_1}{2\pi} = \frac{1.875^2 a}{2\pi l^2} = \frac{1.758r}{2\pi l^2}\sqrt{\frac{E}{\rho}} \tag{z}$$

因此,锥形梁与圆柱梁的最低阶固有频率之比为 $4.359/1.758 \approx 2.5$。 一般情况下,锥形梁任意一阶固有频率的计算式为

$$f_i = \frac{\omega_i}{2\pi} = \frac{\alpha_i r}{2\pi l^2}\sqrt{\frac{E}{\rho}} \tag{5.156}$$

其中 α_i 的取值参考下表:[2]

α_1	α_2	α_3	α_4	α_5	α_6
4.359	10.573	19.225	30.339	43.921	59.956

3) 其他变截面悬臂梁的振动

悬臂梁弯曲振动固有频率的一般表达式可由以下方程表示:

$$f_j = \frac{\omega_j}{2\pi} = \frac{\alpha_j r_g}{2\pi l^2}\sqrt{\frac{E}{\rho}} \tag{5.157}$$

式中,r_g 为固支端的回转半径;l 为梁的长度;常数 α_j 取决于梁的振型和固有模态的阶数。工程实际中某些特定情况下的常数 α_1 取值如下:

(1) 如果截面积和惯性矩随轴向位置 x 的变化规律为

$$A = \frac{2bx}{l}, \quad I = \frac{1}{12}\left(\frac{2bx}{l}\right)^3 \tag{a'}$$

式中,x 为距离自由端的距离。这种情况下沿长度方向上 r_g 为常数,而计算最低阶固有频率时常数 α_1 的取值可通过以下方程精确逼近:[3]

$$\alpha_1 = 3.47(1 + 1.05m) \tag{b'}$$

(2) 如果截面积和惯性矩随轴向位置 x 的变化规律为

---

[1]　参见 "G. R. Kirchhoff, *Monatsberichte*, Berlin, 1879, p. 815." 或 "*Gesammelte Abhandlungen*, Leipzig, 1882, p. 339."。

[2]　参见 "D. Wrinch, *Proc. Roy. Soc.* (*London*), 101, 1922, p. 493."。

[3]　参见 "A. Ono, *Jour. Soc. Mech. Engrs.* (*Tokyo*), 27, 1924, p. 467."。

$$A = a\left(1 - c\,\frac{x}{l}\right), \quad I = b\left(1 - c\,\frac{x}{l}\right) \tag{c'}$$

式中，x 为距离固定端的距离。这种情况下沿长度方向上 r_g 为常数，而常数 α_1 的取值可通过查下表确定：[1]

c	0	0.4	0.6	0.8	1.0
α_1	3.515	4.098	4.585	5.398	7.16

4) 两端自由变截面梁的振动

考虑如图 5.31 所示的两端自由变截面梁的弯曲振动，该变截面梁由两部分相同的变截面构件在较粗一端连接而成。右侧构件的形状函数为

$$y = ax^m \tag{d'}$$

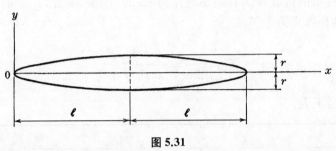

图 5.31

式中，x 为距左端的距离。左侧构件的形状函数只须将 (d') 关于变截面梁中点翻转即可。这种情况下，一旦确定了 m 的取值[2]，即可得到 Bessel 函数的精确解，且有最低阶固有频率的表达式为

$$f_1 = \frac{\omega_1}{2\pi} = \frac{\alpha_1 r}{4\pi l^2}\sqrt{\frac{E}{\rho}} \tag{5.158}$$

式中，r 为最粗截面处的回转半径；$2l$ 为梁的长度；常数 α_1 由梁的振型曲线 (d') 确定，取值可查下表：

m	0	1/4	1/2	3/4	1
α_1	5.593	6.957	8.203	9.300	10.173

5.21 梁的弯扭耦合振动

在本章前述内容中，梁的横向振动均假设其绕对称平面进行。如果平面不对称，则发生横向振动的同时还伴随着扭转振动。例如，考虑图 5.32a 中导槽在 $x\text{-}y$ 平面内的振动，而 $x\text{-}y$ 平面垂直于对称的 $x\text{-}z$ 平面。如果力的作用方向为 y 方向，则弯曲变形发生在 $x\text{-}y$ 平面。

---

[1] 参见"A. Ono, *Jour. Soc. Mech. Engrs.* (*Tokyo*), 28, 1925, p. 429."。

[2] 参见"J. W. Nicholson, *Proc. Roy. Soc.* (*London*), 93, 1917, p. 506."。

当且仅当力的作用点在剪心轴线 $O\text{-}O'$ 上时不伴随有扭转运动。剪心轴线位于对称平面内，且平行于形心线 $C\text{-}C'$。图 5.32a 中的剪心轴线定义为 x 轴，它与导槽腹板所在平面的距离为 e，与形心线的距离为 c。两个距离根据下式计算[3]：

$$e=\frac{b^2h^2t}{4I_z},\ c=e+\frac{b^2}{2b+h} \tag{a}$$

式中，b 为翼缘宽度；h 为两翼缘间的距离；t 为翼缘和腹板的厚度。受到 y 方向载荷作用后表示振型曲线的微分方程为

$$EI_z\frac{\mathrm{d}^4v}{\mathrm{d}x^4}=w \tag{b}$$

式中，w 为分布载荷强度（正方向向上）；EI_z 为导槽沿 z 轴的弯曲刚度。

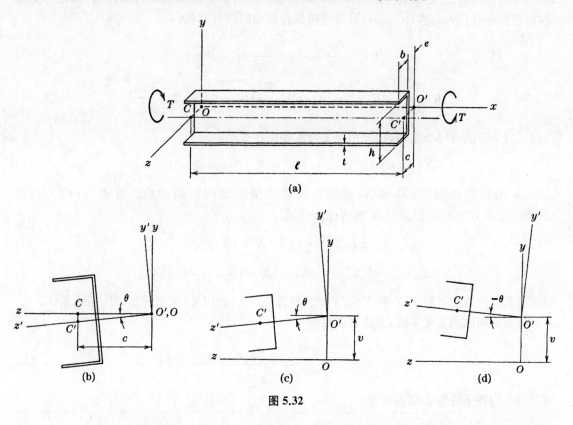

图 5.32

　　如果载荷沿着形心线分布，那么可将该载荷等效为沿着剪心线 x 作用的等值载荷和扭矩的组合，其中扭矩分布强度为 wc。这种受载情况下，导槽同时发生弯曲和扭转变形，其中弯曲变形由式(b)定义。扭转绕剪心线 x 发生，且为非均匀变形。建立沿 x 轴变化的扭矩 $T(x)$ 与扭转角 θ 间关系的方程为[4]

$$T(x)=R\frac{\mathrm{d}\theta}{\mathrm{d}x}-R_1\frac{\mathrm{d}^3\theta}{\mathrm{d}x^3} \tag{c}$$

式中，R 为均匀扭转的扭转刚度；R_1 为翘曲刚度。根据右手螺旋定则，定义图 5.32b 中的扭转角正方向。将式(c)对 x 求导，且有扭矩正方向如图 5.32a 所示，可得

$$R \frac{\mathrm{d}^2\theta}{\mathrm{d}x^2} - R_1 \frac{\mathrm{d}^4\theta}{\mathrm{d}x^4} = wc \tag{d}$$

方程(b)、(d)共同定义了形心线上受分布静载荷的梁的弯扭耦合变形。

当梁发生振动时(见图 5.32c),还需要考虑横向惯性力和惯性力矩的影响。[①] 其中横向惯性力的强度为

$$-\rho A \frac{\partial^2}{\partial t^2}(\upsilon - c\theta)$$

惯性力矩的强度为

$$-\rho I_p \frac{\partial^2\theta}{\partial t^2}$$

式中,I_p 为截面绕形心轴线的极惯性矩。用惯性力强度替换静载荷项,同时结合惯性力矩强度,将它们一并代入方程(b)、(d),可得弯扭耦合振动的微分方程:

$$EI_z \frac{\partial^4\upsilon}{\partial x^4} = -\rho A \frac{\partial^2}{\partial t^2}(\upsilon - c\theta) \tag{5.159a}$$

$$R \frac{\partial^2\theta}{\partial x^2} - R_1 \frac{\partial^4\theta}{\partial x^4} = -\rho A \frac{\partial^2}{\partial t^2}(\upsilon - c\theta) + \rho I_p \frac{\partial^2\theta}{\partial t^2} \tag{5.159b}$$

假设梁以某阶固有模态振动,则分别定义弯曲和扭转振动响应为

$$\upsilon = X(A\cos\omega t + B\sin\omega t), \ \theta = X_1(A_1\cos\omega t + B_1\sin\omega t) \tag{e}$$

式中,ω 为振动角频率;X 和 X_1 分别为两种类型振动的正则函数。将式(e)代入方程(5.159a)、(5.159b),可得关于 X 和 X_1 的方程组:

$$EI_z X^{(4)} = \rho A\omega^2(X - cX_1) \tag{f}$$

$$R_1 X_1^{(4)} - RX_1'' = -\rho A\omega^2 c(X - cX_1) + \rho I_p \omega^2 X_1 \tag{g}$$

特定问题下该方程组的根 X 和 X_1 除了要满足方程(f)、(g)以外,还要满足梁的端点条件。

例如对两端简支梁来说,其边界条件为

$$\upsilon = \frac{\mathrm{d}^2\upsilon}{\mathrm{d}x^2} = \theta = \frac{\mathrm{d}^2\theta}{\mathrm{d}x^2} = 0 \quad (x=0 \ 和 \ x=l) \tag{h}$$

满足以上边界条件的正则函数为

$$X_i = C_i \sin\frac{i\pi x}{l}, \ X_{1i} = D_i \sin\frac{i\pi x}{l} \quad (i=1, \ 2, \ 3, \ \cdots) \tag{i}$$

式中,C_i 和 D_i 为常数。将式(i)中的表达式代入方程(f)、(g),并定义以下符号:

$$\frac{EI_z i^4\pi^4}{l^4\rho A} = \omega_{bi}^2, \ \frac{(Ri^2\pi^2 l^2 + R_1 i^4\pi^4)}{l^4\rho(I_p + Ac^2)} = \omega_{ti}^2, \ \frac{Ac^2}{I_p + Ac^2} = \lambda \tag{j}$$

得到

---

① 梁的翘曲引起的纵向惯性力忽略不计。

$$(\omega_{bi}^2 - \omega_i^2)C_i + \omega_i^2 c D_i = 0 \tag{k}$$

$$\frac{\lambda}{c}\omega_i^2 C_i + (\omega_{ti}^2 - \omega_i^2)D_i = 0 \tag{l}$$

当且仅当由以上方程组确定的系数行列式等于零时,有 C_i 和 D_i 的非零解,进而得到频率方程为

$$(\omega_{bi}^2 - \omega_i^2)(\omega_{ti}^2 - \omega_i^2) - \lambda\omega_i^4 = 0 \tag{m}$$

根据频率方程可计算得到振动频率

$$\omega_i^2 = \frac{(\omega_{ti}^2 + \omega_{bi}^2) \mp \sqrt{(\omega_{ti}^2 - \omega_{bi}^2) + 4\lambda\omega_{bi}^2\omega_{ti}^2}}{2(1-\lambda)} \tag{5.160}$$

其他情况下,关于对称平面振动的简支梁的振动频率计算结果也与式(5.160)相似,振动方向垂直于该平面。

如果剪心与形心重合,那么距离 c 为零,且 $\lambda = 0$,得到

$$\omega_i^2 = \frac{\omega_{ti}^2 + \omega_{bi}^2}{2} \mp \frac{\omega_{ti}^2 - \omega_{bi}^2}{2}$$

从中计算得到两组振动频率

$$\omega_{1i} = \omega_{bi}, \ \omega_{2i} = \omega_{ti} \tag{n}$$

根据式(j)中的符号定义,这两组频率分别对应于彼此独立的无耦合的弯曲与非均匀扭转振动频率。如果 c 不为零,则根据式(5.160)得到 ω_i^2 的两个取值,其中一个取值大于式(n)中频率的取值,另一个则小于式(n)中频率的取值。ω_i^2 取较大值时,方程(k)、(l)中的 C_i 和 D_i 正负号相同;而 ω_i^2 取较小值时,C_i 和 D_i 正负号相反。这两种频率解对应的振动状态分别如图 5.32c、5.32b 所示。

其他类型端点条件下梁的振动问题也可得到相似解。这时,方程(f)、(g)的根变得更为复杂,但可利用 Rayleigh-Ritz 法计算耦合振动频率的近似解。[1] 对于无对称平面振动的梁,其振动频率的求解变得更加复杂。[2] 扭转振动和弯曲振动在两个主平面内相互间耦合,从而推导得到由三个微分方程构成的方程组,这比两个微分方程的情况更加复杂。工程实际中,还会遇到像透平机叶片、机翼、螺旋桨这类更为复杂的变截面非对称梁的弯扭耦合振动问题。在这种情况下,振动频率的求解通常采用数值方法。

5.22　圆环的振动

研究旋转机械中圆形零件的振动频率时会遇到圆环的振动问题。接下来,假设圆环截面厚度相比中心线半径 r 很小,讨论这一假设下等截面圆环的简单振动问题(见图 5.33a)。同时假设圆环在每个截面所在的 x-y 平面对称。

---

[1]　C. F. Garland 在"*Jour. Appl. Mech.*, 7, 1940, p. 97."中,利用该方法研究了悬臂梁的弯扭耦合振动。

[2]　"K. Federhofer, *Sitzber. Akad. Wiss. Wien*, Abt. IIa, 156, 1947, p. 343."讨论了一般情况下的微分方程。

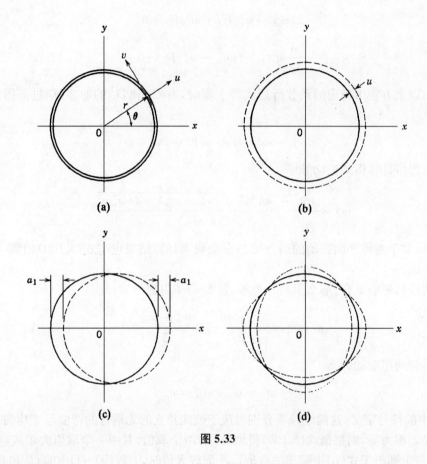

图 5.33

1) 伸缩振动

圆环最简单的拉伸振动模式为圆环中心在半径方向发生周期性平动,且所有截面同步平动不发生旋转(见图 5.33b)。用符号 u 表示圆环上任意一点的径向平动(沿径向向外为正方向),则圆环周向的单位伸长量(拉应变)等于 u/r。圆环简单拉伸变形引起的弹性势能变化可表示为

$$U = \frac{AEu^2}{2r^2} 2\pi r \tag{a}$$

式中,A 为圆环截面积。圆环振动时的动能函数为

$$T = \frac{\rho A}{2} \dot{u}^2 2\pi r \tag{b}$$

令最大势能和最大动能相等,并根据 $\dot{u}_{\max} = \omega u_{\max}$,可得振动频率为

$$\omega = \sqrt{\frac{E}{\rho r^2}} \tag{c}$$

因此,圆环最低阶拉伸模态(见图 5.33b)的振动频率为

$$f = \frac{\omega}{2\pi} = \frac{1}{2\pi} \sqrt{\frac{E}{\rho r^2}} \tag{5.161}$$

圆环其他拉伸振动模式的求解与等截面杆的纵向振动情况类似。如果令 i 表示圆环周长的波长数,则高阶拉伸模态的振动频率可根据以下方程求解[2]:

$$f_1 = \frac{1}{2\pi} \sqrt{\frac{E(1+i^2)}{\rho r^2}} \tag{5.162}$$

当 $i=0$ 时,方程(5.162)简化为式(5.161)表示的圆环纯径向振动。

2) 扭转振动

现在分析圆环的最低阶扭转振动模态。这时圆环的中心线不变形,所有截面都以相同的小角度 ψ 旋转(见图 5.34)。由于这种旋转,距离环中间平面距离为 z 的点将产生近似等于 $z\psi$ 的径向位移,而相应的周向应变为 $z\psi/r$。圆环变形的弹性势能可根据下式计算:

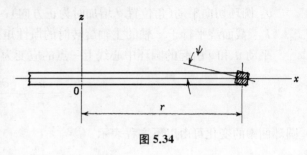

图 5.34

$$U = 2\pi r \int_A \frac{E}{2}\left(\frac{z\psi}{r}\right)^2 \mathrm{d}A = \frac{\pi E I_x \psi^2}{r} \tag{d}$$

式中,I_x 为截面绕 x 轴的惯性矩。

圆环扭转振动时的动能为

$$T = 2\pi r \frac{\rho I_p}{2} \dot\psi^2 \tag{e}$$

式中,I_p 为截面的极惯性矩。

令 $U_{\max}$ 和 $T_{\max}$ 相等,并根据 $\dot\psi_{\max} = \omega\psi_{\max}$,可得振动频率为

$$\omega = \sqrt{\frac{E I_x}{\rho r^2 I_p}} \tag{f}$$

扭转振动频率变为

$$f = \frac{1}{2\pi} \sqrt{\frac{E I_x}{\rho r^2 I_p}} \tag{5.163}$$

将式(5.163)与式(5.161)进行比较,发现扭转振动的最低阶固有频率是径向振动最低阶固有频率的 $\sqrt{I_x/I_p}$ 倍。

对截面为圆形的圆环而言,扭转模态的振动频率由下式表示[2]:

$$f_i = \frac{1}{2\pi} \sqrt{\frac{E(1+i^2)}{2\rho r^2}} \quad (i=1,2,3,\cdots) \tag{5.164}$$

由于有

$$\sqrt{\frac{E}{\rho r^2}} = \frac{a}{r}$$

式中,a 为声音沿圆环切向传播的速度。因此上述分析的伸缩和扭转振动频率非常高。只有当圆环发生弯曲振动时,振动频率才相对较低。

3）弯曲振动

圆环的弯曲振动分为两种类型：① 圆环所在平面的弯曲振动；② 垂直于圆环所在平面的平动和圆环截面的旋转同时存在的混合运动。考虑圆环平面的弯曲振动（图 5.33a），定义以下符号：

θ：圆环上任意一点的角位置；

u：径向平动（正方向朝外）；

υ：圆环切向平动（角位置 θ 增加时为正方向）；

I_z：截面绕平行于 z 轴的主轴旋转时的惯性矩。

平动 u 和 υ 引起的圆环中心线上一点的应变为

$$\varepsilon = \frac{u}{r} + \frac{\partial \upsilon}{r \partial \theta} \tag{g}$$

圆环曲率的变化可由以下方程表示：[1]

$$\frac{1}{r+\Delta r} - \frac{1}{r} = -\frac{\partial^2 u}{r^2 \partial \theta^2} - \frac{u}{r^2} \tag{h}$$

对一般形式的圆环平面弯曲振动而言，径向平动 u 可展开成傅里叶级数形式[2]

$$u = a_1 \cos\theta + a_2 \cos 2\theta + \cdots + b_1 \sin\theta + b_2 \sin 2\theta + \cdots \tag{i}$$

式中，系数 a_1, a_2, $\cdots$, b_1, b_2, $\cdots$ 为时间的函数。假设弯曲振动时圆环无拉伸[3]，则有 $\varepsilon = 0$。根据式（g）有

$$u = -\frac{\partial \upsilon}{\partial \theta} \tag{j}$$

将式（i）代入式（j）并积分[4]，结果为

$$\upsilon = -a_1 \sin\theta - \frac{1}{2}a_2 \sin 2\theta - \cdots + b_1 \cos\theta + \frac{1}{2}b_2 \cos 2\theta + \cdots \tag{k}$$

根据式（h），圆环任意截面的弯矩为

$$M = \frac{EI_z}{2r^4}\left(\frac{\partial^2 u}{\partial \theta^2} + u\right) \tag{l}$$

因此，可得弯曲弹性势能为

$$U = \frac{EI_z}{2r^4} \int_0^{2\pi} \left(\frac{\partial^2 u}{\partial \theta^2} + u\right)^2 r\,d\theta \tag{m}$$

将级数（i）代入式（m），并利用三角函数积分公式

---

[1] J. Boussinesq 在"*Comptes rend.*, 97, 1883, p. 843."中建立了该方程。

[2] 忽略与纯径向振动相对应的级数中的常数项。

[3] 关于考虑伸长效应的弯曲振动的讨论，参见"F. W. Waltking, *Ing.-Arch.*, 5, 1934, p. 429."和"K. Federhofer, *Sitzber. Acad. Wiss. Wien*, Abt. IIa, 145, 1936, p. 29."。

[4] 此处忽略表示围绕其所在平面做刚体旋转的积分常数。

$$\int_0^{2\pi} \cos m\theta \cos n\theta\, \mathrm{d}\theta = 0, \quad \int_0^{2\pi} \sin m\theta \sin n\theta\, \mathrm{d}\theta = 0 \quad (m \neq n)$$

$$\int_0^{2\pi} \cos m\theta \sin m\theta\, \mathrm{d}\theta = 0, \quad \int_0^{2\pi} \cos^2 m\theta\, \mathrm{d}\theta = \int_0^{2\pi} \sin^2 m\theta\, \mathrm{d}\theta = \pi$$

求解得到

$$U = \frac{EI_z \pi}{2r^3} \sum_{i=1}^{\infty} (1-i^2)^2 (a_i^2 + b_i^2) \tag{n}$$

圆环振动时的动能为

$$T = \frac{\rho A}{2} \int_0^{2\pi} (\dot{u}^2 + \dot{v}^2) r\, \mathrm{d}\theta \tag{o}$$

将式(i)、(k)关于 θ 求导后再代入式(o)，动能表达式变为

$$T = \frac{\pi r \rho A}{2} \sum_{i=1}^{\infty} \left(1 + \frac{1}{i^2}\right)(\dot{a}_i^2 + \dot{b}_i^2) \tag{p}$$

利用保守系统的 Lagrange(拉格朗日)方程[5]，推导得到以下关于广义坐标 a_i 的运动微分方程：

$$\frac{\pi r \rho A}{2}\left(1 + \frac{1}{i^2}\right)\ddot{a}_i + \frac{EI_z \pi}{r^3}(1-i^2)^2 a_i = 0$$

或

$$\ddot{a}_i + \frac{EI_z i^2 (1-i^2)^2}{\rho A r^4 (1+i^2)} a_i = 0 \tag{q}$$

同样可以得到相同形式的关于广义坐标 b_i 的运动微分方程。因此，第 i 阶模态的固有频率由下式表示：

$$f_i = \frac{1}{2\pi}\sqrt{\frac{EI_z i^2 (1-i^2)^2}{\rho A r^4 (1+i^2)}} \tag{5.165}$$

当 $i=1$ 时，有 $f_1 = 0$，这时 $u = a_1\cos\theta$、$v = -a_1\sin\theta$，圆环发生刚体平动。图 5.33c 中 a_1 表示 x 方向的刚体运动。当 $i=2$ 时，圆环发生一阶弯曲模态振动。这时圆环振动的极限位置如图 5.33d 中的虚线所示。

当圆截面环发生垂直于环所在平面平动与环截面旋转的混合弯曲振动时，主振动模态的频率可由以下方程计算[2]：

$$f_i = \frac{1}{2\pi}\sqrt{\frac{EI_z i^2 (i^2-1)^2}{\rho A r^4 (i^2+1+\nu)}} \tag{5.166}$$

式中，ν 为泊松比。将式(5.165)与式(5.166)进行比较后发现，环的两类弯曲振动的最低阶 $(i=2)$ 固有频率值相差很小。

5.23　薄膜的横向振动

5.8 节中的张紧丝(或弦)扩展到二维即为薄膜。在下面的讨论中，假设薄膜为等厚度的

完全柔性薄片,且薄膜在各方向拉伸均匀。施加给薄膜的拉伸力非常大,进而可忽略振动时微小变形引起的张力变化。取薄膜所在平面为 x-y 平面(如图 5.35),定义以下符号:

w:薄膜上任意一点发生在垂直于 x-y 平面方向上的位移(z 轴方向);

S:薄膜边界上单位长度所受的张力;

h:薄膜的厚度。

变形薄膜弹性势能的增量为均匀张力 S 乘以薄膜表面积的增量。薄膜处于某一变形位置时的表面积为

$$A = \iint \sqrt{1 + \left(\frac{\partial w}{\partial x}\right)^2 + \left(\frac{\partial w}{\partial y}\right)^2} \, \mathrm{d}x \, \mathrm{d}y$$

小变形时的表达式可近似为

$$A \approx \iint \left[1 + \frac{1}{2}\left(\frac{\partial w}{\partial x}\right)^2 + \frac{1}{2}\left(\frac{\partial w}{\partial y}\right)^2\right] \mathrm{d}x \, \mathrm{d}y$$

这时势能的增量为

$$\Delta U \approx \frac{S}{2} \iint \left[\left(\frac{\partial w}{\partial x}\right)^2 + \left(\frac{\partial w}{\partial y}\right)^2\right] \mathrm{d}x \, \mathrm{d}y \tag{a}$$

且薄膜振动时的动能为

$$T = \frac{\rho h}{2} \iint \dot{w}^2 \, \mathrm{d}x \, \mathrm{d}y \tag{b}$$

式中,ρh 为单位面积上的质量。

接下来,将研究特定类型薄膜的振动特性。

1) 矩形薄膜

如图 5.35 所示,定义矩形薄膜两条边的长度分别为 a 和 b。无论描述薄膜在 x-y 平面内位移的坐标用哪种函数表示,它都可被定义为矩形范围内的二重级数

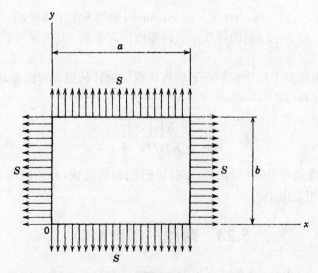

图 5.35

$$w = \sum_{m=1}^{\infty} \sum_{n=1}^{\infty} \phi_{mn} \sin \frac{m\pi x}{a} \sin \frac{n\pi y}{b} \tag{c}$$

式中，ϕ_{mn} 为时间的函数。当 $x=0$、$x=a$ 时，$w=0$；当 $y=0$、$y=b$ 时，$w=0$。由此发现级数 (c) 中的每一项均满足边界条件。将级数 (c) 代入势能增量表达式 (a)，得到

$$\Delta U \approx \frac{S\pi^2}{2} \int_0^a \int_0^b \left[\left(\sum_{m=1}^{\infty} \sum_{n=1}^{\infty} \phi_{mn} \frac{m}{a} \cos \frac{m\pi x}{a} \sin \frac{n\pi y}{b} \right)^2 + \left(\sum_{m=1}^{\infty} \sum_{n=1}^{\infty} \phi_{mn} \frac{n}{b} \sin \frac{m\pi x}{a} \cos \frac{n\pi y}{b} \right)^2 \right] \mathrm{d}x\,\mathrm{d}y$$

将上式在薄膜面积上积分，并利用 1.11 节中的相关公式，推导得出

$$\Delta U \approx \frac{S}{2} \frac{ab\pi^2}{4} \sum_{m=1}^{\infty} \sum_{n=1}^{\infty} \left(\frac{m^2}{a^2} + \frac{n^2}{b^2} \right) \phi_{mn}^2 \tag{d}$$

采用相同方法，动能表达式 (b) 可表示为

$$T = \frac{\rho h ab}{8} \sum_{m=1}^{\infty} \sum_{n=1}^{\infty} \dot{\phi}_{mn}^2 \tag{e}$$

薄膜上任一典型微元体的惯性力为 $-(\rho h)\ddot{w}\,\mathrm{d}x\,\mathrm{d}y$。仿照前文，考虑其虚位移

$$\delta w_{mn} = \delta \phi_{mn} \sin \frac{m\pi x}{a} \sin \frac{n\pi y}{b}$$

得到主坐标描述的薄膜自由振动的运动微分方程

$$\frac{\rho h ab}{4} \ddot{\phi}_{mn} + S \frac{ab\pi^2}{4} \left(\frac{m^2}{a^2} + \frac{n^2}{b^2} \right) \phi_{mn} = 0 \tag{f}$$

从中可计算得到振动频率为

$$f_{mn} = \frac{1}{2} \sqrt{\frac{S}{\rho h} \left(\frac{m^2}{a^2} + \frac{n^2}{b^2} \right)} \tag{5.167}$$

令 $m=n=1$，可得到最低阶固有频率

$$f_{11} = \frac{1}{2} \sqrt{\frac{S}{\rho h} \left(\frac{1}{a^2} + \frac{1}{b^2} \right)} \tag{5.168}$$

变形薄膜表面在最低阶固有模态下振动时，级数取第一项表示为

$$w = C \sin \frac{\pi x}{a} \sin \frac{\pi y}{b} \tag{g}$$

从方程 (f) 中容易发现，级数 (c) 中的各项构成了本问题中的正则函数。如果薄膜为正方形 $(a=b)$，式 (5.168) 表示的最低阶固有频率简化为

$$f_{11} = \frac{1}{a} \sqrt{\frac{S}{2\rho h}} \tag{5.169}$$

式(5.169)表明,固有频率正比于张力 S 的平方根,且与边长 a 和单位面积质量 ρh 的平方根成反比。

当 m 和 n 中一个取 2、另一个取 1 时,薄膜发生二阶固有模态振动。当 $a=b$ 时,两个固有模态振动的频率相同,但有不同振型。图 5.36a、5.36b 中的虚线表示两个固有模态振动的振型节线(沿振型节线薄膜的振动位移为零)。由于两个频率相同,通常情况下,我们将两个薄膜振型表面按照各自最大振幅以不同比例叠加。这种加权求和的运算可表示为

$$w = C\sin\frac{2\pi x}{a}\sin\frac{\pi y}{a} + D\sin\frac{\pi x}{a}\sin\frac{2\pi y}{a}$$

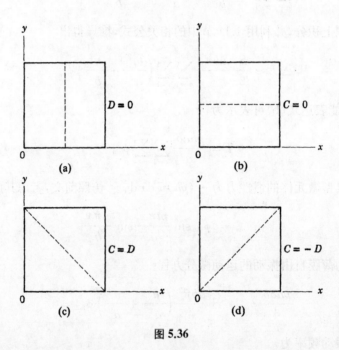

图 5.36

式中,C 和 D 为很小的任意常数。这种组合下四种特殊的振动形式分别如图 5.36a~d 所示。令 $D=0$,得到如图 5.36a 所示的振动模式。振动薄膜被平行于 y 轴的振型节线分为振动模式相同的两个部分。当 $C=0$ 时,振动薄膜被平行于 x 轴的振型节线分为振动模式相同的两个部分。而当 $C=D$ 时,则有

$$w = C\left(\sin\frac{2\pi x}{a}\sin\frac{\pi y}{a} + \sin\frac{\pi x}{a}\sin\frac{2\pi y}{a}\right)$$
$$= 2C\sin\frac{\pi x}{a}\sin\frac{\pi y}{a}\left(\cos\frac{\pi x}{a} + \cos\frac{\pi y}{a}\right)$$

满足下列条件时上式为零:

$$\sin\frac{\pi x}{a} = 0 \quad \text{或} \quad \sin\frac{\pi y}{a} = 0$$

当满足条件

$$\cos\frac{\pi x}{a} + \cos\frac{\pi y}{a} = 0$$

时,前两个方程分别给出了两个边界条件,且根据第三个方程有

$$\frac{\pi x}{a} = \pi - \frac{\pi y}{a}$$

或

$$x + y = a$$

上式表示了正方形的对角线,如图 5.36c 所示。图 5.36d 表示取另一条对角线时,有 $C = -D$。后两种情况下,被对角线分开的薄膜两边可看作两个独立振动的三角形薄膜。图 5.36a～d 所示的四种薄膜振动模态中,其中任意一种的振动频率可根据式(5.167)推导得到:

$$f = \frac{1}{2}\sqrt{\frac{S}{\rho h}\left(\frac{4}{a^2} + \frac{1}{a^2}\right)} = \frac{1}{2a}\sqrt{\frac{5S}{\rho h}} \tag{5.170}$$

正方形或矩形薄膜的更高阶模态振动频率也可按以上推导方法计算得到[1]。

现在考虑薄膜的受迫振动问题。这时运动微分方程(f)变为

$$\frac{\rho h a b}{4}\ddot{\phi}_{mn} + S\frac{ab\pi^2}{4}\left(\frac{m^2}{4} + \frac{n^2}{4}\right)\phi_{mn} = Q_{mn} \tag{h}$$

式中,外力 Q_{mn} 在主坐标系中做的虚功表示为 $Q_{mn}\delta\phi_{mn}$。以外力为简谐力 $P_1(t) = P\cos\Omega t$ 的情况为例,分析薄膜中心位置受到简谐力作用下的受迫振动问题。引入虚位移 δw_{mn} [考虑式(c)],得到外力在该虚位移上做的虚功为

$$\delta W_P = P\cos\Omega t\,\delta\phi_{mn}\sin\frac{m\pi}{2}\sin\frac{n\pi}{2} = Q_{mn}\delta\phi_{mn}$$

上式中的 m 和 n 都为奇数时,$Q_{mn} = \pm P\cos\Omega t$;否则 $Q_{mn} = 0$。将这一结果代入方程(h)并进行 Duhamel 积分,得到

$$\phi_{mn} = \pm\frac{4P}{ab\rho h\omega_{mn}}\int_0^t \sin\omega_{mn}(t - t')\cos\Omega t'\,dt'$$

$$= \pm\frac{4P}{ab\rho h(\omega_{mn}^2 - \Omega^2)}(\cos\Omega t - \cos\omega_{mn}t) \tag{i}$$

式中,m 和 n 均为奇数,且有

$$\omega_{mn}^2 = \frac{S\pi^2}{\rho h}\left(\frac{m^2}{a^2} + \frac{n^2}{b^2}\right)$$

将式(i)代入式(c),可得受迫振动总响应的解。

当强度为 $Q(x, y, t)$ 的动态分布力作用在薄膜上时,有

$$Q_{mn} = \int_0^b\int_0^a Q\sin\frac{m\pi x}{a}\sin\frac{n\pi y}{b}\,dx\,dy \tag{j}$$

假设这时均匀分布载荷 Q_0 在 $t = 0$ 的初始时刻突然作用在薄膜上,则根据式(j)有

$$Q_{mn} = \frac{abQ_0}{mn\pi^2}(1 - \cos m\pi)(1 - \cos n\pi)$$

当 m 和 n 均为奇数时,上式简化为

$$Q_{mn} = \frac{4abQ_0}{mn\pi^2} \tag{k}$$

否则 Q_{mn} 为零。将式(k)代入方程(h),并假设薄膜在初始时刻静止,则有

$$\phi_{mn} = \frac{16Q_0(1-\cos\omega_{mn}t)}{\rho hmn\pi^2\omega_{mn}^2} \tag{l}$$

因此,受突然作用的压力 Q_0 而引起的振动响应表达式为

$$w = \frac{16Q_0}{\pi^2\rho h}\sum_m\sum_n\frac{1-\cos\omega_{mn}t}{mn\omega_{mn}^2}\sin\frac{m\pi x}{a}\sin\frac{n\pi y}{b} \tag{m}$$

式中,m 和 n 均为奇数。

2) Ritz 法

第一 Ritz 法在计算薄膜固有模态的振动频率时非常有效。要使用第一 Ritz 法,可假设振动薄膜的变形表示为

$$w = Z\cos(\omega t - \alpha) \tag{n}$$

式中,Z 为近似表示变形薄膜振型的坐标 x 和 y 的函数,即 Z 为振动模态。将式(n)代入势能增量表达式(a),可得最大势能增量

$$\Delta U_{\max} \approx \frac{S}{2}\iint\left[\left(\frac{\partial Z}{\partial x}\right)^2 + \left(\frac{\partial Z}{\partial y}\right)^2\right]\mathrm{d}x\,\mathrm{d}y \tag{o}$$

根据动能表达式(b),可将最大动能表示为

$$T_{\max} = \frac{\rho h}{2}\omega^2\iint Z^2\mathrm{d}x\,\mathrm{d}y \tag{p}$$

令表达式(o)、(p)相等,解得

$$\omega^2 = \frac{S}{\rho h}\frac{\iint\left[\left(\frac{\partial Z}{\partial x}\right)^2 + \left(\frac{\partial Z}{\partial y}\right)^2\right]\mathrm{d}x\,\mathrm{d}y}{\iint Z^2\mathrm{d}x\,\mathrm{d}y} \tag{q}$$

采用 Ritz 法,将薄膜变形表面的振型 Z 表示成级数的形式:

$$Z = a_1\Phi_1(x,y) + a_2\Phi_2(x,y) + a_3\Phi_3(x,y) + \cdots \tag{r}$$

级数的每项均满足薄膜的边界条件(薄膜边界处的变形等于零)。级数中的系数 a_1,a_2,a_3,$\cdots$ 取值使式(q)计算得到的 ω^2 最小,因而有

$$\frac{\partial}{\partial a_j}\frac{\iint\left[\left(\frac{\partial Z}{\partial x}\right)^2 + \left(\frac{\partial Z}{\partial y}\right)^2\right]\mathrm{d}x\,\mathrm{d}y}{\iint Z^2\mathrm{d}x\,\mathrm{d}y} = 0$$

或满足方程

$$\iint Z^2 \mathrm{d}x\,\mathrm{d}y \frac{\partial}{\partial a_j} \iint \left[\left(\frac{\partial Z}{\partial x}\right)^2 + \left(\frac{\partial Z}{\partial y}\right)^2\right] \mathrm{d}x\,\mathrm{d}y - \iint \left[\left(\frac{\partial Z}{\partial x}\right)^2 + \left(\frac{\partial Z}{\partial y}\right)^2\right] \mathrm{d}x\,\mathrm{d}y \frac{\partial}{\partial a_j} \iint Z^2 \mathrm{d}x\,\mathrm{d}y = 0$$

借助关系式(q),上式变为

$$\frac{\partial}{\partial a_j} \iint \left[\left(\frac{\partial Z}{\partial x}\right)^2 + \left(\frac{\partial Z}{\partial y}\right)^2 - \frac{\omega^2 \rho h}{S} Z^2\right] \mathrm{d}x\,\mathrm{d}y = 0 \tag{s}$$

按照上述方法,可以得到与式(r)中系数 a_1, a_2, a_3, … 个数相同的形如方程(s)的多个方程。以上方程构成关于系数 a_1, a_2, a_3, … 的线性方程组。令方程组定义的系数行列式为零,可推导得到系统的频率方程。

考虑正方形薄膜的振动模态关于 x 和 y 轴对称的情况 (见图 5.37),可将级数(r)取为如下形式:

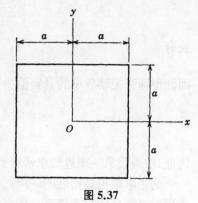

图 5.37

$$Z = (a^2 - x^2)(a^2 - y^2)(a_1 + a_2 x^2 + a_3 y^2 + a_4 x^2 y^2 + \cdots)$$

当 $x = y = \pm a$ 时,级数中的各项等于零,这时边界条件得以满足。

当薄膜振型为凸多边形时,满足边界条件的振型函数为

$$Z = [(a_1 x + b_1 y + c_1)(a_2 x + b_2 y + c_2) \cdot \cdots] \sum_m \sum_n a_{mn} x^m y^n$$

式中, $a_1 x + b_1 y + c_1 = 0$, … 方程满足多边形的边界条件。取级数的第一项($m = n = 0$),即可高精度地逼近该薄膜的最低阶固有模态。如要求解更高阶模态的振动频率,只须在级数中取更多项。

3)圆形薄膜

接下来分析圆形薄膜的最简单振动情况,这时薄膜表面的变形关于圆心对称。薄膜上任意一点的变形量取决于该点到圆心的径向距离 r,且有满足边界条件的振型级数

$$Z = a_1 \cos \frac{\pi r}{2R} + a_2 \cos \frac{3\pi r}{2R} + \cdots \tag{t}$$

式中,R 为边界圆的半径。

方便起见,在极坐标系下分析圆形薄膜的振动。极坐标系下,用以下表达式取代式(o):

$$\Delta U_{\max} \approx \frac{S}{2} \int_0^R \left(\frac{\partial Z}{\partial r}\right)^2 2\pi r \,\mathrm{d}r \tag{u}$$

此外,式(p)用下列表达式代替:

$$T_{\max} = \frac{\rho h}{2} \omega^2 \int_0^R Z^2 2\pi r \,\mathrm{d}r \tag{v}$$

而式(s)用下式代替:

$$\frac{\partial}{\partial a_j} \int_0^R \left[\left(\frac{\partial Z}{\partial r}\right)^2 - \frac{\omega^2 \rho h}{S} Z^2\right] 2\pi r \,\mathrm{d}r = 0 \tag{w}$$

取级数(t)的第一项 $Z = a_1 \cos \pi r/(2R)$，将其代入方程(w)，可得

$$\frac{\pi^2}{4R^2} \int_0^R \sin^2 \frac{\pi r}{2R} r \mathrm{d}r = \frac{\omega^2 \rho h}{S} \int_0^R \cos^2 \frac{\pi r}{2R} r \mathrm{d}r$$

从上式可得

$$\frac{\pi^2}{4R^2} \left(\frac{1}{2} + \frac{2}{\pi^2}\right) = \frac{\omega^2 \rho h}{S} \left(\frac{1}{2} + \frac{2}{\pi^2}\right)$$

或有

$$\omega = \frac{2.415}{R} \sqrt{\frac{S}{\rho h}}$$

而圆形薄膜振动频率的真实值为[1]

$$\omega = \frac{2.404}{R} \sqrt{\frac{S}{\rho h}} \tag{5.171}$$

因此，取级数第一项近似求解得到的频率值与真实值的误差小于 0.5%。

为了求解更高精度的一阶固有模态振动频率以及更高阶模态的振动频率，级数(t)须取更多项。这些高阶模态将有一到多个振型节点，在每个节点处的振动位移为零。

圆形薄膜的固有模态振动除了具有圆心对称的振型，其振型节圆还有一到多个节圆直径。这些节圆上的振动位移为零。图 5.38 所示为不同圆形薄膜的振动模态，其中节圆及其直径在图中用虚线表示。

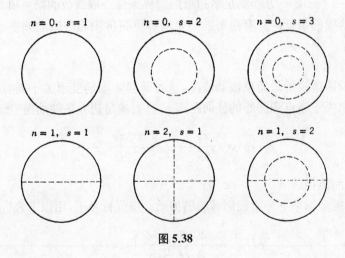

图 5.38

圆形薄膜固有模态的振动频率 ω_{ns} 可表示成

$$\omega_{ns} = \frac{\alpha_{ns}}{R} \sqrt{\frac{S}{\rho h}} \tag{5.172}$$

式中，常数 α_{ns} 可查表 5.1 获得。① 在表 5.1 中，n 表示节圆直径的数量，s 表示节圆的个数。（n 和 s 取最大值时，对应边界圆为振型节圆的情况）

———————————————

① 表 5.1 中的计算数值由"Bourget, Ann. l'école normale，3，1866."给出。

表 5.1　式(5.172)中常数 α_{ns} 的取值

s	α_{ns}					
	$n=0$	$n=1$	$n=2$	$n=3$	$n=4$	$n=5$
1	2.404	3.832	5.135	6.379	7.586	8.780
2	5.520	7.016	8.417	9.760	11.064	12.339
3	8.654	10.173	11.620	13.017	14.373	15.700
4	11.792	13.323	14.796	16.224	17.616	18.982
5	14.931	16.470	17.960	19.410	20.827	22.220
6	18.071	19.616	21.117	22.583	24.018	25.431
7	21.212	22.760	24.270	25.749	27.200	28.628
8	24.353	25.903	27.421	28.909	30.371	31.813

4）其他形状的薄膜

在前面的讨论中，假设薄膜外形为正圆，且圆在边界处固定。但根据上述假设计算的结果同样可用于求解其他形状薄膜的振动，包括两个不同半径的同心圆形薄膜和扇形薄膜。例如，半圆形薄膜所有可能的振动模态均涵盖在圆形薄膜的振动模态当中。只须在分析圆形薄膜振动模态时，将其中的一个节径作为固定边界。

对于边界形状近似为圆形的薄膜，在满足面积以及 $\dfrac{S}{\rho h}$ 与圆形薄膜相等的情况下，其最低阶模态和圆形薄膜最低阶模态近似相等。一般情况下，这种形状薄膜的最低阶固有模态振动频率可表示为

$$\omega = \alpha \sqrt{\frac{S}{\rho h A}} \tag{5.173}$$

式中，A 为薄膜面积；常数 α 用于衡量薄膜形状与圆形间的差异，取值通过查询以下列表获得：

圆	$\alpha = 2.404\sqrt{\pi} = 4.261$	等边三角形	$\alpha = 2\pi\sqrt{\tan 30^\circ} = 4.774$
正方形	$\alpha = \pi\sqrt{2} = 4.443$	半圆	$\alpha = 3.832\sqrt{\pi/2} = 4.803$
四分之一圆	$\alpha = (5.135/2)\sqrt{\pi} = 4.551$	矩形 $(a/b = 2/1)$	$\alpha = \pi\sqrt{5/2} = 4.967$
六分之一圆	$\alpha = 6.379\sqrt{\pi/6} = 4.616$	矩形 $(a/b = 3/1)$	$\alpha = \pi\sqrt{10/3} = 5.736$
矩形 $(a/b = 3/2)$	$\alpha = \pi\sqrt{13/6} = 4.624$		

当遇到形状不同于上表中所列形状的薄膜时，求解其振动问题的数学运算将十分困难，但其中椭圆形薄膜的振动问题已经得到了很好的解决。[①]

5.24　板的横向振动

图 5.39a 所示为一块等厚度板，其厚度 h 相比于长度和宽度很小。令 x-y 平面为板的中间平面，并假设板在 z 方向上的位移远远小于厚度 h。除此之外，还假设板在未变形时的中间平面法线在板发生振动变形时，仍旧垂直于板变形位置的中间平面。

---

① 参见"E. Mathieu, *J. Math.*（*Liouville*），13，1868."。

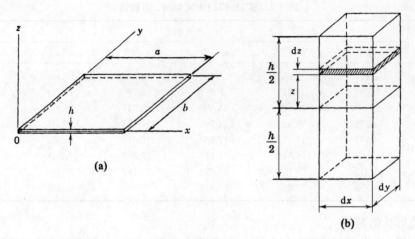

图 5.39

假设图 5.39b 中距离中间平面距离为 z 的阴影区域表示板内的任意一薄层微元体,考虑其振动时各方向上的应变。这里微元体上的应变可用以下方程表示:[①]

$$\varepsilon_x = -z\,\frac{\partial^2 w}{\partial x^2},\ \varepsilon_y = -z\,\frac{\partial^2 w}{\partial y^2},\ \gamma_{xy} = -2z\,\frac{\partial^2 w}{\partial x \partial y} \tag{a}$$

式中,w 为板在 z 方向上的变形量;ε_x、ε_y 和 γ_{xy} 分别为薄层的法向应变和剪切应变。三类应变对应的应力可通过文献[6]中的以下关系式求解:

$$\left.\begin{aligned}
\sigma_x &= \frac{E}{1-\nu^2}(\varepsilon_x + \nu\varepsilon_y) = -\frac{Ez}{1-\nu^2}\left(\frac{\partial^2 w}{\partial x^2} + \nu\,\frac{\partial^2 w}{\partial y^2}\right) \\[2mm]
\sigma_y &= \frac{E}{1-\nu^2}(\varepsilon_y + \nu\varepsilon_x) = -\frac{Ez}{1-\nu^2}\left(\frac{\partial^2 w}{\partial y^2} + \nu\,\frac{\partial^2 w}{\partial x^2}\right) \\[2mm]
\tau_{xy} &= G\gamma_{xy} = -\frac{Ez}{1+\nu}\,\frac{\partial^2 w}{\partial x \partial y}
\end{aligned}\right\} \tag{b}$$

式中,ν 为泊松比。

阴影部分微元体在变形过程中积累的弹性势能为

$$\mathrm{d}U = \left(\frac{\varepsilon_x\sigma_x}{2} + \frac{\varepsilon_y\sigma_y}{2} + \frac{\gamma_{xy}\tau_{xy}}{2}\right)\mathrm{d}x\,\mathrm{d}y\,\mathrm{d}z$$

将式(a)、(b)代入上式可得

$$\mathrm{d}U = \frac{Ez^2}{2(1-\nu^2)}\left[\left(\frac{\partial^2 w}{\partial x^2}\right)^2 + \left(\frac{\partial^2 w}{\partial y^2}\right)^2 + 2\nu\,\frac{\partial^2 w}{\partial x^2}\,\frac{\partial^2 w}{\partial y^2} + 2(1-\nu)\left(\frac{\partial^2 w}{\partial x \partial y}\right)^2\right]\mathrm{d}x\,\mathrm{d}y\,\mathrm{d}z \tag{c}$$

将式(c)根据板的体积积分,可将板弯曲时的势能表示为

---

① 假设中间平面不发生拉伸变形。

$$U = \iiint \mathrm{d}U = \frac{D}{2} \iint \left[\left(\frac{\partial^2 w}{\partial x^2} \right)^2 + \left(\frac{\partial^2 w}{\partial y^2} \right)^2 + 2\nu \frac{\partial^2 w}{\partial x^2} \frac{\partial^2 w}{\partial y^2} + 2(1-\nu) \left(\frac{\partial^2 w}{\partial x \partial y} \right)^2 \right] \mathrm{d}x \, \mathrm{d}y$$

$$(5.174)$$

式中，$D = Eh^3 / [12(1-\nu^2)]$，为板的弯曲刚度。

另一方面，板发生横向振动时的动能可表示为

$$T = \frac{\rho h}{2} \iint \dot{w}^2 \, \mathrm{d}x \, \mathrm{d}y \tag{5.175}$$

式中，ρh 为板单位面积的质量。

以上推导得到的关于 U 和 T 的表达式，可用于求解特定类型板的振动问题。

1) 矩形板

考虑图 5.39a 中的矩形板。当板的边界被简支时，采用与矩形薄膜相同的形式，将板的振动变形表示为二重级数

$$w = \sum_{m=1}^{\infty} \sum_{n=1}^{\infty} \phi_{mn} \sin \frac{m\pi x}{a} \sin \frac{n\pi y}{b} \tag{d}$$

式 (d) 即为本问题的正则函数。矩形板上 $x=0$ 和 $x=a$ 处有 $w = \frac{\partial^2 w}{\partial x^2} = 0$，$y=0$ 和 $y=b$ 处有 $w = \frac{\partial^2 w}{\partial y^2} = 0$。容易发现级数中的每一项均满足这两个边界条件。如果将式 (d) 代入式 (5.174)，可得势能表达式

$$U = \frac{\pi^4 ab}{8} D \sum_{m=1}^{\infty} \sum_{n=1}^{\infty} \phi_{mn}^2 \left(\frac{m^2}{a^2} + \frac{n^2}{b^2} \right)^2 \tag{5.176}$$

此外，动能表达式变为

$$T = \frac{\rho h ab}{8} \sum_{m=1}^{\infty} \sum_{n=1}^{\infty} \dot{\phi}_{mn}^2 \tag{5.177}$$

板上典型微元体的惯性力为 $-\rho h \ddot{w} \mathrm{d}x \, \mathrm{d}y$。和前述内容一致，考虑虚位移

$$\delta w_{mn} = \delta \phi_{mn} \sin \frac{m\pi x}{a} \sin \frac{n\pi y}{b}$$

建立主坐标系下板自由振动的运动微分方程为

$$\rho h \ddot{\phi}_{mn} + \pi^4 D \phi_{mn} \left(\frac{m^2}{a^2} + \frac{n^2}{b^2} \right)^2 = 0$$

方程的解为 $\qquad\qquad \phi_{mn} = C_1 \cos \omega t + C_2 \sin \omega t$

其中

$$\omega = \pi^3 \sqrt{\frac{D}{\rho h}} \left(\frac{m^2}{a^2} + \frac{n^2}{b^2} \right)^2 \tag{5.178}$$

根据式 (5.178) 可计算自由振动频率。例如，正方形板的最低阶固有频率为

$$f_1 = \frac{\omega}{2\pi} = \frac{\pi}{a^2} = \sqrt{\frac{D}{\rho h}} \tag{5.179}$$

如果分析更高阶振动模态及其振型节线，则前面关于正方形薄膜振动的理论推导同样适用于正方形板。此外，简支矩形板的受迫振动问题也可方便地求解。另外，两条对边简支、另两条对边自由或固支的矩形板的振动问题，求解也不困难。[1]

但当板的所有边都自由或固支时，振动问题将变得较为复杂。求解这类问题时采用第一Ritz法十分有效[2]，因此假设有

$$w = Z\cos(\omega t - \alpha) \tag{e}$$

式中，Z 为近似表示板振型的坐标 x 和 y 的函数。将式（e）代入势能表达式（5.174）和动能表达式（5.175），可得最大势能和最大动能的表达式：

$$U_{max} = \frac{D}{2}\iint\left[\left(\frac{\partial^2 Z}{\partial x^2}\right)^2 + \left(\frac{\partial^2 Z}{\partial y^2}\right)^2 + 2\nu\frac{\partial^2 Z}{\partial x^2}\frac{\partial^2 Z}{\partial y^2} + 2(1-\nu)\left(\frac{\partial^2 Z}{\partial x\partial y}\right)^2\right]dx\,dy$$

$$T_{max} = \frac{\rho h}{2}\omega^2\iint Z^2\,dx\,dy$$

令以上两式相等可求解 ω^2，计算式为

$$\omega^2 = \frac{2}{\rho h}\frac{U_{max}}{\iint Z^2\,dx\,dy} \tag{5.180}$$

现在将正则函数 Z 表示成级数形式

$$Z = a_1\Phi_1(x,y) + a_2\Phi_2(x,y) + a_3\Phi_3(x,y) + \cdots \tag{f}$$

级数中每一项满足板的边界条件。接下来，最小化式（5.180）中 ω^2 的计算结果以求解级数的系数 $a_1, a_2, a_3, \cdots$。这种条件下可得形如以下方程的方程组

$$\frac{\partial}{\partial a_j}\iint\left[\left(\frac{\partial^2 Z}{\partial x^2}\right)^2 + \left(\frac{\partial^2 Z}{\partial y^2}\right)^2 + 2\nu\frac{\partial^2 Z}{\partial x^2}\frac{\partial^2 Z}{\partial y^2} + 2(1-\nu)\left(\frac{\partial^2 Z}{\partial x\partial y}\right)^2 - \frac{\omega^2\rho h}{D}Z^2\right]dx\,dy = 0 \tag{5.181}$$

此方程组与常数 $a_1, a_2, a_3, \cdots$ 呈线性关系。令该方程组确定的系数行列式为零，推导得到板的频率方程。

W. Ritz 利用上述方法研究了自由边界正方形板的振动问题。[3] 这时级数（f）取如下形式：

$$Z = \sum_m\sum_n a_{mn}X_m(x)Y_n(y) \tag{f'}$$

---

① 参见"W. Voigt, *Nachr. Ges. Wiss. Göttinger*, 1893, p. 225."。

② 参见"W. Ritz, *Ann. Physik*, 28, 1909, p. 737."。关于 Ritz 法的准确性，S. Tomatika 已经在"*Phil. Mag.*, *Ser.* 7, 21, 1936, p. 745."中进行了讨论。同样，"A. Weinstein and W. Z. Chien, *Quart. Appl. Math.*, 1, 1943, p. 61."也做了论述。

③ 同上。Dana Young 在"*Jour. Appl. Mech.*, 17, 1950, p. 448."中利用 Ritz 法对具有其他边界条件的问题进行了求解。

式中，$X_m(x)$ 和 $Y_n(y)$ 为两端自由等截面梁的正则函数（见 5.11 节）。不同固有模态下的振动频率可由下式计算：

$$\omega = \frac{\alpha}{a^2} \sqrt{\frac{D}{\rho h}} \tag{5.182}$$

式中，α 为与模态相关的参数。自由边界正方形板的前三阶模态的 α 取值分别为[①]

$$\alpha_1 = 14.10, \ \alpha_2 = 20.56, \ \alpha_3 = 23.91$$

对应这三阶模态的振型节线在图 5.40a～c 中给出。

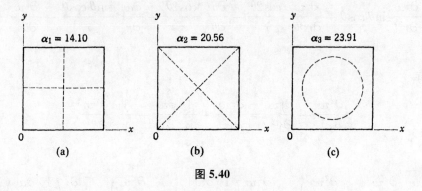

图 5.40

2）圆板

G. R. Kirchhoff 研究了求解圆形板振动问题的方法[②]，并计算得到了自由边界圆板各阶固有模态下的振动频率。振动频率精确解的计算方法须使用 Bessel 函数，而下面要介绍的圆板振动频率的求解利用的是 Ritz 法。借助 Ritz 法可解得在工程实际中满足精度要求的最低阶固有频率的近似解，但须将式(5.174)、(5.175)表示的势能与动能函数转变到极坐标系下。

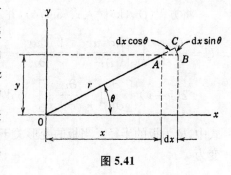

图 5.41

从图 5.41 中发现，三角形单元 ABC 在 x 方向的增量 $\mathrm{d}x$ 会相应引起

$$\mathrm{d}r = \mathrm{d}x \cos\theta, \ \mathrm{d}\theta = -\frac{\mathrm{d}x \sin\theta}{r}$$

然后将振动变形 w 表示成 r 和 θ 的函数，可写成

$$\frac{\partial w}{\partial x} = \frac{\partial w}{\partial r}\frac{\partial r}{\partial x} + \frac{\partial w}{\partial \theta}\frac{\partial \theta}{\partial x} = \frac{\partial w}{\partial r}\cos\theta - \frac{\partial w}{\partial \theta}\frac{\sin\theta}{r}$$

同样还有

$$\frac{\partial w}{\partial y} = \frac{\partial w}{\partial r}\sin\theta + \frac{\partial w}{\partial \theta}\frac{\cos\theta}{r}$$

---

① 泊松比等于 0.225。

② 参见"*Jour. Math.*（*Crelle*），40，1850."；"*Gesammelte Abhandlungen*，Leipzig，1882，p. 237."或 "*Vorlesungen über mathematische Physik Mechanik*，Leipzig，Vorlesung 30，1876."。

将以上两式再次进行积分，可得以下三个方程：

$$\frac{\partial^2 w}{\partial x^2} = \frac{\partial^2 w}{\partial r^2} \cos^2\theta - 2 \frac{\partial^2 w}{\partial\theta\partial r} \frac{\sin\theta\cos\theta}{r} + \frac{\partial w}{\partial r} \frac{\sin^2\theta}{r} + 2 \frac{\partial w}{\partial\theta} \frac{\sin\theta\cos\theta}{r^2} + \frac{\partial^2 w}{\partial\theta^2} \frac{\sin^2\theta}{r^2}$$

(g)

$$\frac{\partial^2 w}{\partial y^2} = \frac{\partial^2 w}{\partial r^2} \sin^2\theta + 2 \frac{\partial^2 w}{\partial\theta\partial r} \frac{\sin\theta\cos\theta}{r} + \frac{\partial w}{\partial r} \frac{\cos^2\theta}{r} - 2 \frac{\partial w}{\partial\theta} \frac{\sin\theta\cos\theta}{r^2} + \frac{\partial^2 w}{\partial\theta^2} \frac{\cos^2\theta}{r^2}$$

(h)

$$\frac{\partial^2 w}{\partial x\partial y} = \frac{\partial^2 w}{\partial r^2} \sin\theta\cos\theta + \frac{\partial^2 w}{\partial r\partial\theta} \frac{\cos 2\theta}{r} - \frac{\partial w}{\partial\theta} \frac{\cos 2\theta}{r^2} - \frac{\partial w}{\partial r} \frac{\sin\theta\cos\theta}{r} - \frac{\partial^2 w}{\partial\theta^2} \frac{\sin\theta\cos\theta}{r^2}$$

(i)

从中发现有

$$\frac{\partial^2 w}{\partial x^2} + \frac{\partial^2 w}{\partial y^2} = \frac{\partial^2 w}{\partial r^2} + \frac{1}{r} \frac{\partial w}{\partial r} + \frac{1}{r^2} \frac{\partial^2 w}{\partial\theta^2}$$

(j)

且有

$$\frac{\partial^2 w}{\partial x^2} \frac{\partial^2 w}{\partial y^2} - \left(\frac{\partial^2 w}{\partial x\partial y}\right)^2 = \frac{\partial^2 w}{\partial r^2}\left(\frac{1}{r}\frac{\partial w}{\partial r} + \frac{1}{r^2}\frac{\partial^2 w}{\partial\theta^2}\right) - \left[\frac{\partial}{\partial r}\left(\frac{1}{r}\frac{\partial w}{\partial\theta}\right)\right]^2$$

(k)

将方程(j)、(k)代入式(5.174)，并定义板的中心为坐标原点，得到

$$U = \frac{D}{2} \int_0^{2\pi} \int_0^R \left\{\left(\frac{\partial^2 w}{\partial r^2} + \frac{1}{r}\frac{\partial w}{\partial r} + \frac{1}{r^2}\frac{\partial^2 w}{\partial\theta^2}\right)^2 - 2(1-\nu)\frac{\partial^2 w}{\partial r^2}\left(\frac{1}{r}\frac{\partial w}{\partial r} + \frac{1}{r^2}\frac{\partial^2 w}{\partial\theta^2}\right) + \right.$$
$$\left. 2(1-\nu)\left[\frac{\partial}{\partial r}\left(\frac{1}{r}\frac{\partial w}{\partial\theta}\right)\right]^2\right\} r\,\mathrm{d}\theta\,\mathrm{d}r$$

(5.183)

式中，R 为板的半径。当板的变形关于圆心对称时，变形量 w 只是 r 的函数，这时式(5.183)变为

$$U = \pi D \int_0^R \left[\left(\frac{\partial^2 w}{\partial r^2} + \frac{1}{r}\frac{\partial w}{\partial r}\right)^2 - 2(1-\nu)\frac{\partial^2 w}{\partial r^2}\frac{1}{r}\frac{\partial w}{\partial r}\right] r\,\mathrm{d}r$$

(5.184)

当圆形板的边缘固定时，积分项

$$\iint \left\{\frac{\partial^2 w}{\partial r^2}\left(\frac{1}{r}\frac{\partial w}{\partial r} + \frac{1}{r^2}\frac{\partial^2 w}{\partial\theta^2}\right) - \left[\frac{\partial}{\partial r}\left(\frac{1}{r}\frac{\partial w}{\partial\theta}\right)\right]^2\right\} r\,\mathrm{d}\theta\,\mathrm{d}r$$

消失，式(5.183)简化为

$$U = \frac{D}{2} \int_0^{2\pi} \int_0^R \left(\frac{\partial^2 w}{\partial r^2} + \frac{1}{r}\frac{\partial w}{\partial r} + \frac{1}{r^2}\frac{\partial^2 w}{\partial\theta^2}\right)^2 r\,\mathrm{d}\theta\,\mathrm{d}r$$

(5.185)

这种情况下，若板的变形关于圆心对称，则有

$$U = \pi D \int_0^R \left(\frac{\partial^2 w}{\partial r^2} + \frac{1}{r}\frac{\partial w}{\partial r}\right)^2 r\,\mathrm{d}r$$

(5.186)

另一方面,极坐标系下板的动能可表示为

$$T = \frac{\rho h}{2} \int_0^{2\pi} \int_0^R \dot{w}^2 r \, \mathrm{d}\theta \, \mathrm{d}r \tag{5.187}$$

关于圆心对称时简化为

$$T = \pi \rho h \int_0^R \dot{w}^2 r \, \mathrm{d}r \tag{5.188}$$

利用以上势能和动能的函数表达式,可计算得出圆板在各种边界条件下的各阶固有模态振动频率。[①]

3)边缘固定的圆板

研究边界固定圆板的振动问题具有重要的工程应用价值,该问题与电话听筒以及类似设备的振动问题息息相关。假设利用 Ritz 法求解本问题的振动变形时,解有式(e)的形式,但此时正则函数 Z 却表示成 r 和 θ 的函数。进一步,若板的最低阶固有模态的振型关于圆心对称,则 Z 只是 r 的函数。将其定义成以下级数形式:

$$Z = a_1 \left(1 - \frac{r^2}{R^2}\right)^2 + a_2 \left(1 - \frac{r^2}{R^2}\right)^2 + \cdots \tag{l}$$

这一级数表达形式满足对称条件,同时满足圆板的边界条件。因为级数(l)中的每一项及其对 r 的一阶导数均在 $r = R$ 时等于零。

满足最小化振动频率的关于级数(l)中系数 a_1,a_2,a_3,$\cdots$ 的方程为

$$\frac{\partial}{\partial a_j} \int_0^R \left[\left(\frac{\mathrm{d}^2 Z}{\mathrm{d}r^2} + \frac{1}{r} \frac{\mathrm{d}Z}{\mathrm{d}r} \right)^2 - \frac{\omega^2 \rho h}{D} Z^2 \right] r \, \mathrm{d}r = 0 \tag{5.189}$$

若只取级数(l)中的第一项,并将其代入方程(5.189),则得到

$$\frac{96}{9R^2} - \frac{\omega^2 \rho h}{D} \frac{R^2}{10} = 0$$

从中可计算出振动频率

$$\omega = \frac{10.33}{R^2} \sqrt{\frac{D}{\rho h}} \tag{5.190}$$

为了得到频率的更精确解,取级数(l)的前两项,则有

$$\int_0^R \left(\frac{\mathrm{d}^2 Z}{\mathrm{d}r^2} + \frac{1}{r} \frac{\mathrm{d}Z}{\mathrm{d}r} \right)^2 r \, \mathrm{d}r = \frac{96}{9R^2} \left(a_1^2 + \frac{3}{2} a_1 a_2 + \frac{9}{10} a_2^2 \right)$$

且有

$$\int_0^R Z^2 r \, \mathrm{d}r = \frac{R^2}{10} \left(a_1^2 + \frac{5}{3} a_1 a_2 + \frac{5}{7} a_2^2 \right)$$

由方程(5.189)可得以下方程组:

---

① "W. Flügge, *Z. tech. Phys.*, 13, 1932, p. 139."研究了圆盘的受迫振动。

$$a_1\left(\frac{192}{2}-\frac{\lambda}{5}\right)+a_2\left(\frac{144}{9}-\frac{\lambda}{6}\right)=0 \left.\right\}$$
$$a_1\left(\frac{144}{9}-\frac{\lambda}{6}\right)+a_2\left(\frac{96}{5}-\frac{\lambda}{7}\right)=0 \left.\right\} \tag{m}$$

其中

$$\lambda=R^4\omega^2\frac{\rho h}{D} \tag{n}$$

令方程组(m)的系数行列式为零,得到

$$\lambda^2-\frac{204\times48}{5}\lambda+768\times36\times7=0$$

解得 $\qquad \lambda_1=104.3, \ \lambda_2=1\,854$

将其代入式(n),可得更精确的频率解为

$$\omega_1=\frac{10.21}{R^2}\sqrt{\frac{D}{\rho h}}, \ \omega_2=\frac{43.06}{R^2}\sqrt{\frac{D}{\rho h}} \tag{5.191}$$

因此,ω_1 的计算结果表明板最低阶固有模态振动频率的计算精度得到了提高。同时,ω_2 也给出了二阶固有模态振动频率的粗糙近似解,且这时板的振型中有一个节圆。还可通过以上方法分析固有模态振动的节径。

圆形板所有情况下的固有频率可通过以下方程计算:

$$\omega=\frac{\alpha}{R^2}\sqrt{\frac{D}{\rho h}} \tag{5.192}$$

在给定节径 n 和节圆数量 s 的条件下,常数 α 的一些取值可查表 5.2。

表 5.2　常数 α 的取值(一)

s	α		
	$n=0$	$n=1$	$n=2$
0	10.21	21.22	34.84
1	39.78	—	—
2	88.90	—	—

如果板浸没在液体中,其固有频率将会发生显著变化。将液体质量对最低阶固有模态的影响考虑在内,将固有频率计算公式(5.192)替换为[①]

$$\omega_1=\frac{10.21}{R^2\sqrt{1+\eta}}\sqrt{\frac{D}{\rho h}} \tag{5.193}$$

其中 $\qquad \eta=0.668\,9\,\dfrac{\rho_1}{\rho}\dfrac{R}{h}$

---

① 参见"H. Lamb, *Proc. Roy. Soc.* (*London*), 98, 1921, p. 205"。

液体密度与板的材料密度的比值用 ρ_1/ρ 表示。例如,考虑边缘固定的圆形钢板浸没在水中的情况。如果 $R = 3.5\text{ in.}$、$h = 0.125\text{ in.}$,则 η 的取值变为

$$\eta = 0.668\,9\,\frac{1}{7.8}\,\frac{3.5}{0.125} = 2.40$$

并有 $1/\sqrt{1+\eta} = 0.542$。计算结果表明,板浸没在液体中的最低阶固有频率变为原始固有频率的 0.542 倍。

4) 其他边界条件下的圆板振动

所有情况下,圆板的振动频率可通过改变式(5.192)中的常数 α 计算。对节径数量为 n、节圆数量为 s 的自由边界圆盘而言,常数 α 的取值见表 5.3。[①]

表 5.3　常数 α 的取值(二)

s	α			
	$n=0$	$n=1$	$n=2$	$n=3$
0	—	—	5.251	12.23
1	9.076	20.52	35.24	52.91
2	38.52	59.86	—	—

对于圆板中心固定且节圆数量为 s 的情况,常数 α 的取值见表 5.4。[②] 各阶模态的固有频率值与边界自由板相应节径下的固有频率值相同。

表 5.4　常数 α 的取值(三)

s	0	1	2	3
α	3.75	20.91	60.68	119.7

通过 Szilard 的文献[7],可查询到涵盖不同特征板的各类表格,从而确定对应条件下常数 α 的取值。该文献中涵盖了板的不同形状、载荷与边界条件。

参考文献

[1] RAYLEIGH J W S. Theory of sound：Vol. 1[M]. 2nd ed. New York：Dover, 1945.

[2] LOVE A E H. Mathematical theory of elasticity[M]. 4th ed. London：Cambridge University Press, 1934.

[3] GERE J M, TIMOSHENKO S P. Mechanics of materials[M]. 3rd ed. Boston. MA：PWS-Kent, 1990.

[4] TIMOSHENKO S P. Strength of materials：Vol. 2[M]. 3rd ed. Princeton, NJ：Van Nostrand, 1955.

[5] GREENWOOD D T. Classical dynamics[M]. Englewood Cliffs, NJ：Prentice-Hall, 1977.

[6] TIMOSHENKO S P, GOODIER J N. Theory of elasticity[M]. 3rd ed. New York：McGraw-Hill, 1970.

[7] SZILARD R. Theory and analysis of plates[M]. Englewood Cliffs, NJ：Prentice-Hall, 1974.

---

① 泊松比等于 1/3。
② 参见"R. V. Southwell, *Proc. Roy. Soc.* (*London*), 101, 1922, p. 133."。泊松比等于 0.3。

第 6 章
离散化连续体的有限单元法

6.1 引　言

前一章讨论的经典问题的求解方法,只在对象的几何外形比较简单时适用。然而工程实际中的框架结构,二、三维实体,以及板和壳的外形和边界条件千差万别。对于这种情况,必须应用高效的数值求解技术来处理所遇到的上述几何实体。

本章引入有限单元法[1-3]来离散化弹性连续体并进行动力学分析。其基本概念是,将连续体划分为比原问题几何结构更简单的子区域,每个子区域(或有限单元)的外形有限(不是无穷小的),且有多个被称为节点的关键点控制着单元的运动。通过使单元中任意一点的位移或应力受制于节点的位移或应力,仅须为这些节点建立有限个运动微分方程即可。这种方法将一个无限自由度的问题转化为有限自由度问题,从而简化了求解过程。为了保证求解精度,节点的自由度数通常非常大,各单元的构成也相当复杂。因此,利用有限单元法进行动力学分析,需要在计算机上编程实现。

图 6.1 展示了各种离散化为多个有限单元体的实体和结构的示例,图中圆点表示节点。在图 6.1a 中,看到一个连续梁被离散为多个 6.4 节所述类型的弯曲单元。图 6.1b 为含曲线形构件的空间框架,每个细分单元中都有轴向、弯曲和扭转变形。图 6.1c 为单位厚度的二维切片,通常用其表示较长等截面实体横截面的稳定平面应变状态。而图 6.1d 中的一般离散实体却没有这些限制。如果图 6.1e 中的薄板受到所在平面内力的作用,则板内存在平面应力;若所受的作用力垂直于薄板平面,那么它将处于屈曲或弯曲状态。最后,如图 6.1f 所示的一般壳体可承受任何形式的载荷。因此,图 6.1 中的所有连续体在离散化后都具有多个自由度,称为多自由度系统。

本章介绍的有限元方法隐含了对每个单元体位移形状函数①的假设。利用这些函数可近似求解有限大小单元体的振动问题,也可精确求解无穷小单元体的振动问题。形状函数还定义了单元体上任意一点的广义位移取决于节点处位移。同理,该点的运动速度和加速度也取决于节点速度和加速度。根据这些依赖关系,设计了以下步骤用于建立运动微分方程:

(1) 将连续体分成几何外形简单的有限个子区域(或单元体),如直线、四边形或六面体。

(2) 选择要作为节点的单元体上的关键点,令这些关键点满足动力平衡条件和单元体间的相容性。

(3) 假定位移形状函数,以使单元体内任意一点的位移、速度和加速度取决于节点的位移、速度和加速度。

(4) 根据特定问题,满足该问题条件下典型单元体的位移-应变关系和应力-应变关系。

(5) 根据做功原理或能量法求解有限单元节点的等效刚度、质量和节点载荷。

---

① 本章中"位移形状函数"的概念类似于 5.15 节中的"位移影响函数"。但后者取决于构件端点确定的边界条件。

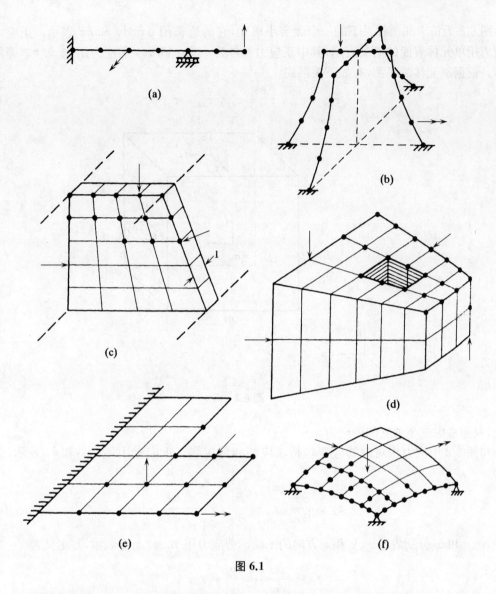

图 6.1

（6）分析离散化有限单元的受力情况，建立关于其节点的运动微分方程。

利用齐次运动微分方程，可进行任意线弹性结构的振动分析，分析内容包括计算离散化解析模型的无阻尼固有频率和对应阶模态振型。以上计算不仅所得结果重要，还为第四章中动力学分析的正则模态法提供了关键信息。

本章只进行一维单元体的建模，因为该一维模型对框架结构的离散和分析十分有效。其他类型有限单元的建模分析请参考文献[4]，该文献中包括了对二维实体、三维实体、弯曲板以及壳的分析。

6.2　连续体的应力应变

假设待分析连续体的材料为小应变、小位移的线弹性体。这类线弹性体的应力应变可在右手正交坐标系下进行描述。例如，在直角坐标系（笛卡儿坐标系）下可用坐标 x、y 和 z 表示，在柱坐标系下用坐标 r、θ 和 z 表示。

图 6.2 为笛卡儿坐标系下的一个无穷小单元,它的边长用 dx、dy 和 dz 表示。正应力和剪应力用单元体表面的箭头表示,其中正应力符号为 σ_x、σ_y 和 σ_z,剪应力用 τ_{xy} 、τ_{yz} 等符号表示。根据单元体的平衡,有如下关系式:

$$\tau_{xy} = \tau_{yx}, \ \tau_{yz} = \tau_{zy}, \ \tau_{zx} = \tau_{xz} \tag{6.1}$$

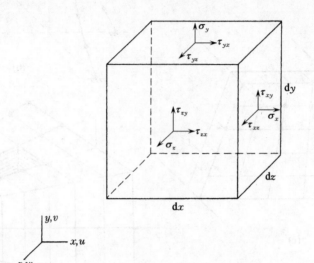

图 6.2

因此,只须考虑三个独立的剪应力。

与图 6.2 中应力相对应的应变包括正应变和剪应变。正应变用 ε_x、ε_y 和 ε_z 表示,并定义为

$$\varepsilon_x = \frac{\partial u}{\partial x}, \ \varepsilon_y = \frac{\partial v}{\partial y}, \ \varepsilon_z = \frac{\partial w}{\partial z} \tag{6.2}$$

式中,u、v 和 w 分别表示 x、y 和 z 方向的平动。剪应力用 γ_{xy}、γ_{yz} 等表示,并定义为

$$\left. \begin{aligned} \gamma_{xy} &= \frac{\partial u}{\partial y} + \frac{\partial v}{\partial x} = \gamma_{yx} \\ \gamma_{yz} &= \frac{\partial v}{\partial z} + \frac{\partial w}{\partial y} = \gamma_{zy} \\ \gamma_{zx} &= \frac{\partial w}{\partial x} + \frac{\partial u}{\partial z} = \gamma_{xz} \end{aligned} \right\} \tag{6.3}$$

因此,独立的剪应变也只有三个。

为方便起见,六个独立的应力及其应变通常表示为列矩阵(或向量)。因而有

$$\boldsymbol{\sigma} = \begin{bmatrix} \sigma_1 \\ \sigma_2 \\ \sigma_3 \\ \sigma_4 \\ \sigma_5 \\ \sigma_6 \end{bmatrix} = \begin{bmatrix} \sigma_x \\ \sigma_y \\ \sigma_z \\ \tau_{xy} \\ \tau_{yz} \\ \tau_{zx} \end{bmatrix}, \ \boldsymbol{\varepsilon} = \begin{bmatrix} \varepsilon_1 \\ \varepsilon_2 \\ \varepsilon_3 \\ \varepsilon_4 \\ \varepsilon_5 \\ \varepsilon_6 \end{bmatrix} = \begin{bmatrix} \varepsilon_x \\ \varepsilon_y \\ \varepsilon_z \\ \gamma_{xy} \\ \gamma_{yz} \\ \gamma_{zx} \end{bmatrix} \tag{6.4}$$

其中黑体希腊字母 σ 和 ε 用来表示上式中的两个向量。

根据弹性理论[5]推导得到各向同性材料的应力应变关系：

$$\left.\begin{array}{l} \varepsilon_x = \dfrac{1}{E}\left(\sigma_x - \nu\sigma_y - \nu\sigma_z\right),\ \gamma_{xy} = \dfrac{\tau_{xy}}{G} \\[2mm] \varepsilon_y = \dfrac{1}{E}\left(-\nu\sigma_x + \sigma_y - \nu\sigma_z\right),\ \gamma_{yz} = \dfrac{\tau_{yz}}{G} \\[2mm] \varepsilon_z = \dfrac{1}{E}\left(-\nu\sigma_x - \nu\sigma_y + \sigma_z\right),\ \gamma_{zx} = \dfrac{\tau_{zx}}{G} \end{array}\right\} \tag{6.5}$$

其中

$$G = \frac{E}{2(1+\nu)} \tag{6.6}$$

式中，E 为杨氏弹性模量；G 为剪切弹性模量；ν 为泊松比。式(6.5)写成矩阵形式为

$$\varepsilon = \mathbf{C}\sigma \tag{6.7}$$

其中

$$\mathbf{C} = \frac{1}{E}\begin{bmatrix} 1 & -\nu & -\nu & 0 & 0 & 0 \\ -\nu & 1 & -\nu & 0 & 0 & 0 \\ -\nu & -\nu & 1 & 0 & 0 & 0 \\ 0 & 0 & 0 & 2(1+\nu) & 0 & 0 \\ 0 & 0 & 0 & 0 & 2(1+\nu) & 0 \\ 0 & 0 & 0 & 0 & 0 & 2(1+\nu) \end{bmatrix} \tag{6.8}$$

矩阵 $\mathbf{C}$ 是将应变 ε 与应力 σ 建立关系的数组。通过矩阵求逆运算，可将方程(6.7)改写成应力应变的关系式：

$$\sigma = \mathbf{E}\varepsilon \tag{6.9}$$

这里有

$$\mathbf{E} = \mathbf{C}^{-1} = \frac{E}{(1-\nu)(1-2\nu)}\begin{bmatrix} 1-\nu & \nu & \nu & 0 & 0 & 0 \\ \nu & 1-\nu & \nu & 0 & 0 & 0 \\ \nu & \nu & 1-\nu & 0 & 0 & 0 \\ 0 & 0 & 0 & \dfrac{1-2\nu}{2} & 0 & 0 \\ 0 & 0 & 0 & 0 & \dfrac{1-2\nu}{2} & 0 \\ 0 & 0 & 0 & 0 & 0 & \dfrac{1-2\nu}{2} \end{bmatrix} \tag{6.10}$$

矩阵 $\mathbf{E}$ 建立起了应力 σ 与应变 ε 的关系。

在对 6.4 节中将要讨论的单元体进行分析时，无须使用式(6.7)表示的 6×6 应力应变矩阵。因为对一维单元体而言，E 和 G 中只有一个存在。如果研究的是二维、三维单元体，就需要进行更高阶矩阵的运算[式(6.10)为可能的最大矩阵维度]。

6.3　有限单元体的运动方程

现在介绍适用于弹性连续体的各类有限单元的概念和符号。利用虚功原理,可推导得到包括刚度、质量与节点表达式在内的典型单元的运动方程。而涉及一维单元的相关内容将在下一节中进行详细讨论。

假设在笛卡儿坐标系 $O\text{-}xyz$ 中,有零阻尼的三维有限单元体。将单元体上任意一点的时变广义位移 $\mathbf{u}(t)$ 表示成列向量

$$\mathbf{u}(t) = \{u,\ \upsilon,\ w\} \tag{6.11}$$

式中,u、υ 和 w 分别表示 x、y 和 z 方向的平动。

如果单元体受到时变体力作用,则体力可表示成以下向量形式:

$$\mathbf{b}(t) = \{b_x,\ b_y,\ b_z\} \tag{6.12}$$

式中,b_x,b_y 和 b_z 为沿参考方向作用于一般点的体力分力(单位体积、面积或长度)。假设体力各分力随时间的变化规律在单元体内相同,则分力 b_x,b_y 和 b_z 均可用一个时间函数表示。

时变节点位移 $\mathbf{q}(t)$ 这时只考虑 x,y 和 z 三个方向的平动位移。如果用 n_{en} 表示单元体节点数,则有

$$\mathbf{q}(t) = \{\mathbf{q}_i(t)\} \quad (i=1,\ 2,\ \cdots,\ n_{en}) \tag{6.13}$$

其中

$$\mathbf{q}_i(t) = \{q_{xi},\ q_{yi},\ q_{zi}\} = \{u_i,\ \upsilon_i,\ w_i\} \tag{6.14}$$

以上两式同样适用于发生小角度旋转($\partial \upsilon/\partial x$ 等)和微小曲率($\partial^2 \upsilon/\partial x^2$ 等)等其他类型位移的情况。

同理,时变节点作用力 $\mathbf{p}(\iota)$ 的方向暂时只考虑 x、y 和 z 三个方向,即

$$\mathbf{p}(t) = \{\mathbf{p}_i(t)\} \quad (i=1,\ 2,\ \cdots,\ n_{en}) \tag{6.15}$$

其中

$$\mathbf{p}_i(t) = \{p_{xi},\ p_{yi},\ p_{zi}\} \tag{6.16}$$

式中,p_{xi},p_{yi} 和 p_{zi} 为节点处相互独立的任意时间函数。以上两式同样适用于力矩、力矩变化率等其他类型的载荷。

本章的有限单元法,假设用特定位移形状函数建立起广义位移与节点位移的关系式

$$\mathbf{u}(t) = \mathbf{f}\mathbf{q}(t) \tag{6.17}$$

式中,符号 $\mathbf{f}$ 表示包含形状函数的长方阵,而形状函数的形式使 $\mathbf{u}(t)$ 完全取决于 $\mathbf{q}(t)$。

应变位移关系可通过对广义位移表达式求微分获得。计算中用到的矩阵 $\mathbf{d}$ 被称为线性微分算子。利用矩阵乘法有

$$\boldsymbol{\varepsilon}(t) = \mathbf{d}\mathbf{u}(t) \tag{6.18}$$

方程中的算子 $\mathbf{d}$ 将时变应变向量 $\boldsymbol{\varepsilon}(t)$ 用广义位移向量 $\mathbf{u}(t)$ 表示[见式(6.2)、(6.3)]。将式(6.17)代入式(6.18)可得

$$\boldsymbol{\varepsilon}(t) = \mathbf{B}\mathbf{q}(t) \tag{6.19}$$

其中

$$\mathbf{B} = \mathbf{df} \tag{6.20}$$

式中,矩阵 $\mathbf{B}$ 表示单元体中因单位节点位移引起的任意一点处的应变。

根据式(6.9)可得应力应变关系的矩阵形式为

$$\boldsymbol{\sigma}(t) = \mathbf{E}\boldsymbol{\varepsilon}(t) \tag{6.21}$$

矩阵 $\mathbf{E}$ 建立了时变应力向量 $\boldsymbol{\sigma}(t)$ 与应变向量 $\boldsymbol{\varepsilon}(t)$ 的关系。将式(6.19)代入式(6.21)可得

$$\boldsymbol{\sigma}(t) = \mathbf{E}\mathbf{B}\mathbf{q}(t) \tag{6.22}$$

式中,矩阵乘积 $\mathbf{E}\mathbf{B}$ 给出了单元体上任意一点所受应力与单位长度的节点位移间的关系。

对有限单元体应用虚功法可得

$$\delta U_e - \delta W_e = 0 \tag{6.23}$$

式中,δU_e 为内应力引起的虚应变能;δW_e 为作用于有限单元体上的外载荷所做的虚功。为了推导虚应变能和虚功的表达式,用 $\delta \mathbf{q}$ 表示微小节点虚位移,有

$$\delta \mathbf{q} = \{\delta \mathbf{q}_i\} \quad (i = 1, 2, \cdots, n_{en}) \tag{6.24}$$

进而将广义虚位移[见式(6.17)]变为

$$\delta \mathbf{u} = \mathbf{f}\delta \mathbf{q} \tag{6.25}$$

利用应变位移关系式(6.19),得到

$$\delta \boldsymbol{\varepsilon} = \mathbf{B}\delta \mathbf{q} \tag{6.26}$$

因而可将单元体内的虚应变能写成

$$\delta U_e = \int_V \delta \boldsymbol{\varepsilon}^T \boldsymbol{\sigma}(t) dV \tag{6.27}$$

其中的积分运算是对单元体体积的积分。

求解外载荷所做虚功可参见图 6.3。图中无穷小单元体所受的外体力分量为 $b_x(t)dV$、$b_y(t)dV$ 和 $b_z(t)dV$。加速度 $\ddot{u}$、$\ddot{v}$ 和 $\ddot{w}$ 引起的惯性体力分量用 $\rho\ddot{u}dV$、$\rho\ddot{v}dV$ 和 $\rho\ddot{w}dV$ 表示。注意到惯性力的作用方向与加速度的正方向相反。因此,将节点的外部虚功与分布体力按照下式相加:

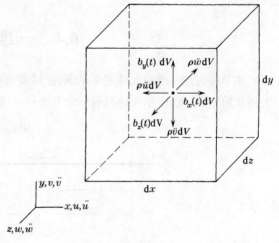

图 6.3

$$\delta W_e = \delta \mathbf{q}^T \mathbf{p}(t) + \int_V \delta \mathbf{u}^T \mathbf{b}(t) dV + \int_V \delta \mathbf{u}^T \rho \ddot{\mathbf{u}} dV \tag{6.28}$$

将式(6.27)、(6.28)代入方程(6.23)可得

$$\int_V \delta \boldsymbol{\varepsilon}^T \boldsymbol{\sigma}(t) dV = \delta \mathbf{q}^T \mathbf{p}(t) + \int_V \delta \mathbf{u}^T \mathbf{b}(t) dV + \int_V \delta \mathbf{u}^T \rho \ddot{\mathbf{u}} dV \tag{6.29}$$

现在假设有

$$\ddot{\mathbf{u}} = \mathbf{f}\ddot{\mathbf{q}} \tag{6.30}$$

将式(6.22)、(6.30)代入方程(6.29),并将式(6.25)、(6.26)转置后得到

$$\delta\mathbf{q}^{\mathrm{T}}\int_V \mathbf{B}^{\mathrm{T}}\mathbf{EB}\mathrm{d}V\mathbf{q} = \delta\mathbf{q}^{\mathrm{T}}\mathbf{p}(t) + \delta\mathbf{q}^{\mathrm{T}}\int_V \mathbf{f}^{\mathrm{T}}\mathbf{b}(t)\mathrm{d}V + \delta\mathbf{q}^{\mathrm{T}}\int_V \rho\mathbf{f}^{\mathrm{T}}\mathbf{f}\mathrm{d}V\ddot{\mathbf{q}} \tag{6.31}$$

消去 $\delta\mathbf{q}^{\mathrm{T}}$ 并整理后,可得运动方程为

$$\mathbf{M}\ddot{\mathbf{q}} + \mathbf{Kq} = \mathbf{p}(t) + \mathbf{p}_b(t) \tag{6.32}$$

其中

$$\mathbf{K} = \int_V \mathbf{B}^{\mathrm{T}}\mathbf{EB}\mathrm{d}V \tag{6.33}$$

且有

$$\mathbf{M} = \int_V \rho\mathbf{f}^{\mathrm{T}}\mathbf{f}\mathrm{d}V \tag{6.34}$$

另有

$$\mathbf{p}_b(t) = \int_V \mathbf{f}^{\mathrm{T}}\mathbf{b}(t)\mathrm{d}V \tag{6.35}$$

式(6.33)中的矩阵 $\mathbf{K}$ 为单元体刚度矩阵,其元素表示的刚度系数为节点处单位位移引起的虚假载荷。式(6.34)中的矩阵 $\mathbf{M}$ 为一致质量矩阵,表示节点处单位位移引起的能量等效载荷。最后,式(6.35)中的向量 $\mathbf{p}_b(t)$ 表示体力向量 $\mathbf{b}(t)$ 引起的等效节点载荷。因初始应变(或应力)引起的其他等效节点载荷也可用文献[1]中的方法推导得到,但相关问题的分析属于静力学范畴。

6.4 一维单元体

本节将讨论一维单元体发生轴向、扭转和弯曲变形时的特性,并以图 6.4a 中的轴向变形单元为例开始分析。图中单元体只有一个发生在 x 方向的平动位移 u。因此根据式(6.11),有

$$\mathbf{u}(t) = u$$

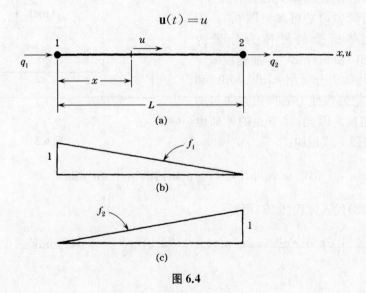

图 6.4

相应地,只有一个作用在 x 方向的体力分力 b_x（单位长度力）。因此,由式(6.12)得出

$$\mathbf{b}(t) = b_x$$

q_1 和 q_2 分别表示节点 1 和 2 在 x 方向的节点位移（见图 6.4a）。这时式(6.13)变为

$$\mathbf{q}(t) = \{q_1,\ q_2\} = \{u_1,\ u_2\}$$

相应的 1 和 2 处的节点力可根据式(6.15)写成

$$\mathbf{p}(t) = \{p_1,\ p_2\} = \{p_{x1},\ p_{x2}\}$$

图 6.4b、c 分别为该单元体假定的线性位移形状函数 f_1 和 f_2,可由式(6.17)得到

$$u = \mathbf{f}\mathbf{q}(t)$$

其中

$$\mathbf{f} = \begin{bmatrix} f_1 & f_2 \end{bmatrix} = \begin{bmatrix} 1 - \dfrac{x}{L} & \dfrac{x}{L} \end{bmatrix} \tag{6.36}$$

以上函数给出了长度方向上节点平动位移 q_1 和 q_2 定义的 u 的变化规律,并且反映了等截面单元的真实情况。

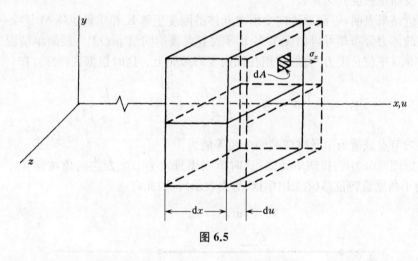

图 6.5

从图 6.5 中看到,轴向变形单元单一方向的应变位移关系 $\mathrm{d}u/\mathrm{d}x$ 在截面处为常数,进而可由式(6.18)~(6.20)得到

$$\boldsymbol{\varepsilon}(t) = \varepsilon_x = \frac{\mathrm{d}u}{\mathrm{d}x} = \frac{\mathrm{d}\mathbf{f}}{\mathrm{d}x}\mathbf{q}(t) = \mathbf{B}\mathbf{q}(t) \tag{6.37a}$$

这里有

$$\mathbf{B} = \mathbf{d}\mathbf{f} = \frac{\mathrm{d}\mathbf{f}}{\mathrm{d}x} = \frac{1}{L}\begin{bmatrix} -1 & 1 \end{bmatrix} \tag{6.37b}$$

式中,线性微分算子 $\mathbf{d}$ 可简单地表示成 $\mathrm{d}/\mathrm{d}x$。在式(6.37a)中,应变 ε_x 通过矩阵 $\mathbf{B}$ 表示成节点位移 $\mathbf{q}$ 的函数。同理,单向应力应变关系[见式(6.21)、(6.22)]简化为

$$\boldsymbol{\sigma}(t) = \sigma_x = \mathbf{E}\boldsymbol{\varepsilon}(t) = E\varepsilon_x = E\mathbf{B}\mathbf{q}(t) \tag{6.38a}$$

因此有

$$\mathbf{E} = E, \quad \mathbf{EB} = \frac{E}{L}\begin{bmatrix} -1 & 1 \end{bmatrix} \tag{6.38b}$$

方程(6.38a)中的乘积 $\mathbf{EB}$ 建立起应力 σ_x 与节点位移的关系。

根据式(6.33),可按照下式求解单元体刚度矩阵:

$$\mathbf{K} = \int_V \mathbf{B}^{\mathrm{T}} \mathbf{EB} \mathrm{d}V = \frac{E}{L^2}\begin{bmatrix} -1 \\ 1 \end{bmatrix}\begin{bmatrix} -1 & 1 \end{bmatrix} \int_0^L \int_A \mathrm{d}A\, \mathrm{d}x$$

进行乘法运算并沿单元体截面和长度方向积分可得

$$\mathbf{K} = \frac{EA}{L}\begin{bmatrix} 1 & -1 \\ -1 & 1 \end{bmatrix} \tag{6.39}$$

这里假设截面面积 A 为常数。同理,一致质量矩阵 $\mathbf{M}$ 可根据式(6.34)写成

$$\mathbf{M} = \int_V \rho \mathbf{f}^{\mathrm{T}} \mathbf{f} \mathrm{d}V = \frac{\rho}{L^2}\int_0^L \int_A \begin{bmatrix} L-x \\ x \end{bmatrix}\begin{bmatrix} L-x & x \end{bmatrix} \mathrm{d}A\, \mathrm{d}x = \frac{\rho A L}{6}\begin{bmatrix} 2 & 1 \\ 1 & 2 \end{bmatrix} \tag{6.40}$$

这里同样假设质量密度 ρ 为常数。

上述分析结果表明,等截面轴向变形单元体的刚度矩阵 $\mathbf{K}$ 和质量矩阵 $\mathbf{M}$ 是唯一的。但根据单元体中的体力分布却可得出无穷多个等效节点载荷向量 $\mathbf{p}_b(t)$。最简单情况下,假设均匀轴向载荷 b_x(单位长度力)突然作用在轴向变形单元上。这时根据式(6.35)有

$$\mathbf{p}_b(t) = \int_0^L \mathbf{f}^{\mathrm{T}} b_x\, \mathrm{d}x = \frac{b_x}{L}\begin{bmatrix} L-x \\ x \end{bmatrix} \mathrm{d}x = b_x \frac{L}{2}\begin{bmatrix} 1 \\ 1 \end{bmatrix} \tag{6.41}$$

上式表明等效节点载荷为单元体两端两个相等的力。

现在考虑图 6.6a 中的扭转单元体,这时单元体只发生一个方向的角位移 θ_x。该角位移是绕 x 轴的小角度旋转位移(在图中用双箭头表示)。因此有

$$\mathbf{u}(t) = \theta_x$$

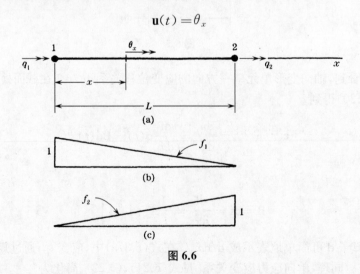

图 6.6

对应的是单向体载荷

$$\mathbf{b}(t) = m_x$$

它表示作用在 x 正方向的单位长度力矩。图中 1 和 2 处的节点位移定义为两点处的小角度旋转，因而有

$$\mathbf{q}(t) = \{q_1,\, q_2\} = \{\theta_{x1},\, \theta_{x2}\}$$

此外，节点 1 和 2 对应的体载荷为

$$\mathbf{p}(t) = \{p_1,\, p_2\} = \{M_{x1},\, M_{x2}\}$$

它们表示 x 轴方向的力矩（或扭矩）。对扭转单元体，假设有如图 6.6b、c 所示的线性位移形状函数 f_1 和 f_2，因此有

$$\theta_x = \mathbf{f}\mathbf{q}(t)$$

式中，矩阵 $\mathbf{f}$ 依旧根据式（6.36）确定。但这时函数定义的是，因节点单位旋转角度 q_1 和 q_2 引起的、沿长度方向的转角 θ_x 的变化规律。

　　图 6.7 中圆形截面的扭转单元体给出了应变与位移间的关系。假设半径平面在发生扭转变形时仍为平面，认为剪应变 γ 随着径向间距 r 线性变化，变化规律为

$$\gamma = r\,\frac{\mathrm{d}\theta_x}{\mathrm{d}x} = r\psi \tag{6.42}$$

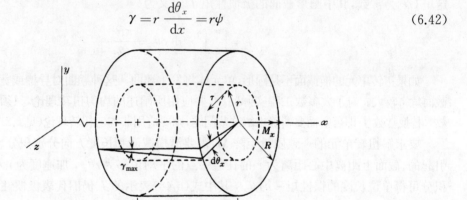

图 **6.7**

式中，ψ 为捻度，或称为角位移的变化率，即

$$\psi = \frac{\mathrm{d}\theta_x}{\mathrm{d}x} \tag{6.43}$$

式（6.42）表明最大剪应变发生在单元体表面，因而有

$$\gamma_{\max} = R\psi$$

式中，R 为圆形截面的半径（见图 6.7）。还从式（6.42）中发现了建立 γ 和 θ_x 关系的线性微分算子

$$\mathbf{d} = r\,\frac{\mathrm{d}}{\mathrm{d}x} \tag{6.44}$$

应变位移矩阵变为

$$\mathbf{B} = \mathbf{df} = \frac{r}{L}[-1 \quad 1] \tag{6.45}$$

除径向间距外,上式形式与轴向单元体的应变位移矩阵相同。

扭转单元体中剪应力 τ(见图 6.7)与剪应变的关系为

$$\tau = G\gamma \tag{6.46a}$$

其中符号 G 表示单元体材料的剪切模量,所以有

$$\mathbf{E} = G, \ \mathbf{GB} = \frac{Gr}{L}[-1 \quad 1] \tag{6.46b}$$

以上两关系式类似于轴向单元体论述部分中的式(6.38b)。

利用式(6.33),可推导得到扭转刚度矩阵 $\mathbf{K}$ 为

$$\mathbf{K} = \int_V \mathbf{B}^{\mathrm{T}} \mathbf{E} \mathbf{B} \mathrm{d}V = \frac{G}{L^2} \begin{bmatrix} -1 \\ 1 \end{bmatrix} [-1 \quad 1] \int_0^L \int_0^{2\pi} \int_0^R (r^2) r \mathrm{d}r \mathrm{d}\theta \mathrm{d}x = \frac{GJ}{L} \begin{bmatrix} 1 & -1 \\ -1 & 1 \end{bmatrix} \tag{6.47}$$

这里 GJ 为常数,其中圆形截面的极惯性矩 J 定义为

$$J = \int_0^{2\pi} \int_0^R r^3 \mathrm{d}r \mathrm{d}\theta = \frac{\pi R^4}{2} \tag{6.48}$$

如果扭转单元的横截面不是圆形,单元体将发生翘曲。这种翘曲对导槽或宽法兰一类的开放截面危害较大。对于大多数工程实际问题,要应用所阐述的均匀扭转理论,只须用合适的扭转常数[6]替换常数 J 即可。而要精确求解这些问题,则要应用非均匀扭转理论(见 5.21 节和文献[7])。

要求解扭转单元的一致质量矩阵 $\mathbf{M}$,需要沿横截面和长度方向分别积分。小角度旋转 θ_x 引起的、截面上距离中心距离为 r 的任意一点的平动位移为 $r\theta_x$,加速度为 $r\ddot{\theta}_x$。沿着横截面积分可得单位长度的惯性矩 $-\rho J \ddot{\theta}_x$,其中式(6.48)表示的 J 仍旧代表极惯性矩。利用惯性矩及相应的虚位移 $\delta\theta_x$,可将质量矩阵表示为

$$\mathbf{M} = \int_0^L \rho J \mathbf{f}^{\mathrm{T}} \mathbf{f} \mathrm{d}x \tag{6.49}$$

上式为式(6.34)的一种特殊形式。继续将式(6.49)沿着长度方向积分可得

$$\mathbf{M} = \frac{\rho J}{L^2} \int_0^L \begin{bmatrix} L-x \\ x \end{bmatrix} [L-x \quad x] \mathrm{d}x = \frac{\rho J L}{6} \begin{bmatrix} 2 & 1 \\ 1 & 2 \end{bmatrix} \tag{6.50}$$

该矩阵即为等截面匀质扭转单元的一致质量矩阵。

作用在扭转单元上的最简单体力形式为单位长度上的均匀分布轴向扭矩(或力矩) m_x。根据该载荷,可由式(6.35)得到

$$\mathbf{p}_b(t) = \int_0^L \mathbf{f}^{\mathrm{T}} m_x \mathrm{d}x = \frac{m_x}{L} \int_0^L \begin{bmatrix} L-x \\ x \end{bmatrix} \mathrm{d}x = m_x \frac{L}{2} \begin{bmatrix} 1 \\ 1 \end{bmatrix} \tag{6.51}$$

这些等效节点载荷等于作用在扭转单元两端的相等力矩。

图 6.8a 为弯曲单元体,其中 x-y 为弯曲变形的主平面。发生在 y 轴方向的单向变形位移在图中用 v 表示,因此有

$$\mathbf{u}(t) = v$$

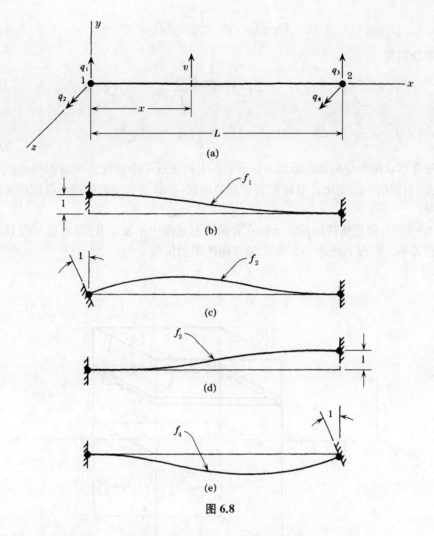

图 6.8

相应地，只有一个作用在 x 方向的体力分力 b_y（单位长度力）。因此有

$$\mathbf{b}(t) = b_y$$

在节点 1 的位置（如图 6.8a 所示），节点位移 q_1 和 q_2 分别表示 y 轴方向的微小平动位移和绕 z 轴的微小角位移；其中前者用单箭头表示，而后者用双箭头表示。同理，节点 2 位置上的微小平动位移和角位移分别用 q_3 和 q_4 表示。因此，节点位移向量可表示为

$$\mathbf{q}(t) = \{q_1,\ q_2,\ q_3,\ q_4\} = \{v_1,\ \theta_{z1},\ v_2,\ \theta_{z2}\}$$

其中

$$\theta_{z1} = \left(\frac{\mathrm{d}v}{\mathrm{d}x}\right)_1, \quad \theta_{z2} = \left(\frac{\mathrm{d}v}{\mathrm{d}x}\right)_2$$

以上两式定义的导数（或斜率）可被看作微小转角，但它们实际上表示的是节点处的平动位移变化率。对应位置 1 和 2 的节点载荷为

$$\mathbf{p}(t) = \{p_1,\ p_2,\ p_3,\ p_4\} = \{p_{y1},\ M_{z1},\ p_{y2},\ M_{z2}\}$$

式中，p_{y1} 和 p_{y2} 表示节点 1 和 2 处的载荷，符号 M_{z1} 和 M_{z2} 表示两节点处绕 z 轴作用的力矩。

假设弯曲单元的位移形状函数为三次多项式，则定义矩阵 $\mathbf{f}$ 为

$$\mathbf{f}=\begin{bmatrix} f_1 & f_2 & f_3 & f_4 \end{bmatrix} \tag{6.52a}$$

其中各元素分别为

$$
\left.\begin{aligned}
f_1 &= \frac{1}{L^3}(2x^3 - 3Lx^2 + L^3), \quad f_2 = \frac{1}{L^2}(x^3 - 2Lx^2 + L^2x) \\
f_3 &= \frac{1}{L^3}(-2x^3 + 3Lx^2), \quad f_4 = \frac{1}{L^2}(x^3 - Lx^2)
\end{aligned}\right\} \tag{6.52b}
$$

以上四个位移形状函数分别如图 6.8b～e 所示。它们表示了沿长度方向的四个单位节点位移 q_1、q_2、q_3、q_4 引起的 v 的变化。忽略剪切变形的因素,位移形状函数描述了等截面单元体发生的真实情况。

　　如图 6.9 所示,假设横截面所在平面在弯曲变形过程中不发生变形,可推导得到弯曲单元的应变位移关系。截面上任意一点在 x 轴方向的平动位移 u 为

$$u = -y \frac{\mathrm{d}v}{\mathrm{d}x} \tag{6.53}$$

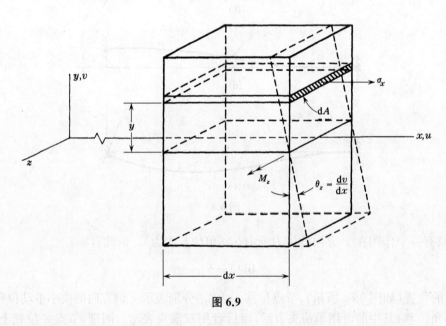

图 6.9

利用这一关系,得到弯曲应变的表达式为

$$\varepsilon_x = \frac{\mathrm{d}u}{\mathrm{d}x} = -y \frac{\mathrm{d}^2 v}{\mathrm{d}x^2} = -y\phi \tag{6.54}$$

这里的 ϕ 表示曲率,定义为

$$\phi = \frac{\mathrm{d}^2 v}{\mathrm{d}x^2} \tag{6.55}$$

根据式(6.54),可得到建立 ε_x 与 v 之间关系的线性微分算子 $\mathbf{d}$ 为

$$\mathbf{d} = -y \frac{\mathrm{d}^2}{\mathrm{d}x^2} \tag{6.56}$$

这时由式(6.20)可计算得到应变位移矩阵 $\mathbf{B}$ 为

$$\mathbf{B}=\mathbf{df}=-\frac{y}{L^3}\begin{bmatrix}12x-6L & 6Lx-4L^2 & -12x+6L & 6Lx-2L^2\end{bmatrix}\quad(6.57)$$

此外,图 6.9 中的弯曲应力 σ_x 可通过下式建立与弯曲应变 ε_x 的联系:

$$\sigma_x=E\varepsilon_x\quad(6.58a)$$

因此有

$$\mathbf{E}=E,\ \mathbf{EB}=E\mathbf{B}\quad(6.58b)$$

根据式(6.33)还可得到如下单元体刚度:

$$\mathbf{K}=\int_V\mathbf{B}^{\mathrm T}\mathbf{EB}\mathrm dV$$

$$=\int_0^L\int_A\frac{Ey^2}{L^6}\begin{bmatrix}12x-6L\\6Lx-4L^2\\-12x+6L\\6Lx-2L^2\end{bmatrix}\begin{bmatrix}12x-6L & 6Lx-4L^2 & -12x+6L & 6Lx-2L^2\end{bmatrix}\mathrm dA\,\mathrm dx$$

上式进行乘法运算并积分(EI 为常数)后可得

$$\mathbf{K}=\frac{2EI}{L^3}\begin{bmatrix}6 & 3L & -6 & 3L\\3L & 2L^2 & -3L & L^2\\-6 & -3L & 6 & -3L\\3L & L^2 & -3L & 2L^2\end{bmatrix}\quad(6.59)$$

其中

$$I=\int_A y^2\mathrm dA\quad(6.60)$$

表示横截面关于中性轴的惯性矩(面积的二阶矩)。剪切变形引起的、影响刚度矩阵 K 取值的其他因素,可参考文献[6]。

弯曲单元的一致质量矩阵 $\mathbf{M}$ 将分为两部分推导。如图 6.8a 所示,这类构件的典型截面在 y 方向发生平动。但同时,截面也绕其中性轴发生旋转,如图 6.9 所示。其中平动惯性相比转动惯性更为显著,因此首先分析平动惯性。将式(6.52)表示的矩阵 $\mathbf{f}$ 的元素代入式(6.34),得到

$$\mathbf{M}_t=\int_V\rho\mathbf{f}^{\mathrm T}\mathbf{f}\mathrm dV=\int_0^L\rho A\mathbf{f}^{\mathrm T}\mathbf{f}\mathrm dx$$

进行被积函数中关于 $\mathbf{f}$ 的乘法运算并沿着长度方向积分可得

$$\mathbf{M}_t=\frac{\rho AL}{420}\begin{bmatrix}156 & 22L & 54 & -13L\\22L & 4L^2 & 13L & -3L^2\\54 & 13L & 156 & -22L\\-13L & -3L^2 & -22L & 4L^2\end{bmatrix}\quad(6.61)$$

式(6.61)即为等截面梁平动惯性对应的一致质量矩阵。

梁的转动惯性(或转动惯量)表达式(也可参考 5.12 节)可根据图 6.9 进行推导。横截面上任意一点在 x 方向的平动位移 u 可表示为

$$u=-y\theta_z\quad(6.62)$$

其中

$$\theta_z = \upsilon_{x'} = \mathbf{f}_{x'}\mathbf{q}(t) \tag{6.63}$$

式中，符号 $\upsilon_{x'}$ 和 $\mathbf{f}_{x'}$ 表示关于 x 的微分。同理，该点在 x 方向的加速度可表示为

$$\ddot{u} = -y\ddot{\theta}_z \tag{6.64}$$

其中

$$\ddot{\theta}_z = \ddot{\upsilon}_{x'} = \mathbf{f}_{x'}\ddot{\mathbf{q}}(t) \tag{6.65}$$

沿着横截面对惯性力矩进行积分，可得到单位长度的惯性力矩为 $-\rho I\ddot{\theta}_z$。这里，I 还是式 (6.60) 表示的惯性力矩。利用惯性力矩及其对应的角度虚位移 $\delta\theta_z$ 可得到以下公式：

$$\mathbf{M}_r = \int_0^L \rho I\, \mathbf{f}_{x'}^{\mathrm{T}} \mathbf{f}_{x'}\, \mathrm{d}x \tag{6.66}$$

这一公式为式 (6.34) 的修正版本。将矩阵 $\mathbf{f}$[见式 (6.52)] 对 x 求微分可得

$$\mathbf{f}_{x'} = \frac{1}{L^3}\big[6(x^2-Lx) \quad 3Lx^2-4L^2x+L^3 \quad -6(x^2-Lx) \quad 3Lx^2-2L^2x\big] \tag{6.67}$$

将这一矩阵代入式 (6.66)，并沿着长度方向积分可得

$$\mathbf{M}_r = \frac{\rho I}{30L}\begin{bmatrix} 36 & 3L & -36 & 3L \\ 3L & 4L^2 & -3L & -L^2 \\ -36 & -3L & 36 & -3L \\ 3L & -L^2 & -3L & 4L^2 \end{bmatrix} \tag{6.68}$$

矩阵 $\mathbf{M}_r$ 即为等截面梁转动惯性的一致性矩阵。剪切变形引起的、影响矩阵 $\mathbf{M}$ 取值的其他因素，可参考文献[8]。

现在考虑作用在弯曲单元上的体力 b_y（单位长度）为均布力的简单情况。点 1 和 2 处的等效节点载荷（见图 6.8a）可通过式 (6.35) 写成

$$\mathbf{p}_b(t) = \int_0^L \mathbf{f}^{\mathrm{T}} b_y\, \mathrm{d}x = b_y\frac{L}{12}\{-6,\ L,\ 6,\ -L\} \tag{6.69}$$

这一积分中的位移形状函数 $f_1 \sim f_4$（$\mathbf{f}^{\mathrm{T}}$ 的元素）由式 (6.52b) 得出。

利用广义应力应变理论，可避免沿一维单元体横截面的重复积分运算。这一概念对轴向单元来说较为复杂，但适用于扭转和弯曲单元的分析计算。现在重新考虑图 6.7 中的扭转单元，将剪应力 τ 产生的力矩沿着 x 轴方向积分，进而将扭矩 M_x 表示成

$$M_x = \int_0^{2\pi}\int_0^R \tau r^2\, \mathrm{d}r\, \mathrm{d}\theta \tag{6.70}$$

将式 (6.46a) 和式 (6.42) 表示的应力应变关系和应变位移关系代入式 (6.70)，可得

$$M_x = G\psi\int_0^{2\pi}\int_0^R r^3\, \mathrm{d}r\, \mathrm{d}\theta = GJ\psi \tag{6.71}$$

如果定义 M_x 为广义（或积分后的）应力且 ψ 为广义应变，则广义应力应变（或扭矩-捻度）算子 $\bar{G}$ 定义为

$$\bar{G} = GJ \tag{6.72}$$

式 (6.72) 即为横截面的扭转刚度。因此根据式 (6.71)，有

$$M_x = \bar{G}\psi \tag{6.73}$$

利用该方法时,式(6.44)中的算子 $\mathbf{d}$ 不包含乘子 r。而且广义矩阵 $\bar{\mathbf{B}}$［式(6.45)去掉乘子 r］被用来替换矩阵 $\mathbf{B}$,如下式:

$$\mathbf{B} = r\bar{\mathbf{B}} \tag{6.74}$$

从这一点来看,刚度矩阵 $\mathbf{K}$ 中各项的求解无须沿横截面进行积分运算。因此有

$$\mathbf{K} = \int_0^L \bar{\mathbf{B}}^{\mathrm{T}} \bar{\mathbf{G}} \bar{\mathbf{B}} \mathrm{d}x \tag{6.75}$$

矩阵 $\mathbf{K}$ 的表达式与之前使用过的式(6.33)等效。

转而考虑图 6.9 中的弯曲单元。对正应力 σ_x 关于中性轴的力矩进行积分得到扭矩 M_z,表示为

$$M_z = \int_A -\sigma_x y \mathrm{d}A \tag{6.76}$$

将式(6.58a)和式(6.54)表示的应力应变关系和应变位移关系代入式(6.76),可得

$$M_z = E\phi \int_A y^2 \mathrm{d}A = EI\phi \tag{6.77}$$

如果定义 M_z 为广义(或积分后的)应力且 ϕ 为广义应变,则广义应力应变(或扭矩-捻度)算子 $\bar{E}$ 定义为

$$\bar{E} = EI \tag{6.78}$$

式(6.78)即为横截面的弯曲刚度。因此根据式(6.77),有

$$M_z = \bar{E}\phi \tag{6.79}$$

利用这一方法时,式(6.56)中的算子 $\mathbf{d}$ 不包含乘子 $-y$。而且广义矩阵 $\bar{\mathbf{B}}$［式(6.57)去掉乘子 $-y$］被用来替换矩阵 $\mathbf{B}$,如下式:

$$\mathbf{B} = -y\bar{\mathbf{B}} \tag{6.80}$$

刚度矩阵 $\mathbf{K}$ 中各项的求解无须沿横截面进行积分运算。因此有

$$\mathbf{K} = \int_0^K \bar{\mathbf{B}}^{\mathrm{T}} \bar{\mathbf{E}} \bar{\mathbf{B}} \mathrm{d}x \tag{6.81}$$

式(6.81)等同于式(6.75)。

习题 6.4

6.4 - 1. 如图所示的轴向单元体受到线性分布载荷 $b_x = b_1 + (b_2 - b_1)x/L$ 的作用(单位长度力)。试求该载荷的等效节点载荷 $\mathbf{p}_b(t) = \{p_{b1}, p_{b2}\}$。

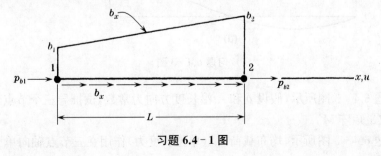

习题 6.4 - 1 图

6.4‑2. 如图所示的轴向单元体上,有抛物线分布载荷 $b_x = b_2(x/L)^2$ 作用(单位长度力)。试求该载荷的等效节点载荷 $\mathbf{p}_b(t) = \{p_{b1},\ p_{b2}\}$。

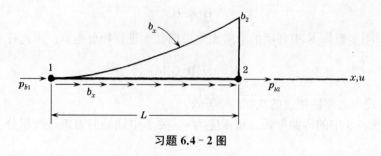

习题 6.4‑2 图

6.4‑3. 如图(a)所示,假设轴向单元体有三个节点。图(b)、(c)和(d)中的二阶位移形状函数分别用 $f_1 = (2x-L)x/L^2$、$f_2 = (L^2-4x^2)/L^2$ 和 $f_3 = (2x+L)x/L^2$ 表示,其中 x 表示距离节点 2 的距离。如果长度方向上的轴向刚度 EA 为常数,试推导轴向单元的 3×3 阶刚度矩阵 $\mathbf{K}$。

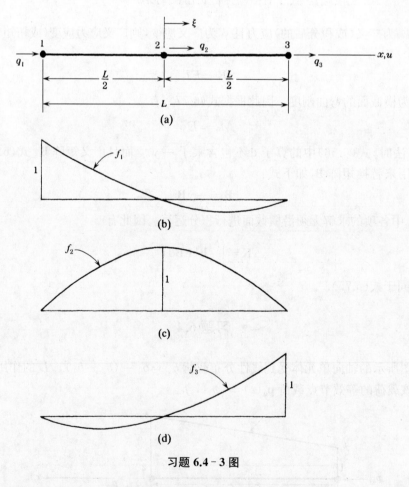

习题 6.4‑3 图

6.4‑4. 如习题 6.4‑3 图所示,假设 ρ 和 A 沿长度方向为常数,试推导三个节点轴向单元体的 3×3 阶一致质量矩阵 $\mathbf{M}$。

6.4‑5. 如习题 6.4‑3 图所示,均布载荷 b_x (单位长度力)作用在三节点轴向单元上。试求该体力的等效节点载荷 $\mathbf{p}_b(t) = \{p_{b1}, p_{b2}, p_{b3}\}$。

6.4‑6. 如图所示的扭转单元体受到抛物线分布扭矩 $m_x = m_{x1}[1-(x/L)^2]$ 的作用（单位长度力矩）。试求该力矩的等效节点载荷 $\mathbf{p}_b(t) = \{p_{b1}, p_{b2}\}$。

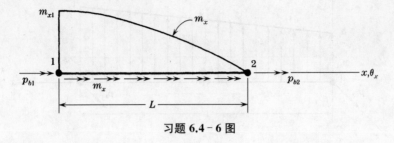

习题 6.4‑6 图

6.4‑7. 假定集中扭矩 M_x 作用在如图所示的与节点 1 距离为 x 的扭转单元体上。试求该力矩的等效节点载荷 $\mathbf{p}_b(t) = \{p_{b1}, p_{b2}\}$。

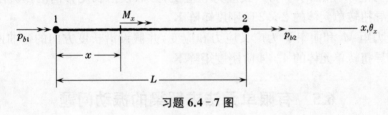

习题 6.4‑7 图

6.4‑8. 图中的弯曲单元体受到三角形载荷 $b_x = b_2 x/L$ 作用。试求节点 1 和 2 位置处的等效节点载荷 $\mathbf{p}_b(t) = \{p_{b1}, p_{b2}, p_{b3}, p_{b4}\}$。

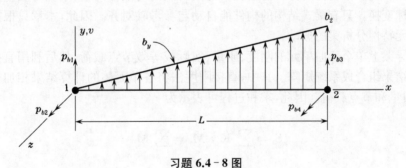

习题 6.4‑8 图

6.4‑9. 如图所示为一受到集中载荷作用的弯曲单元体。集中载荷包括与节点 1 距离为 x 的集中载荷 P_y 和集中力矩 M_z。试确定每种载荷对应的等效节点载荷 $\mathbf{p}_b(t) = \{p_{b1}, p_{b2}, p_{b3}, p_{b4}\}$。

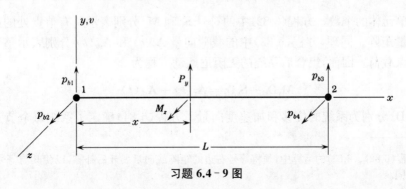

习题 6.4‑9 图

6.4 - 10. 图中的一线性分布载荷 $b_x = b_1 + (b_2 - b_1)x/L$ 作用在弯曲单元体上(单位长度力)。试求该载荷的等效节点载荷 $\mathbf{p}_b(t) = \{p_{b1}, p_{b2}, p_{b3}, p_{b4}\}$。

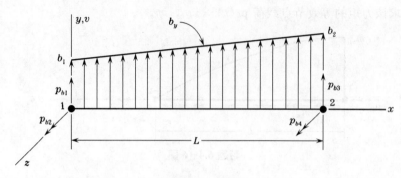

习题 6.4 - 10 图

6.4 - 11. 定义力矩 M_x 和曲率 ψ 为广义应力和应变,并假设沿长度方向的扭转刚度 GJ 为常数。试重新推导扭转单元体的 2×2 阶刚度矩阵 $\mathbf{K}$。

6.4 - 12. 定义力矩 M_z 和曲率 ϕ 为广义应力和应变,并假设沿长度方向的弯曲刚度 EI 为常数。试重新推导扭转单元体的 4×4 阶刚度矩阵 $\mathbf{K}$。

6.5 有限单元法求解梁的振动问题

可利用一维有限单元理论分析文献[4]和[6]中所有类型框架结构的构件(或子构件的零部件)。但是二维、三维结构的分析需要将单元体的载荷与位移向量、刚度与质量矩阵进行绕轴旋转的坐标变换。只有梁式结构的构件能自动与参考轴对齐。因此,本章只根据前一节讨论的弯曲单元特性分析梁的振动。

首先推导梁上单个弯曲单元的刚度、质量、实际或等效节点载荷,然后利用直接刚度法[6]将上述推导结果组合成系统矩阵。其中,直接刚度法将各单元体的计算结果相加得到整个系统的刚度、质量和节点载荷。因此,求和过程可表示为[①]

$$\mathbf{S_s} = \sum_{i=1}^{n_e} \mathbf{K}_i, \quad \mathbf{M_s} = \sum_{i=1}^{n_e} \mathbf{M}_i \tag{6.82}$$

且有

$$\mathbf{A_s}(t) = \sum_{i=1}^{n_e} \mathbf{p}_i(t), \quad \mathbf{A_{sb}}(t) = \sum_{i=1}^{n_e} \mathbf{p}_{bi}(t) \tag{6.83}$$

式中,n_e 为单元体的个数。方程(6.82)中的符号 $\mathbf{S_s}$ 和 $\mathbf{M_s}$ 分别表示所有节点处的系统刚度矩阵和系统质量矩阵。同理,方程(6.83)中的载荷向量 $\mathbf{A_s}(t)$ 和 $\mathbf{A_{sb}}(t)$ 分别表示整个系统的实际和等效节点载荷。因而,组合后系统的无阻尼运动方程为

$$\mathbf{M_s}\ddot{\mathbf{D}}_s + \mathbf{S_s}\mathbf{D}_s = \mathbf{A_s}(t) + \mathbf{A_{sb}}(t) \tag{6.84}$$

式中,$\mathbf{D_s}$ 和 $\ddot{\mathbf{D}}_s$ 分别为系统的位移和加速度向量。方程(6.84)确定了系统每个节点的运动方

---

① 在方程(6.82)、(6.83)的运算中,须将等号右边的矩阵或向量展开后补零,以使其与等号左边的矩阵或向量大小相同。

程,且无须考虑节点的约束状态。

　　求解方程(6.84)前,按照下式对矩阵分块并重新排列:

$$\begin{bmatrix} \mathbf{M}_{FF} & \mathbf{M}_{FR} \\ \mathbf{M}_{RF} & \mathbf{M}_{RR} \end{bmatrix} \begin{bmatrix} \ddot{\mathbf{D}}_F \\ \ddot{\mathbf{D}}_R \end{bmatrix} + \begin{bmatrix} \mathbf{S}_{FF} & \mathbf{S}_{FR} \\ \mathbf{S}_{RF} & \mathbf{S}_{RR} \end{bmatrix} \begin{bmatrix} \mathbf{D}_F \\ \mathbf{D}_R \end{bmatrix} = \begin{bmatrix} \mathbf{A}_F(t) \\ \mathbf{A}_R(t) \end{bmatrix} \tag{6.85}$$

这一方程中的实际和等效节点载荷被组合到一个载荷向量里。下标 F 表示自由节点位移,而下标 R 表示约束节点位移。将方程(6.85)改写成两个方程,即为

$$\mathbf{M}_{FF}\ddot{\mathbf{D}}_F + \mathbf{M}_{FR}\ddot{\mathbf{D}}_R + \mathbf{S}_{FF}\mathbf{D}_F + \mathbf{S}_{FR}\mathbf{D}_R = \mathbf{A}_F(t) \tag{6.86a}$$

和

$$\mathbf{M}_{RF}\ddot{\mathbf{D}}_F + \mathbf{M}_{RR}\ddot{\mathbf{D}}_R + \mathbf{S}_{RF}\mathbf{D}_F + \mathbf{S}_{RR}\mathbf{D}_R = \mathbf{A}_R(t) \tag{6.86b}$$

如果支承约束处的运动为零,可将方程(6.86a、b)分别简化为

$$\mathbf{M}_{FF}\ddot{\mathbf{D}}_F + \mathbf{S}_{FF}\mathbf{D}_F = \mathbf{A}_F(t) \tag{6.87a}$$

和

$$\mathbf{M}_{RF}\ddot{\mathbf{D}}_F + \mathbf{S}_{RF}\mathbf{D}_F = \mathbf{A}_R(t) \tag{6.87b}$$

这两个方程可用于求解自由运动位移 $\mathbf{D}_F$ 和支反力 $\mathbf{A}_R(t)$。

　　在分析许多工程问题时,将连续体质量离散为节点处的集中质量进行计算,能得到足够精确的解[9]。利用这一方法,整个结构可用集中质量矩阵 $\mathbf{M}_l$ 表示成

$$\mathbf{M}_l = \begin{bmatrix} \mathbf{M}_1 & 0 & \cdots & 0 & \cdots & 0 \\ 0 & \mathbf{M}_2 & \cdots & 0 & \cdots & 0 \\ \vdots & \vdots & & \vdots & & \vdots \\ 0 & 0 & \cdots & \mathbf{M}_j & \cdots & 0 \\ \vdots & \vdots & & \vdots & & \vdots \\ 0 & 0 & \cdots & 0 & \cdots & \mathbf{M}_{n_n} \end{bmatrix} \tag{6.88}$$

式中, n_n 为节点数。式(6.88)中的典型子矩阵 $\mathbf{M}_j$ 表示一个小的对角阵,定义为

$$\mathbf{M}_j = M_j \, \mathbf{I}_0 \tag{6.89}$$

式中, M_j 为节点 j 处的集中质量; $\mathbf{I}_0$ 表示特殊的单位矩阵,其中非平动位移对应的对角元为 0。因此,集中质量法的优点在于质量矩阵 $\mathbf{M}_l$ 是对角阵,但不保证是正定矩阵[10]。

　　很多工程实例中还可减少组合系统的自由度数。这时可利用著名的矩阵约化法[6]减少静力学问题中未知位移的数目。这一方法由于使用的是矩阵形式位移的高斯消除法,因此不降低求解精度。Guyan[11]提出了另一种动力学分析中的矩阵约化方法,其中引入了附加的近似计算。

　　从静态约化开始,将自由运动位移的载荷平衡方程写成如下所示的分块矩阵形式:

$$\begin{bmatrix} \mathbf{S}_{AA} & \mathbf{S}_{AB} \\ \mathbf{S}_{BA} & \mathbf{S}_{BB} \end{bmatrix} \begin{bmatrix} \mathbf{D}_A \\ \mathbf{D}_B \end{bmatrix} = \begin{bmatrix} \mathbf{A}_A \\ \mathbf{A}_B \end{bmatrix} \tag{6.90}$$

式中,下标 A 表示要被消除的位移;下标 B 表示要保留的位移。将方程(6.90)改写成如下两个方程:

$$S_{AA}D_A + S_{AB}D_B = A_A \tag{6.91a}$$

$$S_{BA}D_A + S_{BB}D_B = A_B \tag{6.91b}$$

求解方程(6.91a)中的相关位移向量 D_A,可得

$$D_A = S_{AA}^{-1}(A_A - S_{AB}D_B) \tag{6.92}$$

将式(6.92)代入方程(6.91b),合并同类项后可得

$$S_{BB}^* D_B = A_B^* \tag{6.93}$$

其中

$$S_{BB}^* = S_{BB} - S_{BA}S_{AA}^{-1}S_{AB} \tag{6.94}$$

且有

$$A_B^* = A_B - S_{BA}S_{AA}^{-1}A_A \tag{6.95}$$

由方程(6.93)发现,方程(6.91)已经被约化成更小的矩阵,进而使向量 D_B 中只包含独立位移。方程(6.94)表示的刚度约化矩阵 S_{BB}^* 是原始子矩阵 S_{BB} 的修改版本。方程(6.95)中载荷约化向量 A_B^* 的元素更新了 A_B 中的子向量。这里 A_B 中的子向量表示由 A 类载荷引起的 B 类等效载荷。此外,式(6.92)可被看作根据向量 D_B 求解向量 D_A 的回代公式。

为了分析动态约化方法,回到方程(6.87a)表示的求解自由运动位移的无阻尼运动方程

$$M\ddot{D} + SD = A \tag{6.96}$$

该方程忽略了下标 F。假设 A 类位移与 B 类位移的依存关系如下:

$$D_A = T_{AB}D_B \tag{6.97a}$$

其中

$$T_{AB} = -S_{AA}^{-1}S_{AB} \tag{6.97b}$$

进行静态分析时,若 A 类载荷不存在,则这一关系式依旧适用(见式 6.92),但式(6.97a)遵循有限元分析中的主从位移关系。式(6.97a)对时间求二次导数,可得

$$\ddot{D}_A = T_{AB}\ddot{D}_B \tag{6.98}$$

为了将运动方程降阶,可构造变换算子

$$T_B = \begin{bmatrix} T_{AB} \\ I_B \end{bmatrix} \tag{6.99}$$

式中,I_B 为与 S_{BB} 的秩相等的单位阵。将式(6.97a)和预乘 T_B^T 的式(6.98)代入方程(6.96),可得

$$M_{BB}^* \ddot{D}_B + S_{BB}^* D_B = A_B^* \tag{6.100}$$

方程(6.100)中的 S_{BB}^* 和 A_B^*,与式(6.94)、(6.95)定义的矩阵一致。但这时的质量约化矩阵

$$M_{BB}^* = T_B^T M\,T_B = M_{BB} + T_{AB}^T M_{AB} + M_{BA}T_{AB} + T_{AB}^T M_{AA}T_{AB} \tag{6.101}$$

如前所述,方程(6.100)中所有的约化矩阵仅为原矩阵的近似。如果运动方程考虑阻尼的影响,可同理推导得到一个阻尼约化矩阵 C_{BB}^*,其形式与式(6.101)表示的 M_{BB}^* 类似。

利用 Guyan 的矩阵降阶法分析框架结构,通常选择梁节点、平面网架、框格和空间框架位置的角位移作为相互依存的位移集合。但该方法对于各种离散化的连续体更具通用性。即该结构中的任意位移集合可被视为 A 类位移,而其他位移被视为 B 类位移。该矩阵约化法这时虽具有通用性,但由于其主从位移的特征并不明显,因此给位移归类带来了一定难度。而且即便是框架结构,也会出现节点旋转比平动更重要的情况,因此不能忽略节点的旋转位移。

例 1. 将图 6.10a 中的固支梁分解为三个弯曲单元,每个单元具有相同特性,即各单元的 E、I、ρ 和 A 取值相等。利用 Guyan 的矩阵约化法,可消去节点 2 和 3 处的角位移,只保留平动位移。降阶后的振动分析结果可和未降阶的精确分析结果进行对比。

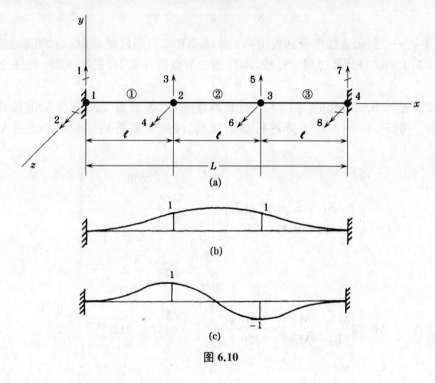

图 6.10

本示例中的组合系统刚度矩阵(不考虑约束)为

$$\mathbf{S_s} = \frac{2EI}{l^3} \begin{bmatrix} 6 & & & & & & & \\ 3l & 2l^2 & & & & & \text{Sym.} & \\ -6 & -3l & 12 & & & & & \\ 3l & l^2 & 0 & 4l^2 & & & & \\ 0 & 0 & -6 & -3l & 12 & & & \\ 0 & 0 & 3l & l^2 & 0 & 4l^2 & & \\ 0 & 0 & 0 & 0 & -6 & -3l & 6 & \\ 0 & 0 & 0 & 0 & 3l & l^2 & -3l & 2l^2 \end{bmatrix} \begin{matrix} 1 \\ 2 \\ 3 \\ 4 \\ 5 \\ 6 \\ 7 \\ 8 \end{matrix} \qquad \text{(a)}$$

$$\phantom{\mathbf{S_s} =}\quad 1 \qquad 2 \qquad 3 \qquad 4 \qquad 5 \qquad 6 \qquad 7 \qquad 8$$

同理可得组合系统质量矩阵表示的平动惯性为

$$
\mathbf{M_s} = \frac{\rho A l}{420}
\begin{bmatrix}
156 & & & & & & & \\
22l & 4l^2 & & & & & \text{Sym.} & \\
54 & 13l & 312 & & & & & \\
-13l & -3l^2 & 0 & 8l^2 & & & & \\
0 & 0 & 54 & 13l & 312 & & & \\
0 & 0 & -13l & -3l^2 & 0 & 8l^2 & & \\
0 & 0 & 0 & 0 & 54 & 13l & 156 & \\
0 & 0 & 0 & 0 & -13l & -3l^2 & -22l & 4l^2
\end{bmatrix}
\begin{matrix}
1\\2\\3\\4\\5\\6\\7\\8
\end{matrix}
\qquad\text{(b)}
$$

式(a)、(b)中的三个封闭虚线框分别表示单元体 1、2 和 3 对矩阵的贡献。封闭虚线框内的数值根据式(6.59)、(6.61)计算得到。此外,本问题的节点位移索引(见图 6.10a)列在矩阵的右侧和下方。

第一步将矩阵 $\mathbf{S}$ 和 $\mathbf{M_s}$ 的 1、2、7、8 行和列移除,因为节点 1、2、7、8 处的位移已经被支承约束住。剩下的 4×4 阶方阵进行重新排列,按照下式将旋转位移项放在平动位移项之前:

$$
\mathbf{S} = \begin{bmatrix} \mathbf{S_{AA}} & \mathbf{S_{AB}} \\ \mathbf{S_{BA}} & \mathbf{S_{BB}} \end{bmatrix} = \frac{2EI}{l^3}
\begin{bmatrix}
4l^2 & & & \\
l^2 & 4l^2 & \text{Sym.} & \\
0 & 3l & 12 & \\
-3l & 0 & -6 & 12
\end{bmatrix}
\begin{matrix}
4\\6\\3\\5
\end{matrix}
\qquad\text{(c)}
$$

$$
\mathbf{M} = \begin{bmatrix} \mathbf{M_{AA}} & \mathbf{M_{AB}} \\ \mathbf{M_{BA}} & \mathbf{M_{BB}} \end{bmatrix} = \frac{\rho A l}{420}
\begin{bmatrix}
8l^2 & & & \\
-3l^2 & 8l^2 & \text{Sym.} & \\
0 & -13l & 312 & \\
13l & 0 & 54 & 312
\end{bmatrix}
\begin{matrix}
4\\6\\3\\5
\end{matrix}
\qquad\text{(d)}
$$

根据式(c)可得 $\mathbf{S_{AA}}$ 的逆矩阵为

$$
\mathbf{S_{AA}^{-1}} = \frac{l}{30EI} \begin{bmatrix} 4 & -1 \\ -1 & 4 \end{bmatrix}
\qquad\text{(e)}
$$

将逆矩阵和式(c)表示的 $\mathbf{S}$ 中的其他子矩阵代入式(6.94),可得

$$
\mathbf{S_{BB}^*} = \frac{12EI}{l^3} \begin{bmatrix} 2 & -1 \\ -1 & 2 \end{bmatrix} - \frac{6EI}{5l^3} \begin{bmatrix} 4 & 1 \\ 1 & 4 \end{bmatrix} = \frac{6EI}{5l^3} \begin{bmatrix} 16 & -11 \\ -11 & 16 \end{bmatrix} \begin{matrix} 3\\5 \end{matrix}
\qquad\text{(f)}
$$

该矩阵即为刚度约化矩阵。

为了约化质量矩阵,根据式(6.97b)计算 $\mathbf{T_{AB}}$ 并将其代入式(6.99),从而构造变换矩阵 $\mathbf{T_B}$,因此有

$$\mathbf{T_{AB}} = \mathbf{S_{AB}^{-1}} \mathbf{S_{AB}} = \frac{1}{5l} \begin{bmatrix} 1 & 4 \\ -4 & -1 \end{bmatrix} \tag{g}$$

且有

$$\mathbf{T_B} = \begin{bmatrix} \mathbf{T_{AB}} \\ \mathbf{I_B} \end{bmatrix} = \frac{1}{5l} \begin{bmatrix} 1 & 4 \\ -4 & -1 \\ \hdashline 5l & 0 \\ 0 & 5l \end{bmatrix} \tag{h}$$

这种情况下矩阵 $\mathbf{T_B}$ 的下分块子矩阵 $\mathbf{I_B}$ 为 2 阶方阵,保留了节点 3 和 5 位置处的两个平动位移。将式(d)表示的矩阵 $\mathbf{M}$ 和式(h)表示的矩阵 $\mathbf{T_B}$ 代入式(6.101),可得

$$\mathbf{M_{BB}^*} = \frac{\rho A l}{2\,100} \begin{bmatrix} 1\,696 & 319 \\ 319 & 1\,696 \end{bmatrix} \begin{matrix} 3 \\ 5 \end{matrix} \tag{i}$$
$$\begin{matrix} \quad\quad 3 & \quad 5 \end{matrix}$$

该矩阵即为质量约化矩阵。

利用矩阵 $\mathbf{S_{BB}^*}$ 和 $\mathbf{M_{BB}^*}$ 中的元素,可构造形如式(4.17)所示特征值问题。利用特征值方法求解得到的振动角频率为

$$\omega_{1,2} = 22.51,\ 63.26 \frac{1}{L^2} \sqrt{\frac{EI}{\rho A}} \tag{j}$$

式中,$L = 3l$。这两个角频率的近似误差分别为 $+0.63\%$ 和 $+2.6\%$,且为实际角频率的取值上限(见 5.11 节)。对应角频率的模态振型为

$$\mathbf{\Phi} = \begin{bmatrix} \mathbf{\Phi}_1 & \mathbf{\Phi}_2 \end{bmatrix} = \begin{bmatrix} 1 & 1 \\ 1 & -1 \end{bmatrix} \tag{k}$$

图 6.10b、c 所示即为式(k)中的阵型。

不同端点条件下的等截面梁固有频率计算系数 μ_i 可查表 6.1。该表将每种情况下的梁建模为四个弯曲单元,并将一致质量法(考虑和不考虑角位移)求解的结果与集中质量法(不考虑角位移)求解的结果进行比较。对等截面梁的分析结果表明,一致质量模型的求解精度远远高于集中质量法的求解精度。

表 6.1 含四个有限单元体的等截面梁的固有频率计算系数 μ_i

支承条件		模态	精确解[a]	CM-TR	误差/%	CM-TO	误差/%	LM-TO	误差/%
简支梁		1	9.870	9.872	+0.020	9.873	+0.030	9.867	−0.030
		2	39.48	39.63	+0.38	39.76	+0.71	39.19	−0.73
		3	88.23	90.45	+2.5	94.03	+6.6	83.21	−5.7
自由梁		1	22.37	22.41	+0.18	22.46	+0.40	18.91	−15
		2	61.67	62.06	+0.63	63.12	+2.4	48.00	−22
		3	120.9	121.9	+0.83	122.4	+1.2	86.84	−28

(续表)

支承条件	模态	精确解[a]	CM-TR	误差/%	CM-TO	误差/%	LM-TO	误差/%
固支梁	1	22.37	22.40	+0.13	22.41	+0.18	22.30	−0.31
	2	61.67	62.24	+0.92	62.77	+1.8	59.25	−3.9
	3	120.9	123.5	+2.2	124.8	+3.2	97.40	−19
悬臂梁	1	3.516	3.516	+0.00	3.516	+0.00	3.418	−2.8
	2	22.03	22.06	+0.14	22.09	+0.27	20.09	−8.8
	3	61.70	62.18	+0.83	62.97	+2.1	53.20	−14
加撑梁	1	15.42	15.43	+0.065	15.43	+0.065	15.40	−0.13
	2	49.97	50.28	+0.62	50.56	+1.2	49.05	−1.8
	3	104.2	106.6	+2.3	110.5	+6.0	91.53	−12

注:① $\omega_i = \dfrac{\mu_i}{L^2}\sqrt{\dfrac{EI}{\rho A}}$;CM:一致性质量,LM:集中质量;TR:平动和转动,TO:平动。

② [a] 见 5.10 节和 5.11 节。

习题 6.5

6.5-1. 如图所示的两单元梁,其参数 E、I、A 和 ρ 沿梁的长度方向保持不变。试将刚度矩阵 $\mathbf{S}_s$ 和一致质量矩阵 $\mathbf{M}_s$(只包含平动惯性项)写成重新排列的分块矩阵形式。

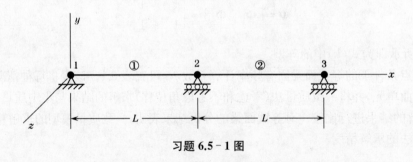

习题 6.5-1 图

6.5-2. 与习题 6.5-1 同问,对象变为本习题图中的两单元梁。

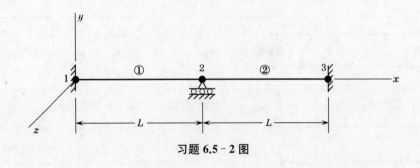

习题 6.5-2 图

6.5 - 3. 与习题 6.5 - 1 同问,对象变为本习题图中的两单元梁。

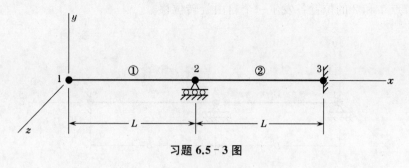

习题 6.5 - 3 图

6.5 - 4. 与习题 6.5 - 1 同问,对象变为本习题图中的两单元梁。

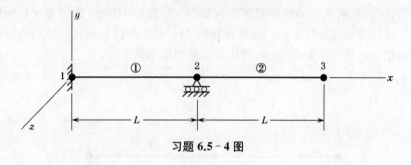

习题 6.5 - 4 图

6.5 - 5. 如图所示的等截面梁由两个等截面弯曲单元体构成,其中节点 2 有两个自由度。单元体 1 的惯性矩和截面面积分别为 I 和 A,单元体 2 的惯性矩和截面面积分别为 $2I$ 和 $2A$。试根据平动一致矩阵项求解梁自由振动的角频率和模态振型。

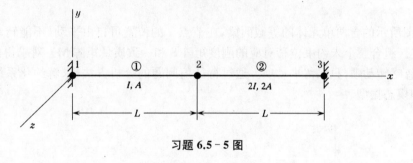

习题 6.5 - 5 图

6.5 - 6. 与习题 6.5 - 5 同问。本习题的梁换成如图所示的连续梁,并有沿长度方向不变的 I 和 A,且在节点 2 和 3 的位置各有一个旋转自由度。

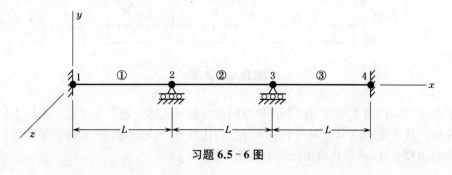

习题 6.5 - 6 图

6.5 – 7. 与习题 6.5 – 5 同问。本习题的梁换成如图所示的连续梁,并有沿长度方向不变的 I 和 A,且在节点 1 和 2 的位置各发生一个自由旋转位移。

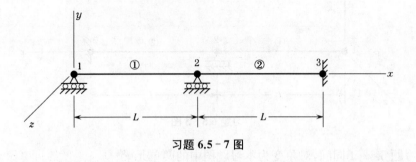

习题 6.5 – 7 图

6.5 – 8. 如图所示的含两单元体的等截面梁在节点 3 处固定,节点 1 的位置可自由旋转。构造三个未约束位移处的刚度矩阵 **S** 和一致质量矩阵 **M**。对矩阵进行约化,忽略转动项,只保留平动项。对于约化后的单自由度系统,求解其自由振动的角频率。

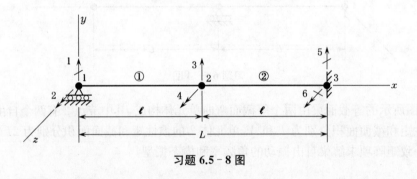

习题 6.5 – 8 图

6.5 – 9. 如图所示的含两单元体的等截面梁,在节点 1 的位置可自由平动(不能转动),并在节点 3 处固定。组合三个未约束位移对应的刚度矩阵 **S** 和一致质量矩阵 **M**。对求得的两个矩阵进行约化,忽略转动项,只保留平动。通过特征值问题的分析方法,求解约化系统的自由振动角频率和模态振型。

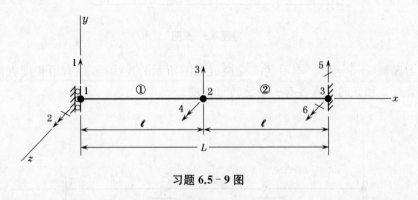

习题 6.5 – 9 图

6.5 – 10. 如图所示的简支梁分为两个特性相同的弯曲单元体。建立关于四个未约束位移的刚度矩阵 **S** 和一致质量矩阵 **M**。对两个矩阵进行约化处理,忽略转动项,只保留平动项。对于约化后的单自由度系统,求解其自由振动的角频率。

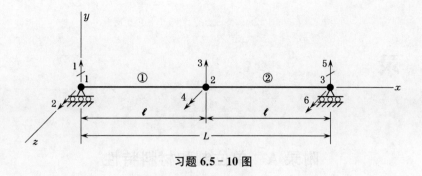

习题 6.5 - 10 图

6.5 - 11. 如图所示,含两个单元体的等截面梁在各节点处完全不受约束。试构造关于六个未约束位移的刚度矩阵 **S** 和一致质量矩阵 **M**,并求解剩余三个平动自由度的自由振动角频率和模态振型。

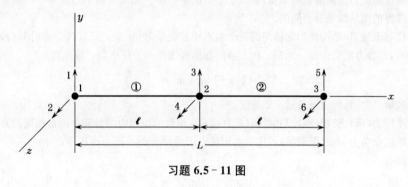

习题 6.5 - 11 图

参考文献

[1] WEAVER W, Jr., JOHNSTON P R. Finite elements for structural analysis[M]. Englewood Cliffs, NJ: Prentice-Hall, 1984.

[2] ZIENKIEWICZ O C, TAYLOR R L. The finite element method[M]. 4th ed. London: McGraw-Hill, 1989.

[3] COOK R D. Concepts and applications of finite element analysis[M]. 2nd ed. New York: Wiley, 1981.

[4] WEAVER W, Jr., JOHNSTON P R. Structural dynamics by finite elements[M]. Englewood Cliffs, NJ: Prentice-Hall, 1987.

[5] TIMOSHENKO S P, GOODIER J N. Theory of elasticity[M]. 3rd ed. New York: McGraw-Hill, 1970.

[6] WEAVER W, Jr., GERE J M. Matrix analysis of framed structures[M]. 3rd ed. New York: Van Nostrand-Reinhold, 1991.

[7] ODEN J T. Mechanics of elastic structures[M]. New York: McGraw-Hill, 1967.

[8] ARCHER J S. Consistent matrix formulations for structural analysis using finite-element techniques[J]. AIAA J., 1965, 3(10): 1910 - 1918.

[9] CLOUGH R W. Analysis of structural vibrations and dynamic response[M]. Rec. Adv. Mat. Meth. Struc. Anal. Des., Huntsville, AL: University of Alabama Press, 1971.

[10] GERE J M, WEAVER W, Jr.. Matrix algebra for engineers[M]. 2nd ed. Belmont, CA: Wadsworth, 1983.

[11] GUYAN R J. Reduction of stiffness and mass matrices[J]. AIAA J., 1965, 3(2): 380.

附　录

附录 A　单位制和材料特性

A.1　单位制度

最常用的两类单位制是国际单位制和美国单位制。前者是绝对单位制,因为基本质量的大小与测量地点无关。而美国单位制把力作为度量基本量,是基于重力的单位制。该单位制下力的单位根据重量确定,而重量在地球不同位置的测量结果是不同的。

在国际单位制系统里,结构动力学使用的三个基本单位是质量(千克)、长度(米)和时间(秒)。根据质量推导出力(牛顿),并将力定义为以一米每二次方秒的加速度加速一公斤质量。因此有

$$1\,\mathrm{N} = 1\,\mathrm{kg \cdot m/s^2} \tag{a}$$

上式来源于牛顿第二定律,即力＝质量×加速度。

美制系统使用力(磅)、长度(英尺)和时间(秒)(提示:两种单位制中的时间单位是相同的)。根据力推导出质量后将其单位命名为 slug(斯勒格)。这一物理量表示质量受到一磅力作用后产生的一英尺每二次方秒的加速度。因此有

$$1\,\mathrm{slug} = 1\,\mathrm{lb\text{-}s^2/ft} \tag{b}$$

上式的定义式为质量＝力/加速度。

表 A.1 给出了美国单位制到国际单位制的换算系数。换算系数中有四位有效数字,这通常超过要转换数字的精度。注意到应力的国际单位为帕斯卡,即

$$1\,\mathrm{Pa} = 1\,\mathrm{N/m^2} \tag{c}$$

表 A.1　美制单位到国际单位的转换

物 理 量	美国单位制	×换算系数	＝ 国际单位制
长 度	英寸(in.)	2.540×10^{-2}	米(m)
力	磅(lb)	4.448	牛顿(N)
力 矩	磅-英寸(lb-in.)	1.130×10^{-1}	牛顿·米(N·m)
应 力	磅/英寸^2(lb/in.^{2}或 psi)	6.895×10^3	帕斯卡(Pa)
质 量	磅-秒^2/英寸(lb-s^2/in.)	1.751×10^2	千克(kg)

在求解结构力学中的数值问题时,必须保持单位的一致性。这就意味着所有的结构和载荷参数都要使用同一种单位制。单位一致性的示例可见表 A.2 中的力、长度和时间。例如在表中的国际单位(1)里,力 P 的单位是牛顿(N),长度 L 的单位是毫米(mm),弹性模量 E 的单位是牛顿每平方毫米(N/mm^2),加速度 $\ddot{u}$ 的单位是毫米每二次方秒(mm/s^2),等。

若利用数字计算机程序求解振动问题,则保证输入数据的单位一致至关重要。否则,输入数据的单位便在程序逻辑内部进行转换,进而限制了程序的可用性。例如在使用美国单位制时,若长度 L 的单位为英尺,弹性模量 E 的单位为磅每平方英寸,则编程时需要把 L 的单位转换成英寸,或将 E 的单位转换成磅每平方英尺。

表 A.2　单位制的一致性

单 位 制		力	长 度	时 间
国际单位	(1)	牛 顿	毫 米	秒
	(2)	千 牛	米	秒
	(3)	兆 牛	千 米	秒
美制单位	(1)	磅	英 寸	秒
	(2)	千 磅	英 尺	秒
	(3)	兆 磅	码	秒

本书中所有的例题和习题均使用表 A.2 中的国际单位(2)或美制单位(1)。因此,使用国际单位时,力 P 的单位是千牛(kN),长度 L 的单位是米(m),弹性模量 E 的单位是千兆牛每平方米(GN/m² 或 GPa),加速度 $\ddot{u}$ 的单位是米每二次方秒(m/s²),等[提示:力以千牛为单位时,式(a)中的质量以兆克为单位]。另一方面,若使用美制单位,力 P 的单位是磅(lb),长度 L 的单位是英寸(in.),弹性模量 E 的单位是磅/英寸² (lb/in.² 或 psi),加速度 $\ddot{u}$ 的单位是英寸每二次方秒(in./s²),等等。

本书中,进行重力与质量换算的重力加速度常数 g 取值为

$$g = 386 \text{ in./s}^2 \quad (美制单位)$$

或

$$g = 9.80 \text{ m/s}^2 \quad (国际单位)$$

尽管这个常数随地球上的位置而变化,但保留三位有效数字能够满足工程应用的精度要求。

A.2　材料特性

为了分析不同材料的实体和结构,需要了解材料的特定属性。分析振动问题时的关键材料特性包括弹性模量 E、泊松比 ν、质量密度 ρ。表 A.3 列出了一些常用材料的特性参数。剪切模量 G 未在表中列出,因为它可由 E 和 ν 表示成 $G = E/2(1+\nu)$。

表 A.3　材 料 特 性

材　料	弹性模量 E		泊松比 ν	质量密度 ρ	
	lb/in.²	GPa		lb-s²/in.⁴	Mg/m³
铝	1.0×10^7	69	0.33	2.45×10^{-4}	2.62
铜	1.5×10^7	103	0.34	8.10×10^{-4}	8.66
混凝土	3.6×10^6	25	0.15	2.25×10^{-4}	2.40
钢	3.0×10^7	207	0.30	7.35×10^{-4}	7.85
钛	1.7×10^7	117	0.33	4.20×10^{-4}	4.49

注:表中数据摘自"*Mechanics of Materials*, 3rd edn., J. M. Gere and S. P. Timoshenko, PWS-Kent, Boston, MA, 1990."。

附录 B 计算机程序

B.1 引言

本书中某些问题的求解可利用数字计算机提高求解效率。这些问题本质上属于数值计算问题,需要大量的算术运算。因此,我们编写了许多实用的计算机程序,并在附录 C 中给出了程序流程图,同时也提供了程序所需输入数据的说明。

为了方便理解流程图的逻辑关系,读者要熟悉诸如 FORTRAN、BASIC、ALGOL 的一些算法编程语言。具备相关程序语言基础的人也会发现,附录 C 中的流程图是针对 FORTRAN 语言绘制的。但如果需要,仍可根据流程图用其他任何语言编码。

表 B.1 列出了程序中使用的各类算符。其中乘法运算与幂运算的符号分别用单星号和双星号表示。此外,赋值算符和 FORTRAN 语言中相同,用等号表示。

表 B.1 程序中使用的算符

算　符	符　号	赋值运算	=
算术运算		逻辑运算	
加　法	+	小　于	<
减　法	−	小于等于	≤
乘　法	*	等　于	=
除　法	/	大于等于	≥
幂运算	* *	大　于	>
		不等于	≠

表 B.2 程序中的语句符号

语句类型	流程图符号	语句类型	流程图符号
(a) 输入	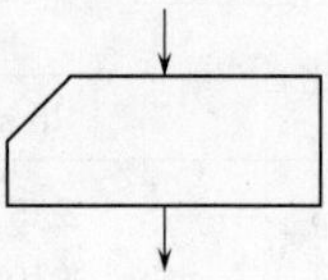	(e) 条件控制	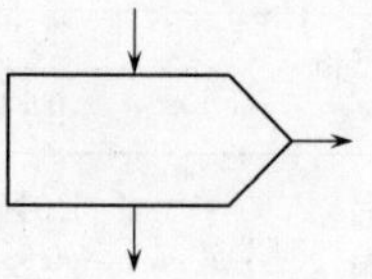
(b) 输出	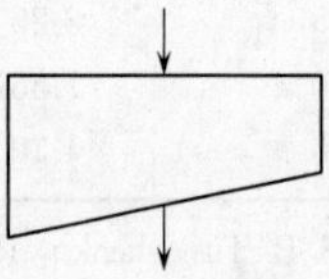	(f) 继续	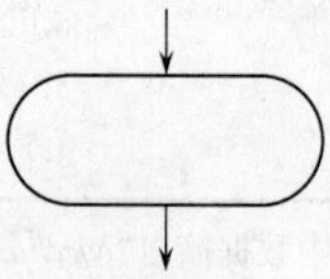
(c) 任务	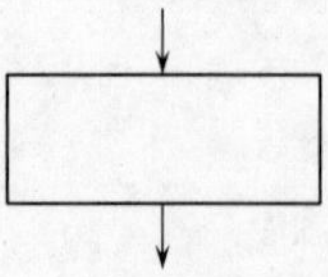	(g) 迭代控制	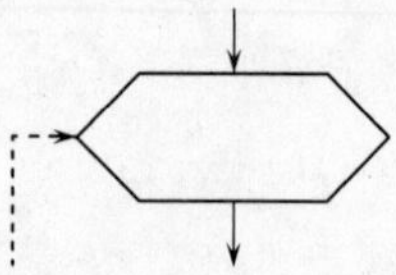
(d) 无条件控制	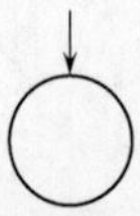		

计算程序由声明和语句构成。图 B.2 列出了流程图中表示语句类型的符号。声明用来定义变量类型、数组大小、输出格式等内容。由于不影响程序逻辑,它们不出现在流程图当中。但可执行语句却在流程图中得

以体现,且语句的先后次序决定了该程序求解特定问题的步骤。在 FORTRAN 语言中,无条件控制语句为
GO TO,条件控制语句为 IF,迭代控制语句为 DO。

程序符号与数据、流程图的描述一起定义。在本部分最后一节 B.6 中列出了所有程序符号。

B.2　线性单自由度系统的逐步计算法

在 1.15 节中讨论了单自由度线性系统相关问题的求解步骤。当系统受到分段线性扰动函数作用时,其
有阻尼振动响应的计算可参见式(1.79)和(1.80)。由于时间步长始终保持一致,方程中的系数 u_j、$\dot{u}_j$、Q_j 和
ΔQ_j 变为常数且只须计算一次。因此,t_{j+1} 时刻的位移和速度可分成八个部分,写成如下形式:

$$D_{j+1} = C_1 D_j + C_2 V_j + (C_3 A_j + C_4 \Delta A_j)/m \tag{B.1}$$

$$V_{j+1} = C_5 D_j + C_6 V_j + (C_7 A_j + C_8 \Delta A_j)/m \tag{B.2}$$

以上表达式中,D 为位移;V 为速度;A 为实际或等效作用载荷;ΔA 为载荷增量。式(B.1)和(B.2)中常系数
$C_1 \sim C_8$ 的定义式为

$$\left. \begin{aligned} & C_1 = e^{-n\Delta t}\left(\cos \omega_d \Delta t + \frac{n}{\omega_d}\sin \omega_d \Delta t\right) \\ & C_2 = \frac{1}{\omega_d}e^{-n\Delta t}\sin \omega_d \Delta t,\ C_3 = \frac{1}{\omega^2}(1 - C_1) \\ & C_4 = \frac{1}{\omega^2 \Delta t}(\Delta t - C_2 - 2nC_3),\ C_5 = -\omega^2 C_2 \\ & C_6 = C_1 - 2nC_2,\ C_7 = C_2,\ C_8 = \frac{1}{\Delta t}C_3 \end{aligned} \right\} \tag{B.3}$$

程序 LINFORCE 就是利用式(B.1)、(B.2)和(B.3)来计算线性系统对分段平稳扰动函数的振动响应的。

表 B.3 是关于程序 LINFORCE 数据准备的说明。表的第二行列出的系统参数包括系统刚度 SK、系统质
量 SM,阻尼比 DAMPR 和载荷系统数量 NLS。动载荷数据方面,时间相关参数包括时间步长的数目 NTS 和
均匀时间步长的持续时间 DT。除此之外,还定义了 $t = 0$ 时刻的初始位移 D0 和初始速度 V0。表中的载荷
参数定义如下:

IAA＝外载荷指标(1 或 0);

IGA＝地面加速度指标(1 或 0);

AAF＝外载荷系数;

GAF＝地面加速度系数。

可令 IAA 和 IGA 中的一个取值为 1(表示对应现象存在),但不能两者都取 1。外载荷系数 AAF 和地面
加速度系数 GAF 表征了对应物理量的量纲,乘以无量纲力函数后即为实际扰动函数。

表 B.3　单自由度线性系统的数据准备说明

参 数 类 型	行　号	数据准备行项目
系统数据(参数):		
(a) 问题识别	1	问题描述
(b) 系统参数	1	SK, SM, DAMPR, NLS
动载荷数据(参数):		
(a) 时间参数	1	NTS, DT
(b) 初始条件	1	D0, V0
(c) 载荷参数	1	IAA, IGA, AAF, GAF
(d) 扰动函数		
(1) 函数参数	1	NFO
(2) 函数坐标	NFO	K, T(K), FO(K)

表 B.3 的最后一列列出分段线性扰动函数的准备数据。第(d)-(1)行定义了函数坐标个数 NFO。紧接着的 NFO 所在行给出了下标 K、函数坐标出现的时间 T(K)，该时刻函数坐标的取值 FO(K)。为简单起见，我们将时间 T(K) 限制为偶数个时间步长 DT。如果扰动函数的取值在 T(K) $\neq$ 0 时刻突然变化，则需要有两行数据同时定义 FO(K) 的间断点。值得注意的是，当且仅当函数坐标在程序内部乘以 AAF 或 $-$SM $*$ GAF 时，函数坐标才有量纲，进而才能产生实际或等效作用载荷。

附录 C 中流程图 C.1 描绘了程序 LINFORCE 中可执行语句的基本框架。流程图右侧对程序进行运算或使用的公式做了说明。若将 1.15 节例 1 和例 2 中的数据输入程序，即可求得表 1.1 和表 1.2 中列出的响应计算结果。

B.3 非线性单自由度系统的数值解

在 2.6 节中讨论了单自由度系统非线性运动方程的求解方法，其中详细讨论的两类方法为平均加速度法和线性加速度法。不考虑每个步长的持续时间，由于第一种方法满足无条件平稳，所以我们认为该方法性能更优。

在计算机程序 AVAC1 中实现平均加速度法，是将式(2.61)~(2.63)置于一个循环内部，而式(2.64)和(2.65)在循环前已经完成计算。式(2.66)~(2.68)用于触发每一步骤，式(2.69)则用于检查每个循环的计算精度。

对线性系统而言，只须在表 B.3 数据准备中的"系统数据"下方添加：

(c) 求解过程参数 NIT，EPS

其中，NIT＝允许的最大迭代次数，EPS＝位移计算精度的误差范围。

附录 C C.2 中的部分流程图给出了 AVAC1 计算单自由度线性系统在受到分段线性扰动函数作用后的振动响应求解步骤。这部分流程图可替换 LINFORCE(流程图 C.1)第 4 部分的功能。利用 AVAC1 求解 2.6 节例 1 的结果可参见表 2.1 的第一部分。

要使 AVAC1 能够求解非线性问题，只须修改系统参数和计算加速度的方程。例如求解 2.6 节例 2 中摆的振动时，系统参数为 GOL 和 NLS，其中 GOL $= g/l$。此外，在程序 AVAC2A 中，每个时刻的加速度按照下式计算：

$$DDD(J+1) = -GOL * SIN(D(J+1))$$

表 2.2 的第一部分给出了 AVAC2A 按照例 2 给定参数进行计算的结果。习题 2.1 中的系统具有几何非线性，程序 AVAC2A 可根据这类系统的分析目的修改成 AVAC2B、2C 等改版。

求解 2.6 节例 3 中的三阶硬化弹簧，仅须将表 B.3 中的系统参数乘以标量 S。因此，程序 AVAC3A 计算每一时刻的加速度公式变为

$$-SK * S * D(J+1) * * 3$$

用例 3 的已知条件作为输入运行程序 AVAC3A，得到的输出结果列在表 2.3 的第一部分当中。习题 2.2 中的系统具有载荷-位移曲线的非线性，程序 AVAC2A 可根据这类系统的分析目的修改成 AVAC3B、3C 等改版。

另一些按照特定目的编写的程序 AVAC4A、4B 等，可用于求解像习题 2.5 一样具有分段线性特性系统的振动问题。任何基于平均加速度法的求解程序，如果将式(2.62)、(2.65)替换为式(2.76)、(2.77)，即可在程序内实现基于线性加速度法的求解。因此，AVAC1、2A、3A 等程序到 LINAC1、2A、3A 等程序的转换仅涉及程序内少数几行代码的修改。这些程序的计算结果在表 2.1、2.2 和 2.3 的第二部分中给出。此外，还可利用迭代法编程实现直接线性插值法。但该程序的相关内容不在本附录中叙述。

B.4 特征值和特征向量的迭代计算

在 4.7 节介绍了计算多自由度线性系统固有频率和模态振型的迭代方法。求解主特征值和主特征向量的递归公式为式(4.100)、(4.101)和(4.102)。把振动系统作为特征值问题求解时的相应公式参见式(4.103)、(4.104)和(4.105)。此外，模态约束以及消除一和二阶模态清除矩阵的相应公式可查式(4.106)~(4.109)。由于三阶及以上主子式难以显式计算，因此为了清除高阶模态，需要将生成清除矩阵的步骤程序化。再者，与 4.7 节中的假设一样，质量矩阵不一定要是对角阵。

重新考虑 4.7 节中的式(s)，将其展开后可写成

$$b_{11}u_1 + b_{12}u_2 + b_{13}u_3 + \cdots + b_{1n}u_n = 0 \qquad (a)$$

其中

$$b_{1j} = \mathbf{\Phi}_{M1}^{T}\mathbf{M}_j \quad (j = 1, 2, 3, \cdots, n) \qquad (b)$$

符号 $\mathbf{M}_j$ 表示矩阵 $\mathbf{M}$ 的第 j 列。用矩阵形式表示位移向量 $\mathbf{D}$ 与 $\mathbf{D}'$ 的关系，得到

$$\begin{bmatrix} b_{11} & b_{12} & b_{13} & \cdots & b_{1n} \\ 0 & 1 & 0 & \cdots & 0 \\ 0 & 0 & 1 & \cdots & 0 \\ \vdots & \vdots & \vdots & & \vdots \\ 0 & 0 & 0 & \cdots & 1 \end{bmatrix} \begin{bmatrix} u_1 \\ u_2 \\ u_3 \\ \vdots \\ u_n \end{bmatrix} = \begin{bmatrix} 0 & 0 & 0 & \cdots & 0 \\ 0 & 1 & 0 & \cdots & 0 \\ 0 & 0 & 1 & \cdots & 0 \\ \vdots & \vdots & \vdots & & \vdots \\ 0 & 0 & 0 & \cdots & 1 \end{bmatrix} \begin{bmatrix} u'_1 \\ u'_2 \\ u'_3 \\ \vdots \\ u'_n \end{bmatrix} \qquad (c)$$

也可简写成

$$\mathbf{B}_1\mathbf{D} = \mathbf{I}_{01}\mathbf{D}' \qquad (d)$$

这里矩阵 $\mathbf{B}_1$ 为修正的单位矩阵，修正的常数 b_{ij} 位于矩阵第一行。$\mathbf{I}_{01}$ 为另一个修正的单位矩阵，其第一个对角元素为零。方程(d)的等号两边同时左乘 $\mathbf{B}_1^{-1}$ 可得

$$\mathbf{D} = \mathbf{T}_{S1}\mathbf{D}' \qquad (e)$$

这里

$$\mathbf{T}_{S1} = \mathbf{B}_1^{-1}\mathbf{I}_{01} \qquad (f)$$

从这一步开始，消除矩阵 $\mathbf{T}_{S1}$ 的使用按照前面 4.7 节所述进行。如果还须进行第二次矩阵降阶运算，则有矩阵

$$\mathbf{B}_2 = \begin{bmatrix} b_{11} & b_{12} & b_{13} & \cdots & b_{1n} \\ b_{21} & b_{22} & b_{23} & \cdots & b_{2n} \\ 0 & 0 & 1 & \cdots & 0 \\ \vdots & \vdots & \vdots & & \vdots \\ 0 & 0 & 0 & \cdots & 1 \end{bmatrix} \qquad (g)$$

其中

$$b_{2j} = \mathbf{\Phi}_{M2}^{T}\mathbf{M}_j \quad (j = 1, 2, 3, \cdots, n) \qquad (h)$$

这种情况下修正单位矩阵 $\mathbf{I}_{02}$ 的前两个对角元素均为零。假设要对 n_m 阶固有模态进行串联迭代，则可将消除矩阵的一般公式写成

$$\mathbf{T}_{Si} = \mathbf{B}_i^{-1}\mathbf{I}_{0i} \quad (j = 1, 2, 3, \cdots, n_m) \qquad (B.4)$$

这一表示法中矩阵 $\mathbf{B}_i$ 的第 i 行中包含的常数类似于式(b)和(h)中的常数。此外，矩阵 $\mathbf{I}_{0i}$ 的前 i 个对角元素为零。为了避免矩阵降阶带来的过大精度损失，式(B.4)中的 n_m 一般不超过 6。

程序 EIGIT 结合式(4.100)~(4.105)和(B.4)，利用迭代法求解多自由度线性系统的前 n_m 个特征值和特征向量。附录 C 中流程图 C.3 给出程序的逻辑与求解步骤，其中第一部分的功能为读取表 B.4 的系统数据。表中的系统参数定义如下：

ITM=系数矩阵类别标识符(0 表示刚度，1 表示柔度)；

N=自由度数；

NM=迭代法求解的模态数；

NIT=每阶模态允许的最大迭代次数；

EPS=特征向量元素的最大允许计算误差。

根据识别符 ITM 的取值，程序中的系数矩阵 C 既可表示刚度矩阵，也可表示柔度矩阵。

表 B.4　线性多自由度系统的数据准备

参 数 类 型	行　号	数据准备行项目
系统数据(参数)		
(a) 问题识别	1	问题描述
(b) 系统参数	1	ITM, N, NM, NIT, EPS
(c) 系统矩阵		
(1) 系数矩阵[a]	N	C(I, J)　　J=1, N
(2) 质量矩阵	N	SM(I, J)　　J=1, N
动载荷数据(参数)[b]		
(a) 时间参数	1	NTS, DT, DAMPR
(b) 初始条件		
(1) 位移	1	D0(J)　　J=1, N
(2) 速度	1	V0(J)　　J=1, N
(c) 载荷参数		
(1) 载荷参数	1	IAA, IGA, GAF
(2) 载荷作用系数	1	AAF(J)　　J=1, N
(d) 扰动函数		
(1) 函数参数	1	NFO
(2) 函数坐标	NFO	K, T(K), FO(K)

a. 系数矩阵可以是刚度矩阵或柔度矩阵。
b. 程序 EIGIT 中不需要这部分参数定义。

　　程序 EIGIT 在执行过程中须调用子程序 INVERT。该子程序利用 Gauss-Jordan 消除法求正定矩阵的逆矩阵(Gauss-Jordan 消除法的介绍参见第四章的文献[1])。选择 Gauss-Jordan 消除法,是因为该方法适用于附录 C 中流程图 C.4 第四部分对矩阵 **B** 的求逆运算,且子程序调用中的变量含义清晰。流程图 C.4 给出了子程序 INVERT 的逻辑步骤。

　　程序 EIGIT 对分析具有系数矩阵为正定矩阵的振动问题十分有效,而习题 4.7 中振动问题的系数矩阵均是正定的。同时,该程序还是下面要介绍的程序 NOMOLIN 的子程序。

B.5　线性多自由度系统的逐步计算法

　　4.11 节给出了利用正则模态法求解多自由度线性系统在分段线性扰动函数作用下的有阻尼瞬态响应的计算公式。为了利用式(4.158)～(4.161)求解多自由度线性系统的前 n_m 阶振动模态,我们编写了程序 NOMOLIN。该程序结合了 LINFORCE 和 EIGIT 的程序逻辑,以及正则模态法求解动力学问题中用到的坐标变换概念。

　　NOMOLIN 的主程序调用了六个子程序(或子例程),如附录 C 流程图 C.5 中的双线框所示。前一节中特征值和特征向量的迭代求解用的是程序 EIGIT,而 NOMOLIN 的第一个子程序 EIGITN 是 EIGIT 的修正版本,用于执行流程图 C.3 中的操作。但在子程序的最后一个步骤中,特征向量要相对质量矩阵做归一化处理。只有完成这一操作,主程序才能读取载荷系统数量 NLS,初始化载荷数目 LN 为零,并在每个循环将 LN 加一。

　　下一步中,子程序 DYLOAD 执行表 B.4 中第二部分动载荷数据的读写任务。该子程序的输出包括载荷数目 LN 和载荷系统数量 NLS。表 B.4 的最后一部分区别于表 B.3 的是,表的第一行增加了各阶模态的阻尼比 DAMPR。另外,初始条件 D0 和 V0 不再是标量,而是有 N 个元素的向量。载荷作用系数 AAF 也是有 N 个元素的向量,但地面加速度系数 GAF 仍为标量。GAF 为标量的含义是系统中的所有自由位移均为与地面加速度方向相同的平动位移。我们还在子程序 DYLOAD 内构造了地面加速度引起的等效载荷向量。该向量是地面加速度系数 GAF,质量矩阵各行之和,以及无量纲扰动函数的负积[见式(4.86)]。与程序 LINFORCE 类似,我们可令 IAA 和 IGA 两者之一为 1(表示相应状态的发生),但它们不能同时等于 1。由于子程序 DYLOAD 与 LINFORCE 的第二和第三部分相似,因此不再给出该子程序的流程图。

NOMOLIN 主程序中的第三个双线框命名为 TRANOR。这一子程序的功能是将初始条件向量及实际或等效载荷转换至正则坐标系下进行表示,利用的公式为式(4.56)、(4.57)和(4.64)。该子程序的逻辑步骤参见附录 C 中流程图 C.6。

子程序 TIHIST 基于 4.11 节中的逐步迭代法计算正则化位移与速度的时间历程。与程序 LINFORCE 类似,TIHIST 的时间步长保持不变。因此,式(4.158)~(4.161)中 $u_{Ni,j}$、$\dot{u}_{Ni,j}$、$q_{Ni,j}$ 和 $\Delta q_{Ni,j}$ 的系数变为常数且只须计算一次。系统在 t_{j+1} 时刻的振动位移和速度可写成

$$D_{Ni,j+1} = C_1 D_{Ni,j} + C_2 V_{Ni,j} + C_3 A_{Ni,j} + C_4 \Delta A_{Ni,j} \tag{B.5}$$

$$V_{Ni,j+1} = C_5 D_{Ni,j} + C_6 V_{Ni,j} + C_7 A_{Ni,j} + C_8 \Delta A_{Ni,j} \tag{B.6}$$

将以上两表达式与式(B.1)和(B.2)进行比较,发现载荷项没有除以 m,这是因为正则坐标系下质量已经被归一化。常数 $C_1 \sim C_8$ 的定义由式(B.3)给出,只将各阶模态下的 n_i、ω_i 和 ω_{di} 替换了 n、ω 和 ω_d。此外,子程序 TIHIST 的流程图同样没有给出,因为其语句与程序 LINFORCE 第四部分的语句类似。

完成响应计算后,借助式(4.58),用子程序 TRABAC 完成正则化位移到物理坐标系下位移的转换。附录 C 中流程图 C.7 所示即为这一转换过程的逻辑步骤。

最后一个子程序为 RESULT,输出物理坐标系下的位移时间历程。与程序 LINFORCE 类似,子程序 RESULT 接着输出时间历程的最大值和最小值,并给出它们出现的时间。NOMOLIN 主程序的最后,检验载荷编号是否到达最大载荷系统数量,以确定程序是否循环进入另一载荷系统或振动问题。

正如 4.11 节所述,利用程序 NOMOLIN 计算生成表 4.3 中的结果,并将其绘制于图 4.5 中。该程序还可分析刚体模态[见 4.11 节的式(4.162)和(4.163)]和各类地面运动形式(见 4.6 节)。此外,该程序求解特征值问题时,还可用其他数值计算方法替换迭代求解方法。

B.6　程序名词表

符号名	符号含义
A(,)	动力学矩阵（$\mathbf{A} = \mathbf{F\,M}$）
AA( )	作用载荷
AAF( )	载荷作用系数
AJ	第 j 步的载荷
AN( )	正则坐标系中的载荷
B(,)	修正单位矩阵
C(,)	系数矩阵
C1, C2, …	常数
D( )	位移
D0( )	初始位移
DAMPR	阻尼比
DD( )	速度
DDD( )	加速度
DMAX	最大位移
DMIN	最小位移
DN	正则坐标系中的位移
DT	时间步长 Δt 的持续时间
EPS	精度校核的误差范围
EV( )	特征值
FO( )	函数坐标
GAF	地面加速度系数
I, J, K, L	索引
IAA	作用载荷指标

IGA	地面加速度指标
ITM	矩阵类型指标(0：刚度矩阵；1：柔度矩阵)
LN	载荷数量
N	自由度个数
NFO	函数坐标个数
NI( )	执行过的迭代次数
NIT	允许的最大迭代次数
NLS	载荷系统的数量
NM	模态个数
NTS	时间步长数目
OMEGA( )	角频率 ω
PHI(,)	特征向量 $\mathbf{\Phi}$(模态振型)
QJ, RJ	第 j 步的常数
RHO	质量密度 ρ
SC	系统阻尼系数
SK	系统刚度系数
SM	系统质量系数(或矩阵)
T( )	倍数
TIME	时间
TMAX	最大位移发生时刻
TMIN	最小位移发生时刻
TS(,)	消除矩阵
VØ( )	初始速度
VN( )	正则坐标系中的速度
W(,)	工作存储矩阵

附录 C 程序流程图

C.1 程序 LINFORCE

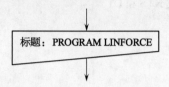

标题：PROGRAM LINFORCE

1. 系统数据

（a）问题识别

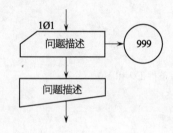

问题描述 → 999

问题描述　　　　　　　　　　　　　　读和写问题识别

（b）系统参数

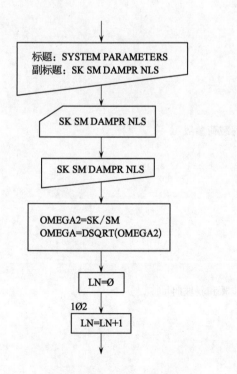

标题：SYSTEM PARAMETERS 副标题：SK SM DAMPR NLS	
SK SM DAMPR NLS	读和写系统参数
SK SM DAMPR NLS	
OMEGA2=SK / SM OMEGA=DSQRT(OMEGA2)	计算 w^2 和 w
LN=Ø	设置加载数量 LN＝0
LN=LN+1	加载数量按步长 1 增加

2. 动载荷数据

（a）时间参数

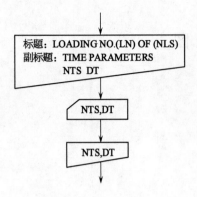

读和写时间参数 NTS 和 DT

(b) 初始条件

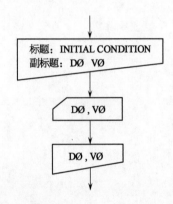

读和写初始条件 D0 和 V0

(c) 载荷参数

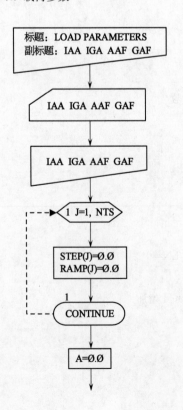

读和写载荷参数

清除步骤和斜坡向量

初始化 A

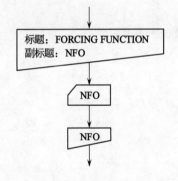

如果 IAA 和 IGA 均为 0,则转到 6 并且跳过载荷

默认情况下,令 A＝AAF

如果 IGA＝0,则转到 2

否则,令 A＝－SM ∗ GAF

(d) 激励函数

(1) 函数参数

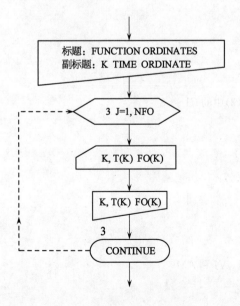

读和写函数坐标个数 NFO

(2) 函数坐标

读和写下标,时间和函数坐标

3. 计算每个时间增量的步长和斜率

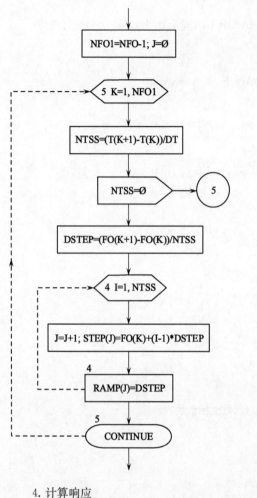

初始化 NFO1 和 J

计算一条直线段包含的时间步长的数量 NTSS

如果 NTSS＝0，则跳过步长和斜率的计算

确定坐标相对于时间的变化率

确定一条直线段的步长和斜率

4. 计算响应

（a）响应常数

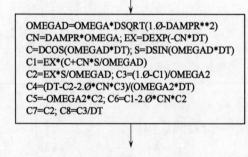

```
OMEGAD=OMEGA*DSQRT(1.Ø-DAMPR**2)
CN=DAMPR*OMEGA; EX=DEXP(-CN*DT)
C=DCOS(OMEGAD*DT); S=DSIN(OMEGAD*DT)
C1=EX*(C+CN*S/OMEGAD)
C2=EX*S/OMEGAD; C3=(1.Ø-C1)/OMEGA2
C4=(DT-C2-2.Ø*CN*C3)/(OMEGA2*DT)
C5=-OMEGA2*C2; C6=C1-2.Ø*CN*C2
C7=C2; C8=C3/DT
```

确定式（B.3）中的 C1～C8

（b）逐步响应计算

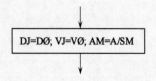

DJ=DØ; VJ=VØ; AM=A/SM

初始化 DJ，VJ 和 AM

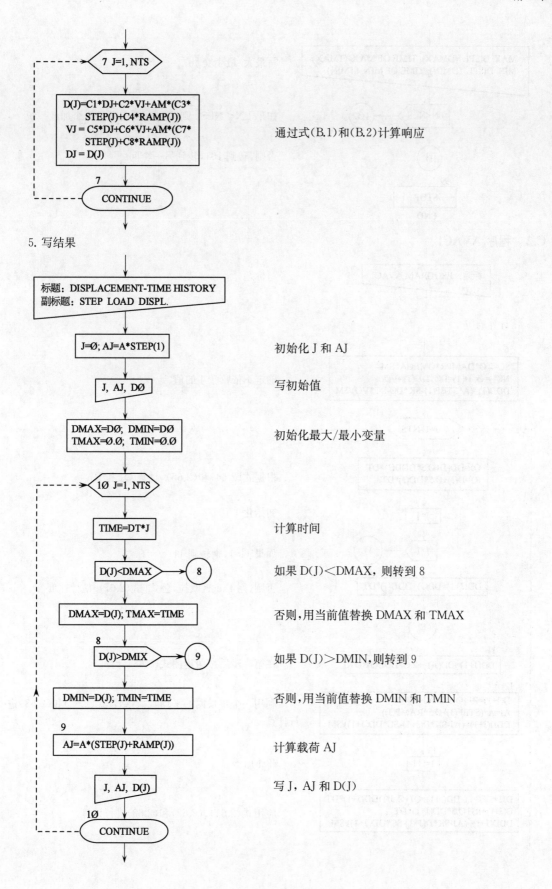

5. 写结果

通过式(B.1)和(B.2)计算响应

初始化 J 和 AJ

写初始值

初始化最大/最小变量

计算时间

如果 D(J)＜DMAX，则转到 8

否则，用当前值替换 DMAX 和 TMAX

如果 D(J)＞DMIN，则转到 9

否则，用当前值替换 DMIN 和 TMIN

计算载荷 AJ

写 J，AJ 和 D(J)

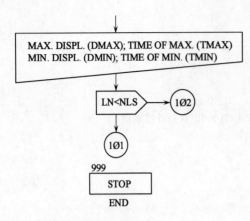

MAX. DISPL. (DMAX); TIME OF MAX. (TMAX)
MIN. DISPL. (DMIN); TIME OF MIN. (TMIN)　　　写最大/最小变量

LN<NLS　→　(1Ø2)　　　如果 LN<NLS，则转到 102，起动另一个加载系统

(1Ø1)　　　否则，转到 101，转到另一个问题

999
STOP
END

C.2　程序 AVAC1

标题：PROGRAM AVAC1　　　写标题

4. 计算响应

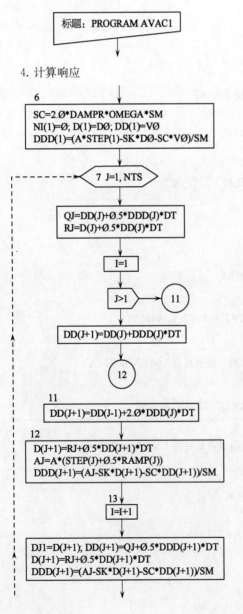

6
SC=2.Ø*DAMPR*OMEGA*SM
NI(1)=Ø; D(1)=DØ; DD(1)=VØ
DDD(1)=(A*STEP(1)-SK*DØ-SC*VØ)/SM　　　确定不依赖于 J 的值

7 J=1, NTS

QJ=DD(J)+Ø.5*DDD(J)*DT
RJ=D(J)+Ø.5*DD(J)*DT　　　根据式(2.64)和(2.65)，计算 QJ 和 RJ

I=1　　　初始化 I

J>1　→　(11)　　　如果 J>1，则转到 11

DD(J+1)=DD(J)+DDD(J)*DT　　　否则，用 Euler(欧拉)公式[式(2.67)]估计速度

(12)

11
DD(J+1)=DD(J-1)+2.Ø*DDD(J)*DT　　　在第一步后按照运用式(2.68)计算

12
D(J+1)=RJ+Ø.5*DD(J+1)*DT
AJ=A*(STEP(J)+Ø.5*RAMP(J))
DDD(J+1)=(AJ-SK*D(J+1)-SC*DD(J+1))/SM　　　利用一个步长内的平均载荷，结合式(2.62)和(2.63)进行计算

13
I=I+1　　　将 I 加 1

DJ1=D(J+1); DD(J+1)=QJ+Ø.5*DDD(J+1)*DT
D(J+1)=RJ+Ø.5*DD(J+1)*DT
DDD(J+1)=(AJ-SK*D(J+1)-SC*DD(J+1))/SM　　　应用式(2.61)、(2.62)和(2.63)进行计算

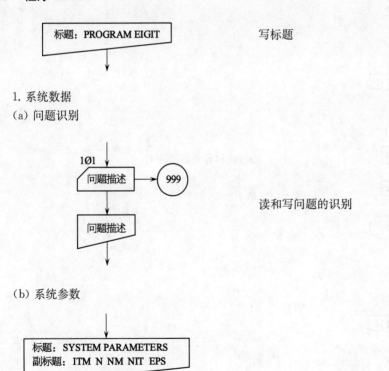

如果 I＝NIT，则转到 14

计算常量 C1 和 C2，以检验计算精度

如果 C1＞C2，则转到 13

否则，将 I 赋值给 NI(J＋1)

备注：在第 5 部分"写结果"中，最大/最小位移搜索和写结果时的指针由 J 替换为 J+1。

C.3　程序 EIGIT

写标题

1. 系统数据

（a）问题识别

读和写问题的识别

（b）系统参数

读和写系统参数和迭代参数

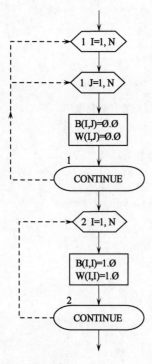

初始化矩阵 **B** 和 **W** 为零矩阵

将矩阵 **B** 和 **W** 转化为单位矩阵

（c）系统矩阵

（1）系数矩阵

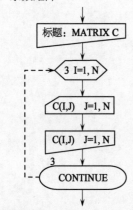

按行读和写系数矩阵 **C**

（2）质量矩阵

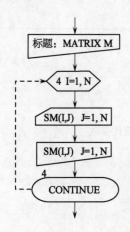

按行读和写质量矩阵 **M**

2. 计算动态矩阵

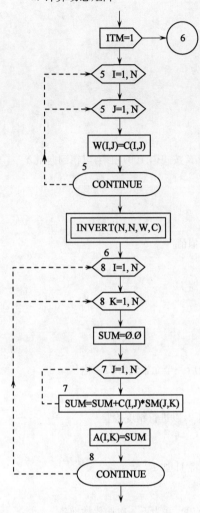

如果 ITM=1，则矩阵为柔度矩阵，因此转到 6

将矩阵 **C** 赋值给矩阵 **W**

当矩阵类型是刚性矩阵时，将矩阵转置求逆，得到柔度矩阵

将 SUM 初始化为 0

将柔度矩阵与质量矩阵相乘，以求得动态矩阵 **A＝FM**

3. 特征值和特征向量的迭代

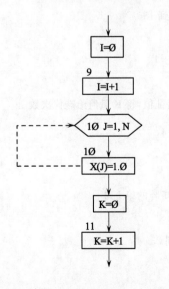

初始化模态编号

模态编号增量

为第一试验特征向量赋单位值

初始化迭代次数

迭代次数增量

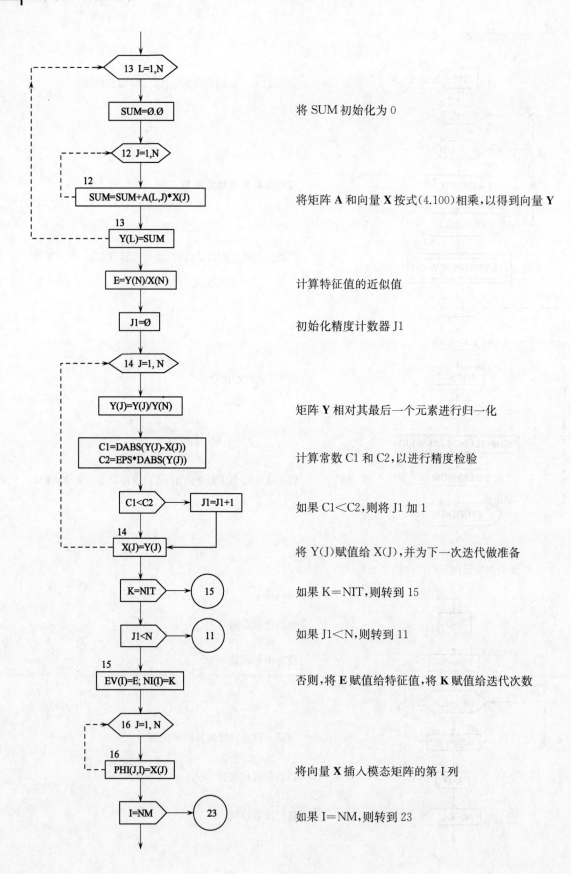

将 SUM 初始化为 0

将矩阵 **A** 和向量 **X** 按式(4.100)相乘，以得到向量 **Y**

计算特征值的近似值

初始化精度计数器 J1

矩阵 **Y** 相对其最后一个元素进行归一化

计算常数 C1 和 C2，以进行精度检验

如果 C1＜C2，则将 J1 加 1

将 Y(J)赋值给 X(J)，并为下一次迭代做准备

如果 K＝NIT，则转到 15

如果 J1＜N，则转到 11

否则，将 **E** 赋值给特征值，将 **K** 赋值给迭代次数

将向量 **X** 插入模态矩阵的第 I 列

如果 I＝NM，则转到 23

4. 构建并应用扫描矩阵

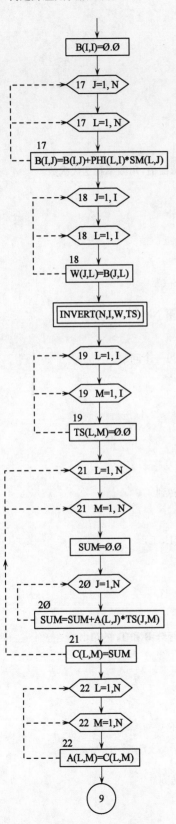

将 B(I，I)初始化为 0

按 B.4 节中的式(b)和(h)填充矩阵 **B** 的第 I 行

把矩阵 **B** 中的第 I 行复制到矩阵 **W** 中

将矩阵 **W** 的 I 行求逆并放入矩阵 T_S 中[注意(N，I，W，TS)的含义]

如式(B.4)所示，清除矩阵 T_S 的左上部分

将矩阵 **A** 右乘矩阵 T_S，并将结果存入矩阵 **C** 中

将矩阵 **C** 复制到矩阵 **A** 中

转到 9 并开始另一个模态的迭代

5. 写特征值和特征向量

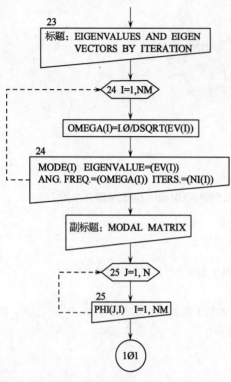

计算角频率

写模式编号，特征值，角频率和迭代次数

写模态矩阵的第 NM 列

转到 101 开始另一个问题

C.4 子程序 INVERT

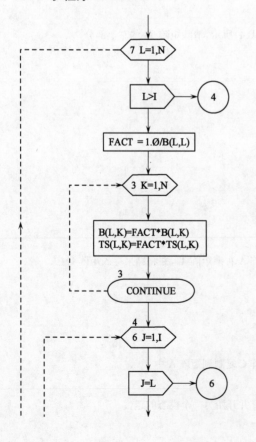

如果 L>1，则转到 4

计算系数 1/B(L，L)

用该系数乘以矩阵 B 和 T_S 的第 L 行

仅在 I 行间循环

如果 J＝L，则转到 6

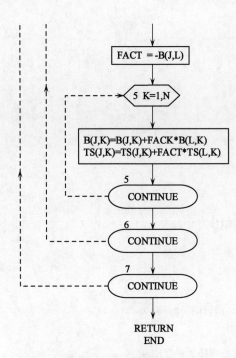

计算系数 $-B(J, L)$

通过 Gauss-Jordan 法修正矩阵 **B** 和 **T**$_S$ 的第 K 行中的元素

在此流程图所示的步骤之前,使用语句标签 1 和 2 将矩阵 **T**$_S$ 变为单位矩阵(请参阅流程图 C.3 的 1b 部分)

C.5　主程序 NOMOLIN

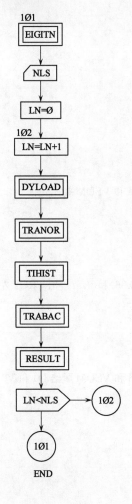

1. B.4 节中的程序 EIGIT,以及特征向量对质量矩阵的归一化结果

读加载系统数量

将加载数量清零

将加载数量加 1

2. 读和写动载荷数据

3. 将初始条件和载荷转换到正则坐标系中

4. 计算正则模态响应的时间历程

5. 将位移转换回物理坐标系

6. 写出响应计算结果

如果 LN<NLS,则转到 102,初始化下一个加载系统

否则,转到 101,处理另一个振动问题

C.6 子程序 TRANOR

1. 计算交换算子 Φ_N^{-1}

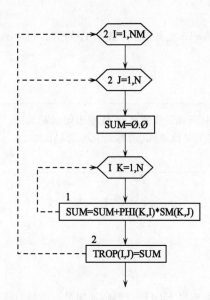

将 SUM 初始化为 0

按照式(4.44b),计算 $\Phi_N^{-1} = \Phi_N^T M$

将 SUM 赋给变换算子 TROP

2. 转换初始条件

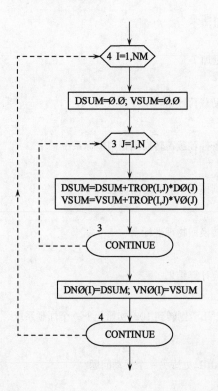

将 DSUM 和 VSUM 初始化为 0

按照式(4.56)和(4.57),用 TROP 左乘 D0 和 V0

将 DSUM 和 VSUM 赋给 D0 和 V0

3. 外载荷转换

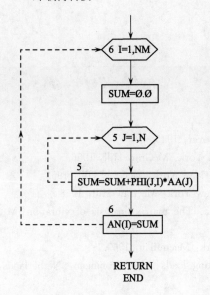

将 SUM 初始化为 0

按照式(4.64)，用 Φ_N^{-1} 左乘向量 $\mathbf{A}_A$

将 SUM 赋给向量 $\mathbf{A}_A$

C.7　子程序 TRABAC

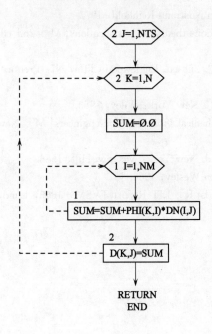

将 SUM 初始化为 0

按式(4.58)将位移逆变换

将 SUM 赋给矩阵 $\mathbf{D}$

参考书目

振动教材(按时间排序)

[1] RAYLEIGH J W S. The theory of sound[M]. New York: Dover, 1945.

[2] DEN HARTOG J P. Mechanical vibrations[M]. 4th ed. New York: McGraw-Hill, 1956.

[3] MYKLESTAD N O. Fundamentals of vibration analysis[M]. New York: McGraw-Hill, 1956.

[4] JACOBSEN L S, AYRE R S. Engineering vibrations[M]. New York: McGraw-Hill, 1958.

[5] BISHOP R E D, GLADWELL G M L, MICHAELSON S. The matrix analysis of vibration[M]. London: Cambridge University Press, 1965.

[6] ANDERSON R A. Fundamentals of vibrations[M]. New York: Macmillan, 1967.

[7] FRYBA L. Vibrations of solids and structures under moving loads[M]. Groningen, Netherlands: Noordhoff, 1972.

[8] NEWLAND D E. An introduction to random vibrations and spectral analysis [M]. London: Longman, 1975.

[9] BLEVINS R D. Flow-induced vibration[M]. New York: Van Nostrand-Reinhold, 1977.

[10] TSE F S, MORSE I E, HINKLE R T. Mechanical vibrations-theory and applications[M]. 2nd ed. Boston: Allyn and Bacon, 1978.

[11] THOMSON W T. Theory of vibration with applications[M]. 2nd ed. Englewood Cliffs, NJ: Prentice-Hall, 1981.

[12] HARKER R J. Generalized methods of vibration analysis[M]. New York: Wiley, 1983.

[13] LALANNE M, BERTHIER P, DER HAGOPIAN J. Mechanical vibrations for engineers[M]. New York: Wiley, 1983.

[14] MEIROVITCH L. Elements of vibration analysis[M]. 2nd ed. New York: McGraw-Hill, 1986.

[15] RAO S S. Mechanical vibrations[M]. Reading, MA: Addison-Wesley, 1986.

[16] OLSSON M. Analysis of structures subjected to moving loads[R]. LIT Report TVSM - 1003, Lund, Sweden.